*Dombrowski*
Wege in euklidischen Ebenen
Kinematik der Speziellen Relativitätstheorie

Springer-Verlag Berlin Heidelberg GmbH

Peter Dombrowski

# Wege
# in euklidischen Ebenen
# Kinematik
# der Speziellen Relativitätstheorie

Eine Auswahl geometrischer Themen mit Beiträgen
zu deren Ideen-Geschichte

Unter Verwendung von Vorlesungen von
Heinz Hopf, Willi Rinow, Erhard Schmidt

Mit 41 Zeichnungen

 Springer

*Prof. Dr. Peter Dombrowski*
Universität zu Köln
Mathematisches Institut
Weyertal 86–90
D-50931 Köln

Die Deutsche Bibliothek – CIP-Einheitsaufnahme

**Dombrowski, Peter:**
Wege in euklidischen Ebenen: Kinematik der Speziellen Relativitätstheorie / Peter Dombrowski.-
Berlin; Heidelberg; New York; Barcelona; Hongkong; London; Mailand; Paris; Santa Clara; Singapur;
Tokio: Springer, 1999
ISBN 978-3-540-66055-2    ISBN 978-3-642-58501-2 (eBook)
DOI 10.1007/978-3-642-58501-2

---

Mathematics Subject Classification (1991): 53A04, 57N05, 83A05, 53B30, 01A60

---

ISBN 978-3-540-66055-2

Dieses Werk ist urheberrechtlich geschützt. Die dadurch begründeten Rechte, insbesondere die der
Übersetzung, des Nachdrucks, des Vortrags, der Entnahme von Abbildungen und Tabellen, der Funk-
sendung, der Mikroverfilmung oder der Vervielfältigung auf anderen Wegen und der Speicherung in
Datenverarbeitungsanlagen, bleiben, auch bei nur auszugsweiser Verwertung, vorbehalten. Eine Vervielfältigung dieses Werkes oder von Teilen dieses Werkes ist auch im Einzelfall nur in den Grenzen der
gesetzlichen Bestimmungen des Urheberrechtsgesetzes der Bundesrepublik Deutschland vom 9. Sep-
tember 1965 in der jeweils geltenden Fassung zulässig. Sie ist grundsätzlich vergütungspflichtig. Zuwi-
derhandlungen unterliegen den Strafbestimmungen des Urheberrechtsgesetzes.

© Springer-Verlag Berlin Heidelberg 1999
Ursprünglich erschienen bei Springer-Verlag Berlin Heidelberg New York 1999

Die Wiedergabe von Gebrauchsnamen, Handelsnamen, Warenbezeichnungen usw. in diesem Werk be-
rechtigt auch ohne besondere Kennzeichnung nicht zu der Annahme, daß solche Namen im Sinne der
Warenzeichen- und Markenschutz-Gesetzgebung als frei zu betrachten wären und daher von jedermann
benutzt werden dürften.

Einbandgestaltung: *design & production GmbH*, Heidelberg
Satz: Reproduktionsfertige Vorlage des Autors
SPIN 10725678        44/3143-5 4 3 2 1 0 – Printed on acid-free paper

MEINER FRAU GEWIDMET

# Einführung

**Anliegen :**  Das Grundstudium der Mathematik an deutschen Universitäten
vermittelt in den Kursen über Reelle Analysis und Lineare Algebra meist
nicht sehr viel an geometrischen Ideen und Resultaten, andererseits: Elementare differentialgeometrische Kenntnisse sind für Studierende der Mathematik und der Physik in verschiedenen Wahlgebieten ihres Hauptstudiums (z.B.
Variationsrechnung, .. , Optik, Relativitätstheorie, ..) ausgesprochen nützlich.
Allgemeiner gewinnen in den letzten Jahrzehnten (differential-)geometrische
Methoden innerhalb der Theoretischen Physik zunehmend an Bedeutung.  –
Deshalb, aber auch als „Vorspann" und Werbung für einen jeweils anschließen-
den Differentialgeometrie-Kurs, habe ich an der Universität zu Köln zwischen
1970 und 1993 wiederholt eine 4-stündige Vorlesung  *„Geometrie vom höheren
Standpunkt"*  angeboten. Diese richtete sich an Studierende der Diplom-Stu-
diengänge Mathematik oder Physik des 4-ten Semesters sowie an Lehramts-
Studierende des 4-ten und 6-ten Semesters: Neben klassischen Geometrie-
Gebieten, zu denen es eine reiche Lehrbuchliteratur gibt, habe ich in diesen
Vorlesungen auch gern  *„Wege in euklidischen Ebenen"*  und die  *„Kinematik
der Speziellen Relativitätstheorie"*  behandelt. Eine Darstellung letzterer zwei
Themen liegt hier vor: Sie ist eine Überarbeitung diverser Skripten, die ich
anläßlich dieser Vorlesungen (bzw. Anfang der 70-er Jahre zu mathematischen
Seminaren für Physiker) ausgegeben hatte.  –
Zwei (aus meiner Sicht) *positive Aspekte dieser geometrischen Themen* sei-
en noch herausgestellt: Sie sind fernab einer „reinen", sich selbst genügenden
Geometrie. Im Kapitel über ebene Wege spielen analytische und elementar-
topologische Methoden eine maßgebliche Rolle; umgekehrt fördert dieser Gegenstand ein anschaulicheres, vertieftes Verständnis der im Grundstudium ge-
lernten Analysis. Aber auch physikalische Grundbegriffe (Geschwindigkeit, Beschleunigung, Winkelgeschwindigkeit, kinetische Energie, ..), die heute einer
größeren Zahl von Mathematik-Studierenden nicht mehr vertraut sind, kommen anläßlich dieser Themen zur Sprache. Die Fassung von EINSTEINs „Kinematik der Speziellen Relativitätstheorie" durch MINKOWSKI und WEYL als
Geometrie eines affinen Raumes mit einem *indefiniten* inneren Produkt für
dessen Richtungsvektorraum ist darüber hinaus eine gute Ergänzung zur Linearen Algebra des Grundstudiums. Schließlich sind beide Themen vorzüglich
geeignet, auf einem elementaren Niveau *leitende Ideen der begrifflichen bzw.
historischen Entwicklung einiger grundlegender mathematischer und physikalischer Konzepte* zu vermitteln.  –

**Voraussetzungen :**  Für das vorliegende Buch werden Vertrautheit und
Übungserfahrung mit folgenden Themen des Grundstudiums der Analysis und
Linearen Algebra erwartet: Normen und die kanonische Topologie endlich-dim.
IR-Vektorräume, metrische Räume, Grundbegriffe der mengentheoretischen
Topologie (insbes. Kompaktheit, Zusammenhang, wegweiser Zusammenhang),

Grundtatsachen der Differentialrechnung für Abbildungen endlich-dim. $\mathbb{R}$-Vektorräume, Lebesgue-Integralrechnung für Funktionen *einer* reellen Veränderlichen (nur am Rande auch für Funktionen des $\mathbb{R}^m$), Kurvenintegrale, Vektoralgebra, euklidische Vektorräume, Grundeigenschaften der linearen Abbildungen und der Multilinearformen endlich-dim. $\mathbb{R}$-Vektorräume, Determinanten und Matrizen. –

**Zum Inhalt:**  Da dieses Buch aus dem Kanon der Geometrieliteratur herausfällt, weisen wir auf folgende Besonderheiten hin: „Tangenten" und „Glattheit" von Wegen in $m$-dim. $\mathbb{R}$-Vektorräumen werden *geometrisch* definiert. – Die Idee, die „Länge" stetiger Wege in $\mathbb{E}^m$ als Supremum der elementargeometrischen Längen einbeschriebener Polygonwege zu definieren, wird als „nur für *ein*-dimensionale Inhalte geeignet" ausgewiesen: Der analoge Ansatz für $k$-dim. krumme Flächen in $\mathbb{E}^m$ versagt für $2 \leq k < m$ wie mit dem „SCHWARZschen Stiefel" gezeigt wird. [Auch gerät man, falls $k \geq 3$, mit einem elementargeometrischen Inhaltsbegriff für $k$-dim. Polyeder, welcher – wie für $k \in \{1,2\}$ – die Zerlegungs-Kongruenz solcher Polyeder „messen" soll, in Schwierigkeiten, wie mit Resultaten zu HILBERTs „3. Problem" belegt wird.] – Für differenzierbare Wege $c:I \to V$ von (nur) *beschränkter* Geschwindigkeit $\|c'\|$ in $m$-dim. normierten $\mathbb{R}$-Vektorräumen wird die Darstellbarkeit von $c$ selbst bzw. seiner Länge als *Lebesgue*-Integral über $c'$ bzw. über $\|c'\|$ bewiesen (i.w. ohne Mehraufwand gegenüber dem $C^1$-Fall beim Riemann-Integral). – Die „Ableitung nach der Weglänge von $c$" wird für immersive $C^r$-Wege $c:I \to \mathbb{E}^m$ ($r \geq 1$) als

*linearer Differentialoperator* $\partial_c : C^r I \to C^{r-1} I$ ($\varphi \mapsto \varphi'/\|c'\|$)

eingeführt. [Dieser mit einem solchen $c$ unmittelbar verfügbare Operator macht Rückgriffe auf die „(Um-)Parametrisierung von $c$ auf Weglänge" meist überflüssig.] – Die Umlaufzahl $\operatorname{ind}(c;p)$ ($\in \mathbb{Z}$) geschlossener stetiger Wege $c:I \to \mathbb{E}^2$ um Punkte $p \in \mathbb{E}^2 \backslash c(I)$ wird als eine „normierte" Summe gewisser orientierter Winkel definiert: Das handlichere „Schnittzahl"-Verfahren zur Bestimmung von $\operatorname{ind}(c;p)$, welches KRONECKER für immersive $C^1$-Wege angegeben hatte, wird für eine große Klasse *nur stetiger* Wege bewiesen. – Neben Standard-Anwendungen des Umlaufzahl-Begriffs (wie „Umlaufsatz", BROUWERs Abbildungssätze, ..), wird mit seiner Hilfe ein einfacher Beweis für den merk-würdigen HOLDITCH-Integralsatz geliefert. – Das AMES-HADAMARD-Lemma über die Existenz von $q \in \mathbb{E}^2 \backslash c(I)$ mit $|\operatorname{ind}(c;q)| = 1$ wird für *stetige* Jordan-Wege $c:I \to \mathbb{E}^2$ (nach E. SCHMIDT) bewiesen, und damit dann der Jordan-Kurvensatz für *immersive* $C^1$-*geschlossene* Jordan-Wege $c$. – Anläßlich der Frage nach der Kongruenz zweier immersiver $C^2$-Wege in $\mathbb{E}^2$ wird nebenher der (fast vergessene) „Satz der freien Beweglichkeit" in $\mathbb{E}^m$ (das heißt „$\mathbb{E}^m$ ist HELMHOLTZ-LIE-Raumform") gezeigt, eine Verallgemeinerung des 3-Seiten-Kongruenzsatzes für Dreiecke auf beliebige (nicht notwendig 3-elementige) Teilmengen des $\mathbb{E}^m$. – In der Krümmungstheorie ebener immersiver $C^2$-Wege wird u.a. ein „Sehnenlängen-Vergleichs-Lemma" (nach

E. Schmidt) bewiesen, welches (nach FOG) einen geometrisch-einprägsamen Beweis des Vierscheitelsatzes für Ovale impliziert. – Als analytische Einlage wird ein „Mittelwertsatz $n$-ter Ordnung" von H.A. Schwarz gebracht: Dieser wird (für $n = 2$) eingesetzt zum Beweis der Newton – Joh. Bernoulli-Aussage: „Der Krümmungskreis eines in $\tau \in I$ gekrümmten immersiven $C^2$-Weges $c : I \to \mathbb{E}^2$ ist die Grenzlage von Kreislinien durch drei zu $\tau$ zeitbenachbarte Bahnpunkte von $c$". [Als bemerkenswertes Korollar dieses Mittelwertsatzes wird noch erwähnt ein Berechnungsverfahren für die $n$-te Ableitung einer $C^n$-Funktion ($n > 1$) als Grenzwert „höherer Differenzenquotienten", in welche nur Werte der Funktion selbst (nicht aber ihrer Ableitungen!) eingehen.] – Tangenten- und Krümmungskreis-Konstruktionen mit Zirkel und Lineal bei Kegelschnittwegen in $\mathbb{E}^2$ bieten einen kleinen Ausschnitt der ebenen Darstellenden Geometrie. – Zwei physikalische Eigenschaften der Zykloidenwege werden elementar behandelt: Das Zykloidenpendel (C. Huygens) als eine perfekte mechanische Realisierung des harmonischen Oszillators, und die Brachistochronie (= Zeit-Kürzesten-Eigenschaft) der zykloidischen „Fallwege" (Joh. Bernoulli). – Im Zusammenhang mit „Einhüllenden" von Wegescharen in $\mathbb{E}^2$ werden Kaustiken und Schmiegparabeln studiert. –

Das Kapitel „Kinematik der Speziellen Relativitätstheorie" folgt *thematisch* i.w. der Originalarbeit von Einstein, in der *Darstellung* aber dem von Minkowski und Weyl entworfenen Modell (s.o.). Abweichend von letzterem werden jedoch auch räumliche Distanzmessungen eines Beobachters [vermöge Radar- (Gedanken-) Experimenten mit konstanter „Signalgeschwindigkeit"] auf reine Zeitmessungen mittels „Normaluhren" zurückgeführt. – Außerdem wird die (bis auf positive Proportionalität) eindeutige Bestimmtheit des lorentzschen inneren Produkts durch seine Lichtkegel bewiesen, was erkenntnistheoretisch bedeutsam ist: Die Lichtkegel sind im Prinzip einer physikalischen „Messung" zugänglich! – [Zur klaren begrifflichen Trennung von „Beobachtern" und den „sie begleitenden Normaluhren" werden überdies *k-dim. $C^\infty$-Untermannigfaltigkeiten in m-dim. affinen Räumen*, deren $C^\infty$-*Abbildungen*, $C^\infty$-*Immersionen*, ... eingeführt. (Diese Begriffe sind z.B. auch zu investieren für eine „Differentialgeometrie der Flächen im $\mathbb{E}^3$".)] –

**Zum Gebrauch:** Dieses Buch kann insbesondere dienen 1. als *Begleittext zu einer Vorlesung* [in der etwa nur die wesentlichen Resultate bzw. Ideen (von Begriffsbildungen und Beweisen) vorgetragen, die Details aber dem Hörer überlassen werden], 2. als *Vorlage für mathematische (Pro-) Seminare von Lehramtskandidaten bzw. Physik-Studierenden*, 3. (in Teilen) zur *Fortbildung von Gymnasiallehrern*: Deshalb sind die Beweise bewußt detailliert ausgeführt, werden Formel-Aussagen oft zusätzlich sprachlich interpretiert. – Mit „ ⊛ " gekennzeichnete Passagen des Textes sind wahrscheinlich erst auf fortgeschrittenerem Niveau voll zu würdigen. Dennoch sind diese nicht nur an Kenner adressiert, sondern sollen gerade die „Noch-nicht-Kenner" neugierig machen oder zu weitergehenden Studien anregen. –

**Mein Dank**   gilt zuerst meinen unvergessenen Lehrern Erhard Schmidt (∗13.1.1876,† 6.12.1959) und Willi Rinow (∗28.2.1902,† 29.3.1979) in der Analysis bzw. Differentialgeometrie, insbesondere: Anregungen verdanke ich dem ersteren zum Thema „Umlaufzahl und Jordan-Kurvensatz", dem zweiten zum Grenzwertsatz von H.A. Schwarz und zu dessen geometrischen Anwendungen. – Im Jahre 1956 zeigte mir Fritz Hirzebruch seine Mitschrift einer Vorlesung von Heinz Hopf (Zürich, 1949/50), in welcher letzterer u.a. Umlaufzahlen und viele Anwendungen dazu behandelt hatte. Die genannte Mitschrift (sowie „der Alexandroff-Hopf") lieferte dann die Leitlinien für ein Skriptum über Umlaufzahlen (s. [DO₂]), das ich als Vorlage für ein Seminar von Fritz Hirzebruch (Bonn, 1956/57) angefertigt habe. Ihm danke ich sehr, mir durch seine Mitschrift dieses geometrisch-attraktive Thema nahegebracht zu haben. [Das Skriptum [DO₂] ist (verbessert, z.T. mit neuen Beweisen und erweitert um historische Anmerkungen) in dieses Buch mit eingeflossen.] –

Einigen Kollegen oder Freunden habe ich für Anregungen, Hilfe oder Rat zu danken: Hans R. Müller (Braunschweig) hat mich vor vielen Jahren mit dem Integralsatz von Holditch bekanntgemacht, Thomas J. Willmore (Durham, GB) hat mir die teils schwer zugängliche Originalliteratur dazu beschafft. Erhard Heil (Darmstadt) hat mich auf von mir zunächst übersehene Arbeiten zum Vierscheitelsatz aufmerksam gemacht. Friedrich Hehl (Theoretische Physik, Köln) hat mir zur Relativitätstheorie nützliche Informationen gegeben, sowie auch wichtige Literaturhinweise. Jürgen Berndt hat manchen Druckfehler beseitigt. Gerrit Wiegmink hat neben solchen Korrekturen auch Änderungsvorschläge zu Textstellen bzw. Zeichnungen gemacht, die für deren Lesbarkeit bzw. Deutlichkeit ein Gewinn waren. Schließlich bin ich durch Gespräche mit Helmut Reckziegel auf manche Ideen zur Verbesserung dieser Darstellung gebracht worden, die – ohne im Detail benannt worden zu sein – an diversen Stellen dieses Buches ihren positiven Niederschlag gefunden haben. Ihm danke ich herzlich für seine stete Bereitschaft zu mathematischem Gedankenaustausch und zu uneigennütziger, freundschaftlicher Hilfe während dreiundzwanzig Jahren gelungenen Zusammen-Arbeitens in Köln. –

Herr Dr. C.-H. Kann hat es ermöglicht, das Manuskript mit Unterstützung des Mathematischen Instituts der Universität zu Köln schreiben zu lassen. Herr A. Kuhn hat die Textverarbeitung des Hauptteils dieses Buches ideenreich und bestens besorgt. Ergänzende Arbeiten am Text hat Frau N. Cochems geschickt ausgeführt. Bei meinen Computer-Problemen während der Korrektur und Endgestaltung des Textes haben mir die Herren Dr. J. Behrend, H. Körber und Dr. M. Schaaf oft geholfen, vor allem aber Herr Dr. R. Böning: Seine Kompetenz war für mich von unschätzbarem Wert! –

Allen, die mit ihrer freundlichen Hilfe am Gelingen und Zustandekommen dieses Buches beteiligt waren, insbesondere auch Herrn Dr. Heinze und seinen Mitarbeiterinnen vom Springer-Verlag, danke ich hier herzlich.

Peter Dombrowski,   Köln, Februar 1999.

# Inhaltsverzeichnis

## 1. Wege in euklidischen Ebenen

# Kapitel 1
# Wege in euklidischen Ebenen

## (∗) 1.0   Wege in Analysis, Geometrie und Physik aus der Vogelperspektive betrachtet

*Differenzierbare Wege* als $C^\infty$-Abbildungen von Intervallen aus $\mathbb{R}$ in $\mathbb{R}$-Vektorräume oder in $C^\infty$-Mannigfaltigkeiten, sowie deren *Geschwindigkeiten*, haben grundlegende Bedeutung für die Anwendung der Analysis in der Geometrie bzw. in der Physik:

Auf Geschwindigkeiten differenzierbarer Wege stützen sich geometrische Begriffe wie „Länge" oder „Krümmung" von Wegen. Zum Beispiel ist die $k$-te Krümmung eines normierten Frenet-Weges in $\mathbb{R}^n$ die Geschwindigkeit des Weges seiner $k$-ten Schmiegräume, der in der Graßmann-Mannigfaltigkeit aller $k$-dim. Untervektorräume des $\mathbb{R}^n$ verläuft ($k \in \{1,..,n-1\}$) .

Die klassische Mechanik bzw. Thermodynamik formuliert ihre Gesetze für die evolutiven Veränderungen eines „abgeschlossenen Systems" mittels der Geschwindigkeiten der „Phasenwege" im jeweiligen Tangentialbündel der zur Modellierung dieser Systeme herangezogenen Konfigurations- bzw. Zustands-Mannigfaltigkeiten. Die einem solchen Gesetz folgende zeitliche Veränderung des Systems besitzt dann einen Phasenweg, der (wie jede Lösung eines gewöhnlichen Differentialgleichungssystems erster Ordnung) „Integralweg" eines Vektorfeldes ist.

Nach EULER und MEUSNIER erfaßt man das Phänomen des Sich-Krümmens ( = äußere Krümmung) einer $k$-dim. Fläche in einem $n$-dim. euklidischen Vektorraum (oder in einer $n$-dim. riemannschen Mannigfaltigkeit) $V$ sehr zufriedenstellend mittels des Krümmungsverhaltens von Wegen in $V$, welche ganz innerhalb dieser Fläche verlaufen. – Ähnlich profitiert das Verständnis der „inneren Krümmung" einer riemannschen bzw. affinen Mannigfaltigkeit $M$ vom Studium geodätischer Wege und deren Jacobi-Vektorfeldern bzw. von parallelen Vektorfeldern längs Wegen in $M$. Dabei sind Vektorfelder längs Wegen in $M$ ihrerseits Wege im Tangentialbündel von $M$, eine Deutung, die sich beim Studium der Parallelverschiebung längs Wegen in $M$ als außerordentlich nützlich erweist.

Die (im vorangegangenen angedeutete) prominente Rolle der differenzierbaren Wege in der höher-dimensionalen Geometrie und Physik erklärt sich primär aus dem methodischen Vorteil, welchen Wege bieten: Den Rückgriff auf die i. w. elementare Theorie der Funktionen *einer* reellen Veränderlichen und der *gewöhnlichen* Differentialgleichungen.

Erstaunlicherweise geht diese methodische Sonderstellung der Wege einher mit einer erkenntnistheoretischen Auszeichnung der Wege: Eigenschaften von *höherdimensionalen* Mannigfaltigkeiten in Geometrie oder Physik er-fährt ein Beobachter nur, indem er diese Mannigfaltigkeiten längs (1-dimensionaler!) Wege bereist und dabei Messungen längs solcher Wege ausführt (vgl. auch Kapitel 2). RIEMANN hat 1854 – so scheint es – dementsprechend den Begriff der $n$-dimensionalen Mannigfaltigkeit rekursiv *auf den Begriff der 1-dimensionalen Mannigfaltigkeit zurückgeführt* (vgl. [RI], S. 275), d.h. (in heutiger Terminologie) $(n+1)$-dimensionale Mannigfaltigkeiten sind lokal Produkte $n$-dimensionaler mit 1-dimensionalen Mannigfaltigkeiten[0].

Eine analoge Vorzugsstellung des Eindimensionalen kommt aber nicht nur den endlich-dimensionalen $C^\infty$-Mannigfaltigkeiten zu, sondern auch ihren $C^\infty$-Abbildungen, wie J. BOMAN ([BOM], Theorem 1) 1967 gezeigt hat: *Eine Abbildung $f: V \to W$ endlich-dimensionaler $\mathbb{R}$-Vektorräume ist eine $C^\infty$-Abbildung genau dann, wenn für jeden $C^\infty$-Weg $c:\mathbb{R}\to V$ auch $f\circ c:\mathbb{R}\to W$ ein $C^\infty$-Weg ist.* [Dasselbe gilt daher auch, wenn $V, W$ endlich-dimensionale $C^\infty$-Mannigfaltigkeiten sind (und wenn $W$ parakompakt ist).]

## 1.1  Grundbegriffe über $C^r$-Wege

### 1.1.1  Differenzierbare, immersive, $C^r$-Wege in $\mathbb{R}$-Vektorräumen

$$V \text{ sei ein } m\text{-dim. } \mathbb{R}\text{-VR } (m\in\mathbb{N}_+) \text{ mit der kanonischen Topologie.}[1] \qquad (0)$$

**a)**    Ein *Weg* $(:= C^0\text{-}Weg)$ *in* $V$ ist eine stetige Abbildung $c:I\to V$ eines Intervalls $I$ von $\mathbb{R}$ in $V$ mit $I^\circ$ $(:= $ „Inneres" von $I) \neq \emptyset$ . –
Die wegzusammenhängende Bildmenge $c(I)$ eines Weges $c:I\to V$ heißt dessen *Bahn*. – Ein Weg $c:I\to V$ heiße *kompakt*, wenn $I$ kompakt ist, etwa $I=[\alpha,\beta]$, und dann heißt $c(\alpha)$ der *Anfangs-* , $c(\beta)$ der *Endpunkt* des Weges.

*Beispiele:*  Einen Weg $c:I\to V$ in $V$ deutet man meistens *kinematisch* als stetige Bewegung eines Teilchens im „Lageraum" $V$ (bzw. als stetige Veränderung eines mechanischen Systems im „Konfigurationsraum" $V$) während des Zeitintervalls $I$, z.B. ist eine zeitliche Lageänderung eines Systems von $n$ Massenpunkten beschreibbar als *ein* Weg in $\mathbb{R}^{3n}$ (mit je drei Lagekoordinaten für jedes der $n$ Teilchen). – Ist speziell $V:=\mathbb{R}$, so ist ein Weg $c:I\to\mathbb{R}$ nichts anderes als eine *stetige reellwertige Funktion* auf $I$ .

---

[0]Der Begriff der 1-dimensionalen Mannigfaltigkeit wird bei ihm jedoch nicht streng definiert, sondern nur wie folgt umschrieben: $\gg$ *.. eine einfach ausgedehnte Mannigfaltigkeit, deren wesentliches Kennzeichen ist, dass in ihr von einem Punkt nur nach zwei Seiten, vorwärts oder rückwärts, ein stetiger Fortgang möglich ist.* $\ll$

[1]d.i. (wegen $\dim V < \infty$) die von jeder Norm für $V$ induzierte Topologie oder – äquivalent dazu – auch die gröbste (d.i. die an offenen Mengen ärmste) Topologie für $V$, bzgl. deren alle Linearformen $\omega \in V^*$ stetig sind, also gilt für jede Folge $(p_n)_{n\in\mathbb{N}} \in V^{\mathbb{N}}$ und alle $p\in V$:

$$\lim_{n\to\infty} p_n = p \quad \Longleftrightarrow \quad \textit{Für alle Linearformen } \omega:V\to\mathbb{R} \textit{ gilt: } \lim_{n\to\infty} \omega(p_n-\dot p) = 0.$$

**b)**   Ein Weg $c: I \to V$ heißt *differenzierbar in* $\tau \in I$, wenn gilt: Der Limes

$$\lim_{t \to \tau} \frac{c(t) - c(\tau)}{t - \tau} \quad \textit{existiert in } V; \textit{ er wird dann mit } c'(\tau) \textit{ bezeichnet} \qquad (1)$$

und heißt der *Geschwindigkeitsvektor von* $c$ *in* $\tau$ . Ist außerdem für $V$ eine Norm $\|..\|$ (z.B. durch ein euklidisches inneres Produkt für $V$) gegeben, so heißt die nicht-negative reelle Zahl $\|c'(\tau)\|$ die *Bahngeschwindigkeit von* $c$ *in* $\tau$ (bzgl. $\|..\|$). – Weiter sagt man:

$$c \textit{ ist immersiv in } \tau, \textit{ wenn } c \textit{ in } \tau \textit{ differenzierbar ist und } c'(\tau) \neq o. \qquad (2)$$

Dann heißt die affine Gerade $c(\tau) + \mathbb{R} \cdot c'(\tau)$ in $V$ *die Tangente an* $c$ *in* $\tau$. Sie ist durch $c'(\tau)$ orientiert. (Zum Tangentenbegriff mehr in 1.1.5.)

**c)**   Ein Weg $c: I \to V$ heißt *differenzierbar* bzw. *immersiv*, wenn $c$ in allen Punkten $t \in I$ differenzierbar bzw. immersiv ist. Ist $c$ differenzierbar, so heißt $c': I \to V$ ($t \mapsto c'(t)$) das *Geschwindigkeitsvektorfeld* von $c$, ist letzteres stetig, so heißt $c$ ein $C^1$-*Weg*, und ist $c'$ nochmals differenzierbar in $\tau \in I$, so heißt $c''(\tau) := (c')'(\tau)$ der *Beschleunigungsvektor* von $c$ in $\tau$.

**d)**   Sei $c: I \to V$ ein Weg. Dann setzen wir $c^{(0)} := c$. Ist $r \in \mathbb{N}_+$, so heißt $c$ ein $C^r$-*Weg*, wenn $c$ ein $C^{r-1}$-Weg (vgl. a)) und $c^{(r-1)}: I \to V$ ein $C^1$-Weg ist (vgl. c)), und man setzt $c^{(r)} := (c^{(r-1)})' : I \to V$. Weiter heißt $c$ ein $C^\infty$-*Weg*, falls $c$ ein $C^r$-Weg ist für alle $r \in \mathbb{N}$. Schließlich heißt $c$ ein $C^\omega$-*Weg*, falls $c$ *reell-analytisch* ist auf $I$, d.h. zu jedem $\tau \in I$ gibt es eine Folge $(a_i)_{i \in \mathbb{N}} \in V^\mathbb{N}$ und $\rho \in \mathbb{R}_+$, so daß $\sum_{i=0}^\infty a_i (t-\tau)^i$ für alle $t \in I$ mit $|t-\tau| < \rho$ gegen $c(t)$ in $V$ konvergiert. – Erweitert man die kanonische Totalordnung von $\mathbb{N}$ zu derjenigen von $\mathbb{N} \cup \{\infty, \omega\}$, welche gekennzeichnet ist durch $k < \infty < \omega$ für alle $k \in \mathbb{N}$, so gilt für alle $r, s \in \mathbb{N} \cup \{\infty, \omega\}$ mit $r < s$ :

$$\textit{Ist } c: I \to V \textit{ ein } C^s\textit{-Weg, so auch ein } C^r\textit{-Weg und } c' \textit{ ist ein } C^{s-1}\textit{-Weg,} \qquad (3)$$

mit der Konvention:   $\infty - k := \infty$   und   $\omega - k := \omega$   für $k \in \mathbb{N}$ .

**e)**   Für das Definitionsintervall $I$ eines Weges $c: I \to V$ ist nicht die Offenheit in $\mathbb{R}$ gefordert. Besitzt $I$ ein Minimum $\alpha$ bzw. ein Maximum $\beta$, so meint „Differenzierbarkeit von $c$ in $\alpha$" bzw. „.. in $\beta$" die rechts- bzw. linksseitige Differenzierbarkeit von $c$ in $\alpha$ bzw. in $\beta$. Analog sind die höheren Ableitungen von $c$ und deren Stetigkeit in $\alpha$ bzw. in $\beta$ zu interpretieren. Es gilt jedoch für alle $r \in \mathbb{N} \cup \{\infty, \omega\}$ :

$$c: I \to V \textit{ ist ein (immersiver) } C^r\textit{-Weg genau dann, wenn } c \textit{ die}$$
$$\textit{B e s c h r ä n k u n g} \quad \tilde{c}|I \textit{ eines auf einem } I \textit{ enthaltenden, o f f e n e n} \qquad (4)$$
$$\textit{Intervall } \tilde{I} \textit{ von } \mathbb{R} \textit{ definierten (immersiven) } C^r\textit{-Weges } \tilde{c}: \tilde{I} \to V \textit{ ist.}$$

[(4) ist nach dem Taylor-Satz klar, bis auf den Fall $r = \infty$, der einen aufwendigeren Beweis erfordert (z.B. folge und ergänze man [DI], S. 188, 4), b) .]

**Lemma:**   Es gelte (0) und sei $c: I \to V$ eine Abb. eines Intervalls $I$ von $\mathbb{R}$ in $V$ mit $I^\circ \neq \emptyset$ . Sei $W$ ein $k$-dim. $\mathbb{R}$-VR ($k \in \mathbb{N}$), $l: V \to W$ eine lineare Abbildung,

$(\omega_1,..,\omega_m)$ ein $m$-Bein von $V^*$, $r\in\mathbb{N}\cup\{\infty,\omega\}$ . Dann gilt für alle $n\in\mathbb{N}$ mit $n\leq r$ :

$$\text{Ist } c:I\to V \text{ ein } C^r\text{-Weg, so auch } (l\circ c):I\to W \text{ und } (l\circ c)^{(n)}=l\circ c^{(n)} . \quad (5)$$

$$\text{Ist } \omega_i\circ c:I\to\mathbb{R} \text{ für } i=1,..,m \text{ ein } C^r\text{-Weg, so auch } c:I\to V . \quad (6)$$

**Korollar:**  (Mit $V:=\mathbb{R}^m$ und $\omega_i:\mathbb{R}^m\to\mathbb{R}$ kanonische $i$-te Projektion.)
*Ein Weg $c=(c_1,..,c_m):I\to\mathbb{R}^m$ ist ein $C^r$-Weg $(r\in\mathbb{N}\cup\{\infty,\omega\})$ genau dann, wenn dies für jedes $c_i:I\to\mathbb{R}$ $(i=1,..,m)$ zutrifft, und in letzterem Falle gilt:*

$$c^{(n)}=(c_1^{(n)},..,c_m^{(n)}) \quad \text{für alle } n\in\mathbb{N} \text{ mit } n\leq r .$$

*Beweis: Zu* (5): Folge von (1) und der Stetigkeit der linearen Abb. $l:V\to W$ . – *Zu* (6): Ist $(e_1,..,e_m)$ das zu $(\omega_1,..,\omega_m)$ duale $m$-Bein von $V$, so $c=(\omega_1\circ c)\cdot e_1+..+(\omega_m\circ c)\cdot e_m$ , woraus wegen der $C^r$-Eigenschaft der linearen Abb. $V\times V\to V$ $((v,w)\mapsto(v+w))$ und der bilinearen Abb. $\mathbb{R}\times V\to V$ $((\alpha,v)\mapsto\alpha\cdot v)$ sofort (6) folgt.

**Aufgabe:**  (*Kettenregel $n$-ter Ordnung für Wege.*)  Sei $c:I\to V$ ein $C^r$-Weg in $V$ (s. (0)) und $\varphi:H\to\mathbb{R}$ eine auf einem Intervall $H$ von $\mathbb{R}$ definierte $C^r$-Funktion mit $\varphi(H)\subset I$ $(r\in\mathbb{N}\cup\{\infty,\omega\})$ . Dann verifiziere man:
$c\circ\varphi:H\to V$ *ist ein $C^r$-Weg in $V$, und es gilt für alle $n\in\mathbb{N}_+$ mit $n\leq r$ :*

$$(c\circ\varphi)^{(n)} = \sum_{k=1}^{n} h_{n,k}(\varphi',..,\varphi^{(n+1-k)})\cdot(c^{(k)}\circ\varphi) . \quad (7)$$

Dabei ist $h_{n,k}:\mathbb{R}^{n+1-k}\to\mathbb{R}$ eine ganzrationale Funktion mit Koeffizienten in $\mathbb{N}$, die homogen vom Grade $k$ und vom Gewichte $n$ ist (vgl. [WAE], S. 47, S. 100) und folgendermaßen rekursiv definiert ist [mit $x_i:\mathbb{R}^n\to\mathbb{R}$ $((a_1,..,a_n)\mapsto a_i)$] :

$$h_{n,1}(x_1,..,x_n) := x_n:\mathbb{R}^n\to\mathbb{R} \quad \text{für alle } n\in\mathbb{N}_+ , \quad (8)$$

und sodann ist $h_{n,k}(x_1,..,x_{n+1-k})$ für alle $k\in\mathbb{N}$ mit $1<k\leq n$ definiert als:

$$h_{n,k} := x_1\cdot h_{n-1,k-1}(x_1,..,x_{n+1-k}) + \sum_{i=1}^{n-k} x_{i+1}\cdot(\partial_i h_{n-1,k})(x_1,..,x_{n-k}) , \quad (9)$$

wobei in (9) die Summe für $k=n$ als Null zu lesen ist, und $\partial_i h_{n-1,k}$ die $i$-te partielle Ableitung von $h_{n-1,k}:\mathbb{R}^{n-k}\to\mathbb{R}$ bedeutet. Aus (8),(9) folgt rekursiv mit $x:=\mathrm{id}_\mathbb{R}$ :

$$h_{n,n}(x)=x^n:\mathbb{R}\to\mathbb{R} \quad und \quad h_{n,k}(x_1,0,..,0)=0, \text{ falls } n,k\in\mathbb{N}_+, \ k<n . \quad (10)$$

Zum Beispiel lautet (7) für $n=1,2,3$ :

$$(c\circ\varphi)' = \varphi'\cdot(c'\circ\varphi) , \qquad (c\circ\varphi)'' = (\varphi')^2\cdot(c''\circ\varphi) + \varphi''\cdot(c'\circ\varphi) ,$$
$$(c\circ\varphi)''' = (\varphi')^3\cdot(c'''\circ\varphi) + 3\varphi'\varphi''\cdot(c''\circ\varphi) + \varphi'''\cdot(c'\circ\varphi) , \quad (11)$$

und für alle $n\in\mathbb{N}_+$ und $t\in H$ folgt aus (7), (10):

$$\left((c\circ\varphi)^{(n)}(t) - \varphi'(t)^n\cdot c^{(n)}(\varphi(t))\right) \in \mathrm{Spann}_\mathbb{R}\left(c'(\varphi(t)),..,c^{(n-1)}(\varphi(t))\right) . \quad (12)$$

## 1.1.2 Umparametrisierungen von Wegen

Seien $b: H \to V$ und $c: I \to V$ zwei Wege in $V$ und sei $r \in \mathbb{N} \cup \{\infty, \omega\}$.

- $\varphi$ heißt eine $C^r$-*Umparametrisierung von* $c$ *auf* $b$, wenn gilt:

$$\varphi: H \to I \quad \text{ist ein } C^r\text{-}\textit{Diffeomorphismus und} \quad b = c \circ \varphi, \qquad (13)$$

wobei ersteres bedeutet: $\varphi: H \to I$ ist bijektiv, und $\varphi$ sowie $\varphi^{-1}$ sind $C^r$-Funktionen (z.B. ist ein „$C^0$-Diffeomorphismus" ein Homöomorphismus). Aus (13) folgt: $\varphi^{-1}: I \to H$ ist eine $C^r$-Umparametrisierung von $b$ auf $c$ und, falls $r \geq 1$: $\varphi'(H) \subset \mathbb{R}_+$ oder $\varphi'(H) \subset \mathbb{R}_-$. – Für jedes *Intervall* $J$ von $\mathbb{R}$ gilt:

$$\textit{Ist } \psi: J \to \mathbb{R} \textit{ stetig und injektiv, so ist } \psi \textit{ streng monoton.} \qquad (14)$$

[Denn $\{(s, t) \in J \times J \mid s < t\}$ ist eine konvexe, also *zusammenhängende* Menge in $\mathbb{R}^2$, auf welcher die Funktion zweier Variablen $(s, t) \mapsto \psi(t) - \psi(s)$ stetig ist und nirgends verschwindet, also nur ein Vorzeichen haben kann.] – Aus (13),(14) folgt daher (auch für $r = 0$):

Jede $C^r$-Umparametrisierung $\varphi : H \to I$ von $c$ auf $b$ ist streng monoton wachsend oder streng monoton fallend und heißt dementsprechend *orientierungstreu* oder *orientierungsändernd*.

- *Beispiel*: Eine Umparametrisierung $\varphi : H \to I$ von $c : I \to V$ auf $b : H \to V$ heißt *affin*, wenn es $\alpha \in \mathbb{R}^*$, $\beta \in \mathbb{R}$ gibt mit $\varphi = (\alpha \cdot \mathrm{x} + \beta) | H$, wo $\mathrm{x} := \mathrm{id}_{\mathbb{R}}$. Dann gilt $\varphi' = \alpha \cdot \mathbb{1}_H$ und $\varphi'' = \varphi''' = .. = \mathrm{o}$, also nach (13), (7), (10):

$$I = \alpha \cdot H + \beta, \textit{ und für alle } n \in \mathbb{N} \textit{ mit } n \leq r : \quad b^{(n)}(\mathrm{x}) = \alpha^n \cdot c^{(n)}(\alpha \cdot \mathrm{x} + \beta). \quad (15)$$

Die Umparametrisierung (15) ist daher orientierungstreu bzw. orientierungsändernd je nachdem $\alpha > 0$ bzw. $\alpha < 0$. Speziell erhalten wir für $\alpha = 1$ und beliebiges $\beta \in \mathbb{R}$:

$$I = H + \beta, \textit{ und für alle } n \in \mathbb{N} \textit{ mit } n \leq r : \quad b^{(n)}(\mathrm{x}) = c^{(n)}(\mathrm{x} + \beta), \quad (16)$$

(also sind $b$ und $c$ „kinematisch-äquivalent" in dem Sinne, daß die Geschwindigkeits- und Beschleunigungsvektoren von $b$ und $c$ in korrespondierenden Zeitpunkten übereinstimmen) bzw. für $\alpha = -1$ und $\beta = 0$ mit $c^v := b$:

$$H = -I, \textit{ und für alle } n \in \mathbb{N} \textit{ mit } n \leq r : \quad (c^v)^{(n)}(\mathrm{x}) = (-1)^n \cdot c^{(n)}(-\mathrm{x}). \quad (17)$$

Wir nennen $c^v : -I \to V$ (lies „$c^v$" als „$c$ *vertatur*") die *kanonische Rückwärtsdurchlaufung* von $c$, also $c^v(\mathrm{x}) := c(-\mathrm{x})$.

**Aufgabe:** Überlege, daß eine $C^0$-Umparametrisierung zwischen zwei Wegen in $V$ (vgl. (0)), von denen mindestens einer injektiv ist, eindeutig bestimmt ist. –
Gib Paare von $C^\omega$-Wegen in $V$ an, für die es abzählbar viele bzw. überabzählbar viele $C^\omega$-Umparametrisierungen von dem einen auf den anderen Weg gibt.

**Lemma:** *Sind* $b: H \to V$ *und* $c: I \to V$ *zwei immersive* $C^r$*-Wege im* $\mathbb{R}$*-VR* $V$ $(r \in \mathbb{N}_+ \cup \{\infty, \omega\})$, *so ist jede* $C^0$*-Umparametrisierung* $\varphi: H \to I$ *von* $c$ *auf* $b$ *sogar eine* $C^r$*-Umparametrisierung.*

*Beweis:* Sei $s \in H$, $t := \varphi(s)$, also $b'(s) \neq o$ und $c'(t) \neq o$. Wähle daher

$$\omega \in V^* \quad mit \text{ (vgl. (5))} \quad (\omega \circ b)'(s) \neq 0 \quad und \quad (\omega \circ c)'(t) \neq 0. \tag{18}$$

Nach dem Umkehrsatz für reellwertige Funktionen gibt es daher eine Intervallumgebung $U$ von $t$ in $I$, so daß $(\omega \circ c)|U$ ein $C^r$-Diffeomorphismus von $U$ auf das Intervall $(\omega \circ c)(U)$ ist. Weiter ist $V := \varphi^{-1}(U)$ eine Umgebung von $s$ in $H$ und wegen $b = c \circ \varphi$ gilt $\varphi|V = ((\omega \circ c)|U)^{-1} \circ (\omega \circ b)|V$, also ist $\varphi|V$ mit $\omega \circ b$ und $((\omega \circ c)|U)^{-1}$ eine $C^r$-Funktion, und sodann nach Kettenregel $(\omega \circ c)'(t) \cdot \varphi'(s) = (\omega \circ b)'(t)$, woraus zusammen mit (18) gerade $\varphi'(s) \neq 0$ folgt. Da $s \in H$ beliebig war, ergibt dies die $C^r$-Diffeomorphie von $\varphi: H \to I$.

## 1.1.3 Kurven bzw. orientierte Kurven als Wege-Klassen

Gibt es eine $C^r$-Umparametrisierung $\varphi$ des Weges $c: I \to V$ auf den Weg $b: H \to V$ (vgl. (0), (13)), so haben $b$ und $c$ offenbar die gleiche Bahn $b(H) = c(I)$, und sie durchlaufen diese Punktmenge in $V$ (wegen (14)) sogar in gleicher bzw. entgegengesetzter zeitlicher Abfolge (je nachdem $\varphi$ orientierungstreu bzw. orientierungsändernd ist), allerdings (falls $r \geq 1$) nach (11) i.a. mit unterschiedlicher Geschwindigkeit! Obwohl also kinematisch i.a. voneinander verschieden, erscheinen die verschiedenen $C^r$-Umparametrisierungen eines $C^r$-Weges unter mancherlei Aspekten als gleichwertig, was folgende Klasseneinteilung nahelegt:

$\gg$ *Es gibt eine (orientierungstreue)* $C^r$*-Umparametrisierung von .. auf ..* $\ll$ ist eine Äquivalenzrelation in der Menge aller $C^r$-Wege in $V$. Die Äquivalenzklasse eines $C^r$-Weges $c: I \to V$ modulo der letzteren Relation wird in der klassischen Literatur auch „die vom $C^r$-Weg $c: I \to V$ definierte *(orientierte)* $C^r$-*Kurve*" genannt. Dieser Äquivalenzklassenbildung von $C^r$-Wegen zu „$C^r$-Kurven" entspricht inhaltlich also das Abstrahieren von der speziellen kinematischen Durchlaufung(sgeschwindigkeit) bei $C^r$-Wegen. Entsprechend werden dann Invarianten der von $c$ definierten orientierten $C^r$-Kurve[2] bzw. Invarianten der von $c$ definierten $C^r$-Kurve[3] als „geometrische Größen" des Weges $c: I \to V$ bezeichnet, im Gegensatz zu „kinematischen Größen"[4] von $c$.

---

[2]z.B. *Kurvenintegrale* $\int_c \omega$ über stetige Pfaffsche Formen $\omega$ von $V$, falls $r \geq 1$, oder die *orientierte Krümmung* von $c$ (s.u. 1.4.1,e)).

[3]z.B. die *Weglänge* (für $r \geq 0$), [⊛ die *Schmiegräume k-ter Ordnung* $(k \in \mathbb{N}_+$ und $k \leq r)$].

[4]z.B. das *Geschwindigkeits-* und das *Beschleunigungsvektorfeld*, sowie die *Bahngeschwindigkeit*.

## 1.1.4 Analysis erster Ordnung von differenzierbaren Wegen

**Lemma:**    Ist $c: I \to V$ ein in $\tau \in I$ differenzierbarer Weg (s. (0),(1)), so gilt:

$$\bullet \qquad \lim_{s,t \to \tau} \frac{c(t) - c(s)}{t - s} = c'(\tau) \qquad \textit{für } s \neq t \quad \textit{und} \quad s \leq \tau \leq t \ . \qquad (19)$$

- *Warnung:*   Ohne „$s \leq \tau \leq t$" existiert der Limes in (19) i.a. nicht, aber:

$$\textit{Ist } c \textit{ ein } C^1\textit{-Weg, so gilt (19) ohne die Bedingung } „s \leq \tau \leq t". \qquad (20)$$

- *Ist $c$ immersiv in $\tau$, so gibt es $\varepsilon \in \mathbb{R}_+$, so daß gilt: Sind*

$$s, t \in I \cap \,]\tau - \varepsilon, \tau + \varepsilon[ \quad \textit{mit } s \neq t \quad \textit{und} \quad s \leq \tau \leq t \,, \textit{ so } c(s) \neq c(t) \ . \qquad (21)$$

*Warnung:* „$c$ immersiv in $\tau$" garantiert (trotz (21)) i.a. *nicht* die *Injektivität* von $c$ auf einer Umgebung von $\tau$ in $I$, aber:

- *Ist $c$ ein immersiver $C^1$-Weg, so ist $c$ lokal-injektiv.*                  (22)

- *Ist $c: I \to V$ immersiv und ist $\dim V = 1$, so ist $c$ injektiv.*        (23)

*Beweis:*    *Zu* (19): Differenzierbarkeit von $c$ in $\tau$ bedeutet: Es gibt einen

$$C^0\textit{-Weg } e: I \to V \textit{ mit } c(x) = c(\tau) + (x - \tau) \cdot (c'(\tau) + e(x)) \textit{ und } e(\tau) = o \,. \qquad (24)$$

Damit folgt für alle $s, t \in I$ mit $s \neq t$ und $s \leq \tau \leq t$:

$$\frac{c(t) - c(s)}{t - s} = c'(\tau) + \left(\frac{t - \tau}{t - s}\right) \cdot e(t) + \left(\frac{\tau - s}{t - s}\right) \cdot e(s) \,,$$

woraus wegen $s \leq \tau \leq t$ und $e(x) \to o$ für $x \to \tau$ (vgl. (24)) sofort (19) folgt. – *Zur Warnung:* Betrachte den Graphenweg $c := (x, \varphi(x)) : \mathbb{R} \to \mathbb{R}^2$ der differenzierbaren Funktion $\varphi : \mathbb{R} \to \mathbb{R}$ mit $\varphi(t) := t^2 \cdot \sin(\pi/2t)$ für $t \in \mathbb{R}^*$ und $\varphi(0) := 0$. $c$ ist sogar immersiv in $0$, aber $\lim(1/(t_n - s_n)) \cdot (c(t_n) - c(s_n))$ existiert nicht in $\mathbb{R}^2$ für $n \to \infty$, wenn $s_n := 1/(2n+2)$ und $t_n := 1/(2n+1)$ für $n \in \mathbb{N}$ . – *Zu* (20): Sei $\omega \in V^*$. Dann gibt es für alle $s, t \in I$ mit $s \neq t$ ein

$$\vartheta \in \,]0, 1[ \textit{ mit } \quad \omega\left(\frac{c(t) - c(s)}{t - s}\right) = \frac{1}{t - s} \cdot ((\omega \circ c)(t) - (\omega \circ c)(s)) = (\omega \circ c)'(s + \vartheta(t - s)),$$

woraus zusammen mit (5) und der Stetigkeit von $c'$ in $\tau$ und $\omega$ in $o \in V$ folgt:

$$\lim_{s,t \to \tau} \omega\left(\frac{c(t) - c(s)}{t - s} - c'(\tau)\right) = 0 \qquad \textit{mit } s \neq t \ .$$

Da dies für jedes $\omega \in V^*$ gilt, so folgt[1] (20). *Zu* (21): Da $c$ immersiv in $\tau$ ist, so gibt es $\omega \in V^*$ mit $\omega(c'(\tau)) > 0$. Nach (5), (24) gibt es daher $\varepsilon \in \mathbb{R}_+$, so daß für alle $s, t \in I \cap \,]\tau - \varepsilon, \tau + \varepsilon[$ gilt: Ist $s < \tau$, so $\omega(c(s)) < \omega(c(\tau))$, und ist $\tau < t$, so $\omega(c(\tau)) < \omega(c(t))$, und daher: Falls $s \neq t$ und $s \leq \tau \leq t$, so $\omega(c(s)) < \omega(c(t))$, also $c(s) \neq c(t)$ . – *Zur Warnung:* $c: \mathbb{R} \to \mathbb{R}$ mit $c(t) := t + t^2 \cdot \sin(\pi/t)$ für $t \in \mathbb{R}^*$ und $c(0) := 0$ ist differenzierbar auf $\mathbb{R}$, immersiv in $0$, aber auf keiner Intervallumgebung von $0$ injektiv, d.h. (s. (14)) streng monoton, da $c'(0) \cdot c'(1/2n) < 0$ für $n \in \mathbb{N}_+$. *Zu* (22): Sei $s \in I$, also nach Vor. $c'(s) \neq o$. Daher existiert $\omega \in V^*$ mit $\omega(c'(s)) \neq 0$.

Somit ist nach (5) $(\omega\circ c)'(s)\neq 0$ und nach Vor. $(\omega\circ c)'=\omega\circ c'$ stetig, also gibt es eine Intervall-Umgebung $U$ von $s$ in $I$, so daß $(\omega\circ c)'(U)\subset\mathbb{R}^*$, weshalb nach dem Mittelwertsatz der Differentialrechnung $\omega\circ c|U$ injektiv ist, also auch $c|U$. – *Zu* (23): Wähle $\omega\in V^*\backslash\{o\}$, also Kern $\omega=\{o\}$ wegen dim $V=1$. Daher (vgl. (5)) $(\omega\circ c)'(I)\subset\mathbb{R}^*$, also nach dem Mittelwertsatz $\omega\circ c$ injektiv, folglich $c$ injektiv.

**Satz:**   *Obere Schranken für die Sehnenlängen differenzierbarer Wege.*

Gilt (0), ist $\|..\|$ eine Norm für $V$ und $c:I\to V$ ein differenzierbarer Weg, so folgt für alle $s,t\in I$:

$$Es\ gibt\ \vartheta\in]0,1[\ mit\ \ \|c(t)-c(s)\|\ \leq\ \|c'(s+\vartheta(t-s))\|\cdot|t-s|, \qquad (25)$$

d.h. die Entfernung zweier Punkte des Weges $c$ kann nach oben durch das Produkt aus der verflossenen Zeit und einem Zwischenwert der Bahngeschwindigkeit $\|c'\|$ von $c$ abgeschätzt werden. Ist daher $\|c'\|:I\to\mathbb{R}$ beschränkt, so ist $c:I\to V$ nach (25) *Lipschitz-stetig* ($=$ *dehnungsbeschränkt*). [Der Beweis zeigt: Der Satz gilt in beliebigen Banachräumen $(V,\|..\|)$, Differenzierbarkeit von $c$ wird nur auf $]s,t[$ benötigt, in $s,t$ lediglich die Stetigkeit von $c$.]

*Beweis:*   Seien $s,t\in I$. Ist $c(s)=c(t)$, so ist (25) trivial. Sei daher $c(t)-c(s)\neq o$, also o.B.d.A. $s<t$. Dann gibt es zufolge dem Hahn-Banach-Satz (vgl. [BOU], Chap.II, S.66, Corollaire 2) eine (stetige) Linearform

$$\omega\in V^*\ \ mit\ \ \omega(c(t)-c(s))=\|c(t)-c(s)\|\ \ und\ \ \omega(v)\leq\|v\|\ \ für\ alle\ v\in V. \quad (26)$$

[Ist $\|..\|$ die Norm eines euklidischen inneren Produkts $\langle..,..\rangle$, so erfüllt $\omega\in V^*$ mit $\omega(v):=(1/\|c(t)-c(s)\|)\cdot\langle c(t)-c(s),v\rangle$ *für* $v\in V$ (s. Cauchy-Schwarz-Ungleichung) gerade (26).] – Daher gibt es (nach Mittelwertsatz) ein $\vartheta\in]0,1[$ mit (s. (26),(5)):

$$\|c(t)-c(s)\|=(\omega\circ c)(t)-(\omega\circ c)(s)=\omega(c'(s+\vartheta(t-s)))(t-s)\leq\|c'(s+\vartheta(t-s))\|\cdot|t-s|.$$

### 1.1.5 Geometrische Definition der Tangenten und der Glattheit

**Der projektive Raum $\mathbb{P}V$,   Linienelemente von $V$:**

Sei $V$ ein $m$-dim. $\mathbb{R}$-VR. $\mathbb{P}V$ bezeichne dann den *projektiven Raum* von $V$, d.i. der hausdorffsche topologische Raum aller 1-dim. Unter-VR-e $W$ von $V$. [Eine Teilmenge $G$ von $\mathbb{P}V$ (d.h. $G$ ist eine Menge von Geraden $W$ durch $o\in V$) ist dabei *offen* in $\mathbb{P}V$ genau dann, wenn $(\bigcup_{W\in G}W)\backslash\{o\}$ offen ist in $V$.[5]] Ein *Linienelement* von $V$ ist ein Paar $(A,a)$ bestehend aus einer affinen Geraden $A$ von $V$ und einem Punkt $a\in A$. Wir identifizieren im folgenden den topologischen Produktraum $\mathbb{P}V\times V$ mit dem Raum aller Linienelemente von $V$ (der dadurch zum hausdorffschen topologischen Raum wird) vermöge der Bijektion $(W,p)\mapsto(p+W,p)$. [In diesem Sinne bedeutet Konvergenz einer Folge $(W_n,p_n)_{n\in\mathbb{N}}$ von Linienelementen von $V$ gegen ein Linienelement $(W,p)$

---

[5]Insbesondere gilt: Sind $e,e_0,e_1,..$ Vektoren in $V\backslash\{o\}$ mit $\lim e_n=e$ für $n\to\infty$, so folgt $\lim\mathbb{R}\cdot e_n=\mathbb{R}\cdot e$ in $\mathbb{P}V$ für $n\to\infty$.

einfach: $\lim W_n = W$ in $\mathbb{P}V$ und $\lim p_n = p$ in $V$ für $n \to \infty$.]

**Tangenten an Wege:** Sei $c: I \to V$ ein Weg im $m$-dim. $\mathbb{R}$-VR $V$, $\tau \in I$. Dann sagt man, $c$ *besitzt in $\tau$ eine Tangente*, wenn es einen 1-dim. Unter-VR $W$ von $V$ gibt und $\varepsilon \in \mathbb{R}_+$, so daß für alle $s, t \in I \cap ]\tau - \varepsilon, \tau + \varepsilon[$ gilt:

$$c(s) \neq c(t) \quad und \quad \lim_{s,t \to \tau} \mathbb{R} \cdot (c(t) - c(s)) = W, \quad falls \quad s \leq \tau \leq t \quad und \quad s \neq t, \quad (27)$$

mit Limes-Bildung in $\mathbb{P}V$ (s.o.) [Limites im Hausdorff-Raum $\mathbb{P}V$ sind eindeutig!]. Gilt (27), so heißt die affine Gerade $c(\tau) + W$ die *Tangente* und es heißt $(c(\tau) + W, c(\tau))$ das *Linienelement an $c$ in $\tau$* (mit *Kontaktpunkt $c(\tau)$*).

• (27) präzisiert (via Linienelement-Begriff) die Redeweise: ≫ Die Tangente an $c$ in $\tau$ ist *Grenzlage der Sekanten von $c$ durch $c(s)$ und $c(t)$ für $s, t \to \tau$* mit nicht-entarteten Zeit-„Abschnitten" $[s, t]$, die $\tau$ einschließen.≪

• Ist $\tau \in I^\circ$ und besitzen $c|I \cap ]-\infty, \tau]$ und $c|I \cap [\tau, \infty[$ Tangenten in $\tau$, *nicht* aber $c$ selbst, so sagt man, $c$ hat in $\tau$ eine *Spitze* bzw. eine *Ecke*, je nachdem diese zwei Tangenten (d.s. die sog. *links- und rechtsseitigen Tangenten an $c$ in $\tau$*) gleich bzw. verschieden sind. – Für Beispiele dazu s.u. d), e).

*Warnung:* Die Existenz einer Tangente an $c$ in $\tau$ i.S. von (27) garantiert i.a. noch nicht, daß $c$ im naiven Sinne „glatt" ist in $\tau$: Denn z.B. hat der Weg $c: \mathbb{R} \to \mathbb{R}$ ($=: V$) aus unserem obigen Beweis für die „Warnung zu (21)" in $\tau := 0$ zwar eine Tangente, zugleich ist aber 0 ein Häufungspunkt von Zeitpunkten, in welchen $c$ eine Spitze hat: Dies, sowie auch die Existenz einer Folge gegen 0 konvergenter „Doppelpunkte" von $c$, paßt kaum zur naiven Vorstellung von einem „in 0 glatten" Weg. Die folgende Definition hingegen scheint letzterer Vorstellung besser zu entsprechen:

**Glattheit von Wegen:** Ein Weg $c: I \to V$ im $m$-dim. $\mathbb{R}$-VR $V$ heiße *glatt in $\tau$* ($\in I$), wenn es eine Umgebung $U$ von $\tau$ in $I$ gibt, so daß (im Sinne der obigen Tangenten-Definition) *für alle $t \in U$ gilt:*

$$c \text{ besitzt in } t \text{ eine Tangente } c(t) + W_t \quad und \quad \lim_{t \to \tau} W_t = W_\tau \quad in \ \mathbb{P}V . \quad (28)$$

Im weiteren vergleichen wir die für Wege in (27),(28) geometrisch-definierten Begriffe „Tangente" und „Glattheit" mit analytischen Eigenschaften dieser Wege:

**a)** Hat $c: I \to V$ in $\tau$ eine Tangente, Spitze, Ecke, oder ist $c$ glatt in $\tau$, so gilt (wegen (13),(14)) beziehungsweise das Gleiche für jede $C^0$-Umparametrisierung $c \circ \varphi$ von $c$ in $\sigma$ mit $\varphi(\sigma) = \tau$ (d.h. diese Begriffe für Wege sind *geometrisch* i.S. von 1.1.3).

**b)** Ist $c$ glatt in $\tau$, so hat $c$ trivialerweise (s. (28)) eine Tangente in $\tau$ i.S. von (27), $c$ braucht in $\tau$ aber nicht differenzierbar zu sein! [Beispiel: $c := x^{1/3} : \mathbb{R} \to \mathbb{R}$, $\tau := 0$.]

**c)** Sei $\varphi_0 : \mathbb{R} \to \mathbb{R}$ die unten in (29) definierte $C^\infty$-Funktion. $c: \mathbb{R} \to \mathbb{R}^2$ mit

$$c(t) := (\varphi_0(t) + 2\varphi_0(-t)) \cdot (\cos(1/|t|), \sin(1/|t|)) \quad für \ t \in \mathbb{R}^* \quad und \quad c(0) := (0, 0)$$

ist dann ein *injektiver* $C^\infty$-*Weg* (Beweis mit (30), s.u.), *der in 0 weder eine Tangente, noch eine Spitze oder Ecke hat, insbesondere nicht glatt ist in 0 i.S. von* (28).

**d)** *Der $C^\omega$-Weg* $c := (x^2, x^3) : \mathbb{R} \to \mathbb{R}^2$ *hat in 0 eine Spitze.* [Denn in $\mathbb{P}\mathbb{R}^2$ gilt: $\lim \mathbb{R} \cdot (c(t) - c(-t)) \neq \lim \mathbb{R} \cdot (c(t) - c(0)) = \lim \mathbb{R} \cdot (c(0) - c(-t))$ für $t \searrow 0$.]

**e)** Ist $\varphi_0$ wie in c), so *hat der $C^\infty$-Weg* $c := (\varphi_0(x), \varphi_0(-x)) : \mathbb{R} \to \mathbb{R}^2$ *in 0 eine Ecke.* – Eine ganze Klasse von $C^\infty$-Wegen mit Ecken liefert das folgende

**Lemma:**  *Jeder stückweise $C^r$-Weg $(r \in \mathbb{N}_+ \cup \{\infty\})$ im endlich-dim. $\mathbb{R}$-VR $V$, z.B. jeder polygonale Weg in $V$, gestattet eine $C^0$-Umparametrisierung zu einem $C^r$-Weg.*

*Beweis:*  Betrachte nämlich die bekannte Funktion $\varphi_0 : \mathbb{R} \to \mathbb{R}$ mit

$$\varphi_0(t) := \exp(-t^{-1}) \quad \textit{für } t > 0 \quad \textit{und} \quad \varphi_0(t) := 0 \ \textit{für } t \leq 0 \ . \tag{29}$$

Offenbar ist $\varphi_0 | \mathbb{R}^*$ eine $C^\omega$-Funktion, und man verifiziert für alle $n \in \mathbb{N}$ :

*Ist $t \in \mathbb{R}_+$, so gilt* $\varphi_0^{(n)}(t) = g_n(t) \cdot t^{-2n} \cdot \varphi_0(t)$, *wobei* $g_n : \mathbb{R} \to \mathbb{R}$ *ganz-rational* [6].

Wegen $\lim \exp(-x) \cdot x^n = 0$ für $x \to +\infty$ folgt hieraus $\lim \varphi_0^{(n)}(x) = 0$ für $x \searrow 0$, und zwar für alle $n \in \mathbb{N}$, womit man induktiv bzw. durch einfache Rechnung zeigt:

$$\varphi_0 : \mathbb{R} \to \mathbb{R} \ \textit{ist } C^\infty\textit{-Funktion,} \quad \varphi_0(\mathbb{R}_+) = \, ]0,1[ \quad \textit{und} \ \varphi_0'(\mathbb{R}_+) = \, ]0, 4e^{-2}] \, , \tag{30}$$

denn $\varphi_0' = x^{-2} \cdot \varphi_0$ auf $\mathbb{R}_+$ . Daher gilt auch (vgl. (29),(30)):

$$\psi_0 := \varphi_0(x)/(\varphi_0(x) + \varphi_0(1-x)) : \mathbb{R} \to \mathbb{R} \ \textit{ist eine } C^\infty\textit{-Funktion}[7], \textit{ mit:}$$

$$\psi_0(t) = 0 \ \textit{für } t \leq 0, \quad \psi_0(t) = 1 \ \textit{für } t \geq 1, \tag{31}$$

$$\psi_0(]0,1[) = \, ]0,1[ \, , \quad \psi_0'(]0,1[) \subset \mathbb{R}_+ \ .[8]$$

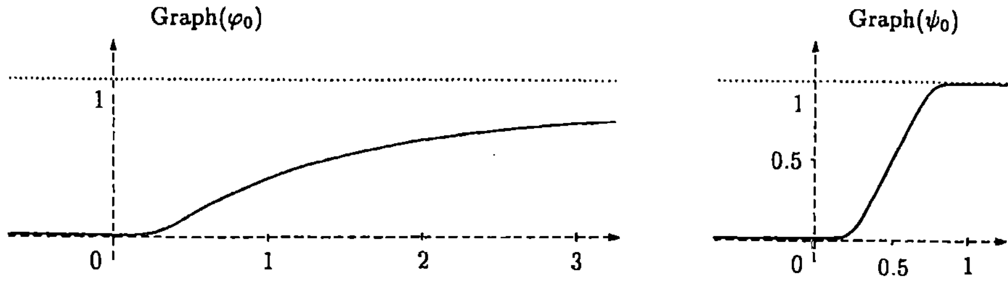


Ist daher $V$ ein $m$-dim. $\mathbb{R}$-Vektorraum und $(p_0,..,p_n)$ ein $(n+1)$-Tupel $(n \in \mathbb{N}_+)$ von Punkten in $V$, so ist (vgl. (31)) die Abb. $\gamma : [0,n] \to V$ mit

$$\gamma(t) \quad := \quad p_0 + \sum_{i=0}^{n-1} \psi_0(t-i) \cdot (p_{i+1} - p_i) \quad \textit{für } t \in [0,n] \ \textit{ein } C^\infty\textit{-Weg in } V,$$

$$\textit{dessen Bahn der Polygonzug mit den Ecken } p_i = \gamma(i) \ \textit{ist}, \tag{32}$$

$$\textit{wobei gilt:} \ \ \gamma^{(k)}(i) = 0 \ \ \textit{für alle } k \in \mathbb{N}_+ \ \textit{und } i \in \{0,..,n\} \, ,$$

genauer durchläuft $\gamma$ während $[i, i+1]$ die Verbindungsstrecke von $p_i$ bis $p_{i+1}$. –
Sei weiter $c : I \to V$ irgendein *kompakter, stückweiser* $C^r$-Weg $(r \in \mathbb{N}_+ \cup \{\infty\})$, d.h. $I = [\alpha,\beta]$ mit $\alpha < \beta$, und es gibt $\alpha_0,..,\alpha_n \in \mathbb{R}$ mit $\alpha = \alpha_0 < .. < \alpha_n = \beta$ , so daß $c|[\alpha_{i-1}, \alpha_i]$ ein $C^r$-Weg ist für $i = 1,..,n$ . Dann ist die $C^\infty$-Funktion $\gamma : [0,n] \to [\alpha,\beta]$ , wobei $\gamma$ wie in (32) definiert ist mit $V := \mathbb{R}$ und $p_i := \alpha_i$ , nach (31),(32) streng monoton wachsend mit $\gamma(i) = \alpha_i$ und für alle $k \in \mathbb{N}_+$ mit $k \leq r$ gilt: $\gamma^{(k)}(i) = 0$ für $i \in \{0,..,n\}$ .    $\gamma : [0,n] \to [\alpha,\beta]$ ist daher eine $C^0$-Umparametrisierung von $c$ auf den $C^r$-Weg $c \circ \gamma : [0,n] \to V$, der wegen (7),(10) an allen Stellen $i \in \{0,..,n\}$ verschwindende Ableitungen $k$-ter Ordnung besitzt für $k \in \mathbb{N}_+$ mit $k \leq r$ . $\square$

*Warnung:* Der $C^\infty$-*Weg* $\gamma$ aus (32) besitzt in $\tau := 1$, wenn $p_0, p_1, p_2$ nicht kollinear sind, eine *Ecke* und keine Tangente, ist dort also auch *nicht glatt*! Jedoch gilt der

---

[6] genauer: $g_n(x) = \sum_{k=0}^{n-1} a_{n,k} x^k$ *mit* $a_{n,k} := (-1)^k k! \binom{n}{k} \binom{n-1}{k} \in (k+1)! \cdot \mathbb{Z}$.
[7] wobei offenbar: $\psi_0(x) + \psi_0(1-x) = \mathbf{1}_\mathbb{R}$ , also $\psi_0'(x) = \psi_0'(1-x)$ .
[8] Man kann sogar zeigen: $\psi_0'(]0,1[) = \, ]0,2]$ *und* $\psi_0'(t) = 2$ *nur für* $t = 1/2$.

**Satz:** *Immersive $C^1$-Wege sind glatte Wege. – Genauer:* Sei $c: I \to V$ ein Weg im $m$-dim. $\mathbb{R}$-VR $V$, sei $\tau \in I$ und $c$ *immersiv* in $\tau$ (s. (2)). Dann gilt:

1. *$c$ besitzt in $\tau$ eine Tangente (im Sinne von (27)), nämlich $c(\tau) + \mathbb{R} \cdot c'(\tau)$.*
2. *Ist zusätzlich $c$ differenzierbar auf $I$ und $c'$ stetig in $\tau$, so ist $c$ glatt in $\tau$ (im Sinne von (28)).*

*Beweis: Zu 1.:* Triviale Folge von (21),(19) und Fußnote 5. – *Zu 2.:* Aus $c'(\tau) \neq o$ und der Stetigkeit von $c'$ in $\tau$ folgt $c'(t) \neq o$ für alle $t$ einer Umgebung $U$ von $\tau$ in $I$ und damit nach 1. auch die Existenz der Tangente $c(t) + \mathbb{R} \cdot c'(t)$ an $c$ in $t \in U$. Die Stetigkeit von $c'$ in $\tau$ liefert schließlich[5]: $\lim \mathbb{R} \cdot c'(t) = \mathbb{R} \cdot c'(\tau)$ für $t \to \tau$. $\square$

⊛ **Kommentar:** Die Redeweise, „$C^\infty$-Abbildungen" *glatt* (engl. *smooth*) zu nennen, ist unglücklich: Motiviert ist sie wohl dadurch, daß $C^1$-*Schnitte* $s: B \to E$ *in* $C^\infty$-*Faserräumen* $\pi: E \to B$ [also z.B. Graphenwege $(x, \varphi(x)): I \to \mathbb{R}^2$ von $C^1$-Funktionen $\varphi: I \to \mathbb{R}$ ($I$ offen in $\mathbb{R}$)] wegen $\pi \circ s = \mathrm{id}_B$ *stets immersiv, also* (s.o.) *im Sinne von* (28) *glatt sind. Andererseits haben $C^\infty$-Wege, wo sie nicht immersiv sind,* i.a. Spitzen bzw. Ecken (s.o. c),d),e)): *„Glatt" als Synonym für „$C^\infty$" drückt daher i. a. nicht die damit suggerierte geometrische Qualität solcher Abbildungen aus!*

Wir erwähnen noch (ohne Beweis) folgende „Umkehrung" des letzten Satzes:

**Theorem:** *Ist $c: I \to V$ ein Weg im $m$-dim. $\mathbb{R}$-VR $V$, der in allen Punkten von $I$ glatt ist (im Sinne von (28)), so gibt es zu jedem $\tau \in I$ einen Homöomorphismus $\varphi: H \to U$ eines Intervalls $H$ von $\mathbb{R}$ auf eine Umgebung $U$ von $\tau$ in $I$, so daß die $C^0$-Umparametrisierung $c \circ \varphi$ von $c|U$ ein immersiver $C^1$-Weg ist. – Zusatz: $\varphi: H \to U$ kann dabei so gewählt werden, daß es einen VR-Isomorphismus $u: V \to \mathbb{R}^m$ und $C^1$-Funktionen $\gamma_2, .., \gamma_m: H \to \mathbb{R}$ gibt mit $u \circ c \circ \varphi(s) = (s, \gamma_2(s), .., \gamma_m(s))$ für alle $s \in H$.*

# 1.2 Weglänge ( = Bogenlänge)

## 1.2.1 Die Länge kompakter Wege in normierten $\mathbb{R}$-Vektorräumen

**Definition:** Sei $(V, \|..\|)$ ein normierter $\mathbb{R}$-VR, sei $c: [\alpha, \beta] \to V$ ein Weg in $V$ ($\alpha, \beta \in \mathbb{R}$, $\alpha < \beta$). $Z$ heiße eine *Zerlegung von* $[\alpha, \beta]$, wenn es $n \in \mathbb{N}_+$ und $\alpha_0, .., \alpha_n \in \mathbb{R}$ gibt mit $\alpha = \alpha_0 < .. < \alpha_n = \beta$, so daß $Z = (\alpha_0, .., \alpha_n)$. Wir setzen dann für eine Zerlegung $Z$ von $[\alpha, \beta]$ :

$$\mathrm{L}(c, \|..\|, Z) \; := \; \sum_{i=1}^{n} \|c(\alpha_i) - c(\alpha_{i-1})\| \; , \quad \textit{falls} \;\; Z = (\alpha_0, .., \alpha_n) \, , \qquad (1)$$

und wie üblich (z.B. [WAL], S. 160) nennt man

$$\mathrm{L}(c, \|..\|) \; := \; \sup\{\, \mathrm{L}(c, \|..\|, Z) \mid Z \text{ Zerlegung von } [\alpha, \beta]\,\} \qquad (2)$$

die *Länge des Weges $c$ bzgl. $\|..\|$*, sie ist eine Zahl in $[0, +\infty]$. $c$ heißt *rektifizierbar bzgl. $\|..\|$*, wenn $\mathrm{L}(c, \|..\|) < \infty$.

*Zusatz:* Für beliebige (nicht notwendig kompakte) Wege $c: I \to V$ definiert man:

$$\mathrm{L}(c, \|..\|) \; := \; \sup\{\, \mathrm{L}(c|[\alpha, \beta], \|..\|) \mid \alpha, \beta \in I \;\; \textit{mit} \;\; \alpha < \beta \,\} \, . \qquad (3)$$

**Bemerkungen: a)** Ist speziell $(V, \|..\|) = (\mathbb{R}, |..|)$, so heißt die „Länge" $L(c, |..|)$ auch die *(totale) Variation von* $c: [\alpha, \beta] \to \mathbb{R}$ und statt „$c$ ist rektifizierbar bzgl. $\|..\|$" sagt man dann auch, $c$ *ist von beschränkter Variation*.

**b)** Sei $(V, \|..\|)$ ein normierter $\mathbb{R}$-VR, $c: [\alpha, \beta] \to V$ ein Weg. Dann gilt:

$$L(c, \|..\|) = 0 \quad \textit{genau dann, wenn} \quad c: [\alpha, \beta] \to V \quad \textit{konstant ist.} \tag{4}$$

Weiter gilt für alle $\gamma \in [\alpha, \beta]$ mit der Konvention $L(c|[\gamma, \gamma], \|..\|) := 0$ die

$$\textit{Längen-Additivität:} \quad L(c, \|..\|) = L(c|[\alpha, \gamma], \|..\|) + L(c|[\gamma, \beta], \|..\|) \ . \tag{5}$$

Ist $c$ rektifizierbar bzgl. $\|..\|$, so ist daher $[\alpha, \beta] \to \mathbb{R}$ $(t \mapsto L(c|[\alpha, t], \|..\|)$ eine *monoton wachsende Funktion, die* darüber hinaus *stetig ist* (s. [WAL], S. 162: Der dort nur für die euklidische Norm geführte Beweis gilt wortwörtlich für beliebige Normen).

**c)** Ist $V$ *endlich-dim.*, so sind je zwei Normen von $V$ äquivalent (s. [WAL], S. 17), und daher ist dann die Eigenschaft von $c$, „rektifizierbar bzgl. $\|..\|$" zu sein, unabhängig von der speziell gewählten Norm $\|..\|$ von $V$, wir sprechen daher – falls $\dim V < \infty$ – nur von „Rektifizierbarkeit", die danach allein eine Eigenschaft von $c$ im (endlich-dim.!) *topologischen* $\mathbb{R}$-VR $V$ ist. Dies wird auch reflektiert durch das folgende bekannte *normfreie* Rektifizierbarkeitskriterium in $V$ (s. [LE$_1$], S. 289). *Der Weg* $c: [\alpha, \beta] \to V$ *ist rektifizierbar genau dann, wenn für jede*[9] *Linearform* $\omega \in V^*$ *von* $V$ *die reelle Funktion* $\omega \circ c: [\alpha, \beta] \to V$ *sich als Differenz zweier reellwertiger stetiger monoton wachsender Funktionen auf* $[\alpha, \beta]$ *darstellen läßt.* Andererseits bleibt die *Länge* rektifizierbarer Wege in $V$ offenbar *normabhängig*, etwa: $L(c, \alpha \cdot \|..\|) = \alpha \cdot L(c, \|..\|)$ für $\alpha \in \mathbb{R}_+$. Oder z.B. hat die Länge des Weges $c: [0, 1] \to \mathbb{R}^2$ $(t \mapsto (t, t))$ in den $p$-Normen für $\mathbb{R}^2$ (s. [WAL], S. 16) für $p \in [1, \infty]$ den Wert $2^{(1/p)}$ $(:=1$ für $p = \infty)$.

**d)** Ist $\varphi$ eine $C^0$-*Umparametrisierung des Weges* $c: [\alpha, \beta] \to V$ *auf den Weg* $\tilde{c}: [\tilde{\alpha}, \tilde{\beta}] \to V$, so gilt $L(c, \|..\|) = L(\tilde{c}, \|..\|)$, insbesondere sind $c$ und $\tilde{c}$ zugleich rektifizierbar oder nicht. [Denn dann ist $\varphi: [\tilde{\alpha}, \tilde{\beta}] \to [\alpha, \beta]$ (s. 1.1.(13),(14)) eine streng monotone Bijektion, die also die Menge aller Zerlegungen von $[\tilde{\alpha}, \tilde{\beta}]$ auf die Menge aller Zerlegungen von $[\alpha, \beta]$ unter Erhalt oder Umkehrung der Anordnung abbildet, und da $\tilde{c} = c \circ \varphi$, so folgt $\sum_i \|\tilde{c}(\tilde{\alpha}_i) - \tilde{c}(\tilde{\alpha}_{i-1})\|$ $= \sum_i \|c(\varphi(\tilde{\alpha}_i)) - c(\varphi(\tilde{\alpha}_{i-1}))\|$ für jede Zerlegung $(\tilde{\alpha}_0, .., \tilde{\alpha}_n)$ von $[\tilde{\alpha}, \tilde{\beta}]$, (Summen sind kommutativ!).]

**e)** Für jeden Punkt $r$, der auf der Verbindungsstrecke zweier Punkte $p, q \in V$ liegt, gilt die Dreiecks-*Gleichung*: $\|p - q\| = \|p - r\| + \|r - q\|$, woraus zusammen mit (1),(2) sofort folgt: Ist $\gamma: [0, n] \to V$ ein affin parametrisierter polygonaler Weg in $V$ mit den Ecken $p_0, .., p_n$, d.h.

$$\gamma(t) = p_i + (t - i) \cdot (p_{i+1} - p_i) \quad \textit{für } t \in [i, i+1] \quad (i \in \{0, .., n-1\}),$$

---

[9] Es genügt, dies für alle $\omega \in V^*$ einer Basis von $V^*$ zu fordern.

so ist die Länge von $\gamma$ bzgl. $\|..\|$ gleich der Summe der Abstände $\|p_i - p_{i-1}\|$ aufeinanderfolgender Ecken $(i = 1, .., n)$. Dadurch erhält die Definition (1),(2) die bekannte Deutung:

*Für jeden Weg $c:[\alpha, \beta] \to V$ ist die Länge von $c$ bzgl. $\|..\|$ das Supremum der Längen aller $c$ einbeschriebenen polygonalen Wege.*

## 1.2.2 Kürzeste Verbindungswege in normierten $\mathbb{R}$-Vektorräumen

**Satz:** *Ist $(V, \|..\|)$ ein normierter $\mathbb{R}$-VR und sind $p, q \in V$, so gilt:*

**a)** *Der Normabstand $\|q-p\|$ ist das Minimum der Längen $L(c, \|..\|)$ aller bzgl. $\|..\|$ rektifizierbaren Wege $c:[\alpha, \beta] \to V$ mit $c(\alpha) = p$ und $c(\beta) = q$, wobei das Minimum mindestens für die „affine Verbindungsstrecke von $p$ nach $q$" angenommen wird, d.h. für den Weg:*

$$c_{pq}: [0, 1] \to V \qquad (t \mapsto p + t\cdot(q-p)). \tag{6}$$

**b)** Sei nun speziell $\|..\|$ eine „*strikte*" Norm, d.h. für alle $v, w \in V \setminus \{o\}$ impliziert $\|v + w\| = \|v\| + \|w\|$ stets $w \in \mathbb{R}_+ \cdot v$. [Bekanntlich ist die Norm eines euklidischen inneren Produkts für $V$, allgemeiner auch die Norm $\|..\|_p$ der $L_p$-Räume mit $1 < p < \infty$ (vgl. [HI-S], S. 75), „strikt" im letzteren Sinne.]

*Dann gilt für jeden $p$ mit $q$ verbindenden Weg $c:[\alpha, \beta] \to V$, falls $p \neq q$: $c$ ist ein bzgl. $\|..\|$ rektifizierbarer, kürzester Weg zwischen $p$ und $q$ (d.h. $L(c, \|..\|) = \|q-p\|$), welcher auf keinem nicht-entarteten Teilintervall von $[\alpha, \beta]$ konstant ist, genau dann, wenn $c$ eine orientierungstreue $C^0$-Umparametrisierung der affinen Verbindungsstrecke von $p$ nach $q$ ist, d.h. wenn es einen wachsenden Homöomorphismus $\varphi: [\alpha, \beta] \to [0, 1]$ gibt mit $c = c_{pq} \circ \varphi$ (s.o. (6)).*

*Zusatz:* Ohne die *Striktheit* von $\|..\|$ ist b) i.a. falsch, wie das Beispiel der Norm $\|(a_1, a_2)\|_\infty := \max\{|a_1|, |a_2|\}$ auf $\mathbb{R}^2$ zeigt, mit $p := (-1, 0)$, $q := (1, 0)$ und dem Weg $c:[-1, 1] \to \mathbb{R}^2$ $(t \mapsto (t, 1-|t|))$: Die Bahnen von $c$ und $c_{pq}$ haben nur die Punkte $p$ und $q$ gemeinsam! Man überlege, daß der Graphenweg $(x, \psi(x))$ *jeder* stetigen Funktion $\psi: [-1, 1] \to \mathbb{R}$ mit $|\psi| \leq 1$ und $\psi(-1) = \psi(1) = 0$ ein bzgl. $\|..\|_\infty$ kürzester Weg zwischen $p$ und $q$ ist. – [Analoge Beispiele gibt es für die Norm $\|..\|_1$ .]

*Beweis: Zu* a): $c_{pq}$ ist ein polygonaler Weg mit den einzigen Ecken $p$ und $q$, der *jedem* bzgl. $\|..\|$ rektifizierbaren, $p$ mit $q$ verbindenden Weg $c$ einbeschrieben ist, also nach 1.2.1.e: $\|q-p\| = L(c_{pq}, \|..\|) \leq L(c, \|..\|)$ . – *Zu* b): Daß jede $C^0$-Umparametrisierung von $c_{pq}$ ein rektifizierbarer, kürzester Verbindungsweg von $p$ nach $q$ ist, der auf keinem nicht-entarteten Teilintervall konstant ist, ist nach a) und 1.2.1.d) sowie wegen der Injektivität von $c_{pq}$ $(p \neq q!)$ klar. – Sei also umgekehrt $c:[\alpha, \beta] \to V$ ein $p$ mit $q$ verbindender Weg mit $L(c, \|..\|) = \|q-p\|$, der auf keinem nicht-entarteten Intervall von $[\alpha, \beta]$ konstant ist. Dann folgt für alle $t \in ]\alpha, \beta[$ aus der Dreiecksungleichung für $\|..\|$, aus a), aus der Längen-Additivität (5) und der Voraussetzung über $c$:

$$\|q-p\| \leq \|c(t)-p\| + \|q-c(t)\| \leq L(c|[\alpha, t], \|..\|) + L(c|[t, \beta], \|..\|) = \|q-p\|,$$

also muß überall die Gleichheit gelten: Daraus folgt zusammen mit a), und da $c$ nicht konstant auf $[\alpha, t]$: $\|c(t)-p\| = L(c|[\alpha, t], \|..\|) > 0$ (vgl. (4)), also $c(t) \neq p$. Analog folgt $c(t) \neq q$, und weiter, da $\|..\|$ eine strikte Norm ist, $c(t) - p = \lambda \cdot (q - c(t))$ mit $\lambda \in \mathbb{R}_+$, also $c(t) = p + \tau \cdot (q-p)$ mit $\tau = \lambda/(1+\lambda) \in \,]0,1[$. Daher gibt es wegen $p \neq q$ genau eine Funktion $\varphi : [\alpha, \beta] \to [0,1]$ mit $c = c_{pq} \circ \varphi = p + \varphi \cdot (q-p)$, also

$$\|q-p\| \cdot \varphi(t) = \|c(t)-p\| = \mathrm{L}(c|[\alpha,t],\|..\|) \quad \text{für alle } t \in [\alpha, \beta].$$

Hieraus folgt einmal die Stetigkeit von $\varphi$ (vgl. 1.2.1.b), ferner $\varphi([\alpha,\beta]) = [0,1]$ und für alle $s, t \in [\alpha, \beta]$ mit $s < t$ wegen der Längen-Additivität (5): $\|q-p\| \cdot (\varphi(t) - \varphi(s))$ $= \mathrm{L}(c|[s,t],\|..\|) \geq 0$, wobei die Gleichheit wegen der vorausgesetzten Nicht-Konstanz von $c|[s,t]$ nicht eintreten kann (s. (4)), also ist $\varphi$ streng monoton wachsend und damit auch $\varphi^{-1}$ stetig. $\square$

### 1.2.3 Weglängenbegriff — Inhalt $k$-dimensionaler Flächen

**Warnung:** Der Wert der Deutung der Länge eines Weges als Supremum der Längen einbeschriebener polygonaler Wege (vgl. 1.2.1.e) wird entscheidend gemindert dadurch, daß diese Deutung an der 1-Dimensionalität der Wege „hängt", und z. B. *eine geometrisch befriedigende Definition des Flächeninhalts von Flächenstücken in euklidischen Vektorräumen als Supremum von Flächeninhalten einbeschriebener polyedrischer Flächenstücke nicht gelingt* (erst recht nicht bei höher-dim. Flächenstücken!), wie Hermann Amandus Schwarz (∗25.1.1843, †30.11.1921) 1883 gezeigt hat ([SCHW$_2$], S. 309):

*Beispiel* (**H.A. Schwarzscher „Stiefel"**): Betrachte das 2-dim. Flächenstück $f : R \to \mathbb{E}^3$ ($(u,v) \mapsto (\cos u, \sin u, v)$) im 3-dim. euklidischen Raum $\mathbb{E}^3$, welches das Rechteck $R = [0, 2\pi] \times [0,1]$ des $\mathbb{E}^2$ verzerrungsfrei [10] (⊛ d.h. *isometrisch*) auf den Zylindermantel über dem Einheitskreis der (x,y)-Ebene von der z-Höhe 1 „aufwickelt". Geometrisch befriedigend wäre daher eine Flächeninhaltsdefinition, die für den Flächeninhalt $A(f)$ der Zylindermantelfläche $f$ den Wert $2\pi$ (:=Flächeninhalt des Rechtecks $R$, aus dem der Zylindermantel durch Aufwickeln entsteht) lieferte. Nun können wir der Zylindermantelfläche $f$ für jedes Paar $(m,n) \in \mathbb{N}_+^2$ folgendes polyedrische Flächenstück $f_{m,n} : R \to \mathbb{E}^3$ „einbeschreiben": Zerlege $R$ in $m \cdot n$ kongruente Teilrechtecke $R_{hk}$ ($h \in \{1,..,m\}$, $k \in \{1,..,n\}$) mit Eckpunkten auf dem Gitter $(2\pi/m)\mathbb{Z} \times (1/n)\mathbb{Z}$ des $\mathbb{E}^2$, und zerlege jedes $R_{hk}$ durch seine Diagonalen in vier Dreiecke. Damit erhalten wir eine Triangulierung $T_{mn}$ von $R$ durch $4mn$ Dreiecke. Dann sei $f_{m,n} : R \to \mathbb{E}^3$ diejenige polyedrische Abb., die auf jedem Dreieck $\triangle$ von $T_{mn}$ mit den Ecken $a,b,c$ definiert ist als Beschränkung auf $\triangle$ der *affinen* Abb. von $\mathbb{E}^2$ in $\mathbb{E}^3$, die $a,b,c$ beziehungsweise in $f(a), f(b), f(c)$ abbildet, d.h.

$$f_{m,n}(\lambda \cdot a + \mu \cdot b + \nu \cdot c) := \lambda \cdot f(a) + \mu \cdot f(b) + \nu \cdot f(c) \quad \text{für } \lambda, \mu, \nu \in [0,1], \ \lambda + \mu + \nu = 1.$$

$f_{m,n}$ stimmt daher auf der Eckenmenge der Triangulation $T_{mn}$ mit $f$ überein, das Polyederflächenstück $f_{m,n}$ ist also der Zylindermantelfläche $f$ einbeschrieben. – Die Skizze nebenan beschreibt die Abb. $f_{m,n}$ beschränkt auf eines der Teilrechtecke $R_{hk}$ von $R$, zusammengesetzt aus vier Dreiecken der Triangulation $T_{mn}$ von $R$. Das Bild $f_{m,n}(R_{hk})$ ist die Oberfläche einer 4-seitigen Pyramide (ohne Grundfläche), deren Flächeninhalt $A(f_{m,n}|R_{hk})$ gerade das Zweifache der Summe der Flächeninhalte $A(f_{m,n}|\triangle_1)$ und $A(f_{m,n}|\triangle_2)$ der Bilddreiecke $f_{m,n}(\triangle_1)$ und $f_{m,n}(\triangle_2)$ ist. Für

---

[10] d.h. für jeden Weg $c : [\alpha, \beta] \to R$ in $\mathbb{E}^2$ ist sein Bildweg $f \circ c$ genau so lang wie $c$.

letztere Flächeninhalte gilt aber nach Elementargeometrie (vgl. Skizze):

$$A(f_{m,n}|\triangle_1) = (\tfrac{1}{n})\cdot\sin(\tfrac{\pi}{2m}), \quad A(f_{m,n}|\triangle_2) = \sin(\tfrac{\pi}{m})\cdot\sqrt{(1-\cos(\tfrac{\pi}{m}))^2 + (\tfrac{1}{4n^2})}.$$

Da $R$ in $m{\cdot}n$ Teilrechtecke $R_{hk}$ zerlegt ist, folgt für den gesamten Flächeninhalt

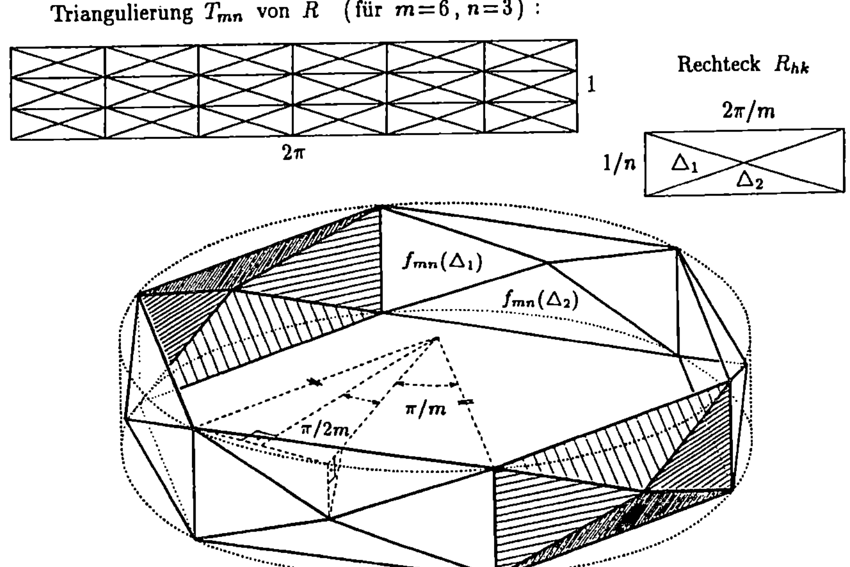


$A(f_{m,n})$ der polyedrischen Fläche $f_{m,n}: R \rightarrow \mathbb{E}^3$ :

$$A(f_{m,n}) = 2m\cdot\sin(\pi/2m) + m\cdot\sin(\pi/m)\cdot\sqrt{1 + (2n(1-\cos(\pi/m))^2}\ .$$

Wegen $\lim x\cdot\sin(\pi/x)=\pi$ für $x\rightarrow\infty$ und $1-\cos(\pi/m)=(\pi/m)^2\varphi(m)$ mit $\lim\varphi(m)$
$= (1/2)$ für $m\rightarrow\infty$ folgt zwar $\lim A(f_{m,km}) = 2\pi$ für $m\rightarrow\infty$ und $k\in\mathbb{N}_+$, aber:

$$\lim A(f_{m,m^3}) = +\infty \quad \text{für} \quad m\rightarrow\infty, \tag{7}$$

[oder für $k\in\mathbb{N}_+$ : $\lim A(f_{m,km^2}) = \pi\cdot(1 + \sqrt{1+k^2\pi^4})$ für $m\rightarrow\infty$].

*Definierte man daher* (in Analogie zum Längenbegriff für Wege) *den Flächeninhalt eines Flächenstücks als Supremum der Flächeninhalte ihm einbeschriebener polyedrischer Flächenstücke, so erhielte die Zylindermantelfläche vom Radius 1 und der Höhe 1 (s. (7)) den geometrisch unsinnigen Flächeninhalt* $+\infty$ . [⊛ Bei dieser Definition erhielte *jedes* immersive $C^2$-Flächenstück im $\mathbb{E}^3$ , dessen zweite Fundamentalform nicht identisch verschwindet, d.h. *jedes nicht-ebene* immersive $C^2$-Flächenstück im $\mathbb{E}^3$ den Flächeninhalt $+\infty$ !] −

Das unbeschränkte Wachsen (7) der Flächeninhalte einbeschriebener Polyeder liegt − wie die Skizze klar macht − daran, daß polyedrische Flächenstücke, die glatten gekrümmten Flächen einbeschrieben sind, (selbst bei feiner werdenden Triangulierungen!) sehr „zerknittert" aussehen, d.h. ebene Dreiecksflächen besitzen können,

die sehr steil zu den Tangentialebenen der glatten Fläche in den Eckpunkten des Dreiecks stehen[11] [was bei Polygonen, die glatten Wegen einbeschrieben sind, für feiner werdende Zerlegungen, nicht auftreten kann, vgl. 1.1.(19),(28)], z.B. zeigt die Skizze, daß das Dreieck $ACD$ um so steiler zur Zylinderfläche steht, je größer $n/m$, d.h. je kleiner das Verhältnis „Höhe : Länge" für die Rechtecke $R_{hk}$ ist. –
Eine geometrisch sinnvolle Definition des Flächeninhalts einer gekrümmten Fläche $F$ in einem euklidischen VR $I\!\!E$ als Supremum der elementargeometrischen Inhalte einbeschriebener Polyederflächen kann daher nur gelingen, wenn die dabei zugelassenen Polyederflächen *eingeschränkt* werden, etwa so, daß die Neigungen ihrer ebenen Seitenflächen gegen die „Tangentialebenen" von $F$ in den Ecken dieser Seitenflächen mit abnehmender „Maschenweite" der Polyederflächen gegen Null gehen. Daneben gibt es die mit dem SCHWARZschen Beispiel verträgliche Variante, den Flächeninhalt von $F$ zu definieren, nämlich als *Limes inferior* der elementargeometrischen Inhalte einbeschriebener Polyederflächen für gegen Null gehende „Maschenweite", jedoch:

Es gibt einen *geometrischen Grund*, welcher alle Definitionen $k$-dim. Flächeninhalte *für gekrümmte $k$-dim. Flächen in euklidischen VR-en $I\!\!E$ mittels elementargeometrischer Inhalte $k$-dim. Polyeder für $k \geq 3$ prinzipiell uninteressant* hat werden lassen, nämlich die Lösung für:


## 1.2.4 Das „3. Problem" von David HILBERT


($*$23.1.1862, †14.2.1943), vorgetragen von ihm 1900 auf dem Internationalen Mathematikerkongreß in Paris, [HI₂], S. 301f. -

*Zum Hintergrund:* In einem euklidischen VR $I\!\!E$ kann die elementare Längen- bzw. Flächeninhaltsmessung von Strecken bzw. Dreiecken mittels „endlicher Kongruenz in $I\!\!E$" begründet werden: Zwei Strecken von $I\!\!E$ sind *gleichlang* genau dann, wenn sie „*in $I\!\!E$ kongruent*" sind (d.h. durch eine orthogonale Abb. und eine nachfolgende Translation ineinander überführt werden können). Weiter gilt [was bereits EUKLID bekannt gewesen, aber erstmals von HILBERT ([HI₁], Kap. IV) auch für ebene Geometrien ohne Stetigkeitsaxiom bewiesen worden war]: Zwei ebene Dreiecke $\triangle$ bzw. $\triangle'$ in $I\!\!E$ *haben gleichen elementaren Flächeninhalt* $[= (1/2)\cdot$ (Grundlinie mal Höhe)] genau dann, wenn sie „*zerlegungskongruent*" in $I\!\!E$ sind, d.h. wenn es eine (endliche!) Zahl $n \in I\!\!N_+$ und eine Zerlegung von $\triangle$ bzw. $\triangle'$ in $n$ Dreiecke $\triangle_1, .., \triangle_n$ bzw. $\triangle_1', .., \triangle_n'$ gibt (welche höchstens Ecken oder ganze Seiten gemeinsam haben), so daß $\triangle_i$ zu $\triangle_i'$ in $I\!\!E$ kongruent ist für $i = 1, .., n$ . Daß die Flächengleichheit von $\triangle$ und $\triangle'$ deren Zerlegungskongruenz impliziert, sieht man dabei z. B. so ein: Das Dreieck $\triangle$ (mit größter Seitenlänge $g$ und $2a$ als korrespondierender Höhenlänge[12]) ist zerlegungskongruent zu einem flächengleichen Rechteck (der Seitenlängen $g$ und $a$) und

---

[11] Man denke z.B. an die knittrigen Bewegungs-Falten in der Ferse eines Reitstiefels (beim Übergang des Wadenschafts in den Schuhteil des Stiefels): Diese Falten bergen große Flächenanteile an Leder, obwohl sie zur Umriß-Oberfläche des Stiefels, die man aus einiger Distanz wahrnimmt, wenig beitragen. Dieses Beispiel soll H.A. SCHWARZ in Vorlesungen zur Verdeutlichung des Phänomens (7) herangezogen haben. – Man beachte die eindrucksvolle Zeichnung von H.A. SCHWARZ zu seinem Beispiel (s. [SCHW₂], S. 311). [Unsere Darstellung der Polyederflächen $f_{mn}$ ist eine Variante derjenigen von H.A. SCHWARZ.]
[12] also $a \leq (\sqrt{3}/4)g < (g/2)$, und Gleichheit nur, falls $\triangle$ gleichseitig ist.

dieses wiederum zu einem flächengleichen Quadrat (der Seitenlänge $s := \sqrt{g \cdot a}$ ), illustriert durch folgende „Bilder ohne Worte":

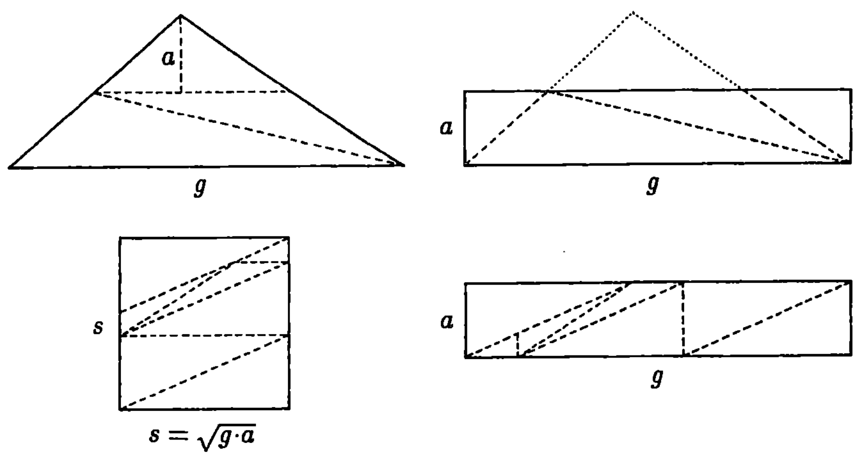


**HILBERTs „3. Problem"** stellt demgegenüber gerade die Aufgabe, zu zeigen, daß die zuletzt genannte *Zerlegungskongruenz* flächengleicher ebener Dreiecke *für 3-dim. volumengleiche Tetraeder nicht mehr richtig ist* (selbst dann nicht, wenn man „Zerlegungskongruenz" abschwächt zu "Ergänzungskongruenz"): Mit HILBERTs Worten gesagt geht es darum,

≫ *.. zwei Tetraeder mit gleicher Grundfläche und von gleicher Höhe anzugeben, die sich auf keine Weise in kongruente Tetraeder zerlegen lassen, und die sich auch durch Hinzufügung kongruenter Tetraeder nicht zu solchen Polyedern ergänzen lassen, für die ihrerseits eine Zerlegung in kongruente Tetraeder möglich ist.* ≪

Max DEHN (∗13.11.1878, †27.6.1952) findet bereits im gleichen Jahr 1900 Beispiele der von HILBERT geforderten Art[13] und leitet dann 1902 (vgl. [DE₂]) sogar ein System notwendiger Bedingungen dafür her, daß zwei 3-dim. Polyeder zerlegungskongruent sind, notwendige Bedingungen, die für zwei volumengleiche 3-dim. Polyeder nicht stets erfüllt sind. DEHNs Arbeit [DE₂] endet mit Hinweisen auf einschlägige Vorarbeiten von BRICARD (1896) und SFORZA (1897), die HILBERT offenbar entgangen waren. Für neuere Beiträge und weitere Literatur siehe [JE], [BOL], [SA].

Eine Inhaltstheorie für $k$-dim. Polyeder in $I\!E$ läßt sich daher für $k \geq 3$ nicht auf endliche Kongruenz gründen. Deshalb und wegen der Lehren aus dem Beispiel von H. A. SCHWARZ (s. 1.2.3) werden heute *maßtheoretische* oder *Integral-Definitionen* für $k$-dim. Flächeninhalte gekrümmter $k$-dim. Flächen in $I\!E$ bevorzugt: Als *Modell* hierfür dient dabei die klassische

---

[13] DEHN zeigt u.a. ([DE₁], S. 352f), daß ein reguläres Tetraeder weder zu einem ihm volumengleichen Tetraeder, welches drei gleichlange, aufeinander senkrecht stehende Kanten besitzt, noch zu einem ihm volumengleichen Würfel zerlegungskongruent ist. (Letzteres war bereits 1896 von BRICARD angegeben worden, vgl. dazu den auch historisch interessanten Artikel von H.LEBESGUE [LE₂], S. 201/200, in welchem er u.a. zeigt, daß je zwei volumengleiche der fünf *platonischen Körper* (Tetraeder, Würfel, Oktaeder, Dodekaeder, Ikosaeder) nie zerlegungskongruent sind ([LE₂], S. 210).

## 1.2.5 Integraldarstellung[14] der Länge differenzierbarer Wege

**Satz:** *Ist $(V, \|..\|)$ ein endlich-dim. normierter IR-VR, sind $\alpha, \beta \in \mathbb{R}$ $(\alpha < \beta)$ und ist $c : [\alpha, \beta] \to V$ ein differenzierbarer Weg mit beschränkter Bahngeschwindigkeit $\|c'\| : [\alpha, \beta] \to \mathbb{R}$ (z.B. $c$ ein $C^1$-Weg bzw. siehe unten 2.6.3!), so ist $c$ rektifizierbar, $c'$ und $\|c'\|$ sind integrierbar[14,15] über $[\alpha, \beta]$ und es gilt:*

$$\int_\alpha^\beta c'(x)\, dx \;=\; c(\beta) - c(\alpha) \;, \tag{8}$$

*sowie für die Länge von $c$ bzgl. $\|..\|$ (vgl. (2)):*

$$\mathrm{L}(c, \|..\|) \;=\; \int_\alpha^\beta \|c'(x)\|\, dx \;\leq\; (\beta - \alpha)\cdot\sup\{\, \|c'(t)\| \mid t \in [\alpha, \beta]\,\} \;. \tag{9}$$

*Zusätze:* **a)** Für $(V, \|..\|) := (\mathbb{R}, |..|)$ beweist H. LEBESGUE diesen Satz ([LE₁], S. 263, S. 268). – **b)** Ist $c$ differenzierbar, aber $\|c'\|$ *nicht* beschränkt, so ist i.a. weder $c'$ integrierbar noch $c$ rektifizierbar, vgl. z.B. $c : [0,1] \to (\mathbb{R}, |..|)$ mit $c(0) := 0$ und $c(t) := t^2 \cdot \sin(\pi/t^2)$ für $0 < t \leq 1$ . – **c)** Der Satz bleibt richtig, wenn $c$ nur *totalstetig* auf $[\alpha, \beta]$ ist: Die Ableitung existiert dann i.a. nur außerhalb einer Lebesgue-Nullmenge in $[\alpha, \beta]$ (vgl. [WAL], S. 342 und [RA], S. 227, II.3.16). – **d)** *Der Satz gilt für das Riemann-Integral i.a. nur, falls $c$ ein $C^1$-Weg ist:* Der erst 20-jährige Vito VOLTERRA ($\ast$3.5.1860, †11.10.1940) gibt 1881 ([VO], S. 337) eine differenzierbare Funktion $\psi : [0,1] \to \mathbb{R}$ an, deren Ableitung $\psi' : [0,1] \to \mathbb{R}$ beschränkt, aber über keinem nicht-entarteten Teilintervall von $[0,1]$ Riemann-integrierbar ist. Folglich kann $\psi(t) - \psi(0)$ für $t \in {]}0,1]$ *nicht* als Riemann-Integral von $\psi'$ über $[0,t]$ dargestellt werden, wie man es in dieser Situation gern sähe. Das Anliegen, diesen Schwachpunkt des Riemann-Integrals zu beheben (vgl. (8)), ist eine der Triebfedern für Henri LEBESGUE ($\ast$28.6.1875, †26.7.1941), *seinen Integralbegriff* zu entwickeln, wie die Einleitung (Zeilen 6-14) seiner berühmten Arbeit [LE₁] von 1902 belegt.

*Beweis:* Die Rektifizierbarkeit von $c$ ist klar, da $\|c'\|$ beschränkt, also (vgl. 1.1.(25)) $c$ Lipschitz-stetig ist. - Ist weiter $Z = (\alpha_0, .., \alpha_n)$ eine Zerlegung von $[\alpha, \beta]$, so bezeichne $\delta(Z)$ das Maximum der Schrittweiten $\alpha_i - \alpha_{i-1}$ $(i = 1, .., n)$ von $Z$ und $s^Z$ bezeichne die $V$-wertige Treppenfunktion, die in $\alpha$ den Wert $c'(\alpha)$ und auf $]\alpha_{i-1}, \alpha_i]$ vom Wert $(c(\alpha_i) - c(\alpha_{i-1}))/(\alpha_i - \alpha_{i-1})$ ist für $i = 1, .., n$ . Damit folgt (vgl. (1),(2)):

$$\int_\alpha^\beta s^Z(x)\, dx = c(\beta) - c(\alpha) \quad und \quad \int_\alpha^\beta \|s^Z(x)\|\, dx = \mathrm{L}(c, \|..\|, Z) \leq \mathrm{L}(c, \|..\|) \;. \tag{10}$$

Wegen (2),(10) gibt es eine Folge $(Z_k)_{k \in \mathbb{N}}$ von Zerlegungen von $[\alpha, \beta]$, so daß mit $s_k := s^{Z_k}$ für die Länge von $c$ bzgl. $\|..\|$ gilt (mit Limites für $k \to \infty$):

$$\mathrm{L}(c, \|..\|) \;=\; \lim \int_\alpha^\beta \|s_k(x)\|\, dx \quad und\ o.B.d.A. \quad \lim \delta(Z_k) = 0, \tag{11}$$

---

[14]Integrierbarkeit und Integrale sind stets im Sinne von LEBESGUE gemeint.

[15]Eine Abb. $f : [\alpha, \beta] \to V$ heißt integrierbar genau dann, wenn für alle Linearformen $\omega \in V^*$ von $V$ die reellwertige Funktion $\omega \circ f : [\alpha, \beta] \to \mathbb{R}$ integrierbar ist. Der Wert $v \in V$ des Integrals von $f$ über $[\alpha, \beta]$ ist dann gekennzeichnet durch:

$\int_\alpha^\beta f(x)\, dx = v \quad \Longleftrightarrow \quad \omega(v) = \int_\alpha^\beta (\omega \circ f)(x)\, dx$ *für alle $\omega \in V^*$ , bzw.*

*für alle $\omega$ einer Basis von $V^*$.*

(denn man kann letzteres durch Einschalten weiterer Zerlegungspunkte in $Z_k$ stets erreichen; dabei ändert sich (wegen der Abschätzung in (10)) die erste Gleichung von (11) nicht). Aufgrund der Definition von $s_k$ folgt für alle $t_0 \in [\alpha, \beta]$ wegen der zweiten Gleichung von (11), aus 1.1.(19) bzw. 1.1.(25) ( mit Limes für $k \to \infty$):

$$\lim s_k(t_0) \ = \ c'(t_0) \quad und \quad \|s_k(t_0)\| \leq C := \sup\{\|c'(t)\| \, | \, t \in [\alpha, \beta]\}, \qquad (12)$$

wobei $C < \infty$ nach Voraussetzung. Aus (12) und der Stetigkeit aller Linearformen von $V$ (dim $V < \infty$) folgt für alle $t_0 \in [\alpha, \beta]$ und alle $\omega \in V^*$ (Limes für $k \to \infty$):

$$\lim(\omega \circ s_k)(t_0) \ = \ (\omega \circ c')(t_0) \quad und \quad |(\omega \circ s_k)(t_0)| \leq \|\omega\| \cdot C < \infty. \qquad (13)$$

Aus (12),(13) und dem Lebesgue-Grenzwertsatz (s. [WAL], S. 392) folgt daher[14, 15] die Integrierbarkeit von $c'$ bzw. $\|c'\|$ über $[\alpha, \beta]$ und deren Integrale sind[1] die Limites der Folgen der Integrale über $s_k$ bzw. $\|s_k\|$ , woraus wegen (10),(12) gerade (8) und wegen (11),(12),(13) gerade (9) folgt. $\square$

**Aufgabe:** Berechne mittels (9) für $c := (x^2, x^3): \mathbb{R} \to \mathbb{E}^2$ (vgl. 1.1.5.d) und $\tau \in \mathbb{R}_+$ die Länge $L(c|[0, \tau])$. Gib sodann eine Konstruktion mit Zirkel und Lineal an für eine Strecke dieser Länge ($L(c|[0, \tau])$, wenn Strecken der Längen 1 und $\tau^2$ ( = Abszisse des Endpunktes von $c|[0, \tau]$ ) gegeben sind. – [1659 soll William NEIL (∗1637,†1670) den Wert von $L(c|[0, \tau])$ nicht nur näherungsweise, sondern genau als algebraischen Ausdruck in $\tau$ bestimmt haben (daher nach ihm benannt: $c(\mathbb{R}) = Neil\text{-}Parabel$ ). [$c$ scheint das historisch früheste Beispiel eines *gekrümmten* Weges zu sein, bei dem die Längen kompakter Abschnittswege (ähnlich den Längen der Streckenabschnitte *gerader* Wege) genau und rein *algebraisch* (sogar ganzrational in Quadratwurzelausdrücken!) aus den Koordinaten von Anfangs- und Endpunkt berechenbar sind: Dies war (seit ARISTOTELES) bei *krummen* Wegen nicht für möglich gehalten worden. (Was gilt diesbezüglich für die Abschnitts-Weglängen von Kegelschnittwegen?)]

## 1.2.6 (Um-) Parametrisierungen auf Weglänge[16]

**Definition:** Sei $(V, \|..\|)$ ein endlich-dim. normierter $\mathbb{R}$-VR und $c: I \to V$ ein Weg in $V$ . – Dann heiße $c$ *auf Weglänge[16] parametrisiert bzgl.* $\|..\|$, wenn

$$für \ alle \ s, t \in I \ mit \ s < t \ gilt: \quad L\big(c|[s,t], \|..\|\big) \ = \ t - s, \qquad (14)$$

d.h. während jedes kompakten Zeitintervalls in $I$ von der *Dauer* $l$ ($\in \mathbb{R}_+$) durchläuft $c$ einen rektifizierbaren Wegabschnitt der *Länge* $l$ . – Ist $c$ sogar ein $C^1$-Weg, so folgt aus (9),(14) nach dem Hauptsatz der Differential- und Integralrechnung:

$$c \ ist \ auf \ Weglänge \ parametrisiert \quad \Longleftrightarrow \quad \|c'\| \ = \ \mathbb{1}_I, \qquad (15)$$

d.h. die auf Weglänge parametrisierten unter den $C^r$-Wegen ($r \geq 1$) sind genau diejenigen von konstanter Bahngeschwindigkeit 1 . Diese letzteren nennen wir *normierte* $C^r$-Wege (engl.: *unit speed curves*), sie sind also stets immersiv, insbesondere glatt (s. Satz in 1.1.5).

---

[16]In der klassischen Literatur: *Bogenlänge* (engl. *arc length*) statt *Weglänge*.

**Satz:**  *Umparametrisierung von Wegen auf Weglänge bzgl. $\|..\|$ .*
*Vor.:*  Wie oben in der Definition und

$$\text{für alle } s,t\in I \text{ mit } s<t \text{ gelte:} \qquad 0 \;<\; L(c|[s,t],\|..\|) \;<\; \infty \,, \qquad (16)$$

d.h. jeder kompakte Teilweg von $c$ ist rektifizierbar und (vgl. (4)) nicht-konstant; z.B. gilt (16) für immersive $C^1$-Wege $c$ (s. (9)). – Dann gilt:

**a)**  *Für jedes $\alpha\in I$ gibt es genau eine orientierungstreue $C^0$-Umparametrisierung $\varphi:H\to I$ von $c$ auf den auf Weglänge parametrisierten (d.h. normierten) Weg $c\circ\varphi:H\to V$ mit $0\in H$ und $\varphi(0)=\alpha$ .*

*Zusatz:* Überlege, daß (16) auch notwendig ist für die Gültigkeit der Beh. a) .

**b)**  *Ist $c$ ein immersiver $C^r$-Weg $(r\in\mathbb{N}_+\cup\{\infty,\omega\})$ und ist $\|..\|$ auf $V\backslash\{o\}$ eine $C^{r-1}$-Funktion* (was z. B. für die Norm jedes euklidischen inneren Produkts auf $V$ zutrifft[17]), *so ist $\varphi$ aus* **a)** *sogar eine $C^r$-Umparametrisierung.*

*Beweis: Zu* a): Nach (16), 1.2.1.b und (5) ist die Funktion $\lambda:I\to\mathbb{R}$ mit

$$\lambda(t) \;:=\; \begin{cases} \phantom{-}L(c|[\alpha,t],\|..\|) & \textit{für } \;\alpha\le t\in I \,, \\ -L(c|[t,\alpha],\|..\|) & \textit{für } \;\alpha> t\in I \,, \end{cases} \qquad (17)$$

auf $I$ stetig und streng monoton wachsend mit $\lambda(\alpha)=0$, liefert also einen Homöomorphismus auf ein $0$ enthaltendes Intervall $H$ von $\mathbb{R}$ und nach (17),(5) gilt

$$\text{für alle } \gamma,\delta\in I \text{ mit } \gamma<\delta : \qquad \lambda(\delta)-\lambda(\gamma) \;=\; L(c|[\gamma,\delta],\|..\|) \,. \qquad (18)$$

$\varphi := \lambda^{-1}:H\to I$ ist daher ein streng monoton wachsender Homöomorphismus mit $\varphi(0)=\alpha$ und für alle $s,t\in H$ mit $s<t$ folgt nach 1.2.1.d:

$$L((c\circ\varphi)|[s,t],\|..\|) \;=\; L(c|[\varphi(s),\varphi(t)],\|..\|) \underset{(18)}{=} \lambda(\varphi(t))-\lambda(\varphi(s)) \;=\; t-s \,,$$

d.h. (vgl. (14)): $c\circ\varphi$ ist auf Weglänge parametrisiert. – *Zu* b): Unter den Voraussetzungen von b) gilt aufgrund der Definition von $\varphi$ und wegen (17),(9):

$$\varphi^{-1}(t) \;=\; \lambda(t) \;=\; \int_\alpha^t \|c'(x)\|\,dx \qquad \textit{für alle } t\in I \,, \qquad (19)$$

woraus nach Kettenregel die $C^r$-Eigenschaft von $\varphi^{-1}$ und damit die von $\varphi$ folgt. $\square$

**Kommentar:** Leonhard EULER ($*15.4.1707$, $\dagger 7.9.1783$) benutzt 1775 als Erster auf Weglänge parametrisierte Wege in $\mathbb{E}^3$ ([EU₁]). [Er gewinnt damit eine fundamentale Deutung der Krümmung von Wegen in $\mathbb{E}^3$ (s.u.).] Nun liefert der letzte Satz für alle immersiven $C^r$-Wege $c:I\to V$ theoretisch die Existenz solcher Umparametrisierungen auf Weglänge. Die dafür benötigte Stammfunktion (19) von $\|c'\|$ auf $I$ ist jedoch meist nicht mittels elementarer Funktionen auszudrücken und daher numerisch schlecht handhabbar: So etwa beim Ellipsenweg $c := (\alpha\cdot\cos x,\beta\cdot\sin x):\mathbb{R}\to\mathbb{E}^2$

---

[17]Die Norm $\|..\|_\infty$ des $\mathbb{R}^2$ mit $\|(a_1,a_2)\|_\infty := \max\{|a_1|,|a_2|\}$ ist andererseits in allen Punkten $(a_1,a_2)\in\mathbb{R}^2$ mit $|a_1|=|a_2|$ nicht einmal differenzierbar.

mit $\alpha, \beta \in \mathbb{R}_+$ und $\beta < \alpha$, wo die Bestimmung von (19) auf (daher der Name!) *elliptische Integrale* führt (vgl. [WAL], S. 166/167). Glücklicherweise kann man a posteriori feststellen, daß der Erfolg von EULERs Methode letztlich auch nur auf dem Einsatz eines $c$ zugeordneten linearen Differentialoperators, der sog. Ableitung nach der Weglänge von $c: I \to V$ beruht: Dessen Definition und rechnerische Handhabung (s.u. (20),(21),(25)) ist nämlich von einer effektiven (Um-)Parametrisierung von $c$ auf Weglänge völlig unabhängig (durch eine solche Umparametrisierung erfährt er lediglich eine einfache analytische Deutung, s.u. (22)).

## 1.2.7  Die Ableitung nach der Weglänge immersiver $C^1$-Wege

**Definition:**  Sei $c: I \to V$ ein Weg im endlich-dim. normierten $\mathbb{R}$-VR $(V, \|..\|)$ mit der Eigenschaft (16), die z.B. jeder immersive $C^1$-Weg besitzt (s. (9)). Ist dann $f: I \to W$ ein Weg in einem weiteren endlich-dim. $\mathbb{R}$-VR mit dem gleichen Zeitintervall $I$ wie $c$, so heißt $f$ *in* $t_0 \in I$ *differenzierbar nach der Weglänge von* $c$ (bzgl. $\|..\|$), wenn folgender Limes in (der kanonischen Topologie[1] von) $W$ existiert:

$$\partial_c f(t_0) \;:=\; \lim_{s,t \to t_0} \frac{f(t) - f(s)}{L(c|[s,t], \|..\|)} \qquad \textit{für } s \neq t \textit{ und } s \leq t_0 \leq t, \qquad (20)$$

er heißt die *Ableitung von* $f$ *nach der Weglänge von* $c$ *in* $t_0$.

Wie üblich heißt $f$ *differenzierbar nach der Weglänge von* $c$, wenn letzteres in allen $t_0 \in I$ zutrifft. Dann hat man die Abbildung $\partial_c f: I \to V$ $(t \mapsto \partial_c f(t))$, die sog. *Ableitung von* $f$ *nach der Weglänge von* $c$.

*Bemerkungen:* a)  Physikalisch gesprochen ist $\partial_c f(t_0)$ keine Geschwindigkeit wie $f'(t_0)$, sondern *eine* 1-*dim. Dichte* von $f$ in $t_0$ nach dem Längenmaß von $c$.

b)  *Differentiations-Regeln:* Zeige für die Ableitung $\partial_c$ nach der Weglänge von $c$: Sei $\alpha \in \mathbb{R}$, seien $f, g: I \to W$, $f_i: I \to V_i$ $(i = 1,..,n)$ Wege in endlich-dim. $\mathbb{R}$-VR-en, $l: V_1 \times .. \times V_n \to E$ sei eine multilineare Abb., $h: G \to E$ eine auf einer Umgebung $G$ von $f(I)$ in $W$ definierte, differenzierbare Abb. in einen endlich-dim. $\mathbb{R}$-VR $E$. Sind dann $f, g, f_1,.., f_n$ nach der Weglänge von $c$ differenzierbar, so auch $\alpha \cdot f$, $f+g$, $l(f_1,.., f_n)$ und $h \circ f$, und es gilt (s. auch unten (24):

$$\partial_c(\alpha \cdot f) \;=\; \alpha \cdot \partial_c f \;, \qquad \partial_c(f+g) \;=\; \partial_c f + \partial_c g \qquad\qquad ,$$
$$\partial_c(l(f_1,.., f_n)) \;=\; l(\partial_c f_1, f_2,.., f_n) \;+\; ... \;+\; l(f_1,.., f_{n-1}, \partial_c f_n) \qquad , \qquad (21)$$
$$\partial_c(h \circ f) \;=\; (d_f h) \circ (\partial_c f) \underset{E=\mathbb{R}}{=} (h' \circ f) \cdot \partial_c f \qquad\qquad .$$

c)  Aus (14), (20) und 1.1.(19) folgt: Ist $c$ auf Weglänge parametrisiert, so ist $f$ differenzierbar nach der Weglänge von $c$ genau dann, wenn $f$ differenzierbar ist und dann gilt:

$$\partial_c f \;=\; f' \;, \qquad \textit{falls also } c \textit{ auf Weglänge parametrisiert ist.} \qquad (22)$$

d)  Da die identische Abb. $x: \mathbb{R} \to \mathbb{R}$ ein normierter $C^\omega$-Weg in $(\mathbb{R}, |..|)$ ist, so folgt aus (22) für die Ableitung nach der Weglänge von $x$ (vgl. 1.1.(1)):

$$\partial \;:=\; \partial_x \;=\; (..)' \quad \textit{ist der Operator der gewöhnlichen Differentiation .} \qquad (23)$$

**Satz:** Sei $E$ ein $m$-dim. euklidischer $\mathbb{R}$-VR mit innerem Produkt $\langle..,..\rangle$ und der zugehörigen Norm $\|..\|$, sei $r \in \mathbb{N}_+ \cup \{\infty, \omega\}$, sei $c: I \to E$ ein *immersiver* $C^r$-Weg, $f: I \to V$ ein $C^r$-Weg in einem endlich-dim. $\mathbb{R}$-VR $V$. –
Dann ist $f$ differenzierbar nach der Weglänge von $c$ und es gilt:

$$\partial_c f \;=\; (1/\|c'\|) \cdot f' : I \to V \quad \textit{ist ein } C^{r-1}\text{-}\textit{Weg} . \tag{24}$$

Aus (23),(24) folgt mit der *kanonischen Differentiation* $(..)'$ (s. 1.1.(1)):

$$\boxed{\;\partial_c \;=\; \frac{1}{\|c'\|} \cdot \partial \;=\; \frac{1}{\|c'\|} \cdot (..)' \;.\;} \tag{25}$$

*Zusatz:* Wegen (24) kann man – wie üblich – die *Iterierten* $\partial_c^k$ des Differential-operators $\partial_c$ für $k \in \mathbb{N}$ mit $k \leq r$ rekursiv definieren: $\partial_c^0 f := f$ und für $1 \leq k \leq r$: $\partial_c^k f := \partial_c(\partial_c^{k-1} f)$ . – Zum Beispiel folgt für $r \geq 2$ wegen $\|c'\| = \sqrt{\langle c', c' \rangle}$:

$$\|c'\|' \;=\; \langle c'', c' \rangle / \|c'\| \;, \quad \textit{also} \quad (1/\|c'\|)' \;=\; -\langle c'', c' \rangle / \|c'\|^3 \;, \tag{26}$$

d.h. nach (24),(26): $\partial_c(1/\|c'\|) = -\langle c'', c' \rangle / \langle c', c' \rangle^2$ , also nach (21),(24):

$$\partial_c^2 f \;=\; \frac{1}{\langle c', c' \rangle} \cdot \Big( f'' - \frac{\langle c'', c' \rangle}{\langle c', c' \rangle} \cdot f' \Big) \;. \tag{27}$$

Aus (25),(27) folgt [mittels der Analysis einer reellen Veränderlichen] u.a. für eine $C^1$- bzw. $C^2$-Funktion $\psi: I \to \mathbb{R}$, $N \subset I$ ($N^\circ :=$ Inneres von $N$) und $\tau \in I^\circ$:

$$\big( (\partial_c \psi)(I \setminus N) \subset \mathbb{R}_+ \quad \textit{und} \quad N^\circ = \emptyset \big) \quad \Longrightarrow \quad \psi \textit{ streng monoton wachsend}, \tag{28}$$

$$\textit{bzw.:} \quad \psi \textit{ hat in } \tau \textit{ lokales Minimum} \quad \Longrightarrow \quad \big( (\partial_c \psi)(\tau) = 0 \leq (\partial_c^2 \psi)(\tau) \big),$$
$$\big( (\partial_c \psi)(\tau) = 0 < (\partial_c^2 \psi)(\tau) \big) \quad \Longrightarrow \quad \psi \textit{ hat in } \tau \textit{ strenges lokales Minimum}. \tag{29}$$

*Beweis des Satzes:* Wegen (9) gibt es für alle $s, t \in I$ mit $s < t$ ein $\xi \in ]s, t[$, so daß $L(c|[s,t], \|..\|) = \|c'(\xi)\| \cdot (t-s)$, woraus wegen (20), der Immersivität von $c$ und der $C^\omega$-Eigenschaft der euklidischen Norm $\|..\|$ auf $E \setminus \{o\}$ die Behauptung (24) folgt.

**Aufgabe:** Zeige unter den Voraussetzungen des obigen Satzes für $k \in \mathbb{N}_+$, $k \leq r$:

• Für alle $i \in \{1,..,k\}$ gibt es Polynomfunktionen $P_{ik} : \mathbb{R}^{k-i+1} \to \mathbb{R}$, homogen vom Grade $k$ (und vom Gewicht $2k-i$, s. [WAE], S. 100), z.B. $P_{kk} := x^k : \mathbb{R} \to \mathbb{R}$, so daß:

$$\partial_c^k f \;=\; \sum_{i=1}^k P_{ik}(\sigma, \sigma', .., \sigma^{(k-i)}) \cdot f^{(i)} \quad \textit{mit} \quad \sigma := \frac{1}{\|c'\|} : I \to \mathbb{R}_+ \;. \tag{30}$$

• Ist $\varphi : H \to I$ eine $C^r$-Umparametrisierung von $c$ auf $c \circ \varphi : H \to E$, so ist $c \circ \varphi$ ein immersiver $C^r$-Weg in $E$ und für die Ableitung des (gleichfalls mit $\varphi$ umzuparametrisierenden) $C^r$-Weges $f: I \to V$ nach der Weglänge von $c \circ \varphi$ gilt:

$$\partial_{(c \circ \varphi)}^k (f \circ \varphi) \;=\; (\mathrm{sgn}\,\varphi')^k \cdot ((\partial_c^k f) \circ \varphi), \tag{31}$$

(s. (25) und 1.1.(11)), weshalb die Ableitung nach der Weglänge gegenüber simultanen *orientierungstreuen* Umparametrisierungen von $c$ und $f$ invariant ist.

# 1.3 Winkelfunktionen, Schwenk und Umlaufzahlen ebener Wege

## 1.3.1 Orientierungen, komplexe Strukturen von $\mathbb{R}$-Vektorräumen

$$\textit{Sei } V \textit{ ein } m\text{-}\textit{dim. } \mathbb{R}\text{-}\textit{Vektorraum} \quad (m \in \mathbb{N}_+) \,. \tag{0}$$

**a)**   Eine *Orientierung* $O$ von $V$ ist (s. [KOE], S. 121) eine der zwei (zunächst gleichberechtigten) Äquivalenzklassen *gleichorientierter* $m$-Beine ($:=$ geordneter Basen) von $V$. Jedes $m$-Bein $(a_1,..,a_m)$ von $V$ bestimmt genau eine „*von* $(a_1,..,a_m)$ *induzierte Orientierung* $O$" von $V$, gekennzeichnet durch $(a_1,..,a_m)$ $\in O$. – Ein $n$-dim. *orientierter* $\mathbb{R}$-*Vektorraum* $(W,O)$ ist ein Paar aus einem $n$-dim. $\mathbb{R}$-VR $W$ und einer Orientierung $O$ von $W$. Die $n$-Beine der damit ausgezeichneten Orientierung $O$ von $W$ heißen dann die *positiv-orientierten*.

**b)**   Eine *komplexe Struktur für* $V$ ist eine

$$\mathbb{R}\text{-}\textit{lineare Abbildung} \quad J : V \to V \quad \textit{mit} \quad J \circ J = - \,\mathrm{id}_V \,, \tag{1}$$

insbesondere ist $J : V \to V$ bijektiv. Aus $\det(J)^2 = \det(J \circ J) = \det(-\mathrm{id}_V) =$ $= (-1)^m$ folgt, daß $V$ nur bei *gerader* Dimension $m$ eine komplexe Struktur zuläßt, dann aber „viele": Denn ist $m \in 2\mathbb{N}_+$ und $(a_1,..,a_m)$ ein beliebiges $m$-Bein von $V$, so ist die wohlbestimmte $\mathbb{R}$-*lineare* Abb. $J : V \to V$ mit

$$J(a_{2i-1}) = a_{2i} \quad \textit{und} \quad J(a_{2i}) = -a_{2i-1} \quad \textit{für} \quad i = 1,..,k := (m/2) \tag{2}$$

offenbar eine, die *von* $(a_1,..,a_m)$ *induzierte komplexe Struktur von* $V$ und jede komplexe Struktur von $V$ kann so erhalten werden, (s.u. Aufgabe). Folgere aus (1) bzw. (2): $J$ hat nur die Eigenwerte $\pm i \in \mathbb{C}$, bzw. weiter $\det(J) = 1$.

**c)**   Ist $J$ eine komplexe Struktur von $V$ und $m = 2k$ ($k \in \mathbb{N}_+$), so wird $V$ bzgl. der in $V$ definierten Vektoraddition und der folgendermaßen definierten „Multiplikation" $\mathbb{C} \times V \to V$ mit Elementen des Körpers $\mathbb{C}$:

$$\alpha \cdot v \;\; := \;\; \mathrm{Re}(\alpha) \cdot v + \mathrm{Im}(\alpha) \cdot Jv \quad \textit{für alle} \;\; (\alpha, v) \in \mathbb{C} \times V \tag{3}$$

zu einem $k$-dim. $\mathbb{C}$-Vektorraum $V^J$, wie man (mittels $J \circ J = -\,\mathrm{id}_V$) prüft[18] (deshalb „komplexe Struktur" von $V$). Ist $(a_1,..,a_m)$ ein $m$-Bein von $V$, welches $J$ i. S. von (2) induziert, so ist $(a_1, a_3,.., a_{m-1})$ eine $\mathbb{C}$-Basis von $V^J$.

**d)**   Sei $J$ eine komplexe Struktur von $V$. Dann gibt es (mindestens) ein *euklidisches inneres Produkt* $\langle ..,.. \rangle$ für $V$, bzgl. dessen $J$ *orthogonal* ist, d.h.:

$$\langle Jv, Jw \rangle \;\; = \;\; \langle v, w \rangle \quad \textit{für alle} \;\; v, w \in V \,.^{19} \tag{4}$$

---

[18] Nur „$(\alpha\beta) \cdot v = \alpha \cdot (\beta \cdot v)$ *für* $\alpha, \beta \in \mathbb{C}$ *und* $v \in V$" ist zu prüfen, da alle anderen $\mathbb{C}$-VR-Axiome nach (0),(3) offensichtlich erfüllt sind.

[19] Diese Aussage (4) wird auch so zitiert: $\langle ..,.. \rangle$ *ist* $J$-*hermitesch*.

Dabei ist (4) (wegen (1)) äquivalent zur *Schiefadjungiertheit* von $J$:

$$\langle Jv, w \rangle = -\langle v, Jw \rangle \quad \text{für } v, w \in V \quad \text{bzw.} \quad \langle Jv, v \rangle = 0 \quad \text{für } v \in V, \tag{5}$$

und ebenso äquivalent zur Aussage: Das Vektorpaar

$$(e, Je) \text{ ist orthonormal bzgl. } \langle .., .. \rangle \text{ für alle } e \in V \text{ mit } \langle e, e \rangle = 1. \tag{6}$$

*Zu* d): Ist $\langle .., .. \rangle^*$ irgendein euklidisches inneres Produkt für $V$, so ist (4) (wegen (1)) erfüllt mit $\langle v, w \rangle := \langle v, w \rangle^* + \langle Jv, Jw \rangle^*$ für $v, w \in V$. $\quad\square$


**Aufgabe:** Sei $J$ eine komplexe Struktur für $V$ und $\langle .., .. \rangle$ ein euklidisches inneres Produkt für $V$, bzgl. dessen $J$ orthogonal ist (s.o. d)). Zeige:

- Die komplexwertige Funktion $\langle .., .. \rangle^J : V \times V \to \mathbb{C}$ mit

$$\langle v, w \rangle^J := \langle v, w \rangle + \langle Jv, w \rangle \cdot i \quad \text{für } v, w \in V \tag{7}$$

ist ein *hermitesches inneres Produkt* für den $\mathbb{C}$-VR $V^J$ (s.o. c)), das also in $v$ anti-$\mathbb{C}$-linear und in $w$ $\mathbb{C}$-linear ist (d.h. $\langle \alpha \cdot v, w \rangle^J = \bar{\alpha} \cdot \langle v, w \rangle^J$ und $\langle v, \alpha \cdot w \rangle^J = \alpha \cdot \langle v, w \rangle$ für alle $\alpha \in \mathbb{C}$, sowie Additivität von $\langle v, w \rangle^J$ in $v$ und $w$ ).

- Es gibt ein $\langle .., .. \rangle$-orthonormales $m$-Bein $(a_1, .., a_m)$ von $V$, welches $J$ im Sinne von (2) induziert. $(a_1, a_3, .., a_{m-1})$ ist dann $\langle .., .. \rangle^J$-orthonormal (vgl. (7)).
[Tip: Beweis durch Induktion über $k := (m/2) \in \mathbb{N}_+$.]


**e)** *Der $m$-dim. orientierte euklidische Vektorraum $\mathbb{E}^m$:*

Der $\mathbb{E}^m$ zugrundeliegende $\mathbb{R}$-VR ist der $m$-dim. Zahlraum $\mathbb{R}^m$. Seine Orientierung $O_{\mathrm{can}}$ ist die vom kanonischen $m$-Bein $(e_1, .., e_m)$ induzierte [wobei also $e_1 := (1, 0, .., 0)$, .., $e_m := (0, .., 0, 1)$]. Sein *inneres Produkt* und seine *Norm* sind die kanonischen, d.h. für $v = (v_1, .., v_m)$, $w = (w_1, .., w_m) \in \mathbb{E}^m$:

$$\langle v, w \rangle_{\mathrm{can}} := v_1 w_1 + .. + v_m w_m \ , \qquad \|v\|_{\mathrm{can}} := \sqrt{v_1^2 + .. + v_m^2} \ . \tag{8}$$

Die Menge aller seiner Einheitsvektoren heiße

$$\mathbf{S}^{m-1} := \{ e \in \mathbb{E}^m \mid \langle e, e \rangle_{\mathrm{can}} = 1 \} \quad =: \ (m-1)\text{-}dim. \ Standard\text{-}Sphäre \,. \tag{9}$$

Bei geradem $m = 2k$ $(k \in \mathbb{N}_+)$ heiße die von $(e_1, .., e_m)$ im Sinne von (1) induzierte komplexe Struktur $J_{\mathrm{can}}$ des $\mathbb{E}^m$ die *kanonische*, d.h.

$$J_{\mathrm{can}}(e_{2i-1}) = e_{2i} \quad und \quad J_{\mathrm{can}}(e_{2i}) = -e_{2i-1} \quad \text{für } i \in \{1, .., k\}. \tag{10}$$

Da $(e_1, .., e_m)$ orthonormal in $\mathbb{E}^m$, so ist $J_{\mathrm{can}}$ nach (10) eine orthogonale Abbildung des $\mathbb{E}^m$ auf sich, erfüllt also (4),(5),(6), und (s.o. b)): $\det(J_{\mathrm{can}}) = 1$.

## 1.3.2 Zweidimensionale orientierte, euklidische Vektorräume

$$\textit{Sei } \mathbb{E} \textit{ ein 2-dim. orientierter euklidischer } \mathbb{R}\textit{-VR} \qquad (11)$$

mit dem inneren Produkt $\langle ..,.. \rangle$ , der Norm $\|..\|$ , der Orientierung $O$ und sei

$$\mathbb{S}\mathbb{E} \;:=\; \{\, e \in \mathbb{E} \mid \langle e, e \rangle = 1 \,\} \quad (=: \textit{Einheitskreislinie in } \mathbb{E}) \, . \qquad (12)$$

**a)**  Dann gibt es genau eine $\mathbb{R}$-lineare Abbildung $J : \mathbb{E} \to \mathbb{E}$ , so daß für alle $e \in \mathbb{S}\mathbb{E}$ gilt:

$$(e, Je) \quad \textit{ist ein positiv-orientiertes, orthonormales 2-Bein}[20] \, . \qquad (13)$$

Dies $J$ ist eine orthogonale Abbildung und eine, die sog. *kanonische komplexe Struktur von* $\mathbb{E}$. $J$ erfüllt daher auch die Aussagen (4) und (5).
[Ist nämlich $(a_1, a_2)$ ein positiv-orientiertes, orthonormales 2-Bein von $\mathbb{E}$ , so wähle für $J$ die von $(a_1, a_2)$ induzierte komplexe Struktur, die (vgl. (2)) $(a_1, a_2)$ auf $(a_2, -a_1)$ abbildet, also eine orthogonale Abb. der Determinante $+1$ ist. Dann folgt aber aus (6) die Aussage (13). Zur Einzigkeit: Selbst. $\square$ ]

**b)**  Die *kanonische* (2-dim.) *Volumform* [oder *Determinantenfunktion*] *von* $\mathbb{E}$ ist die schiefsymmetrische $\mathbb{R}$-Bilinearform $\Omega$ auf $\mathbb{E}$ mit (s. (5),(7))

$$\Omega(v, w) \;:=\; \langle Jv, w \rangle \;=\; -\langle v, Jw \rangle \;=\; \operatorname{Im} \langle v, w \rangle^J \quad \textit{für } v, w \in \mathbb{E} \, , \qquad (14)$$

wobei $J$ die kanonische komplexe Struktur für $\mathbb{E}$ ist (vgl. a)). Dann gilt für alle $u, v, w \in \mathbb{E}$ die sog. *Lagrange–Identität*:

$$\langle u, w \rangle \langle v, w \rangle \;+\; \Omega(u, w)\, \Omega(v, w) \;=\; \langle u, v \rangle \langle w, w \rangle \quad ,$$
$$\textit{also (mit } u = v) : \quad \langle v, w \rangle^2 + \Omega(v, w)^2 \;=\; \langle v, v \rangle \langle w, w \rangle \quad . \qquad (15)$$

[Da beide Seiten der ersten Gleichung von (15) bilinear in $u, v$ und homogen in $w$ sind, so genügt es, diese Gleichung für beliebiges $w \in \mathbb{S}\mathbb{E}$ und für $u, v \in \{w, Jw\}$ (s. (13)) zu verifizieren, was man mittels (14), (13) ausführe. $\square$ ]

Die eingangs eingeführten Namen für $\Omega$ erklären sich aus folgenden Eigenschaften:

**Aufgabe:**  Gelten (11),(12),(13), so zeige:  $\bullet$  Für alle $v, w \in \mathbb{E}$ gilt:

$$\begin{aligned}
|\Omega(v, w)| \;&=\; {}_+\sqrt{\langle v, v \rangle \langle w, w \rangle - \langle v, w \rangle^2} \, , \\
&=:\; \mu_2(\{\lambda{\cdot}v + \mu{\cdot}w \mid \lambda, \mu \in [0, 1]\}) \, , \;[21] \\
\Omega(v, w) \;&>\; 0 \;\Longleftrightarrow\; (v, w) \textit{ ist ein positiv-orientiertes 2-Bein} \, , \\
\Omega(v, w) \;&=\; 0 \;\Longleftrightarrow\; v \textit{ und } w \textit{ sind } \mathbb{R}\textit{-linear abhängig} \, .
\end{aligned} \qquad (16)$$

---

[20] Für eine Deutung dieser Abb. $J : \mathbb{E} \to \mathbb{E}$ als *Drehung von* $\mathbb{E}$ *um den orientierten Winkel* $\pi/2$ s.u. (26).

[21] d.i. der elementargeometrische Flächeninhalt des von $v, w$ aufgespannten Parallelogramms in $\mathbb{E}$ , ( $\mu_2 := $ 2-dim. Lebesgue-Maß in $\mathbb{E}$ ).

$$\Omega(v, w) = \Omega(Jv, Jw) \quad und \quad \Omega(v, Jw) = \langle v, w \rangle \; . \tag{17}$$

- Für jeden Einheitsvektor $e \in S\!E$ und alle $v, w \in E$ gilt (vgl. (13),(14)):

$$v = \langle e, v \rangle \cdot e + \Omega(e, v) \cdot Je \; . \tag{18}$$

$$Ist \; A : E \to E \; \; \mathbb{R}\text{-}linear, \; so \quad \Omega(A(v), A(w)) = \det(A) \cdot \Omega(v, w) \; . \tag{19}$$

- Für jeden Einheitsvektor $e \in S\!E$ ist die Abbildung (vgl. (7),(14))

$$E \to \mathbb{C} \; \left( v \; \mapsto \; \langle e, v \rangle^J = \langle e, v \rangle + \Omega(e, v) \cdot i \right) \; \; ein \; \mathbb{C}\text{-VR-}Isomorphismus \tag{20}$$

der 1-dim. $\mathbb{C}$-Vektorräume $E^J$ (vgl. 1.3.1.c) und $\mathbb{C}$, der $e$ bzw. $Je$ in die komplexe Zahl 1 bzw. i überführt, und (20) hat die Umkehrabbildung (vgl. (3))

$$\mathbb{C} \to E \; \left( \alpha \; \mapsto \; \alpha \cdot e = \mathrm{Re}(\alpha) \cdot e + \mathrm{Im}(\alpha) \cdot Je \right) \; . \tag{21}$$

c)   *Der orientierte Winkel* $\sphericalangle_o : E_o \times E_o \to \mathbb{R}$ *mit* $E_o := E \setminus \{o\}$ :

Für $(v, w) \in E_o \times E_o$ haben die zwei reellen Zahlen $\langle v, w \rangle / (\|v\| \cdot \|w\|)$ und $\Omega(v, w)/(\|v\| \cdot \|w\|)$ nach (15) die Quadratsumme 1, sind also Koordinaten eines Punktes von $S^1$ in $E^2$ (vgl. (9)). Es gibt daher genau eine reelle Zahl aus $]{-}\pi, \pi]$, wir nennen sie den *orientierten Winkel zwischen $v$ und $w$* und bezeichnen sie mit (vgl. (14)):

$$\boxed{\begin{array}{c} \sphericalangle_o(v, w) \; \; (\in \, ]{-}\pi, \pi]) \; , \; so \; da\beta \\[2mm] \cos \sphericalangle_o(v, w) = \dfrac{\langle v, w \rangle}{\|v\| \cdot \|w\|} \quad und \quad \sin \sphericalangle_o(v, w) = \dfrac{\Omega(v, w)}{\|v\| \cdot \|w\|} \; . \end{array}} \tag{22}$$

**Aufgabe:**  •  Zeige mittels (16),(22) für alle $v, w \in E_o$ :

$$\sphericalangle_o(v, w) \in \, ]0, \pi[ \; \iff \; (v, w) \; positiv\text{-}orientiertes \; 2\text{-Bein} \; von \; E \; ,$$
$$\left( \sphericalangle_o(v, w) = 0 \iff w \in \mathbb{R}_+ \cdot v \right) \; und \; \left( \sphericalangle_o(v, w) = \pi \iff w \in \mathbb{R}_- \cdot v \right) . \tag{23}$$

$$Ist \; \sphericalangle_o(v, w) \neq \pi \; , \; so \; folgt \; \; \sphericalangle_o(w, v) = -\sphericalangle_o(v, w) \; . \tag{24}$$

$$Für \; alle \; \lambda, \mu \in \mathbb{R} \; mit \; \lambda \cdot \mu > 0 \; gilt: \quad \sphericalangle_o(\lambda \cdot v, \mu \cdot w) = \sphericalangle_o(v, w) \, ,$$
$$(v, w) \; 2\text{-}Bein \implies \sphericalangle_o(-v, w) = \sphericalangle_o(v, w) - (\mathrm{sgn}\,\Omega(v, w)) \cdot \pi \; . \tag{25}$$

- Zeige für alle $v, w \in E_o$ :    $\sphericalangle_o(v, Jv) = \pi/2$,    d.h. zusammen mit (4):

$$J : E \to E \; ist \; die \; Drehung \; von \; E \; um \; den \; orientierten \; Winkel \; \pi/2 \; ,$$
$$und \; weiter: \; \; \sphericalangle_o(Jv, Jw) = \sphericalangle_o(v, w) \; . \tag{26}$$

**Lemma:**   *Additivitäts- und* $C^\omega$*-Eigenschaften des orientierten Winkels.*
Sei $E$ wie in (11), $n \in \mathbb{N}_+$ und $a, v_0, .., v_n \in E_o := E \setminus \{o\}$ . –   Dann gilt:

- $$\sum_{i=1}^{n} \sphericalangle_o(v_{i-1}, v_i) \;\equiv\; \sphericalangle_o(v_0, v_n) \quad \bmod 2\pi \; .^{[22]} \tag{27}$$

- *Bezeichnet $H_a$ diejenige der beiden von der Geraden $(\mathbb{R}\cdot a)^{\perp}$ begrenzten offenen Halbebenen von $\mathbb{E}$, in welcher $a$ liegt, d.h. (vgl. (22))*

$$H_a \;:=\; \{\, v \in \mathbb{E} \mid \langle v, a \rangle > 0 \,\} \;=\; \{\, v \in \mathbb{E}_o \mid |\sphericalangle_o(a, v)| < (\pi/2) \,\} \;, \tag{28}$$

*so hat man*

$$\sphericalangle_o(v, w) \;=\; \sphericalangle_o(a, w) - \sphericalangle_o(a, v) \;\in\; ]-\pi, \pi[ \quad \textit{für alle } v, w \in H_a \;, \tag{29}$$

*also gilt* (in Verschärfung von (27)):

$$\sum_{i=1}^{n} \sphericalangle_o(v_{i-1}, v_i) \;=\; \sphericalangle_o(v_0, v_n) \;, \quad \textit{falls } v_0, .., v_n \in H_a \;. \tag{30}$$

- *Die Beschränkung von $\sphericalangle_o$ auf $H_a \times H_a$ ist eine $C^{\omega}$-Funktion.* $\tag{31}$

*Beweis: Zu* (27): Für $n=1$ trivial. Für $n=2$ zeigt man [o.B.d.A. $v_0, v_1, v_2$ Einheitsvektoren (vgl. (25))], daß aus dem Additionstheorem für cos mittels (22) und unter Benutzung von (14),(15) folgt, daß die Funktion cos auf den zwei Seiten der Kongruenz (27) den gleichen Wert annimmt. Analoges folgt mittels (14),(18),(4) für sin . Damit ist (27) für $n=2$ gezeigt; dann Induktion über $n$ . – *Zu* (29): Nach (27) gilt:

$$\sphericalangle_o(v, a) + \sphericalangle_o(a, w) \;\equiv\; \sphericalangle_o(v, w) \quad \bmod 2\pi \;.$$

Andererseits ist die linke bzw. rechte Seite der letzten Kongruenz zufolge (28),(24), bzw. (22) eine reelle Zahl in $]-\pi, \pi[$ bzw. in $]-\pi, \pi]$, ihre Differenz ist also eine Zahl in $]-2\pi, 2\pi[$, weshalb die letztere Kongruenz als Gleichheit gilt und auch $\sphericalangle_o(v, w) \in$ $]-\pi, \pi[$. Die Gleichung von (29) folgt daraus mittels $\sphericalangle_o(v, a) = -\sphericalangle_o(a, v)$ (vgl. (28),(24)). – (30) folgt trivial aus (29), d.h. aus $\sphericalangle_o(v_{i-1}, v_i) = \sphericalangle_o(a, v_i) - \sphericalangle_o(a, v_{i-1})$ für $i=1,..,n$ . – *Zu* (31): Nach (29) nimmt $\sphericalangle_o$ auf $H_a \times H_a$ nur Werte in $]-\pi, \pi[$ an. Nun sind aber $\cos|]-\pi, 0[$, $\sin|]-(\pi/2), (\pi/2)[$, $\cos|]0, \pi[$ bijektive, immersive $C^{\omega}$-Abbildungen auf $]-1, 1[$, besitzen also $C^{\omega}$-Umkehrfunktionen. Aus den beiden letzten Feststellungen und (22) folgt die $C^{\omega}$-Eigenschaft von $\sphericalangle_o|(H_a \times H_a)$ . $\square$

**Standard-Beispiel:** *Der orientierte euklidische $\mathbb{E}^2$* (vgl. 1.3.1.e).
Die kanonische komplexe Struktur $J_{\mathrm{can}} : \mathbb{E}^2 \to \mathbb{E}^2$ von $\mathbb{E}^2$ (vgl. (10)) ist die gleiche wie die in (13) beschriebene und es gilt:

$$J_{\mathrm{can}}(v_1, v_2) \;=\; (-v_2, v_1) \quad \textit{für alle } v = (v_1, v_2) \in \mathbb{E}^2 \;,$$

$$\textit{und } \begin{pmatrix} 0 & -1 \\ 1 & 0 \end{pmatrix} \textit{ ist die Matrix von } J_{\mathrm{can}} \textit{ bzgl. des 2-Beins } (e_1, e_2) \;. \tag{32}$$

Der 1-dim. $\mathbb{C}$-Vektorraum $(\mathbb{E}^2)^{J_{\mathrm{can}}}$ (vgl. 1.3.1.c, insbesondere (3)) ist daher der 1-dim. $\mathbb{C}$-VR des Körpers $\mathbb{C}$ bei Zugrundelegung der Konstruktion der komplexen Zahlen als reelle Zahlenpaare $v = (v_1, v_2) \in \mathbb{R}^2$ mit $\operatorname{Re}(v) := v_1$ und $\operatorname{Im}(v) := v_2$ . – Für die mit $\langle .., .. \rangle_{\mathrm{can}}$ und $J_{\mathrm{can}}$ gemäß (14) definierte Volumform $\Omega_{\mathrm{can}}$ von $\mathbb{E}^2$ gilt:

$$\Omega_{\mathrm{can}}(v, w) \;=\; (v_1 w_2 - v_2 w_1) \quad \textit{für } v = (v_1, v_2), \; w = (w_1, w_2) \in \mathbb{E}^2 \;. \tag{33}$$

---

[22]Für $\alpha, \beta \in \mathbb{R}$ bedeutet „$\beta \equiv \alpha \bmod 2\pi$" per definitonem $\beta - \alpha \in 2\pi\mathbb{Z}$ .

Die entsprechend (22) definierte *orientierte Winkelfunktion von* $\mathbb{E}^2$ bezeichnen wir mit $\sphericalangle_{can}$ . Dann steht die in der Funktionentheorie gebräuchliche Winkelfunktion

$$\arg:\mathbb{C}^* \to\;]\!-\!\pi, \pi]\quad \textit{mit}\quad a = |a|\cdot e^{\arg(a)\cdot i}\quad \textit{für } a\in\mathbb{C}^* \tag{34}$$

in folgender Beziehung zu $\sphericalangle_{can} : \mathbb{E}_o^2 \times \mathbb{E}_o^2 \to\;]\!-\!\pi, \pi]$ :

$$\arg(a)\; =\; \sphericalangle_{can}(\mathbf{e}_1, a)\quad \textit{für}\quad a\in\mathbb{C}^* = \mathbb{E}_o^2 ,\; \textit{wobei}\;\; \mathbf{e}_1 := (1,0) = 1_{\mathbb{C}} ,$$
$$\sphericalangle_{can}(v,w)\; =\; \arg(\tfrac{w}{v})\quad \textit{für}\quad v,w\in\mathbb{E}_o^2 = \mathbb{C}^*\;(\textit{mit}\;\; \tfrac{w}{v} := \textit{Quotient in } \mathbb{C}),\tag{35}$$

wie man mit $\mathrm{Re}(e^{t\cdot i}) = \cos t$, $\mathrm{Im}(e^{t\cdot i}) = \sin t$ (für $t\in\mathbb{R}$) und (22),(33),(34) prüft.


## 1.3.3 Polarkoordinatendarstellung und der Schwenk ebener Wege

**Theorem:**   Sei $\mathbb{E}$ wie in (11), $c:I\to\mathbb{E}_o$ ($:= \mathbb{E}\setminus\{o\}$) ein Weg und $e\in S\mathbb{E}$ (vgl. (12)), also $(e, Je)$ ein orthonormales 2-Bein von $\mathbb{E}$ (s. (13)). Dann gilt:

**a)**   Es gibt eine *Winkelfunktion für* $c$ *bzgl.* $e$, das ist eine *stetige* Funktion $\varphi:I\to\mathbb{R}$, welche (mod $2\pi$) den orientierten Winkel von $c$ gegen $e$ mißt:

$$\varphi(t)\; \equiv\; \sphericalangle_o(e, c(t))\quad \mathrm{mod}\; 2\pi\quad \textit{für alle } t\in I ,\tag{36}$$

bzw. (äquivalent zu (36)), die eine *Polarkoordinatendarstellung von* $c$ *bzgl.* $e$

$$c\; =\; \|c\|\cdot(\cos\varphi\cdot e + \sin\varphi\cdot Je)\; =\; \|c\|\cdot\exp(\varphi\cdot i)\cdot e\quad (\text{vgl. }(3))\tag{37}$$

liefert. –   Alle Winkelfunktionen für $c$ bzgl. $e$ erhält man aus *einer* solchen durch Addition ganzzahliger Multipla von $2\pi$ . Folglich gibt es (vgl. (36)) zu jedem $t_0\in I$ genau eine *in* $t_0$ *normierte* Winkelfunktion von $c$ bzgl. $e$, d.h.

$$\varphi(t_0)\; =\; \sphericalangle_o(e, c(t_0)) .\tag{38}$$

⊛   *Zusatz:*   Die Behauptung a) gilt allgemeiner für *jede* stetige Abb. $c:I\to\mathbb{E}_o$ eines 1-*zusammenhängenden* topologischen Raumes $I$ in $\mathbb{E}_o$ (s.u. Beweis).

**b)**   Ist speziell $I = [\alpha, \beta]$ mit $\alpha < \beta$ und ist $\varphi$ wie in a), so heißt

$$\sigma(c)\; :=\; \varphi(\beta) - \varphi(\alpha)\quad (\in\mathbb{R})\quad \textit{der Schwenk von } c ,\tag{39}$$

und $\sigma(c)$ ist folgendermaßen durch endliche Summen zu berechnen: Es sei $(\alpha_0, .., \alpha_n)$ eine Zerlegung von $[\alpha, \beta]$ (vgl. 1.2.1), die „*Halbebenen-fein für* $c$" ist, d.h. für alle $i\in\{1, .., n\}$ verläuft der Teilweg $c|[\alpha_{i-1}, \alpha_i]$ von $c$ ganz in einer offenen Halbebene von $\mathbb{E}$ (vgl. (28)). Dann gilt (s. (27),(30)):

$$\sigma(c)\; =\; \begin{cases} \sum_{i=1}^n \sphericalangle_o(c(\alpha_{i-1}), c(\alpha_i))\; \equiv\; \sphericalangle_o(c(\alpha), c(\beta))\quad \mathrm{mod}\; 2\pi , \\[1.5ex] \sphericalangle_o(c(\alpha), c(\beta)) ,\qquad\quad \textit{falls } c \textit{ ganz in einer offenen} \\[0.5ex] \qquad\qquad\qquad\qquad\quad \textit{Halbebene von } \mathbb{E} \textit{ verläuft.} \end{cases}\tag{40}$$

*Zusatz:*   Wegen (40) ist $\sigma(c)$ unabhängig von der Wahl der in (39) benutzten

Winkelfunktion $\varphi$, sowie von $e$. Umgekehrt liefert (39), daß der Wert der in (40) auftretenden Summe für jede für $c$ Halbebenen-feine Zerlegung von $[\alpha,\beta]$ der gleiche ist, insbesondere folgt daher aus (40) (evtl. $\gamma$ als Zerlegungspunkt einschalten und (30) beachten!) für den Schwenk die

*Additivität:*    $\sigma(c) \;=\; \sigma(c|[\alpha,\gamma]) \,+\, \sigma(c|[\gamma,\beta])$    *für alle* $\gamma \in [\alpha,\beta]$.    (41)

**c)**   Ist $\psi : H \to I$   $C^0$-*Umparametrisierung* von $c : I \to I\!E_o$ auf $c \circ \psi : H \to I\!E_o$, und ist $\varphi : I \to I\!R$ Winkelfunktion für $c$ bzgl. $e$, so ist $\varphi \circ \psi$ eine solche für $c \circ \psi$ bzgl. $e$. Ist speziell $I$ (also auch $H$) kompakt, so gilt $\sigma(c \circ \psi) = \pm \sigma(c)$, je nachdem $\psi$ orientierungstreu oder -ändernd ist, z.B. gilt $\sigma(c^v) = -\sigma(c)$, (vgl. 1.1.(17)). Wegen (25),(40) gilt weiter:   $\sigma(\lambda \cdot c) = \sigma(c)$   *für stetiges* $\lambda : I \to I\!R^*$.

**d)**   *Integraldarstellung des Schwenks von* $c$:

Ist $r \in I\!N_+ \cup \{\infty, \omega\}$ und ist $c : I \to I\!E_o$ sogar ein $C^r$-Weg, so ist $\|c\|$ und jede Winkelfunktion $\varphi$ für $c$ bzgl. $e$ eine $C^r$-Funktion auf $I$ mit (vgl. (14)):

$$\|c\|' \;=\; \langle c, c' \rangle / \|c\| \qquad und \qquad \varphi' \;=\; \Omega(c,c') / \langle c,c \rangle \,, \qquad (42)$$

also folgt aus (42) für alle $t_0 \in I$ die Integraldarstellung von $\varphi$:

$$\boxed{\; \varphi(t) \;=\; \varphi(t_0) \,+\, \int_{t_0}^{t} \frac{\Omega(c(x), c'(x))}{\langle c(x), c(x) \rangle} \, dx \qquad \textit{für } t \in I \;.^{23} \;} \qquad (43)$$

*Beweis:*   [⊛ Der Standard-Beweis für a) ist folgender: Die Abb. (s. (3),(12))

$$c_e : I\!R \to S\!I\!E \quad \big( t \;\mapsto\; \cos(t) \cdot e + \sin(t) \cdot Je = \exp(t \cdot i) \cdot e \big) \qquad (44)$$

ist eine $C^\omega$-*Überlagerung* der Einheitskreislinie in $I\!E$ durch $I\!R$. Weiter ist $c / \|c\| : I \to S\!I\!E$ eine stetige Abb. des 1-zusammenhängenden topologischen Raumes $I$ in $S\!I\!E$, die ein festes $t_0 \in I$ in $c(t_0)/\|c(t_0)\| = c_e(\sphericalangle_o(e, c(t_0)))$ (vgl. (18), (22),(44)) überführt. Daher gibt es (vgl. [HU], III, 16.2) genau eine stetige Funktion $\varphi : I \to I\!R$ mit $c / \|c\| = c_e \circ \varphi$ und $\varphi(t_0) = \sphericalangle_o(e, c(t_0))$. □ ]

Wir geben nun einen (den letzten „Liftungssatz" vermeidenden) Beweis von a) an, der zugleich die geometrisch wichtige Gleichung (40), also b), mitliefert: Zunächst folgt die Äquivalenz von (36) und (37) für jede Funktion $\varphi : I \to I\!R$ sofort mittels (18) und (22). – Seien $\varphi, \tilde{\varphi}$ Winkelfunktionen für $c$ bzgl. $e$, also nach (36) $\tilde{\varphi} - \varphi \equiv 0 \bmod 2\pi$, d.h. $(\tilde{\varphi} - \varphi)(I) \subset 2\pi Z\!\!Z$. Da aber $\tilde{\varphi} - \varphi$ stetig, also $(\tilde{\varphi} - \varphi)(I)$ ein Intervall in $I\!R$ ist, so muß $\tilde{\varphi} - \varphi$ konstant sein mit einem Wert $2\pi k$ $(k \in Z\!\!Z)$. Umgekehrt ist (vgl. (36)) für alle $k \in Z\!\!Z$ auch $\varphi + 2\pi k$ eine Winkelfunktion für $c$ bzgl. $e$. Gibt es daher überhaupt eine Winkelfunktion für $c$ bzgl. $e$, so auch genau eine solche $\varphi : I \to I\!R$ mit der Eigenschaft (38). –

---

[23] Für eine Explizierung von (43) im Spezialfall $I\!E := I\!E^2$ s.u. (52),(53).

*Zur Existenz einer Winkelfunktion* $\varphi : I \to \mathbb{R}$: Sei $t_0 \in I$. Definiere dann $\varphi$ in $t_0$ durch (38). Ist aber $t \in I \setminus \{t_0\}$, so wähle man eine (vgl. die Beh. b)) für $c$ Halbebenen-feine Zerlegung[24] $(\tau_0, .., \tau_m)$ von $[t_0, t]$, falls $t_0 < t$, bzw. von $[t, t_0]$, falls $t < t_0$, und setze

$$\varphi(t) \ := \ \sphericalangle_o(e, c(t_0)) \ + \ \mathrm{sgn}(t - t_0) \cdot \sum_{i=1}^{m} \sphericalangle_o(c(\tau_{i-1}), c(\tau_i)), \qquad (45)$$

weshalb nach (27),(24) bereits (36) gilt. Diese Definition (45) von $\varphi(t)$ ist von der speziellen Wahl der „für $c$ Halbebenen-feinen" Zerlegung $(\tau_0, .., \tau_m)$ unabhängig wie man durch Übergang zur gemeinsamen Verfeinerung zweier solcher Zerlegungen mittels (30) sofort folgert. Damit erhält man aus (45):

*Für* $s, t \in I$ *mit* $s < t$ *gilt:*   $\varphi(t) - \varphi(s) \ = \ \sum_{i=1}^{n} \sphericalangle_o(c(\alpha_{i-1}), c(\alpha_i))$

*mit jeder für* $c$ *Halbebenen-feinen Zerlegung* $(\alpha_0, .., \alpha_n)$ *von* $[s, t]$,
$$\qquad\qquad\qquad\qquad\qquad\qquad\qquad\qquad\qquad\qquad\qquad\qquad (46)$$

[denn: Für $s \leq t_0 \leq t$ ist (46) nach evtl. Einschalten von $t_0$ in $(\alpha_0, .., \alpha_n)$ wegen (30),(45) sofort klar. Falls aber $t_0 < s$ (bzw. $t < t_0$), so verfeinere man – wenn nötig – die in (45) für $[t_0, t]$ benutzte Zerlegung durch Einschalten von $s$ (bzw. die in (45) für $[s, t_0]$ benutzte Zerlegung durch Einschalten von $t$) und beachte sodann (30)]. – Ist nun $s \in I$ beliebig gewählt, so gibt es $a \in \mathbb{E}_o$ mit $c(s) \in H_a$ (etwa $a := c(s)$, vgl. (28)), also gibt es wegen der Offenheit von $H_a$ ein $\delta \in \mathbb{R}_+$, so daß $c(t) \in H_a$ für alle $t \in I$ mit $|t - s| < \delta$. Daher folgt aus (46),(29),(24) für diese $t$ sofort: $\varphi(t) - \varphi(s) = \sphericalangle_o(c(s), c(t))$, woraus wegen der Stetigkeit von $c$ in $s$ und der von $\sphericalangle_o$ auf $H_a \times H_a$ (vgl. (31)) die von $\varphi$ in $s$ folgt. Damit ist a) bewiesen und mit (46),(39),(27),(30) auch (40), d.h. es gilt b). – Zu c): Folge der Stetigkeit von $\varphi \circ \psi : H \to \mathbb{R}$, von (36) und (39). – Zu d): Ist $\varphi$ eine Winkelfunktion für $c$ bzgl. $e$, so folgt aus (37),(14)

$$\|c\| \cdot \cos\varphi \ = \ \langle e, c \rangle \qquad bzw. \qquad \|c\| \cdot \sin\varphi \ = \ \langle Je, c \rangle \ = \ \Omega(e, c) \ . \qquad (47)$$

Ist daher $t \in I$ und $\varphi(t) \notin \pi \mathbb{Z}$, so besitzt die Funktion cos auf der Zusammenhangskomponente $H$ von $\varphi(t)$ in $\mathbb{R} \setminus \pi \mathbb{Z}$ eine $C^\omega$-Umkehrfunktion und folglich liefert wegen $\|c\|(I) \subset \mathbb{R}_+$ die erste Gleichung von (47), daß $\varphi$ auf der Umgebung $\varphi^{-1}(H)$ von $t$ in $I$ mit $c$ die $C^r$-Eigenschaft teilt. Analog schließt man für $t \in I$ mit $\varphi(t) \notin (\pi/2) + \pi \mathbb{Z}$ mittels der 2-ten Gleichung von (47) auf die $C^r$-Eigenschaft von $\varphi$ auf einer Umgebung von $t$ in $I$. – Die 1-te Gleichung von (42) folgt trivial aus $\|c\| = \sqrt{\langle c, c \rangle}$, die 2-te folgt z.B. durch Differentiation von (37), was auf $c' = (\|c\|'/\|c\|) \cdot c + \varphi' \cdot Jc$ führt, und anschließendes Einsetzen dieses Resultats in $\Omega(c, ..)$ unter Beachtung von $\Omega(c, c) = 0$ und $\Omega(c, Jc) = \langle c, c \rangle$ (vgl. (16),(17)). $\square$

---

[24]Zur Existenz einer solchen Zerlegung für $t_0 < t$: $(H_a)_{a \in E_o}$ (vgl. (28)) ist wegen $a \in H_a$ eine offene Überdeckung von $\mathbb{E}_o$, also ist – da $c : I \to \mathbb{E}_o$ stetig – auch $(c^{-1}(H_a) \cap [t_0, t])_{a \in E_o}$ eine offene Überdeckung des kompakten metrischen Teilraumes $[t_0, t]$ von $\mathbb{R}$, also gibt es nach dem Lebesgue-Lemma (vgl. [KE], S. 154) ein $\lambda \in \mathbb{R}_+$, so daß für alle $t_1, t_2 \in [t_0, t]$ mit $0 < t_2 - t_1 < \lambda$ gilt: $[t_1, t_2] \subset c^{-1}(H_a)$ für mindestens ein $a \in \mathbb{E}_o$, d.h. $c([t_1, t_2]) \subset H_a$. – Analog für $t < t_0$.

**Beispiel:**    Sei $E$ wie in (11), $e \in SE$ (s. (12)). Für alle $n \in \mathbb{Z}$ hat man (s. (44)) den $C^\omega$-geschlossenen (s.u. 1.3.5.a) $C^\omega$-*Weg*

$$c_e^n := c_e(nx)|[0, 2\pi] : [0, 2\pi] \to E_o := E \setminus \{o\} \quad \left( t \mapsto \cos(nt) \cdot e + \sin(nt) \cdot Je \right), \quad (48)$$

d.i. (s. (13)) die in $e$ startende, $n$-fach positive Umlaufung der Einheitskreislinie $SE$ von $E$ mit konstanter Winkelgeschwindigkeit $n$ (s.u. 1.3.4). Der Vergleich von (37),(48) zeigt, daß $nx|[0, 2\pi]$ eine Winkelfunktion für $c_e^n$ bzgl. $e$ ist, also (s. (39)):

$$\textit{Der Schwenk von } c_e^n \textit{ ist} \quad \sigma(c_e^n) = 2\pi n. \quad (49)$$

## 1.3.4 Polarwinkelform   –   Winkelgeschwindigkeit ebener Wege

Sei $E$ ein 2-dim. orientierter euklidischer VR, sei $c : I \to E_o := E \setminus \{o\}$ ein $C^1$-Weg. – Die zweite Gleichung von (42) lehrt, daß die Ableitung $\varphi'$ jeder Winkelfunktion $\varphi$ für $c$ bzgl. $e \in SE$ de facto gar nicht von der Winkelfunktion $\varphi$ oder von $e$, sondern nur von $c$ und $c'$ abhängt. Dazu folgende

**Definition:**  Die *Polarwinkelform* $\theta$ *von* $E$ (*bzgl.* o) ist die Pfaffsche $C^\omega$--Form auf $E_o$, die jedem $p \in E_o$ folgende Linearform $\theta_p \in E^*$ zuordnet:

$$\theta_p : E \to \mathbb{R}, \quad v \mapsto \theta_p(v) := \Omega(p, v)/\langle p, p \rangle \underset{(14)}{=} \langle Jp, v \rangle / \langle p, p \rangle. \quad (50)$$

Insbesondere folgt also für jeden $C^1$-Weg $c : I \to E_o$ und jede Winkelfunktion $\varphi : I \to \mathbb{R}$ von $c$ bzgl. irgendeines Einheitsvektors $e \in SE$ nach (42),(50)

$$\varphi' = \theta_c(c') : I \to E \quad =: \textit{Winkelgeschwindigkeit von } c \text{ (bzgl. o)}, \quad (51)$$

und aus (39),(43),(50) folgt, falls $I$ zusätzlich kompakt ist, etwa $I = [\alpha, \beta]$ :

$$\textit{Der Schwenk von } c \textit{ ist} \quad \sigma(c) = \int_c \theta := \int_\alpha^\beta \theta_{c(x)}(c'(x))\, dx, \quad (52)$$

*d.i.* [das Kurvenintegral der Polarwinkelform $\theta$ von $E$ längs $c$ , also (s. (51))] *das Zeitintegral der Winkelgeschwindigkeit des* $C^1$-*Weges* $c$ *über das Zeitintervall* $I$ *von* $c$ . [Diese ins Auge springende Analogie der Begriffe „Schwenk" und „Länge" von $c$ (vgl. 1.2.(9)) hat jedoch eine Grenze: Im Gegensatz zur stets nicht-negativen Bahngeschwindigkeit ist die Winkelgeschwindigkeit „signiert", weshalb die Länge bei beliebigen, der Schwenk jedoch nur bei orientierungstreuen Umparametrisierungen von $c$ invariant bleibt.]

**Beispiel:**  Ist $E := E^2$ (vgl. 1.3.1.e), sind $u, v : E^2 \to \mathbb{R}$ die kanonischen Koordinatenfunktionen des $E^2$ und ist $z := u + i \cdot v : E^2 \to \mathbb{C}$, so gilt:

$$\theta = \frac{1}{u^2 + v^2} \cdot (-v \cdot du + u \cdot dv) = \text{Im}\left(\frac{dz}{z}\right), \quad (53)$$

wobei die erste Gleichung von (53) direkt aus (50),(33), die zweite aber durch einfaches Nachrechnen folgt ( $dz = du + i \cdot dv$, $(1/z) = (u - i \cdot v)/(u^2 + v^2)$ ).

⊛ **Bemerkung:**    Nach (52), (49) verschwindet das Kurvenintegral von $\theta$ längs des geschlossenen Weges $c_e^1$ in $\mathbb{E}_o$ (vgl. (48)) nicht, also:

$$\theta \text{ ist nicht exakt, d.h. es gibt keine } C^1\text{-Funktion } \varphi\colon \mathbb{E}_o \to \mathbb{R} \text{ mit } \theta = d\varphi. \quad (54)$$

Andererseits ist für jedes $e \in \mathbb{S}\mathbb{E}$ (s. (12)) die „gegenüber $e$ geschlitzte Ebene $\mathbb{E}$"

$$\mathbb{E}_e := \mathbb{E}_o \setminus \mathbb{R}_- \cdot e = \{\, p \in \mathbb{E}_o \mid |\sphericalangle_o(e,p)| < \pi \,\} \quad \text{ein sternförmiges Gebiet}$$
$$\text{in } \mathbb{E} \text{ und } \varphi_e\colon \mathbb{E}_e \to \mathbb{R} \ (p \mapsto \sphericalangle_o(e,p)) \text{ eine } C^\omega\text{-Funktion auf } \mathbb{E}_e. \quad (55)$$

[Die erste Zeile von (55) ist klar. Ist aber $p \in \mathbb{E}_e$, so sind $p$ und $e$ beide in der offenen Halbebene $H_a$ von $\mathbb{E}$ enthalten mit $a := e + p/\|p\|$ (s. (28)), also ist (s. (31)) $\varphi_e$ auf der Umgebung $H_a$ von $p$ in $\mathbb{E}_e$ eine $C^\omega$-Funktion.] – Aus (55),(36) folgt aber:

$$\text{Für jeden Weg } c\colon I \to \mathbb{E}_e \text{ ist } \varphi_e \circ c \text{ eine Winkelfunktion für } c \text{ bzgl. } e. \quad (56)$$

Damit zeigt man:

$$d\varphi_e = \theta|\mathbb{E}_e \text{ für alle } e \in \mathbb{S}\mathbb{E}. \text{ Insbesondere: } d\theta = o \text{ auf } \mathbb{E}_o. \quad (57)$$

[*Zu* (57): Sei nämlich $p \in \mathbb{E}_e$ und $v \in \mathbb{E}$. Dann gibt es $\varepsilon \in \mathbb{R}_+$, so daß der $C^1$-Weg $c\colon [0,\varepsilon] \to \mathbb{E}$ $(t \mapsto p+t\cdot v)$ ganz in $\mathbb{E}_e$ verläuft. Daher ist nach (56),(55) $\varphi_e \circ c\colon [0,\varepsilon] \to \mathbb{R}$ eine $C^1$-Winkelfunktion für $c$ bzgl. $e$ und wegen $c(0) = p$ und $c'(0) = v$ folgt: $d_p\varphi_e(v) = d_{c(0)}\varphi_e(c'(0)) = (\varphi_e \circ c)'(0) = \Omega(p,v)/\langle p,p\rangle = \theta_p(v)$, (beachte (42), (50)). – Die zweite Aussage von (57) folgt aus $dd\varphi_e = 0$ und $\mathbb{E}_o = \cup \mathbb{E}_e$ $(e \in \mathbb{S}\mathbb{E})$.]

**Aufgabe:**    Ist $c\colon I \to \mathbb{E}_o$ ein $C^1$-Weg, so zeige mit den Abkürzungen (s. (51)):

$$r := \|c\|\colon I \to \mathbb{R}_+, \quad c_0 := (1/r)\cdot c\colon I \to \mathbb{S}\mathbb{E} \quad \text{und}$$
$$\omega := \theta_c(c')\colon I \to \mathbb{R} \ (\ = \text{ Winkelgeschwindigkeit von } c \text{ bzgl. o } ) : \quad (58)$$

$$c_0' = \omega\cdot Jc_0, \quad (Jc_0)' = J(c_0') = -\omega\cdot c_0, \quad (59)$$

$$\text{die Winkelgeschwindigkeit von } c_0 \text{ bzgl. o ist ebenfalls gleich } \omega, \quad (60)$$

$$c' = r'\cdot c_0 + (r\omega)\cdot Jc_0, \quad c'' = (r''-r\omega^2)\cdot c_0 + (r\omega'+2r'\omega)\cdot Jc_0. \quad (61)$$

*Interpretation*: Da $(c_0(t), Jc_0(t))$ für alle $t \in I$ nach (58),(13) ein positiv-orientiertes 2-Bein von $\mathbb{E}$ ist, wobei $c_0(t)$ in Richtung des „Radiusvektors" $c(t) \in \mathbb{E}_o$ weist, so beschreibt (61) die Aufspaltung des Geschwindigkeits- und Beschleunigungsvektors von $c$ in die *radiale* bzw. die dazu *normale Komponente*, welche z.B. für $c''$ bei $r'' = \omega' = 0$ die *Zentripetal-* $(-r\omega^2 \cdot c_0)$ bzw. *Coriolis-Beschleunigung* $(2r'\omega\cdot Jc_0)$ liefert.

## 1.3.5 Umlaufzahlen geschlossener ebener Wege um einen Punkt

*Generalvoraussetzung:*    In diesem Abschnitt seien stets $\mathbb{E}$ ein 2-dim. orientierter euklidischer VR, $\alpha, \beta \in \mathbb{R}$ mit $\alpha < \beta$ und $I := [\alpha, \beta]$.

**Definition: a)**    Ein Weg $c\colon I \to \mathbb{E}$ heißt *geschlossen*, falls $c(\alpha) = c(\beta)$. – Ist $c\colon I \to \mathbb{E}$ ein geschlossener Weg, so gibt es offenbar genau einen $(\beta-\alpha)$-*periodischen Weg* $\hat{c}\colon \mathbb{R} \to \mathbb{E}$ mit $\hat{c}|I = c$, die *periodische Fortsetzung von c*.

*Zusatz:* Ist $r \in \mathbb{N} \cup \{\infty, \omega\}$, so heißt ein Weg $c: I \to \mathbb{E}$ $C^r$*-geschlossen*, wenn $c$ geschlossen ist und die periodische Fortsetzung $\hat{c}: \mathbb{R} \to \mathbb{E}$ von $c$ ein $C^r$-Weg ist (und letzteres ist genau dann der Fall, wenn $c^{(n)}(\alpha) = c^{(n)}(\beta)$ für alle $n \in \mathbb{N}$ mit $n \leq r$).

**b)** Ist $c: I \to \mathbb{E}$ ein geschlossener Weg und $p \in \mathbb{E} \setminus c(I)$, so ist $c - p : I \to \mathbb{E}$ ($t \mapsto c(t) - p$) ein geschlossener Weg in $\mathbb{E}_o := \mathbb{E} \setminus \{o\}$. Der daher definierte Schwenk $\sigma(c-p)$ des Weges $c-p$ ist aber wegen $c(\alpha) - p = c(\beta) - p$ und (40) eine Zahl aus $2\pi \mathbb{Z}$. Folglich kann man die *Umlaufzahl von* $c$ *um* $p$ (*als Pol*) [oder reziprok: den *Index von* $p$ *bzgl.* $c$] definieren als die ganze Zahl

$$\begin{aligned} \mathrm{ind}\,(c;p) \;\; &:= \;\; (1/2\pi)\cdot\sigma(c-p) \;\; \in \mathbb{Z}, \\ &= \;\; \mathrm{ind}\,(c-p;o)\,. \end{aligned} \qquad (62)$$

*Die Umlaufzahl von* $c$ *um* $p$ *mißt daher* (zufolge (39),(40)), *wie viele Male der von* $p$ *nach* $c(t)$ (*für* $t \in I$) *weisende Vektor* (bzw. *„Fahrstrahl"*) *einen vollen Winkel von* $2\pi$ *im positiven Sinne überstreicht, wenn* $t$ *von* $\alpha$ *bis* $\beta$ *läuft.*

**Satz:**   Ist $c: I \to \mathbb{E}$ ein geschlossener $C^1$-Weg und $p \in \mathbb{E} \setminus c(I)$, so gilt:

$$\begin{aligned} \mathrm{ind}\,(c;p) \;\; &= \;\; \tfrac{1}{2\pi} \int_{c-p} \theta \;\; = \;\; \tfrac{1}{2\pi} \int_\alpha^\beta \frac{\Omega(c(x)-p,\,c'(x))}{\langle c(x)-p,\,c(x)-p\rangle}\, dx \; , \\[2mm] &= \;\; \tfrac{1}{2\pi} \int_c \frac{(\mathrm{u}-p_1)\cdot d\mathrm{v} - (\mathrm{v}-p_2)\cdot d\mathrm{u}}{(\mathrm{u}-p_1)^2 + (\mathrm{v}-p_2)^2} \qquad , \textit{ falls } \mathbb{E} = \mathbb{E}^2, \\[2mm] &= \;\; \tfrac{1}{2\pi i} \int_c \frac{dz}{\mathrm{z}-p} \qquad\qquad\qquad , \textit{ falls } \mathbb{E} = \mathbb{C}\,. \end{aligned} \qquad (63)$$

Kinematisch gesprochen ist die Umlaufzahl von $c$ um $p$ (s. (51)) also $1/2\pi$ *mal dem Zeitintegral der Winkelgeschwindigkeit von* $c-p$ *bzgl.* o *über* $I$.

*Beweis:*   Die ersten beiden Zeilen folgen aus (52),(50),(53). Nach (53) dürfte in der letzten Gleichung zunächst nur der Imaginärteil von $(1/2\pi)\cdot\int_c dz/(\mathrm{z}-p)$ stehen: Aber der Realteil des letzteren Integrals *verschwindet* als Kurvenintegral längs $c$ über den (*exakten*!) Realteil $d(\ln(|\mathrm{z}-p|)$ von $dz/(\mathrm{z}-p)$. $\square$

*Beispiele:*  ● Ist $c: I \to \mathbb{E}$ ein geschlossener Weg und $p \in \mathbb{E} \setminus c(I)$, so (s. (40),(62)):

$$\mathrm{ind}\,(c;p) = 0 \; , \qquad \textit{falls } c-p : I \to \mathbb{E} \textit{ in einer offenen Halbebene} \atop \textit{von } \mathbb{E} \textit{ verläuft, also z.B. wenn } c \textit{ konstant ist.} \qquad (64)$$

● Ist $e$ ein Einheitsvektor in $\mathbb{E}$, $\rho \in \mathbb{R}_+$, $n \in \mathbb{Z}$, so gilt (s. (48),(49) und 1.3.3.c):

$$\mathrm{ind}\,(\rho\cdot c_e^n; o) = n \, , \quad \textit{falls } c_e^n : [0, 2\pi] \to \mathbb{E} \; \big(t \mapsto \cos(nt)\cdot e + \sin(nt)\cdot Je\big)\,, \qquad (65)$$

wobei also $\rho \cdot c_e^n$ die in $\rho \cdot e$ startende, $n$-fach positive Umlaufung der Kreislinie in $\mathbb{E}$ um o vom Radius $\rho$ mit konstanter Winkelgeschwindigkeit $n$ ist.

- Ist $c: I \to E$ ein geschlossener Weg, ist $p \in E \setminus c(I)$ und $\gamma \in ]\alpha, \beta[$ mit $c(\alpha) = c(\gamma)$, so sind auch $c|[\alpha, \beta]$ und $c|[\beta, \gamma]$ geschlossene Wege und aus (41),(62) folgt:

$$\operatorname{ind}(c; p) \;=\; \operatorname{ind}(c|[\alpha, \gamma]; p) + \operatorname{ind}(c|[\gamma, \beta]; p) \ . \tag{66}$$

- Ist $\psi: H \to I$ eine $C^0$-Umparametrisierung des geschlossenen Weges $c: I \to E$, so ist auch $c \circ \psi: H \to E$ geschlossen und für alle $p \in E \setminus c(I)$ folgt aus (62), 1.3.3.c:

$$\operatorname{ind}(c \circ \psi; p) \;=\; \pm \operatorname{ind}(c; p) \ , \quad \textit{wenn } \psi \textit{ orientierungstreu (-ändernd)} \ , \tag{67}$$

z.B.: $\operatorname{ind}(c^v; p) = - \operatorname{ind}(c; p)$  für die kanonische Rückwärtsdurchlaufung $c^v$ von $c$.


**Theorem:** *Konstanz der Umlaufzahl für stetige Familien geschlossener Wege und Pole bei zusammenhängender metrischer Indexmenge.*

Sei $S$ ein zusammenhängender metrischer Raum, $(c_s)_{s \in S}$ eine stetige Familie geschlossener Wege $c_s : I \to E$. Dabei heißt „stetige Familie": Die Abb.

$$c: S \times I \to E \quad ((s,t) \mapsto c_s(t)) \quad \textit{ist stetig auf dem Produktraum } S \times I \ . \tag{68}$$

Sei weiter $(p_s)_{s \in S}$ eine stetige Familie von Punkten in $E$ [d.h. $S \to E$ $(s \mapsto p_s)$ ist stetig], so daß $p_s \in E \setminus c_s(I)$ für alle $s \in S$ . Dann gilt:

$$S \to Z \quad (s \mapsto \operatorname{ind}(c_s; p_s)) \quad \textit{ist konstant auf } S \ . \tag{69}$$


**Korollar:** *Ist $c: I \to E$ ein geschlossener Weg, so ist $E \setminus c(I) \to Z$ $(p \mapsto \operatorname{ind}(c; p))$ konstant auf jeder Zusammenhangskomponenten $S$ von $E \setminus c(I)$.*

[Triviale Folge von (69) mit $c_s := c$ und $p_s := s$ für alle $s \in S$.]


Da $S$ zusammenhängend und $Z$ diskret ist, so folgt (69) (beachte (62)) aus dem


**Lemma:** *Sei $S$ ein metrischer Raum und $(c_s)_{s \in S}$ eine stetige Familie von Wegen $c_s : I \to E_0$, d.h. es gelte (68). –  Dann ist (vgl. (39)) die Funktion $S \to R$ $\left( s \mapsto \sigma(c_s) := \textit{Schwenk von } c_s \right)$ stetig auf $S$ .*

*Beweis des Lemma:* Ist $\delta$ die Metrik von $S$, so besitzt $S \times I$ folgende Metrik:
$$d((s,t),(\tilde{s},\tilde{t})) \;:=\; \max\{\delta(s, \tilde{s}), |t - \tilde{t}|\} \quad \textit{für } (s,t),(\tilde{s},\tilde{t}) \in S \times I \ .$$
Sei nun $s_0 \in S$. Da die offenen Halbebenen $H_a$ von $E$ (s.(28)) wegen $a \in H_a$ für $a \in E_0$ ganz $E_0$ überdecken, so ist nach (68): $(c^{-1}(H_a))_{a \in E_0}$ eine offene Überdekkung des metrischen Raumes $S \times I$. $\{s_0\} \times I$ ist aber (da $I = [\alpha, \beta]$, s.o.) eine kompakte Teilmenge von $S \times I$. Nach dem Lebesgue-Lemma (s. [KE], S. 154) existiert daher $\lambda \in R_+$, so daß es für alle $t_0 \in I$ ein $a \in E_0$ gibt, für welches die offene $\lambda$-Vollkugel $B_\lambda(s_0, t_0)$ um $(s_0, t_0)$ in $S \times I$ bzgl. der Metrik $d$ ganz in $c^{-1}(H_a)$ enthalten ist. Nach Definition von $d$ gilt aber $B_\lambda(s_0, t_0) = B_\lambda(s_0) \times (I \cap ]t_0 - \lambda, t_0 + \lambda[)$, wo $B_\lambda(s_0)$ die offene $\lambda$-Vollkugel um $s_0$ in $S$ bzgl. der Metrik $\delta$ ist. Daher (s. (68)):

*Für jedes $t_0 \in I$ gibt es $a \in E_0$ mit* $c\big(B_\lambda(s_0) \times (I \cap ]t_0 - \lambda, t_0 + \lambda[)\big) \subset H_a$ .

Wähle nun eine Zerlegung $(\alpha_0, .., \alpha_n)$ von $I = [\alpha, \beta]$ mit $\alpha_i - \alpha_{i-1} < \lambda$ für $i = 1, .., n$. Zufolge dem letzten Resultat gibt es daher zu jedem $i \in \{1, .., n\}$ ein $a(i) \in E_0$ mit

$$\mathbf{c}(B_\lambda(s_0)\times[\alpha_{i-1},\alpha_i]) \subset H_{a(i)} \quad \text{für alle } i\in\{1,..,n\}. \tag{70}$$

Nach (68),(70) ist somit für alle $s\in B_\lambda(s_0)$ die Zerlegung $(\alpha_0,..,\alpha_n)$ Halbebenen--fein für $c_s$ (vgl. 1.3.3.b)), also nach (68),(40):

$$\sigma(c_s) \;=\; \sum_{i=1}^n \sphericalangle_0(\mathbf{c}(s,\alpha_{i-1}),\mathbf{c}(s,\alpha_i)) \quad \text{für alle } s\in B_\lambda(s_0).$$

Hieraus, aus (70) und der Offenheit von $B_\lambda(s_0)$ in $S$ folgt wegen der Stetigkeit von c (s. (68)) und der von $\sphericalangle_0$ auf $H_{a(i)}\times H_{a(i)}$ (s. (31)) das Lemma.  □

**Homotopie-Invarianz der Umlaufzahl:**    *Definition:* Sei $N\subset \mathbb{E}$ und seien $c,\tilde c,\hat c:I\to N$ geschlossene Wege $(I=[\alpha,\beta])$. Man sagt dann, *c ist zu $\tilde c$ frei-homotop in $N$*, wenn es eine *freie Homotopie $H$ in $N$* von $c$ zu $\tilde c$ gibt, d.i. eine *stetige Abbildung $H:[0,1]\times I\to N$*, so daß für alle $t\in I$ gilt:

$$H(0,t)=c(t) \quad \text{und} \quad H(1,t)=\tilde c(t) \;,\; \text{sowie} \quad H(s,\alpha)=H(s,\beta) \quad \text{für alle } s\in[0,1]\;.$$

*Bemerkung:*    „ .. ist zu .. frei-homotop in $N$" ist eine *Äquivalenzrelation* in der Menge aller auf $I$ definierten geschlossenen Wege in $N$. [Reflexivität: Trivial. – Ist aber $H$ bzw. $G$ eine freie Homotopie in $N$ von $c$ zu $\tilde c$ bzw. von $\tilde c$ zu $\hat c$, so ist $H^v$ mit $H^v(s,t):=H(1-s,t)$ eine solche von $\tilde c$ zu $c$, sowie $F$ eine von $c$ zu $\hat c$, wenn $F(s,t):=H(2s,t)$ für $s\in[0,1/2]$ und $F(s,t):=G(2s-1,t)$ für $s\in[1/2,1]$.]

**Satz:**    *Sei $p\in \mathbb{E}$ und $N$ eine Ringmenge um $p$, d.h. es gibt ein*

$$\text{Teilintervall } K \text{ von } \mathbb{R}_+ \text{ mit} \quad N = \{q\in \mathbb{E}\mid \|q-p\|\in K\} \quad (\subset \mathbb{E}\setminus\{p\}), \tag{71}$$

[für $K:=\mathbb{R}_+$ folgt z.B. $N=\mathbb{E}\setminus\{p\}$, für $\rho\in\mathbb{R}_+$ und $K=\{\rho\}$ folgt $N=p+\rho\cdot S\mathbb{E}$, s. (12)]. – *Dann gilt für je zwei geschlossene Wege $c,\tilde c:I\to N$, $(I=[\alpha,\beta])$:*

$$c \text{ ist zu } \tilde c \text{ frei-homotop in } N \quad \Longleftrightarrow \quad \mathrm{ind}\,(c;p) = \mathrm{ind}\,(\tilde c;p) \;, \tag{72}$$

d.h. (s.o. Bem.): *Die freien Homotopieklassen geschlossener Wege in der Ringmenge $N$ um $p$ werden durch ihre Umlaufzahlen um $p$ klassifiziert.* –    [⊛ Nicht ganz so einfach ist die Graustein-Whitney-Homotopieklassifikation $C^1$-geschlossener immersiver $C^1$-Wege in $\mathbb{E}$ durch $\mathrm{ind}\,(c';o)$ ([WH], Theorem 1, S.279; [DO₁], S.342).]

*Beweis: Zu „$\Rightarrow$":* Sei $H$ eine freie Homotopie in $N$ von $c$ zu $\tilde c$. Definiert man dann für $s\in[0,1]$ den Weg $c_s:$ $I\to \mathbb{E}$ durch $c_s(t):=H(s,t)$ für $t\in I$, so ist $(c_s)_{s\in[0,1]}$ nach Definition der freien Homotopie $H$ in $N$ und (71) eine stetige Familie geschlossener Wege in $\mathbb{E}\setminus\{p\}$ (s. (68)) mit dem zusammenhängenden metrischen Raum $[0,1]$ als Indexmenge und $c_0=c$, $c_1=\tilde c$. Mit $p_s:=p$ für $s\in[0,1]$ folgt daher aus

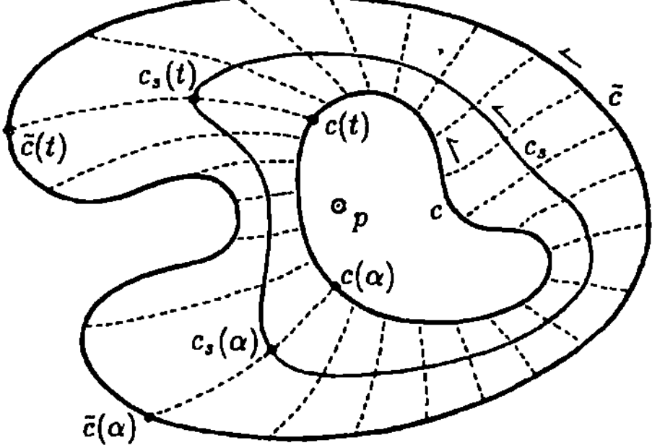


(69): $\mathrm{ind}\,(c;p)=\mathrm{ind}\,(\tilde c;p)$. –
*Zu „$\Leftarrow$":* Wegen (62) dürfen wir annehmen $p=o$. Sei $K,N$ wie in (71), wähle $e\in S\mathbb{E}$ und Winkelfunktionen $\varphi,\tilde\varphi$ für $c,\tilde c$ bzgl. $e$ (s. 1.3.3.a), also (s. rechte Seite von (72) und (62),(39)): $\varphi(\beta)-\varphi(\alpha)=\tilde\varphi(\beta)-\tilde\varphi(\alpha)$, sowie $c=\|c\|\cdot(c_e\circ\varphi)$ und $\tilde c=\|\tilde c\|\cdot(c_e\circ\varphi)$ mit der stetigen Abb. $c_e:\mathbb{R}\to S\mathbb{E}$ (s. (37),(44)). Daher ist $c$ zu $\tilde c$ frei-homotop in $N$ vermöge $(s,t)\mapsto \big((1-s)\|c(t)\|+s\|\tilde c(t)\|\big)\cdot c_e\big((1-s)\varphi(t)+s\tilde\varphi(t)\big)$.  □

Wegen des Korollars von S. 34 ist es naheliegend zu fragen, wie sich die Umlaufzahl von $c$ um $p$ in Abhängigkeit von $p$ ändert, wenn $p$ die Zusammenhangskomponenten von $E\backslash c(I)$ wechselt. Eine Antwort darauf enthält der folgende

**Schnittzahlsatz:** [25]    *Sprungverhalten von $p \mapsto \mathrm{ind}\,(c;p)$ auf $E\backslash c(I)$.*

Sei $c:[\alpha,\beta] \to E$ (mit $\alpha, \beta \in \mathbb{R}$, $\alpha < \beta$) ein geschlossener Weg [wir denken uns $c$ von jetzt an $(\beta-\alpha)$-periodisch zu $c:\mathbb{R} \to E$ fortgesetzt], seien $p, q \in E \backslash c(\mathbb{R})$ mit $v := q - p \neq o$, und $c$ *treffe die Verbindungsstrecke* $\overline{pq}$ *von $p$ und $q$ „nur isoliert"* in folgendem Sinne: Zu jedem $\tau \in c^{-1}(\overline{pq})$ gibt es

$$\xi, \eta \in \mathbb{R}\quad \textit{mit}\quad \xi < \tau < \eta,\quad \textit{so daß}\quad c([\xi,\eta]\backslash\{\tau\}) \cap (p + \mathbb{R}\cdot v) = \emptyset,\qquad (73)$$

also verläuft $c|[\xi,\tau[$ bzw. auch $c|]\tau,\eta]$ ganz in einer der offenen Halbebenen, die von der Geraden durch $p$ und $q$ begrenzt werden[26].  Dann gilt:

$$S := \{\tau \in [\alpha,\beta[\,|\; c(\tau) \in \overline{pq}\,\}\quad \textit{ist eine endliche Menge},\qquad (74)$$

$$\textit{wählt man}\quad e \in \mathbb{R}_+\cdot Jv,\quad \textit{also}\quad e \neq o\quad \textit{und}\quad \langle v, e\rangle = 0 \qquad (75)$$

(s. (13)), und definiert die *Schnittzahl von $c$ mit dem geraden Verbindungsweg von $p$ nach $q$ im Zeitpunkt $\tau \in S$* durch (wobei $\xi, \eta$ für $\tau$ wie in (73)):

$$s(\tau) := \frac{1}{2}\big(\mathrm{sgn}\,\langle e, c(\eta) - c(\tau)\rangle - \mathrm{sgn}\,\langle e, c(\xi) - c(\tau)\rangle\big),\qquad (76)$$

so ist die Definition (76) von der speziellen Wahl des Vektors $e$ wie in (75) und der Zahlen $\xi, \eta$ mit der Eigenschaft (73) unabhängig, ferner gilt

$$s(\tau) \in \{-1, 0, 1\}\quad \textit{für alle}\quad \tau \in S,\qquad (77)$$

*wobei $s(\tau) = \pm 1$, je nachdem der Weg $c$ beim Durchgang durch $\tau$ die Seiten der ($c(\tau)$ enthaltenden!) Geraden durch $p$ und $q$ von der offenen Halbebene $c(\tau) + H_{-e}$ zur offenen Halbebene $c(\tau) + H_e$ wechselt bzw. umgekehrt (vgl. (28)), sowie $s(\tau) = 0$, wenn kein solcher Seitenwechsel erfolgt[27], schließlich:*

$$\boxed{\;\mathrm{ind}\,(c;p) - \mathrm{ind}\,(c;q)\; =\; \textstyle\sum_{\tau \in S} s(\tau)\;\;.^{28}\;}\qquad (78)$$

---

[25] Leopold KRONECKER ($*$7.12.1823,$†$29.12.1891) gelangt 1869 ([KR], S. 186/187) im $C^1$-Fall zur Umlaufzahl (er nennt sie *Windungszahl*) mittels Schnittzahlen und beweist das Strahlkriterium (81) ([KR], S. 180).

[26] (73) impliziert offenbar: $c$ *trifft* $\overline{pq}$ *nur in isolierten Punkten* $\tau \in [\alpha,\beta]$. Hiervon gilt aber wegen $p, q \notin c(\mathbb{R})$ auch die Umkehrung (Beweis!).

[27] Das Zulassen dieses [zur Summe in (78) nicht beitragenden] isolierten „*Auftreffens*" von $c$ auf $\overline{pq}$ in $\tau$ ermöglicht einen einfachen Induktionsbeweis von (78) über $\#S \in \mathbb{N}_+$ (s.u. (83),(84)).

[28] Der geometrische Kern des in (78) ausgesagten Sprungverhaltens der Funktion $p \mapsto \sigma(c-p)$ (s. (62)) steckt in den Eigenschaften (25) der Winkelfunktion $\sphericalangle_o$ (s.u. Beweis, (94)).

*Zusatz:*   Ist $c:[\alpha,\beta] \to I\!\!E$  $C^1$-geschlossen (s. 1.3.5.a), so daß (mit $v:=q-p$) gilt:

$$\textit{Für alle } \tau \in S \textit{ ist } (v, c'(\tau)) \textit{ ein 2-Bein von } I\!\!E, \tag{79}$$

so gibt es für alle $\tau \in c^{-1}(\overline{pq})$ Zahlen $\xi, \eta$ wie in (73), also folgt insbesondere (78), wobei sich die Schnittzahlbeschreibung (76) vereinfacht zu (vgl. (75),(14),(16),(79)):

$$\begin{aligned} s(\tau) &= \operatorname{sgn}\langle e, c'(\tau)\rangle = \operatorname{sgn} \Omega(v, c'(\tau)) \quad \textit{für alle } \tau \in S, \\ &= \pm 1, \quad \textit{je nachdem } (v, c'(\tau)) \textit{ positiv oder negativ orientiert ist.} \end{aligned} \tag{80}$$

**Strahlkriterium:**   *Berechnung von Umlaufzahlen mittels Schnittzahlen.*

*Ist $c$ wie oben im Schnittzahlsatz, $p \in I\!\!E\backslash c(I\!\!R)$, $v \in I\!\!E\backslash\{o\}$ und gilt die Aussage (73) sogar für alle $\tau \in S_\infty := \{t \in [\alpha, \beta[ \, | \, c(t) \in p + I\!\!R_+ \cdot v\}$, so ist $S_\infty$ eine endliche Menge und mit $s(\tau)$ wie in (76),(75) gilt:*

$$\operatorname{ind}(c; p) = \sum_{p \in S_\infty} s(\tau) \quad ,^{25} \tag{81}$$

*d.h. die Umlaufzahl von $c$ um $p$ ist die Summe aller Schnittzahlen von $c$ mit jedem in $p$ ansetzenden Strahlweg, der von $c$ i.S. von (73) nur isoliert getroffen wird.*

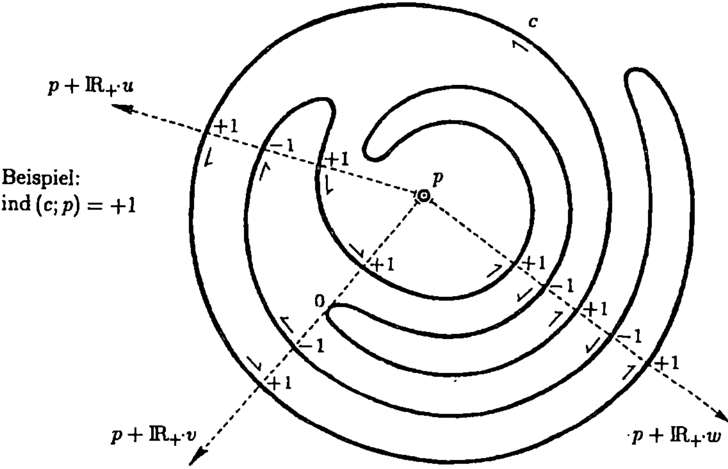


*Beweis:*   Da $\overline{pq} = \{p + s \cdot v \mid s \in [0,1]\}$ kompakt ist, so ist $c^{-1}(\overline{pq})$ abgeschlossen in $I\!\!R$, also $c^{-1}(\overline{pq}) \cap [\alpha, \beta]$ kompakte Teilmenge in $I\!\!R$, die nach (73) nur aus isolierten Punkten besteht[26], also endlich sein muß. Daher ist $S$ (s. (74)) als Teilmenge von $c^{-1}(\overline{pq}) \cap [\alpha, \beta]$ ebenfalls endlich, womit (74) gezeigt ist. – Wegen (75) ist die Gerade $p + I\!\!R \cdot v$ für $\tau \in S$ genau die Menge $\{a \in I\!\!E \mid \langle e, a - c(\tau)\rangle = 0\}$, weshalb für $\xi, \eta$ wie in (73) folgt: Die stetige Funktion $t \mapsto \langle e, c(t) - c(\tau)\rangle$ verschwindet nicht auf dem Intervall $[\xi, \tau[$ bzw. $]\tau, \eta]$, hat dort also konstantes Vorzeichen, weshalb

$$\left. \begin{aligned} \operatorname{sgn}\langle e, c(\xi) - c(\tau)\rangle &= \lim_{t \nearrow \tau} \operatorname{sgn}\langle e, c(t) - c(\tau)\rangle \\ \operatorname{sgn}\langle e, c(\eta) - c(\tau)\rangle &= \lim_{t \searrow \tau} \operatorname{sgn}\langle e, c(t) - c(\tau)\rangle \end{aligned} \right\} \in \{-1, 1\} . \tag{82}$$

Damit ist die Unabhängigkeit der Definition (76) von der speziellen Wahl von $\xi, \eta$ mit der Eigenschaft (73) sowie auch (77) bewiesen. – *Zu* (78): Ist $S = \emptyset$, so verschwindet per def. die rechte Seite von (78), andererseits gilt dann (s. (74)) $\overline{pq} \subset I\!\!E\backslash c(I\!\!R)$, weshalb $p$ und $q$ in der gleichen (Weg-) Zusammenhangskomponenten von $E\backslash c(\mathbb{R})$ liegen, also verschwindet nach dem Korollar von S.34 auch die linke Seite von (78). Sei nun $S \neq \emptyset$, etwa $\#c(S) =: k \in \mathbb{N}_+$, und also $c(S) = \{a_1,..,a_k\}$ ($\subset \overline{pq}\backslash\{p,q\}$) mit $\|a_{\kappa-1}-p\| < \|a_\kappa-p\|$ für $1 \leq \kappa \leq k$ (wobei $a_0 := p$). Setzt man daher

$$p_0 := p, \quad p_\kappa := (1/2)\cdot(a_\kappa + a_{\kappa+1}) \quad \textit{für } 1 \leq \kappa < k \quad \textit{und} \quad p_k := q \,,$$

so trifft $c$ die $k$ Strecken $\overline{p_{\kappa-1}p_\kappa}$ für $\kappa \in \{1,..,k\}$ jeweils nur in dem einen Punkt $a_\kappa \in \overline{p_{\kappa-1}p_\kappa}\backslash\{p_{\kappa-1},p_\kappa\}$ und setzt man noch $S_\kappa := \{\tau \in [\alpha,\beta[\,|\, c(\tau) \in \overline{p_{\kappa-1}p_\kappa}\}$, so genügt es zu zeigen, daß $\mathrm{ind}(c;p_{\kappa-1}) - \mathrm{ind}(c;p_\kappa) = \sum_{\tau \in S_\kappa} s(\tau)$ für $\kappa \in \{1,..,k\}$. Denn dann folgt (78) durch Addition der letzten $k$ Gleichungen. [Dabei beachte man, daß $S$ (vgl. (74)) die disjunkte Vereinigung der $S_1,..,S_k$ ist; ferner, daß nach Definition der $p_\kappa$ gilt: $\mathbb{R}_+\cdot(p_\kappa - p_{\kappa-1}) = \mathbb{R}_+\cdot v$ für $\kappa \in \{1,..,k\}$. Daher ist (s. (75),(76)) die Schnittzahl von $c$ mit dem geradlinigen Verbindungsweg von $p_{\kappa-1}$ und $p_\kappa$ im Zeitpunkt $\tau \in S_\kappa$ gleich der Schnittzahl von $c$ mit dem geradlinigen Verbindungsweg von $p$ und $q$ im gleichen Zeitpunkt $\tau$]. – Somit genügt es, (78) für die folgende Situation zu zeigen (s. (74)): Es gibt $m \in \mathbb{N}_+$ und $\tau_0,..,\tau_m \in [\alpha,\beta]$, so daß

$$S = \{\tau_0,..,\tau_{m-1}\} \quad \textit{mit} \quad \alpha = \tau_0 < .. < \tau_m = \beta \quad \textit{und} \quad c(\tau_0) = .. = c(\tau_m) \in \overline{pq} \,. \tag{83}$$

[Beachte: Zunächst folgt aus (74) für das kleinste Element $\tau_0$ von $S$ nur $\alpha \leq \tau_0$, aber wegen der $(\beta-\alpha)$-Periodizität von $c:\mathbb{R} \to E$ dürfen wir annehmen, daß $\alpha$ gerade dies $\tau_0$ ist.] Nun sind aber nach (83) $c_i := c|[\tau_{i-1},\tau_i]$ für $i \in \{1,..,m\}$ *geschlossene Wege, für die m.m. die Aussage* (73) *erfüllt ist*, und für die nach (66) gilt:

$$\mathrm{ind}(c;p) - \mathrm{ind}(c;q) = \sum_{i=1}^{m}\big(\mathrm{ind}(c_i;p) - \mathrm{ind}(c_i;q)\big) \,. \tag{84}$$

Dabei ist $c_i^{-1}(\overline{pq}) \cap [\tau_{i-1},\tau_i[ = \{\tau_{i-1}\}$ 1-elementig für $i \in \{1,..,m\}$ (s. (74),(83)). Die Gleichung (84) zeigt daher, daß es genügt, die Aussage (78) nur für den Fall zu beweisen, daß $S = \{\alpha\}$, d.h. nach (74), daß (neben (73)) gilt: Es gibt ein

$$\vartheta \in \,]0,1[ \quad \textit{mit} \quad \{(t,s) \in [\alpha,\beta[\times[0,1]\,|\, c(t) = p + s\cdot v\} = \{(\alpha,\vartheta)\} \,. \tag{85}$$

Wegen (73),(85) und $c(\alpha) = c(\beta)$ gibt es aber $\varepsilon \in \mathbb{R}_+$, so daß

$$\alpha+\varepsilon < \beta-\varepsilon \quad \textit{und} \quad c(\,]\alpha,\alpha+\varepsilon] \cup [\beta-\varepsilon,\beta[\,) \cap (p+\mathbb{R}\cdot v) = \emptyset, \tag{86}$$

weshalb wegen der $(\beta-\alpha)$-Periodizität von $c:\mathbb{R} \to E$ und wegen (76),(86) die zu zeigende Aussage (78) sich reduziert auf:

$$2\big(\mathrm{ind}(c;p) - \mathrm{ind}(c;q)\big) = \mathrm{sgn}\langle e, c(\alpha+\varepsilon)-c(\alpha)\rangle - \mathrm{sgn}\langle e, c(\beta-\varepsilon)-c(\beta)\rangle \,. \tag{87}$$

*Zu* (87): Da für alle $s \in [0,1]\backslash\{\vartheta\}$ nach (85) gilt $p+s\cdot v \notin c([\alpha,\beta])$, so folgt aus dem obigen Korollar wegen $p+v = q$ zunächst:

$$\mathrm{ind}(c;p+s\cdot v) = \begin{cases} \mathrm{ind}(c;p) \,, & \textit{falls } s \in [0,\vartheta[ \,, \\ \mathrm{ind}(c;q) \,, & \textit{falls } s \in \,]\vartheta,1] \,. \end{cases} \tag{88}$$

Weiter ist für alle $s \in [0,1]$ mit $c$ auch

$$\begin{aligned} c_s := c - (p+s\cdot v):[\alpha,\beta] \to E \quad &\textit{ein geschlossener Weg,} \\ \textit{und für } s \neq \vartheta \textit{ gilt außerdem} \quad &c_s([\alpha,\beta]) \subset E_0 := E\backslash\{o\} \end{aligned} \tag{89}$$

(vgl. (85)), weshalb nach (62) für alle $s \in [0,1] \setminus \{\vartheta\}$ folgt:

$$(2\pi) \cdot \mathrm{ind}\,(c; p + s \cdot v) = \sigma(c_s) = \textit{Schwenk von } c_s\,.$$

Hieraus, wegen $c(\alpha) = c(\beta) = p + \vartheta \cdot v$ (s. (85)) und aus (88),(89) ergibt sich, daß die zu zeigende Behauptung (87) äquivalent ist zu

$$\lim_{h \searrow 0} \big( \sigma(c_{\vartheta - h}) - \sigma(c_{\vartheta + h}) \big) = \big( \mathrm{sgn}\langle e, c_\vartheta(\alpha + \varepsilon)\rangle - \mathrm{sgn}\langle e, c_\vartheta(\beta - \varepsilon)\rangle \big) \cdot \pi\,. \tag{90}$$

Nun gilt nach (41),(89) für alle $s \in [0,1] \setminus \{\vartheta\}$

$$\sigma(c_s) = \sigma(c_s|[\alpha, \alpha + \varepsilon]) + \sigma(c_s|[\alpha + \varepsilon, \beta - \varepsilon]) + \sigma(c_s|[\beta - \varepsilon, \beta])\,. \tag{91}$$

Nach (89),(85) ist aber $(c_s|[\alpha + \varepsilon, \beta - \varepsilon])_{s \in [0,1]}$ eine stetige Familie von Wegen in $\mathbb{E}_0$, weshalb aus dem Lemma von S. 34 folgt:

$$\lim_{h \searrow 0} \sigma(c_{\vartheta - h}|[\alpha + \varepsilon, \beta - \varepsilon]) = \sigma(c_\vartheta|[\alpha + \varepsilon, \beta - \varepsilon]) = \lim_{h \searrow 0} \sigma(c_{\vartheta + h}|[\alpha + \varepsilon, \beta - \varepsilon])\,.$$

Hieraus und aus (91) folgt, daß es zum Beweis von (90) genügt zu zeigen

$$\begin{aligned}
\lim_{h \searrow 0} \big( \sigma(c_{\vartheta - h}|[\alpha, \alpha + \varepsilon]) - \sigma(c_{\vartheta + h}|[\alpha, \alpha + \varepsilon]) \big) &= \big( \mathrm{sgn}\langle e, c_\vartheta(\alpha + \varepsilon)\rangle \big) \cdot \pi\,, \\
\lim_{h \searrow 0} \big( \sigma(c_{\vartheta - h}|[\beta - \varepsilon, \beta]) - \sigma(c_{\vartheta + h}|[\beta - \varepsilon, \beta]) \big) &= -\big( \mathrm{sgn}\langle e, c_\vartheta(\beta - \varepsilon)\rangle \big) \cdot \pi\,.
\end{aligned} \tag{92}$$

*Zur ersten Gleichung von* (92): Für $s \in [0,1]$ gilt $p + s \cdot v \in p + \mathbb{R} \cdot v$, also ist letztere Gerade nach (75) die Menge $\{a \in \mathbb{E} \mid \langle e, a - (p + s \cdot v)\rangle = 0\}$. Für alle $t \in ]\alpha, \alpha + \varepsilon]$ liegt aber $c(t)$ nach (86) nicht auf $p + \mathbb{R} \cdot v$, weshalb also nach (89):

$$\begin{aligned}
\langle e, c_s(t)\rangle = \langle e, c(t) - (p + s \cdot v)\rangle \neq 0 \quad &\textit{für alle} \quad (s,t) \in [0,1] \times ]\alpha, \alpha + \varepsilon]\,, \\
\textit{und} \quad c_s(\alpha) \neq o \quad &\textit{für alle} \quad s \in [0,1] \setminus \{\vartheta\}\,.
\end{aligned} \tag{93}$$

Wegen (93) liegt daher[29] $c_s([\alpha, \alpha + \varepsilon])$ ganz in einer offenen Halbebene von $\mathbb{E}$ (s. (28)), so daß aus (40) und wegen $c_s(\alpha) = (\vartheta - s) \cdot v$ (s. (89),(85)) folgt: $\sigma(c_s|[\alpha, \alpha + \varepsilon]) = \sphericalangle_0((\vartheta - s)v, c_s(\alpha + \varepsilon))$. Somit nach (25):

$$\sigma(c_s|[\alpha, \alpha + \varepsilon]) = \begin{cases} \sphericalangle_0(v, c_s(\alpha + \varepsilon)) & \textit{für } s < \vartheta\,, \\ \sphericalangle_0(v, c_s(\alpha + \varepsilon)) - (\mathrm{sgn}\,\Omega(v, c_s(\alpha + \varepsilon))) \cdot \pi & \textit{für } \vartheta < s\,. \end{cases} \tag{94}$$

Nun gilt aber nach (14),(75),(93):

$$\Omega(v, c_\vartheta(\alpha + \varepsilon)) = \langle Jv, c_\vartheta(\alpha + \varepsilon)\rangle \in \langle e, c_\vartheta(\alpha + \varepsilon)\rangle \cdot \mathbb{R}_+ \subset \mathbb{R}^*\,, \tag{95}$$

insbesondere (s. (16)) ist $(v, c_\vartheta(\alpha + \varepsilon))$ ein 2-Bein in $\mathbb{E}$, also[30] sind $v, c_\vartheta(\alpha + \varepsilon)$ in einer offenen Halbebene $H_a$ von $\mathbb{E}$ enthalten und daher folgt wegen $\lim_{s \to \vartheta} c_s(\alpha + \varepsilon) = c_\vartheta(\alpha + \varepsilon)$ (s. (89)) und wegen der Stetigkeit von $\sphericalangle_0$ auf $H_a \times H_a$ (vgl. (31)) aus (94),(95) gerade die erste Gleichung von (92), der Beweis der zweiten verläuft völlig analog. Damit ist (78), also der Schnittzahlsatz, vollständig bewiesen.

---

[29] Man überlegt nämlich: Ist $u : [\gamma, \delta] \to \mathbb{E}$ ein Weg und $e \in \mathbb{E}$ mit $\langle e, u(t)\rangle \neq 0$ für alle $t \in ]\gamma, \delta]$ und $u(\gamma) \neq o$, so ist $u([\gamma, \delta])$ ganz in einer offenen Halbebene von $\mathbb{E}$ enthalten. [Denn o.B.d.A. $\langle e, u(t)\rangle > 0$ für alle $t \in ]\gamma, \delta]$ und wegen $u(\gamma) \neq o$ kann man $\xi \in ]\gamma, \delta]$ so nahe bei $\gamma$ wählen, so daß $\langle u(\gamma), u(t)\rangle > 0$ für alle $t \in [\gamma, \xi]$. Dann gilt aber (Beweis!) $u([\gamma, \delta]) \subset H_a$ (s. (28)), wobei $a := e + \rho \cdot u(\gamma)$ mit
$$\rho := \min\{\langle e, u(t)\rangle \mid t \in [\xi, \delta]\}/2 \cdot \max\{|\langle u(\gamma), u(t)\rangle| \mid t \in [\xi, \delta]\}\,.]$$

[30] Ist $(v, w)$ ein 2-Bein in $\mathbb{E}$, so liegen $v, w$ in der offenen Halbebene $H_a$ von $\mathbb{E}$ (s. (28)) mit $a := (1/\|v\|) \cdot v + (1/\|w\|) \cdot w$ (Beweis!).

*Zum Zusatz:* Sei $\tau \in S$, also (s. (74)) ist die Gerade $p + \mathbb{R} \cdot v$ auch zu beschreiben als $\{a \in \mathbb{E} \,|\, \langle e, a - c(\tau)\rangle = 0\}$ und nach (75),(79): $\langle e, c'(\tau)\rangle \neq 0$. Daher gilt für alle von $\tau$ verschiedenen $t$ einer Umgebung von $\tau$ in $\mathbb{R}$ (vgl. 1.1.(1)) $\langle e, c(t) - c(\tau)\rangle \neq 0$, d.h. $c(t) \notin p + \mathbb{R}v$, also gilt (73). Ferner folgt aus (76), (82) auch (80), denn:

$$s(\tau) \;=\; \frac{1}{2}\Big(\lim_{t \searrow \tau}\operatorname{sgn}\langle e, \frac{c(t)-c(\tau)}{t-\tau}\rangle - \lim_{t \nearrow \tau}\operatorname{sgn}\langle e, \frac{c(t)-c(\tau)}{\tau-t}\rangle\Big) \;=\; \operatorname{sgn}\langle e, c'(\tau)\rangle . \quad \Box$$

*Zum Strahlkriterium:*   Seien $p, v$ wie im Kriterium gewählt. Nach evtl. Multiplikation von $v$ mit einem $\lambda \in \mathbb{R}_+$ dürfen wir annehmen, daß

$$\|p + s \cdot v\| \;>\; \max\{\,\|c(t)\| \mid t \in [\alpha, \beta]\,\} \quad \textit{für alle } s \in [1, \infty[ \; .$$

Hieraus folgt mit $q := p + v$, daß die im Strahlkriterium genannte Menge $S_\infty$ gleich der in (74) definierten Menge $S$ ist, und weiter zusammen mit der Cauchy-Schwarz-Ungleichung, daß $c - q : [\alpha, \beta] \to \mathbb{E}$ ganz in der offenen Halbebene $H_{-q}$ verläuft (s. (28)), also nach (64): $\operatorname{ind}(c; q) = 0$. Damit folgt (81) aus (78).   $\Box$

**Aufgabe** (*nicht ganz leicht!*):   Mittels einer Modifizierung des obigen Beweises für den Schnittzahlsatz verifiziere man folgende Aussage:

**Allgemeiner $C^1$-Schnittzahlsatz:**   Sei $c : [\alpha, \beta] \to \mathbb{E}$ ein $C^1$-geschlossener Weg (s.o. 1.3.5.a), seien $p, q \in \mathbb{E} \backslash c([\alpha, \beta])$ und $u : [\gamma, \delta] \to \mathbb{E}$ ein $p$ mit $q$ verbindender $C^1$-Weg, der *transversal zu* $c$ ist, d.h. für alle $(\lambda, \tau) \in S$ mit $S := \{\,(\lambda, \tau) \in [\gamma, \delta] \times [\alpha, \beta[\,|\, u(\lambda) = c(\tau)\,\}$ sei $(u'(\lambda), c'(\tau))$ ein 2-Bein von $\mathbb{E}$ und wir definieren die Schnittzahl von $u$ und $c$ in $(\lambda, \tau) \in S$ durch $s_{u,c}(\lambda, \tau) := \pm 1$, je nachdem das letzte 2-Bein positiv oder negativ orientiert ist. Dann gilt: $S$ ist eine endliche Menge und

$$\operatorname{ind}(c; p) \;-\; \operatorname{ind}(c; q) \;=\; \sum_{(\lambda, \tau) \in S} s_{(u,c)}(\lambda, \tau) \;,$$

insbesondere (mit $p = q$) : *Für zwei $C^1$-geschlossene Wege $c$ und $u$, die zueinander transversal sind, ist die Schnittzahlsumme Null.*


## 1.3.6  Anwendungen des Umlaufzahl-Begriffs

Dieser Abschnitt 1.3.6 kann beim ersten Studium überschlagen werden. –
Im folgenden seien stets $\mathbb{E}$ ein 2-dim. orientierter euklidischer VR und $\alpha, \beta \in \mathbb{R}$.

**„Umlaufsatz":**   *Tangentendrehzahlen immersiver $C^1$-Jordan-Wege*[31].
Sei $c : I \to \mathbb{E}$ ($I = [\alpha, \beta]$ mit $\alpha < \beta$) ein $C^1$-geschlossener, immersiver Weg (s. 1.3.5.a, 1.1.(2)), $c'$ ist also ein geschlossener Weg, der ganz in $\mathbb{E}_o := \mathbb{E} \backslash \{o\}$ verläuft. Für die daher definierte Umlaufzahl $\operatorname{ind}(c'; o)$, die sog. *Tangentendrehzahl von* $c$, bzw. (vgl. (62)) für den Schwenk $\sigma(c')$ von $c'$ gilt, wenn außerdem $c$ ein Jordan-Weg[31] ist:

$$\operatorname{ind}(c'; o) = \pm 1 \qquad \textit{bzw.} \qquad \sigma(c') = \pm 2\pi \; . \tag{96}$$

*Zusatz:* $\bullet$   Ist $c : I \to \mathbb{E}$ darüberhinaus $C^2$-geschlossen (s. 1.3.5.a), so gilt nach (63) und 1.4.(5) (s.u.) mit der orientierten Krümmung $\kappa_c$ von $c$:

$$\operatorname{ind}(c'; o) \;=\; (1/2\pi) \cdot \int_\alpha^\beta \kappa_c(x) \|c'(x)\|\, dx \; . \tag{97}$$

---

[31] Ein *Jordan-Weg* $c : [\alpha, \beta] \to \mathbb{E}$ sei ein geschlossener Weg mit injektivem $c|[\alpha, \beta[$.

• Sei $c:[\alpha,\beta]\to I\!\!E$ ein Jordan-Weg[31], bei dem es eine Zerlegung $(\alpha_0,..,\alpha_m)$ von $[\alpha,\beta]$ gibt (s. 1.2.1), für welche $c_i:=c|[\alpha_{i-1},\alpha_i]$ ein immersiver $C^1$-Weg ist, und *so daß mit* $c'_-(\alpha_i):=(c_i)'(\alpha_i)$, $c'_+(\alpha_{i-1}):=(c_i)'(\alpha_{i-1})$ *und* $c'_+(\alpha_m):=c'_+(\alpha_0)$ der sog. *Außenwinkel* $\sphericalangle_0(c'_-(\alpha_i),c'_+(\alpha_i))$ *von* $c$ *an der Ecke* $\alpha_i$ ungleich $\pi$ ist für alle $i\in\{1,..,m\}$. Dann folgt

$$\sum_{i=1}^{m}\Big(\sigma(c'|[\alpha_{i-1},\alpha_i]) + \sphericalangle_0(c'_-(\alpha_i),c_+(\alpha_i))\Big) = \pm 2\pi. \tag{98}$$

⊛ Die gegenüber (96) allgemeinere Version (98) ist (s. [HO], S. 51) vorteilhaft für Beweise des Gauss-Bonnet-Satzes auf 2-dim. riemannschen Mannigfaltigkeiten.

*Zur Historie:* Die Grundidee des „Umlaufsatzes" wird bereits 1857 von B. RIEMANN ([RI],S. 113) formuliert: ≫ *Es findet nun bei einer einfach zusammenhängenden, über einem endlichen Teil der z-Ebene ausgebreiteten Fläche zwischen der Anzahl der Verzweigungspunkte und der Anzahl der Umdrehungen, welche die Richtung ihrer Begrenzungslinie macht, die Relation statt, daß die letztere um eine Einheit größer ist als die erstere.* ≪ – Das bedeutet z.B., daß nach RIEMANN für den konventionell positiv-durchlaufenen Randweg eines 1-zusammenhängenden Gebietes in $I\!\!E$, welches also unverzweigt in $I\!\!E$ liegt, die Tangentendrehzahl gleich 1 sein soll. Andererseits ist bekanntlich jeder $C^1$-geschlossene immersive Jordan-Weg [31] $c$ der Randweg seines 1-zusammenhängenden Innengebietes (s.u. 1.3.(155)), weshalb für $c$ nach RIEMANN gerade (96) gelten muß.
Der „Umlaufsatz" wird aber erst 1916 von G. N. WATSON [WAT] explizit formuliert und bewiesen. – J. RADON beweist 1919 ([RAN], S. 1133) ein (98) implizierendes Resultat: Sei $c:[\alpha,\beta]\to I\!\!E$ ein Jordan-Weg[31] *„von beschränkter Drehung"*, d.h. es gibt $e\in S\,I\!\!E$ und eine Funktion $\varphi:[\alpha,\beta]\to I\!\!R$ von beschränkter Schwankung[32], so daß *für alle* $t\in[\alpha,\beta]$: $c(t) = c(\alpha)+(\int_\alpha^t\cos\varphi(x)\,dx)\cdot e + (\int_\alpha^t\sin\varphi(x)\,dx)\cdot Je$ (s. (13)), *und*

$$\varphi(\alpha)=\varphi(\alpha+), \quad \varphi(\beta-)=\varphi(\beta) \quad sowie \quad |\varphi(t+)-\varphi(t-)|<\pi \;\; für \;\; \alpha<t<\beta.$$

Der Weg $c$ ist dann (s. [WAL], 9.23) totalstetig und für alle $t\in[\alpha,\beta]\backslash N$ (mit einer geeigneten Lebesgue-Nullmenge $N$ in $[\alpha,\beta]$) gilt: $c$ ist differenzierbar in $t$ und

$$c'(t) = \cos\varphi(t)\cdot e + \sin\varphi(t)\cdot Je \;,$$

[also ist (vgl. (36),(37)) $\varphi$ eine „verallgemeinerte Winkelfunktion" für $c'$, bei der abzählbar viele Sprungstellen[32] einer Höhe kleiner $\pi$ zugelassen sind] und RADON beweist $\varphi(\beta)-\varphi(\alpha)=\pm 2\pi$. Dabei benutzt er entscheidend eine stetige Winkelfunktion für die Sekantenrichtungen $c(t_2)-c(t_1)$ auf $\{(t_1,t_2)\in I\!\!R^2\,|\,\alpha\le t_1<t_2<\beta\}$, sowie einen „Jordan-Kurvensatz" für Wege $c$ „von beschränkter Drehung" (s. oben), der auch die Kennzeichnung der Punkte $p$ im Außen- bzw. Innengebiet von $c$ durch $\mathrm{ind}\,(c;p)=0$, bzw. $|\mathrm{ind}\,(c;p)|=1$ liefert, wie er 1905 (für immersive $C^1$-Wege $c$) von L. D. AMES [AM] angegeben wurde (s.u. 1.3.8). 1933 beweist Heinz HOPF ($*$19.11.1894, †3.6.1971) in [HO] (mittels einer Winkelfunktion für Sekanten von $c$, ähnlich wie RADON) separat (96) und (98); er führt den Namen „Umlaufsatz" ein.

Der nun folgende Beweis von (96) greift die Leitidee der Beweise von RADON und HOPF auf, nämlich einen solchen zu $c'$ *homotopen* geschlossenen Weg $\bar{c}$ zu wählen

---

[32] $\varphi:[\alpha,\beta]\to I\!\!R$ von beschränkter Schwankung besitzt (als Differenz zweier monoton wachsender Funktionen) für alle $t\in\,]\alpha,\beta]$ einen linksseitigen bzw. für alle $t\in[\alpha,\beta[$ einen rechtsseitigen Grenzwert $\varphi(t-)$ bzw. $\varphi(t+)$ und die Anzahl aller „Sprungstellen" $t\in\,]\alpha,\beta[$ mit $|\varphi(t+)-\varphi(t-)|\ge\varepsilon$ für $\varepsilon\in I\!\!R_+$ ist endlich, also gibt es insgesamt höchstens-abzählbar viele Sprungstellen, und $\varphi$ ist Riemann-integrierbar.

(und H. Hopf geht hier geschickter vor als J. Radon), für den die Berechnung von
ind $(\bar{c}; \mathrm{o})$ zum Wert $\pm 1$ einfacher gelingt als für ind $(c'; \mathrm{o})$. Diese Berechnung erfolgt
dort mittels Argumentationen, die denen beim Beweis des Schnittzahlsatzes (s.o.
1.3.5) so ähnlich sind, daß hier von letzterem Satz gleich direkt Gebrauch gemacht
wird. – (98) wird auf (96) zurückgeführt werden mittels „Ecken-Rundungen".

*Beweis zu* (96): $c$ sei bereits $(\beta - \alpha)$-periodisch auf ganz $\mathbb{R}$ fortgesetzt, und daher
können wir (nach evtl. Parameter-Translation) annehmen: $\alpha = 0$ und $T := \beta - \alpha = \beta$,
also ist $c : \mathbb{R} \to \mathbb{E}$ ein $T$-periodischer, immersiver $C^1$-Weg, und darüber hinaus sei

$$\|c(0)\| = \max\{\|c(t)\| \mid t \in [0, T]\} > 0, \quad \textit{also} \quad \langle c(0), c'(0) \rangle = 0. \tag{99}$$

Somit (s. (13)) $c(0) \in \mathbb{R}^* \cdot Jc'(0)$, weshalb wir o.B.d.A. [d.h. nach eventuellem Übergang von $c$ zum rückwärts durchlaufenen Weg $c^v$, s. 1.1.(17)] annehmen können:

$$e := -c(0) \in \mathbb{R}_+ \cdot Jc'(0), \quad \textit{also} \quad \langle e, c(t) - c(0) \rangle > 0 \quad \textit{für alle } t \in ]0, T[, \tag{100}$$

[denn nach der Cauchy-Schwarz-Ungleichung und (99) gilt für alle $t \in [0, T]$ :

$$\langle -c(0), c(t) - c(0) \rangle = \|c(0)\|^2 - \langle c(0), c(t) \rangle \geq \|c(0)\| \cdot (\|c(0)\| - \|c(t)\|) \geq 0,$$

und Gleichheit überall genau dann, wenn $c(t) = c(0)$, d.h. wegen der Injektivität
von $c|[0, T[^{31} : t \in \{0, T\}]$. – Betrachte nun in $\mathbb{R}^2$ (s. die Abbildung nebenan) die
*konvexe Menge*     $M := \{(t_1, t_2) \in \mathbb{R}^2 \mid 0 \leq t_1 \leq t_2 \leq T\}$.
Für die beiden Wege $\gamma_0, \gamma_1 : [0, T] \to \mathbb{R}^2$, die $(0, 0)$ und $(T, T)$ in $M$ verbinden, mit

$$\gamma_0(t) := (t, t) \quad \textit{für } t \in [0, T] \quad \textit{und} \quad \gamma_1(t) := \begin{cases} (0, 2t) & \textit{für } t \in [0, T/2], \\ (2t - T, T) & \textit{für } t \in [T/2, T], \end{cases} \tag{101}$$

verläuft daher für $s \in [0, 1]$ der Weg $\gamma_s := (1 - s) \cdot \gamma_0 + s \cdot \gamma_1 : [0, T] \to \mathbb{R}^2$ ganz in $M$.
Weiter hat man folgende *stetige* [beachte: $c$ immersiver $C^1$-Weg (also gilt 1.1.(20)),
$c\,|\,[0, T[$ injektiv, $c(t_1 + T) = c(t_1)]$ Abbildung $F : M \to \mathbb{E}_0$ : Ist $(t_1, t_2) \in M$, so

$$F(t_1, t_2) := \begin{cases} c'(t_1) & , \textit{falls} \quad 0 = t_2 - t_1 \quad , \\[2mm] \dfrac{T \cdot (c(t_2) - c(t_1))}{(t_2 - t_1)(T - (t_2 - t_1))} & , \textit{falls} \quad 0 < t_2 - t_1 < T, \\[2mm] -c'(0) = -c'(T) & , \textit{falls} \quad t_2 - t_1 = T, \end{cases} \tag{102}$$

also $F(t, t) = c'(t)$ für $t \in [0, T]$, speziell $F(0, 0) = F(T, T) = c'(0)$. Daher $c' = F \circ \gamma_0$
und $c'$ ist zum geschlossenen Weg $\bar{c} := F \circ \gamma_1$ in $\mathbb{E}_0$ frei-homotop vermöge
$H : [0, 1] \times [0, T] \to \mathbb{E}_0$ $((s, t) \mapsto F \circ \gamma_s(t))$, somit (s. (72)) gilt: ind $(c'; \mathrm{o}) = $ ind $(\bar{c}; \mathrm{o})$.
Die Berechnung von ind$(\bar{c}; \mathrm{o})$ (zum Wert 1) gelingt nun mittels des Strahlkriteriums
(81). Denn $\bar{c}$ trifft den in o ansetzenden Strahl $\mathbb{R}_+ \cdot c'(0)$ nur einmal, dies im Zeitpunkt $\tau = 0$, und zwar isoliert mit der Schnittzahl $+1$ (i.S. von (76)): Nach Definition von $\gamma_1$ und $F$ (s. (101),(102)) folgt nämlich (wenn wir $\bar{c}$ wieder $T$-periodisch
auf $\mathbb{R}$ fortsetzen und die $T$-Periodizität von $c$ beachten), daß $\bar{c}(0) = c'(0)$, $\bar{c}(t) \in$
$\mathbb{R}_+ \cdot (c(2t) - c(0))$ für $t \in ]0, T/2[$, und$^{33}$ $\bar{c}(T/2) = -c'(0)$, $\bar{c}(t) \in \mathbb{R}_- \cdot (c(2t) - c(0))$
für $t \in ]-T/2, 0[$. Somit $\bar{c}(0) \in \mathbb{R}_+ \cdot c'(0)$, $\bar{c}(-T/2) \notin \mathbb{R}_+ \cdot c'(0)$ und nach (100)

$$\langle e, \bar{c}(t) \rangle > 0 \quad \textit{für } t \in ]0, T/2[ \quad \textit{und} \quad \langle e, \bar{c}(t) \rangle < 0 \quad \textit{für } t \in ]-T/2, 0[, \tag{103}$$

weshalb $\bar{c}(]-T/2, T/2[ \setminus \{0\})$ zur Geraden $\mathbb{R} \cdot c'(0) = \{a \in \mathbb{E} \mid \langle e, a \rangle = 0\}$ disjunkt ist.
Wegen $\langle e, \bar{c}(0) \rangle = \langle e, c'(0) \rangle = 0$ (s. (100)) und (103) ist daher nach (76) [z.B. mit
$\xi := -T/4$, $\eta := T/4]$ die Schnittzahl $s(0)$ von $\bar{c}$ mit dem Strahlweg $[0, \infty[ \to \mathbb{E}$
$(\lambda \mapsto \lambda \cdot c'(0))$ gleich $+1$, also nach (81): ind$(\bar{c}; \mathrm{o}) = +1$. [Das gegenüber der Be-

---

$^{33}$beachte, daß $\bar{c}(t + (T/2)) = -\bar{c}(t)$ für $t \in \mathbb{R}$, also $\bar{c}$ *„ungerade bzgl.* o".

hauptung (96) hier eindeutig positive Vorzeichen resultiert nur aus der in (100)  (zur Notationsfixierung) erfolgten Spezialisierung des Durchlaufungssinnes von $c$.]  □

*Zu* (98): Wir führen (98) zurück auf (96) durch „$C^1$-Abrunden" der Ecken von $c$ in $\alpha_i$ für $i = 1,..,m$ zu einem $C^1$-geschlossenen immersiven Jordan-Weg. Dabei wird sich der Außenwinkel $\sphericalangle_0(c'_-(\alpha_i), c'_+(\alpha_i))$ in (98) als Grenzwert des Schwenks des an der Ecke von $c$ in $\alpha_i$ eingefügten $C^1$-Abrundungsweges herausstellen, wenn die Länge dieses Weges gegen Null geht. Das $C^1$-Abrunden der Ecken von $c$, sowie der letzte Grenzübergang sind bereits an einer einzigen Ecke klarzumachen, weshalb wir nur den Fall *einer* Ecke von $c$ (d.h. den Fall $m = 1$) beschreiben. Wir können also annehmen: Es gibt $T \in \mathbb{R}_+$ und

$$c:[0,T] \to I\!\!E \ \ \textit{ist immersiver } C^1\textit{-Jordan-Weg mit} \ \ \sphericalangle_0(c'(T), c'(0)) \neq \pi, \quad (104)$$

[wobei also $c'(T)$ und $c'(0)$ verschieden, ja sogar linear unabhängig sein können].

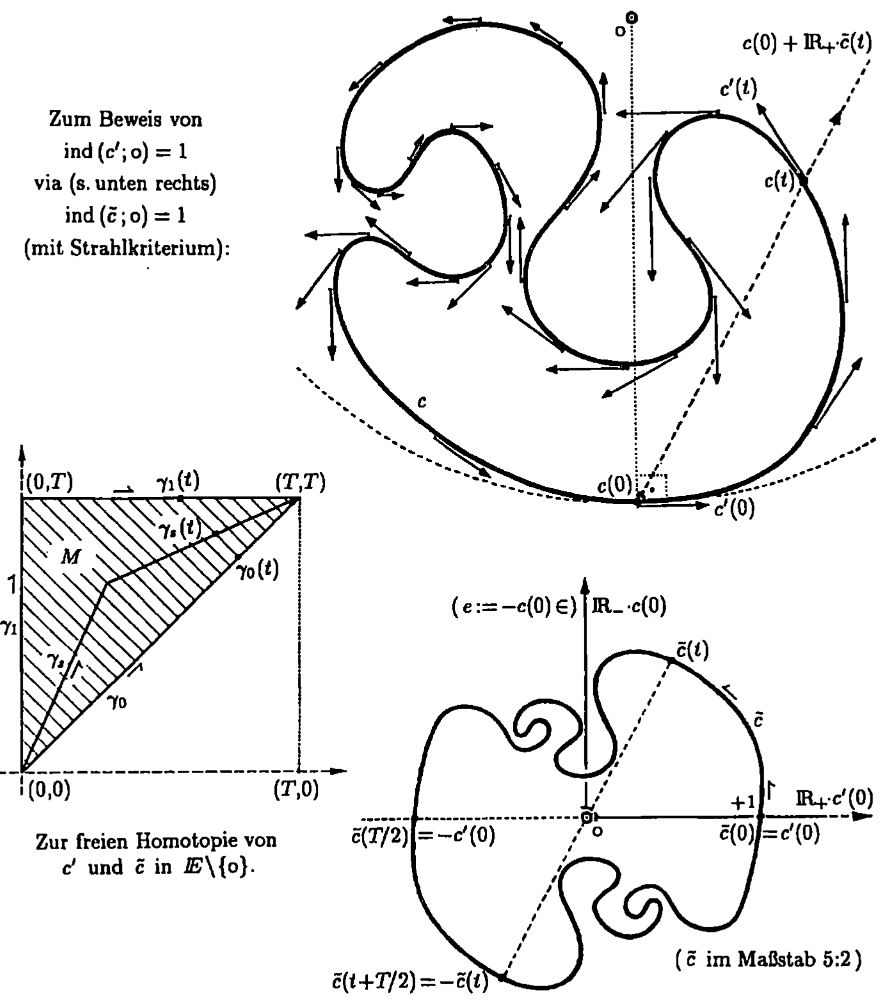

Die Behauptung (98) reduziert sich damit auf

$$\sigma(c') + \sphericalangle_o(c'(T), c'(0)) = \pm 2\pi .\tag{105}$$

*Zu* (105): Mit $c$ ist auch $c - c(0)$ ein immersiver $C^1$-Jordan-Weg, und zwar mit gleichem Geschwindigkeitsfeld $c'$ wie $c$, weshalb wir annehmen dürfen: $c(0) = c(T) = o$. Ferner dürfen wir voraussetzen, daß $\|c'(t)\| = 1$ für alle $t \in [0, T]$. [Denn die orientierungstreue Umparametrisierung $\varphi : [0, L] \to [0, T]$ des immersiven $C^1$-Weges $c$ auf Weglänge, d.h. $\|(c \circ \varphi)'\| = 1$, erfüllt nach 1.2.6.b: $(c \circ \varphi)' = (c' \circ \varphi) \cdot \varphi'$ mit $\varphi' > 0$, also gilt (wegen 1.3.3.c bzw. (25)): $\sigma((c \circ \varphi)') = \sigma(c')$ bzw. $\sphericalangle_o((c \circ \varphi)'(L), (c \circ \varphi)'(0)) = \sphericalangle_o((c'(T), c'(0)) .] -$ Nun gilt aber für $a := (c'(0) + c'(T))/\|c'(0) + c'(T)\|$ wegen der Cauchy-Schwarz-Ungleichung, (104) und $\|c'(0)\| = \|c'(T)\|$ gerade

$$\langle a, c'(0) \rangle = \langle a, c'(T) \rangle > 0, \quad \textit{also gibt es insbesondere}$$
$$\eta \in ]0, T/2[ \quad \textit{mit} \quad \langle a, c'(t) \rangle > 0 \quad \textit{für alle } t \in [0, \eta] \cup [T - \eta, T] .\tag{106}$$

Sei nun $\delta \in \mathbb{R}_+$ der Abstand des Punktes $c(0)$ von der (zu ihm fremden, s. (104), (106)) kompakten Menge $c([\eta, T - \eta])$. Also gibt es wegen $c(0) = c(T) = o$ ein

$$\varepsilon \in ]0, \eta[ \quad \textit{mit} \quad c([0, \varepsilon] \cup [T - \varepsilon, T]) \subset U := \{ p \in \mathbb{E} \mid \|p\| < \delta \} .\tag{107}$$

Ist dann $\psi_0 : \mathbb{R} \to [0, 1]$ die in 1.1.(31) eingeführte $C^\infty$-Funktion mit $\psi_0(t) = 0$ bzw. $\psi_0(t) = 1$ für $t \leq 0$ bzw. $t \geq 1$, so ist für alle $s \in ]0, \varepsilon]$ der Weg $c_s : [0, T] \to \mathbb{E}$, mit

$$c_s(t) := \begin{cases} (1 - \psi_0(\tfrac{t}{s}))\langle a, c(t) \rangle \cdot a + \psi_0(\tfrac{t}{s}) \cdot c(t) & \textit{für } t \in [0, s] \quad , \\ c(t) & \textit{für } t \in [s, T - s] , \\ (1 - \psi_0(\tfrac{T-t}{s}))\langle a, c(t) \rangle \cdot a + \psi_0(\tfrac{T-t}{s}) \cdot c(t) & \textit{für } t \in [T - s, T] , \end{cases}\tag{108}$$

ein, wie man (mit (106), (108)) prüft, $C^1$-geschlossener Weg mit $\langle a, c_s \rangle = \langle a, c \rangle$, also:

$$\langle a, c_s'(t) \rangle > 0 \quad \textit{für alle } t \in [0, \eta] \cup [T - \eta, T] ,\tag{109}$$

d.h. nach (108), (109): $c_s$ ist mit $c$ immersiv und weiter ist $\langle a, c_s \rangle$ auf $[0, \eta]$ sowie auch auf $[T - \eta, T]$ streng monoton wachsend, weshalb wegen $c_s(0) = c_s(T)$ folgt:

$c_s|([0, \eta] \cup [T - \eta, T[)$ *ist injektiv, und weiter ist auch* $c_s|[s, T - s]$ *injektiv*

wegen (104), (108). Ist schließlich $t_1 \in [0, s] \cup [T - s, T[$ und $t_2 \in [\eta, T - \eta[$, so nach (107) und der Wahl von $s \in ]0, \varepsilon]$: $c(t_1) \in U$, also auch $\langle a, c(t_1) \rangle \cdot a \in U$ und folglich wegen der Konvexität von $U$ nach (108) und wegen $\psi_0(\mathbb{R}) \subset [0, 1]$ auch $c_s(t_1) \in U$. Andererseits nach (107) und Wahl von $t_2$: $c_s(t_2) = c(t_2) \notin U$, weshalb $c_s(t_1) \neq c_s(t_2)$. Insgesamt folgt damit: $c_s$ ist ein Jordan-Weg, der immersiv und $C^1$-geschlossen ist. (96) impliziert daher zusammen mit (41) und (108) für alle $s \in ]0, \varepsilon]$ :

$$\pm 2\pi = \sigma(c_s') = \sigma(c_s'|[0, s]) + \sigma(c_s'|[T - s, T]) + \sigma(c'|[s, T - s]) .\tag{110}$$

Zufolge (109) hat man $c_s'([0, s]) \cup c_s'([T - s, T]) \subset H_a$ (s. (28)) und nach (106), (108): $c_s'(0) = c_s'(T)$. Daher gilt (s. (40), (30) und (108)):

$$\sigma(c_s'|[0, s]) + \sigma(c_s'|[T - s, T]) = \sphericalangle_o(c_s'(T - s), c_s'(s)) = \sphericalangle_o(c'(T - s), c'(s)) ,$$

und der letzte Term konvergiert wegen (106) und der Stetigkeit von $\sphericalangle_o$ auf $H_a \times H_a$ (s. (31)) für $s \searrow 0$ gegen $\sphericalangle_o(c'(T), c'(0))$. Schließlich konvergiert $\sigma(c'|[s, T - s])$ für $s \searrow 0$ nach dem Lemma von 1.3.5 gegen $\sigma(c')$ [wobei man genauer $c'|[s, T - s]$ zu einem auf $[0, T]$ definierten Weg fortsetze, der auf $[0, s]$ und $[T - s, T]$ konstant ist]. Die beiden letzten Grenzwertaussagen liefern wegen (110) gerade (105). $\quad \square$

**Definition:**  *Umlaufzahlen stetiger Abbildungen* $f: S^1 \to E$.

*Sei* $\quad S^1 := \{e \in E^2 \mid \|e\|_{\text{can}} = 1\}$  *und*  $\gamma: [0, 2\pi] \to E^2$  $(t \mapsto (\cos t, \sin t))$.     (111)

Für jede stetige Abbildung $f : S^1 \to E$ und jeden Punkt $p \in E \backslash f(S^1)$ ist die *Umlaufzahl von $f$ um $p$* definiert als die ganze Zahl (vgl. (62),(111)):

$$\operatorname{ind}(f; p) := \operatorname{ind}(f \circ \gamma; p) .$$     (112)

**Satz:**  *Umlaufzahlen ungerader Abbildungen sind ungerade.*

*Sei $f: S^1 \to E$ eine stetige Abbildung, die ungerade ist bzgl. $p \in E \backslash f(S^1)$, d.h. für alle $e \in S^1$ gilt $(f(-e) - p) \in \mathbb{R}_- \cdot (f(e) - p)$. Dann folgt*

$$\operatorname{ind}(f; p) \in 1 + 2\mathbb{Z} , \quad \text{insbesondere} \quad \operatorname{ind}(f; p) \neq 0 .$$     (113)

*Beweis:* O.B.d.A. $p = o$ (sonst Übergang von $f$ zu $f - p$, s. (112),(62)). Dann folgt aus (40),(25),(23) und „$f$ ungerade bzgl. o" mit $\gamma$ wie in (111) und $e_1 := (1, 0) \in S^1$:
$\sigma((f \circ \gamma)|[0, \pi]) \equiv \sphericalangle_o(f(e_1), f(-e_1)) = \sphericalangle_o(f(e_1), -f(e_1)) = \pi \mod 2\pi$,   d.h.
$$\text{es gibt } k \in \mathbb{Z} \text{ mit } \quad \sigma((f \circ \gamma)|[0, \pi]) = (1 + 2k)\pi .$$
Wegen $\gamma(\tau + \pi) = -\gamma(\tau)$ für $\tau \in [0, \pi]$ (s. (111)) und der Ungeradheit von $f$ bzgl. o folgt weiter $(f \circ \gamma)(\tau + \pi) = \lambda(\tau) \cdot (f \circ \gamma)(\tau)$ für $\tau \in [0, \pi]$ mit einer stetigen Funktion $\lambda: [0, \pi] \to \mathbb{R}_-$, also nach 1.3.3.c: $\sigma((f \circ \gamma)|[\pi, 2\pi]) = \sigma((f \circ \gamma)|[0, \pi]) = (1 + 2k)\pi$, (s.o.). Mit (41) folgt daher $\sigma(f \circ \gamma) = (1 + 2k)2\pi$, d.h. (s. (62),(112)) es gilt (113).

**Kronecker-Prinzip:**     ([KR], 1869, S. 182 unten[34], für $C^1$-Abbildungen.)
*Sei $\mathbb{D}^2 := \{a \in E^2 \mid \|a\|_{\text{can}} \leq 1\}$, also (s. (111)) $S^1 \subset \mathbb{D}^2$. Ist $F: \mathbb{D}^2 \to E$ eine stetige Abbildung, und ist $p \in E \backslash F(S^1)$ mit $\operatorname{ind}(F|S^1; p) \neq 0$, so folgt: $p \in F(\mathbb{D}^2 \backslash S^1)$.*

*Beweis:* Annahme, $p \notin F(\mathbb{D}^2 \backslash S^1)$, also $p \notin F(\mathbb{D}^2)$. Dann wäre $[0, 1] \times [0, 2\pi] \to E$ $\big((s, t) \mapsto F((1 - s) \cdot \gamma(t))\big)$ (s. (111)) eine freie Homotopie in $E \backslash \{p\}$ von $F \circ \gamma$ zum konstanten Weg vom Wert $F((0, 0))$, also wäre zufolge (64), (72): $\operatorname{ind}(F \circ \gamma; p) = 0$, im Widerspruch zur Voraussetzung und (112). $\square$

**Poincaré-Bohl-Lemma:**     ([BOH], 1904, S. 185; [PO], 1886, S. 180.)
*Für je zwei stetige Abbildungen $f, g: S^1 \to E_o := E \backslash \{o\}$ (s.o. 1.3.6) gilt:*

$$\big(g(e) \notin \mathbb{R}_- \cdot f(e) \text{ für alle } e \in S^1\big) \implies \operatorname{ind}(f; o) = \operatorname{ind}(g; o), \quad d.h.:$$
$$\big(\langle f(e), g(e) \rangle > -\|f(e)\| \cdot \|g(e)\| \text{ für alle } e \in S^1\big) \Rightarrow \operatorname{ind}(f; o) = \operatorname{ind}(g; o) .$$     (114)

*Zusatz:* Man verifiziert sofort, daß wegen $g(e) \neq o$ für alle $e \in S^1$ gilt:
$$\|g(e) - f(e)\| \leq \|f(e)\| \implies \langle f(e), g(e) \rangle \; (\geq (1/2) \cdot \|g(e)\|^2) > -\|f(e)\| \cdot \|g(e)\| .$$

*Beweis:* Vermöge $[0, 1] \times [0, 2\pi] \to E$ $\big((s, t) \mapsto (1 - s) \cdot (f \circ \gamma)(t) + s \cdot (g \circ \gamma)(t)\big)$ ist $f \circ \gamma$

---

[34]Leopold KRONECKER ($\ast$7.12.1823, $\dagger$29.12.1891) gibt dieses Prinzip sogar $n$-*dimensional* für gewisse $C^1$-Abb.-en $F = (F_1, .., F_n) : \mathbb{D}^n \to \mathbb{R}^n$ (mit $n \in 2 + \mathbb{N}$) und $p := o$ an: Wähle dort $F_0 := x_1^2 + .. + x_n^2 - 1 : \mathbb{R}^n \to \mathbb{R}$ und beachte, daß dann KRONECKERs „*Charakteristik von* $(F_0, .., F_n)$" für $n = 2$ gleich $\operatorname{ind}(F|S^1; o)$ ist.

frei-homotop zu $g \circ \gamma$ (s. (111)) in $\mathbb{E}_0$, falls $g(e) \notin \mathbb{R}_- \cdot f(e)$ für alle $e \in \mathbb{S}^1$. Also folgt aus (72) die erste Zeile von (114). Die Prämissen der 1-ten und 2-ten Zeile von (114) sind wegen $f(e), g(e) \neq o$ und der Cauchy-Schwarz-Ungleichung äquivalent. $\square$

**Brouwer-Fixpunktsatz:**    ([BR$_1$], 1912.)    *Ist $F$ eine stetige Abb. von $\mathbb{D}^n :=$ $\{a \in \mathbb{E}^n \mid \|a\| \leq 1\}$ in $\mathbb{E}^n$ mit $F(\mathbb{S}^{n-1}) \subset \mathbb{D}^n$, so gibt es $a \in \mathbb{D}^n$, mit $F(a) = a$.*

*Beweis* (nur für $n = 2$; für $n = 0, 1$ selbst):    Annahme, $F(e) \neq e$ für alle $e \in \mathbb{S}^1$. Dann sind $f : \mathbb{S}^1 \hookrightarrow \mathbb{E}^2$ und $g := (\mathrm{id}_{\mathbb{D}^2} - F)|\mathbb{S}^1$ stetige Abb.-en in $\mathbb{E}^2 \setminus \{o\}$ mit $\|g(e) - f(e)\| = \|F(e)\| \leq 1 = \|f(e)\|$ für alle $e \in \mathbb{S}^1$, also nach (114) und Zusatz: $\mathrm{ind}\,(g; o) = \mathrm{ind}(f; o)$ und nach (112),(111),(65): $\mathrm{ind}\,(f; o) = 1$, also $\mathrm{ind}\,(g; o) \neq 0$. Daher gibt es nach dem Kronecker-Prinzip (s.o.) ein $a \in \mathbb{D}^2$ mit $g(a) = a - F(a) = o$.

**Borsuk-Ulam-Satz:**    ([BOR], S. 178.[35]    – Beweis hier nur für $n \leq 2$.)
*Ist $b : \mathbb{S}^n \to \mathbb{E}^n$ $(n \in \mathbb{N})$ eine stetige Abbildung, so gibt es $e \in \mathbb{S}^n$ mit $b(e) = b(-e)$.*

*Beweis*:    $n = 0$ : Trivial, da $\mathbb{S}^0 = \{-1, 1\} \subset \mathbb{R}^1$ und $\mathbb{E}^0 = \{0\}$. – $n = 1$ : Annahme, $b(e) \neq b(-e)$ für alle $e \in \mathbb{S}^1$. Dann wäre $f : \mathbb{S}^1 \to \mathbb{R}$ ($e \mapsto (b(e) - b(-e))$) eine stetige, nirgends verschwindende Funktion mit sowohl positiven als auch negativen Werten (denn $f(-e) = -f(e)$ für $e \in \mathbb{S}^1$), im Widerspruch zum Zusammenhang von $\mathbb{S}^1$. – $n = 2$ : Annahme, es gilt $b(e) \neq b(-e)$ für alle $e \in \mathbb{S}^2$. Dann ist $B : \mathbb{S}^2 \to \mathbb{E}^2 (e \mapsto b(e) - b(-e))$ eine stetige Abbildung in $\mathbb{E}^2 \setminus \{o\}$, also ist mit

$$H : \mathbb{D}^2 \to \mathbb{S}^2 \quad \left((a_1, a_2) \mapsto (a_1, a_2, +\sqrt{1 - (a_1^2 + a_2^2)})\right) \quad auch \quad F := B \circ H : \mathbb{D}^2 \to \mathbb{E}^2$$

eine stetige Abbildung, genauer in $\mathbb{E}^2 \setminus \{o\}$, und $F|\mathbb{S}^1$ $\left(e \mapsto b(H(e)) - b(H(-e))\right)$ ist [wegen $H(-e) = -H(e)$ für alle $e \in \mathbb{S}^1$] eine ungerade Abbildung bzgl. o, also nach (113) und dem Kronecker-Prinzip: $o \in F(\mathbb{D}^2)$, Widerspruch. $\square$

Wir bringen nun drei eindrucksvolle Anwendungen des Borsuk-Ulam-Satzes:

**Dimensionsinvarianz-Satz:**                        [A. Schoenflies, 1899 $(m \leq 2)$; J. Lüroth, 1907 $(m = 3)$; L.E.J. Brouwer, 1911 $(m > 3)$; s. auch [DO$_1$], S. 333.]
*Sind $m, n \in \mathbb{N}$ und ist $f : M \to \mathbb{R}^n$ eine stetige, injektive Abbildung einer nicht- -leeren, offenen Teilmenge $M$ des $\mathbb{R}^m$ in $\mathbb{R}^n$, so folgt $m \leq n$, insbesondere:*

*Gibt es einen Homöomorphismus einer nicht-leeren, offenen Teilmenge $M$ des $\mathbb{R}^m$ auf eine offene Teilmenge $N$ des $\mathbb{R}^n$, so folgt $m = n$.*

*Beweis:*    $m = 0$ : Trivial. Sei also $m \geq 1$ : Wähle eine stetige, injektive Abbildung $h : \mathbb{S}^{m-1} \to M$. Wäre nun $n < m$, o.B.d.A. $n = m - 1$, so wäre $f \circ h : \mathbb{S}^n \to \mathbb{R}^n$ stetig und injektiv im Widerspruch zum Borsuk-Ulam-Satz (s.o.). $\square$

**Lusternik-Schnirelmann-Überdeckungssatz:**    (1930, s. [BOR], S. 190, vgl. die dortige Fußnote.)
*Sind $A_0, .., A_n$ abgeschlossene Teilmengen von $\mathbb{S}^n$, die $\mathbb{S}^n$ überdecken (s. (9)), $n \in \mathbb{N}$, so gibt es $i \in \{0, .., n\}$ und $e \in \mathbb{S}^n$ mit $\{e, -e\} \subset A_i$, d.h. mindestens eine der Mengen $A_0, .., A_n$ enthält ein antipodisches Punktepaar der Sphäre $\mathbb{S}^n$.*

---

[35] Dieser von St. Ulam vermutete Satz wird 1933 von K. Borsuk bewiesen.

*Beweis:* Gibt es $e \in A_0 \cap .. \cap A_n$, so muß (wegen der Überdeckungseigenschaft) $-e$ in einem $A_i$ enthalten sein, also $\{e, -e\} \subset A_i$. Sei also $A_0 \cap .. \cap A_n = \emptyset$, insbesondere gilt $n \geq 1$. Für alle $j \in \{0,..,n\}$ ist bekanntlich $d_j : \mathbb{E}^{n+1} \to \mathbb{R}$ ($p \mapsto \inf\{\|p-a\|_{\text{can}} \mid a \in A_j\}$) stetig und $d_j(p) = 0$ genau dann, wenn $p \in A_j$ (da $A_j$ abgeschlossen). Wegen $A_0 \cap .. \cap A_n = \emptyset$ ist daher $d := d_0 + .. + d_n$ stetig mit $d(\mathbb{E}^{n+1}) \subset \mathbb{R}_+$, also

$$\lambda_j := d_j/d : \mathbb{E}^{n+1} \to \mathbb{R} \quad \textit{stetig für } j \in \{0,..,n\} \quad \textit{und} \quad \textstyle\sum_{j=0}^{n} \lambda_j = 1. \qquad (115)$$

Daher ist $b := (\lambda_0 - \lambda_1,..,\lambda_0 - \lambda_n) \mid S^n : S^n \to \mathbb{R}^n$ stetig, folglich gibt es nach dem Borsuk-Ulam-Satz ein $e \in S^n$ mit $b(e) = b(-e)$, d.h. $\lambda_0(e) - \lambda_0(-e) = \lambda_j(e) - \lambda_j(-e)$ für $j = 0,..,n$. Addition dieser $n+1$ Gleichungen liefert wegen (115): $\lambda_0(e) = \lambda_0(-e)$. Hieraus folgt mittels letzterer Gleichungen überhaupt $\lambda_j(e) = \lambda_j(-e)$ für $j = 0,..,n$. Wegen der Überdeckungseigenschaft gibt es aber $i \in \{0,..,n\}$ mit $e \in A_i$, also $\lambda_i(e) = 0$ und somit (zufolge den letzten Gleichungen) auch $\lambda_i(-e) = 0$, d.h. $-e \in A_i$. $\square$

Als letzte Anwendung des Borsuk-Ulam-Satzes behandeln wir das sog. *Sandwich--Problem*, d.i. die Aufgabe, eine mit Butter und Käse belegte Scheibe Brot durch einen ebenen Messerschnitt derart „gerecht zu halbieren", daß beide „Hälften" gleichviel (d.h. gleiches 3-dim. Volumen) an Brot, an Butter und an Käse enthalten.

*Vorbemerkung:* Sei $n \in \mathbb{N}_+$, sei $\mu_n$ das $n$-dim. Lebesgue-Maß in $\mathbb{E}^n$ und $A$ eine $\mu_n$-meßbare Teilmenge des $\mathbb{E}^n$ mit $\mu_n(A) < \infty$. Eine affine Hyperebene $H$ des $\mathbb{E}^n$ heiße dann ein *Halbierungsschnitt für $A$*, wenn für die zwei von $H$ begrenzten offenen affinen Halbräume $H^+$ und $H^-$ gilt: $\mu_n(A \cap H^+) = \mu_n(A \cap H^-)$,, und dies ist wegen $\mu_n(H) = 0$ äquivalent zu $2 \cdot \mu_n(A \cap H^{\pm}) = \mu_n(A)$. – Dann gilt der folgende

**„Sandwich-Satz":**    *Simultanhalbierung von $n$ meßbaren Teilmengen des $\mathbb{E}^n$.*

*Sind $A_1,..,A_n$ ($n \in \mathbb{N}_+$) $\mu_n$-meßbare Teilmengen des $\mathbb{E}^n$ endlichen Maßes, so gibt es eine affine Hyperebene des $\mathbb{E}^n$, die Halbierungsschnitt für alle $A_1,..,A_n$ ist.*

*Beweis* (als Aufgabe mit folgender Anleitung): Für $(e, \rho) \in S^{n-1} \times \mathbb{R}$ setze (s.(8)):

$$H(e, \rho) := \{p \in \mathbb{E}^n \mid \langle p, e \rangle_{\text{can}} = \rho\} \quad \textit{und} \quad H^{\pm}(e, \rho) := \{p \in \mathbb{E}^n \mid \langle p, e \rangle \gtrless \rho\},$$

also $H(-e, -\rho) = H(e, \rho)$ und $H^+(-e, -\rho) = H^-(e, \rho)$. Dann zeige nacheinander:

a)   $\varphi_j : S^{n-1} \times \mathbb{R} \to \mathbb{R}$ $\big((e, \rho) \mapsto \mu_n(A_j \cap H^-(e, \rho))\big)$ ist *stetig* für $j \in \{1,..,n\}$ (Lebesgue-Grenzwertsatz!), $\varphi_j$ ist *monoton wachsend* und für alle $e \in S^{n-1}$ gilt:

$$\lim_{\rho \to -\infty} \varphi_j(e, \rho) = 0 \quad \textit{und} \quad \lim_{\rho \to \infty} \varphi_j(e, \rho) = \mu_n(A_j).$$

Hiermit erledige den Fall $n=1$. Für $n \geq 2$ setze zur Vereinfachung zusätzlich voraus, daß im folgenden die letzte Menge $A_n$ nicht-leer, zusammenhängend und offen ist.

b)   Mittels a) und den letzteren Annahmen über $A_n$ folgere weiter: Es gibt genau eine Funktion $r : S^{n-1} \to \mathbb{R}$, so daß für alle $e \in S^{n-1}$ gilt:

$$2 \cdot \varphi_n(e, r(e)) = \mu_n(A_n), \quad \textit{d.h.} \quad H(e, r(e)) \textit{ ist Halbierungsschnitt für } A_n,$$

diese Funktion $r$ ist stetig mit $r(e) = -r(-e)$ für alle $e \in S^{n-1}$. [Vor dem Stetigkeitsbeweis für $r$ überlege, daß $r(S^{n-1})$ beschränkt in $\mathbb{R}$ ist.]

c)   Wende sodann den Borsuk-Ulam-Satz an auf die stetige Abbildung (s. b)) $f = (f_1,..,f_{n-1}) : S^{n-1} \to \mathbb{R}^{n-1}$ *mit* $f_j(e) := \varphi_j(e, r(e))$ *für* $e \in S^{n-1}$ *und* $j = 1,..,n-1$.

d)   Für nur $\mu_n$-meßbares $A_n$ und für eine genaue Ausführung der Beweisschritte a), b), c) siehe z.B. [DO$_2$], S. 26 ff. $\square$

e)   Beweise oder widerlege für $\alpha, \beta \in \mathbb{R}_+$ mit $\alpha \neq \beta$ : Es gibt eine affine Hyperebene des $\mathbb{E}^n$, die alle $A_1,..,A_n$ im Volumen-Verhältnis $\alpha$ zu $\beta$ zerschneidet.

Die in 1.3.6 letzte Anwendung von Umlaufzahlen betrifft die ebene Kinematik:

*Vorbemerkung:* Sei $T \in \mathbb{R}_+$ und $\Omega$ die kanonische Volumform eines 2-dim. orientierten euklidischen VRes $\mathbb{E}$ (s. (14)). Für je zwei $C^1$-geschlossene Wege $a, b : [0, T] \to \mathbb{E}$ nennt man „*Ringflächenstück zwischen a und b*" die $C^1$-Abb. $f : [0, 1] \times [0, T] \to \mathbb{E}$ :

$$f(s, t) := s \cdot a(t) + (1-s) \cdot b(t) \quad \textit{für} \quad (s, t) \in [0, 1] \times [0, T] \ ,$$

und der „*orientierte Flächeninhalt von f*" ist (wie üblich) definiert durch:

$$F(a, b) := \int_f \Omega := \int_0^T \int_0^1 \Omega\big((\partial_1 f)(s, t), (\partial_2 f)(s, t)\big) \, ds \, dt =$$

$$= \int_0^T \int_0^1 \Omega\big(a(t) - b(t), s \cdot a'(t) + (1-s) \cdot b'(t)\big) \, ds \, dt \qquad .$$

Bilineare Entwicklung des letzten Integranden, Integration über $s$, Beachtung von $\Omega(a', b) + \Omega(a, b') = \Omega(a, b)'$ (s. 1.2.(21),(23)) und $\Omega(a, b)(0) = \Omega(a, b)(T)$ liefert:

$$F(a, b) = \frac{1}{2} \int_0^T \Omega(a(x), a'(x)) \, dx \ - \ \frac{1}{2} \int_0^T \Omega(b(x), b'(x)) \, dx \ . \qquad (116)$$

Der „*von a eingeschlossene orientierte Flächeninhalt F(a)*" ist schließlich definiert als der orientierte Flächeninhalt $F(a, c)$ des Ringflächenstücks zwischen $a$ und irgendeinem konstanten Weg $c : [0, T] \to \mathbb{E}$, also (da dann $c' = o$) nach (116):

$$F(a) = \frac{1}{2} \int_0^T \Omega(a(x), a'(x)) \, dx \,,\ ^{36} \quad und \quad F(a, b) = F(a) - F(b) \ . \qquad (117)$$

**Holditch-Integralsatz:**     ([HL], 1858. – [TH], [BRM].):    *Seien $T, \sigma \in \mathbb{R}_+$ und $a, b : [0, T] \to \mathbb{E}$ zwei $C^1$-geschlossene Wege mit konstantem Abstand $\|a(t) - b(t)\| = \sigma$ für alle $t \in [0, T]$. Für alle $\alpha, \beta \in \mathbb{R}$ mit $\alpha + \beta = \sigma$ ist dann $c := (\alpha/\sigma) \cdot a + (\beta/\sigma) \cdot b : [0, T] \to \mathbb{E}$ ein $C^1$-geschlossener Weg und es gilt (vgl. (117)):*

$$F(c) = (\alpha/\sigma) \cdot F(a) + (\beta/\sigma) \cdot F(b) - \text{ind}\,(a - b; o) \cdot (\pi\alpha\beta) \ ,$$

$$\textit{d.h.} \quad F(a, c) = (\beta/\sigma) \cdot F(a, b) + \text{ind}\,(a - b; o) \cdot (\pi\alpha\beta) \ . \qquad (118)$$

*Zusatz:* Ist außerdem $a$ ein immersiver Jordan-Weg und verläuft $b$ in der Bahn von $a$ [d.h. $b([0, T]) \subset a([0, T])$ ], so gilt $F(a, b) = 0$ und $\text{ind}\,(a - b, o) = \pm 1$; dies ist der in [HL] behandelte Fall: Dann ist $|F(a, c)| = \pi\alpha\beta$ nur von $\alpha, \beta$ abhängig!

*Kinematische Interpretation:* Seien $a, b$ die Wege der Endpunkte $p$ und $q$ eines sich in der Ebene $\mathbb{E}$ $T$-periodisch bewegenden (1-dim.) Stabes der Länge $\sigma$ und sei $\alpha \in ]0, \sigma[$. Dann ist der orientierte Flächeninhalt des Ringflächenstücks zwischen $a$ und dem Weg $c$ eines Stabpunktes, der von $q$ bzw. $p$ die Abstände $\alpha$ bzw. $\beta := \sigma - \alpha$ hat, nur abhängig von den Stababschnitts-Längen $\alpha, \beta$, dem Flächeninhalt $F(a, b)$ und der Umlaufzahl der Stabrichtung um $o \in \mathbb{E}$ bei einem Umlauf. (Durchlaufen $a$ und $b$ ein und dieselbe Ellipse, so vgl.: [PE],1857.)

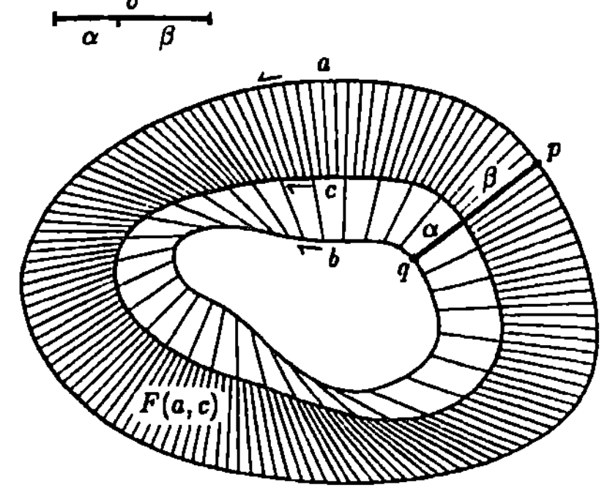


---

$^{36}$ $F(a)$ ist also unabhängig von der speziellen Wahl des konstanten Weges $c$, aber auch $F(a) = F(a \circ \varphi)$, wenn $\varphi : [0, \tau] \to \mathbb{R}$ eine nicht notwendig monotone $C^1$-Funktion ist mit $\varphi(\tau) - \varphi(0) = T$ ($a$ $T$-periodisch auf $\mathbb{R}$ fortgesetzt).

*Beweis:* Sei $V_T$ der ($\infty$-dim.) $\mathbb{R}$-VR aller auf $[0,T]$ definierten $C^1$-geschlossenen Wege in $I\!E$ und $\Phi$ folgende symmetrische $\mathbb{R}$-Bilinearform auf $V_T$: Für $v,w\in V_T$ sei

$$\Phi(v,w) \;:=\; \tfrac{1}{4}\cdot\!\int_0^T \Omega(v(t),w'(t))\,dt \;+\; \tfrac{1}{4}\cdot\!\int_0^T \Omega(w(t),v'(t))\,dt \quad (\in\mathbb{R})\,,$$

also nach (117): $\Phi(v,v)=F(v)$ für alle $v\in V_T$, d.h. $F:V_T\to\mathbb{R}$ ist eine quadratische Form auf $V_T$. Für jede quadratische Form $Q:V\to\mathbb{R}$ [37] auf einem beliebigen $\mathbb{R}$-VR $V$ gilt aber für alle $v,w\in V$ und alle $\lambda,\mu\in\mathbb{R}$ (Beweis!):

$$Q(\lambda\cdot v + \mu\cdot w) \;=\; (\lambda+\mu)\cdot\big(\lambda\cdot Q(v) + \mu\cdot Q(w)\big) \;-\; \lambda\mu\cdot Q(v-w)\,.$$

Mit $\lambda:=\alpha/\sigma$, $\mu:=\beta/\sigma$ folgt hieraus, aus (117) und den Voraussetzungen ($\lambda+\mu=1$):

$$\begin{aligned}
F(c) \;&=\; (\alpha/\sigma)\cdot F(a) + (\beta/\sigma)\cdot F(b) - (\alpha\beta/\sigma^2)\cdot F(a-b) \;= \\[4pt]
&=\; (\alpha/\sigma)\cdot F(a) + (\beta/\sigma)\cdot F(b) - \frac{\alpha\beta}{2\sigma^2}\cdot\int_0^T \Omega((a-b)(x),(a-b)'(x))\,dx \;= \\[4pt]
&=\; (\alpha/\sigma)\cdot F(a) + (\beta/\sigma)\cdot F(b) - (\pi\alpha\beta)\cdot\frac{1}{2\pi}\cdot\int_0^T \frac{\Omega((a-b)(x),(a-b)'(x))}{\langle(a-b)(x),(a-b)(x)\rangle}\,dx\,,
\end{aligned}$$

woraus zusammen mit (63) die Beh. (118) folgt. –  *Zum Zusatz:* O.B.d.A.[36] sei $T=2\pi$. Seien $a,b$ wie im Zusatz und beide Wege seien $2\pi$-periodisch auf $\mathbb{R}$ fortgesetzt. Dann gibt es eine (überdies eindeutig bestimmte)

$$\text{\emph{$C^1$-Funktion}}\ \varphi:\mathbb{R}\to\mathbb{R}\ \ \text{\emph{mit}}\ \ b=a\circ\varphi\,,^{38}$$
$$\text{\emph{und}}\ \ t-\varphi(t)\in\,]0,2\pi[\ \ \text{\emph{für alle}}\ t\in\mathbb{R}\,,\ \ \text{\emph{sowie}}\ \ \varphi(2\pi)-\varphi(0)=2\pi\,. \tag{119}$$

$[\mathit{Zu}\,(119)\!:$   Der $C^1$-Weg $\gamma:\mathbb{R}\to I\!E^2$ ($t\mapsto(\cos t,\sin t)$) ist bekanntlich eine offene Abb. von $\mathbb{R}$ in den Teilraum $\mathbb{S}^1$ von $I\!E^2$ und $\gamma|[0,2\pi[$ ist eine Bijektion von $[0,2\pi[$ auf $\mathbb{S}^1$. Daher gibt es, weil $a$ ein Jordan-Weg, also $a|[0,2\pi[$ injektiv ist, genau eine injektive Abbildung $f:\mathbb{S}^1\to I\!E$ mit $a=f\circ\gamma$ und diese Abb. $f$ ist auch stetig. [Denn ist $e\in\mathbb{S}^1$ und $\vartheta\in\mathbb{R}$ mit $\gamma(\vartheta)=e$, so ist mit $H:=]\vartheta-\pi,\vartheta+\pi[$ der Weg $\gamma|H$ ein Homöomorphismus von $H$ auf die Umgebung $\mathbb{S}^1\backslash\{-e\}$ von $e$ in $\mathbb{S}^1$, also ist $f|(\mathbb{S}^1\backslash\{-e\}) = a\circ(\gamma|H)^{-1}$ stetig.] Als injektive stetige Abb. des kompakten topologischen Raumes $\mathbb{S}^1$ in $I\!E$ induziert $f$ einen Homöomorphismus von $\mathbb{S}^1$ auf den kompakten Teilraum $f(\mathbb{S}^1)=a(\mathbb{R})$ von $I\!E$. Wegen $b(\mathbb{R})\subset a(\mathbb{R})$ ist daher $f^{-1}\circ b:\mathbb{R}\to\mathbb{S}^1$ ein Weg in $I\!E^2\backslash\{o\}$, für den wir (nach 1.3.3.a) eine (stetige!) Winkelfunktion $\varphi:\mathbb{R}\to\mathbb{R}$ bzgl. $\mathbf{e}_1=(1,0)$ wählen können: Nach Definition von $\gamma$ und nach (37) heißt das $f^{-1}\circ b=\gamma\circ\varphi$, also $b=f\circ\gamma\circ\varphi=a\circ\varphi$. Hieraus, wegen der $C^1$-Eigenschaft von $a,b$ sowie der Immersivität von $a$ folgt sofort die $C^1$-Eigenschaft von $\varphi$ (analog dem Beweis des Lemma in 1.1.2), womit die erste Zeile von (119) gezeigt ist. Ferner dürfen wir nach 1.3.3.a $\varphi$ so wählen, daß $\varphi(0)\in\,]-2\pi,0]$. Da aber nach Voraussetzung $\|a(t)-a(\varphi(t))\| = \|a(t)-b(t)\| = \sigma>0$ für alle $t\in\mathbb{R}$, so folgt (da $a$ $2\pi$-periodisch ist): $t-\varphi(t)\not\equiv 0 \bmod 2\pi$ für alle $t\in\mathbb{R}$, insbesondere $\varphi(0)\neq 0$, also $-\varphi(0)\in\,]0,2\pi[$. Daher ist $t\mapsto t-\varphi(t)$ eine stetige Abb. des Intervalls $\mathbb{R}$ in $\mathbb{R}\backslash 2\pi\mathbb{Z}$, die $0$ in $]0,2\pi[$ abbildet, also $t-\varphi(t)\in\,]0,2\pi[$ für alle $t\in\mathbb{R}$. Daher

$$-2\pi < (0-\varphi(0))-(2\pi-\varphi(2\pi)) < 2\pi\,,\quad \text{d.h.}\quad 0 < \varphi(2\pi)-\varphi(0) < 4\pi\,.$$

Andererseits wegen $b(0)=b(2\pi)$ sofort $a(\varphi(0))=a(\varphi(2\pi))$, weshalb (da $a$ $2\pi$-periodisch und $a|[0,2\pi[$ injektiv ist) folgt: $\varphi(2\pi)-\varphi(0)=2\pi$, und damit (119).] –
Nach (119) gilt $b'=(a'\circ\varphi)\cdot\varphi'$, und da das Integral einer $2\pi$-periodischen stetigen

---

[37] d.h. per definitionem: Es gibt eine symmetrische $\mathbb{R}$-Bilinearform $\Psi$ auf $V$ mit $Q(v)=\Psi(v,v)$ für alle $v\in V$.

[38] *Warnung:* $b$ (und damit $\varphi$) ist i.a. weder immersiv noch injektiv auf $[0,2\pi[$ wie $a$, d.h. $\varphi$ ist i.a. keine Umparametrisierung von $a$ auf $b$ (s. 1.1.(13))!

Funktion auf $\mathbb{R}$ über allen Intervallen von $\mathbb{R}$ der Länge $2\pi$ den gleichen Wert hat, so nach (117), (119) und der Substitutionsregel[36] : $F(b) = F(a \circ \varphi) = F(a)$, insbesondere (s. (117)): $F(a,b) = 0$. Da (s. (119)) $t - \varphi(t) \in \,]0, 2\pi[$ für alle $t \in \mathbb{R}$, so auch

$$t - \big((1-s)\varphi(t) + st\big) = (1-s)(t - \varphi(t)) \in \,]0, 2\pi[, \quad \textit{also} \quad a(t) \neq a\big((1-s)\varphi(t) + st\big)$$
$$\textit{und} \quad (1-s)(t - \varphi(t)) + s \in \,]0, 2\pi[ \quad \textit{für alle} \quad (s,t) \in [0,1[ \times \mathbb{R}.$$

Daher und wegen der Immersivität von $a$ ist die Abb. $H : [0,1] \times [0, 2\pi] \to \mathbb{E}$ mit

$$H(s,t) := \frac{(1-s)(t - \varphi(t)) + s}{(1-s)(t - \varphi(t))} \cdot \big(a(t) - a((1-s)\varphi(t) + st)\big) \quad \textit{für} \ (s,t) \in [0,1[ \times [0, 2\pi]$$

und mit $H(1,t) := a'(t)$ für $t \in [0, 2\pi]$ eine freie Homotopie von $a-b$ zu $a'$ in $\mathbb{E} \backslash \{o\}$ (beachte 1.1.(20)), also nach (72),(96): $\mathrm{ind}\,(a-b; o) = \mathrm{ind}\,(a'; o) = \pm 1$. $\square$

**Aufgabe:** *Ellipsenzirkel:*    Für $\alpha, \beta \in \mathbb{R}_+$ soll die Ellipse in $\mathbb{E}^2$ mit der Gleichung $(x/\alpha)^2 + (y/\beta)^2 = 1$ kinematisch erzeugt werden. Setze dazu $\sigma := \alpha + \beta$ und $a(t) := (\sigma \cdot \cos t, 0)$, $b(t) := (0, \sigma \cdot \sin t)$ für $t \in [0, 2\pi]$. – Verifiziere: $a, b : [0, 2\pi] \to \mathbb{E}^2$ sind Wege der Endpunkte $p$ und $q$ eines 1-dim. Stabes der Länge $\sigma$, der mit konstanter Winkelgeschwindigkeit $-1$ in $\mathbb{E}^2$ rotiert, wobei $p$ bzw. $q$ auf der x- bzw. auf der y-Achse („mit der Amplitude $\sigma$ harmonisch-schwingend") geführt wird. $c := (\alpha/\sigma) \cdot a + (\beta/\sigma) \cdot b : [0, 2\pi] \to \mathbb{E}^2$ durchläuft dann die gewünschte Ellipse einmal (im positiven Sinne) und (117), (118) liefern: $F(a) = F(b) = 0$ und $F(c) = \pi\alpha\beta$.

## 1.3.7 Lokaler Grad  –  Topologische Invarianz der Umlaufzahl

Dieser Abschnitt 1.3.7 kann beim ersten Studium überschlagen werden. –

Im folgenden seien $\mathbb{E}$, $\mathbb{F}$ stets 2-dim. orientierte euklidische VRe. Für $p \in \mathbb{E}$, $e \in \mathbb{S}\mathbb{E}$ und $\rho \in \mathbb{R}_+$ hat man dann den in $p + \rho \cdot e$ startenden, einfach positiv durchlaufenen Kreisweg $c_e^1 := c_e | [0, 2\pi]$ um $p$ vom Radius $\rho$ (s. (48),(65)):

$$p + \rho \cdot c_e^1 : [0, 2\pi] \to \mathbb{E} \ \big(t \mapsto p + (\rho \cdot \cos t) \cdot e + (\rho \cdot \sin t) \cdot Je\big)$$
$$\textit{mit} \ \ \mathrm{ind}\,(p + \rho \cdot c_e^1; p) = 1. \tag{120}$$

**Definition:** *Lokaler Grad:*  Sei $G$ offen in $\mathbb{E}$, $f : G \to \mathbb{F}$ eine stetige Abb. und sei $p \in G$, so daß $f(p)$ eine isolierte $f(p)$-Stelle von $f$ ist, d.h. es gibt

$$\rho \in \mathbb{R}_+ \ \ \textit{mit} \ \ D_\rho(p) := \{q \in \mathbb{E} \mid \|q - p\| \leq \rho\} \subset G \ \ \textit{und} \ \ f(p) \notin f(D_\rho(p) \backslash \{p\}). \tag{121}$$

Dann definiert man als den *lokalen Grad von $f$ in $p$* die ganze Zahl

$$\deg\,(f; p) \ := \ \mathrm{ind}\,(f \circ (p + \rho \cdot c_e^1); f(p)) \ \in \mathbb{Z}\,. \tag{122}$$

$\deg\,(f; p)$ gibt also an, „wie oft" der Bildweg unter $f$ eines einfach positiv durchlaufenen kleinen Kreisweges um $p$ den Punkt $f(p)$ im Zielraum $\mathbb{F}$ umläuft.

*Bemerkung:* Die Definition (122) ist unabhängig von der speziellen Wahl von $e \in \mathbb{S}\mathbb{E}$ und der von $\rho$ mit der Eigenschaft (121): Seien nämlich $\tilde{e} \in \mathbb{S}\mathbb{E}$ und $\tilde{\rho} \in \mathbb{R}_+$ für die m.m. (121) gilt. Mit $\vartheta := \sphericalangle_o(e, \tilde{e})$ folgt zunächst aus (18),(22),(44): $\tilde{e} = c_e(\vartheta)$

und daraus (nach Additionstheorem für cos und sin) $c_{\tilde{e}}^1(t) = c_e(t+\vartheta)$ für $t \in [0, 2\pi]$, mit $c_e$ der $2\pi$-periodischen Fortsetzung des Weges $c_e^1$ aus (48) auf ganz $\mathbb{R}$. Daher ist $f \circ (p + \rho \cdot c_e^1)$ frei-homotop in $\mathbb{F}\backslash\{f(p)\}$ zu $f \circ (p + \tilde{\rho} \cdot c_{\tilde{e}}^1)$ vermöge der Homotopie

$$[0, 1] \times [0, 2\pi] \to \mathbb{F}, \quad (s, t) \mapsto f\big(p + ((1-s)\rho + s\tilde{\rho}) \cdot c_e(t + s\vartheta)\big),$$

also folgt aus (72): $\text{ind}\big(f \circ (p + \rho \cdot c_e^1); f(p)\big) = \text{ind}\big(f \circ (p + \tilde{\rho} \cdot c_{\tilde{e}}^1); f(p)\big)$.  □

**Satz:** *Nachbarschaftstreue stetiger Abb.-en von lokalem Grad ungleich Null.*
Voraussetzungen wie in der letzten Definition. Dann gilt (s. (122)):

$$Ist \quad \deg(f; p) \neq 0, \quad so \ ist \quad f(p) \quad ein \ innerer \ Punkt \ von \quad f(G), \qquad (123)$$

insbesondere ist das Bild jeder in $G$ enthaltenen Nachbarschaft $V$ von $p$ in $\mathbb{E}$ (d.h. $p$ innerer Punkt von $V$) unter $f$ eine Nachbarschaft $f(V)$ von $f(p)$ in $\mathbb{F}$.

*Beweis:* Sei $e \in \mathbb{SE}$ und $\rho$ wie in (121) für $p$ und $f$ gewählt. Wegen (121),(120) ist der Abstand $\delta$ von $f(p)$ zur kompakten Bahn des Weges $f \circ (p + \rho \cdot c_e^1)$ größer als Null. Wegen $\deg(f; p) \neq 0$, wegen (122) und dem Korollar zu (69) hat man:
*Für alle* $q \in \mathbb{F}$ *mit* $\|q - f(p)\| < \delta$ *gilt* $\text{ind}(f \circ (p + \rho \cdot c_e^1); q) \neq 0$.
Betrachte dann die Abbildung $F: \mathbb{D}^2 \to \mathbb{F}$ $\big((a_1, a_2) \mapsto f(p + \rho \cdot (a_1 \cdot e + a_2 \cdot Je))\big)$, mit $\mathbb{D}^2 := \{a \in \mathbb{E}^2 \mid \|a\|_{\text{can}} \leq 1\}$, also nach (111),(120): $(F|\mathbb{S}^1) \circ \gamma = f \circ (p + \rho \cdot c_e^1)$, weshalb für alle $q \in \mathbb{F}$ mit $\|q - f(p)\| < \delta$ zufolge (112) und der letzten Aussage gilt: $\text{ind}(F|\mathbb{S}^1; q) \neq 0$, also gibt es (Kronecker-Prinzip, S. 45) ein $a \in \mathbb{D}^2$ mit $q = F(a) = f(p + \rho \cdot (a_1 \cdot e + a_2 \cdot Je))$ und $p + \rho \cdot (a_1 \cdot e + a_2 \cdot Je) \in D_\rho(p) \subset G$ (s. (121)).  □

**Beispiele:** **a)** Für $n \in \mathbb{N}_+$ betrachte die *holomorphe Funktion* $z^n : \mathbb{C} \to \mathbb{C}$ *als stetige Abbildung von* $\mathbb{E}^2 \cong \mathbb{C}$ *in* $\mathbb{C}$. Dann ist die komplexe Zahl 0 eine isolierte Nullstelle von $z^n$ und $\deg(z^n; 0) = n$; dieses Beispiel ist Hintergrund für die Namenswahl „lokaler Grad".
Denn, mit $\rho := 1$, $e := 1 \in \mathbb{C}$, also $J_{\text{can}} e = i \in \mathbb{C}$ (s. (32)) folgt nach (122),(120), der Moivre-Formel und (65): $\deg(z^n; 0) = \text{ind}((\cos nx + i \cdot \sin nx)|[0, 2\pi]; 0) = n$.  □

**b)** Sei $f: \mathbb{E} \to \mathbb{F}$ eine *affine Abbildung* (s.o. 1.3.7), d.h. es gibt eine (durch $f$ eindeutig bestimmte) Abbildung $f_0: \mathbb{E} \to \mathbb{F}$ und $b \in \mathbb{F}$, so daß

$$f_0: \mathbb{E} \to \mathbb{F} \quad \mathbb{R}\text{-linear} \quad mit \quad f(p) = f_0(p) + b \quad für \ alle \ p \in \mathbb{E}. \qquad (124)$$

Ist dann $f$ (d.h. $f_0$) injektiv, so ist jedes $p \in \mathbb{E}$ eine isolierte $f(p)$-Stelle und

$$\deg(f; p) = \text{sgn} \det_o(f_0) \in \{-1, 1\} \quad für \ alle \ p \in \mathbb{E}, \qquad (125)$$

wobei „$\det_o(f_0)$" die Determinante der Matrix von $f_0$ bzgl. positiv-orientierter orthonormaler 2-Beine von $\mathbb{E}$ bzw. von $\mathbb{F}$ bezeichne, also mit der kanonischen Volumform $\Omega_{\mathbb{E}}$ bzw. $\Omega_{\mathbb{F}}$ von $\mathbb{E}$ bzw. von $\mathbb{F}$ (s. (14)):

$$\Omega_{\mathbb{F}}(f_0(v), f_0(w)) = \det_o(f_0) \cdot \Omega_{\mathbb{E}}(v, w) \quad für \ alle \ v, w \in \mathbb{E}. \qquad (126)$$

Somit ist der Wert von $\det_o(f_0)$ unabhängig von diesen 2-Bein-Wahlen in $\mathbb{E}$ und $\mathbb{F}$ und wegen der Injektivität von $f$ gilt $\det_o(f_0) \neq 0$.

*Beweis:* Wähle $e \in \mathbb{S}\mathbb{E}$ fest. Dann folgt zunächst für alle $p \in \mathbb{E}$ (s. (122),(124),(62)):

$$\deg(f;p) = \operatorname{ind}(f \circ (p + c_e^1); f(p)) = \operatorname{ind}(f_0 \circ c_e^1; o) . \tag{127}$$

Setze weiter $\varepsilon := \operatorname{sgn}\det_o(f_0)$ und wähle in $\mathbb{E}$ und $\mathbb{F}$ je ein positiv-orientiertes orthonormales 2-Bein. Seien dann $(\alpha, \beta), (\gamma, \delta) \in \mathbb{R}^2$ die Zeilenvektoren der Matrix von $f_0$ (s. (124)) bzgl. dieser 2-Beine. Für alle $s \in [0,1]$ bezeichne dann $h_s : \mathbb{E} \to \mathbb{F}$ die $\mathbb{R}$-lineare Abb., deren Matrix bzgl. dieser 2-Beine folgende Zeilenvektoren besitzt:

$$\Delta_s^{-1} \cdot (\alpha + \varepsilon s \delta, \beta - \varepsilon s \gamma), \quad \Delta_s^{-1} \cdot (\gamma - \varepsilon s \beta, \delta + \varepsilon s \alpha) \quad \in \mathbb{R}^2 ,$$

*mit* $\Delta_s := (1-s) + s \cdot (\|f_0\|_K^2 + 2 \cdot |\det_o(f_0)|)^{1/2}$, *wobei* $\|f_0\|_K^2 := \alpha^2 + \beta^2 + \gamma^2 + \delta^2$ .

Man prüft geradenwegs: $\operatorname{sgn}\det_o(h_s) = \varepsilon$, insbesondere $h_s$ injektiv für alle $s \in [0,1]$, ferner $h_0 = f_0$ und $h_1 : \mathbb{E} \to \mathbb{F}$ ist eine orthogonale Abb.[39], also nach (69), (127):

$$\deg(f;p) = \operatorname{ind}(h_1 \circ c_e^1; o), \quad \textit{wobei } h_1 \textit{ orthogonal mit } \operatorname{sgn}\det_o(h_1) = \varepsilon . \tag{128}$$

Ist daher $(v,w)$ ein orthonormales 2-Bein von $\mathbb{E}$, so ist $(h_1(v), h_1(w))$ ein orthonormales 2-Bein von $\mathbb{F}$ und nach (16) und der auch für $h_1$ (statt $f_0$) gültigen Aussage (126): $|\det_o(h_1)| = 1$ , d.h. (s. (128)) $\det_o(h_1) = \varepsilon$ . Hieraus, aus (126), der Orthogonalität von $h_1$ und $(h_1 \circ c_e^1)' = h_1 \circ (c_e^1)'$ (s. 1.1.(5)) folgt mittels (63),(65) sofort: $\operatorname{ind}(h_1 \circ c_e^1; o) = \varepsilon \cdot \operatorname{ind}(c_e^1; o) = \varepsilon$ . Dies, zusammen mit (128) und der Definition von $\varepsilon$, liefert (125). $\square$

**c)** Sei $G$ offen in $\mathbb{E}$ , $p \in G$ und $f : G \to \mathbb{F}$ *eine stetige Abb., die in $p$ differenzierbar und immersiv*[40] *ist.* Dann ist $p$ isolierte $f(p)$-Stelle von $f$ und:

$$\deg(f;p) = \operatorname{sgn}\det_o(\mathrm{d}_p f) \in \{-1,1\}, \quad \textit{also } f(p) \in f(G)^o , \tag{129}$$

d.h. $f(p)$ ist innerer Punkt von $f(G)$ . [Dabei ist die *Funktionaldeterminante* $\det_o(\mathrm{d}_p f)$ *von* $f : \mathbb{E} \to \mathbb{F}$ *in $p$* m. m. durch (126) gekennzeichnet.]

*Zusatz:* Ist speziell $\mathbb{E} = \mathbb{F} := \mathbb{C}$ und $f : G \to \mathbb{C}$ holomorph mit $f'(p) \neq 0$, so gilt $\deg(f;p) = +1$. [Denn bekanntlich $\det_o(\mathrm{d}_p f) = \|f'(p)\|^2 > 0$ .]

*Beweis:* Die Differenzierbarkeit von $f$ in $p$ impliziert: Die affine Abbildung

$$h : \mathbb{E} \to \mathbb{F} \ \big(q \mapsto f(p) + \mathrm{d}_p f(q-p)\big) \ \textit{erfüllt:} \ \lim_{q \to p} (1/\|q-p\|)(f(q) - h(q)) = o , \tag{130}$$

und weiter gilt $\varepsilon := \min\{\|\mathrm{d}_p f(e)\| \mid e \in \mathbb{S}\mathbb{E}\} \in \mathbb{R}_+$ wegen der Injektivität[40] des Differentials von $f$ in $p$, also (s. (130)):

$$\|h(q) - f(p)\| \geq \varepsilon \cdot \|q-p\| \quad \textit{für alle } q \in \mathbb{E} . \tag{131}$$

---

[39] Ist $\mathbb{E} = \mathbb{F}$ , so ist $h_1$ dasjenige Element in $\mathrm{O}(\mathbb{E})$ (s. 1.4.2.c), welches der $\mathbb{R}$-linearen Abb. $f_0 : \mathbb{E} \to \mathbb{E}$ im 4-dim. euklidischen VR $\operatorname{End}(\mathbb{E})$ [bzgl. des inneren (Killing-)Produkts $\langle h, k \rangle_K := \operatorname{Spur}(h^* \circ k)$ für $h, k \in \operatorname{End}(\mathbb{E})$] am nächsten ist.

[40] d.h. (s. 3.0.1) das ($\mathbb{R}$-*lineare*) Differential $\mathrm{d}_p f : \mathbb{E} \to \mathbb{F}$ von $f$ in $p$ ist injektiv. *Warnung:* Da wir nicht die $C^1$-Eigenschaft von $f$ fordern, folgt hieraus i.a. nicht der „lokale Umkehrsatz" (= „inverse function theorem"), z.B.: Die Abb. $f : \mathbb{E}^2 \to \mathbb{E}^2$ mit $f(s,t) := (s + s^3 \cdot \sin(1/s), t)$ für $s \neq 0$ sowie $f(0,t) := (0,t)$ ist differenzierbar und immersiv in $(0,0)$ , aber auf keiner Umgebung von $(0,0)$ in $\mathbb{E}^2$ umkehrbar, jedoch (s. (129)): $f(0,0) \in f(U)^o$ für jede Umgebung $U$ von $(0,0)$ in $\mathbb{E}^2$ .

Wegen (130) und der Offenheit von $G$ gibt es zu letzterem $\varepsilon$ ein $\rho \in \mathbb{R}_+$, so daß

*für $q \in \mathbb{E}$ mit $0 < \|q-p\| \leq \rho$ gilt:* $q \in G$ *und* $\|f(q)-h(q)\| < (\varepsilon/2)\cdot\|q-p\|$ . (132)

Daher folgt für $q$ wie in (132) nach der Dreiecksungleichung, (131) und (132):

$$\|f(q)-f(p)\| \geq \|h(q)-f(p)\| - \|f(q)-h(q)\| > (\varepsilon/2)\cdot\|q-p\| > 0 , \qquad (133)$$

also ist $p$ isolierte $f(p)$-Stelle von $f$ und ist $e \in S\mathbb{E}$, so ist (s. (120)) die Abb.

$$H(s,t) := (1-s)\cdot f(p+\rho\cdot c_e^1(t)) + s\cdot h(p+\rho\cdot c_e^1(t)) \quad \text{für } (s,t) \in [0,1]\times[0,2\pi]$$

eine freie Homotopie von $f \circ (p+\rho\cdot c_e^1)$ zu $h \circ (p+\rho\cdot c_e^1)$ in $\mathbb{F}\backslash\{f(p)\}$, [denn:

$$\|H(s,t)-f(p)\| \geq \|f(p+\rho\cdot c_e^1(t)) - f(p)\| - s\cdot\|f(p+\rho\cdot c_e^1(t)) - h(p+\rho\cdot c_e^1(t))\| > 0 ,$$

wobei die letzte Ungleichung mittels (133) und (132) folgt]. Daher erhält man aus (122),(72), (130) und (125): $\deg(f;p) = \deg(h;p) = \operatorname{sgn}\det_o(d_p f)$.  $\square$

**Lemma:**    *Sei $G$ offen in $\mathbb{E}$, $p \in G$ und $G$ sternförmig[41] bzgl. $p$ [d.h. für alle $q \in G$ ist die Verbindungsstrecke von $p$ zu $q$ ganz in $G$ enthalten]. Sei $f: G \to \mathbb{F}$ eine stetige Abb. mit $f(G\backslash\{p\}) \subset \mathbb{F}\backslash\{f(p)\}$. Dann gilt für jeden geschlossenen Weg $c: I \to G\backslash\{p\}$:*

$$\operatorname{ind}(f \circ c); f(p)) = \deg(f;p)\cdot\operatorname{ind}(c;p) . \qquad (134)$$

*Beweis:* Da jede Translation von $\mathbb{E}$ $(p \mapsto p+a)$ mit $a \in \mathbb{E}$ homotop zur identischen Abb. von $\mathbb{E}$ ist, dürfen wir wegen der Homotopieinvarianz der Umlaufzahl (s. (72)), also auch der des lokalen Grades (s. (122)), nach evtl. Translationen im Originalraum $\mathbb{E}$, bzw. im Zielraum $\mathbb{F}$ von $f$ annehmen: $p = o$ und $f(p) = \tilde{o}$. Ferner dürfen wir (vgl.(67)) nach evtl. orientierungtreuer Umparametrisierung von $c$ annehmen, daß $I = [0, 2\pi]$. Sei nun $n := \operatorname{ind}(c; o) \in \mathbb{Z}$. Es genügt dann, (134) für $n \geq 0$ zu beweisen. [Denn ist $n < 0$ und gilt (134) für $-n > 0$, so folgt für $c^v : [0, 2\pi] \to G\backslash\{o\}$ $(t \mapsto c(2\pi-t))$ nach (67): $\operatorname{ind}(c^v; o) = -n$ und weiter $f \circ c^v = (f \circ c)^v$, also wieder nach (67): $\operatorname{ind}(f \circ c; \tilde{o}) = -\operatorname{ind}(f \circ c^v; \tilde{o}) = -\deg(f;o)\cdot \operatorname{ind}(c^v; o) = \deg(f;o)\cdot n$.] Sei also daher $n \geq 0$. Da $G$ offen ist, gibt es $\rho \in \mathbb{R}_+$ mit (s. (121)) $D_\rho(p) \subset G$. Dann ist wegen der Sternförmigkeit von $G$ bzgl. $o$ der Weg $c: I \to G\backslash\{o\}$ frei-homotop zu $c_0 := (\rho/\|c\|)\cdot c: I \to \rho\cdot S\mathbb{E}$ $(\subset G\backslash\{o\})$ vermöge $\big((s,t) \mapsto ((1-s)+s(\rho/\|c(t)\|))\cdot c(t)\big)$, also wegen der Voraussetzung $f(G\backslash\{o\}) \subset \mathbb{F}\backslash\{\tilde{o}\}$ auch $f \circ c$ frei-homotop zu $f \circ c_0$ in $\mathbb{F}\backslash\{\tilde{o}\}$, also

$$\operatorname{ind}(c_0; o) = n \quad \text{und} \quad \operatorname{ind}(f \circ c_0; \tilde{o}) = \operatorname{ind}(f \circ c; \tilde{o}) .$$

Mit $e \in S\mathbb{E}$ gilt aber nach (65) auch $\operatorname{ind}(\rho\cdot c_e^n; o) = n$, wobei $c_0$ und $\rho\cdot c_e^n$ Wege in der Ringmenge $\rho\cdot S\mathbb{E}$ um $o$ sind. Daher ist nach (72) $c_0$ zu $\rho\cdot c_e^n$ frei-homotop in $\rho\cdot S\mathbb{E}$ $(\subset G\backslash\{o\})$, also auch $f \circ c_0$ zu $f \circ (\rho\cdot c_e^n)$ frei-homotop in $\mathbb{F}\backslash\{\tilde{o}\}$. Damit und wegen der letzten Gleichungen ist der Beweis von (134) reduziert auf den von

$$\operatorname{ind}(f \circ (\rho\cdot c_e^n); \tilde{o}) = \deg(f;o)\cdot n .$$

---

[41]Statt der Sternförmigkeit von $G$ bzgl. $p$ genügte es vorauszusetzen: $\{p\}$ *ist Deformationsretrakt von $G$*. Ohne irgendeine solche „homotopische" Voraussetzung über $G$ ist (134) i.a. falsch: Sei z.B. $\mathbb{F} := \mathbb{E}$, $G := \mathbb{E}\backslash\{o\}$ und $f: G \to \mathbb{E}$ $(p \mapsto (1/\langle p,p\rangle)\cdot p)$ die *Inversion an $S\mathbb{E}$*. Dann folgt aus (129): $\deg(f;p) = -1$ für alle $p \in G$, und für $e \in S\mathbb{E}$ und $p \in \mathbb{E}$ mit $0 < \|p\| < 1$ ist (s. (120)): $\operatorname{ind}(c_e^1; p) = 1$, andererseits $\|f(p)\| > 1$ und $f \circ c_e^1 = c_e^1$, also $\operatorname{ind}(f \circ c_e^1; f(p)) = 0$ : (134) gilt nicht!

Ist aber $n=0$, so ist $f \circ (\rho \cdot c_e^n): I \to I\!\!F \backslash \{\tilde{o}\}$ ein konstanter Weg (s. (65)), also verschwindet nach (64) auch die linke Seite der letzten Gleichung. Sei also $n>0$ : Dann ist für $k \in \{1,..,n\}$ der Weg $\rho \cdot c_e^n|[(k-1)2\pi/n, k2\pi/n]$ geschlossen und eine orientierungstreue Umparametrisierung von $\rho \cdot c_e^1$ (s. (65), (120)), also nach (66),(67),(122):

$$\text{ind}\,(f \circ (\rho \cdot c_e^n); \tilde{o}) \;=\; \textstyle\sum_{k=1}^n \text{ind}\,(f \circ \rho \cdot c_e^n|[(k-1)2\pi/n, k2\pi/n]; \tilde{o})$$

$$\phantom{\text{ind}\,(f \circ (\rho \cdot c_e^n); \tilde{o})} \;=\; n \cdot \text{ind}\,(f \circ c_e^1); \tilde{o}) \;=\; \deg(f; o) \cdot n \; . \qquad \square$$

**Satz:**   *Die Multiplikativität des lokalen Grades.*

Seien $I\!\!E, I\!\!F, I\!\!H$ 2-dim. orientierte euklidische VRe, sei $M$ bzw. $N$ offen in $I\!\!E$ bzw. $I\!\!F$, sei $p \in M$ und seien $f: M \to I\!\!F$, $g: N \to I\!\!H$ stetige Abb.-en mit $f(p) \in N$, so daß $p$ eine isolierte $f(p)$-Stelle und $f(p)$ eine isolierte $g(f(p))$-Stelle von $g$ ist. Dann ist $p$ eine isolierte $(g \circ f)(p)$-Stelle von $g \circ f: M \cap f^{-1}(N) \to I\!\!F$ und:

$$\deg\,(g \circ f; p) \;=\; \deg\,(g; f(p)) \cdot \deg\,(f; p) \; . \tag{135}$$

*Beweis:* Da $f(p)$ isolierte $g(f(p))$-Stelle von $g$ ist, gibt es $\sigma \in I\!\!R_+$, so daß $U_\sigma(f(p)) :=$ $\{q \in I\!\!F \mid \|q - f(p)\| < \sigma\} \subset N$ und $g(f(p)) \notin g\big(U_\sigma(f(p)) \backslash \{f(p)\}\big)$ . Sodann wähle (aus analogem Grund und da $f$ stetig) ein $\rho \in I\!\!R_+$ mit (s. (120)) $D_\rho(p) \subset M$ und $f(D_\rho(p) \backslash \{p\}) \subset U_\sigma(f(p)) \backslash \{f(p)\}$ . Dann gilt also $(g \circ f)(p) \notin (g \circ f)(D_\rho(p) \backslash \{p\})$, d.h. $p$ ist eine isolierte $(g \circ f)(p)$-Stelle von $g \circ f$, und weiter folgt für $e \in \mathbb{S} I\!\!E$ nach (122) und (134) $[U_\sigma(f(p))$ ist offen in $I\!\!F$ und sternförmig bzgl. $f(p)]$ :

$$\deg\,(g \circ f; p) \;=\; \text{ind}\,\big((g \circ f) \circ (p + \rho \cdot c_e^1); (g \circ f)(p)\big) \;=\; \text{ind}\,\big(g \circ (f \circ (p + \rho \cdot c_e^1)); g(f(p))\big)$$

$$\phantom{\deg\,(g \circ f; p)} \;=\; \deg\,(g; f(p)) \cdot \text{ind}\,(f \circ (p + \rho \cdot c_e^1); f(p)) \;=\; \deg\,(g; f(p)) \cdot \deg\,(f; p) \; . \; \square$$

**Theorem:**   *Orientierungs-Treue bzw. -Umkehr bei Homöomorphismen offener Teilmengen 2-dim. orientierter euklidischer VRe $I\!\!E$, $I\!\!F$.*

Sei $G$ ein Gebiet (d.i. eine offene, zusammenhängende Teilmenge) in $I\!\!E$ . Sei $f: G \to I\!\!F$ eine Abb., die einen Homöomorphismus von $G$ auf eine *offene* Teilmenge $f(G)$ von $I\!\!F$ liefert [nach dem *Gebietsinvarianz-Satz* (s.u. 1.3.8) *ist letzteres z.B. der Fall, wenn* $f: G \to I\!\!F$ *stetig und injektiv ist*]. Dann gilt

$$\begin{aligned} \textit{entweder} \quad & \deg\,(f; p) = +1 \quad \textit{für alle} \;\; p \in G \; , \\ \textit{oder} \quad & \deg\,(f; p) = -1 \quad \textit{für alle} \;\; p \in G \; . \end{aligned} \tag{136}$$

*Zusatz:* Im ersten Fall heißt $f$ *orientierungstreu*, im zweiten *orientierungsändernd*, und der gemeinsame Wert $(\in \{-1, 1\})$ aller lokalen Grade von $f$ in $p \in G$ heißt der *Grad von* $f$ und wird mit $\deg(f)$ bezeichnet. [Die Resultate (125) bzw. (129) zeigen, daß die hier definierte „Orientierungstreue" mit den entsprechenden Definitionen der linearen Algebra bzw. der Analysis für affine Injektionen $f: I\!\!E \to I\!\!F$ bzw. für injektive $C^1$-Immersionen $f: G \to I\!\!F$ verträglich ist.]

*Beweis:* Sei $f^{-1}: f(G) \to I\!\!E$ die stetige Umkehrabb. von $f$, also $f^{-1} \circ f = \text{id}_G$. Da $f$ injektiv ist, ist jedes $p$ eine isolierte $f(p)$-Stelle von $f$, also ist $\deg(f; p)$ definiert, und entsprechend (m. m.) für $f^{-1}$. Daher folgt aus der letzten Gleichung und (135), (129)

$$\deg\,(f^{-1}; f(p)) \cdot \deg\,(f; p) \;=\; \deg\,(\text{id}_G; p) \;=\; +1 \quad \textit{für alle}\; p \in G,$$

woraus für die links stehenden ganzzahligen Faktoren folgt:

$$\deg(f;p) \;=\; \deg(f^{-1};f(p)) \;\in\; \{-1,1\} \quad \textit{für alle } p \in G\,. \tag{137}$$

Seien nun $p,q \in G$. Als Gebiet in $I\!E$ ist $G$ wegzusammenhängend, also gibt es einen Weg $c\colon [0,1] \to G$ mit $c(0)=p$, $c(1)=q$. Sei $\rho \in I\!R_+$ kleiner als der positive Abstand der kompakten Menge $c([0,1])$ von der dazu fremden abgeschlossenen Menge $I\!E \setminus G$, also folgt für alle $s \in [0,1]$ (s. (121)):  $D_\rho(c(s)) \subset G$ . Ist dann $e \in S I\!E$ (s. (12)) fest gewählt, so ist $(\tilde{p}_s)_{s\in[0,1]}$ mit $\tilde{p}_s := f(c(s))$ eine stetige Familie von Punkten in $I\!F$ und $(\tilde{c}_s)_{s\in[0,1]}$ mit $\tilde{c}_s := f \circ (c(s)+\rho \cdot c_e^1)\colon [0,2\pi] \to I\!F \setminus \{\tilde{p}_s\}$ ($f$ injektiv!) eine stetige Familie von Wegen, also nach (69): $[0,1] \to Z$ ($s \mapsto \mathrm{ind}\,(\tilde{c}_s;\tilde{p}_s)$) konstant, insbesondere nach Definition von $\tilde{p}_s$, $\tilde{c}_s$ und (122):

$$\deg(f;p) \;=\; \mathrm{ind}\,(\tilde{c}_0;\tilde{p}_0) \;=\; \mathrm{ind}\,(\tilde{c}_1;\tilde{p}_1) \;=\; \deg(f;q)\,.$$

Da $p,q$ beliebig in $G$ gewählt waren, folgt hieraus und aus (137) gerade (136). □
Aus (134) und dem letzten Theorem folgt unmittelbar als

**Korollar:**  *Topologische Invarianz der Umlaufzahl.*

*Seien* $I\!E$ , $I\!F$ *2-dim. orientierte euklidische* VRe, *sei* $G$ *offen in* $I\!E$ *und stern-förmig*[41] *bzgl.* $p \in G$ *und sei* $f\colon G \to I\!F$ *eine Abb., die einen Homöomorphis-mus von* $G$ *auf eine offene Teilmenge von* $I\!F$ *induziert* (dies ist der Fall, wenn $f\colon G \to I\!F$ stetig und injektiv ist, s.u. 1.3.8: „Gebietsinvarianz-Satz"). *Dann gilt für jeden geschlossenen Weg* $c\colon I \to I\!E$ *mit* $c(I) \subset G \setminus \{p\}$:

$$\mathrm{ind}\,(f\circ c; f(p)) \;=\; \pm\,\mathrm{ind}\,(c;p)\,, \quad \textit{falls } f \; \begin{array}{l}\textit{orientierungstreu}\\\textit{orientierungsändernd}\end{array}\,, \tag{138}$$

## 1.3.8  Gebietsinvarianz  –  Jordan-Kurvensatz

**Ames-Hadamard-Lemma:**    ([AM], 1905, S. 355; [HA], 1910, S. 439.)

*Sei* $c\colon I \to I\!E$ *ein Jordan-Weg* (s. 1.3.6, Fußnote[31]) *in dem 2-dim. orientier-ten, euklidischen* VR $I\!E$ . *Dann gibt es* $q \in I\!E \setminus c(I)$ *mit* $|\,\mathrm{ind}\,(c;q)\,| = 1$ .

Bevor wir dieses Lemma beweisen, zeigen wir zwei seiner Konsequenzen:

**Gebietsinvarianz-Satz:**    (L. E. J. Brouwer, ∗ 27.2.1881, † 2.12.1966.)

*Ist* $G$ *eine offene Teilmenge des* $I\!R^n$ ($n \in I\!N$) *und* $f\colon G \to I\!R^n$ *eine stetige injektive Abbildung, so ist* $f(G)$ *offen in* $I\!R^n$ *und* $f^{-1}\colon f(G) \to I\!R^n$ *ist stetig, also induziert* $f$ *einen Homöomorphismus von* $G$ *auf* $f(G)$, ([BR$_2$], 1912).

*Bemerkung:* Da $f$ (als stetige Abb.) zusammenhängende Mengen wieder in solche überführt, so folgt aus dem letzten Satz, daß die Bildmenge $f(G)$ eines Gebietes (d.h. einer offenen, zusammenhängenden Teilmenge) $G$ des $I\!R^n$ unter der stetigen, injektiven Abb. $f\colon G \to I\!R^n$ wieder ein Gebiet ist: Daher der Name des Satzes.

*Beweis* (*nur für* $n \leq 2$): $n = 0$: Trivial ($I\!R^0 = \{o\}$). – $n = 1$: Selbst, mittels 1.1.(14). – $n = 2$: Sei $p \in G$. Wegen der Offenheit von $G$ gibt es $\rho \in I\!R_+$ mit $p + \rho \cdot I\!D^2 \subset G$, wobei $I\!D^2 := \{a \in I\!E^2 \mid \|a\|_{\mathrm{can}} \leq 1\}$. Dann ist $F\colon I\!D^2 \to I\!E^2$ ($a \mapsto f(p+\rho \cdot a)$) zugleich mit $f$ eine stetige, injektive Abb., also (s. (111)): $F \circ \gamma\colon [0,2\pi] \to I\!E^2$ ist ein Jor-dan-Weg mit der Bahn $F(S^1)$. Daher gibt es nach dem Ames-Hadamard-Lemma ein

$q \in \mathbb{E}^2 \setminus F(\mathbb{S}^1)$ mit $|\operatorname{ind}(F \circ \gamma; q)| = 1$, also nach (112): $\operatorname{ind}(F|\mathbb{S}^1; q) \neq 0$. Nach dem Kronecker-Prinzip (s. S. 45) gibt es daher $b \in \mathbb{D}^2 \setminus \mathbb{S}^1$ mit $F(b) = q$. Nun ist aber $[0,1] \to \mathbb{E}^2 \ (s \mapsto q_s := F(s \cdot b))$ ein $f(p)$ mit $q$ verbindender Weg, der wegen der Injektivität von $f$ und der Wahl von $b$ ganz in $\mathbb{E}^2 \setminus F(\mathbb{S}^1)$ verläuft, folglich nach (69)

$$|\operatorname{ind}(F \circ \gamma; f(p))| = |\operatorname{ind}(F \circ \gamma; q)| = 1.$$

Da aber $F \circ \gamma = f \circ (p + \rho \cdot \gamma)$ (s.o.) und $\gamma = c^1_{(1,0)}$ (s. (111),(48)), so (s. (122)): $|\deg(f; p)| = 1$. Daher ist (s. (123)) $f(p)$ innerer Punkt von $f(G)$, also $f(G)$ offen in $\mathbb{E}^2$. Somit ist $f : G \to \mathbb{E}^2$ eine offene Abbildung, also $f^{-1} : f(G) \to \mathbb{E}^2$ stetig. $\square$


## Jordan-Ames-Kurvensatz:

*Sei $c : I \to \mathbb{E}$ ein Jordan-Weg (s. S. 40[31]) im 2-dim. orientierten, euklidischen VR $\mathbb{E}$ ($I = [\alpha, \beta]$ mit $\alpha, \beta \in \mathbb{R}$, $\alpha < \beta$). Dann gilt:*

- C. JORDAN, 1893 ([JO], S. 92): *$\mathbb{E} \setminus c(I)$ ist die Vereinigung von zwei disjunkten Gebieten, einem unbeschränkten, dem „Außengebiet $E_c$ von $c$ ", und einem beschränkten, dem „Innengebiet $G_c$ von $c$ ".*

- L. D. AMES, 1904/1905 ([AM]): *Für alle $p \in E_c$ gilt $\operatorname{ind}(c; p) = 0$ und es gibt $\varepsilon \in \{-1, 1\}$, so daß $\operatorname{ind}(c; p) = \varepsilon$ für alle $p \in G_c$.*

*Zusatz:* Ist (o.B.d.A.) $I = [0, 2\pi]$ und $\gamma : [0, 2\pi] \to \mathbb{S}^1$ wie in (111), so gibt es wegen der Bijektivität von $\gamma|[0, 2\pi[: [0, 2\pi[ \to \mathbb{S}^1$ genau eine Abb. $f : \mathbb{S}^1 \to c(I)$ mit $f \circ \gamma = c$ (und $f$ ist ein Homöomorphismus von $\mathbb{S}^1$ auf den Teilraum $c(I)$ von $\mathbb{E}$, s.o. Bew. von (119)). 1921 bewies L. ANTOINE ([AN], S. 232ff) für ein solches $f$: *Es gibt einen Homöomorphismus $F : \mathbb{E}^2 \to \mathbb{E}$ mit $F|\mathbb{S}^1 = f$,*

*insbesondere :*     $\overline{G_c} = G_c \cup c(I)$     *und*     $\overline{E_c} = E_c \cup c(I)$.


*Bemerkungen:* Schon 1906 hatte A. SCHOENFLIES ([SCHO], S. 324) angegeben: *Es gibt einen Homöomorphismus $F$ der abgeschlossenen Einheitskreisscheibe $\mathbb{D}^2$ von $\mathbb{E}^2$ auf den Teilraum $G_c \cup c(I)$ von $\mathbb{E}$ mit $F|\mathbb{S}^1 = f$.* –
Einen *vollständigen* Beweis des Jordan-Ames-Satzes geben wir nur, falls $c$ zusätzlich $C^1$-geschlossen und immersiv ist.

*Zur Historie:* Der Beweis von Camille JORDAN (*5.1.1838, †21.1.1922) für seinen obigen „Kurvensatz" investierte die (bekannte?) Gültigkeit dieser Aussage für polygonale Jordan-Wege und operierte mit (nicht ganz leicht zu kontrollierenden) Approximationen beliebiger Jordan-Wege durch polygonale solche. In der Folgezeit erschienen daher diverse neue Beweise für diesen Satz bzw. für schwächere Versionen davon [vgl. z.B. die Literaturangaben in [AM]]. – 1905 publizierte L. D. AMES ([AM]) einen gut zu prüfenden Beweis für den Jordan-Kurvensatz, zwar nur für speziellere Jordan-Wege $c : I \to \mathbb{E}^2$ (nämlich genau für solche, bei denen lokal mindestens eine der zwei Komponentenfunktionen der periodischen Fortsetzung von $c$ auf $\mathbb{R}$ streng monoton ist), in welchem er aber entscheidend Umlaufzahl-Methoden einsetzte (mit dem obigen Lemma als einer wesentlichen Beweisetappe). Dadurch gelang ihm zusätzlich die oben genannte Kennzeichnung des Außen- und Innengebiets von $c$ durch die Umlaufzahlen von $c$ um deren Punkte. Jacques HADAMARD (*8.12.1865, †17.10.1963) bewies dann 1910 ([HA], S. 439ff) diesen Jordan-Ames-Kurvensatz, für *beliebige* Jordan-Wege, indem er die Methode von AMES um originelle Ideen bereicherte. [Die wohl einfachste Darstellung eines elementaren Beweises à la AMES/HADAMARD verdankt man Erhard SCHMIDT [SCHM₁] 1923.]

⊛ Die Bahn eines Jordan-Weges in $I\!E$ ist stets deutbar als Bild einer stetigen, injektiven Abb. $f: \mathbb{S}^1 \to I\!E$ (s.o. „Zusatz"), und umgekehrt. Dementsprechend betreffen höherdimensionale Analoga des Jordan-Kurvensatzes meistens die Komplemente der Bilder stetiger, injektiver Abb.-en $f: M \to I\!E^{n+1}$ von orientierbaren, zusammenhängenden, kompakten (unberandeten) $n$-dim. Mannigfaltigkeiten $M$ in $I\!E^{n+1}$: AMES ([AM], S. 379) beweist bereits 1905 die Zerlegung von $I\!E^3 \backslash f(M)$ in ein Außen- und (genau) ein Innengebiet für gewisse solcher Abb.-en $f$ mit 2-dim. $M$, gestützt auf den Begriff der *Ordnung eines Punktes $p \notin f(M)$ bzgl. $f$*, einem höherdimensionalen Analogon der Umlaufzahl (von KRONECKER für $C^1$-Abb.-en bereits 1869 eingeführt als *Charakteristik von $p$ bzgl. $f$*). – 1912 beweist L. E. J. BROUWER in der simplizialen Kategorie den analogen, so genannten *Jordan-Brouwer-Zerlegungssatz*, und zwar für alle $n \in \mathbb{N}_+$ (wobei $I\!E^{n+1}$ durch Hinzunahme eines Punktes „∞" zur $(n{+}1)$-dim. Sphäre $\mathbb{S}^{n+1}$ kompaktifiziert wird). Diese Entwicklung gipfelt im sog. *Alexander-Dualitätssatz* ([AL₁], S. 339 und 343), der in einer zeitgemäßen Version bei [DOL], S. 301 zu finden ist: Danach gilt z.B. für eine injektive, stetige Abb. $f$ einer zusammenhängenden, kompakten $n$-dim. Mannigfaltigkeit $M$ in $\mathbb{S}^{n+1}$, deren Bild $f(M)$ ein Umgebungsretrakt in $\mathbb{S}^{n+1}$ ist: Die $i$-te reduzierte Homologiegruppe von $\mathbb{S}^{n+1} \backslash f(M)$ ist für $i \in \{0,..,n\}$ isomorph zur $(n{-}i)$-ten reduzierten Cohomologiegruppe von $M$. [Daraus folgt für $i = 0$, daß $\mathbb{S}^{n+1} \backslash f(M)$ aus genau zwei Zusammenhangskomponenten besteht (und daß $M$ orientierbar ist).]

Im Kontrast zu seinem Fortsetzungsresultat für Jordan-Wege im $I\!E^2$ (s.o. Zusatz) hatte L. ANTOINE 1921 (loc. cit.) zugleich gezeigt, daß es injektive Wege $c: I \to I\!E^3$ gibt, für die es keinen Homöomorphismus $F$ einer Umgebung von $\{(t,0,0)\,|\,t \in I\}$ in $I\!E^3$ auf eine Umgebung von $c(I)$ in $I\!E^3$ gibt mit $F(t,0,0) = c(t)$ für $t \in I$: Dies ließ für das *Schoenflies-Problem*, ob auch für $n{\geq}2$ (s.o. Zusatz) jede stetige, injektive Abb. $f: \mathbb{S}^n \to I\!E^{n+1}$ zu einem Homöomorphismus der abgeschlossenen Einheitsvollkugel $\mathbb{D}^{n+1}$ des $I\!E^{n+1}$ auf die Vereinigung von $f(\mathbb{S}^n)$ mit dem (nach BROUWER existierenden) Innengebiet von $f$ fortgesetzt werden kann, eine negative Antwort erwarten: Letztere wurde in der Tat 1924 von J. W. ALEXANDER [AL₂] mit seinem Beispiel $f: \mathbb{S}^2 \to I\!E^3$ der (später so genannten) *horned sphere* gegeben. Durch Rückführung auf eine originelle Arbeit des jungen Barry MAZUR von 1959 gelang es jedoch Marston MORSE [MO] 1960 u.a. für alle $n \geq 2$ zu zeigen: Ist $f: \mathbb{S}^n \to I\!E^{n+1}$ eine *Abbildung mit Kragen* (i. S. von B. MAZUR), d.h. es gibt $\varepsilon \in ]0,1[$, so daß $f = k|\mathbb{S}^n$ mit einer stetigen, injektiven Abb. $k: \{a \in I\!E^{n+1} \,|\, 1{-}\varepsilon < \|a\| < 1{+}\varepsilon\} \to I\!E^{n+1}$, so gibt es eine Fortsetzung von $f$ zu einem Homöomorphismus $F: \mathbb{D}^{n+1} \to I\!E^{n+1}$ auf die Vereinigung von $f(\mathbb{S}^n)$ mit dem Innengebiet von $f$.

*Resumé*: Mag der Jordan-Kurvensatz (bzw. sein höherdimensionales Analogon) hinsichtlich seiner Bedeutung für die Analysis auch gelegentlich überschätzt worden sein, so initiierte er doch ein tieferes Verständnis der *Topologie der Lage in* $I\!E^{n+1}$.

*Beweis des Ames-Hadamard-Lemma* (nach [SCHM₁], 1923):    Sei $c: I \to I\!E$ ein Jordan-Weg[31] mit $I = [\alpha, \beta]$ ($\alpha, \beta \in I\!R$ und $T := \beta - \alpha \in I\!R_+$) und $c$ denken wir uns $T$-periodisch auf ganz $I\!R$ fortgesetzt. Nach evtl. Translation von $c$ in $I\!E$ dürfen wir wegen der Kompaktheit von $c(I)$ annehmen (s. (12),(28)):

$$c(I) \subset H_e \quad \textit{mit} \quad e \in \mathbb{S}I\!E \,, \quad \textit{also} \quad \min\{\langle c(t), e\rangle \,|\, t \in I\} > 0 \,, \qquad (139)$$

wähle nun $r \in c(I)$, also (s. (139)) $r \neq o$ und sei $a$ ein Punkt der kompakten (nach (139) in $I\!R_+ \cdot r$ enthaltenen!) Menge $c(I) \cap I\!R \cdot r$ von kleinster Länge $\|a\|$, also

$$a \in c(I) \,, \quad \textit{insbesondere} \text{ (s. (139))} \quad a \neq o \quad \textit{und} \quad c(I) \cap [0, 1[ \cdot a = \emptyset \,.$$

Dann gibt es weiter $t' \in I$, so daß $a, c(t')$ $I\!R$-linear unabhängig. [Anderenfalls folgte

$c(t) = \psi(t)\cdot a$ für alle $t \in I$ mit der stetigen Funktion $\psi := \langle c, a \rangle / \langle a, a \rangle : I \to \mathbb{R}$. Wegen der Injektivität von $c|[\alpha, \beta[$ müßte daher $\psi$ nach 1.1.(14) auf $[\alpha, \beta[$ streng monoton sein, im Widerspruch zu $\psi(\alpha) = \psi(\beta)$ ($c$ ist geschlossen!) und zur Stetigkeit von $\psi$ in $\beta$.] $b$ bezeichne nun wieder einen Punkt kleinster Länge $\|b\|$ in der kompakten Menge $c(I) \cap \mathbb{R}\cdot c(t')$, also nach Konstruktion und (139): $a, b$ linear unabhängig und $c(I) \cap [0, 1[\cdot b = \emptyset$. Nach evtl. Umbenennung von $a, b$ haben wir damit erhalten:

$$a, b \in c(I) \quad \textit{mit} \quad (b, a) \textit{ ist ein positiv orientiertes 2-Bein von } \mathbb{E}$$
$$\textit{und} \quad c(I) \cap ([0, 1[\cdot a \cup [0, 1[\cdot b) = \emptyset . \tag{140}$$

Dann folgt aber $c(I) \cap \mathbb{R}\cdot(a+b) \neq \emptyset$. [Denn wegen (140),(16) gilt $\Omega(b, a) > 0$, *also* $\Omega(a, a+b) < 0$ *und* $\Omega(b, a+b) > 0$ , weshalb wegen $a, b \in c(I)$ die stetige Funktion $\Omega(c, a+b) : I \to \mathbb{R}$ Werte verschiedenen Vorzeichens hat, also gibt es $t'' \in I$ mit $\Omega(c(t''), a+b) = 0$, d.h. $c(t'') \in \mathbb{R}\cdot(a+b)$.] Bezeichne nun $u$ einen Punkt kleinster Länge $\|u\|$ in der kompakten Menge $c(I) \cap \mathbb{R}\cdot(a+b)$, also $u = \mu\cdot(a+b)$ mit $\mu \in \mathbb{R}_+$, da nach (139),(140): $\langle a, e \rangle, \langle b, e \rangle, \langle u, e \rangle \in \mathbb{R}_+$ . Damit ist gezeigt: Es gibt

$$u \in c(I) \quad \textit{mit} \quad \Omega(a, u) < 0 , \quad \Omega(b, u) > 0 \quad \textit{und} \quad c(I) \cap [0, 1[\cdot u = \emptyset , \tag{141}$$

insbesondere gibt es $\sigma \in I$ mit $c(\sigma) = u$. Da $c$ ein Jordan-Weg ist, so werden wegen (140) die Punkte $a, b$ von $c$ im Zeitintervall $[\sigma, \sigma+T[$ genau einmal angenommen und nach evtl. Übergang von $c$ zum rückwärts durchlaufenen Weg $c(2\sigma-x) : \mathbb{R} \to \mathbb{E}$ dürfen wir annehmen, daß $c|[\sigma, \sigma+T[$ von $\sigma$ aus startend zuerst $b$ und dann $a$ trifft. Nach evtl. Parametertranslation können wir daher insgesamt annehmen: Es gibt

$$\sigma, \tau \in \mathbb{R} \quad \textit{mit} \quad 0 < \sigma < \tau < T , \quad \textit{so daß} \quad a = c(0), \quad u = c(\sigma), \quad b = c(\tau) . \tag{142}$$

Sei nun $v$ ein Punkt der kompakten Menge $c([0, \tau]) \cap \mathbb{R}\cdot u$ größter Länge $\|v\|$ , also $v = \nu\cdot u$ mit $\nu \in \mathbb{R}_+$, da nach (139) $\langle u, e \rangle, \langle v, e \rangle > 0$, und folglich nach (141): $\nu \geq 1$. Da jedoch $c(0) = a$, $c(\tau) = b$ nach (141) nicht auf $\mathbb{R}\cdot u$ liegen, so haben wir erhalten:

$$v = \nu\cdot u \in c(]0, \tau[) \quad \textit{mit} \quad \nu \in [1, \infty[ \quad \textit{und} \quad c([0, \tau]) \cap (v + \mathbb{R}_+\cdot u) = \emptyset . \tag{143}$$

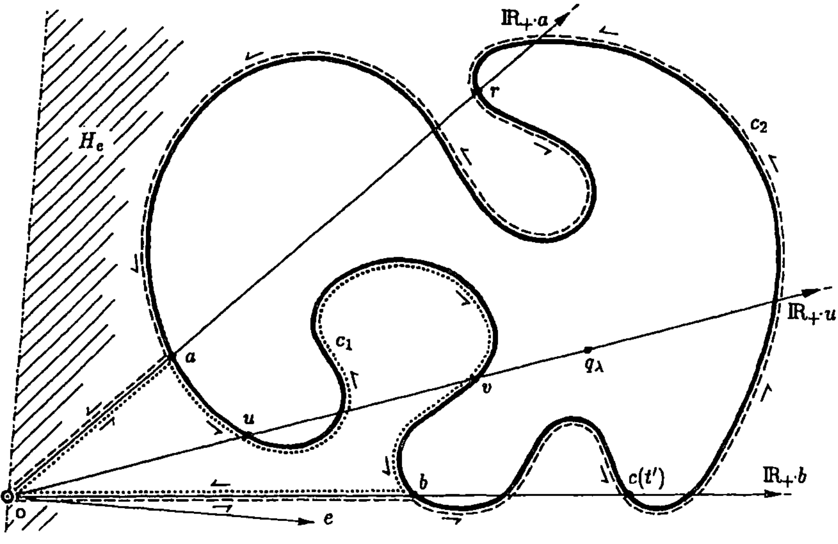

Wegen der Injektivität von $c|[0,T[$ folgt aus (142),(143): $v \notin c([\tau, T])$, also

$$\delta := \text{dist}(v, c([\tau, T])) > 0 , \quad \text{und es folgt für alle } \lambda \in ]0, \delta/\|u\|[ :$$
$$q_\lambda := v + \lambda \cdot u \in \mathbb{E} \setminus \big( c(I) \cup [0,1] \cdot a \cup [0,1] \cdot b \big) \quad \text{und} \quad \text{ind}(c; q_\lambda) = 1 . \tag{144}$$

Denn sei $\lambda \in ]0, \delta/\|u\|[$. Dann folgt aus (143) sofort $q_\lambda \notin c([0, \tau])$, und weiter $\|q_\lambda - v\|$ $= \lambda \|u\| < \delta$, also (s. (144)): $q_\lambda \notin c([\tau, T])$. Deshalb zusammen: $q_\lambda \notin c([0, T]) = c(I)$. Da schließlich nach (143),(144) gilt $q_\lambda \in \mathbb{R}_+ \cdot u$, also $\Omega(q_\lambda, u) = 0$ und $q_\lambda \neq o$, so nach (141) auch $q_\lambda \notin [0,1] \cdot a \cup [0,1] \cdot b$. Zum vollen Beweis des Ames-Hadamard-Lemma bleibt somit nur noch die Umlaufzahlgleichung aus (144) zu verifizieren. Dazu betrachten wir die folgenden zwei geschlossenen Wege $c_1 : [0, \tau+2] \to \mathbb{E}$ und $c_2 : [\tau, T+2] \to \mathbb{E}$ mit [s. (142) und Skizze nebenan, wo $c_1 : \cdots\cdots , \; c_2 : ---$ ]:

$$c_1(t) := \begin{cases} c(t) & \text{für } t \in [0, \tau] & , \\ (\tau+1-t) \cdot b & \text{für } t \in [\tau, \tau+1] & , \\ (t-\tau-1) \cdot a & \text{für } t \in [\tau+1, \tau+2] & , \end{cases}$$
$$c_2(t) := \begin{cases} c(t) & \text{für } t \in [\tau, T] & , \\ (1+T-t) \cdot a & \text{für } t \in [T, T+1] & , \\ (t-T-1) \cdot b & \text{für } t \in [T+1, T+2] & . \end{cases} \tag{145}$$

Dann gilt offenbar $c_1([0, \tau+2]) \cup c_2([\tau, T+2]) = c(I) \cup [0,1] \cdot a \cup [0,1] \cdot b$ und

$$\text{ind}(c_1; p) + \text{ind}(c_2; p) = \text{ind}(c; p) \quad \text{für alle } p \in \mathbb{E} \setminus (c(I) \cup [0,1] \cdot a \cup [0,1] \cdot b) . \tag{146}$$

[Denn $(c_2-p)|[T, T+1]$ bzw. $(c_2-p)|[T+1, T+2]$ ist nach (145) eine orientierungsändernde Umparametrisierung von $(c_1-p)[\tau+1, \tau+2]$ bzw. von $(c_1-p)[\tau, \tau+1]$, weshalb sich die Schwenks dieser Wege nur ums Vorzeichen unterscheiden (s. 1.3.3.c). Deshalb, wegen $2\pi \cdot \text{ind}(c; p) = \sigma(c-p)$ und den analogen Gleichungen für $c_1, c_2$ (s. (62)), wegen der Additivität (41) von $\sigma$, sowie wegen $c_1|[0, \tau] = c|[0, \tau]$ und $c_2|[\tau, T] = c|[\tau, T]$ (s. (145)) folgt:
$2\pi \cdot \big( \text{ind}(c_1; p) + \text{ind}(c_2; p) \big) = \sigma((c_1-p)|[0, \tau]) + \sigma((c_2-p)|[\tau, T]) = 2\pi \cdot \text{ind}(c; p) .]$
Zum Beweis von „$\text{ind}(c; q_\lambda) = 1$" genügt es daher wegen (146) zu zeigen:

$$\text{ind}(c_1; q_\lambda) = 0 \quad \text{und} \quad \text{ind}(c_2; q_\lambda) = 1 . \tag{147}$$

*Zu* (147): Nach (143),(144) trifft der Strahl $q_\lambda + \mathbb{R}_+ \cdot u$ nicht $c([0, \tau])$, aber auch nicht $[0,1] \cdot a \cup [0,1] \cdot b$, da $\Omega(q_\lambda + \rho \cdot u, u) = 0$ für $\rho \in \mathbb{R}_+$ und $\Omega(a, u), \Omega(b, u) \neq 0$ (s. (141)). Daher nach (145): $c_1$ trifft den Strahl $q_\lambda + \mathbb{R}_+ \cdot u$ nicht. Das Strahlkriterium liefert daher die erste Gleichung von (147). – Weiter folgt aus (140),(142) und (145) $c(]0, \tau[) \cap c_2([\tau, T+2]) = \emptyset$, also liegen $u, v \in c(]0, \tau[)$ (s. (142),(143)) in derselben Zusammenhangskomponenten von $\mathbb{E} \setminus c_2([\tau, T+2])$, weshalb das Korollar zu (69) liefert:

$$\text{ind}(c_2; u) = \text{ind}(c_2; v) .$$

Wegen (144) verläuft die Verbindungsstrecke von $v$ und $q_\lambda$ in $\mathbb{R}_+ \cdot u \cap (\mathbb{E} \setminus c([\tau, T]))$, also wegen (141),(145) auch ganz in $\mathbb{E} \setminus (c([\tau, T] \cup [0,1] \cdot a \cup [0,1] \cdot b) = \mathbb{E} \setminus c_2([\tau, T+2])$, also folgt nach dem Korollar zu (69) und der letzten Umlaufzahl-Gleichung:

$$\text{ind}(c_2; q_\lambda) = \text{ind}(c_2; v) = \text{ind}(c_2; u) . \tag{148}$$

Schließlich trifft der Strahl $u + \mathbb{R}_+ \cdot (-u)$ nach (139),(141),(145) den Weg $c_2$ nur in $o = c_2(T+1)$, da $c_2([T, T+1[) = ]0,1] \cdot a$ und $c_2(]T+1, T+2]) = ]0,1] \cdot b$. Die beiden letzten Gleichungen liefern weiterhin (zusammen mit (141)): $c_2([T,T+2]\setminus\{T+1\})$ $\cap(u+\mathbb{R}_+\cdot(-u)) = \emptyset$. Somit trifft $c_2$ den Strahl $u+\mathbb{R}_+\cdot(-u)$ nur einmal [isoliert i.S. des Strahlkriteriums (s. (73))] in $T+1$ mit der Schnittzahl (s. (75),(76),(14),(145)):

$$s(T+1) = (1/2)\big(\mathrm{sgn}\langle J(-u), c_2(T+2) - c_2(T+1)\rangle - \mathrm{sgn}\langle J(-u), c_2(T) - c_2(T+1)\rangle\big)$$
$$= (1/2)\big(\mathrm{sgn}\,\Omega(-u,b) - \mathrm{sgn}\,\Omega(-u,a)\big) = +1, \quad \text{(s. (141))}.$$

Daher nach (81): $\mathrm{ind}\,(c_2; u) = +1$, woraus zusammen mit (148) auch die zweite Gleichung von (147) folgt. Damit ist das Ames-Hadamard-Lemma bewiesen. $\square$

*Beweis des Jordan-Ames-Kurvensatzes*: Sei also $c: I \to \mathbb{E}$ (mit $I = [\alpha,\beta]$, $\alpha,\beta \in \mathbb{R}$ und $\alpha < \beta$) ein Jordan-Weg[31]. Da $c|[\alpha,\beta[$ injektiv, also nicht konstant ist, so gilt o.B.d.A. (d.h. nach evtl. Parameter-Translation):

$$\|c(\alpha)\| = \max\{\,\|c(t)\|\,|\,t\in I\,\} > 0, \quad also \quad c(I) \subset D := \{\,a\in\mathbb{E}\,|\,\|a\| \le \|c(\alpha)\|\,\}$$
$$und \quad \mathbb{E}\setminus D \subset \mathbb{E}\setminus c(I), \quad folglich \quad \mathrm{ind}\,(c;p) = 0 \quad für\ alle\ p\in \mathbb{E}\setminus D, \tag{149}$$

[denn für $p\in\mathbb{E}\setminus D$ gilt nach Definition von $D$: $c(I) \cap (p+\mathbb{R}_+\cdot p) = \emptyset$, also folgt $\mathrm{ind}\,(c;p) = 0$ aus dem Strahlkriterium (81)]. Die zusammenhängende Menge $\mathbb{E}\setminus D$ ist nach (149) in genau einer Zusammenhangskomponenten von $\mathbb{E}\setminus c(I)$ enthalten, welche also (mit $\mathbb{E}\setminus D$) unbeschränkt sein muß. Da jede unbeschränkte Teilmenge von $\mathbb{E}$ aber mit $\mathbb{E}\setminus D$ Punkte gemeinsam hat, so erhalten wir insgesamt:

$$\mathbb{E}\setminus c(I)\ besitzt\ genau\ eine\ unbeschränkte\ Zusammenhangs\text{-}$$
$$komponente\ E_c,\ es\ gilt\ \mathbb{E}\setminus D \subset E_c\ und\ \mathrm{ind}\,(c;p) = 0\ für\ alle\ p\in E_c, \tag{150}$$

wobei die letzte Gleichung aus der entsprechenden von (149), aus $\mathbb{E}\setminus D \subset E_c$ und dem Korollar zu (69) folgt. Aus (150), dem letztgenannten Korollar und dem Ames--Hadamard-Lemma (s.o.) folgt aber:

$$Es\ gibt\ mindestens\ ein\ beschränkte\ Zusammenhangskomponente$$
$$G\ von\ \mathbb{E}\setminus c(I)\ und\ \varepsilon \in \{-1,1\}\ mit\ \mathrm{ind}\,(c;p) = \varepsilon\ für\ alle\ p\in G. \tag{151}$$

Wegen (150),(151) gibt es also mindestens zwei Zusammenhangskomponenten von $\mathbb{E}\setminus c(I)$. Die beiden Behauptungen des Jordan-Ames-Kurvensatzes folgen daher aus (150),(151), wenn gezeigt ist:

$$Es\ gibt\ Punkte\ r,q\in \mathbb{E}\setminus c(I),\ so\ daß\ jeder\ Punkt\ p\in\mathbb{E}\setminus c(I)$$
$$mit\ r\ oder\ mit\ q\ durch\ einen\ Weg\ in\ \mathbb{E}\setminus c(I)\ verbunden\ werden\ kann, \tag{152}$$

[denn dann gibt es höchstens zwei Zusammenhangskomponenten von $\mathbb{E}\setminus c(I)$]. Für einen elementaren (d.h. Homologietheorie vermeidenden) Beweis von (152) verweisen wir auf [SCHM₁], (Paragraph 3 und 4): Er ist dort ausführlich dargestellt. $\square$

*Schlußbemerkung*: Wir *skizzieren* noch, wie das Ames-Hadamard-Lemma und (152), also *ein vollständiger Beweis des Jordan-Ames-Kurvensatzes*, weniger aufwendig folgen, wenn $c: I \to \mathbb{E}$ $C^1$-*geschlossen* und *immersiv* ist: Dann ist (s. (13)) sein

$$äußeres\ Einheits\text{-}Normalenfeld\quad n: I \to S\mathbb{E}\ (t \mapsto (-\varepsilon/\|c'(t)\|)\cdot Jc'(t))$$
$$stetig,\ mit\ \varepsilon := \mathrm{sgn}\,\Omega(c(\alpha), c'(\alpha)) \in \{-1,1\},\ wobei\ \alpha\ wie\ in\ (149), \tag{153}$$

und zusammen mit „$c|[\alpha,\beta[$ injektiv" folgt, z.B. durch indirekten Beweis (selbst!):

*Es gibt $\sigma \in \mathbb{R}_+$, so daß für alle $s \in [-\sigma, \sigma] \setminus \{0\}$ der $s$-Parallelweg*

$$c_s : I \to E \quad (t \mapsto c(t) + s \cdot n(t)) \quad \textit{von } c \textit{ ganz in } E \setminus c(\mathbb{R}) \textit{ verläuft.}$$

(154)

Für $q := c_{-\sigma}(\alpha)$, $r := c_\sigma(\alpha)$ gilt dann aber: $\mathrm{ind}\,(c;q) = \varepsilon$, $\mathrm{ind}\,(c;r) = 0$ [womit für $c$ das Ames-Hadamard-Lemma verifiziert ist], sowie (152): Aus (149) folgt nämlich $\langle c(\alpha), c'(\alpha) \rangle = 0$ mit $c(\alpha) \neq o$, also (s. (153)) $n(\alpha) \in \mathbb{R}^* \cdot c(\alpha)$ und $\langle c(\alpha), n(\alpha) \rangle = |\Omega(c(\alpha), c'(\alpha))| / \|c'(\alpha)\| > 0$ (s.(14)), d.h. $n(\alpha) = \lambda \cdot c(\alpha)$ mit $\lambda \in \mathbb{R}_+$. $q + \mathbb{R}_+ \cdot n(\alpha)$ wird weiter vom injektiven $c|[\alpha, \beta[$ nur zur Zeit $\alpha$ in $c(\alpha) = q + \sigma \cdot n(\alpha)$ getroffen, u.z. (s. (79),(80)) isoliert mit Schnittzahl $\mathrm{sgn}\,\Omega(n(\alpha), c'(\alpha)) = \mathrm{sgn}\,(\lambda \cdot \Omega(c(\alpha), c'(\alpha))) = \varepsilon$ (s. (153)), denn für $s \in {]0, \sigma[}$ nach (154): $q + s \cdot n(\alpha) = c(\alpha) + (s - \sigma) \cdot n(\alpha) \notin c(I)$ und letzteres gilt auch für $s > \sigma$, da dann $\|c(\alpha) + (s - \sigma) \cdot n(\alpha)\| = \|(1 + (s - \sigma)\lambda) \cdot c(\alpha)\| > \|c(\alpha)\|$ und beachte (149). Analog folgt: $(r + \mathbb{R}_+ \cdot n(\alpha)) \cap c(I) = \emptyset$. Somit nach (81),(80),(153): $\mathrm{ind}\,(c;q) = \varepsilon$, $\mathrm{ind}\,(c;r) = 0$. – Zu (152): Sei $p \in E \setminus c(I)$ und sodann

$$\mu \in I \quad \text{mit} \quad \|c(\mu) - p\| = \rho := \min\{\|c(t) - p\| \mid t \in I\} > 0.$$

Hieraus und aus (153) folgt: $p = c(\mu) \pm \rho \cdot n(\mu)$ und auf der Strecke von $p$ zu $c(\mu)$ liegt kein Punkt von $c(I) \setminus \{c(\mu)\}$. Daher und wegen (154) ist $[0,1] \to E$ $(t \mapsto c(\mu) \pm ((1-t)\rho + t\sigma) \cdot n(\mu)$ ein $p$ mit $c_{\pm\sigma}(\mu)$ verbindender Weg in $E \setminus c(I)$, der längs $c_{\pm\sigma}|[\mu, \beta]$ zu einem $p$ mit $c_{\pm\sigma}(\alpha) \in \{q, r\}$ verbindenden Weg in $E \setminus c(I)$ fortgesetzt werden kann! $\square$  –  Somit (s. (150),(151),(152)): $q \in G_c$, $r \in E_c$, und (s. (154))

$$c_{-s}(I) \subset G_c \quad \textit{für alle } s \in {]0, \sigma[} \quad \textit{und} \quad \mathrm{ind}\,(c;p) = \varepsilon \quad \textit{für alle } p \in G_c,$$

$$\textit{womit man folgert:} \quad \overline{G_c} = G_c \cup c(I), \quad \textit{sowie analog} \quad \overline{E_c} = E_c \cup c(I).$$

(155)

# 1.4 Krümmungstheorie ebener immersiver Wege

## 1.4.0 Zur Geschichte

In diesem Abschnitt zitieren wir im wesentlichen aus dem ausgezeichneten Artikel von H. GERICKE [GE] und verweisen auf sein Literatur- bzw. Zitaten-Verzeichnis.

Die Idee, Geraden als ungekrümmt, die kinematisch einfach erzeugbaren ebenen Kreisbahnen aber als gekrümmt, und zwar deren Krümmung als zunehmend anzusehen, wenn ihre „Größe" (d.h. ihr Durchmesser) abnimmt, findet sich bereits bei dem Griechen PLUTARCH ($\sim$50–125 n.Chr.) formuliert. Der in Paris lehrende (scholastische Naturphilosoph und spätere Bischof von Lisieux) Nicolas ORESME ($*$1320$\sim$1325?, $\dagger$1382) nennt die Krümmung von Kreislinien „gleichförmig" und *mißt* sie durch das Reziproke des Kreisdurchmessers. Ansätze, die Krümmung von Kegelschnitten bzw. algebraischen Kurven der Ebene in einem ihrer Punkte durch das „Krümmungsmaß" eines der Kurve geeignet angepaßten Kreises zu erfassen, gibt es bereits bei Johannes KEPLER ($*$1571, $\dagger$1630) und René DESCARTES ($*$1596, $\dagger$1650). Isaac NEWTON ($*$1643, $\dagger$1727) berechnet 1665 die Koordinaten der *Krümmungsmittelpunkte* (s.u.) entlang der Parabel $\alpha \cdot y = x^2$. Er beschreibt 1671/72 allgemein die Krümmung bzw. den Krümmungsmittelpunkt ebener Kurven als die Krümmung des Krümmungskreises bzw. als dessen Mittelpunkt, wobei er letzteren kennzeichnet als „Schnittpunkt benachbarter Normalen". Die Terminologie *Krümmungsradius* bzw. *Schmiegkreis* findet sich 1691 bei Christiaan HUYGENS ($*$1629, $\dagger$1695) als „*radius curvitatis*" bzw. 1691/92 bei Johann BERNOULLI ($*$1667, $\dagger$1748) als „*circulus osculatoris*", den er auch als „Kreis durch drei benachbarte Kurvenpunkte" kennzeichnet.

Diese Verfahren, die Krümmung beliebiger ebener Wege $c$ begrifflich zu fassen oder zu messen, bestehen lediglich im *Vergleich* von $c$ mit gewissen „$c$ eingeschmiegten" Wegen aus einer Klasse von Standard-Wegen (den Kreiswegen), deren Krümmung als „unmittelbar verstanden" gilt. Sie liefern also keine *direkte geometrische* Definition der Krümmung beliebiger Wege. Eine solche lieferte erst Leonhard EULER ($*$1707, $\dagger$1783) in seiner 1775 der St. Petersburger Akademie vorgelegten Arbeit „Methodus facilis .. " [EU$_1$] über Raumkurven (wo er auch die Parametrisierung eines Weges auf Weglänge einführt): Die *Krümmung* eines Raumweges erklärt er dort als den Limes der *Änderung der Tangentenrichtung bezogen auf die Weglänge* (was für Kreiswege auf den dort erwarteten Krümmungswert „1/Radius" führt). –

$\circledast$ Diese geometrische Idee von EULER wurde auch für (extrinsece) Krümmungsbegriffe höherdimensionaler Flächen in riemannschen Mannigfaltigkeiten wegweisend.

In diesem Abschnitt 1.4 gelte fortan (vgl. 1.3.2):

$$\mathbb{E} \text{ sei ein 2-dim. orientierter euklidischer VR}, \quad \mathbb{E}_o := \mathbb{E} \setminus \{o\}, $$
$$\langle ..,.. \rangle \text{ bzw. } \|..\| \text{ sein inneres Produkt bzw. seine Norm}, \tag{0}$$
$$J \text{ seine komplexe Struktur}, \ \Omega \text{ seine 2-dim. Volumform}, $$

$$c: I \to \mathbb{E} \quad \text{sei ein immersiver } C^r\text{-Weg mit } \ r \in \mathbb{N} \cup \{\infty, \omega\}, \ \ r \geq 2. \tag{1}$$

## 1.4.1  Die orientierte Krümmung ebener immersiver Wege

**a)  Definition:**    *Idee nach* Leonhard EULER, 1775 [EU$_1$].
Wegen (1) ist $c': I \to \mathbb{E}$ ein Weg in $\mathbb{E}_o$. Daher ist für jedes Teilintervall $[s,t]$ von $I$ der Schwenk $\sigma(c'|[s,t])$ von $c'$ längs $[s,t]$ (s. 1.3.(39),(40)) erklärt und für $t_0 \in I$ definiert man die *orientierte Krümmung von $c$ in $t_0$* als

$$\kappa_c(t_0) \ := \ \lim_{s,t \to t_0} \frac{\sigma(c'|[s,t])}{L(c|[s,t])} \quad \text{für } \ s \neq t \ \text{ und } \ s \leq t_0 \leq t. \tag{2}$$

Denn, da jede Winkelfunktion $\varphi$ für $c'$ (s. (0),1.3.3.d) $C^1$-Funktion ist, folgt aus 1.3.(39) und 1.2.(20),(25): Der Limes (2) existiert in $\mathbb{R}$ und (2) bedeutet für die so definierte *orientierte Krümmung* $\kappa_c: I \to \mathbb{R}$ *von $c$* knapper: Ist

$$\varphi: I \to \mathbb{R} \ \textit{Winkelfunktion für } \ c': I \to \mathbb{E}_o, \text{ so} \quad \partial_c \varphi = \varphi'/\|c'\| = \kappa_c. \tag{3}$$

Somit liefert (3) nach 1.3.(42), (bzw. 1.3.(33)):

$$\boxed{\ \kappa_c \ = \ \frac{\Omega(c',c'')}{\|c'\|^3} \ \underset{(E=\mathbb{E}^2)}{=} \ \frac{c_1' c_2'' - c_2' c_1''}{\sqrt{(c_1')^2 + (c_2')^2}^{\,3}} \quad \textit{ist } C^{r-2}\textit{-Funktion,} \ } \tag{4}$$

bzw. nach (3) und 1.3.(39),(40) folgt für alle $\alpha, t \in I$:

$$\int_\alpha^t \kappa_c(x) \|c'(x)\| dx \ = \ \varphi(t) - \varphi(\alpha) \ \equiv \ \sphericalangle_o(c'(\alpha), c'(t)) \quad \mod 2\pi. \tag{5}$$

*Beispiele:* Seien $\alpha, \rho \in \mathbb{R}_+$, sei $e \in S\!E$ (s. 1.3.(12)) und sei $c_e : \mathbb{R} \to S\!E$ mit $c_e(0) = e$ der $C^\omega$-Einheitskreisweg in $E$ von konstanter Winkelgeschwindigkeit 1 (s. 1.3.(44)). – Verifiziere $c_e' = Jc_e$, $c_e'' = -c_e$ und weiter: *Für den Geradenweg* $c := x \cdot e : \mathbb{R} \to E$ *bzw. den Kreisweg* $c := \rho \cdot c_e : \mathbb{R} \to E$ *vom Radius* $\rho$ *um* o *ist* $\kappa_c$ *konstant vom Wert* 0 *bzw.* $(1/\rho)$. – *Für die archimedische Spirale* $c := \alpha x \cdot c_e : \mathbb{R} \to E$ *gilt* $\kappa_c = (2+x^2)/(\alpha \cdot \sqrt{1+x^2}^{\,3})$; s.u. linke Skizze für $c([0, 17\pi/4])$ mit $\alpha = 1/4\pi$. – [Tip: $\Omega$ bilinear, alternierend, $\langle c_e, Jc_e \rangle = 0$ und $\Omega(c_e, Jc_e) = 1$, s. 1.3.(6),(17)).]

**b)**   *Orientierte Krümmung in Polarkoordinaten:*

Verläuft $c$ ganz in $E_o$ (s. (0),(1)), so folgt mit $r := \|c\|$ und der Winkelgeschwindigkeit $\omega := \theta_c(c')$ (s. 1.3.(51)) von $c$ bzgl. o aus (4) und 1.3.(17), (61):

$$\kappa_c = \left( r^2\omega^3 + rr'\omega' + 2(r')^2\omega - rr''\omega \right)/\sqrt{(r')^2 + (r\omega)^2}^{\,3}. \tag{6}$$

Hat $c$ die Polarkoordinatendarstellung $c = r \cdot (\cos\varphi \cdot e + \sin\varphi \cdot Je)$ wie in 1.3.(37), so $\omega = \varphi'$ (s. 1.3.(51)) und $c' = (r'/r) \cdot c + \varphi' \cdot Jc$ (s. 1.3.(61)). –

*Beispiel:* Mit den Bezeichnungen der Beispiele aus a) (s.o.) und mit $\alpha \in \mathbb{R}_+$ zeige man, daß für die sogenannte *logarithmische Spirale* $c := \exp(\alpha x) \cdot c_e : \mathbb{R} \to E$ gilt:

$\varphi = x$, $r = \exp(\alpha x)^{\,42}$, *also* $\omega = 1$ *und nach* (6): $\kappa_c = 1/(\sqrt{1+\alpha^2} \cdot r)$,

ferner ist für alle $t \in \mathbb{R}$ der nicht-kompakte Weg $c]]-\infty, t]$ rektifizierbar (s. 1.2.(3)) mit $L(c]]-\infty, t]) = \sqrt{1+\alpha^2} \cdot r(t)/\alpha$, weshalb

$\alpha \cdot L(c]]-\infty, t]) = 1/\kappa_c(t) =:$ *Krümmungsradius der logarithmischen Spirale*

zur Zeit $t$. Weiter gilt $\cot(\sphericalangle_o(c(t), c'(t))) = \alpha$ mit $\sphericalangle_o(c(t), c'(t)) \in ]0, \pi/2[$, also $\sphericalangle_o(c, c') : \mathbb{R} \to \mathbb{R}$ konstant. Die rechte Skizze zeigt $c([-6\pi, \pi/4])$ mit $\alpha = 0,64/\pi$ :

Archimedische Spirale

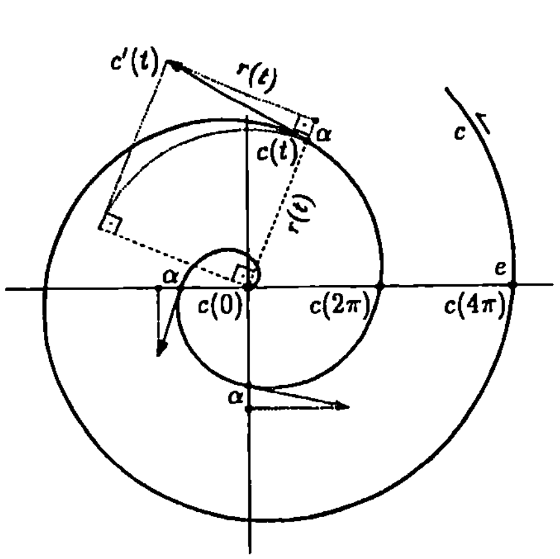

Logarithmische Spirale



---

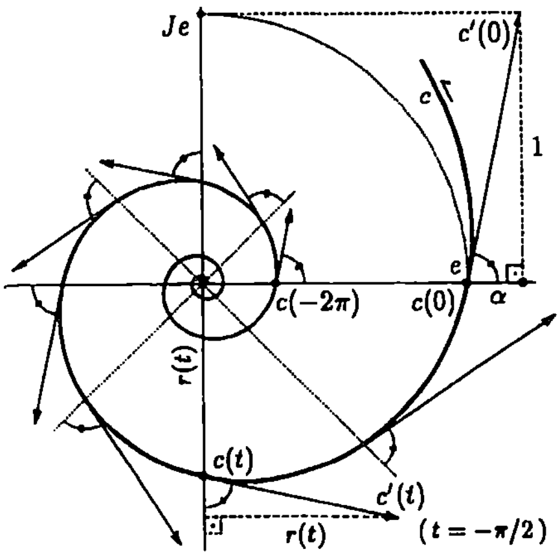

[42] d.h. $\ln r = \alpha\varphi$ (daher der Name), bei der archimedischen Spirale: $r = \alpha\varphi$ (s. 1.4.1.a). Die auf $\mathbb{R}_+$ beschränkte archimedische bzw. die logarithmische Spirale trifft jeden Strahl $[0, \infty[ \cdot a$ $(a \in S\!E)$ in den Punkten der arithmetischen bzw. geometrischen Progression $\alpha(\vartheta + 2\pi n) \cdot a$ $(n \in \mathbb{N})$ bzw. $\exp(\alpha\vartheta) \cdot (\exp(2\pi\alpha))^n \cdot a$ $(n \in \mathbb{Z})$, wobei $\vartheta \in ]0, 2\pi]$ mit $a = c_e(\vartheta) = (\cos\vartheta) \cdot e + (\sin\vartheta) \cdot Je$, s. 1.3.(44).

**c)**  *Orientierte Krümmung von Graphenwegen reellwertiger Funktionen:*

Ist $\varphi : I \to \mathbb{R}$ eine $C^2$-Funktion auf dem Intervall $I$ von $\mathbb{R}$, so ist ihr *Graphenweg* $c := (\mathrm{x}, \varphi(\mathrm{x})) : I \to \mathbb{E}^2$ immersiv mit der orientierten Krümmung:

$$\kappa_c \;=\; \varphi'' / \sqrt{1 + (\varphi')^2}\,^3 \,, \tag{7}$$

s. (4), in kritischen Punkten $t_0 \in I$ von $\varphi$ gilt also einfach:  $\kappa_c(t_0) = \varphi''(t_0)$ .

Deshalb hat z. B. die orientierte Krümmung des Graphenweges der cos-Funktion an deren Extremstellen $k\pi$ ($k \in \mathbb{Z}$) den Wert $(-1)^{k+1}$ . Oder, wenn $\mathrm{p} \in \mathbb{R}_+$ , so liefert (7) für den Graphenweg $c$ von $\mathrm{x}^2/2\mathrm{p} : \mathbb{R} \to \mathbb{R}$ [d.h. $c$ durchläuft die quadratische Parabel „$\mathrm{u}^2 = 2\mathrm{p}\!\cdot\!\mathrm{v}$", s.u. d)] sofort $\kappa_c = \mathrm{p}^2 / \sqrt{\mathrm{p}^2 + \mathrm{x}^2}\,^3$ und (Beweis!) $\kappa_c$ bildet $[0, \infty[$ streng monoton fallend auf $]0, 1/\mathrm{p}] = \kappa_c(\mathbb{R})$ ab. – Bereits 1694 besitzt Jacob BERNOULLI die Formel (7); er nennt sie stolz sein „theorema aureum".

**d)**  *Orientierte Krümmung von Niveauwegen $\mathbb{R}$-wertiger Funktionen des $\mathbb{E}^2$:*

Seien $\mathrm{u}, \mathrm{v} : \mathbb{E}^2 \to \mathbb{R}$ die kanonischen Koordinatenfunktionen, sei $G$ offen in $\mathbb{E}^2$, $\psi : G \to \mathbb{R}$ eine $C^r$-Funktion ($r \geq 2$) und $c$ (aus (1)) ein *regulärer $\beta$-Niveauweg von* $\psi$, d.h. $c(I) \subset G$ und $\psi \circ c$ konstant vom Wert $\beta$ ($\in \mathbb{R}$) sowie (darauf spielt das „regulär" an): $(\mathrm{grad}\,\psi)(c(t)) \neq o$ für alle $t \in I$ [43], d.h. $c(t)$ ist nicht-kritischer Punkt von $\psi$ . Dann folgt: $\langle (\mathrm{grad}\,\psi) \circ c, c' \rangle = (\psi \circ c)' = o$ , also ist $((\mathrm{grad}\,\psi) \circ c, c')$ ein orthogonales 2-Beinfeld, das wir als positiv- orientiert annehmen (evtl.: Übergang von $c$ zu $c^v$, s. 1.1.(17)), d.h.

$$\Omega_{\mathrm{can}}((\mathrm{grad}\,\varphi) \circ c, c') \;=\; (\psi_{\mathrm{u}} \circ c)c_2' - (\psi_{\mathrm{v}} \circ c)c_1' \;>\; o \,. \tag{8}$$

[Dafür sagt man auch, $c$ ist ein *positiv-orientierter* regulärer $\beta$-Niveauweg von $\psi$.] Es gibt deshalb (s. 1.3.(13),(32)) eine $C^{r-1}$-Funktion $\lambda : I \to \mathbb{R}_+$ mit

$$c' \;=\; \lambda \cdot J_{\mathrm{can}}((\mathrm{grad}\,\psi) \circ c) \;=\; \lambda \cdot (-\psi_{\mathrm{v}} \circ c, \psi_{\mathrm{u}} \circ c) \,,$$

$$c'' \;=\; (\lambda'/\lambda) \cdot c' + \lambda \cdot \big( -(\psi_{\mathrm{vu}} \circ c)c_1' - (\psi_{\mathrm{vv}} \circ c)c_2', (\psi_{\mathrm{uu}} \circ c)c_1' + (\psi_{\mathrm{uv}} \circ c)c_2' \big) \,,$$

und folglich nach (4) und 1.3.(32),(33) [beachte, daß $\lambda$ positiv ist]:

$$\begin{aligned}
\kappa_c \;&=\; \big( (\psi_{\mathrm{uu}}(\psi_{\mathrm{v}})^2 - 2\psi_{\mathrm{uv}}\psi_{\mathrm{u}}\psi_{\mathrm{v}} + \psi_{\mathrm{vv}}(\psi_{\mathrm{u}})^2) / \sqrt{(\psi_{\mathrm{u}})^2 + (\psi_{\mathrm{v}})^2}\,^3 \big) \circ c, \\
\;&=\; \big( \mathrm{hess}\,\psi(J_{\mathrm{can}}(\mathrm{grad}\,\psi), J_{\mathrm{can}}(\mathrm{grad}\,\psi)) / \|\mathrm{grad}\,\psi\|^3 \big) \circ c,
\end{aligned} \tag{9}$$

wobei für $h, k : G \to \mathbb{E}^2$ :  $\mathrm{hess}\,\psi(h, k) := \psi_{\mathrm{uu}} h_1 k_1 + \psi_{\mathrm{uv}}(h_1 k_2 + h_2 k_1) + \psi_{\mathrm{vv}} h_2 k_2$ .

*Kommentar:* Die interessante Information von (9) ist, daß die Krümmung $\kappa_c(t)$ des Niveauweges $c$ von $\psi$ zur Zeit $t \in I$ allein mittels der Werte von ersten und zweiten Ableitungen der „Erhaltungsgröße" $\psi$ im Wegpunkt $c(t)$ (statt der in (4) dafür benötigten $c'(t)$ und $c''(t)$) berechnet werden kann: Dies ist eine geometrische Zweiter-Ordnung-Erweiterung des Erster-Ordnung-Satzes über implizit definierte Funktionen, wonach die Tangentenrichtung des Niveauweges $c$ von $\psi$ zur

---

[43] Aus dem Satz über implizit definierte Funktionen folgt, daß durch jeden Punkt $p \in G$ mit $(\mathrm{grad}\,\psi)(p) \neq o$ ein regulärer Niveauweg $c$ von $\psi$ (mit (1)) geht.

Zeit $t$ allein mittels der Werte erster Ableitungen von $\psi$ im Punkte $c(t)$ erhalten werden kann (s.o. Beweis von (9)). [⊛ Beides ist ein Indiz dafür (siehe auch unten e)), daß der Tangenten- bzw. Krümmungs-Begriff für $\beta$-Niveauwege von $\psi$ eigentlich für die (gleichungsdefinierte) 1-*dim. Untermannigfaltigkeit* $\psi^{-1}(\{\beta\})$ des $\mathbb{E}^2$ (die klassisch als „$\psi(u, v) = \beta$" notiert wird) erklärt werden sollte, was im Rahmen der Differentialgeometrie (z.B. als Spezialfall der Krümmungstheorie von Hyperflächen euklidischer VRe) in der Tat auch so erfolgt.]

*Beispiel:* $\psi := u - \exp(u) - 2v + \cos v : \mathbb{E}^2 \to \mathbb{R}$ ist eine $C^\infty$-Funktion mit nirgends verschwindendem Gradienten ($\psi_v = -2 - \sin v < 0$). Da $2x - \cos x : \mathbb{R} \to \mathbb{R}$ ein $C^\infty$-Diffeomorphismus ist (Beweis!), so gibt es genau eine Funktion $\varphi : \mathbb{R} \to \mathbb{R}$ mit $\psi(x, \varphi(x)) = o$, und dies $\varphi$ ist dann nach dem Satz über implizit definierte Funktionen zugleich mit $\psi$ eine $C^\infty$-Funktion. Der Graphenweg $c := (x, \varphi(x)) : \mathbb{R} \to \mathbb{E}^2$ von $\varphi$ ist daher [sogar ein positiv-orientierter (Beweis!)] regulärer 0-Niveauweg von $\psi$ mit $c(0) = o$. Obwohl offensichtlich $c$ (d.h. $\varphi$) nicht explizit mittels elementarer Funktionen angegeben werden kann, liefert (9) für die orientierte Krümmung von $c$ zur Zeit 0 den Wert $\kappa_c = -(1/2)$.

**e)** *Orientierte Krümmung bei Umparametrisierung:*

Aus (4), dem Alternieren von $\Omega$ und den beiden ersten Gleichungen von 1.1.(11) folgt für $C^2$-Umparametrisierungen $\varphi : H \to I$ von $c$ auf $c \circ \varphi$ sofort: $\kappa_{c \circ \varphi} = \pm \kappa_c \circ \varphi$ je nachdem $\varphi$ orientierungstreu oder orientierungsändernd ist. [Überdies: Der Übergang von der gegebenen Orientierung von $\mathbb{E}$ zur oppositen Orientierung von $\mathbb{E}$ bewirkt einen Vorzeichenwechsel bei der Volumform $\Omega$ (vgl. 1.3.(16)), also wegen (4) auch einen bei $\kappa_c$.]

**f)** *Kinematisch-dynamische Messung der orientierten Krümmung:*

Ist $\partial_c$ die Ableitung nach der Weglänge von $c$ (vgl. (1)), so ist (s. 1.2.(24))

$$\mathbf{v}_c := \partial_c c = (1/\|c'\|) \cdot c' : I \to (S\mathbb{E} \subset) \; \mathbb{E} \quad eine \; C^{r-1}\text{-}Abb., \qquad (10)$$

*das evolutive*[44] *Einheitstangentenvektorfeld von* $c$, also ist nach 1.3.(13)

$$(\mathbf{v}_c, J\mathbf{v}_c) : I \to \mathbb{E} \times \mathbb{E} \quad ein \; pos.\text{-}orientiertes \; orthonormales \; 2\text{-}Beinfeld, \qquad (11)$$

weshalb

$$J\mathbf{v}_c : I \to S\mathbb{E} \quad das \; positiv\text{-}orientierte \; Einheitsnormalenfeld \; von \; c \qquad (12)$$

heißt. Aus (4),(10),(12) und 1.3.(14) folgt daher

$$\kappa_c = \frac{\langle J\mathbf{v}_c, c'' \rangle}{\|c'\|^2} = \frac{orientierte \; Normalbeschleunigung \; von \; c}{Quadrat \; der \; Bahngeschwindigkeit \; von \; c}. \qquad (13)$$

---

[44] Für jedes $t_0 \in I$ ist nämlich $\mathbf{v}_c(t_0)$ die Richtung, in der $c$ vom Zeitpunkt $t_0$ aus in Zukunft weiterläuft. – $(\partial_c^2 c)(t_0)$ heißt *Krümmungsvektor von* $c$ *in* $t_0$ (s.u. (18)).

**Praktische Deutung:**  Ist $c$ der Weg eines Autos auf ebenem Gelände, so kann der Fahrer des Autos die orientierte Krümmung seines Weges (während der Fahrt im Auto!) gemäß (13) *messen*: In jedem Zeitpunkt $t_0 \in I$ kann er nämlich seine Normalbeschleunigung an einem mitgeführten „Dynamometer", seine Bahngeschwindigkeit aber am Tachometer ablesen. [Das „Dynamometer" sei z.B. ein Glasrohr, in welchem eine Kugel der Masse $M$ gerade frei laufen kann, aber durch die Feder einer im Rohr koaxial angebrachten Federwaage gehalten wird. Dieses Dynamometer sei im Auto vor dem Fahrer so montiert, daß die Rohrachse *horizontal und senkrecht zur Längsachse des Autos* liegt. Dann wirkt beim (Kurven-)Fahren auf die Kugel zur Zeit $t_0$ eine Kraft in Richtung der Rohrachse, deren Betrag $K$ an der Federwaage abgelesen werden kann. Der *Betrag* der orientierten Normalbeschleunigung von $c$ zur Zeit $t_0$ ist daher $K/M$, ihr *Vorzeichen* ist durch die Richtung der Auslenkung der Kugel aus der Ruhelage festgelegt: Da diese Auslenkung durch die Trägheit der Kugel bewirkt wird, ist letztere Richtung gerade entgegengesetzt zur Normalkomponente des Beschleunigungsvektors $c''(t_0)$ von $c$. Ist daher z.B. die Orientierung der Ebene, in der die Fahrt erfolgt, so gewählt, daß die Fahrtrichtung und der seitwärts horizontal ausgerichtete linke Arm des Fahrers ein positiv-orientiertes 2-Bein bilden, so ist (nach (13)) die orientierte Krümmung von $c$ bei linkem Ausschlag der Kugel aus der Ruhelage negativ, bei rechtem aber positiv. –

*Anwendung auf das Durchfahren von Kurven:*    Sei $c$ injektiv. Da $|\kappa_c|$ nach e) (s.o.) bei Umparametrisierung von $c$ (d.h. beim Durchfahren der Bahn $c(I)$ mit anderer Geschwindigkeit) in gleichen Bahnpunkten ($c$ injektiv!) ungeändert bleibt, so erfährt z.B. ein Auto beim Durchfahren derselben Kurve mit 2-*facher* Geschwindigkeit nach (13) eine 4-*mal* so große zur Fahrtrichtung orthogonale Trägheitskraft, die das Auto „aus der Kurve tragen" kann! (Diese Kraft ist außerdem proportional zur Masse des Autos, daher zusätzliche Vorsicht in Kurven bei voll besetztem Auto!) –

Da (s. (10), 1.2.(27)):   $\partial_c \mathbf{v}_c = \partial_c^2 c = (1/\|c'\|^2)\cdot(c'' - \langle c'', \mathbf{v}_c\rangle\cdot\mathbf{v}_c)$, so nach (13):

$$\kappa_c = \langle J\mathbf{v}_c, \partial_c\mathbf{v}_c\rangle, \quad sowie \quad \langle \mathbf{v}_c, \partial_c\mathbf{v}_c\rangle = (1/2)\cdot\partial_c\langle \mathbf{v}_c, \mathbf{v}_c\rangle = o, \qquad (14)$$

(beachte (10), 1.2.(21)). Schließlich hat nach (11) jede Abb. $f : I \to \mathit{I\!E}$ die

$$\textit{Fourier-Entwicklung nach } (\mathbf{v}_c, J\mathbf{v}_c): \quad f = \langle \mathbf{v}_c, f\rangle\cdot\mathbf{v}_c + \langle J\mathbf{v}_c, f\rangle\cdot J\mathbf{v}_c. \qquad (15)$$

Daher erhält man den bereits 1775 von EULER [EU$_1$] angegebenen

**Satz:**   Mit den Notationen (1),(10),(12),(13) gelten für $\mathbf{v}_c, J\mathbf{v}_c$ die

$$\boxed{\begin{array}{ll} \textit{Frenet-Differentialgleichungen:} & \partial_c\mathbf{v}_c = \kappa_c\cdot J\mathbf{v}_c, \\[4pt] & \partial_c J\mathbf{v}_c = -\kappa_c\cdot\mathbf{v}_c. \end{array}}$$

$$\qquad\qquad (16)$$
$$\qquad\qquad (17)$$

*Zusatz:* (16) lautet für $\mathit{I\!E} := \mathrm{I\!E}^2$ (s. 1.3.(32)): $(\partial_c^2 c_1, \partial_c^2 c_2) = \kappa_c\cdot(-\partial_c c_2, \partial_c c_1)$.

*Beweis:* (16) folgt aus (14),(15) (mit $f := \partial_c\mathbf{v}_c$). Anwendung von $J$ auf (16) liefert dann (17) [$J$ kommutiert mit $\partial_c$ (s. 1.1.(5),1.2.(25)) und beachte $J \circ J = -\mathrm{id}_{\mathit{I\!E}}$ (s. 1.3.(1))]. – Durch Normbildung folgt aus (16),(10),(12):

$$|\kappa_c| = \|\partial_c^2 c\| = \textit{Länge des Krümmungsvektors von } c.^{44} \qquad (18)$$

Mittels der Frenet-Differentialgleichungen gewinnt man folgendes bemerkenswerte

**Theorem:** Sei $\mathbb{E}$ wie in (0). Sei $r \in \mathbb{N} \cup \{\infty, \omega\}$, $r \geq 2$, sei $I$ ein Intervall von $\mathbb{R}$, $\alpha \in I$, $p \in \mathbb{E}$ und $e \in \mathbb{S}\mathbb{E}$ ein Einheitsvektor von $\mathbb{E}$. Dann gilt:

- *Zu jeder $C^{r-1}$-Funktion $v : I \to \mathbb{R}_+$ und jeder $C^{r-2}$-Funktion $k : I \to \mathbb{R}$ gibt es genau einen immersiven $C^r$-Weg $c : I \to \mathbb{E}$ mit* (s. (10),(13)):

$$\|c'\| = v \;, \quad \kappa_c = k \quad \textit{und} \quad (c(\alpha), \mathbf{v}_c(\alpha)) = (p, e) \,.^{45} \tag{19}$$

- Speziell mit $v := \mathbb{1}_I$ : *Zu jeder $C^{r-2}$-Funktion $k : I \to \mathbb{R}$ gibt es genau einen normierten $C^r$-Weg $c : I \to \mathbb{E}$ mit $\kappa_c = k$ und $(c(\alpha), \mathbf{v}_c(\alpha)) = (p, e)$.*

*Beweis:* Sei $J$ wie in (0). Dann erfüllt (s. 1.3.(1),(13)) der $C^{r-1}$-Weg $\mathbf{v} : I \to \mathbb{E}$ :

$$\mathbf{v}(t) \;:=\; \cos\!\big(\textstyle\int_\alpha^t (vk)(x)\,dx\big)\!\cdot\! e + \sin\!\big(\textstyle\int_\alpha^t (vk)(x)\,dx\big)\!\cdot\! Je \quad \textit{für } t \in I$$

$$\textit{die lineare gewöhnliche Differentialgleichung:} \quad \mathbf{v}' = vk \cdot J\mathbf{v} \;, \tag{20}$$

mit $\mathbf{v}(\alpha) = e$ und $\mathbf{v}(I) \subset \mathbb{S}\mathbb{E}$. Daher erhält man einen $C^r$-Weg $c : I \to \mathbb{E}$ durch

$$c(t) \;:=\; p + \textstyle\int_\alpha^t (v \cdot \mathbf{v})(x)\,dx \quad \textit{für } t \in I \,, \quad \textit{mit} \quad c(\alpha) = p, \;\; c' = v \cdot \mathbf{v}, \;\; \textit{also} \;\; \|c'\| = v \,.$$

Folglich nach (10) $\mathbf{v}_c = \mathbf{v}$, insbesondere (s.o.) $\mathbf{v}_c(\alpha) = \mathbf{v}(\alpha) = e$ und zusammen mit 1.2.(24): $\partial_c \mathbf{v}_c = (1/v) \cdot \mathbf{v}' = k \cdot J\mathbf{v} = k \cdot J\mathbf{v}_c$, woraus durch Vergleich mit (16) folgt: $\kappa_c = k$. Damit ist die Existenz von $c$ mit der Eigenschaft (19) gezeigt. Zur Einzigkeit: Ist $\tilde{c} : I \to \mathbb{E}$ ein $C^r$-Weg, der (19) erfüllt, so muß nach (16) und 1.2.(24) $\mathbf{v}_{\tilde{c}}$ wieder eine Lösung von (20) sein, also gilt mit dem obigen $c$ wegen der $\mathbb{R}$-Linearität von $J$ auch $(\mathbf{v}_c - \mathbf{v}_{\tilde{c}})' = vk \cdot J(\mathbf{v}_c - \mathbf{v}_{\tilde{c}})$. Hieraus und aus 1.3.(5) folgt

$$\langle \mathbf{v}_c - \mathbf{v}_{\tilde{c}}, \mathbf{v}_c - \mathbf{v}_{\tilde{c}} \rangle' = 2\langle \mathbf{v}_c - \mathbf{v}_{\tilde{c}}, (\mathbf{v}_c - \mathbf{v}_{\tilde{c}})' \rangle = o \,, \quad \textit{also ist} \;\; \|\mathbf{v}_c - \mathbf{v}_{\tilde{c}}\| : I \to \mathbb{R} \;\; \textit{konstant}$$

und verschwindet nach (19) in $\alpha$, also $\mathbf{v}_{\tilde{c}} = \mathbf{v}_c$. Da außerdem nach (19) $\|\tilde{c}'\| = \|c'\|$, so folgt aus $\mathbf{v}_{\tilde{c}} = \mathbf{v}_c$ und (10): $\tilde{c}' = c'$, also $\tilde{c} - c : I \to \mathbb{E}$ konstant und daher (wegen $\tilde{c}(\alpha) = c(\alpha) = p$, s. (19)) überhaupt $\tilde{c} = c$. $\square$

**Beispiel:** Für $\mathbb{E} := \mathbb{E}^2$, $I := \mathbb{R}$, $\alpha := 0$, $p := o$, $e := (1,0)$, $v := \mathbb{1}$, sowie für $k := \mathrm{x} : \mathbb{R} \to \mathbb{R}$ $(t \mapsto t)$ ist der normierte $C^\omega$-Lösungsweg $c : \mathbb{R} \to \mathbb{E}^2$ von (19) die

*Cornu-Spirale:* $c(t) := \big(\int_0^t \cos(x^2/2)dx, \int_0^t \sin(x^2/2)dx\big)$ *für* $t \in \mathbb{R}$, *also* $\kappa_c = \mathrm{x}$.

Überlege: $c$ ist *ungerade* (d.h. $c(-\mathrm{x}) = -c(\mathrm{x})$), $c(\mathbb{R}_+) \subset Q := {]}0, \sqrt{\pi}\,[ \times ]0, \sqrt{2\pi}\,[$, $q := \lim_{t \to \infty} c(t)$ existiert in $Q$, wobei sich $c|\mathbb{R}_+$ positiv-spiralig um $q$ windet. –


## 1.4.2 Kongruenz und Gestaltgleichheit in euklidischen VRen

**a)** *Isometrien von metrischen Räumen, Kongruenz in letzteren.*

Eine Abb. $f : M \to N$ metrischer Räume $M, N$ mit den Metriken $d^M$, $d^N$ heißt

$$\textit{abstandstreu, wenn} \quad d^N(f(p), f(q)) = d^M(p, q) \quad \textit{für alle } p, q \in M \,,$$

und sie heißt eine *Isometrie*, wenn sie *abstandstreu und surjektiv* (und damit

---

[45]Kinematisch äquivalent dazu ist: Zu jedem Tripel $(\alpha, p, e) \in I \times \mathbb{E} \times \mathbb{S}\mathbb{E}$ gibt es genau einen $C^r$-Weg $c : I \to \mathbb{E}$ mit *beliebig vorgegebener $C^{r-1}$-Bahngeschwindigkeit* $v : I \to \mathbb{R}_+$ *sowie $C^{r-2}$-Normalbeschleunigung* $v^2 k : I \to \mathbb{R}$ (s. (13)), der zur Zeit $\alpha \in I$ durch den Punkt $p$ geht und den Geschwindigkeitsvektor $v(\alpha) \cdot e$ besitzt. –

auch bijektiv) ist. – $M$ und $N$ heißen *isometrisch*, wenn es eine Isometrie von $M$ auf $N$ gibt. – Die Menge aller Isometrien von $M$ auf sich ist eine Untergruppe Isom$(M)$ von Homöom$(M)$, der Gruppe aller Homöomorphismen von $M$ auf sich mit der Abbildungs-Komposition als Verknüpfungsoperation.

Zwei *Teilmengen $H$ und $K$* des metrischen Raumes $M$ heißen *kongruent in $M$*, wenn es $f \in$ Isom$(M)$ gibt mit $f(H) = K$. – Sind die Teilmengen $H$ und $K$ von $M$ kongruent in $M$, so sind die metrischen Teilräume $H$ und $K$ von $M$ (deren Metrik also durch Beschränkung von $d^M$ auf $H \times H$ bzw. $K \times K$ entsteht) offenbar isometrisch. [Für eine Umkehrung hiervon s.u. e).]

Sind $h : H \to M$ und $k : H \to M$ zwei *Abbildungen der gleichen Menge $H$ in den metrischen Raum $M$*, so heißen *$h$ und $k$ kongruent in $M$*,, wenn es $f \in$ Isom$(M)$ gibt mit $k = f \circ h$. – Die Bildmengen kongruenter Abb.-en in $M$ sind offenbar kongruent in $M$ (die Umkehrung hiervon gilt i.a. nicht!).

**b)** *Ein euklidischer VR $V$ ist auch ein metrischer Raum mit der Metrik:*

$$d^V(p,q) := \| q-p \|^V = \sqrt{\langle q-p, q-p \rangle} \quad \textit{für } p,q \in V.$$

**Lemma:** *Orthogonale und abstandstreue Abbildungen euklidischer VRe.*
Sei $V$ ein $m$-dim., $W$ ein $n$-dim. euklidischer VR (deren innere Produkte beide mit $\langle ..,.. \rangle$ notiert werden), sei $f : V \to W$ eine Abb. und $b \in W$. Dann gilt:

• *Ist $f$ orthogonal*[46]*, so ist $f$ IR-linear und die Abb. $V \to W$ ($p \mapsto f(p)+b$) ist abstandstreu.*

• *Ist $f$ abstandstreu, so ist $f$ affin mit orthogonalem IR-linearen Teil $f_0$, d.h. es gibt genau ein $b_f \in W$ und genau eine orthogonale*[46]*, also (s.o.) auch*

$$\textit{IR-lineare Abb. } f_0 : V \to W \textit{ mit } f(p) = f_0(p) + b_f \textit{ für alle } p \in V. \quad (21)$$

*Beweis:* Sei $(a_1,..,a_m)$ ein ON $(=$ orthonormales) $m$-Bein von $V$, also ist $(b_1,..,b_m) := (f(a_1),..,f(a_m))$ wegen der Orthogonalität von $f$ ein ON $m$-Bein von $W$ (insbesondere $m \le n$), das man zu einem ON $n$-Bein $(b_1,..,b_n)$ von $W$ vervollständige. Daher folgt für alle $p \in V$:

$$f(p) = \sum_{j=1}^{n} \langle b_j, f(p) \rangle \cdot b_j = \sum_{i=1}^{m} \langle a_i, p \rangle \cdot b_i + \sum_{\alpha=m+1}^{n} \langle b_\alpha, f(p) \rangle \cdot b_\alpha, \quad (22)$$

(beachte, daß $f$ orthogonal!). Aus (22) und $p = \sum_{i=1}^{m} \langle a_i, p \rangle \cdot a_i$ folgt aber

$$\sum_{i=1}^{m} \langle a_i, p \rangle^2 + \sum_{\alpha=m+1}^{n} \langle b_\alpha, f(p) \rangle^2 = \langle f(p), f(p) \rangle = \langle p, p \rangle = \sum_{i=1}^{m} \langle a_i, p \rangle^2,$$

also $\langle b_\alpha, f(p) \rangle = 0$ für $\alpha \in \{m+1,..,n\}$, also zusammen mit (22): $f$ ist IR-linear, und damit folgt die Abstandstreue von $p \mapsto f(p) + b$ sofort. – *Zu* (21): Die Einzigkeit von $b_f$ und $f_0$ mit (21) ist klar, da dann notwendig

$$b_f = f(o_V) \quad \textit{und} \quad f_0(p) = f(p) - f(o_V) \quad \textit{für alle } p \in V. \quad (23)$$

---

[46]d.h. $\langle f(p), f(q) \rangle = \langle p, q \rangle$ für alle $p,q \in V$.

Definiert man umgekehrt $b_f$ und $f_0$ durch (23), so ist $f_0$ mit $f$ abstandstreu und $f_0(o_V) = o_W$, weshalb wegen der *Polarisierungsformel*

$$2\langle v, w \rangle \;=\; (\,\| v - o \|^2 + \| w - o \|^2 - \| v - w \|^2\,) \quad \text{für } v, w \in W \qquad (24)$$

(bzw. auch für $v, w \in V$) sofort die Orthogonalität von $f_0$ folgt. $\square$

**c)  Definition:** *Die Isometriegruppe* Isom($V$) *eines euklidischen* VR*es* $V$ ist [s. a),b)] eine Untergruppe der Gruppe aller affinen Abb.-en von $V$ auf sich, die (unter $f \mapsto (f_0, b_f)$, s. (23)) isomorph ist zum semi-direkten Produkt $O(V) \times_s V$ der *orthogonalen Gruppe* $O(V)$ (aller orthogonalen Abb.-en von $V$ in sich) und der *additiven Gruppe des* VR*es* $V$, d.h. mit der Verknüpfung

$$(k, b) \cdot (h, a) \;:=\; (k \circ h, k(a) + b) \quad \text{für } (h, a), (k, b) \in O(V) \times V. \qquad (25)$$

Wie üblich heiße dann $f \in$ Isom($V$) eine *Bewegung* (bzw. *Umlegung*) von $V$, je nachdem (s. (21)) $\det(f_0) = 1$ (bzw. $-1$). $SO(V) := \{ h \in O(V) \,|\, \det(h) = 1 \}$ ist aber eine Untergruppe von $O(V)$, die *spezielle orthogonale Gruppe von* $V$. Alle Bewegungen von $V$ bilden also (s. (25)) eine Untergruppe Isom$_o(V)$ von Isom($V$), ferner: Jede Orthogonalspiegelung $h$ an einer affinen Hyperebene $H$ von $V$ ist eine Umlegung von $V$ und $h \circ$ Isom$_o(V)$ ist die Menge aller Umlegungen von $V$. [Dabei gilt: Ist $a \in H$ und $e \in SV$ mit $H = a + (\mathbb{R}e)^{\perp}$ (d.h. $e$ ist Einheitsnormalenvektor für $H$), so $h(p) = p - 2\langle p - a, e \rangle \cdot e$ für $p \in V$.]

Entsprechend der letzteren Aufteilung der Isometrien von $V$ in orientierungstreue Bewegungen und orientierungsändernde Umlegungen läßt sich der Kongruenzbegriff aus a) in euklidischen VRen verfeinern: Zwei Abbildungen $h : H \rightarrow V$ und $\tilde{h} : H \rightarrow V$ der gleichen Menge $H$ in den euklidischen VR $V$ heißen *gestaltgleich* bzw. *spiegelsymmetrisch in* $V$, je nachdem es eine Bewegung bzw. eine Umlegung $f$ von $V$ gibt mit $\tilde{h} = f \circ h$. [Analog definiert man Gestaltgleichheit bzw. Spiegelsymmetrie für zwei Teilmengen von $V$.]

*Zusatz:* Für jedes $\lambda \in \mathbb{R}_+$ ist die *Homothetie* $h_\lambda : V \rightarrow V$ $(p \mapsto \lambda \cdot p)$ *vom Homothetiefaktor* $\lambda$ ein Element des Zentrums der Gruppe $GL(V)$ aller VR-Automorphismen von $V$ mit $\det(h_\lambda) = \lambda^m > 0$ (wobei $m := \dim V \in \mathbb{N}_+$). – Eine Abbildung $k : V \rightarrow V$ des euklidischen VR*es* $V$ in sich heiße *ähnlich* (bzw. *spiegelähnlich*), wenn es $\lambda \in \mathbb{R}_+$ und eine Bewegung (bzw. Umlegung) $f$ von $V$ gibt mit $k = f \circ h_\lambda$. Für diese ähnliche (spiegelähnliche) Abb. $k$ folgt aus (23) für alle $p \in V$:

$$(f_0 \circ h_\lambda)(p) \;=\; k(p) - f(o_V) = k(p) - k(o_V) =: k_0(p), \quad \text{also } k_0 = f_0 \circ h_\lambda \in GL(V).$$

Daher ist (wegen $\det(f_0) = \pm 1$) die Zahl $\lambda = |\det(k_0)|^{1/m}$ und sodann auch die Bewegung (Umlegung) $f = k \circ h_{(1/\lambda)}$ durch $k$ eindeutig bestimmt, weshalb $\lambda \in \mathbb{R}_+$ bzw. $f \in$ Isom$_o(V)$ mit $k = f \circ h_\lambda$ der *Homothetiefaktor* bzw. der *Bewegungsteil* der ähnlichen Abbildung $k$ heißt. (Analog bei spiegelähnlichem $k$.) –
Zwei Abb.-en $h : H \rightarrow V$ und $\tilde{h} : H \rightarrow V$ der gleichen Menge $H$ in $V$ nennt man wieder *ähnlich* (bzw. *spiegelähnlich*) *in* $V$ *mit Homothetiefaktor* $\lambda$ $(\in \mathbb{R}_+)$, wenn es eine ähnliche (bzw. spiegelähnliche) Abb. $k$ vom Homothetiefaktor $\lambda$ gibt mit $\tilde{h} = k \circ h$. [Analog definiert man Ähnlichkeit bzw. Spiegelähnlichkeit für Teilmengen von $V$.]

**d)  Lemma:**  *Gram-Matrix und Gram-Determinante von Vektor-n-Tupeln.*

Sei $I\!E$ ein $m$-dim. euklidischer VR $(m \in I\!N_+)$ und $(v_1,..,v_n) \in I\!E^n$ ein *Vektor-n-Tupel* aus $I\!E$, $n \in \{1,..,m\}$. $G = (g_{ij})_{i,j=1,..,n}$ sei die (symmetrische, positiv-semidefinite!) *Gram-Matrix* [d.h. $g_{ij} := \langle v_i, v_j \rangle$ für $i,j \in 1,..,n$], und $\det(G)$ die *Gram-Determinante* von $(v_1,..,v_n)$. Dann gilt:

- $\det(G) \geq 0$, *und „>" genau dann, wenn* $(v_1,..,v_n)$ *ein n-Bein ist.*   (26)

- *Ist* $(v_1,..,v_n)$ *ein n-Bein und (s. (26))* $G^{-1} = (g^{ij})_{i,j=1,..,n}$ *die zu $G$ inverse Matrix, so lautet die Orthogonalprojektion von $I\!E$ auf* $\mathrm{Spann}(v_1,..,v_n)$:

$$P(v) \;=\; \sum\nolimits_{i,j=1}^{m} g^{ij}\langle v, v_i \rangle \cdot v_j \quad \textit{für alle } v \in I\!E, \tag{27}$$

$$\textit{also:} \quad v \;=\; \sum\nolimits_{i,j=1}^{m} g^{ij}\langle v, v_i \rangle \cdot v_j \quad \textit{für alle } v \in \mathrm{Spann}(v_1,..,v_n). \tag{28}$$

*Beweis:* Sei $(a_1,..,a_n)$ ein ON $n$-Bein in $I\!E$ mit $v_1,..,v_n \in \mathrm{Spann}(a_1,..,a_n) =: W$, und sei $A = (\alpha_{hi})_{h,i=1,..,n}$ die $(n \times n)$-Matrix mit

$$\alpha_{hi} := \langle a_h, v_i \rangle, \quad \textit{also (Fourier!)} \quad v_i = \sum\nolimits_{h=1}^{n} \alpha_{hi} \cdot a_h \quad \textit{für } i = 1,..,n. \tag{29}$$

Nach Definition von $G$ und (29) folgt daher $G = A^t \cdot A$, also $\det(G) = \det(A)^2$ und nach (29) gilt $\det(A) \neq 0$ genau dann, wenn $(v_1,..,v_n)$ ein $n$-Bein ist. Damit ist (26) bewiesen. – Sei nun $(v_1,..,v_n)$ ein $n$-Bein, also nach (29): $A$ invertierbar mit der Inversen $A^{-1} = (\alpha^{hi})_{h,i=1,..,n}$ und $\mathrm{Spann}(v_1,..,v_n) = W$. Nun gilt für die Orthogonalprojektion $P: I\!E \to W$ bekanntlich $P(v) = \sum_{k=1}^{n} \langle v, a_k \rangle \cdot a_k$. Hieraus, sowie wegen (s. (29)) $a_k = \sum_{i=1}^{n} \alpha^{ik} \cdot v_i$ und $G^{-1} = A^{-1} \cdot (A^{-1})^t$ folgt gerade (27).   $\square$

**e)  Theorem:**  *„Satz von der freien Beweglichkeit" in euklidischen VRen.*

Sei $I\!E$ ein $m$-dim. euklidischer VR $(m \in I\!N_+)$, seien $H, \tilde{H}$ zwei Teilmengen von $I\!E$. Dann gilt:
*Sind $H$ und $\tilde{H}$, betrachtet als metrische Teilräume von $I\!E$, isometrisch zueinander, so sind $H$ und $\tilde{H}$ sogar kongruent in $I\!E$, genauer: Gibt es eine*

$$\textit{Bijektion } h: H \to \tilde{H} \quad \textit{mit} \quad \| h(q) - h(p) \| = \| q - p \| \quad \textit{für alle } p, q \in H, \tag{30}$$

*so gibt es eine Isometrie $f \in \mathrm{Isom}(I\!E)$ mit $f|H = h$.*
*Zusatz:* Ist $r = m$ (s.u. (33)), so ist letzteres $f$ sogar eindeutig bestimmt.

Für den Fall *endlicher* Teilmengen $H$ und $\tilde{H}$ von $I\!E$ folgt hieraus als

**Korollar:**  *Kongruenzsatz für vollständige n-Ecke euklidischer Vektorräume.*
*Ist $I\!E$ ein m-dim. euklidischer VR $(m \in I\!N_+)$, ist $n \in I\!N_+$ und sind*

$$(p_1,..,p_n), (\tilde{p}_1,..,\tilde{p}_n) \in I\!E^n \textit{ mit } \| p_i - p_j \| = \| \tilde{p}_i - \tilde{p}_j \| \textit{ für } 1 \leq i < j \leq n, \tag{31}$$

*so gibt es eine Isometrie $f \in \mathrm{Isom}(I\!E)$ mit $f(p_i) = \tilde{p}_i$ für $i = 1,..,n$.*

[Dies ist für $n = 3$ der bekannte Kongruenzsatz der euklidischen Trigonometrie: *„Dreiecke mit gleichlangen korrespondierenden Seiten sind kongruent".* – Für beliebiges $n$ ($\geq 3$) ist das Korollar die theoretische Basis für technische Fachwerk- -Konstruktionen (z.B. von Hochspannungsmasten, .. ), die *„starr"* sein sollen.]

*Beweis des Theorems:* Ist $\#H = 1$, d.h. $H = \{p\}$ einpunktig, so nach (30) auch $\tilde{H} = \{\tilde{p}\}$ einpunktig und die Translation $f$ um $\tilde{p} - p$ leistet das Gewünschte [s.o. b), Lemma]. – Sei also $\#H \geq 2$. Zunächst folgt aus (30) und (24)

$$\langle h(q) - h(p), h(r) - h(p) \rangle = \langle q - p, r - p \rangle \quad \text{für alle } p, q, r \in H . \tag{32}$$

Wähle nun $p_0 \in H$ und sei $r := \dim \mathrm{Spann}\{p - p_0 \mid p \in H\}$. [Beachte: $r \in \{1,..,m\}$, da $H$ mindestens zweielementig und $\mathbb{E}$ $m$-dimensional ist.] Es gibt also

$$p_0,..,p_r \in H, \quad \text{so daß} \quad v_1 := p_1 - p_0, \ .., \ v_r := p_r - p_0 \quad \mathbb{R}\text{-}linear\ unabhängig$$
$$\text{und} \quad p - p_0 \in \mathrm{Spann}(v_1,..,v_r) \quad \text{für alle } p \in H , \tag{33}$$

$$\text{und wir setzen} \quad \tilde{v}_i := h(p_i) - h(p_0) \quad \text{für } i = 1,..,r . \tag{34}$$

Aus (32),(33),(34) folgt, daß die Gram-Matrizen der Vektor-$r$-Tupel $(v_1,..,v_r)$ und $(\tilde{v}_1,..,\tilde{v}_r)$ einander gleich sind, also ist wegen (26), (33) auch $(\tilde{v}_1,..,\tilde{v}_r)$ ein $r$-Bein. Wählen wir daher in $\mathrm{Spann}(v_1,..,v_r)^\perp$ bzw. in $\mathrm{Spann}(\tilde{v}_1,..,\tilde{v}_r)^\perp$ ein ON $(m-r)$-Bein $(v_{r+1},..,v_m)$ bzw. $(\tilde{v}_{r+1},..,\tilde{v}_m)$, so erhalten wir für $\mathbb{E}$ zwei

$$m\text{-}Beine\ (v_1,..,v_m), (\tilde{v}_1,..,\tilde{v}_m)\ mit \quad g_{ij} := \langle v_i, v_j \rangle = \langle \tilde{v}_i, \tilde{v}_j \rangle \tag{35}$$

für $i, j = 1,..,m$. Wegen (35) und $\dim \mathbb{E} = m$ gibt es nun genau eine

$$\mathbb{R}\text{-}lineare\ Abb.\ f_0 : \mathbb{E} \to \mathbb{E}\ mit \quad f_0(v_i) = \tilde{v}_i\ für\ i = 1,..,m , \tag{36}$$

und $f_0$ ist wegen (35),(36) orthogonal[46]. Daher ist [s. b)] die Abb. $f : \mathbb{E} \to \mathbb{E}$ mit

$$f(p) := f_0(p) + (h(p_0) - f_0(p_0)) \quad für\ p \in \mathbb{E} \quad eine\ Isometrie\ von\ \mathbb{E} , \tag{37}$$

und wir zeigen nun, daß für dies $f$ die Behauptung $f|H = h$ zutrifft. Sei nämlich

$$p \in H\ und\ setze\ dann \quad v := p - p_0, \quad \tilde{v} := h(p) - h(p_0) . \tag{38}$$

Ist dann $(g^{ij})_{i,j=1,..,r}$ die Inverse der Gram-Matrix $(g_{ij})_{i,j=1,..,r}$, (vgl. (35)), so folgt nach (28),(33),(38):

$$p = p_0 + \sum_{i,j=1}^{r} g^{ij} \langle v, v_i \rangle \cdot v_j . \tag{39}$$

Nun haben aber $(v_1,..,v_r,v)$ und $(\tilde{v}_1,..,\tilde{v}_r,\tilde{v})$ nach (32),(33),(34),(38) die gleichen Gram-Matrizen, also sind $\tilde{v}_1,..,\tilde{v}_r,\tilde{v}$ nach (26) (zugleich mit den $v_1,..,v_r,v$, vgl. (33),(38)) $\mathbb{R}$-linear abhängig, d.h. nach (35): $\tilde{v} \in \mathrm{Spann}(\tilde{v}_1,..,\tilde{v}_r)$. Somit folgt aus (28),(35),(38) bzw. bei der zweiten Gleichung aus (32),(33),(34),(38):

$$h(p) = h(p_0) + \sum_{i,j=1}^{r} g^{ij} \langle \tilde{v}, \tilde{v}_i \rangle \cdot \tilde{v}_j = h(p_0) + \sum_{i,j=1}^{r} g^{ij} \langle v, v_i \rangle \cdot \tilde{v}_j . \tag{40}$$

Damit erhalten wir schließlich

$$f(p) \underset{(37),(39)}{=} f_0(p_0) + \sum_{i,j=1}^{r} g^{ij} \langle v, v_i \rangle \cdot f_0(v_j) + (h(p_0) - f_0(p_0)) \underset{(36),(40)}{=} h(p) . \quad \square$$

Den Zusatz und das Korollar verifiziere man selbst. –

**f) Theorem:** *Krümmungsgleichheit und Kongruenz ebener Wege.*

Sei $\mathbb{E}$ wie in (0), seien $c, \tilde{c}: I \to \mathbb{E}$ zwei immersive $C^r$-Wege ($r \in \mathbb{N}_+ \cup \{\infty, \omega\}$ und $r \geq 2$), $v_c, v_{\tilde{c}}: I \to \mathbb{R}_+$ bzw. $\kappa_c, \kappa_{\tilde{c}}: I \to \mathbb{R}$ deren Bahngeschwindigkeiten ($\|c'\|, \|\tilde{c}'\|$) bzw. orientierte Krümmungen. Dann gilt (s.o. c)):

$$c \text{ und } \tilde{c} \text{ gestaltgleich} \qquad in \ \mathbb{E} \quad \Longleftrightarrow \quad v_{\tilde{c}} = v_c \text{ und } \kappa_{\tilde{c}} = \kappa_c \quad , \quad (41)$$

$$c \text{ und } \tilde{c} \text{ spiegelsymmetrisch} \ in \ \mathbb{E} \quad \Longleftrightarrow \quad v_{\tilde{c}} = v_c \text{ und } -\kappa_{\tilde{c}} = \kappa_c \quad , \quad (42)$$

$$c \text{ und } \tilde{c} \text{ kongruent} \qquad in \ \mathbb{E} \quad \Longrightarrow \quad v_{\tilde{c}} = v_c \text{ und } |\kappa_{\tilde{c}}| = |\kappa_c| \quad . \quad (43)$$

*Warnung:*  • Die Umkehrung von (43) gilt i.a. nicht.

  • Es gibt in $\mathbb{E}$ nicht-kongruente $C^\omega$-Wege $c, \tilde{c}$ mit $\kappa_{\tilde{c}} = \kappa_c$ .

*Beweis:* Sei $f \in \text{Isom}(\mathbb{E})$ mit $\tilde{c} = f \circ c$ , wobei also der lineare Teil $f_0$ von $f$ (s. eine Zeile vor (21)) *orthogonal* ist. Durch Differentiation der letzten Gleichung folgt nach (21) und 1.1.(5): $\tilde{c}' = f_0 \circ c'$ und $\tilde{c}'' = f_0 \circ c''$, also $v_{\tilde{c}} = \|f_0 \circ c'\|$ $= \|c'\| = v_c$ und nach (4) und 1.3.(19)

$$\kappa_{\tilde{c}} = \Omega(f_0 \circ c', f_0 \circ c'')/\|f_0 \circ c'\|^3 = \det(f_0) \cdot \Omega(c', c'')/\|c'\|^3 = \det(f_0) \cdot \kappa_c , \quad (44)$$

woraus (vgl. c)) die Richtungen „$\Rightarrow$" von (41),(42),(43) folgen. – Gelte umgekehrt die rechte Seite von (41), insbesondere $\|c'\| = \|\tilde{c}'\|$, also (s. 1.3.(4)) auch $\|Jc'\| = \|J\tilde{c}'\| = \|c'\|$ . Wähle $t_0 \in I$ . Dann gibt es also (s. 1.3.(13)) ein

$$f_0 \in SO(V) \ mit \quad f_0(c'(t_0)) = \tilde{c}'(t_0) \ und \quad f_0(Jc'(t_0)) = J\tilde{c}'(t_0) , \quad (45)$$

also ist $f := f_0 + (\tilde{c}(t_0) - f_0(c(t_0)))$ eine Bewegung von $\mathbb{E}$. Daher folgt aus der bereits bewiesenen Aussage (41) „$\Rightarrow$" und der Gültigkeit der rechten Seite von (41), daß der $C^r$-Weg $f \circ c$ die Bahngeschwindigkeit $v_{\tilde{c}}$ und die orientierte Krümmung $\kappa_{\tilde{c}}$ besitzt und nach Definition von $f$ auch (vgl. (45),1.1.(5))

$$(f \circ c)(t_0) = \tilde{c}(t_0) \qquad und \qquad (f \circ c)'(t_0) = \tilde{c}'(t_0)$$

erfüllt. Aus der Einzigkeitsaussage zu (19) folgt daher $\tilde{c} = f \circ c$, also sind $c$ und $\tilde{c}$ gestaltgleich. – Der Beweis von (42) „$\Leftarrow$" verläuft analog, nur wähle man – abweichend von (45) – (vgl. 1.3.(4),(13)):

$$f_0 \in O(V) \setminus SO(V) \ mit \quad f_0(c'(t_0)) = \tilde{c}'(t_0) \ und \quad f_0(Jc'(t_0)) = -J\tilde{c}'(t_0) .$$

*Zur Warnung:* Die Graphenwege $c, \tilde{c}: \mathbb{R} \to \mathbb{E}^2$ der $C^2$-Funktionen $x^3: \mathbb{R} \to \mathbb{R}$ und $|x^3|: \mathbb{R} \to \mathbb{R}$ erfüllen die rechte Seite von (43) (vgl. (7)), sind aber nicht kongruent in $\mathbb{E}^2$. – Ferner: Für die Graphenwege $c, \tilde{c}: \mathbb{R}_+ \to \mathbb{E}^2$ von $(x^2/2)|\mathbb{R}_+$ bzw. $(4x^2)|\mathbb{R}_+$ und die $C^\omega$-Funktion $8\varphi := \sqrt{4x^2 + 3}\,|\mathbb{R}_+$ mit $\varphi' > 0$ folgt (s. (7)) trivial $\kappa_{\tilde{c}} \circ \varphi = \kappa_c$, also nach 1.4.1.e: $\kappa_{\tilde{c} \circ \varphi} = \kappa_c$. Da aber (wie man sofort prüft) $v_{\tilde{c} \circ \varphi}(1) < v_c(1)$, so sind $\tilde{c} \circ \varphi$ und $c$ (s. (43)) nicht kongruent in $\mathbb{E}^2$ ! Dies ist ein Spezialfall folgender allgemeineren Feststellung: Sind $c, \tilde{c}$ wie oben im Theorem, ist $\varphi: I \to I$ eine $C^2$-Funktion mit $\varphi' > 0$, und ist $\tau \in I$, so daß $\kappa_{\tilde{c}} \circ \varphi = \kappa_c$, aber $v_{\tilde{c}}(\varphi(\tau)) \cdot \varphi'(\tau) \neq v_c(\tau)$, so sind (Argumentation wie im Spezialfall!) $\tilde{c} \circ \varphi$ und $c$ nicht kongruent in $\mathbb{E}^2$, aber krümmungsgleich. [Letztere Situation tritt z.B. immer schon (aber nicht nur!) dann ein, wenn $\kappa_c, \kappa_{\tilde{c}}: I \to \mathbb{R}$ $C^2$-Funktionen sind mit $\kappa_c(I) \subset \kappa_{\tilde{c}}(I)$ und $\kappa_c' \cdot \kappa_{\tilde{c}}' > 0$ (insbesondere $\kappa_c, \kappa_{\tilde{c}}$ gleichsinnig streng monoton), und wobei dann $\varphi := \kappa_{\tilde{c}}^{-1} \circ \kappa_c$ zu wählen ist.]

**Aufgabe:**   •  Unter den Voraussetzungen von **f)** zeige für alle $\lambda \in \mathbb{R}_+$:

$$c \;\; und \;\; \tilde{c} \;\; ähnlich \; in \; I\!\!E \; mit \; Homothetiefaktor \;\; \lambda \quad \Longleftrightarrow$$

$$\Longleftrightarrow \quad v_{\tilde{c}} = \lambda \cdot v_c \;\; und \;\; \kappa_{\tilde{c}} = (1/\lambda) \cdot \kappa_c \,, \tag{46}$$

bzw. die entsprechende Aussage für Spiegelähnlichkeit von $c$ und $\tilde{c}$ [vgl. Zusatz in **c)** und (41) bzw. (42)].

•  Ist $c := \exp(\alpha x) \cdot c_e : \mathbb{R} \to I\!\!E$ die logarithmische Spirale mit $\alpha \in \mathbb{R}_+$ (s. Beispiel 1.4.1.b) und ist $\lambda \in \mathbb{R}_+ \backslash \{1\}$, so ist $\lambda \cdot c : \mathbb{R} \to I\!\!E$ [per definitionem ähnlich zu $c$ mit Homothetiefaktor $\lambda$ (s. Zusatz 1.4.2.c), aber] nicht kongruent zum Weg $c$, jedoch zeige: Die *Bahnen* von $c$ und $\lambda \cdot c$ sind gestaltgleich in $I\!\!E$, genauer: $\lambda \cdot c(\mathbb{R})$ geht aus $c(\mathbb{R})$ durch die Drehung von $I\!\!E$ um o vom Drehwinkel $\vartheta := -(\ln \lambda)/\alpha$ hervor, insbesondere sind die (mit dem Homothetiefaktor $\lambda \neq 1$!) ähnlichen „krummen" Teilmengen $c(\mathbb{R})$ und $\lambda \cdot c(\mathbb{R})$ von $I\!\!E$ auch kongruent. [Überlege: Ist $D_\vartheta : I\!\!E \to I\!\!E$ die Drehung im positiven Sinne vom Drehwinkel $\vartheta$ um o, so $\lambda \cdot c(x+\vartheta) = D_\vartheta \circ c(x)$.]


## 1.4.3  Orientierte Krümmung und Seitenlage zur Tangente


**a)**  **Definition:**     *Geometrische Berührungsordnung immersiver Wege.*

Sei $V$ ein $m$-dim. euklidischer VR $(m \in \mathbb{N}_+)$, seien $c : I \to V$, $\tilde{c} : \tilde{I} \to V$ zwei immersive $C^r$-Wege $(r \in \mathbb{N}_+ \cup \{\infty, \omega\})$, seien $\alpha \in I$, $\tilde{\alpha} \in \tilde{I}$ und $n \in \mathbb{N} \cup \{\infty\}$ mit $n \leq r$. Dann sagt man, *c und $\tilde{c}$ berühren sich in $(\alpha, \tilde{\alpha})$ von n-ter Ordnung* genau dann, wenn gilt:

$$\left( \partial_c^k c \right)(\alpha) = \left( \partial_{\tilde{c}}^k \tilde{c} \right)(\tilde{\alpha}) \qquad \textit{für alle } k \in \mathbb{N} \textit{ mit } k \leq n \,, \tag{47}$$

wobei $\partial_c$ die Ableitung nach der Weglänge von $c$ ist (s. 1.2.(25),(30)). Insbesondere bedeutet Berührung von 0-ter bzw. 1-ter Ordnung: $\tilde{c}(\tilde{\alpha}) = c(\alpha)$ bzw. zusätzlich $\tilde{c}'(\tilde{\alpha}) \in \mathbb{R}_+ \cdot c'(\alpha)$, und letzteres heißt (s. (10)), daß der

$$\textit{normierte } C^\omega\textit{-Tangentenweg} \;\; c(\alpha) + x \cdot v_c(\alpha) : \mathbb{R} \to V \;\; \textit{an } c \textit{ in } \alpha \tag{48}$$

gleich demjenigen an $\tilde{c}$ in $\tilde{\alpha}$ ist.

**Bemerkungen:**   •  Sind $c$ und $\tilde{c}$ auf Weglänge parametrisiert mit $I = \tilde{I}$ und $\alpha = \tilde{\alpha} := 0$, so hat man für $n \in \mathbb{N}$ folgende geometrische Interpretation von (47):

$$c, \tilde{c} \;\; \textit{berühren sich in } (0,0) \textit{ von n-ter Ordnung} \quad \Longleftrightarrow \quad \lim_{t \to 0} \frac{\tilde{c}(t) - c(t)}{t^n} = o \,. \tag{49}$$

*Beweis:* Ist $n = 0$, so ist (49) wegen der Stetigkeit von $c, \tilde{c}$ in 0 klar. – Ist $n > 0$, so gilt $\partial_c = \partial_{\tilde{c}} = (..)'$ (s. 1.2.(23)) und „$\Rightarrow$" folgt daher durch $n$-fache Anwendung der de l'Hospital-Regel, angewendet auf $\varphi := \omega \circ (\tilde{c} - c) : I \to \mathbb{R}$ für eine beliebige Linearform $\omega \in V^*$ [beachte 1.1.(5) und 1.1.1 Fußnote[1]], „$\Leftarrow$" folgt aus 1.4.(128). $\square$

•  (47) ist eine *geometrische* Bedingung, denn sie ist (s. 1.2.(31)) gegenüber orientierungstreuen Umparametrisierungen von $c$ und $\tilde{c}$ invariant: (47) beschreibt also eine Eigenschaft der durch die Wege $c$ und $\tilde{c}$ repräsentierten orientierten Kurven.

• Fordert man statt (47): „$c^{(k)}(\alpha) = \tilde{c}^{(k)}(\tilde{\alpha})$ *für alle* $k \in \mathbb{N}$ *mit* $k \le n$", so beschreibt dies die *analytische* Berührung der Wege $c$, $\tilde{c}$ von $n$-ter Ordnung, welche für $n = 0$ trivialerweise und für $n \ge 1$ wegen $c'(\alpha) = \tilde{c}'(\alpha)$ und 1.2.(30) deren geometrische Berührung von $n$-ter Ordnung (d.h. (47)) impliziert, i.a. aber nicht umgekehrt!

**Aufgabe:** Sind $c : I \to I\!E$, $\tilde{c} : \tilde{I} \to I\!E$ immersive $C^r$-Wege ($r \in \mathbb{N}_+ \cup \{\infty\}$) im 2-dim. orientierten euklidischen VR $I\!E$, sind $\alpha \in I$, $\tilde{\alpha} \in \tilde{I}$ und $n \in \mathbb{N} \cup \{\infty\}$ mit $2 \le n \le r$, so berühren sich $c$ und $\tilde{c}$ in $(\alpha, \tilde{\alpha})$ von $n$-ter Ordnung (s. (47)) genau dann, wenn:

$$c(\alpha) = \tilde{c}(\tilde{\alpha}) \quad und \quad \mathbf{v}_c(\alpha) = \mathbf{v}_{\tilde{c}}(\tilde{\alpha}) ,$$
$$sowie \quad \left(\partial_c^k \kappa_c\right)(\alpha) = \left(\partial_{\tilde{c}}^k \kappa_{\tilde{c}}\right)(\tilde{\alpha}) \quad für \ k \in \mathbb{N}, \ k \le n-2 , \tag{50}$$

wobei also $\mathbf{v}_c$ das evolutive Tangenteneinheitsvektorfeld und $\kappa_c$ die orientierte Krümmungsfunktion von $c$ ist (s. (4),(10)). *Zusatz:* Zeige mit 1.2.(30), daß aus

$$c(\alpha) = \tilde{c}(\tilde{\alpha}), \quad c'(\alpha) = \tilde{c}'(\tilde{\alpha}) \quad und \quad \kappa_c^{(k)}(\alpha) = \kappa_{\tilde{c}}^{(k)}(\tilde{\alpha}) \quad für \ k \in \mathbb{N}, \ k \le n-2 \tag{51}$$

bereits stets (50) folgt (i.a. jedoch nicht umgekehrt!).

[Tip: „(47) $\Rightarrow$ (50)": Benutze (10),(14). – „(50) $\Rightarrow$ (47)": Zeige mit (4),(10),(16),(17): $\partial_c c = \mathbf{v}_c$, $\partial_c^2 c = \kappa_c \cdot J\mathbf{v}_c$ und es gibt (von $c$ unabhängige!) Folgen von Polynomfunktionen $P_k, Q_k : \mathbb{R}^k \to \mathbb{R}$ ($k \in \mathbb{N}_+$), so daß für alle $n \in \mathbb{N}$ mit $3 \le n \le r$ gilt:

$$\partial_c^n c = \left(\partial_c^{n-2} \kappa_c\right) \cdot J\mathbf{v}_c + P_{n-2}(\kappa_c, .., \partial_c^{n-3}\kappa_c) \cdot \mathbf{v}_c + Q_{n-2}(\kappa_c, .., \partial_c^{n-3}\kappa_c) \cdot J\mathbf{v}_c .]$$

**b)** *Die ebenen Wege verschwindender Krümmung sind die geraden Wege:*

Ist $I\!E$ wie in (0), $c : I \to I\!E$ ein immersiver $C^2$-Weg und $\alpha \in I$, so gilt (s. (4)):

$$c : I \to I\!E \ verläuft \ in \ einer \ Geraden \ von \ I\!E \quad \Longleftrightarrow \quad \kappa_c = 0 . \tag{52}$$

*Zusatz:* Gilt $\kappa_c = 0$ und ist $\varphi : H \to I$ die Umparametrisierung von $c$ auf Weglänge mit $\varphi(0) = \alpha$ aus 1.2.6.a, so folgt $c \circ \varphi = c(\alpha) + \mathrm{x} \cdot \mathbf{v}_c(\alpha)$ auf $H$ (s. (48)), insbesondere: $c$ ist *injektive* Abb. in seine Tangente zum Zeitpunkt $\alpha$ .

*Beweis:* Verläuft $c$ in der Geraden $p + \mathbb{R} \cdot e$ von $I\!E$ mit $p, e \in I\!E$ und $\|e\| = 1$, so gibt es eine Funktion $\lambda : I \to \mathbb{R}$ mit $c = p + \lambda \cdot e$, also ist $\lambda = \langle c - p, e \rangle$ eine $C^2$-Funktion. Somit $c' = \lambda' \cdot e$ und $c'' = \lambda'' \cdot e$, weshalb (4) liefert: $\kappa_c = 0$ . – Sei umgekehrt $\kappa_c = 0$, also nach (16): $\partial_c \mathbf{v}_c = 0$. Folglich (s. 1.2.(24)) ist $\mathbf{v}_c : I \to \mathbb{R}$ konstant, d.h. nach (10): $c' = \|c'\| \cdot \mathbf{v}_c(\alpha)$. Ist daher $\lambda : I \to \mathbb{R}$ die in $\alpha$ verschwindende Stammfunktion von $\|c'\|$, so $c = c(\alpha) + \lambda \cdot \mathbf{v}_c(\alpha)$, d.h. $c$ verläuft in der Geraden $c(\alpha) + \mathbb{R} \cdot \mathbf{v}_c(\alpha)$ und darüber hinaus gilt nach 1.2.(19) gerade $\lambda = \varphi^{-1}$ für die im Zusatz genannte Funktion $\varphi$ . $\square$

**Positions-Lemma:** Sei $c : I \to I\!E$ wie in (0),(1), sei $\tau \in I$, $\mathbf{v}_c$ wie in (10). – Definiere dann die $C^\omega$-Funktionen $u_\tau, v_\tau : I\!E \to \mathbb{R}$ durch: Für alle $p \in I\!E$

$$u_\tau(p) := \langle p - c(\tau), \mathbf{v}_c(\tau) \rangle \quad und \quad v_\tau(p) := \langle p - c(\tau), J\mathbf{v}_c(\tau) \rangle ,$$
$$also \quad p = c(\tau) + u_\tau(p) \cdot \mathbf{v}_c(\tau) + v_\tau(p) \cdot J\mathbf{v}_c(\tau) . \tag{53}$$

$(u_\tau, v_\tau) : E \to \mathbb{E}^2$ ist offenbar ein orthogonales kartesisches Koordinatensystem mit $c(\tau)$ als „Ursprung" und mit der Tangente bzw. Normale an $c$ in $\tau$ als $u_\tau$- bzw. $v_\tau$-Achse, also z.B.

$$v_\tau^{-1}(\{0\}) = \text{Tangente an } c \text{ in } \tau, \quad \text{und}$$

$$A_\tau := v_\tau^{-1}([0, \infty[) = \text{abgeschlossene, von der Tangenten an } c \text{ in } \tau \quad (54)$$
$$\text{begrenzte Halbebene, in die } J\mathbf{v}_c(\tau) \text{ weist, somit } A_\tau^\circ = v_\tau^{-1}(\mathbb{R}_+)$$

die entsprechende offene Halbebene. – Man erhält sofort: Ist (s. 1.3.3.a)

$$\varphi_\tau : I \to \mathbb{R} \text{ die in } \tau \text{ normierte Winkelfunktion von } \mathbf{v}_c : I \to S\!E$$
$$\text{bzgl. } \mathbf{v}_c(\tau), \text{ so } \quad \partial_c(u_\tau \circ c) = \cos \varphi_\tau \quad \text{und} \quad \partial_c(v_\tau \circ c) = \sin \varphi_\tau, \quad (55)$$

[denn (s.1.3.(37),(38): $\mathbf{v}_c = \cos\varphi_\tau \cdot \mathbf{v}_c(\tau) + \sin\varphi_\tau \cdot J\mathbf{v}_c(\tau)$ mit $\varphi_\tau(\tau)=0$ und nach (10),(53): $\partial_c(u_\tau \circ c) = \langle \mathbf{v}_c, \mathbf{v}_c(\tau)\rangle$, $\partial_c(v_\tau \circ c) = \langle \mathbf{v}_c, J\mathbf{v}_c(\tau)\rangle$]. Dann gilt:

$$\pm J\mathbf{v}_c(\tau) \notin \mathbf{v}_c(I^\circ) \quad \Longrightarrow \quad u_\tau \circ c : I \to \mathbb{R} \text{ streng monoton wachsend.} \quad (56)$$

Ist ferner $\kappa_c(t) \geq 0$ für alle $t \in I$, so folgt (s. (55)):

$$\varphi_\tau : I \to \mathbb{R} \text{ ist eine monoton wachsende C}^1\text{-Funktion, also:}$$
$$\text{Für jedes Intervall } H \text{ von } \mathbb{R} \text{ ist } \varphi_\tau^{-1}(H) \text{ ein Intervall in } I, \text{ und} \quad (57)$$
$$c \text{ bildet das Intervall } \varphi_\tau^{-1}(\{0\}) \, (\ni\tau) \text{ injektiv in } c(I) \cap v_\tau^{-1}(\{0\}) \text{ ab,}$$

und mit $\tau_- := \inf \varphi_\tau^{-1}(\{0\})$, $\tau_+ := \sup \varphi_\tau^{-1}(\{0\})$ gilt $\tau_- \leq \tau \leq \tau_+$ sowie:

$$-\mathbf{v}_c(\tau) \notin \mathbf{v}_c(I^\circ) \Longrightarrow \begin{cases} (v_\tau \circ c)|I \cap [\tau_+, \infty[ \text{ streng monoton wachsend,} \\ (v_\tau \circ c)|I \cap ]-\infty, \tau_-] \text{ streng monoton fallend,} \\ c(I \setminus \varphi_\tau^{-1}(\{0\})) \subset v_\tau^{-1}(\mathbb{R}_+), \\ c(\varphi_\tau^{-1}(\{0\})) = c(I) \cap (c(\tau) + \mathbb{R} \cdot \mathbf{v}_c(\tau)). \end{cases} \quad (58)$$

*Bemerkungen:* • Die Prämissen von (56) bzw. (58) besagen, daß die (zu $c$ tangentialen) Geschwindigkeitsvektoren $c'(t)$ für $t \in I^\circ$ nie orthogonal bzw. negativ-proportional zum Geschwindigkeitsvektor $c'(\tau)$ sind. –

• Die Implikationen (56),(58) bilden das analytische Rückgrat des Beweises zu Theorem 1.4.4 über einige mögliche gestaltliche Kennzeichnungen *ovaler Wege* (Eilinien) und *konvexer Wege*. –

*Zusätze:*  Siehe nächste Seite!

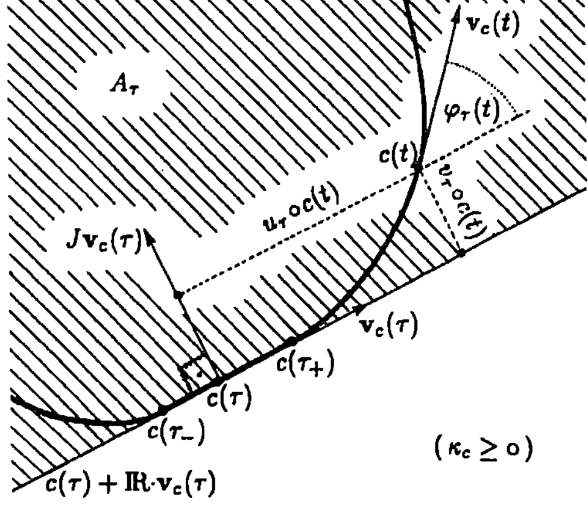

*Zusatz:* • Gilt „ $\kappa_c(t) \leq 0$ für alle $t \in I$ " (statt „ $\kappa_c(t) \geq 0$ "), so sind (57),(58) erfüllt mit $\mathbb{R}_-$ statt $\mathbb{R}_+$ sowie mit „fallend" statt „wachsend" · und umgekehrt.
• Gilt zusätzlich zu „ $\kappa_c(t) \geq 0$ für alle $t \in I$ ", daß die Nullstellenmenge $\kappa_c^{-1}(\{0\})$ der orientierten Krümmung von $c$ keine inneren Punkte besitzt, so ist (57) sogar mit „streng monoton" statt „monoton" erfüllt (insbesondere $\varphi_\tau^{-1}(\{0\}) = \{\tau\}$), also gilt (58) mit $\tau_- = \tau_+ = \tau$ und mit „$\{\tau\}$" statt „ $\varphi_\tau^{-1}(\{0\})$ ".

*Beweis:* Zu (56): $\varphi_\tau(I^\circ)$ ist ein nicht-leeres Intervall von $\mathbb{R}$, das wegen der Prämisse von (56) und $\varphi_\tau(t) \equiv \sphericalangle_o(\mathbf{v}_c(\tau), \mathbf{v}_c(t))$ mod $2\pi$ (s. 1.3.(36)) in $\mathbb{R} \setminus ((\pi/2) + \pi\mathbb{Z})$ enthalten sein muß. Andererseits ist wegen $\tau \in I$ und der Stetigkeit von $\varphi_\tau$ in $\tau$ die Zahl $0 = \varphi_\tau(\tau)$ ein Häufungspunkt von $\varphi_\tau(I^\circ)$. Daher insgesamt $\varphi_\tau(I^\circ) \subset \,]-\pi/2, \pi/2[$ und folglich nach (55): $\partial_c(u_\tau \circ c)(I^\circ) \subset \mathbb{R}_+$, weshalb (56) aus 1.2.(28) folgt. – Gelte nun $\kappa_c \geq 0$ : Zu (57): Dann folgt wegen $\varphi' = \|c'\| \cdot \kappa_c \geq 0$ (s. (3)) sofort die Monotonieaussage von (57), die $C^1$-Eigenschaft von $\varphi_\tau$ aber aus der von $\mathbf{v}_c$ (s. 1.3.3.d). Die Intervalleigenschaft von $\varphi_\tau^{-1}(H)$ für ein Intervall $H$ ist eine Folge der Monotonie von $\varphi_\tau$. Weiter verschwindet $\partial_c(v_\tau \circ c)$ nach (55) auf dem Intervall $\varphi_\tau^{-1}(\{0\})$, also ist $v_\tau \circ c$ auf $\varphi_\tau^{-1}(\{0\})$ $(\ni \tau)$ konstant vom Wert $v_\tau \circ c(\tau) = 0$. Somit $c(\varphi_\tau^{-1}(\{0\})) \subset c(I) \cap v_\tau^{-1}(\{0\})$. Schließlich gilt nach 1.3.(36) für alle $t \in \varphi_\tau^{-1}(\{0\})$ : $0 = \varphi_\tau(t) \equiv \sphericalangle_o(\mathbf{v}_c(\tau), \mathbf{v}_c(t))$ mod $2\pi$, also $\pm J\mathbf{v}_c(\tau) \notin \mathbf{v}_c(\varphi_\tau^{-1}(\{0\}))$. Deshalb nach (56) mit $\varphi_\tau^{-1}(\{0\})$ statt $I$: $u_\tau \circ c|\varphi_\tau^{-1}(\{0\})$ streng monoton, also $c|\varphi_\tau^{-1}(\{0\})$ injektiv. – Zu (58): Ist $I \cap [\tau_+, \infty[$ leer oder einelementig, so ist die erste Aussage von (58) trivial. Anderenfalls ist $I^\circ \cap \,]\tau_+, \infty[ \,\supset (I \cap [\tau_+, \infty[)^\circ$ nicht-leer, also gibt es $\zeta \in I^\circ \cap \,]\tau_+, \infty[$, somit $\tau_+ \in [\tau, \zeta[ \,\subset I$ und daher $\varphi_\tau(\tau_+) = 0$, da $\varphi_\tau$ stetig in $\tau_+$ und nach Definition von $\tau_+$. Wegen der Monotonie von $\varphi_\tau$ (s. (57)) und der Supremumseigenschaft von $\tau_+$ folgt daher $\varphi_\tau(I^\circ \cap \,]\tau_+, \infty[) \subset \mathbb{R}_+$ und $0 = \varphi_\tau(\tau_+)$ ist Häufungspunkt von $\varphi_\tau(I^\circ \cap \,]\tau_+, \infty[)$. Andererseits gilt nach der Prämisse von (58) $\sphericalangle_o(\mathbf{v}_c(\tau), \mathbf{v}_c(t)) \neq \pi$, also $\varphi_\tau(t) \in \mathbb{R} \setminus (\pi + 2\pi\mathbb{Z})$ für alle $t \in I^\circ$, also insgesamt $\varphi_\tau(I^\circ \cap \,]\tau_+, \infty[) \subset \,]0, \pi[$. Folglich ist nach (55) $\partial_c(v_\tau \circ c)$ auf $(I \cap [\tau_+, \infty[)^\circ$ streng positiv, also nach 1.2.(28): $(v_\tau \circ c)|I \cap [\tau_+, \infty[$ ist streng monoton wachsend. Damit ist die erste Aussage von (58) bewiesen, die zweite folgt analog: Nach Definition von $\tau_-, \tau_+$ gilt wegen der Stetigkeit von $\varphi_\tau$ auf $I$ :

$$\varphi_\tau^{-1}(\{0\}) = [\tau_-, \tau_+] \cap I, \quad \text{also} \quad I \setminus \varphi_\tau^{-1}(\{0\}) = (I \cap \,]-\infty, \tau_-[) \cup (I \cap \,]\tau_+, \infty[). \quad (59)$$

Ist daher $t \in I \cap \,]\tau_+, \infty[$, so $\tau_+ \in [\tau, t[ \,\subset I$, also wegen (59): $\tau_+ \in \varphi_\tau^{-1}(\{0\})$, also nach (57): $v_\tau(c(\tau_+)) = 0$ und daher zufolge der ersten Aussage von (58): $v_\tau(c(t)) > 0$. Analog folgt für $t \in I \cap \,]-\infty, \tau_-[$ sofort $v_\tau(c(t)) > 0$, also insgesamt wegen (59) die dritte Aussage von (58). – Schließlich gilt wegen (57),(54):

$$c(\varphi_\tau^{-1}(\{0\})) \;\subset\; c(I) \cap (c(\tau) + \mathbb{R} \cdot \mathbf{v}_c(\tau)) \;\subset\; v_\tau^{-1}(\{0\}) \;.$$

Ist umgekehrt $p \in c(I) \cap (c(\tau) + \mathbb{R} \cdot \mathbf{v}_c(\tau))$, etwa $p = c(\rho)$ mit $\rho \in I$, so wegen der letzten Inklusion: $c(\rho) \in v_\tau^{-1}(\{0\})$, also wegen $v_\tau^{-1}(\{0\}) \cap v_\tau^{-1}(\{\mathbb{R}_+\}) = \emptyset$ zufolge der dritten Aussage von (58): $\rho \notin I \setminus \varphi_\tau^{-1}(\{0\})$, d.h. $\rho \in \varphi_\tau^{-1}(\{0\})$, also $p \in c(\varphi_\tau^{-1}(\{0\}))$. Damit ist auch die vierte Aussage von (58) bewiesen. $\square$

## c) Definition: *Wendepunkte und echte Wendepunkte.*

Sei $\mathbb{E}$ wie in (0), $c: I \to \mathbb{E}$ ein immersiver $C^r$-Weg $(r \geq 2)$ und $\tau \in I$. – $\tau$ heißt *Wendepunkt* von $c$, wenn $\kappa_c(\tau) = 0$, und $\tau$ heißt *echter Wendepunkt* von $c$, wenn $\tau \in I^\circ$ (s. 1.1.1.a) und die orientierte Krümmungsfunktion $\kappa_c: I \to \mathbb{R}$ von $c$ in $\tau$ einen Vorzeichenwechsel hat. [Letzteres ist zum Beispiel (falls $r \geq 3$) der Fall, wenn $\kappa_c(\tau) = 0$ und $\kappa_c'(\tau) \neq 0$.]

*Bemerkung:* $\tau$ ist *Wendepunkt* von $c$ *genau dann, wenn* $c$ *in* $(\tau, 0)$ *seinen Tangentenweg* (48) *von 2-ter Ordnung berührt,* denn der gerade Weg (48) hat nach (52) verschwindende Krümmungsfunktion [s. **a**), Aufgabe, (50)].

**Korollar:** • *Ist* $\kappa_c(\tau) > 0$ $(< 0)$, *so gibt es eine Umgebung* $U$ *von* $\tau$ *in* $I$, *so daß* $c(U \setminus \{\tau\})$ *ganz in der offenen Halbebene von* $\mathbb{E}$ *liegt, die von der Tangente an* $c$ *in* $\tau$ *begrenzt wird und in die der orientierte Normalenvektor* $J\mathbf{v}_c(\tau)$ *von* $c$ *in* $\tau$ *weist (nicht weist).*

• *Ist* $\tau$ *echter Wendepunkt von* $c$ (s.o. Definition), *so wechselt* $c$ *in* $\tau$ *die Seiten seiner Tangente,* [d.h. $v_\tau \circ c : I \to \mathbb{R}$ (s. (53)) *hat in* $\tau$ *einen Vorzeichenwechsel, und zwar im gleichen Sinne (z.B. von „−" zu „+") wie* $\kappa_c$].

[Denn im ersteren Fall können wir aus Stetigkeitsgründen eine so kleine Intervallumgebung $U$ von $\tau$ in $I$ wählen, auf welcher die Funktionen $\kappa_c$ und $\langle \mathbf{v}_c(\tau), \mathbf{v}_c \rangle$ streng positiv sind. Die Behauptung gilt dann auf $U$ wegen (58) und dem zweiten Zusatz zum Positions-Lemma. − Im zweiten Fall können wir aus analogem Grund $I$ als so kleine Umgebung von $\tau$ voraussetzen, so daß $\langle \mathbf{v}_c(\tau), \mathbf{v}_c \rangle$ auf $I$ streng positiv ist und $\kappa_c$ auf $I \cap ]\tau, \infty[$ und $I \cap ]-\infty, \tau[$ verschiedene Vorzeichen besitzt. Anwendung von (58) auf $c|I \cap [\tau, \infty[$ bzw. auf $c|I \cap ]-\infty, \tau]$ statt auf $c$ liefert unter Beachtung der Zusätze zum Positions-Lemma gerade die Behauptung.]

## 1.4.4 Konvexe (Jordan)-Wege  —  Ovale Wege („Eilinien")

**Definition:** *Konvexe Jordan-Wege, konvexe Wege. − Ovale Wege.*

Sei $\mathbb{E}$ wie in (0). − • Ein Jordan-Weg[31] (s. 1.3.6) $c : I \to \mathbb{E}$ heiße *positiv (negativ)* genau dann, wenn (s. Jordan-Ames-Kurvensatz, 1.3.8):

$$\text{ind}\,(c; p) = 1 \ (-1) \quad \text{für alle } p \in G_c, \quad \text{wobei } G_c := \text{Innengebiet von } c. \quad (60)$$

• Ein Jordan-Weg $c : I \to \mathbb{E}$ heiße *konvex*, wenn sein Innengebiet $G_c$ (s. 1.3.8) eine konvexe Teilmenge von $\mathbb{E}$ ist. [Mit jeder Teilmenge $G$ von $\mathbb{E}$ ist auch $\overline{G}$ konvex, also ist die Bahn $c(I)$ jedes konvexen Jordan-Weges $c : I \to \mathbb{E}$ der Rand der kompakten konvexen Menge $\overline{G_c}$ (s. Zusatz zum Jordan-Ames--Kurvensatz in 1.3.8, bzw. 1.3.(155), wenn $c$ $C^1$-geschlossen und immersiv).]

• Ein Weg $c : [\alpha, \beta] \to \mathbb{E}$ ($\alpha, \beta \in \mathbb{R}$, $\alpha < \beta$) heiße *(positiv bzw. negativ) konvex*, wenn entweder $c$ in einer Geraden von $\mathbb{E}$ injektiv verläuft, oder wenn der Weg $\tilde{c}$, der erst $c$ und dann die (auf Weglänge parametrisierte!) Verbindungsstrecke von $c(\beta)$ nach $c(\alpha)$ durchläuft, ein (positiver bzw. negativer) konvexer Jordan-Weg (s.o.) ist, wobei also explizite:

$$\tilde{c}|[\alpha, \beta] := c \quad und \quad \tilde{c}(t) := c(\beta) + (t - \beta) \cdot e \quad für \ t \in [\beta, \beta + \|c(\beta) - c(\alpha)\|],$$

*mit* $e \in \mathbb{SE}$, *so daß* $(c(\alpha) - c(\beta)) \in [0, \infty[\cdot e$. − Diese Definition ist mit der vorangegangenen, wenn $c$ bereits ein Jordan-Weg ist, verträglich. −

[Schließlich heiße ein Weg $c : I \to \mathbb{E}$ ($I^\circ \neq \emptyset$, aber $I$ nicht notwendig kompakt!) *(positiv oder negativ) konvex,* falls für jedes Teilintervall $[\alpha, \beta]$ von $I$ (mit $\alpha < \beta$) der Weg $c|[\alpha, \beta]$ (positiv oder negativ) konvex (s.o.) ist. Auch diese Definition ist (wie wir ohne Beweis anmerken) mit der vorangegangenen verträglich.]

- Ein Weg $c\colon I \to \mathbb{E}$ heiße *positiv-* *(negativ-)oval* und seine Bahn $c(I)$ eine *Eilinie*, falls $c$ ein $C^2$-geschlossener immersiver Weg ist mit

$$\kappa_c(t) \geq 0 \ (\leq 0) \quad \textit{für alle } t \in I \quad \textit{und} \quad \mathrm{ind}\,(c';o) = 1 \ (-1). \tag{61}$$

*Anmerkungen:* • Ovale Wege werden also nicht als Jordan-Wege[31] (s. 1.3.6) vorausgesetzt, erweisen sich aber im nachhinein als solche (s.u. „(63) $\Rightarrow$ (64)").

• Ersetzt man in (61) lediglich „$\kappa_c(t) \geq 0 \ (\leq 0)$" durch „$\kappa_c(t) > 0 \ (< 0)$", so nennen wir $c\colon I \to \mathbb{E}$ *streng positiv-* *(negativ-)oval*.

• Aus $\kappa_c \geq o$ und der $C^2$-Geschlossenheit eines immersiven Weges $c\colon I \to \mathbb{E}$ folgt (s. (52) und Zusatz): *Es gibt* $\tau \in I$ *mit* $\kappa_c(\tau) > 0$, *also* (s. 1.3.(97)) $\mathrm{ind}\,(c';o) \geq 1$.

• $\mathrm{ind}\,(c';o) = 1$ läßt sich allein aus $\kappa_c \geq o$ *nicht* folgern, denn ist z.B. $c := c_e^n$ mit $n \in \mathbb{N}_+$ (s. 1.3.(48)), so $\kappa_c = \mathbf{1}$ und $\mathrm{ind}\,(c';o) = n$, oder weniger trivial:

$$\begin{aligned} \textit{Ist} \quad & c\colon [0,2\pi] \to \mathbb{E}^2 \ \big(t \mapsto (3+\cos t)\cdot(\cos 2t, \sin 2t)\big), \quad \textit{so} \quad \kappa_c > o \\ \big(\textit{und} \quad & \kappa_c'(\,]0,\pi[) \subset \mathbb{R}_+\,, \quad \kappa_c'(\,]\pi,2\pi[) \subset \mathbb{R}_-\big), \quad \textit{jedoch} \quad \mathrm{ind}\,(c';o) = 2\,. \end{aligned} \tag{62}$$

[Tip: Benutze (6) mit $r := 3 + \cos |[0,2\pi]$, $\omega := 2{\cdot}\mathbf{1}$. – $c$ durchläuft eine *Cardioide*!]

**Theorem:**  *Kennzeichnungen ovaler Wege und konvexer Jordan-Wege.*

Sei $\mathbb{E}$ wie in (0), $c\colon I \to \mathbb{E}$ ein $C^2$-geschlossener immersiver Weg, $(I = [\alpha,\beta]$, $T := \beta - \alpha > 0)$. Dann sind folgende Aussagen (63),..,(68) paarweise äquivalent:

$$c \ \textit{ist ein positiv-ovaler Weg} \quad (\textit{d.h. } c \ \textit{erfüllt } (61)). \tag{63}$$

$$\begin{aligned} & c \ \textit{ist ein Jordan-Weg und} \ (\text{s. auch } (54)) \\ & c(I) \subset A_\tau := \{p \in \mathbb{E} \,|\, \langle p - c(\tau), J\mathbf{v}_c(\tau)\rangle \geq 0\} \quad \textit{für alle } \tau \in I\,. \end{aligned} \tag{64}$$

$$c \ \textit{ist ein Jordan-Weg} \quad \textit{und} \quad \kappa_c(t) \geq 0 \ \textit{für alle } t \in I\,. \tag{65}$$

$$\begin{aligned} & c \ \textit{ist Jordan-Weg und für alle } p \in G_c \ (\text{s. } (60)) \ \textit{und } v \in \mathbb{E} \setminus \{o\} \\ & \textit{wird der Strahl } p + \mathbb{R}_+{\cdot}v \ \textit{von } c|[\alpha,\beta[ \ \textit{genau einmal (also iso-} \\ & \textit{liert) und mit der Schnittzahl } +1 \ \textit{getroffen } (\text{s. } 1.3.(79),(80)). \end{aligned} \tag{66}$$

$$c \ \textit{ist ein positiver, konvexer Jordan-Weg}. \tag{67}$$

$$c \ \textit{ist positiver Jordan-Weg und} \ (\text{s. } (60),(64))\colon \ G_c = \bigcap\nolimits_{\tau \in I} A_\tau^o\,. \tag{68}$$

*Zusatz:* • Ein analoges Theorem gilt für negativ-ovale Wege m.m. [d.h. man ersetze überall „positiv" durch „negativ", „$\geq$" durch „$\leq$" und „$+1$" durch „$-1$"].

• Der Beweis von „(63) $\Rightarrow$ (64)" (s.u. (72)) zeigt: Gilt (63) und ist $\tau \in [\alpha,\beta[$, so:

$$\kappa_c(\tau) > 0 \quad \Longrightarrow \quad c([\alpha,\beta[\setminus\{\tau\}) \subset A_\tau^o = \{p \in \mathbb{E} \,|\, \langle p - c(\tau), J\mathbf{v}_c(\tau)\rangle > 0\}\,.$$

• (68) ist äquivalent zu: $c$ *ist positiver Jordan-Weg und* $E_c = \bigcup_{\tau \in I}(\mathbb{E} \setminus A_\tau)$.

*Beweis:* Wir dürfen im folgenden annehmen (s.1.3.5.a): $c$ ist $T$-periodisch zu $c\colon \mathbb{R} \to \mathbb{E}$ fortgesetzt, also auch $\mathbf{v}_c$, $\kappa_c$ $T$-periodisch auf $\mathbb{R}$. Für $\tau \in \mathbb{R}$ bezeichne $\varphi_\tau$ die in $\tau$ normierte Winkelfunktion (von $c'\colon \mathbb{R} \to \mathbb{E}_o$, also auch) von $\mathbf{v}_c : \mathbb{R} \to S\!I\!E$ bzgl. $\mathbf{v}_c(\tau)$ (s. 1.3.3.a), und seien $u_T, v_T : I\!E \to \mathbb{R}$ wie in (53) definiert; für $\varphi_T, u_T, v_T$ gelten also die obigen Aussagen (54),..,(58).

$Zu$ „(63) $\Rightarrow$ (64)“: Sei $\tau \in \mathbb{R}$. Wegen $\mathrm{ind}\,(c';\mathrm{o}) = 1$ (s. (61)) gilt also $\varphi_T(\tau+T) - \varphi_T(\tau) = 2\pi$ (s. 1.3.(39),(62)). Ferner nach (57)

$$\varphi_T(\tau) = 0 \quad \textit{und weiter:} \quad \varphi_T(t+T) - \varphi_T(t) = 2\pi \quad \textit{für alle } t \in \mathbb{R}, \qquad (69)$$

[denn nach (3): $\partial_c\big(\varphi_T(\mathrm{x}+T) - \varphi_T(\mathrm{x})\big) = \kappa_c(\mathrm{x}+T) - \kappa_c(\mathrm{x}) = \mathrm{o}$, also $\varphi_T(\mathrm{x}+T) - \varphi_T(\mathrm{x})$ konstant auf $\mathbb{R}$ vom Wert $\varphi_T(\tau+T) - \varphi_T(\tau) = 2\pi$ (s.o.)]. Wegen $\varphi_T(\tau-T) = -2\pi$ und $\varphi_T(\tau+T) = 2\pi$ (s. (69)) folgt nach (57): $\varphi_T^{-1}(]\!-\!\pi, \pi[)$ ist ein offenes, in $]\tau-T, \tau+T[$ enthaltenes Intervall von $\mathbb{R}$, das durch $\varphi_T$ auf $]\!-\!\pi, \pi[$ abgebildet wird, also gibt es $\eta, \xi \in \mathbb{R}$ mit

$$\eta < \xi, \quad \tau \in \varphi_T^{-1}(\{0\}) \subset \varphi_T^{-1}(]\!-\!\pi, \pi[) = ]\eta, \xi[, \quad \varphi_T(]\eta, \xi[) = ]\!-\!\pi, \pi[,$$
$$\textit{sowie weiter} \quad \varphi_T(\eta) = -\pi, \quad \varphi_T(\xi) = \pi \quad \textit{und} \quad \xi \leq \eta+T, \qquad (70)$$

[denn wegen $\varphi_T(]\eta, \xi[) = ]\!-\!\pi, \pi[$ und des monotonen Wachsens von $\varphi_T$ (s. (57)) gilt für jede Folge $t_0, t_1, ..$ in $]\eta, \xi[$, die gegen $\eta$ konvergiert, sofort: $\lim \varphi_T(t_i) = -\pi$ für $i \to \infty$, also wegen der Stetigkeit von $\varphi_T$ sofort $\varphi_T(\eta) = -\pi$. Analog folgt $\varphi_T(\xi) = \pi$. Schließlich wegen $\varphi_T(\eta) = -\pi$ und (69) $\varphi_T(\eta+T) = \pi$, also $\eta+T \notin \varphi_T^{-1}(]\!-\!\pi, \pi[) = ]\eta, \xi[$, folglich $\xi \leq \eta+T$.] – Für alle $t \in ]\eta, \xi[$ gilt nach Definition von $\varphi_T$, (70) und 1.3.(36): $\sphericalangle_{\mathrm{o}}(\mathbf{v}_c(\tau), \mathbf{v}_c(t)) \neq \pi$, d.h. $-\mathbf{v}_c(\tau) \notin \mathbf{v}_c(]\eta, \xi[)$, also nach (57) bzw.(58) [angewendet auf $c|[\eta, \xi]$ statt auf $c$]:

$$v_T \circ c(\varphi_T^{-1}(\{0\})) = \{0\} \quad bzw. \quad v_T \circ c([\eta, \xi] \setminus \varphi_T^{-1}(\{0\})) \subset \mathbb{R}_+,$$
$$\textit{und weiter} \text{ (s. (70)):} \quad v_T \circ c([\xi, \eta+T]) = \{v_T \circ c(\xi)\} \subset \mathbb{R}_+. \qquad (71)$$

[Denn nach (70),(69) $\varphi_T(\xi) = \pi = \varphi_T(\eta+T)$ also (wegen der Monotonie von $\varphi_T$, s. (57)) ist $\varphi_T$ auf $[\xi, \eta+T]$ konstant vom Wert $\pi$, also wegen $\partial_c(v_T \circ c) = \sin \varphi_T$ (s. (55)) sofort: $(v_T \circ c)|[\xi, \eta+T]$ ist konstant vom Wert $v_T \circ c(\xi) \in \mathbb{R}_+$, s. erste Zeile von (71)]. Aus (71) bzw. aus (70),(58),(54) folgt nun:

$$c([\eta, \eta+T] \setminus \varphi_T^{-1}(\{0\})) \subset v_T^{-1}(\mathbb{R}_+) = A_T^{\circ} \quad bzw.$$
$$c(\varphi_T^{-1}(\{0\})) \subset c(\tau) + \mathbb{R} \cdot \mathbf{v}_c(\tau) = A_T \setminus A_T^{\circ} = v_T^{-1}(\{0\}). \qquad (72)$$

Mit (72) ist aber $c(I) = c([\eta, \eta+T]) \subset A_T$ gezeigt. – Seien nun $\sigma, \tau \in [\alpha, \beta[$ mit $c(\sigma) = c(\tau)$. Haben dann $\varphi_T$ und $\eta$ die oben genannte Bedeutung für dies $\tau$, so dürfen wir (nach evtl. Verschiebung von $\sigma$ um eine Periode $\pm T$) annehmen, daß $\sigma \in [\eta, \eta+T[$. Da $\tau \in \varphi_T^{-1}(\{0\})$ (s. (70)), so nach Annahme und (72): $c(\sigma) \,(= c(\tau)) \in v_T^{-1}(\{0\})$, also nach (72) auch $\sigma \in \varphi_T^{-1}(\{0\})$. Wegen der Injektivität von $c$ auf $\varphi_T^{-1}(\{0\})$, (s. (57)) folgt daher $\sigma = \tau$, womit auch die Jordan-Weg-Eigenschaft von $c$ und damit (64) vollständig gezeigt ist. –

$Zu$ „(64) $\Rightarrow$ (65)“: Sei $\tau \in I$. Dann hat nach (64),(54),(53) die $C^2$-Funktion $v_T \circ c : \mathbb{R} \to \mathbb{R}$ in $\tau$ ein absolutes Minimum, also (s. 1.2.(29)) muß gelten: $(\partial_c^2(v_T \circ c))(\tau) \geq 0$. Aber nach (53),(10): $\partial_c(v_T \circ c) = \langle \mathbf{v}_c, J\mathbf{v}_c(\tau) \rangle$, folglich $(\partial_c^2(v_T \circ c))(\tau) = \langle (\partial_c \mathbf{v}_c)(\tau), J\mathbf{v}_c(\tau) \rangle = \kappa_c(\tau)$ nach (16), somit $\kappa_c(\tau) \geq 0$.

$Zu$ „(65) $\Rightarrow$ (63)“ (d.h. (65) impliziert (61)): Aus der ersten Aussage von (65) und dem Umlaufsatz (s. 1.3.(96)) folgt zunächst $\mathrm{ind}\,(c';\mathrm{o}) = \pm 1$, und weiter wegen $\kappa_c \geq \mathrm{o}$ und 1.3.(97): $\mathrm{ind}\,(c';\mathrm{o}) \geq 0$. Somit $\mathrm{ind}\,(c';\mathrm{o}) = 1$. –

Damit ist die paarweise Äquivalenz von (63),(64), (65) gezeigt, was wir in den folgenden Beweisabschnitten stillschweigend investieren.

*Zu „(65)⇒(66)“*: Sei $p \in G_c$ und $v \in \mathbb{E} \setminus \{o\}$. Da nach dem Jordan-Ames--Kurvensatz (s. 1.3.8) gilt $|\mathrm{ind}\,(c;p)| \neq 0$, so muß (81)) der Strahl $p + \mathbb{R}_+ \cdot v$ vom Weg $c$ mindestens einmal getroffen werden, also gibt es einen zu $p$ nächsten Punkt aus $c(I) \cap (p + \mathbb{R}_+ \cdot v)$, d.h. es gibt

$$\lambda \in \mathbb{R}_+,\ \tau \in [\alpha, \beta[ \ \textit{mit}\ p + \lambda \cdot v = c(\tau)\ \textit{sowie}\ c(I) \cap (p + [0, \lambda[ \cdot v) = \emptyset,$$
$$\textit{und dann gilt weiter (s. (0)):}\quad \Omega(v, c'(\tau)) \geq 0 . \tag{73}$$

[Denn analog gibt es einen zu $p$ nächsten Punkt $c(\rho)$ auf dem entgegengesetzten Strahl $p + \mathbb{R}_+ \cdot (-v)$ in $c(I)$, also nach (64): $\langle c(\rho) - c(\tau), J\mathbf{v}_c(\tau) \rangle \geq 0$. Aber nach Wahl von $c(\rho), c(\tau)$ ist $c(\rho) - c(\tau)$ ein positives Multiplum von $-v$, also liefert die letzte Ungleichung zusammen mit (10) und 1.3.(1),(14) gerade $\Omega(v, c'(\tau)) \geq 0$.] Wäre nun $\Omega(v, c'(\tau)) = 0$, d.h. $v$ und $c'(\tau)$ linear abhängig, so folgte aus (73) und $p \in G_c$: $p \in (c(\tau) + \mathbb{R} \cdot c'(\tau)) \setminus c(I)$. Nach (10),(58) ist aber $c(I) \cap (c(\tau) + \mathbb{R} \cdot c'(\tau))$ stetiges Bild des (nach (57),(70)) kompakten Intervalles $\varphi_\tau^{-1}(\{0\})$ von $\mathbb{R}$ (unter $c$). Daher ist $(c(\tau) + \mathbb{R} \cdot c'(\tau)) \setminus c(I)$ das Komplement einer kompakten Strecke der Tangente an $c$ in $\tau$, besteht also aus zwei zu $c(I)$ fremden, *zusammenhängenden, unbeschränkten* Tangenten--Enden, die daher nach dem Jordan-Ames-Kurvensatz (s. 1.3.8) im Außengebiet $E_c$ von $c$ enthalten sein müssen, im Widerspruch dazu, daß $p\ (\in G_c)$ auf einem dieser Enden liegen müßte. Somit haben wir (s. (73) und 1.3.(80)):

$$\Omega(v, c'(\tau)) > 0,\quad \textit{d.h. } c \textit{ trifft } p + \mathbb{R}_+ \cdot v \textit{ in } \tau \textit{ mit Schnittzahl } +1. \tag{74}$$

Da $c : I \to \mathbb{E}$ aber auch ein Jordan-Weg ist (s. (65)), gilt wegen (73)

$$c(t) \neq p + \lambda \cdot v \textit{ für } t \in [\alpha, \beta[ \setminus \{\tau\};\quad \textit{weiter } c(I) \cap (p + ]\lambda, \infty[ \cdot v) = \emptyset. \tag{75}$$

[Denn nach (73): $p + t \cdot v = c(\tau) + (t - \lambda) \cdot v$, also für $t > \lambda$ (s. (74),1.3.(14)):

$$\langle (p + t \cdot v) - c(\tau), Jc'(\tau) \rangle = (t - \lambda) \cdot \langle v, Jc'(\tau) \rangle = -(t - \lambda) \cdot \Omega(v, c'(\tau)) < 0 ,$$

d.h. nach (64): $p + t \cdot v \notin c(I)$]. Aus (73),(74),(75) und 1.3.(81) folgt (66). –

*Zu „(66)⇒(67)“*:    Aus (66) und dem Strahlkriterium 1.3.(81) folgt sofort $\mathrm{ind}\,(c; p) = 1$ für alle $p \in G_c$, also ist $c$ ein positiver Jordan-Weg (s.o. Definition). Zur Konvexität von $G_c$: Seien $p, q \in G_c$ und sei $v := q - p \neq o$. Dann trifft $c|[\alpha, \beta[$ nach (66) den Strahl $q + \mathbb{R}_+ \cdot v$ genau einmal, in einem Punkte $r \in q + \mathbb{R}_+ \cdot v \subset p + \mathbb{R}_+ \cdot v$ (wegen $q = p + v$). $r$ ist daher auch der nach (66) einzige Schnittpunkt von $c|[\alpha, \beta[$ mit dem Strahl $p + \mathbb{R}_+ \cdot v$. Daher enthält die Verbindungsstrecke $p + [0, 1] \cdot v$ von $p$ und $q$ keinen Punkt von $c(I)$, ist also in der $p$ enthaltenden Zusammenhangskomponente ($= G_c$) von $\mathbb{E} \setminus c(I)$ ganz enthalten: Daher ist $G_c$ konvex. –

*Zu „(67)⇒(65)“*:    Annahme, es gibt $\tau \in I$ mit $\kappa_c(\tau) < 0$. Wegen der $T$-Periodizität von $c$ dürfen wir o.B.d.A. annehmen: $I = [\tau - (T/2), \tau + (T/2)]$. Wegen $\kappa_c(\tau) < 0$ gibt es nach dem Korollar in 1.4.3.c ein $\eta \in ]0, T/2[$, mit:

$$\langle c(t) - c(\tau), J\mathbf{v}_c(\tau) \rangle < 0 \quad \textit{für alle } t \in ]\tau - \eta, \tau + \eta[ \setminus \{\tau\} . \tag{76}$$

Sei nun $2\rho$ der Abstand des Punktes $c(\tau)$ von der kompakten Menge $c(I\backslash]\tau-\eta,\tau+\eta[)$, die wegen der Jordan-Weg-Eigenschaft von $c$ fremd ist zu $c(\tau)$, also $\rho>0$. Andererseits gilt wegen unserer Voraussetzung (67): $\mathrm{ind}\,(c;p)=1$ für alle $p\in G_c$, also folgt aus 1.3.(155),(154),(153) mit $\varepsilon=1$:

$$\textit{Es gibt } \delta\in]0,\rho[,\ \textit{ so daß }\quad p:=c(\tau)+\delta\cdot J\mathbf{v}_c(\tau)\in G_c. \tag{77}$$

Wegen (76) und der Wahl von $\rho$ sind daher die beiden auf der Tangente von $c$ in $\tau$ gelegenen Punkte $p_\pm:=c(\tau)\pm\rho\cdot\mathbf{v}_c(\tau)$ nicht in $c(I)$ enthalten, und ihre Verbindungsstrecken mit $p$ liegen in der konvexen, von der Tangente an $c$ in $\tau$ begrenzten, $p$ enthaltenden Halbkreisscheibe vom Radius $\rho$ um $c(\tau)$:

$$K := \left(\{q\in\mathbb{E}\,|\,\|\,q-c(\tau)\,\|\leq\rho\}\cap\{q\in\mathbb{E}\,|\,\langle q-c(\tau),J\mathbf{v}_c(\tau)\rangle\geq 0\,\}\right)$$

ohne den Punkt $c(\tau)$ zu treffen. Aber $K\backslash\{c(\tau)\}$ ist nach (76) und Wahl von $\rho$ fremd zu $c(I)$, also liegen $p_\pm$ in der gleichen Zusammenhangskomponente von $\mathbb{E}\backslash c(I)$ wie $p$, d.h. (s. (77)) in $G_c$. Wegen der in (67) vorausgesetzten Konvexität von $G_c$ (s.o. Definition) müßte daher $c(\tau)=(1/2)(p_++p_-)$ ebenfalls zu $G_c$ gehören: Widerspruch. Es gilt daher $\kappa_c(t)\geq 0$ für alle $t\in I$. –

Zu „(67) $\Rightarrow$(68)": Da die Aussage (67) bereits als äquivalent zu (63),..,(66) erwiesen ist, können wir beim Beweis von (68) alle Aussagen (63),..,(67) zugleich voraussetzen: Zunächst gilt (de Morgan-Regel!): $(\mathbb{E}\backslash\bigcap_{\tau\in I}A_\tau)=\bigcup_{\tau\in I}(\mathbb{E}\backslash A_\tau)$, also sind $\bigcap_{\tau\in I}A_\tau$ und $\bigcup_{\tau\in I}(\mathbb{E}\backslash A_\tau)$ disjunkt. Folglich sind erst recht $\bigcap_{\tau\in I}A_\tau^{\circ}$ und $\bigcup_{\tau\in I}(\mathbb{E}\backslash A_\tau)$ disjunkt und sodann gilt:

$$\left((\textstyle\bigcap_{\tau\in I}A_\tau^{\circ})\ \dot\cup\ \bigcup_{\tau\in I}(\mathbb{E}\backslash A_\tau)\right)\ \subset\ \mathbb{E}\backslash c(I)\ =\ G_c\,\dot\cup\,E_c. \tag{78}$$

[Denn ist $\tau\in I$, so nach (69) $\tau\in\varphi_\tau^{-1}(\{0\})$ und daher (s.(72)): $c(\tau)\notin A_\tau^{\circ}$, also $\bigcap_{\tau\in I}A_\tau^{\circ}\cap c(I)=\emptyset$. Weiter nach (64): $c(I)\subset A_\tau$, also $(\mathbb{E}\backslash A_\tau)\subset(\mathbb{E}\backslash c(I))$ für alle $\tau\in I$. Die letzte Gleichung von (78) gilt zufolge dem Jordan-Ames--Kurvensatz (s. 1.3.8).] Andererseits gilt auch

$$G_c\subset(\textstyle\bigcap_{\tau\in I}A_\tau^{\circ})\quad\textit{und}\quad E_c\subset\bigcup_{\tau\in I}(\mathbb{E}\backslash A_\tau). \tag{79}$$

Denn, ist $p\in G_c$ und $\tau\in I$, so folgt mit $v:=c(\tau)-p$ (s. (74)): $\Omega(v,c'(\tau))>0$, d.h. (nach (10),1.3.(14)): $\langle p-c(\tau),J\mathbf{v}_c(\tau)\rangle>0$, also nach (53), (54): $p\in A_\tau^{\circ}$, womit die erste Inklusion von (79) gezeigt ist. Ist aber $q\in E_c$, so wähle $p\in G_c$. Da (s. AMES, 1.3.8): $\mathrm{ind}\,(c;p)\neq 0$ und $\mathrm{ind}\,(c;q)=0$, so muß nach 1.3.(78) der Weg $c$ die Verbindungsstrecke von $p$ und $q$ (echt zwischen $p$ und $q$) mindestens einmal, also nach (66) genau einmal zu einem Zeitpunkt $\tau\in[\alpha,\beta[$ treffen, u.z. mit $\Omega(v,c'(\tau))>0$, wobei $v:=q-p$. Da aber $q-c(\tau)\in\mathbb{R}_+\cdot v$, so auch $\Omega(q-c(\tau),c'(\tau))>0$, d.h. nach (10) und 1.3.(14): $\langle q-c(\tau),J\mathbf{v}_c(\tau)\rangle<0$, also nach (64): $q\in\mathbb{E}\backslash A_\tau$, womit auch die zweite Inklusion von (79) verifiziert ist. – Die Aussagen (78) und (79) können aber nur zugleich wahr sein, wenn in ((78) und) (79) die Inklusionen echte Mengengleichheiten sind, insbesondere folgt daher (68). [Außerdem implizieren (78),(79) den dritten Zusatz.] –

Zu „(68)$\Rightarrow$(67)": Trivial, da nach (68) $G_c$ als Durchschnitt der konvexen offenen Halbebenen $A_\tau^{\circ}$ $(\tau\in I)$ selbst konvex sein muß. $\square$

*Vorbemerkung:*  Bei zwei gleichlangen nicht-geschlossenen Kreiswegen verschiedener Radien ist die Sehne zwischen den Endpunkten beim *stärker gekrümmten* (vom kleineren Radius) offenkundig kürzer als diejenige des anderen, (noch suggestiver: Bei einem „Flitzbogen" wird die Bogensehne bei zunehmender Krümmung des Bogens kürzer). – Allgemeiner würde man vermuten, daß von zwei gleichlangen (ungeknickten) Fäden auf ebener Unterlage, von denen einer „ständig" stärker gekrümmt ist als der andere, der stärker gekrümmte Faden eine kürzere Distanz zwischen seinen Endpunkten ausweist als der andere. Andererseits zeigen Beispiele (welche?), daß diese Vermutung in dieser Allgemeinheit nicht richtig sein kann. Der nächste Satz bestätigt jedoch eine geeignet präzisierte Form dieser Vermutung:

**Sehnenlängen-Vergleichssatz**   (*für zwei gleichlange ebene Wege*):

Sei $I\!E$ wie in (0), $L \in I\!R_+$, seien $c, \tilde{c}:[0, L] \to I\!E$ zwei $C^2$-Wege mit

$$\|c'\| = \|\tilde{c}'\| = 1\!1\,, \qquad |\kappa_{\tilde{c}}| \leq \kappa_c\,, \tag{80}$$

$$und \quad c'(t) \notin I\!R_-\cdot(c(L)-c(0)) \quad \text{für alle } t \in ]0, L[\,.^{47} \tag{81}$$

Dann gilt für die Sehnenlängen von $c$ und $\tilde{c}$ die Abschätzung:

$$\| c(L)-c(0) \| \;\leq\; \| \tilde{c}(L)-\tilde{c}(0) \|\,, \tag{82}$$

und ist außerdem $\kappa_{\tilde{c}} \geq o$ bzw. $\kappa_{\tilde{c}} \leq o$, so gilt die Gleichheit in (82) genau dann, wenn $\kappa_{\tilde{c}} = \kappa_c$ bzw. $-\kappa_{\tilde{c}} = \kappa_c$ [d.h. nach (80),(41),(42) genau dann, wenn $c$ und $\tilde{c}$ kongruent in $I\!E$ sind]. –

*Bemerkung:*  Dieses Resultat ist Spezialfall eines 1925 von Erhard SCHMIDT ($*$13.1. 1876,$\dagger$6.12.1959) bewiesenen Satzes, (der einen solchen von Axel SCHUR [SCHU], 1921, verallgemeinert): SCHMIDT zeigte, daß die Sehnenlänge $\|c(\beta)-c(\alpha)\|$ eines ebenen, nicht-geschlossenen, normierten *konvexen* (s.o. Definition) $C^2$-Weges $c:[\alpha, \beta] \to I\!E^2$ ($\subset I\!E^3$) kleiner oder gleich der Sehnenlänge jeden *räumlichen*, normierten, zu $c$ gleichlangen $C^2$-Weges $\tilde{c}:[\alpha, \beta] \to I\!E^3$ ist, wenn die nicht-negative Krümmungsfunktion des Raumweges $\tilde{c}$ kleiner oder gleich (bei SCHUR nur „gleich") der orientierten Krümmungsfunktion von $c$ ist; Gleichheit der Sehnenlängen von $c$ und $\tilde{c}$ tritt nur ein, wenn $\tilde{c}$ *kongruent* zu $c$ in $I\!E^3$ (insbesondere $\tilde{c}$ also mit $c$ *eben*) ist. – [Hieraus erhellt, daß erst E. SCHMIDTs Verallgemeinerung, nicht aber A. SCHURs Resultat, den obigen Vergleichssatz liefert.] Unser Beweis folgt i.w. dem von [SCHM$_2$], wir haben lediglich die Konvexitätsforderung an $c$, die bei SCHUR/SCHMIDT auftritt, durch die (etwas speziellere, die Konvexität von $c$ jedoch implizierende, ansonsten aber handlichere) Eigenschaft von $c$: „$\kappa_c \geq o$ und (81)" ersetzt.

*Beweis:*  Für $c(0) = c(L)$ ist (82) klar, sei also $c(0) \neq c(L)$. Dann definiere:

$$e := \frac{c(L)-c(0)}{\|c(L)-c(0)\|} \in S I\!E\,, \quad also \quad \langle c(L)-c(0), e \rangle = \|c(L)-c(0)\|\,, \tag{83}$$

$$sowie \; nach \; (81): \qquad c'(t) \notin I\!R_-\cdot e \quad \text{für alle } t \in ]0, L[\,. \tag{84}$$

Nach (83) gilt nun $\langle c(L)-c(0), Je \rangle = 0$, also gibt es nach dem Mittelwertsatz der Differentialrechnung ein $\tau \in ]0, L[$ mit $\langle c'(\tau), Je \rangle = 0$, also wegen $\|c'\| = 1\!1$ (s. (80)):

---

$^{47}$Statt (81) reichte: $c'(t) \notin I\!R_-\cdot(c(L)-c(0))$ *für* $t \in ]\min(\operatorname{supp}\kappa_c), \max(\operatorname{supp}\kappa_c)[$.

$c'(\tau) = \pm e$ und daher nach (84) sogar $c'(\tau) = e$. Sei $\varphi$ bzw. $\tilde\varphi$ die in $\tau$ normierte Winkelfunktion für $c'$ bzw. $\tilde c'$ bzgl. $e$. Wegen der Einzigkeit der in $\tau$ normierten Winkelfunktion für $c'$ bzgl. $e$ (s. 1.3.3.a) und wegen (84) folgt aus 1.3.(55),(56):

$$\varphi(t) \;=\; \sphericalangle_0(e, c'(t)) \;\in\; ]-\pi, \pi[ \quad \textit{für alle } t\in]0, L[, \qquad \textit{also} \quad \varphi(\tau) = 0. \tag{85}$$

Weiter gilt nach (80) und (3): $-\varphi' \le \tilde\varphi' \le \varphi'$, und daraus folgt durch Integration über $[t,\tau]$ für $t\in[0,\tau]$ bzw. über $[\tau,t]$ für $t\in[\tau,L]$ (wegen $\varphi(\tau)=0$):

$$\varphi(t) \;\le\; \tilde\varphi(\tau)-\tilde\varphi(t) \;\le\; -\varphi(t) \qquad \textit{bzw.} \qquad -\varphi(t) \;\le\; \tilde\varphi(t)-\tilde\varphi(\tau) \;\le\; \varphi(t).$$

Daraus gewinnt man zusammen mit (85) sowie der Stetigkeit von $\varphi$ in $0$ und $L$:

$$0 \;\le\; |\tilde\varphi(t)-\tilde\varphi(\tau)| \;\le\; |\varphi(t)| \;\le\; \pi \quad \textit{für alle } t\in[0,L], \tag{86}$$

weshalb man erhält ( cos ist gerade und $\cos|[0,\pi]$ monoton fallend!)

$$\langle\tilde c'(t), \tilde c'(\tau)\rangle \;=\; \cos(\tilde\varphi(t)-\tilde\varphi(\tau)) \;\ge\; \cos\varphi(t) \;=\; \langle c'(t), e\rangle \quad \textit{für alle } t\in[0,L], \tag{87}$$

wobei sich die erste bzw. letzte Gleichung aus $\|\tilde c'\| = \mathbf{1}$, also $\tilde c' = \cos\tilde\varphi\cdot e + \sin\tilde\varphi\cdot Je$ (s. 1.3.(37)) und dem cos-Additionstheorem bzw. analog wegen $\|c'\| = \mathbf{1}$ aus $c' = \cos\varphi\cdot e + \sin\varphi\cdot Je$ ergibt. Daher folgt mittels der Cauchy-Schwarz-Ungleichung nach (80),(87),(83), wobei die beiden Integrationen über $[0,L]$ zu erstrecken sind:

$$\begin{aligned}
\|\tilde c(L)-\tilde c(0)\| &\ge \langle\tilde c(L)-\tilde c(0), \tilde c'(\tau)\rangle \;=\; \textstyle\int\langle\tilde c'(x), \tilde c'(\tau)\rangle\,dx \\
&\ge \textstyle\int\langle c'(x), e\rangle\,dx \;=\; \langle c(L)-c(0), e\rangle \;=\; \|c(L)-c(0)\|.
\end{aligned} \tag{88}$$

Damit ist die Abschätzung (82) bewiesen. – Gilt nun in (82) die Gleichheit, so muß insbesondere in der zweiten Zeile von (88) Gleichheit bestehen, und das heißt nach (87): $\cos(\tilde\varphi-\varphi(\tau)) = \cos\varphi$, also wegen der Geradheit der cosinus-Funktion: $\cos(|\tilde\varphi-\tilde\varphi(\tau)|) = \cos(|\varphi|)$. Hieraus folgt wegen (86) ( $\cos|[0,\pi]$ ist injektiv):

$$|\tilde\varphi-\tilde\varphi(\tau)| = |\varphi|. \quad \textit{Weiter verschwinden } \tilde\varphi-\tilde\varphi(\tau) \textit{ und } \varphi \textit{ in } \tau \textit{ (s. (85)).} \tag{89}$$

Ist nun $\kappa_{\tilde c} \ge 0$, so folgt (s. (3),(80)) sofort $\varphi' = \kappa_c \ge \kappa_{\tilde c} \ge 0$, $(\tilde\varphi-\tilde\varphi(\tau))' = \kappa_{\tilde c} \ge 0$, also sind $\varphi$ und $\tilde\varphi-\tilde\varphi(\tau)$ monoton wachsend. Damit folgt aus (89): $\tilde\varphi-\tilde\varphi(\tau) = \varphi$ und daraus durch Differentiation wiederum $\kappa_{\tilde c} = \kappa_c$. Analog folgt aus $\kappa_{\tilde c} \le 0$ sofort $-\kappa_{\tilde c} = \kappa_c$. Gilt umgekehrt $\kappa_{\tilde c} = \kappa_c$ oder $-\kappa_{\tilde c} = \kappa_c$, so folgt zusammen mit (80),(41),(42) die Kongruenz von $c$ und $\tilde c$ in $\mathbb{E}$, also die Gleichheit in (82).  $\square$

**Aufgabe:**   *Konvexität von Graphenwegen reeller Funktionen.*
Sei $\psi: I \to \mathbb{R}$ eine auf einem Intervall von $\mathbb{R}$ (mit $I^\circ \ne \emptyset$) definierte $C^2$-Funktion, $\mathrm{graph}(\psi): I \to \mathbb{E}^2$ $\big(t \mapsto (t, \psi(t))\big)$ ihr Graphenweg (s. 1.4.1.c). Zeige:

$$\mathrm{graph}(\psi) \textit{ ist positiv-(negativ-) konvex} \quad \Longleftrightarrow \quad \psi'' \ge 0 \;(\le 0). \tag{90}$$

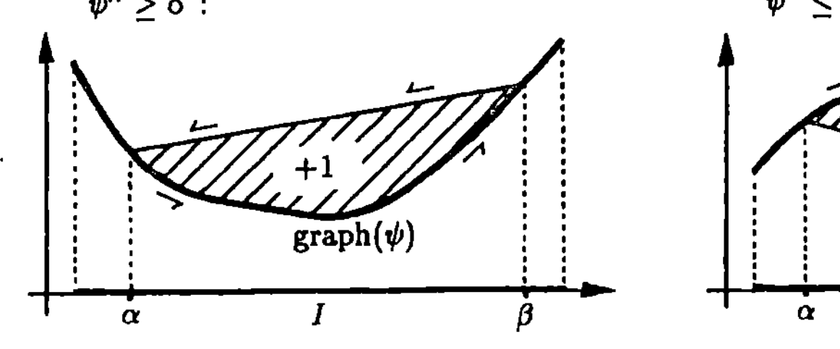


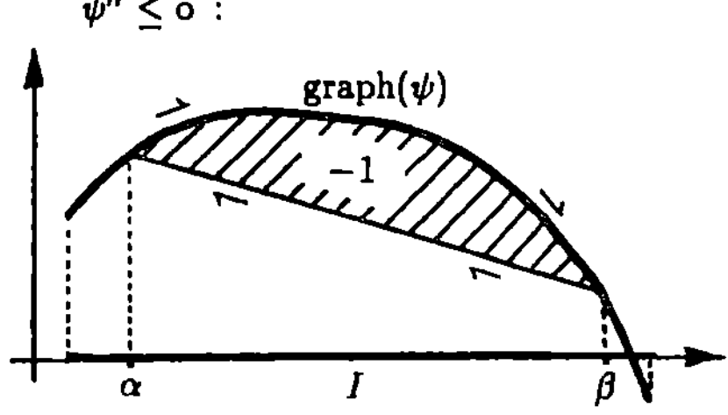

## 1.4.5 Zu einem Vierscheitelsatz für ovale $C^2$-Wege

**Definition:**  *Eigentliche lokale Extrema, eigentliche Extrem-Scheitel.*

• Sei $\psi: I \to \mathbb{R}$ eine auf einem Intervall $I$ von $\mathbb{R}$ definierte stetige Funktion und $\tau \in I^\circ$. Wir sagen, $\psi$ besitzt in $\tau$ ein *eigentliches lokales Maximum* (*Minimum*), wenn es $\xi, \eta \in I$ gibt mit $\xi < \tau < \eta$, so daß $\psi|[\xi, \eta]$ in $\tau$ sein absolutes Maximum (Minimum) annimmt, aber

$$\max\{\psi(\xi), \psi(\eta)\} < \psi(\tau) \qquad \big(\min\{\psi(\xi), \psi(\eta)\} > \psi(\tau)\big).$$

*Anmerkung:* Besitzt $\psi$ in $\tau$ ein *strenges* lokales Maximum (d.h. nimmt $\psi$ auf einer gewissen punktierten Umgebung von $\tau$ nur kleinere Werte als $\psi(\tau)$ an), so besitzt $\psi$ in $\tau$ auch ein *eigentliches* lokales Maximum, i.a. aber nicht umgekehrt: Die Definition eigentlicher lokaler Maxima läßt nämlich zu, daß $\psi$ auf einer Umgebung von $\tau$ konstant ist. [$\psi$ hat dann überdies in $\tau$ (zwar auch ein lokales Minimum, aber) *kein eigentliches lokales Minimum.*]

• Ist $\mathbb{E}$ und $c: I \to \mathbb{E}$ wie in (0), (1), so sagt man, $c$ besitzt in $\tau \in I^\circ$ einen *Extrem-Scheitel* bzw. einen *eigentlichen Extrem-Scheitel*, wenn die orientierte Krümmung $\kappa_c$ von $c$ in $\tau$ ein lokales Extremum bzw. ein eigentliches lokales Extremum (s.o.) besitzt. – Ist $c$ sogar ein $C^3$-Weg, so sagt man, $c$ besitzt in $\tau \in I$ einen *Scheitel* genau dann, wenn $\kappa'_c(\tau) = 0$. – Offenbar gilt: Hat $c$ in $\tau$ einen eigentlichen Extrem-Scheitel, so erst recht einen Extrem-Scheitel, und $c$ hat in jedem Extrem-Scheitel (falls $c$ sogar ein $C^3$-Weg ist) auch einen Scheitel; diese Schlüsse sind jedoch i.a. nicht umkehrbar.

**Kriterien für (eigentliche) Extrem-Scheitel:** ( $\mathbb{E}$ und $c: I \to \mathbb{E}$ wie in (0),(1)).
**a)** *Sind $s, t \in I$ mit $s < t$ und $\kappa_c(s) = \kappa_c(t) = 0$, so besitzt $c$ (mindestens) einen Extrem-Scheitel in $]s, t[$,* (jedoch i.a. keinen eigentlichen Extrem-Scheitel!).
**b)** *Ist $c$ sogar ein $C^3$-Weg und $\tau \in I^\circ$ mit $\kappa'_c(\tau) = 0$, so daß $\kappa'_c$ in $\tau$ einen Vorzeichenwechsel besitzt, so hat $c$ in $\tau$ einen eigentlichen Extrem-Scheitel.*
**c)** *Ist $c$ sogar ein $C^3$-Weg und sind $s, t \in I$ mit $s < t$ und $\kappa'_c(s) \cdot \kappa'_c(t) < 0$, so besitzt $c$ mindestens einen eigentlichen Extrem-Scheitel in $]s, t[$.* – Beweis: Selbst.

**Beispiel:** *Ellipsen als Eilinien mit genau vier (eigentlichen Extrem-)Scheiteln.*
Seien $\alpha, \beta \in \mathbb{R}_+$ mit $\alpha > \beta$. Dann ist der folgende $2\pi$-periodische *Ellipsenweg*

$$c := (\alpha \cdot \cos, \beta \cdot \sin): \mathbb{R} \to \mathbb{E}^2 ,$$

beschränkt auf $[0, 2\pi]$, ein $C^\infty$-geschlossener Jordan-Weg, der auch immersiv ist, da $c' = (-\alpha \cdot \sin, \beta \cdot \cos)$ und weiter nach (4):

$$\kappa_c = (\alpha\beta)/(\alpha^2 \cdot \sin^2 + \beta^2 \cdot \cos^2)^{3/2} > \mathrm{o} .$$

Daher ist $c|[0, 2\pi]$ nach „(65)$\Rightarrow$((63) und (67))" ein positiv-ovaler Weg, also positiver, konvexer Jordan-Weg, dessen Bahn (d.i. eine Eilinie) offenbar die durch die Gleichung $(x^2/\alpha^2) + (y^2/\beta^2) = 1$ definierte Ellipse ist. [Die orientierte Krümmung $\kappa_c : \mathbb{R} \to \mathbb{R}_+$ ist (nicht nur $2\pi$-, sondern sogar) $\pi$-periodisch.] Man findet weiter $\kappa'_c(t) \in \mathbb{R}_- \cdot \sin(2t)$ für $t \in \mathbb{R}$, insbesondere ist $\kappa_c|[0, \pi/2]$ streng monoton fallend von $\kappa_c(0) = \alpha/\beta^2$ auf $\kappa_c(\pi/2) = \beta/\alpha^2$ und $\kappa_c|[\pi/2, \pi]$ streng monoton wachsend. Somit besitzt $c$ in $[0, 2\pi[$ *genau vier (eigentliche!) Scheitel* in $0, \pi/2, \pi, 3\pi/2$. Dieses Beispiel ist nur Spezialfall des folgenden allgemeinen Theorems:

**Ein Vierscheitelsatz:**     (*Ovale, nicht kreisförmige ebene Wege haben mindestens vier eigentliche Extrem-Scheitel.*)

Sei $I\!\!E$ wie in (0), $c: I \to I\!\!E$ (mit $I = [\alpha, \beta]$, $T := \beta - \alpha \in I\!\!R_+$) ein *positiv-ovaler Weg*, d.h. $c$ ist $C^2$-geschlossen, immersiv mit $\kappa_c \geq o$ und $\mathrm{ind}\,(c'; o) = 1$ (s. 1.4.4). $c$ sei sogleich $T$-periodisch zu $c: I\!\!R \to I\!\!E$ fortgesetzt. Dann folgt: *Entweder die orientierte Krümmung $\kappa_c$ von $c$ ist konstant mit einem Wert in* $I\!\!R_+$ (dann ist $c$ ein positiver Kreisweg vom Radius $1/\kappa_c(\alpha)$ in $I\!\!E$, s.u. 1.4.7.c), *oder $c$ besitzt mindestens vier eigentliche Extrem-Scheitel in* $[\alpha, \beta[$: *Genauer, ist $\kappa_c: I\!\!R \to I\!\!R$ nicht konstant, so gibt es $\tau_1, \tau_2, \tau_3, \tau_4 \in I\!\!R$, so daß gilt:*

$$\tau_1 < \tau_2 < \tau_3 < \tau_4 < \tau_1 + T \ \ \text{und für } i \in \{1,2\} \ \ (\text{mit } \tau_0 := \tau_4 - T, \ \tau_5 := \tau_1 + T):$$

$$\kappa_c(\tau_{2i-1}) = \min \kappa_c([\tau_{2i-2}, \tau_{2i}]), \quad \kappa_c(\tau_{2i}) = \max \kappa_c([\tau_{2i-1}, \tau_{2i+1}]), \quad (91)$$

$$sowie \quad \max\{\kappa_c(\tau_1), \kappa_c(\tau_3)\} < \min\{\kappa_c(\tau_2), \kappa_c(\tau_4)\},$$

*also hat $\kappa_c$ in $\tau_1, \tau_3$ bzw. in $\tau_2, \tau_4$ eigentliche lokale Minima bzw. Maxima. –*
*Zusatz:* Für jede stetige $T$-periodische Funktion $\kappa_c: I\!\!R \to I\!\!R$ ist die Existenz von $\tau_1, .., \tau_4 \in I\!\!R$ mit den Eigenschaften (91) äquivalent zu der von $\sigma_1, .., \sigma_4 \in I\!\!R$ mit

$$\sigma_1 < \sigma_2 < \sigma_3 < \sigma_4 < \sigma_1 + T \quad und \quad \max\{\kappa_c(\sigma_1), \kappa_c(\sigma_3)\} < \min\{\kappa_c(\sigma_2), \kappa_c(\sigma_4)\}. \quad (92)$$

*Warnung:* Der Cardiodenweg $c$ aus (62) (mit $\kappa_c > o$ und $\mathrm{ind}\,(c'; o) = 2$) hat nur *zwei* Scheitel in $[0, 2\pi[$: Die obige Voraussetzung $\mathrm{ind}\,(c'; o) = 1$ ist also wesentlich!

*Beweis:* Ist $\kappa_c$ konstant, so hat $\kappa_c$ wegen (61) und wegen 1.3.(97) einen Wert in $I\!\!R_+$, wie behauptet. Sei also im folgenden $\kappa_c$ nicht konstant. Dann können wir wegen der $T$-Periodizität von $\kappa_c: I\!\!R \to I\!\!R$ Zahlen $\lambda, \mu \in I\!\!R$ wählen mit (s. (61))

$$\mu - T < \lambda < \mu < \lambda + T, \ \ so \ da\beta \ \ 0 \leq \min \kappa_c(I\!\!R) = \kappa_c(\lambda) < \kappa_c(\mu) = \max \kappa_c(I\!\!R). \quad (93)$$

*1.Schritt:* Annahme, *es gibt keine $\tau_1, .., \tau_4 \in I\!\!R$, für die (91) gilt.* Dann folgt mit den Zahlen $\lambda, \mu \in I\!\!R$ wie in (93): *Es ist*

$$\kappa_c|[\lambda, \mu] \ \ monoton \ wachsend \quad und \quad \kappa_c|[\mu, \lambda + T] \ \ monoton \ fallend. \quad (94)$$

[*Zu* (94): Wäre nämlich die erste Aussage von (94) nicht wahr, so gäbe es $\xi, \eta \in [\lambda, \mu]$ mit $\xi < \eta$ und $\kappa_c(\xi) > \kappa_c(\eta)$, also zusammen mit (93):

$$\mu - T < \lambda < \xi < \eta < \mu < \lambda + T \quad und \quad \kappa_c(\lambda) \leq \kappa_c(\eta) < \kappa_c(\xi) \leq \kappa_c(\mu) = \kappa_c(\mu - T). \quad (95)$$

Definiere nun $\sigma := \max\{\tau \in [\xi, \mu] \mid \kappa_c(\tau) = \min \kappa_c([\xi, \mu])\}$, also nach (95),(93):

$$\kappa_c(\lambda) \leq \kappa_c(\sigma) \leq \kappa_c(\eta) < \kappa_c(\xi) \leq \kappa_c(\mu) \quad folglich \quad \xi < \sigma < \mu,$$
$$und \ nach \ Wahl \ von \ \sigma: \quad \kappa_c(\sigma) < \kappa_c(\tau) \ \ für \ alle \ \tau \in ]\sigma, \mu]. \quad (96)$$

Setze $\tau_1 := \lambda$, $\tau_4 := \mu$ und wähle $\tau_2 \in [\tau_1, \sigma]$ mit $\kappa_c(\tau_2) = \max \kappa_c([\tau_1, \sigma])$, somit $\tau_1 < \tau_2 < \sigma$, denn (s. (95),(96)) $\xi \in [\tau_1, \sigma]$, also $\kappa_c(\tau_2) \geq \kappa_c(\xi) > \kappa_c(\sigma) \geq \kappa_c(\tau_1)$. Wählt man schließlich $\tau_3 \in [\tau_2, \tau_4]$ mit $\kappa_c(\tau_3) = \min \kappa_c([\tau_2, \tau_4])$, so $\tau_2 < \tau_3 < \tau_4$, denn nach Wahl von $\tau_2, \tau_4$ und nach (96) galt $\kappa_c(\sigma) < \min\{\kappa_c(\tau_2), \kappa_c(\tau_4)\}$, sowie $\sigma \in [\tau_2, \tau_4]$, also $\kappa_c(\tau_1) \leq \kappa_c(\tau_3) \leq \kappa_c(\sigma) < \min\{\kappa_c(\tau_2), \kappa_c(\tau_4)\}$. Für $\tau_1, .., \tau_4$ sind daher alle Ungleichungen von (91) erfüllt, ebenso die Gleichungen von (91) *für $\tau_1, \tau_3, \tau_4$*. *Zu* „$\kappa_c(\tau_2) = \max \kappa_c([\tau_1, \tau_3])$": Da nach Wahl von $\tau_3$ galt $\kappa_c(\tau_3) \leq \kappa_c(\sigma)$, also

(s. (96)) $\tau_3 \leq \sigma$, so folgt nach Wahl von $\tau_2$ zusammen mit $\tau_2 \in [\tau_1, \tau_3]$:

$$\kappa_c(\tau_2) = \max \kappa_c([\tau_1, \sigma]) \geq \max \kappa_c([\tau_1, \tau_3]) \geq \kappa_c(\tau_2).$$

Damit erfüllen $\tau_1, .., \tau_4$ gerade (91): Widerspruch zur Annahme! Also gilt die 1-te Aussage von (94); die 2-te beweist man analog.] – Der obige Satz folgt daher, wenn gezeigt ist, daß (94) zu einem Widerspruch führt. Dazu folgenden

2. *Schritt:*  Sei nun  $L := T/2$ . Dann gibt es ein  $\zeta \in \mathbb{R}$  mit:

$$\kappa_c(t) \geq \kappa_c(\zeta) \;\; f\ddot{u}r \; t \in [\zeta, \zeta + L] \quad und \quad \kappa_c(t) \leq \kappa_c(\zeta) \;\; f\ddot{u}r \; t \in [\zeta + L, \zeta + T]. \tag{97}$$

[Denn, die stetige Funktion $\kappa_c(x+L) - \kappa_c(x) : \mathbb{R} \to \mathbb{R}$ hat nach (93) in $\lambda$ und $\lambda + T$ bzw. in $\mu$ Werte $\geq 0$ bzw. $\leq 0$, also kann man wählen

$$\xi \in [\lambda, \mu] \;\; mit \;\; \kappa_c(\xi + L) = \kappa_c(\xi) \quad und \quad \eta \in [\mu, \lambda + T] \;\; mit \;\; \kappa_c(\eta + L) = \kappa_c(\eta).$$

Setzt man dann $\zeta := \xi$, falls $\mu \leq \lambda + L$, bzw. $\zeta := \eta - L$, falls $\lambda + L < \mu$, so (Beweis!):

$$\zeta \in [\lambda, \mu], \quad \zeta + L \in [\mu, \lambda + T] \quad und \quad \kappa_c(\zeta) = \kappa_c(\zeta + L) = \kappa_c(\zeta + T). \tag{98}$$

Ist nun $t \in [\zeta, \zeta + L]$ und daher (s. (98)) $t \in [\lambda, \mu]$ bzw. $t \in [\mu, \lambda + T]$, so nach (94) (98): $\kappa_c(t) \geq \kappa_c(\zeta)$ bzw. $\kappa_c(t) \geq \kappa_c(\zeta + L) = \kappa_c(\zeta)$, also gilt die erste Aussage von (97). Ist aber $t \in [\zeta + L, \zeta + T]$ und daher (s. (98)) $t \in [\mu, \lambda + T]$ bzw. $t \in [\lambda + T, \mu + T]$, so nach (94),(98): $\kappa_c(t) \leq \kappa_c(\zeta + L) = \kappa_c(\zeta)$ bzw. $\kappa_c(t) = \kappa_c(t - T) \leq \kappa_c(\zeta)$ , womit auch die 2-te Aussage von (97) bewiesen ist.] – Nach einer Parametertranslation bei $c$ dürfen wir annehmen, daß $\zeta = 0$, womit dann (97) einfacher lautet:

$$Ist \; L := T/2, \;\; so: \;\; \kappa_c(t) \geq \kappa_c(0) \;\; f\ddot{u}r \; t \in [0, L], \;\; \kappa_c(t) \leq \kappa_c(0) \;\; f\ddot{u}r \; t \in [L, T]. \tag{99}$$

3. *Schritt:*  Wir nehmen nun an, $c$ sei auf Weglänge parametrisiert, d.h. $\|c'\| = 1$, also $T = \text{Länge}(c|[0, T])$. Dann definiere man mit $L := T/2$ die $C^2$-Wege $\gamma, \bar{\gamma} :$ $[0, L] \to E$ als normierte Umparametrisierungen auf $[0, L]$ der „*halben Teilwege*" $c|[0, L]$ und $c|[L, T]$ des geschlossenen Weges $c|[0, T]$ durch

$$\gamma(t) := c(t) \quad und \quad \bar{\gamma}(t) := c(t + L) \quad f\ddot{u}r \; t \in [0, L].$$

Dann folgt aus $\|c'\| = 1$, $\kappa_c \geq 0$ und der Nicht-Konstanz von $\kappa_c$, sowie aus (99):

$$\|\gamma'\| = \|\bar{\gamma}'\| = 1, \quad 0 \leq \kappa_{\bar{\gamma}} \leq \kappa_c(0) \cdot 1 \leq \kappa_\gamma, \quad und \quad \kappa_{\bar{\gamma}} \neq \kappa_\gamma. \tag{100}$$

Können wir daher noch zeigen

$$\gamma'(t) \notin \mathbb{R}_- \cdot (\gamma(L) - \gamma(0)) \quad f\ddot{u}r \; alle \; t \in \,]0, L[, \tag{101}$$

so erfüllen nach (100),(101) die Wege $\gamma, \bar{\gamma}$ (m.m.) die Voraussetzungen (80),(81) des Sehnenlängen-Vergleichssatzes mit $\kappa_{\bar{\gamma}} \neq \kappa_\gamma$, also folgte aus (82), der Gleichheitsdiskussion für (82) und der obigen Definition von $\gamma$ und $\bar{\gamma}$ :

$$\| c(L) - c(0) \| \; < \; \| c(T) - c(L) \| \; = \; \| c(0) - c(L) \|, \quad Widerspruch!$$

Der obige Vierscheitelsatz ist daher vollends gezeigt mit dem folgenden
*Beweis von* (101): Nach Definition von $\gamma$, (100) und 1.3.(23) ist (101) äquivalent zu:

$$Ist \;\; e := (1/\|c(0) - c(L)\|) \cdot (c(0) - c(L)), \;\; so \;\; c'(t) \neq e \;\; f\ddot{u}r \; alle \; t \in \,]0, L[. \tag{102}$$

Zum Beweis von (102) zeigen wir zunächst, daß aus (99),(100) folgt:

$$\kappa_c(t) > 0 \;, \quad d.h. \;\; \kappa_\gamma(t) > 0 \;\; f\ddot{u}r \; alle \; t \in [0, L]. \tag{103}$$

[Denn anderenfalls folgte wegen $\kappa_c \geq 0$ aus (99): $\kappa_c(0) = 0$, also nach (100) überhaupt $\kappa_{\bar{\gamma}} = 0$. Wegen $\|\bar{\gamma}'\| = 1$ und dem Zusatz zu 1.4.3.b folgte daher $\bar{\gamma}(t) =$

$\bar{\gamma}(0){+}t{\cdot}\bar{\gamma}'(0)$ für $t \in [0, L]$ und somit $\|\bar{\gamma}(L){-}\bar{\gamma}(0)\| = L$. Da aber $\gamma$ auch von der Länge $L$ ist, so wäre $\gamma$ ein die Punkte $\gamma(0) = \bar{\gamma}(L)$ und $\gamma(L) = \bar{\gamma}(0)$ verbindender *kürzester* Weg, folglich müßte $\gamma$ nach 1.2.2.b ganz in einer Geraden verlaufen, also nach (52): $\kappa_\gamma = 0$. Zusammen mit $\kappa_{\bar{\gamma}} = 0$ (s.o.) folgte daher nach Definition von $\gamma, \bar{\gamma}$ sofort $\kappa_c = 0$, im Widerspruch zur vorausgesetzten Nicht-Konstanz von $\kappa_c$.]

Insbesondere gilt nach (103): $\kappa_c(0), \kappa_c(L) > 0$, so daß nach dem 2-ten Zusatz zum Theorem in 1.4.4 (über die Lage der Bahnen ovaler Wege relativ zu ihren Tangenten) der Punkt $c(L)$ bzw. $c(0)$ in der *offenen* positiven Halbebene der Tangente an $c$ in $0$ bzw. in $L$ liegen muß. Nach (102) heißt das: $\langle e, Jc'(0)\rangle < 0$ bzw. $\langle e, Jc'(L)\rangle > 0$, woraus nach 1.3.(14),(22) folgt

$$\sphericalangle_0(e, c'(0)) = \sphericalangle_0(e, c'(T)) \in ]0, \pi[ \quad \textit{und} \quad \sphericalangle_0(e, c'(L)) \in ]{-}\pi, 0[. \qquad (104)$$

Annahme, es gäbe – entgegen (102) – ein $\tau \in ]0, L[$ mit $c'(\tau) = e$. Ist dann $\varphi:$ $\mathbb{R} \to \mathbb{R}$ die in $\tau$ normierte Winkelfunktion von $c'$ bzgl. $e$, also $\varphi(\tau) = 0$ und $\varphi(t) \equiv \sphericalangle_0(e, c'(t)) \bmod 2\pi$ für alle $t \in \mathbb{R}$ (s. 1.3.3.a), so ist $\varphi$ wegen $\kappa_c \geq 0$ und (3) monoton wachsend. Daher muß nach (104) gelten $\varphi(L) > \pi$ und sodann $\varphi(T) > 2\pi$. Da aber $\varphi(0) \leq \varphi(\tau) = 0$ ($\varphi$ monoton wachsend!), so folgte (s. 1.3.(39)): $\sigma(c'|[0,T]) := \varphi(T){-}\varphi(0) > 2\pi$ im Widerspruch zu (61) und 1.3.(62), wonach $\sigma(c'|[0,T]) = 2\pi$. – Damit ist (102), also der Vierscheitelsatz, bewiesen. $\quad\square$


**Zur (Ideen-)Geschichte der Vierscheitelsätze:**    (Notationen wie oben.)

**1.** Adolf KNESER beginnt eine Arbeit [KNA] von 1912 mit den Worten:

> ≫ Herr Carathéodory machte mich neulich darauf aufmerksam, *daß die Krümmung einer geschlossenen, sich selbst nicht schneidenden Kurve stets mindestens zwei Maxima und zwei Minima haben müsse.* ≪

Wir zitieren die letzte (von uns kursiv gesetzte) Aussage im folgenden als „*Carathéodory-Vermutung*." – A. KNESER gibt (loc. cit.) für diese einen Beweis an, der allerdings implizit das *Nichtverschwinden* der Krümmung $\kappa_c$ des $C^2$-geschlossenen Jordan-Weges $c$ voraussetzt. Weiter benutzt er, daß die Länge der Evolute eines (streng monoton-gekrümmten) Abschnitts $c|[\sigma, \tau]$ von $c$, der keine Wendepunkte von $c$ enthält, gleich $|(1/\kappa_c(\tau)){-}(1/\kappa_c(\sigma))|$ ist (was 1912 vermutlich nur für $C^3$-Wege bewiesen war). [Einen Beweis hiervon für $C^2$-Wege gab A. OSTROWSKI (1951/1961), und zwar mittels Stieltjes-Integral-Techniken (s. [OST], S. 325). Wir geben unten einen anderen Beweis hierfür (s. 1.4.7.Satz).] – Der Beweis, so wie er wörtlich in [KNA] angegeben ist, betraf daher nur ($C^3$-geschlossene?) Jordan-Wege, die streng (positiv- oder negativ-)oval sind. Für viele spätere Beweise wird jedoch folgender Ansatz von A. KNESER richtunggebend: Der Beweis wird *indirekt* geführt, und die dabei zum Widerspruch zu führende *Negation der Aussage der Carathéodory--Vermutung über die mindestens vier vorhandenen lokalen Extrema von* $\kappa_c$ lautet: Nimmt $\kappa_c$ in $\lambda$ bzw. in $\mu \in [\lambda, \lambda{+}T[$ sein absolutes Minimum bzw. Maximum an (s. (92)), so gilt:

$$\kappa_c|[\lambda, \mu] \quad bzw. \quad \kappa_c|[\mu, \lambda{+}T] \;\; \textit{ist streng monoton wachsend bzw. fallend.} \qquad (105)$$

[Schließlich zeigt A. KNESER, daß (105) einen Widerspruch liefert zu einem (nicht ganz elementaren) Satz von A. F. MÖBIUS über gewisse geschlossene, doppelpunktfreie Kurven der projektiven Ebene. – ]

**2.** Ein Jahr später (1913) gibt W. Blaschke (∗13.9.1885, †17.3.1962) in [BLA₁] einen neuen Beweis der Carathéodory-Vermutung für $C^2$-geschlossene, streng ovale

Jordan-Wege und sagt eingangs: ≫ *Hier will ich einen einfachen Beweis erbringen, zu dem ich aufgrund einer Mitteilung von Herrn Carathéodory gekommen bin.* ≪ (Leider erfährt man nichts über den Inhalt dieser Mitteilung.) – Wie A. KNESER betrachtet W. BLASCHKE nur streng ovale Jordan-Wege und leitet für diese einen Widerspruch aus (105) her. Dabei kommt bei ihm (neben der Abschwächung von $C^3$ auf $C^2$) folgende *neue Idee* ins Spiel:

*Es gibt* $\lambda, \mu, \zeta \in \mathbb{R}$, *so daß mit* $L := T/2$ *die Aussagen* (93),(97),(98) *gelten*, (106)

d.h. $\kappa_c$ *ist auf* $[\zeta, \zeta+L]$ *größer oder gleich, und auf* $[\zeta+L, \zeta+T]$ *kleiner oder gleich* $\kappa_c(\zeta)$, *aber* $\kappa_c$ *nicht konstant.* Diese Ungleichungen, die ein „*Übergewicht*" der Krümmung des Teilweges $c|[\zeta, \zeta+L]$ von $c$ über die des Teilweges $c|[\zeta+L, \zeta+T]$ von $c$ feststellen, verhindern dann, daß gewisse *integrale* „Schließungsbedingungen" erfüllt sind, welche wegen der $T$-Periodizität von $c$ gelten müßten: Widerspruch!

**3.** Indessen vermag die Beweismethode von W. BLASCHKE viel mehr zu leisten: Ihr Ausgangspunkt für den Widerspruchsbeweis ist nämlich die Aussage (106), von der wir im 1. und 2. Schritt unseres Beweises für den obigen Vierscheitelsatz gezeigt haben, daß sie eine Folge der Verneinung der Behauptung (91) ist. Der entscheidende Trick von BLASCHKEs Beweis (loc. cit., S. 221, Z. 10-22) liefert daher (im Verein mit den obigen Beweisschritten 1. und 2.) für nicht-kreisförmige, $C^2$-geschlossene *streng* ovale Jordan-Wege sofort auch die Existenz von $\tau_1, .., \tau_4 \in \mathbb{R}$ mit den Eigenschaften (91), d.h. von 4 *eigentlichen* lokalen Extrema. [Da BLASCHKEs Beweis jedoch wesentlich an der Voraussetzung „$\kappa_c > o$" bzw. „$\kappa_c < o$" hängt, sind wir im 3. Schritt unseres Beweises (s.o.) einer Idee von D. FOG ([FO], 1933) gefolgt, die die *integrale* „Schließungsbedingung" von BLASCHKE durch eine *geometrische* solche für zwei komplementäre „Hälften" des geschlossenen Weges $c$ ersetzt: Letztere führt mittels des Sehnenlängen-Vergleichssatzes von E. SCHMIDT zu einem Widerspruch. (Obwohl FOG diesen Schluß nur für den streng ovalen Fall ausführt, ließ sich seine Idee – im Gegensatz zu der von BLASCHKE – mit nur geringem Aufwand auch für $\kappa_c \geq o$ oder $\kappa_c \leq o$ retten.)]

**4.** *Das in* (92) *ausgesagte Auf- und Abschwanken der Krümmungswerte in abwechselnder Folge zwischen (kleineren) eigentlichen Minima und (größeren) eigentlichen Maxima von* $\kappa_c$ war 1936 von W. C. GRAUSTEIN [GRS₁] (z.T. nur implizit für nicht-kreisförmige streng ovale $C^2$-geschlossene Jordan-Wege) und 1944 *von* S. B. JACKSON ([JAS], Theorem 4.1) *sogar für beliebige nicht-kreisförmige* $C^2$-*geschlossene Jordan-Wege ausführlich bewiesen worden* (*d.h. der obige Vierscheitelsatz gilt auch ohne die Voraussetzung* $\kappa_c \geq o$ *oder* $\kappa_c \leq o$) [und für diesen letzteren allgemeinen Fall hatte Hellmuth KNESER bereits 1922 [KNH] die Existenz von 4 (allerdings nicht-notwendig *eigentlichen*) lokalen Extrema von $\kappa_c$ bewiesen]. *Dieses verschärfte Resultat in der Version* (91) *bzw.* (92) *scheint die geometrische Intention von* CARATHÉODORYs *Vierscheitel-Vermutung besonders treffend zu präzisieren.* – Darüber hinaus hat H. GLUCK [GLU] 1971 gezeigt, daß erst JACKSONs Version (92) des Vierscheitelsatzes mit den mindestens vier „*eigentlichen lokalen Extrema*" (nicht aber die klassische Version mit lediglich „lokalen Extrema"!) auch eine gewisse Umkehrung für streng ovale Wege gestattet, nämlich: *Ist* $\kappa : \mathbb{R} \to \mathbb{R}_+$ *eine* $T$-*periodische, stetige, streng-positive Funktion, für welche es* $\sigma_1, .., \sigma_4 \in \mathbb{R}$ *gibt, mit denen* (92) *für* $\kappa$ (*statt für* $\kappa_c$) *erfüllt ist, so gibt es einen immersiven* $C^1$-*geschlossenen Jordan-Weg* $c : [0, T] \to \mathbb{E}$ (*dessen Umparametrisierung auf Weglänge sogar* $C^2$-*geschlossen ist!*), *so daß für alle* $t_0 \in [0, T]$ *die Aussage* (2) *mit* $\kappa$ (*statt mit* $\kappa_c$) *gilt, d.h.* $\kappa|[0, T]$ *ist die orientierte Krümmung von* $c$. Kurzum: (92) (bzw. (91)) ist die *einzige Einschränkung* an den Werteverlauf der Krümmungsfunktion eines nicht-kreisförmigen streng ovalen Weges!

W. C. GRAUSTEIN (loc. cit.) hat eine noch weitergehende Verschärfung von (92) für nicht-kreisförmige *streng ovale* $C^2$-geschlossene Jordan-Wege $c$ bewiesen, wonach (92) gilt mit der zusätzlichen Maßgabe, daß die dortigen Minima von $\kappa_c$ *kleiner* und die dortigen Maxima von $\kappa_c$ *größer* als $2\pi/$Länge$(c)$ [= integraler Mittelwert von $\kappa_c$, (beachte (61), 1.3.(97))] sind. (Für nicht-ovales $c$ gilt dies jedoch i.a. nicht!)

5. Als Ursprung des Vierscheitelsatzes wird häufig eine Arbeit aus dem Jahre 1909 von S. MUKHOPADHYAYA [MUK] angegeben. Dazu zitieren wir aus dieser Arbeit die u. E. einzig relevanten Stellen zum Thema „Vierscheitelsatz" im Wortlaut:

> $\gg$ .. *upon the given curve, we shall usually have a number of places or singular points, where the osculating curve halts momentarily.* .. .
> A *cyclic* point is a singular point on a plane curve, where the circle of curvature passes through four consecutive points, instead of three . .. . At a cyclic point, the circle of curvature may touch the given curve, internally or externally. In the former case, the point will be called *in*-cyclic and in the latter case, *ex*-cyclic.
>
> Prop. III. – On any elementary oval, there must exist at least four cyclic points, two *in* and two *ex*. $\ll$

Weitergehende Präzisierungen der auftretenden Begriffe gibt es in [MUK] nicht. Aus den zitierten Stellen (insbesondere aus „halts momentarily") darf man schließen, daß die zyklischen Punkte lediglich stationäre ( = kritische) Punkte der Krümmungsfunktion $\kappa_c$, also „Scheitel" sind. Die Proposition III von MUKHOPADHYAYA hat damit a priori nichts mit den *Extremwertaussagen* für $\kappa_c$ aus der Carathéodory-Vermutung zu tun, in der gesamten Arbeit gibt es auch keinerlei Hinweis auf *Extrema* von $\kappa_c$. Dennoch hält sich in der Literatur die Meinung, MUKHOPADHYAYA habe bereits 1909 die Aussage der Carathéodory-Vermutung bewiesen. Dafür scheint verantwortlich zu sein, daß seine „in-(ex-)zyklischen" Punkte als Stellen lokaler Maxima (Minima) von $\kappa_c$ angesehen wurden (explizit z.B. so in [FO], S. 252, Z. 23-28), was aber *falsch* ist. [So hat z.B. der Graphenweg $c$ (s. 1.4.1.c) der $C^3$-Funktion $\varphi:[-1/2, 1/2]\to \mathbb{R}$ mit

$$\varphi(0) := 0 \quad und \quad \varphi(t) := 1 - \sqrt{1-t^2} + t^8 \cdot \left(1+\sin^2(1/t)\right) \quad für \ \ 0<|t|\le(1/2),$$

überall streng positive Krümmung, $c$ hat in $0$ einen Scheitel (d.h. $\kappa_c'(0) = 0$) und $c$ verläuft für $t \ne 0$ ganz innerhalb des Krümmungskreises von $c$ in $0$, d.i. der Kreis vom Radius 1 um $(0,1)\in \mathbb{E}^2$. $0$ ist also ein ex-zyklischer Punkt von $c$ im Sinne von MUKHOPADHYAYA, jedoch besitzt $\kappa_c$ in $0$ *kein lokales Minimum*! Man prüfe dazu mittels (7): $\kappa_c(1/(n+\tfrac{1}{2})\pi) < \kappa_c(0) = 1$ *für alle* $n\in\mathbb{N}$ *mit* $n\ge 2$.]

*Keiner* der durch MUKHOPADHYAYAs Satz gelieferten vier zyklischen Punkte von $c$ braucht daher Stelle eines lokalen Extremums von $\kappa_c$ zu sein, d.h. mit MUKHOPADH-YAYAs Satz ist die Carathéodory-Vermutung *nicht* bewiesen! [Das Umgekehrte ist hingegen der Fall: Denn besitzt $\kappa_c$ in $\tau$ ein lokales Maximum (Minimum), so ist $\tau$ ein in- (ex-)zyklischer Punkt von $c$ (s.u. den Satz in 1.4.8).] – 1922 hat Hellmuth KNESER ([KNH]. S.318) bemerkt, daß in-zyklische Punkte von $c$ aber *Limespunkte* von Stellen *lokaler Maxima* von $\kappa_c$ sind, und 1944 hat S.B. JACKSON ([JAS], Lemma 2.3) dies sogar mit „*eigentlich*" statt „*lokal*" gezeigt, d.h.: *Jeder in- (ex-)zyklische Punkt* $\tau\in\mathbb{R}$ *von* $c : \mathbb{R} \to \mathbb{E}$ *ist Stelle eines eigentlichen Extremums von* $\kappa_c$, *oder ein Häufungspunkt solcher Stellen*, woraus folgt, daß aus MUKHOPADHYAYAs Satz, *erst im Verein mit* (H. KNESERs *Resultat von* 1922 *die Existenz von vier lokalen, bzw. mit*) JACKSONs *Resultat von* 1944 *die Existenz von vier eigentlichen Extrema der Funktion* $\kappa_c\|[0,T[$ *folgt.*

**6.** Den wegen seiner Kürze beliebten (sehr analytischen!) Beweis der Carathéodory-Vermutung von G. HERGLOTZ, welchen W. BLASCHKE in seinem Lehrbuch reproduziert ([BLA₂], S. 31/32), haben wir unberücksichtigt gelassen, da er auf $C^3$-Wege zugeschnitten ist [für $C^2$-Wege läßt er sich noch mit Stieltjes-Integral-Techniken durchführen (allerdings mit Einbußen an Prägnanz gegenüber dem $C^3$-Fall)].

**7.** W.C. GRAUSTEIN geht 1937 der Frage nach, in wie weit die Carathéodory-Vermutung noch gilt, wenn man den $C^2$-geschlossenen immersiven Weg $c:[0,T]\to I\!E$ nicht mehr als Jordan-Weg voraussetzt. Er gibt dort (vgl. [GRS₂]) u.a. für alle $n\in 2+I\!N$ Klassen $C^2$-geschlossener immersiver Wege $c:[0,T]\to I\!E$ mit $\mathrm{ind}\,(c';\mathrm{o})=n$ an, für die die Carathéodory-Vermutung noch gilt. Andererseits beschreibt er auch Beispiele solcher $c$ mit $\mathrm{ind}\,(c';\mathrm{o})=1$, für die die $\kappa_c$ nur genau zwei Extremstellen in $[0,T[$ besitzt.

**8.** Für weitere Verallgemeinerungen „des" Vierscheitelsatzes vgl. auch M. BARNER und F. FLOHR [BAR] und die dortige umfangreiche Literatur-Übersicht, sowie die Arbeiten von E. HEIL [HEL₁],[HEL₂] und deren Literatur-Verzeichnisse.


## 1.4.6 Intermezzo: Ein Mittel- und Grenzwertsatz $n$-ter Ordnung

*Vorbemerkung*: Aus 1.4.6 verwenden wir im folgenden allein die Aussage (123) für $n=2$ (wie lautet sie dann explizit?), und zwar nur einmal auf S.97 für einen Beweis der Aussagen (137), (138) (von NEWTON und Joh. BERNOULLI), welche allein ihres historischen Interesses wegen dort erwähnt, ansonsten aber nirgends benutzt werden: *Man darf daher 1.4.6 zunächst übergehen*. – ⊛ Das folgende Theorem hat H.A. SCHWARZ eigens aufgestellt, um damit geschickt beweisen zu können: *Die Schmiegebene eines räumlichen $C^2$-Weges $c:I\to I\!E^3$ in einem Nicht-Wendepunkt $\alpha\in I$ von $c$ ist die Ebene durch drei $\alpha$-benachbarte Punkte von $c$*, sowie die analoge Aussage (mit 4 Punkten) für die Schmiegsphäre von $C^3$-Wegen in $I\!E^3$. – Wir fügen darüber hinaus im Korollar 2 eine (für die Numerische Mathematik interessante!) Folgerung dieses Theorems an, für welche in der Literatur Beweise sehr rar sind.


**Theorem:**    (H.A. SCHWARZ [SCHW₁], 1880.)

Seien $m,n\in I\!N_+$ mit $n<m$, sei $W$ ein $m$-dim. $I\!R$-Vektorraum und $c:I\to W$ ein $C^n$-Weg. Dann gilt für jede $(n+1)$-fache

$$\text{\emph{alternierende Multilinearform }} \omega:W^{n+1}\to I\!R \; : \tag{107}$$

**a)**    *Alternierender Mittelwertsatz $n$-ter Ordnung:*    *Für alle*[48]

$$\tau_0,..,\tau_n\in I \text{ \emph{mit} } \tau_0<..<\tau_n \text{ \emph{gibt es} } \xi_i\in[\tau_0,\tau_i] \text{ \emph{für} } i=0,..,n \text{ \emph{mit} } \xi_0\leq..\leq\xi_n\,, \tag{108}$$

$$\text{\emph{so daß}}\qquad \frac{\omega(c(\tau_0),..,c(\tau_n))}{\prod_{0\leq i<j\leq n}(\tau_j-\tau_i)} \;=\; \omega\Big(\frac{c(\xi_0)}{0!},..,\frac{c^{(n)}(\xi_n)}{n!}\Big)\,. \tag{109}$$

---

[48]Bei SCHWARZ nur: „$\xi_0,..,\xi_n\in[\tau_0,\tau_n]$ *mit* $\xi_0\leq..\leq\xi_n$". Unsere leichte Verschärfung hiervon in (108) gelingt durch eine *andere Reihenfolge der Integrationen* (121) *in* (122), s.u. . [Bei SCHWARZ außerdem: $m=n+1$, $W=I\!R^{n+1}$, $\omega=\det$.]

**b)** *Alternierender Grenzwertsatz n-ter Ordnung:*     *Ist* $\alpha \in I$, *so gilt:*

$$\lim_{t_0,..,t_n \to \alpha} \frac{\omega(c(t_0),..,c(t_n))}{\prod_{0 \le i < j \le n}(t_j - t_i)} = \frac{\omega\big(c(\alpha),..,c^{(n)}(\alpha)\big)}{0!\cdots n!}, \tag{110}$$

*wobei in* (110) *die* $t_0,..,t_n \in I$ *paarweise verschieden zu wählen sind.*

⊛ *Zusatz: Da* (110) *für alle alternierenden* $(n+1)$-*Formen* $\omega$ *von* $W$ *gilt, so bedeutet* (110) (s. 1.1.1, Fußnote 1) *die folgende Limesaussage im* $\mathbb{R}$-*Vektorraum* $\bigwedge^{n+1} W$:

$$\lim_{t_0,..,\,t_n \to \alpha} \frac{0!\cdots n!}{\prod_{0 \le i < j \le n}(t_j - t_i)} \big(c(t_0) \wedge .. \wedge c(t_n)\big) = c(\alpha) \wedge .. \wedge c^{(n)}(\alpha), \tag{111}$$

*wobei in* (111) *die* $t_0,..,\,t_n \in I$ *paarweise verschieden zu wählen sind.*


*Beweis:* Für $\omega = o$ sind a),b) trivial. Sei also im folgenden $\omega \ne o$. *Zu* a): Seien nun $\tau_0,..,\tau_n$ wie in (108). Dann ist offenbar die kompakte Menge

$$K := \{(t_0,..,t_n) \in \mathbb{R}^{n+1} \mid \tau_0 = t_0 \le t_{i-1} \le t_i \le \tau_i \text{ für } i=1,..,n\} \quad \text{konvex} \tag{112}$$

in $\mathbb{R}^{n+1}$. Für jeden $C^n$-Weg $c: I \to W$ haben wir weiter folgende $C^0$-Funktionen $\delta_c, \beta_c \in C^0(K, \mathbb{R})$, definiert durch: Für alle $(t_0,..,t_n) \in K$ (s. (107)):

$$\delta_c(t_0,..,t_n) := \omega(c(t_0),..,c(t_n)) \quad und \quad \beta_c(t_0,..,t_n) := \omega(c(t_0),..,c^{(n)}(t_n)). \tag{113}$$

Da $\omega: W^{n+1} \to \mathbb{R}$ nach Annahme nicht verschwindet, so können wir wählen

$$e_0,..,e_n \in W \quad mit \quad \omega(e_0,..,e_n) = 1. \tag{114}$$

Damit gewinnen wir den von $(e_0,..,e_n)$ aufgespannten

$$\textit{Potenzenweg } p: I \to W \quad mit \quad p := (e_0 + x \cdot e_1 + .. + x^n \cdot e_n)|I, \tag{115}$$

und für diesen erhalten wir [s. (112),(113),(114), (115)] für alle $(t_0,..,t_n) \in K$:

$$\delta_p(t_0,..,t_n) = \det((t_i)^j)_{i,j=0,..,n} = \prod_{0 \le i < j \le n}(t_j - t_i), \quad \beta_p(t_0,..,t_n) = 0!\cdots n!. \tag{116}$$

[Denn wegen (107),(113),(114),(115) ist die 1-te Gleichung von (116) klar. Der in dieser 1-ten Gleichung von (116) rechts stehende Term ist aber die Vandermonde-Determinante von $(t_0,..,t_n)$, deren Wert bekanntlich das Produkt aller Differenzen $(t_j - t_i)$ ist mit $0 \le i < j \le n$. – Schließlich gilt nach (115) für alle $t \in I$ und $k \in \{0,..,n\}$: $p^{(k)}(t) - k! e_k \in \mathrm{Spann}(e_{k+1},..,e_n)$ ($:= \{o\}$ für $k = n$), weshalb nach (107),(113),(114) gerade die letzte Gleichung von (116) folgt.] – Setzt man daher ($K$ ist kompakt):

$$\mu := \min \beta_c(K) \quad und \quad M := \max \beta_c(K), \tag{117}$$

so genügt es zum Beweis von (109) zu zeigen:

$$\mu \cdot \delta_p \le (0!\cdots n!) \cdot \delta_c \le M \cdot \delta_p \quad auf\ K, \tag{118}$$

[denn dann folgt für $\tau_0,..,\tau_n$ wie in (108) wegen $\delta_p(\tau_0,..,\tau_n) > 0$ (s. (116)):

$$\mu \le (0!\cdots n!) \cdot \delta_c(\tau_0,..,\tau_n)/\delta_p(\tau_0,..,\tau_n) \le M,$$

also gibt es, da $\beta_c$ stetig und $K$ zusammenhängend ist (s. (112),(113),(117)), ein

$$(\xi_0,..,\xi_n) \in K \quad \textit{mit} \quad (0!\cdots n!)\cdot\delta_c(\tau_0,..,\tau_n)/\delta_p(\tau_0,..,\tau_n) \;=\; \beta_c(\xi_0,..,\xi_n)\,,$$

und das ist wegen (112),(113),(107),(116) gerade die Behauptung (108),(109)]. –

*Zum Beweis von* (118) genügt es wiederum zu zeigen: Es existiert ein

$$\text{IR-}\textit{linearer, isotoner Operator} \quad S : C^0(K,\text{IR}) \to C^0(K,\text{IR}) \qquad (119)$$

des geordneten IR-VRes $C^0(K,\text{IR})$ aller stetigen Funktionen $\varphi, \psi : K \to \text{IR}$ (mit der kanonischen Ordnung „$\varphi \leq \psi$" reellwertiger Funktionen, und wobei „*Isotonie von* $S$" bedeutet: Für alle $\varphi, \psi \in C^0(K,\text{IR})$ mit $\varphi \leq \psi$ folgt $S\varphi \leq S\psi$) derart, daß (s. (113))

$$\textit{für jeden } C^n\textit{-Weg} \;\; \tilde{c} : I \to W \;\; \textit{gilt}: \qquad S(\beta_{\tilde{c}}) \;=\; \delta_{\tilde{c}}\,. \qquad (120)$$

[Denn aus (116),(117) folgt: $\mu\cdot\beta_p \leq (0!\cdots n!)\cdot\beta_c \leq M\cdot\beta_p$ und Anwendung des Operators $S$ auf die letzte Kettenungleichung liefert wegen (119),(120) gerade (118).] – Zur Existenz von $S$ mit (119),(120): Für $k \in \{1,..,n\}$ und $\varphi \in C^0(K,\text{IR})$ definiere $S_k\varphi : K \to \text{IR}$ durch

$$(S_k\varphi)(t_0,..,t_n) \;:=\; \int_{t_{k-1}}^{t_k} \varphi(t_0,..,t_{k-1},x,t_{k+1},..,t_n)\,dx \qquad \textit{für } (t_0,..,t_n) \in K\,. \qquad (121)$$

Man beachte, daß für alle $(t_0,..,t_n) \in K$ und für alle $t$ aus dem Integrationsintervall $[t_{k-1},t_k]$ in (121) das Argument $(t_0,..,t_{k-1},t,t_{k+1},..,t_n)$ des Integranden ebenfalls ein Punkt aus $K$ ist (s. (112)), also das Integral für $\varphi \in C^0(K,\text{IR})$ wirklich definiert ist und ferner, daß $S_k\varphi$ nach (121) [wegen des Satzes über die stetige Abhängigkeit eines Integrals von freien Parametern im Integranden bzw. von seinen Integrationsgrenzen] stetig ist auf $K$ und offenbar $S_k : C^0(K,\text{IR}) \to C^0(K,\text{IR})$ IR-linear und isoton ist. Daher hat also auch die Komposition

$$S \;:=\; S_n \circ (S_{n-1} \circ S_n) \circ \cdots \circ (S_1 \circ \cdots \circ S_n) : C^0(K,\text{IR}) \to C^0(K,\text{IR}) \qquad (122)$$

die Eigenschaft (119), erfüllt aber zusätzlich (120): Denn für $(t_0,..,t_n) \in K$ folgt

$$\begin{aligned}
(S_n\beta_{\tilde{c}})(t_0,..,t_n) \;&=\; \int_{t_{n-1}}^{t_n} \omega\big(\tilde{c}(t_0),..,\tilde{c}^{(n-1)}(t_{n-1}),\tilde{c}^{(n)}(x)\big)\,dx \\
&=\; \omega\big(\tilde{c}(t_0),..,\tilde{c}^{(n-1)}(t_{n-1}),\tilde{c}^{(n-1)}(t_n)\big)\,,
\end{aligned}$$

wobei die letzte Gleichung wegen des Alternierens von $\omega$ zustande kommt. Durch sukzessive Anwendung von $S_n,..,S_1$ auf $\beta_{\tilde{c}}$ werden daher – analog zur zuletzt beschriebenen Wirkung von $S_n$ auf $\beta_{\tilde{c}}$ – in den Argumenten von $\omega$ die Ableitungsordnungen der $\tilde{c}^{(n)}(t_n),..,\tilde{c}'(t_1)$ schrittweise um 1 erniedrigt, und man erhält

$$((S_1 \circ \cdots \circ S_n)\beta_{\tilde{c}})(t_0,..,t_n) \;=\; \omega(\tilde{c}(t_0),\tilde{c}(t_1),\tilde{c}'(t_2),..,\tilde{c}^{(n-1)}(t_n)) \quad \textit{für } (t_0,..,t_n) \in K\,.$$

So, gemäß (122) fortschreitend, endet man schließlich bei (s. (113)):

$$(S\beta_{\tilde{c}})(t_0,..,t_n) \;=\; \omega(\tilde{c}(t_0),\tilde{c}(t_1),..,\tilde{c}(t_n)) \;=\; \delta_{\tilde{c}}(t_0,..,t_n) \quad \textit{für } (t_0,..,t_n) \in K\,.$$

*Zu* b): Dies ist – da $c$ ein $C^n$-Weg ist – eine triviale Folge von a), wenn man beachtet, daß der Bruch hinter dem Limeszeichen in (110) seinen Wert bei irgendeiner Permutation der $t_0,..,t_n$ nicht ändert (s. (107),(116)), also ohne Einschränkung in (110) angenommen werden darf: $t_0 < .. < t_n$ . Dann ist aber (108),(109) direkt auf den Limes-Term von (110) anzuwenden. $\square$

**Aufgabe:**   Beweise folgende zwei Korollare von (108),(109),(110),(111):

**Korollar 1:**   (*Differenzen-Version des letzten Theorems 1.4.6.*)

Seien $m, n \in \mathbb{N}_+$ mit $n \leq m$, sei $V$ ein $m$-dim. $\mathbb{R}$-VR, sei $c : I \to V$ ein $C^n$-Weg und $\alpha \in I$. Dann gilt für jede $n$-fache alternierende Multilinearform $\Omega : V^n \to \mathbb{R}$:

- *Für alle* $\tau_0, .., \tau_n \in I$ *mit* $\tau_0 < .. < \tau_n$ *gibt es* $\xi_i \in [\tau_0, \tau_i]$ *für* $i = 1, .., n$ *mit* $\xi_1 \leq .. \leq \xi_n$,

$$so\ da\beta: \qquad \frac{\Omega\big(c(\tau_1) - c(\tau_0), .., c(\tau_n) - c(\tau_0)\big)}{\prod_{0 \leq i < j \leq n}(\tau_j - \tau_i)} \;=\; \Omega\Big(\frac{c'(\xi_1)}{1!}, .., \frac{c^{(n)}(\xi_n)}{n!}\Big), \qquad (123)$$

*d.i. mit* $n = 1$ *(i. w.) der Mittelwertsatz der Differentialrechnung für* $\Omega \circ c : I \to \mathbb{R}$.

- *Mit paarweise verschiedenen* $t_0, .., t_n \in I$ *hat man:*

$$\lim_{t_0, .., t_n \to \alpha} \frac{\Omega\big(c(t_1) - c(t_0), .., c(t_n) - c(t_0)\big)}{\prod_{0 \leq i < j \leq n}(t_j - t_i)} \;=\; \Omega\Big(\frac{c'(\alpha)}{1!}, .., \frac{c^{(n)}(\alpha)}{n!}\Big), \qquad (124)$$

$$\lim_{t_0, .., t_n \to \alpha} \frac{1! \cdots n!}{\prod\limits_{0 \leq i < j \leq n}(t_j - t_i)} \cdot \Big(\bigwedge_{k=1}^{n}(c(t_k) - c(t_0))\Big) \;=\; c'(\alpha) \wedge .. \wedge c^{(n)}(\alpha). \qquad (125)$$

[Zeige dazu:  Auf dem $(m+1)$-dim. $\mathbb{R}$-VR  $W := \mathbb{R} \times V$  ist  $\omega : W^{n+1} \to \mathbb{R}$  mit

$$\omega\big((\alpha_0, v_0), .., (\alpha_n, v_n)\big) \;:=\; \sum_{i=0}^{n}(-1)^i \alpha_i \cdot \Omega(v_0, .., \hat{v}_i, .., v_n) \quad \text{für } (\alpha_i, v_i) \in W,$$

$(i = 0, .., n)$, eine $(n+1)$-fache alternierende Multilinearform auf $W$, so daß

$$\omega\big((1, v_0), .., (1, v_n)\big) \;=\; \omega\big((1, v_0), (1, v_1) - (1, v_0), .., (1, v_n) - (1, v_0)\big)$$
$$\;=\; \omega\big(((1, v_0), (0, v_1 - v_0), .., (0, v_n - v_0)\big) \;=\; \Omega(v_1 - v_0, .., v_n - v_0).$$

Damit folgere für den $C^n$-Weg  $\mathbf{c} : I \to W$  $\big(t \mapsto (1, c(t))\big)$  und alle $t_0, .., t_n \in I$:

$$\omega\big(\mathbf{c}(t_0), \mathbf{c}(t_1), .., \mathbf{c}(t_n)\big) \;=\; \Omega\big(c(t_1) - c(t_0), .., c(t_n) - c(t_0)\big),$$
$$\omega\big(\mathbf{c}(t_0), \mathbf{c}'(t_1), .., \mathbf{c}^{(n)}(t_n)\big) \;=\; \Omega\big(c'(t_1), .., c^{(n)}(t_n)\big). \quad \square\ ]$$

**Korollar 2:**   (*Differenzenquotienten und Ableitungen n-ter Ordnung.*)

Sei $I$ ein Intervall von $\mathbb{R}$ mit $I^\circ \neq \emptyset$, sei $\varphi : I \to \mathbb{R}$ eine $C^n$-Funktion $(n \in \mathbb{N}_+)$, sei $c : I \to V$ ein $C^n$-Weg in einem endlich-dim. $\mathbb{R}$-VR $V$ und sei $\alpha \in I$. Dann gilt:

- *Für alle* $\tau_0, .., \tau_n \in I$ *mit* $\tau_0 < .. < \tau_n$ *gibt es* $\xi \in [\tau_0, \tau_n]$, *so daß*

$$\sum_{k=0}^{n} \frac{\varphi(\tau_k)}{(\tau_k - \tau_0) \cdots \widehat{(\tau_k - \tau_k)} \cdots (\tau_k - \tau_n)} \;=\; \frac{\varphi^{(n)}(\xi)}{n!}. \qquad (126)$$

- *Mit paarweise verschiedenen* $t_0, .., t_n \in I$ *hat man:*

$$\frac{c^{(n)}(\alpha)}{n!} \;=\; \lim_{t_0, .., t_n \to \alpha} \sum_{k=0}^{n} \frac{c(t_k)}{(t_k - t_0) \cdots \widehat{(t_k - t_k)} \cdots (t_k - t_n)}. \qquad (127)$$

- *Mit* $t \in \mathbb{R}^*$, *so daß* $\alpha + tn \in I$, *hat man:*

$$c^{(n)}(\alpha) \;=\; \lim_{t \to 0} \Big(\sum_{k=0}^{n}(-1)^{n-k}\binom{n}{k} \cdot c(\alpha + kt)\Big)/t^n. \qquad (128)$$

[*Beweis-Tip:* Ist $\omega: \mathbb{R}^{n+1} \to \mathbb{R}$ die kanonische Volumform, die also je $n+1$ Vektoren $v_0,..,v_n \in \mathbb{R}^{n+1}$ die Determinante der $(n+1) \times (n+1)$-Matrix mit den Spaltenvektoren $v_0,..,v_n$ zuordnet, so verifiziere für den $C^n$-Weg $c_\varphi: I \to \mathbb{R}^{n+1}$ mit $c_\varphi(t) := (1, t,.., t^{n-1}, \varphi(t))$, $(t \in I)$ : Für alle $t_0,.., t_n \in I$ gilt dann offenbar

$$\omega\big(c_\varphi(t_0),..,c_\varphi(t_n)\big) \;=\; \sum_{k=0}^{n} (-1)^{n-k} \varphi(t_k) \cdot \det\big((t_j)^i\big)_{i \in \{0,..,n-1\},\, j \in \{0,..,\hat{k},..,n\}} \;,$$

wobei die letztere Vandermonde-Determinante der $t_0,..,\hat{t_k},..,t_n$ den Wert hat:

$$\Big(\textstyle\prod_{0 \le i < j \le n}(t_j - t_i)\Big) / (t_k - t_0) \cdots (t_k - t_{k-1})(t_{k+1} - t_k) \cdots (t_n - t_k) \;.$$

Aus den letzten beiden Gleichungen folgere

$$\omega\big(c_\varphi(t_0),..,c_\varphi(t_n)\big) / \Big(\textstyle\prod_{0 \le i < j \le n}(t_j - t_i)\Big) \;=\; \sum_{k=0}^{n} \varphi(t_k) / (t_k - t_0) \cdots \widehat{(t_k - t_k)} \cdots (t_k - t_n) \;.$$

Ferner zeige für $\xi_0,..,\xi_n \in I$ : Die $(n+1) \times (n+1)$-Matrix mit den Spaltenvektoren $c_\varphi(\xi_0)/0!,.., c_\varphi^{(n)}(\xi_n)/n!$ ist eine untere Dreiecksmatrix mit den folgenden Diagonalelementen $1,..,1, \varphi^{(n)}(\xi_n)/n!$, also $\omega\big(c_\varphi(\xi_0)/0!,.., c_\varphi^{(n)}(\xi_n)/n!\big) = \varphi^{(n)}(\xi_n)/n!$. Hieraus, zusammen mit der letzten Formel folgt aus (108),(109) bzw. (110) gerade (126) bzw. (127), wenn man in (127) „$c$" zu „$\varphi$" spezialisiert. Deshalb folgt für jede beliebige Linearform $\omega: V \to \mathbb{R}$ bereits die Gültigkeit von (127), wenn man dort „$c$" durch „$\omega \circ c$" ersetzt, und das heißt [vgl. 1.1.1, Fußnote[1] und 1.1.(5)], daß (127) auch für $c$ gilt. (128) folgt aus (127), wenn man beachtet, daß, falls $t \in \mathbb{R}^*$ mit $\alpha + nt \in I$, für $t_k := \alpha + kt$ $(k = 0,..,n)$ gilt:

$$(t_k - t_0) \cdots \widehat{(t_k - t_k)} \cdots (t_k - t_n) \;=\; (-1)^{n-k} k! (n-k)! \cdot t^n \;. \quad \square\,]$$


## 1.4.7  Krümmungsradius  –  Krümmungskreis  –  Evolute

**a) Definition:** Sei $\mathbb{E}$ wie in (0), sei $c : I \to \mathbb{E}$ ein immersiver $C^r$-Weg $(r \ge 2)$ und sei $\tau \in I$ kein Wendepunkt von $c$, d.h. $\kappa_c(\tau) \neq 0$. – Dann heißt

$$
\begin{array}{llll}
\rho_c(\tau) &:= 1/|\kappa_c(\tau)| &\in \mathbb{R}_+ & \textit{Krümmungradius} \qquad , \\[4pt]
\mathbf{n}_c(\tau) &:= \operatorname{sgn}(\kappa_c(\tau)) \cdot J\mathbf{v}_c(\tau) &\in S\mathbb{E} & \textit{Hauptnormalenvektor} \quad , \\[4pt]
m_c(\tau) &:= c(\tau) + \rho_c(\tau) \cdot \mathbf{n}_c(\tau) &\in \mathbb{E} & \textit{Krümmungsmittelpunkt}
\end{array}
\qquad (129)
$$

von $c$ in $\tau$. – Weiter heiße der $2\pi\rho_c(\tau)$-periodische normierte $C^\omega$-Weg

$$k_{c,\tau} := m_c(\tau) + \rho_c(\tau)\Big(\sin\big(\tfrac{x}{\rho_c(\tau)}\big) \cdot \mathbf{v}_c(\tau) - \cos\big(\tfrac{x}{\rho_c(\tau)}\big) \cdot \mathbf{n}_c(\tau)\Big) : \mathbb{R} \to \mathbb{E} \quad (130)$$

der *Krümmungkreisweg von c in $\tau$*, und seine Bahn $\mathbf{S}_{c,\tau} := k_{c,\tau}(\mathbb{R})$ [d.i. die Kreislinie vom Radius $\rho_c(\tau)$ um $m_c(\tau)$] der *Krümmungskreis von c in $\tau$*, d.h.

$$\mathbf{S}_{c,\tau} := \{ p \in \mathbb{E} \mid \|p - m_c(\tau)\| = \rho_c(\tau) \} \quad (\ni c(\tau)) \;. \qquad (131)$$

Besitzt $c : I \to \mathbb{E}$ keinen Wendepunkt, so heißt der Weg $m_c : I \to \mathbb{E}$ aller Krümmungsmittelpunkte die *Evolute von c*.

**b) Bemerkungen:** • Der Vergleich von (10),(16),(18), (129) liefert:

$$\mathrm{n}_c(\tau) = (1/\|(\partial_c^2 c)\|)\cdot(\partial_c^2 c)(\tau) \quad (= \textit{normierter Krümmungsvektor}^{44}),$$

$$m_c(\tau) = c(\tau)+(1/\kappa_c(\tau))\cdot J\mathbf{v}_c(\tau) \quad \textit{und in } \tau \textit{ die} \tag{132}$$

*Frenet-Differentialgleichungen :* $\quad \rho_c\cdot\partial_c\mathbf{v}_c = \mathrm{n}_c, \quad \rho_c\cdot\partial_c\mathrm{n}_c = -\mathbf{v}_c.$

• *Der Krümmungskreisweg $k_{c,\tau}$ von $c$ in $\tau$ berührt $c$ in $(0,\tau)$ von 2-ter Ordnung, insbesondere (s. (50)) ist die orientierte Krümmung von $k_{c,\tau}$ in $0$ gleich $\kappa_c(\tau)$ .*

• *Ist $c$ ein $C^3$-Weg und gilt $\kappa_c'(\tau) = 0$* [d.h. $\tau$ ist ein *Scheitelpunkt von $c$* (s. Definition 1.4.5), z.B. $\tau \in I^\circ$ und $\kappa_c$ besitzt in $\tau$ ein lokales Extremum], *so berührt $k_{c,\tau}$ den Weg $c$ in $(0,\tau)$ sogar von 3-ter Ordnung!*

[Denn $k_{c,\tau}$ ist auf Weglänge parametrisiert, also (s. (47), 1.2.(22)) folgt die 2-te bzw. 3-te Bemerkung, wenn gezeigt ist:

$$k_{c,\tau}(0) = c(\tau), \quad k_{c,\tau}'(0) = \partial_c c(\tau), \quad k_{c,\tau}''(0) = (\partial_c^2 c)(\tau) \quad \textit{bzw.} \quad k_{c,\tau}'''(0) = (\partial_c^3 c)(\tau).$$

Letzteres folgt aber durch wiederholte Differentiation von (130) mittels $\partial_c c = \mathbf{v}_c$ (s. (10)), dann $\partial_c^2 c = \kappa_c\cdot J\mathbf{v}_c$ (s. (16)), also $\partial_c^3 c = (\partial_c\kappa_c)\cdot J\mathbf{v}_c - \kappa_c^2\cdot\mathbf{v}_c$ (s. (17)).]

**c)** *Die ebenen Wege konstanter Krümmung $\neq 0$ sind die kreisförmigen.*
Ist $I\!E$ wie in (0), $c:I \to I\!E$ ein immersiver $C^2$-Weg, $\rho\in I\!R_+$ und $\tau\in I$ , so gilt:

$$c \textit{ verläuft in einer Kreislinie vom Radius } \rho \quad \Longleftrightarrow \quad |\kappa_c| = (1/\rho)\cdot 1\!\!1. \tag{133}$$

*Zusatz:* Ist eine der Seiten von (133) erfüllt, so folgt:

• Die Evolute $m_c : I \to I\!E$ von $c$ ist ein konstanter Weg, also sind (s. (131),(133)) die Krümmungskreise von $c$ zu verschiedenen Zeiten in $I$ einander gleich, und jede Kreislinie, in welcher $c$ verläuft, ist dieser gemeinsame Krümmungskreis von $c$ .

• Ist $\varphi : H \to I$ die orientierungstreue $C^2$-Umparametrisierung von $c$ auf Weglänge mit $0 \in H$ und $\varphi(0) = \tau$ [s. 1.2.6.a), b)], so gilt: $c\circ\varphi = k_{c,\tau}|H$ , d.h. $c\circ\varphi$ ist der Krümmungskreisweg von $c$ in $\tau$, beschränkt auf $H$ .

• $\kappa_c(\tau)$ *ist positiv bzw. negativ*, je nachdem der positiv-orientierte Normalenvektor $J\mathbf{v}_c(\tau)$ von $c$ in $\tau$ (s. (12)) von $c(\tau)$ aus *zum Mittelpunkt der Kreislinie* (s. (133)), *bzw. von diesem fort weist.*

*Beweis:* Verläuft $c$ ganz in der Kreislinie $\{p \in I\!E| \|p-a\| = \rho\}$ mit $a \in I\!E$ , d.h. $\langle c-a, c-a\rangle = \rho^2\cdot 1\!\!1$, so folgt (Differentiation nach der Weglänge von $c$): $\langle\mathbf{v}_c, c-a\rangle = \mathrm{o}$. Das bedeutet aber [da $(1/\rho)\|c-a\| = \|\mathbf{v}_c\| = 1\!\!1$] nach 1.3.(26): $\mathbf{v}_c = (\varepsilon/\rho)\cdot J(c-a)$ mit $\varepsilon \in \{1, -1\}$ , folglich $\partial_c\mathbf{v}_c = (\varepsilon/\rho)\cdot J\mathbf{v}_c$ , woraus durch Vergleich mit (16) folgt: $\kappa_c = (\varepsilon/\rho)\cdot 1\!\!1$, womit (133) „$\Rightarrow$" gezeigt ist, und weiter zusammen mit der vor-vorletzten Gleichung (wegen $J\circ J = -\mathrm{id}$) auch folgt: $a - c = (1/\kappa_c)\cdot J\mathbf{v}_c$ , also (s. (132)): $m_c(t) = a$ für alle $t \in I$, d.h. es gilt auch Zusatz 1. – Sei umgekehrt $|\kappa_c| = (1/\rho)\cdot 1\!\!1$. Wähle dann $\varphi : H \to I$ wie im Zusatz 2. Da die Bahnen von $c$ und $c\circ\varphi$ gleich sind und $k_{c,\tau}$ im Kreis $\mathbf{S}_{c,\tau}$ vom Radius $\rho$ verläuft (s. (130), (131)), so genügt es zum Beweis

von (133) „$\Leftarrow$“ (und von Zusatz 2) zu zeigen: $c\circ\varphi = \tilde{c} := k_{c,\tau}|H$ . Es sind aber $c\circ\varphi$, $\tilde{c}$ zwei *normierte* Wege (s. Satz 1.2.6.a und (130)) mit (s. (10), (130)):
$$c\circ\varphi(0) = c(\tau) = \tilde{c}(0) \quad \text{und} \quad \mathbf{v}_{c\circ\varphi}(0) = \mathbf{v}_c(\tau) = \mathbf{v}_{\tilde{c}}(0) \,.$$
Die Behauptung $c\circ\varphi = \tilde{c}$ ist daher Konsequenz der Einzigkeitsaussage des Theorems von S. 67, wenn noch gezeigt ist: $\kappa_{c\circ\varphi} = \kappa_{\tilde{c}}$. Das folgt so: Nach 1.4.1.e und Satz 1.2.6.a gilt einmal $\kappa_{c\circ\varphi} = \kappa_c \circ \varphi$, also ist $|\kappa_{c\circ\varphi}|$ (mit $|\kappa_c|$) konstant vom Wert $1/\rho$. Da weiter $\tilde{c}$ ( $:= k_{c,\tau}$ !) im Kreis $\mathbb{S}_{c,\tau}$ vom Radius $\rho$ (s. (130), (131)) verläuft, so folgt aus der bereits bewiesenen Aussage (133) „$\Rightarrow$“, daß auch $|\kappa_{\tilde{c}}|$ konstant vom Wert $1/\rho$ ist, und wegen der Bemerkung im Anschluß an (132) gilt: $\kappa_{\tilde{c}}(0) = \kappa_c(\tau) = \kappa_{c\circ\varphi}(0)$. Daher insgesamt: $\kappa_{c\circ\varphi} = \kappa_{\tilde{c}}$. – Da schließlich der Mittelpunkt irgendeines Kreises, in welchem $c$ verläuft, zufolge Zusatz 1 gleich $m_c(\tau)$ sein muß, so folgt auch Zusatz 3.   $\square$


**Theorem:**   (Isaac NEWTON *und* Johann BERNOULLI.)

Sei $\mathbb{E}$ wie in (0), $c : I \to \mathbb{E}$ ein immersiver $C^2$-Weg, $\alpha \in I$ kein Wendepunkt von $c$. Wegen $\kappa_c(\alpha) \neq 0$, der Stetigkeit von $c'$ und $c''$ und wegen (4) gibt es offenbar eine *Intervallnachbarschaft* $U$ *von* $\alpha$ *in* $I$ [49] mit:

$$\textit{Für alle } \xi, \eta \in U \text{ gilt:} \quad \Omega(c'(\xi), c''(\eta)) \neq 0 \,. \tag{134}$$

Ist $U$ irgendeine Intervallnachbarschaft von $\alpha$ in $I$, für welche (134) zutrifft, so gelten die (an der Wiege der Differentialgeometrie stehenden) Aussagen:

- *Der Krümmungsmittelpunkt als Schnittpunkt $\alpha$-benachbarter Normalen* (exemplarisch bei I. NEWTON, 1665):

$$\textit{Für alle } s, t \in U \textit{ mit } s \neq t \textit{ sind } c'(s) \textit{ und } c'(t) \textit{ linear unabhängig}, \tag{135}$$

folglich auch $Jc'(s)$ und $Jc'(t)$, also besitzen für solche $s, t$ die Normalen $c(s) + \mathbb{R}\cdot Jc'(s)$ und $c(t) + \mathbb{R}\cdot Jc'(t)$ von $c$ in $s$ und $t$ als nicht-parallele Geraden in $\mathbb{E}$ genau einen Schnittpunkt $m(s,t)$ in $\mathbb{E}$ und es gilt (s. (129)):

$$\lim_{s,t\to\alpha} m(s,t) = m_c(\alpha) \quad (\textit{mit } s \neq t)\,. \tag{136}$$

- *Der Krümmungskreis als Kreis durch drei $\alpha$-benachbarte Punkte*
  (Idee bei I. NEWTON, 1671; unabhängig davon bei J. BERNOULLI, 1692):

Für alle paarweise verschiedenen $r, s, t \in U$ sind die Wegpunkte

$$c(r), c(s), c(t) \quad \textit{nicht kollinear}, \tag{137}$$

folglich gibt es genau einen Kreis $\mathbb{S}_c(r,s,t)$ durch letztere drei Punkte von $c$, und diese Kreise konvergieren für $r, s, t \to \alpha$ gegen den Krümmungskreis $\mathbb{S}_{c,\alpha}$

---

[49] *d.h.* $U$ ist ein Teilintervall von $I$ und es gibt $\varepsilon \in \mathbb{R}_+$ mit $I \cap \,]\alpha{-}\varepsilon, \alpha{+}\varepsilon[ \subset U$ .

von $c$ in $\alpha$ (s. (131)), d.h.[50]: Bezeichnet $m(r,s,t)$ bzw. $\rho(r,s,t)$ den Mittelpunkt bzw. den Radius von $\mathfrak{S}_c(r,s,t)$, so gilt (s. (129)):

$$\lim_{r,s,t\to\alpha} m(r,s,t) \;=\; m_c(\alpha) \qquad und \qquad \lim_{r,s,t\to\alpha}\rho(r,s,t) \;=\; \rho_c(\alpha)\;. \qquad (138)$$

*Beweis:* Sind $s,t\in U$ und $s\neq t$, so gibt es (Mittelwertsatz!) ein $\zeta\in U$ zwischen $s$ und $t$ mit (beachte (134))

$$\Omega(c'(s),c'(t)) \;=\; \Omega(c'(s),c'(t)-c'(s)) \;=\; \Omega(c'(s),c''(\zeta))\cdot(t-s) \;\neq\; 0\,, \qquad (139)$$

woraus (135) folgt (s. 1.3.(16)). Weiter gilt (Beweis!) für alle $s,t\in U$ mit $s\neq t$:

$$m(s,t) \;=\; c(s) + \lambda(s,t)\cdot Jc'(s) \quad mit \quad \lambda(s,t) \;:=\; \frac{\langle c(t)-c(s),\,c'(t)\rangle}{\Omega(c'(s),c'(t))}\,, \qquad (140)$$

also folgt nach Erweitern des Bruches in (140) mit $1/(t-s)$ nach (110):

$$\lim \lambda(s,t) = \|c'(\alpha)\|^2/\Omega(c'(\alpha),c''(\alpha)) \quad für \quad s,t\to\alpha \ mit \ s,t\in U \ und \ s\neq t\,,$$

woraus mit (140),(132),(4),(10) gerade (136) folgt. – Seien nun $r,s,t\in U$ paarweise verschieden, o.B.d.A. $r<s<t$. Dann gibt es nach (123) $\xi,\eta\in U$, so daß (s. (134))

$$2\Omega(c(s)-c(r),c(t)-c(r)) \;=\; \Omega(c'(\xi),c''(\eta))\cdot(s-r)(t-r)(t-s) \;\neq\; 0\,, \qquad (141)$$

insbesondere sind $c(s)-c(r)$, $c(t)-c(r)$ linear unabhängig, d.h. es gilt (137). Für diese $r,s,t$ ist weiter der Mittelpunkt $m(r,s,t)$ des Kreises $\mathfrak{S}(r,s,t)$ durch die drei Punkte aus (137) gerade der Schnittpunkt der Mittelsenkrechten der Verbindungsstrecken von $c(r)$ und $c(s)$ bzw. $c(r)$ und $c(t)$, weshalb (Beweis!):

$$m(r,s,t) \;=\; \frac{c(r)+c(t)}{2} + \frac{\langle c(s)-c(r),\,c(t)-c(s)\rangle}{2\Omega(c(s)-c(r),c(t)-c(r))}\cdot J(c(t)-c(r))\,. \qquad (142)$$

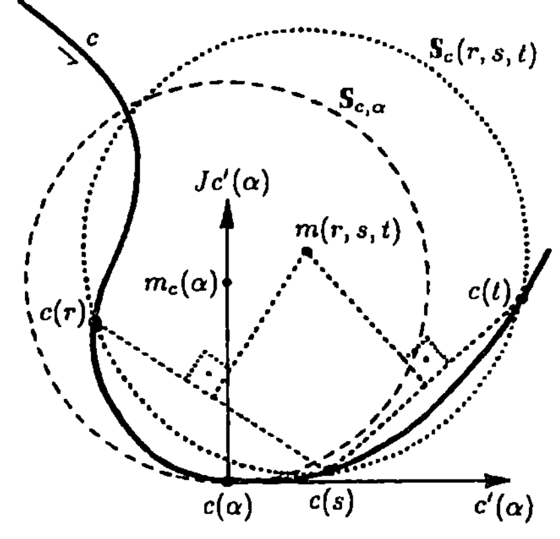


Erweitert man den letzten Summanden von (142) mit $1/(s-r)(t-r)(t-s)$, so konvergiert dieser für $r,s,t\to\alpha$ wegen 1.1.(19),(20) und (141) gegen

$$\left(\|c'(\alpha)\|^2/\Omega(c'(\alpha),c''(\alpha))\right)\cdot Jc'(\alpha)\,,$$

weshalb der Grenzübergang $r,s,t\to\alpha$ in (142) mittels (4),(10), (132) die 1-te Gleichung von (138) liefert. Schließlich gilt per definitionem

$$\rho(r,s,t) \;=\; \|\,c(r)-m(r,s,t)\,\|\,,$$

woraus für $r,s,t\to\alpha$ unter Benutzung der ersten Gleichung aus (138) und (129) auch die zweite Gleichung von (138) folgt. $\square$

---

[50] mehr begrifflich gesagt: *Die* (kompakten) *Kreise* $\mathfrak{S}_c(r,s,t)$ *konvergieren für* $r,s,t\to\alpha$ *gegen den* (kompakten) *Krümmungskreis* $\mathfrak{S}_{c,\alpha}$ *von* $c$ *in* $\alpha$ *im metrischen Raum aller kompakten Teilmengen* $H,K,..$ *von* $I\!E$ *mit der Hausdorff-Metrik* $d(H,K) := \inf\{\varepsilon\in I\!R_+ \mid K\subset H_\varepsilon \ und \ H\subset K_\varepsilon\}$, wobei $H_\varepsilon$ die Vereinigung aller offenen $\varepsilon$-Kreisscheiben von $I\!E$ mit einem Mittelpunkt in $H$ bezeichnet.

**Satz:** *Evoluten monoton gekrümmter ebener* $C^2$-*Wege ohne Wendepunkte.*
Sei $I\!\!E$ wie in (0) und $c: I \to I\!\!E$ ein immersiver $C^2$-Weg ohne Wendepunkte,
also ist seine Evolute $m_c: I \to I\!\!E$ (s.o. a)) definiert. Sei weiter *die orientierte*
*Krümmungsfunktion* $\kappa_c$ *von* $c$ *streng monoton.* Folglich ist die Krümmungsradiusfunktion $\rho_c: I \to I\!\!R_+$ (s. (129)) ebenfalls streng monoton mit einer (i.a.
nur stetigen!) Umkehrfunktion $\rho_c^{-1}: H \to I$, wobei $H := \rho_c(I)$. Dann gilt:
*Die mit* $\rho_c^{-1}$ *(„auf Krümmungsradius-Parameter von* $c$*") umparametrisierte*
*Evolute* $m_c$ *ist ein normierter, also immersiver* $C^1$-*Weg* $m_c \circ \rho_c^{-1}: H \to I\!\!E$,
*und genauer* (beachte (129) zur Definition von $n_c$, und 1.1.5.a):

$$(m_c \circ \rho_c^{-1})' = n_c \circ \rho_c^{-1}, \quad \textit{also ist die Normale } c(\tau) + I\!\!R \cdot n_c(\tau) \textit{ von} \atop c \textit{ in } \tau \in I \textit{ zugleich Tangente an } m_c \textit{ in } \tau \textit{ im Sinne von } 1.1.(27). \qquad (143)$$

Da $\|n_c\| = 1\!\!1$ (s. (129)), so gilt für alle $\alpha, \beta \in I$ mit $\alpha < \beta$ (s. 1.2.1.d):

$$m_c | [\alpha, \beta] \textit{ ist rektifizierbar und } \textrm{Länge}(m_c | [\alpha, \beta]) = |\rho_c(\beta) - \rho_c(\alpha)|. \qquad (144)$$

*Zusatz: Die Aussage* (144) *gilt auch noch, wenn* $\kappa_c: I \to I\!\!R^*$ *nur monoton ist.*
[Statt (144) zeigen wir sogar: Ist $\rho_c | [\alpha, \beta]$ von beschränkter Variation
(s. 1.2.1.a), so ist $m_c | [\alpha, \beta]$ rektifizierbar und $\textrm{Länge}(m_c | [\alpha, \beta]) =$
$\textrm{L}(\rho_c | [\alpha, \beta])$ ( := *totale Variation von* $\rho_c | [\alpha, \beta]$, s. 1.2.1.a)). Daraus folgt bei
monotonem $\rho_c$ sofort (144), oder (nach 1.2.5), falls $\rho_c$ differenzierbar und $\rho_c'$
beschränkt ist auf $[\alpha, \beta]$ (also z.B., wenn $c$ ein $C^3$-Weg ist): $\textrm{Länge}(m_c | [\alpha, \beta]) =$
$\int_\alpha^\beta |\rho_c'(x)|\, dx \ (< \infty).]$ – Anwendung von (144) beim Zykloidenpendel, 1.5.(6).

*Bemerkung:* Die Immersivität von $m_c \circ \rho_c^{-1}$ (s. (143)) garantiert also, *daß bei*
*streng monotonem* $\kappa_c: I \to I\!\!R^*$ *die Evolute* $m_c$ *von* $c$ *ein glatter Weg* ist (s.
1.1.5). [Die bekannten „Spitzen" von Evoluten können also z.B. bei immersi-
ven wendepunktfreien $C^3$-Wegen $c: I \to I\!\!E$ nur in Punkten $\tau \in I$ auftreten,
wo $\kappa_c'(\tau) = 0$ ist, d.h. wo $c$ einen Scheitel besitzt: Man denke an die vier
Spitzen der Evolute eines Ellipsenweges in dessen vier Scheiteln, (s.u. 1.4.9).]

*Beweis:* Ist $c$ zusätzlich ein $C^3$-*Weg* mit $\kappa_c'(I) \subset I\!\!R^*$, so sind $\rho_c$ und $\rho_c^{-1}$ $C^1$-
Funktionen mit $(\rho_c^{-1})' = 1/(\rho_c' \circ \rho_c^{-1})$ , also nach Kettenregel $m_c \circ \rho_c^{-1}$ ein $C^1$-Weg
mit $(m_c \circ \rho_c^{-1})' = ((1/\rho_c') \cdot m_c') \circ \rho_c^{-1}$ . Aber nach (129) $m_c' = c' + \rho_c' \cdot n_c + \rho_c \cdot n_c'$ , wobei
nach (132): $\rho_c \cdot n_c' = -c'$. Also ist (143) für scheitelfreie $C^3$-Wege trivial! – Der ei-
gentliche „clou" der Behauptung (143) liegt jedoch darin, daß $c$ nur als $C^2$-*Weg*
vorausgesetzt ist. Für diese Situation hatte A. OSTROWSKI 1951/1961 einen Beweis
mittels Stieltjes-Integralen angegeben ([OST], Seite 325. (Diesen Hinweis verdanke
ich Herrn E. HEIL). Wir geben hier einen anderen Beweis für (143): Beim Übergang
von $c$ zum rückwärts durchlaufenen Weg $c^v: -I \to I\!\!E$ (s. 1.1.2) gilt nach 1.4.(10)
und 1.4.1.e: $v_{c^v} = -v_c \circ (-x)$ und $\kappa_{c^v} = -\kappa_c \circ (-x)$ auf $-I$, woraus mit (129) folgt:

$$\rho_{c^v} = \rho_c \circ (-x), \quad \textit{also} \quad \rho_{c^v}^{-1} = -\rho_c^{-1}, \quad n_{c^v} = n_c \circ (-x) \quad \textit{und} \quad m_{c^v} = m_c \circ (-x)$$

auf $-I$, folglich $m_{c^v} \circ \rho_{c^v}^{-1} = m_c \circ \rho_c^{-1}$ und $n_{c^v} \circ \rho_{c^v}^{-1} = n_c \circ \rho_c$. Daher genügt es, die
Aussage (143) für den Fall zu beweisen, daß $\kappa_c$ streng positive Werte hat. (Sonst
Übergang von $c$ zu $c^v$ ). Dann gilt nach (129):

$$\rho_c = 1/\kappa_c, \quad n_c = J v_c \quad \textit{und} \quad m_c = c + \rho_c \cdot J v_c. \qquad (145)$$

Da $\rho_c : I \to H$ ein Homöomorphismus ist, so genügt es zum Beweis der Gleichung von (143) wegen (145) zu zeigen:

*Für alle* $\tau \in I$ *gilt* $\lim_{t \to \tau} \big(1/(\rho_c(t) - \rho_c(\tau))\big) \cdot \big(m_c(t) - m_c(\tau)\big) = Jv_c(\tau)$ ,

und das heißt (s. (145)) mehr explizit für alle $\tau \in I$ :

$$\lim_{t \to \tau} \big(1/(\rho_c(t) - \rho_c(\tau))\big) \cdot \big((c(t) - c(\tau)) + \rho_c(t) \cdot (Jv_c(t) - Jv_c(\tau))\big) = o .$$

Schreibt man nun $Jv_c(t) - Jv_c(\tau)$ gemäß 1.2.(8) als Integral von $\tau$ bis $t$ über $(Jv_c)' = -(1/\rho_c) \cdot c'$ (vgl. (10),(17),(145)), so lautet die letzte Behauptung:

$$\lim_{t \to \tau} \big(1/(\rho_c(t) - \rho_c(\tau))\big) \cdot \big((c(t) - c(\tau)) - \rho_c(t) \cdot \int_\tau^t (1/\rho_c(x)) \cdot c'(x) \, dx\big) = o .$$

Zum Nachweis der letzten Limesaussage genügt es [„Rückgang auf Koordinaten" beim vektorwertigen Integral (s. 1.1.Fußnote 1 und 1.2.Fußnote 15)] zu zeigen: Ist $\varphi : I \to \mathbb{R}_+$ eine streng monotone und $\psi : I \to \mathbb{R}$ eine $C^1$-Funktion, so gilt für $\tau \in I$ :

$$\lim_{t \to \tau} \big(1/(\varphi(t) - \varphi(\tau))\big) \cdot \big((\psi(t) - \psi(\tau)) - \varphi(t) \cdot \int_\tau^t (1/\varphi(x)) \psi'(x) \, dx\big) = 0 .$$

Unter den getroffenen Voraussetzungen über $\varphi , \psi$ folgt aber nach dem „2-ten Mittelwertsatz der Integralrechnung" (s. [WAL], S. 197): Es gibt $\xi \in I$ zwischen $\tau$ und $t$ (d.h. $\xi = \tau + \vartheta(t - \tau)$ mit einem $\vartheta \in [0,1]$), so daß

$$\int_\tau^t (1/\varphi(x)) \psi'(x) \, dx = (1/\varphi(\tau)) \cdot (\psi(\xi) - \psi(\tau)) + (1/\varphi(t)) \cdot (\psi(t) - \psi(\xi)) .$$

Multipliziert man die letzte Gleichung mit $\varphi(t)$, so erhält man damit für die linke Seite der letzten Limesaussage die Gestalt

$$\lim_{t \to \tau} \big(1/(\varphi(t) - \varphi(\tau))\big) \cdot \big((\varphi(\tau) - \varphi(t))/\varphi(\tau)\big) \cdot \big(\psi(\xi) - \psi(\tau)\big) ,$$

und der letztere Limes verschwindet in der Tat wegen „$\xi$ zwischen $\tau$ und $t$" und der Stetigkeit von $\psi$ in $\tau$. Damit und mit Satz 1.1.5 ist (143) bewiesen. –

*Zu* (144): [(144) folgt bei *strenger* Monotonie von $\kappa_c$ (wegen der Invarianz der Weglänge bei stetigen Umparametrisierungen, vgl. 1.2.1.d) direkt aus (143) unter Beachtung von $\|n_c\| = 1$, der Monotonie von $\rho_c$ und der Integralformel 1.2.(9) für die Weglänge von $m_c \circ \rho_c^{-1}$ .] Wir beweisen jedoch nun (144) unter der schwächeren Annahme, daß $\kappa_c|[\alpha,\beta]$ (also auch $\rho_c|[\alpha,\beta]$) nur *von beschränkter Variation*, also z.B. nur monoton ist, und o.B.d.A. (siehe oben) sei wieder $\kappa_c(I) \subset \mathbb{R}_+$ . Ist dann

$$C := \max\{\kappa_c(t) \cdot \|c'(t)\| \mid t \in [\alpha,\beta]\} \quad (\in \mathbb{R}_+) ,$$

so zeigen wir zunächst für alle $\tau , t \in [\alpha,\beta]$ mit $\tau < t$ (wenn $L(\rho_c|[\tau,t])$ die totale Variation von $\rho_c|[\tau,t]$ bezeichnet, s. 1.2.1.a):

$$\| (c(t) - c(\tau)) + \rho_c(\tau) \cdot (n_c(t) - n_c(\tau)) \| \leq L(\rho_c|[\tau,t]) \cdot C \cdot (t - \tau) . \tag{146}$$

[Dazu genügt es offenbar zu zeigen, daß für jeden Einheitsvektor $e \in S\!E$ das innere Produkt des links in (146) stehenden Vektors kleiner oder gleich der rechten Seite von (146) ist. Aber nach dem Mittelwertsatz gibt es ein $\xi \in ]\tau,t[$ mit

$$\langle (c(t) - c(\tau)) + \rho_c(\tau) \cdot (n_c(t) - n_c(\tau)), e \rangle = \langle c'(\xi) + \rho_c(\tau) \cdot n_c'(\xi), e \rangle \cdot (t - \tau) .$$

Ferner zeigt die 2-te Frenet-Differentialgleichung (s. (132)): $c'(\xi) = -\rho_c(\xi) \cdot n_c'(\xi)$ , insbesondere $\|n_c'(\xi)\| = \kappa_c(\xi) \cdot \|c'(\xi)\|$ , also:

$$\langle (c(t) - c(\tau)) + \rho_c(\tau) \cdot (n_c(t) - n_c(\tau)), e \rangle \leq |\rho_c(\tau) - \rho_c(\xi)| \cdot \kappa_c(\xi) \cdot \|c'(\xi)\| \cdot (t - \tau) ,$$

womit wegen $|\rho_c(\tau) - \rho_c(\xi)| \leq |\rho_c(\tau) - \rho_c(\xi)| + |\rho_c(\xi) - \rho_c(t)| \leq L(\rho_c|[\tau,t])$ (s. 1.2.1.e) und der obigen Definition von $C$ die Aussage (146) gezeigt ist.]

Für alle $\tau , t \in [\alpha,\beta]$ mit $\tau < t$ folgt daher nach Definition von $m_c$ (s. (129)) mittels $\|n_c\| = 1$, $|\rho_c(t) - \rho_c(\tau)| \leq L(\rho_c|[\tau,t])$ , Dreiecksungleichungen und (146):

$$|\rho_c(t) - \rho_c(\tau)| - C \cdot (t - \tau) \cdot L(\rho_c|[\tau,t]) \leq \|m_c(t) - m_c(\tau)\| \leq (1 + C \cdot (t - \tau)) \cdot L(\rho_c|[\tau,t]) .$$

Ist daher $\varepsilon \in \mathbb{R}_+$ beliebig vorgegeben, so gilt für jede Zerlegung $(\alpha_0,..,\alpha_n)$ von $[\alpha,\beta]$

(s. 1.2.1) mit $\alpha_i - \alpha_{i-1} < (\varepsilon/C)$ für $i = 1,..,n$, zufolge der letzten Ungleichungskette und wegen der Additivität von L (s. 1.2.(5)):

$$\sum_{i=1}^{n} |\rho_c(\alpha_i) - \rho_c(\alpha_{i-1})| - \varepsilon \cdot L(\rho_c|[\alpha,\beta]) \leq \sum_{i=1}^{n} \|m_c(\alpha_i) - m_c(\alpha_{i-1})\| \leq (1+\varepsilon) \cdot L(\rho_c|[\alpha,\beta]).$$

Da aber nach 1.2.1.e das Supremum aller Summen $\sum_{i=1}^{n} \|m_c(\alpha_i) - m_c(\alpha_{i-1})\|$ für alle möglichen Zerlegungen $(\alpha_0,..,\alpha_n)$ von $[\alpha,\beta]$ (mit $\alpha_i - \alpha_{i-1} < (\varepsilon/C)$ für $i = 1,..,n$) gerade gleich $L(m_c|[\alpha,\beta])$ ist, so folgt aus den letzten Ungleichungen

$$\sum_{i=1}^{n} |\rho_c(\alpha_i) - \rho_c(\alpha_{i-1})| - \varepsilon \cdot L(\rho_c|[\alpha,\beta]) \;\leq\; L(m_c|[\alpha,\beta]) \;\leq\; (1+\varepsilon) \cdot L(\rho_c|[\alpha,\beta]),$$

und daher durch Supremumsbildung über alle solche Zerlegungen auch

$$(1-\varepsilon) \cdot L(\rho_c|[\alpha,\beta]) \;\leq\; L(m_c|[\alpha,\beta]) \;\leq\; (1+\varepsilon) \cdot L(\rho_c|[\alpha,\beta]).$$

Da $\varepsilon \in \mathbb{R}_+$ beliebig war, so folgt also: $L(m_c|[\alpha,\beta]) = L(\rho_c|[\alpha,\beta])$. Aber der letzte Term ist bei monotonem $\rho_c$ gleich $|\rho_c(\beta) - \rho_c(\alpha)|$, womit auch (144) bewiesen ist. $\square$


### 1.4.8  Lage von Bahnen und Krümmungskreisen ebener Wege

*Vorbemerkung:* Im Positions-Lemma von 1.4.3 haben wir den Verlauf eines immersiven $C^2$-Weges $c: I \to I\!\!E$ relativ zu seiner Tangente in $\tau \in I$ studiert. Wie verläuft nun $c: I \to I\!\!E$, wenn $\tau$ kein Wendepunkt von $c$ ist, relativ zu seinem Krümmungskreis $S_{c,\tau}$ in $\tau$? Beispiele legen die Vermutung nahe, daß $c$ beim Passieren von $\tau$ vom Außen- zum Innengebiet von $S_{c,\tau}$ wechselt (bzw. umgekehrt), falls $\kappa_c$ positiv und auf einer Umgebung von $\tau$ in $I$ streng monoton wachsend (bzw. fallend) ist [also z.B. – falls $c$ sogar ein $C^3$-Weg ist – wenn $\kappa_c'(\tau) > 0$ (bzw. $\kappa_c'(\tau) < 0$)]. Das folgende Theorem und das Korollar 2 zum unten folgenden Satz liefern Bestätigungen (sogar eindrucksvolle Verschärfungen) dieser Vermutung:


**Theorem:**      (P.G. TAIT, 1895, [TA]. Dort findet man (148) und auch (150).)
*Inklusionen der Krümmungskreisscheiben monoton gekrümmter ebener Wege.*

*Sei $c: I \to I\!\!E$ (s. (0)) ein immersiver $C^2$-Weg ohne Wendepunkte. Für alle $t \in I$ sei die sog. Krümmungskreisscheibe $\mathbb{D}_{c,t}$ von $c$ in $t$  definiert durch*

$$\mathbb{D}_{c,t} := \{\, p \in I\!\!E \mid \|p - m_c(t)\| \leq \rho_c(t) \,\}, \quad also$$
$$c(t) \in S_{c,t} = \mathbb{D}_{c,t} \cap (I\!\!E \setminus \mathbb{D}_{c,t}^\circ) \quad (s.\ (131)), \tag{147}$$

*in Worten: $\mathbb{D}_{c,t}$ ist die abgeschlossene, von $S_{c,t}$ berandete Kreisscheibe. – Dann gilt für alle $\alpha, \beta \in I$ mit $\alpha < \beta$:*

**a)**  *Ist $\rho_c: I \to \mathbb{R}_+$ (s. (129)) streng monoton fallend, so folgt:*

$$c(\beta) \in S_{c,\beta} \subset \mathbb{D}_{c,\beta} \subset \mathbb{D}_{c,\alpha}^\circ, \quad d.h. \quad c(\alpha) \in S_{c,\alpha} \subset I\!\!E \backslash \mathbb{D}_{c,\alpha}^\circ \subset I\!\!E \backslash \mathbb{D}_{c,\beta}. \tag{148}$$

*Zusatz:* Ist $\rho_c: I \to \mathbb{R}_+$ nur monoton fallend, so gilt (148) immerhin noch, wenn man in der ersten Aussage von (148) $\mathbb{D}_{c,\alpha}^\circ$ durch $\mathbb{D}_{c,\alpha}$ und in der zweiten $I\!\!E \setminus \mathbb{D}_{c,\beta}$ durch $I\!\!E \setminus \mathbb{D}_{c,\beta}^\circ$ ersetzt.

**b)**  *Ist $\rho_c: I \to \mathbb{R}_+$ (s. (129)) streng monoton wachsend, so folgt:*

$$c(\alpha)\in \mathbb{S}_{c,\alpha} \subset \mathbb{D}_{c,\alpha} \subset \mathbb{D}^{\circ}_{c,\beta}\,,\quad d.h.\quad c(\beta)\in \mathbb{S}_{c,\beta} \subset \mathbb{E}\setminus \mathbb{D}^{\circ}_{c,\beta} \subset \mathbb{E}\setminus \mathbb{D}_{c,\alpha}. \quad (149)$$

*Zusatz:* Ist $\rho_c\colon I\to \mathbb{R}_+$ nur monoton wachsend, so gilt (149) immerhin noch, wenn man in der ersten Aussage von (149) $\mathbb{D}^{\circ}_{c,\beta}$ durch $\mathbb{D}_{c,\beta}$ und in der zweiten $\mathbb{E}\setminus \mathbb{D}_{c,\alpha}$ durch $\mathbb{E}\setminus \mathbb{D}^{\circ}_{c,\alpha}$ ersetzt. –

*Bemerkung:* Das letztere Theorem ist nicht nur ein *lokales* Resultat, sondern gilt – falls die Monotonievoraussetzung über die Krümmungsradiusfunktion $\rho_c\colon I\to \mathbb{R}_+$ von $c\colon I\to \mathbb{E}$ *auf ganz* $I$ erfüllt ist – *für alle (noch so weit auseinanderliegenden!)* $\alpha,\beta\in I$ mit $\alpha<\beta$: Es beschreibt also ein „*Langzeitverhalten*" des Verlaufs von $c$, z.B. folgt, wenn $\rho_c\colon I\to \mathbb{R}_+$ streng monoton fällt: Ist $\tau\in I$, so liegt $c(t)$ (samt dem Krümmungskreis von $c$ in $t$) für *alle* $t\in I$ mit $t<\tau$ ganz im Außengebiet, bzw. für *alle* $t\in I$ mit $t>\tau$ ganz im Innengebiet des Krümmungskreises von $c$ in $\tau$. –

*Beweis: Zu* a): Wegen der 2-ten Zeile von (147) genügt zum Beweis von (148) der Nachweis von $\mathbb{D}_{c,\beta}\subset \mathbb{D}^{\circ}_{c,\alpha}$ [denn die zweite Aussage von (148) ist wegen (147) und der de Morgan-Regel offenbar äquivalent zur ersten]. Dazu verifizieren wir zunächst:

$$\|\,m_c(\beta)-m_c(\alpha)\,\| \;<\; \rho_c(\alpha)-\rho_c(\beta) \quad \Longrightarrow \quad \mathbb{D}_{c,\beta}\subset \mathbb{D}^{\circ}_{c,\alpha}\;.^{51}$$
$$(\leq) \qquad\qquad\qquad\qquad (\subset \mathbb{D}_{c,\alpha}) \qquad\qquad (150)$$

[Denn ist $p\in \mathbb{D}_{c,\beta}$, so folgt (Dreiecksungleichung und Prämisse von (150)!):

$$\|p-m_c(\alpha)\| \;\leq\; \|p-m_c(\beta)\|+\|\,m_c(\beta)-m_c(\alpha)\,\| \;<\; \rho_c(\beta)+\rho_c(\alpha)-\rho_c(\beta) \;=\; \rho_c(\alpha)\,,$$

d.h. $p\in \mathbb{D}^{\circ}_{c,\alpha}$. – Die beklammerte Aussage (150) folgt analog.] *Zum Beweis der Prämisse von* (150): Da $\rho_c\colon I\to \mathbb{R}_+$ monoton fallend ist, so nach (144) mit Zusatz:

$$\rho_c(\alpha)-\rho_c(\beta) \;=\; \text{Länge}(m_c|[\alpha,\beta])\,. \qquad (151)$$

Dabei verläuft $m_c|[\alpha,\beta]$ sicher nicht in einer Geraden von $\mathbb{E}$. [Denn da $\rho_c$, also auch $\kappa_c$ streng monoton ist, so folgte anderenfalls aus (143): $n_c|[\alpha,\beta]$ ist konstant, also nach (129) auch $Jv_c|[\alpha,\beta]$ konstant, und daher nach der Frenet-Differentialgleichung (17) $\kappa_c|[\alpha,\beta]=o$ im Widerspruch zur Voraussetzung, daß $c$ keine Wendepunkte hat]. – Daher liefert Satz 1.2.2.b

$$\text{Länge}(m_c|[\alpha,\beta]) \;>\; \|\,m_c(\beta)-m_c(\alpha)\,\|\,,$$

woraus zusammen mit (151) die Prämisse von (150), also $\mathbb{D}_{c,\beta}\subset \mathbb{D}^{\circ}_{c,\alpha}$ folgt. –
Ist $\rho_c$ nur monoton fallend, so folgt wie oben zwar wieder (151), aber wir können nicht mehr (143) anwenden (wozu *strenge* Monotonie vorauszusetzen war!). Statt der letzten strengen Ungleichung gilt diese Ungleichung dann nach 1.2.2.a nur noch mit „$\geq$" statt „$>$", also folgt mit (151) die eingeklammerte Prämisse von (150) und damit der Zusatz zur Behauptung a). – Analog folgt b) samt Zusatz. $\square$

*Zwischenbemerkung:* Im Hinblick auf die Behauptung a) des obigen Theorems stellt sich die Frage, in wie weit für ein $\alpha\in I$ der durch a) garantierte Verlauf des Weges $c\colon I\to \mathbb{E}$ innerhalb der Krümmungskreisscheibe $\mathbb{D}_{c,\alpha}$ von $c$ in $\alpha$ für alle Zeiten $t\in I$ später als $\alpha$ wirklich am *monotonen Fallen* der Krümmungsradiusfunktion $\rho_c$ hängt, oder vielleicht doch nur an der schwächeren Eigenschaft, daß $\rho_c(t)\leq \rho_c(\alpha)$ für alle $t\in I\cap[\alpha,\infty[$. Diese Frage wird negativ beantwortet durch das folgende

---

[51] Von (150) gilt auch die Umkehrung (Beweis!).

**Beispiel:**   *Sei* $c: I \to \mathbb{E}^2$ *der (sog. Trochoiden-) Weg*

$$c(t) := (t + 5\sin t, 1 + 5\cos t) \quad \textit{für } t \in \mathbb{R},$$

der die Bahn eines mit einem Wagenrad vom Radius 1 fest verbundenen Punktes im Abstand 5 von der Achse dieses Rades beschreibt, wenn der Wagen mit konstanter Geschwindigkeit 1 auf der x-Achse des $\mathbb{E}^2$ (in positiver Richtung) rollt.

[Einen solchen Weg (allerdings mit ganz anderer – nämlich nahe bei 1 gelegener – Proportion zwischen Radradius und Abstand des Punktes von der Radachse) beschreibt die von einem ruhenden Beobachter aus wahrgenommene Bewegung eines Punktes auf der Peripherie des Spurkranzes eines Eisenbahnrades, das auf einer Eisenbahnschiene mit konstanter Winkelgeschwindigkeit 1 abrollt.] –

*Die Krümmungsradien* $\quad \rho_c(t) = \left(26 + 10\cos t\right)^{3/2}/5(5 + \cos t) \quad \textit{mit } t \in \mathbb{R}$

sind für $t \in \pi(2\mathbb{Z})$ absolut-maximal (vom Wert $36/5$) bzw. für $t \in \pi(2\mathbb{Z}+1)$ absolut-minimal (vom Wert $16/5$), insbesondere $\rho_c(t) \leq \rho_c(2\pi)$ für alle $t \in \mathbb{R}$. Dennoch liegt $c(4\pi)$ außerhalb der Krümmungskreisscheibe $\mathbb{D}_{c,2\pi}$ von $c$ in $2\pi$, die von maximalem Radius ist. Weiter liegt $c(t)$ für gewisse $t \in ]\pi/2, \pi[$ im Innern der Krümmungskreisscheibe $\mathbb{D}_{c,3\pi}$, die minimalen Radius hat [s. die folgende Skizze von $c|[0, 4\pi]$ und vergleiche die beiden letzten Befunde mit der Behauptung a) des obigen Theorems (samt Zusatz), aber auch mit der Aussage des folgenden Satzes].

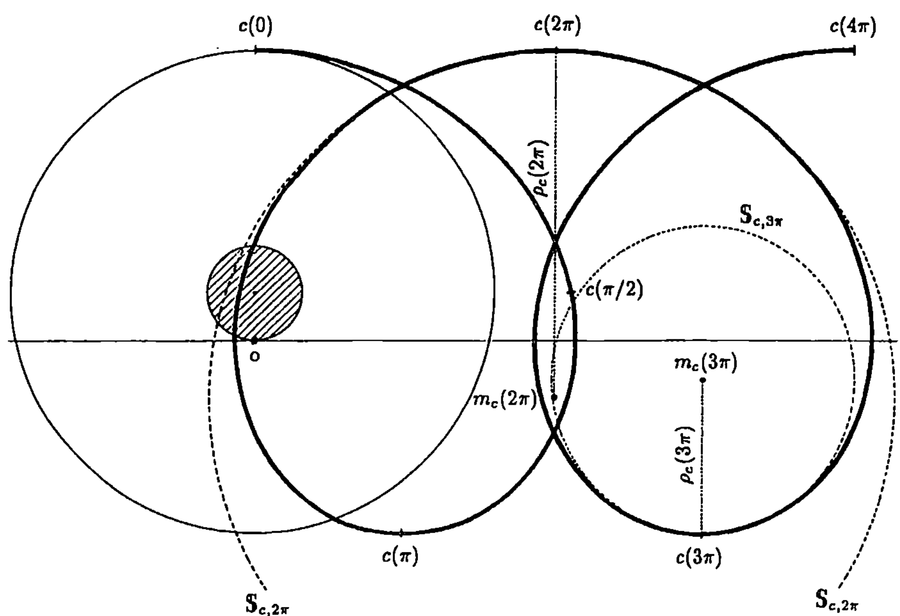


Wenn das letzte Beispiel auch lehrt, daß das Vorliegen eines absoluten Maximums der Krümmungsradiusfunktion $\rho_c$ von $c: I \to \mathbb{E}$ in $\alpha \in I$ *i.a. nicht* garantiert, daß $c$ für *alle* Zeiten $t \in I$ in $\mathbb{D}_{c,\alpha}$ verbleibt, so gilt immerhin der folgende

**Satz:** *Lage eines ebenen Weges relativ zu seinem Krümmungskreis an einer Stelle eines absoluten Extremums seiner Krümmung.*

Sei $c: I \to I\!\!E$ wie in (0),(1), $c$ habe keine Wendepunkte und sei $\tau \in I$, so daß die Tangenten von $c$ in $I^\circ$ nie senkrecht zur Tangente von $c$ in $\tau$ sind, d.h.

$$\langle \mathbf{v}_c(t), \mathbf{v}_c(\tau) \rangle \neq 0 \quad \text{für alle } t \in I^\circ . \qquad (152)$$

[Beachte, $\tau$ darf auch *Randpunkt von $I$* sein, ferner: Die Ungleichung von (152) ist für alle $t$ einer hinreichend kleinen Umgebung von $\tau$ in $I$ stets erfüllt.]

**a)** *Hat dann die Krümmungsradiusfunktion* $\rho_c : I \to I\!\!R_+$ *in* $\tau$ *ein absolutes (bzw. ein strenges absolutes) Maximum, d.h. gilt*

$$\rho_c(t) \leq \rho_c(\tau) \quad \big( bzw. \quad \rho_c(t) < \rho_c(\tau) \big) \quad \text{für alle } t \in I \backslash \{\tau\}, \qquad (153)$$

$$\text{so folgt (s. (147)):} \quad c(I) \subset I\!\!D_{c,\tau} \quad \big( bzw. \quad c(I \backslash \{\tau\}) \subset I\!\!D_{c,\tau}^\circ \big) .^{52} \qquad (154)$$

**b)** *Hat* $\rho_c$ *in* $\tau$ *ein absolutes (bzw. strenges absolutes) Minimum, d.h. gilt*

$$\rho_c(t) \geq \rho_c(\tau) \quad \big( bzw. \quad \rho_c(t) > \rho_c(\tau) \big) \quad \text{für alle } t \in I \backslash \{\tau\},$$

$$\text{so folgt (s. (147)):} \quad c(I) \subset I\!\!E \backslash I\!\!D_{c,\tau}^\circ \quad \big( bzw. \quad c(I \backslash \{\tau\}) \subset I\!\!E \backslash I\!\!D_{c,\tau} \big) .^{52}$$

*Warnung:* ● Ohne die Voraussetzung (152) sind die Behauptungen a) und b) i.a. nicht richtig, wie das nebenstehende Beispiel auf Seite 102 zeigt.
● Aus der Inklusion (154) folgt i.a. – selbst unter der zusätzlichen Voraussetzung (152) – *nicht* umgekehrt die Maximumseigenschaft (153) von $\rho_c$ in $\tau$, wie das Beispiel in 1.4.5 „Zur (Ideen-)Geschichte des Vierscheitelsatzes" (Abs. 5) zeigt.

*Beweis: Zu* a): *Unter den Voraussetzungen des obigen Satzes* gilt folgendes

**Lemma:** (Vgl. [KNH], S. 317.) Sei $\rho \in I\!\!R_+$ , $m_\rho := c(\tau) + \rho \cdot \mathbf{n}_c(\tau)$ (s. (129)) und sei $\delta := \| c - m_\rho \| : I \to I\!\!R$ die Funktion, welche die Abstände der Wegpunkte $c(t)$ $(t \in I)$ vom Punkte $m_\rho$ auf der Normalen von $c$ in $\tau$ mißt. – Gilt dann

$$\rho_c(t) \leq \rho \quad \big( bzw. \quad \rho_c(t) < \rho \big) \quad \text{für alle } t \in I \backslash \{\tau\}, \text{ so folgt:}$$

$$\begin{array}{cc} \delta | I \cap [\tau, \infty[ \text{ monoton fallend} & \text{und} \quad \delta | I \cap ]-\infty, \tau] \text{ monoton wachsend} \\ (streng\ monoton\ fallend) & (streng\ monoton\ wachsend). \end{array} \qquad (155)$$

*Zum Lemma:* Da $c$ wendepunktfrei ist, so gilt entweder $\kappa_c > o$ oder $\kappa_c < o$. Nehmen wir daher zunächst an, daß $\kappa_c > o$: Sei dann $\varphi_\tau : I \to I\!\!R$ die in $\tau$ normierte $C^1$-Winkelfunktion von $\mathbf{v}_c : I \to S I\!\!E$ bzgl. $\mathbf{v}_c(\tau)$, also (s. (3),(129) und 1.3.(37),(38)):

$\mathbf{v}_c = \cos \varphi_\tau \cdot \mathbf{v}_c(\tau) + \sin \varphi_\tau \cdot J \mathbf{v}_c(\tau) \quad mit \quad \varphi_\tau(\tau) = 0 \quad und \quad \partial_c \varphi_\tau = \kappa_c = 1/\rho_c > o$.
Daher ist $\varphi_\tau$ streng monoton wachsend, $\varphi_\tau(I^\circ)$ ist ein Intervall von $I\!\!R$, das wegen (152) und der ersten Gleichung der letzten Formelzeile $-\pi/2$ und $\pi/2$ nicht enthält, also wegen $\varphi_\tau(\tau) = 0$ in $]-\pi/2, \pi/2[$ enthalten sein muß, somit (s. auch 1.2.(25)):

$$\varphi_\tau(I^\circ \cap ]\tau, \infty[) \subset ]0, \pi/2[, \quad \varphi_\tau(I^\circ \cap ]-\infty, \tau[) \subset ]-\pi/2, 0[, \quad \rho_c \cdot \varphi_\tau' = \|c'\| . \qquad (156)$$

---

$^{52}$Der Beweis zeigt, daß in (155), und daher mit $\rho := \rho_c(\tau)$ auch in (154), bereits die *eingeklammerte* Aussage gilt, wenn: $\rho_c(t) \leq \rho$ *für alle* $t \in I$ , *aber für alle* $\varepsilon \in I\!\!R_+$ *die Funktionen* $\rho_c | I \cap ]\tau, \tau + \varepsilon[$ *und* $\rho_c | I \cap ]\tau - \varepsilon, \tau[$ *nicht konstant gleich* $\rho$ *sind.* –

Bezeichnen nun $u_\tau, v_\tau : E \to \mathbb{R}$ die in (53) eingeführten kartesischen Koordinaten-funktionen von $E$ mit Ursprung $c(\tau)$ und den orthonormalen Basisvektoren $\mathbf{v}_c(\tau)$, $J\mathbf{v}_c(\tau)$, so gilt für die im Lemma definierte Funktion $\delta$ nach (152),(56):

$$\lambda := \delta^2 = (u_\tau \circ c)^2 + ((v_\tau \circ c) - \rho)^2 \quad \textit{ist eine strikt positive } C^2\textit{-Funktion}.$$

Daher genügt es, zum Beweis von (155) zu zeigen:

$$\lambda'(t) \leq 0 \ (<0) \ \textit{für } t \in I^\circ \cap \, ]\tau, \infty[, \qquad \lambda'(t) \geq 0 \ (>0) \ \textit{für } t \in I^\circ \cap \, ]-\infty, \tau[. \tag{157}$$

Nun gilt aber nach Definition von $\lambda$, nach (55) und 1.2.(24):

$$\lambda' = 2 \cdot \|c'\| \cdot \big((u_\tau \circ c) \cdot \cos \varphi_\tau + ((v_\tau \circ c) - \rho) \cdot \sin \varphi_\tau\big). \tag{158}$$

Weiter folgt für $t \in I^\circ \cap \, ]\tau, \infty[$ nach (156): $\cos \varphi_\tau(t)$, $\sin \varphi_\tau(t)$, $\varphi'_\tau(t) > 0$, also nach (55),(156) und wegen $\rho_c(t) \leq \rho$ für $t \in I^\circ$ (s. Prämisse von (155)):

$$(u_\tau \circ c)' = \|c'\| \cdot \cos \varphi_\tau = \rho_c \cdot \varphi'_\tau \cdot \cos \varphi_\tau \leq \rho \cdot (\sin \varphi_\tau)' \ \bigg\} \ \textit{auf } I^\circ \cap \, ]\tau, \infty[.$$
$$(v_\tau \circ c)' = \|c'\| \cdot \sin \varphi_\tau = \rho_c \cdot \varphi'_\tau \cdot \sin \varphi_\tau \leq -\rho \cdot (\cos \varphi_\tau)'$$

Aus den letzten beiden Ungleichungen folgt daher durch Integration von $\tau$ bis $t \in I^\circ \cap \, ]\tau, \infty[$ wegen $u_\tau \circ c(\tau) = v_\tau \circ c(\tau) = \varphi_\tau(\tau) = 0$ sofort:

$$(u_\tau \circ c)(t) \leq \rho \cdot \sin \varphi_\tau(t) \quad \textit{und} \quad (v_\tau \circ c)(t) - \rho \leq -\rho \cdot \cos \varphi_\tau(t).$$

Multiplikation der ersten dieser Ungleichungen mit $\cos \varphi_\tau(t)$ $(>0)$ sowie der zweiten mit $\sin \varphi_\tau(t)$ $(>0)$ und anschließende Addition beider liefert dann wegen (158) sofort die erste unbeklammerte Aussage von (157). – Gilt aber sogar $\rho_c(t) < \rho$ für alle $t \in I \setminus \{\tau\}$ [oder auch nur „$\rho_c(t) \leq \rho_c(\tau)$ für $t \in I$, und für alle $\varepsilon \in \mathbb{R}_+$ ist $\rho_c | I \cap \, ]\tau, \tau + \varepsilon[$ und $\rho_c | I \cap \, ]\tau - \varepsilon, \tau[$ nicht konstant (gleich $\rho$)"], so gilt die letzte Formelzeile sogar mit den strengen Ungleichungen, wie ihre Herleitung sofort zeigt, womit auch die beklammerte erste Aussage von (157) bewiesen ist. Der Beweis der zweiten Aussagen von (157) für $t \in I^\circ \cap \, ]-\infty, \tau[$ folgt völlig analog mutatis mutandis, d.h. bei der Herleitung der Ungleichungen ist nun zu beachten (s. (156)): $\cos \varphi_\tau(t)$, $\varphi'_\tau(t) > 0$ und $\sin \varphi_\tau(t) < 0$ für $t \in I^\circ \cap \, ]-\infty, \tau[$, sowie, daß bei der obigen Integration von $\tau$ bis $t$ $(\in I^\circ \cap \, ]-\infty, \tau[)$ nun $t$ die *untere* Integrationsgrenze ist: Daher ist das Lemma im Falle $\kappa_c > 0$ vollständig bewiesen. – Ist aber $\kappa_c < 0$, so gehe man zum rückwärts durchlaufenen Weg $c^v : -I \to E$ über (s. 1.1.(17)), für den dann $\kappa_{c^v} = -\kappa_c \circ (-\mathrm{x}) > 0$ gilt (s. 1.4.1.a), also $\rho_{c^v} = \rho_c \circ (-\mathrm{x})$. Daher darf man das für $\kappa_c > 0$ bereits bewiesene Lemma auf $c^v$ anwenden und erhält:

$$\delta \circ (-\mathrm{x}) | (-I \cap [-\tau, \infty[ \ \textit{monoton fallend} \quad \textit{und}$$
$$\delta \circ (-\mathrm{x}) | (-I) \cap \, ]-\infty, -\tau] \ \textit{monoton wachsend}.$$

Setzt man hierin die streng monoton fallende Funktion $(-\mathrm{x})): \mathbb{R} \to \mathbb{R}$ ein, so resultiert gerade (155), womit das Lemma auch für $\kappa_c < 0$ bewiesen ist. –

Offenbar folgt nun die Behauptung a) des Satzes aus dem Lemma für $\rho := \rho_c(\tau)$, da dann $m_\rho = m_c(\tau)$ (s. (129)) und (s. (147)): $\mathbb{D}_{c,\tau} = \} p \in E \mid \|p - m_\rho\| \leq \delta(\vartheta) \}$. – Die Behauptung b) folgt mittels eines analogen Lemma. $\quad \square$

**Korollar 1:** *Sei $c : I \to E$ ein immersiver $C^2$-Weg, sei $\tau \in I$ kein Wendepunkt von $c$ und $\rho_c : \kappa_c^{-1}(\mathbb{R}^*) \to \mathbb{R}$ besitze in $\tau$ ein lokales (bzw. strenges lokales) Maximum. Dann gibt es eine Umgebung $U$ von $\tau$ in $I$, so daß $c(U) \subset \mathbb{D}_{c,\tau}$ $\big($bzw. $c(U \setminus \{\tau\}) \subset \mathbb{D}_{c,\tau}^\circ\big)$, s. (147). – Analog folgt im Falle eines Minimums von $\rho_c$ in $\tau$: $c(U) \subset E \setminus \mathbb{D}_{c,\tau}^\circ$ $\big($bzw. $c(U \setminus \{\tau\}) \subset E \setminus \mathbb{D}_{c,\tau}\big)$.*

*Beweis:* Wegen der Stetigkeit von $\kappa_c$ gibt es eine Umgebung $U$ von $\tau$, so daß $c|U$ wendepunktfrei, also $\rho_c$ auf $U$ definiert ist. Dabei kann $U$ nach Voraussetzung gleich so klein gewählt werden, daß $\rho_c|U$ in $\tau$ ein *absolutes* (*bzw. strenges absolutes*) Maximum besitzt. Wegen $\|\mathbf{v}_c(\tau)\|=1$ und der Stetigkeit von $\mathbf{v}_c$ in $\tau$ darf schließlich $U$ zusätzlich so klein gewählt werden, daß $\langle \mathbf{v}_c(t), \mathbf{v}_c(\tau)\rangle \neq 0$ für alle $t \in U$. Anwendung der Behauptung a) des letzten Satzes auf $c|U$ liefert nun das Korollar. [Analog schließt man im Falle des Minimums mittels der Behauptung b).]    □

**Korollar 2:**    *Sei* $c: I \to I\!\!E$ *ein immersiver* $C^2$-*Weg* (s. (1)), *sei* $\tau \in I^\circ$ *und sei* $\kappa_c: I \to \mathbb{R}$ *differenzierbar in* $\tau$ [*was z.B. zutrifft, wenn* $c$ *ein* $C^3$-Weg ist] *mit* $\kappa_c(\tau) \cdot \kappa'_c(\tau) > 0 \; (< 0)$. *Beim Passieren von* $\tau$ *wechselt dann* $c$ *vom Außen- zum Innengebiet* (*bzw. vom Innen- zum Außengebiet*) *seines Krümmungskreises in* $\tau$.

*Beweis:*   Gelte $\kappa_c(\tau) \cdot \kappa'_c(\tau) > 0$, insbesondere ist $\tau$ kein Wendepunkt von $c$, also ist $\rho_c$ in einer Umgebung von $\tau$ definiert (s. (129)) und zugleich mit $\kappa_c$ in $\tau$ differenzierbar, wobei nach (129):

$$\rho'_c(\tau) \;=\; -(\mathrm{sgn}\,\kappa_c(\tau)) \cdot \kappa'_c(\tau)/\kappa_c^2(\tau)\,. \tag{159}$$

Aus $\kappa_c(\tau) \cdot \kappa'_c(\tau) > 0$ folgt daher $\rho'_c(\tau) < 0$, also gibt es $\varepsilon \in \mathbb{R}_+$ mit $]\tau{-}\varepsilon, \tau{+}\varepsilon[ \subset I$,

*so daß*    $\rho_c(t) > \rho_c(\tau)$   *für*   $t \in ]\tau{-}\varepsilon, \tau[$    *sowie*    $\rho_c(t) < \rho_c(\tau)$   *für*   $t \in ]\tau, \tau{+}\varepsilon[$,

und o.B.d.A. sei wieder $\varepsilon \in \mathbb{R}_+$ so klein (s.o. den Beweis von Korollar 1), daß auch $\langle \mathbf{v}_c(t), \mathbf{v}_c(\tau)\rangle \neq 0$ für alle $t \in ]\tau{-}\varepsilon, \tau{+}\varepsilon[$. Daher folgt aus dem Teil b) bzw. a) des obigen Satzes, angewendet auf $c|]\tau{-}\varepsilon, \tau]$ bzw. auf $c|]\tau, \tau{+}\varepsilon[$, sofort die Behauptung. [Für $\kappa_c(\tau) \cdot \kappa'_c(\tau) < 0$ folgt $\rho'_c(\tau) > 0$, und man schließt analog.]

**Korollar 3:**    *Anwendung auf Graphenwege reellwertiger Funktionen.*

Sei $\varphi: I \to \mathbb{R}$ eine auf einem Intervall $I$ von $\mathbb{R}$ (mit $I^\circ \neq \emptyset$) definierte $C^2$-Funktion mit nirgends verschwindender 2-ter Ableitung $\varphi''$. Sei $\tau \in I$ ein kritischer Punkt von $\varphi$ und gleichzeitig Stelle eines absoluten Maximums von $|\varphi''|: I \to \mathbb{R}$. – Bezeichnet dann $c: I \to I\!\!E^2$ den Graphenweg von $\varphi$ (s. 1.4.1.c), so gilt

$$c(I \setminus \{\tau\}) \;\subset\; (I\!\!E^2 \setminus I\!\!D_{c,\tau})\,,$$

d.h. $c|(I \setminus \{\tau\})$ verläuft ganz außerhalb des Krümmungskreises von $c$ in $\tau$:

$$S_{c,\tau} \;=\; \{\, (p_1, p_2) \in I\!\!E^2 \mid (p_1{-}\tau)^2 + (p_2{-}\varphi(\tau){-}1/\varphi''(\tau))^2 = 1/(\varphi''(\tau))^2 \,\}\,. \tag{160}$$

*Beweis:* Wegen 1.4.(7) hat $c$ keine Wendepunkte und, da $\varphi'(\tau)=0$ und $|\varphi''|$ in $\tau$ ein absolutes Maximum besitzt, so gilt ((129),1.4.(7))

$$\rho_c \;=\; \sqrt{1{+}(\varphi')^2}^{\,3}/|\varphi''| \quad \text{\textit{hat in} } \tau \text{ \textit{ein strenges absolutes Minimum}},$$

denn: Wegen $\varphi''(t) \neq 0$ für alle $t \in I$ ist die Funktion $\varphi': I \to \mathbb{R}$ auf $I$ streng monoton, also gilt $\varphi'(I \setminus \{\tau\}) \subset \mathbb{R}^*$ und daher für alle $t \in I \setminus \{\tau\}$:

$$\rho_c(t) \;=\; \sqrt{1{+}(\varphi'(t)^2}^{\,3}/|\varphi''(t)| \;>\; 1/|\varphi''(t)| \;\geq\; 1/|\varphi''(\tau)| \;=\; \rho_c(\tau)\,.$$

Schließlich ist der Tangentenvektor $\mathbf{v}_c \in \mathbb{R}_+ \cdot (1, \varphi')$ von $c$ im kritischen Punkt $\tau$ von $\varphi$ gleich $(1,0)$, also $\langle \mathbf{v}_c(t), \mathbf{v}_c(\tau)\rangle > 0$ für alle $t \in I$ und (s. (132)): $m_c(\tau) = (\tau, \varphi(\tau){+}1/\varphi''(\tau))$. Daher folgt aus Satz b) die behauptete Inklusion und (160).   □

**Beispiele:**     Die Voraussetzungen über $\varphi$ aus dem Korollar 3 sind z.B. erfüllt

$$\text{für} \quad \left\{ \begin{array}{l} \bullet \quad I := \mathbb{R}, \quad \varphi := (x^2/2p) : \mathbb{R} \to \mathbb{R} \quad (\textit{mit } p \in \mathbb{R}_+), \quad \tau = 0, \\[1ex] \bullet \quad I := \mathbb{R}, \quad \varphi := \cosh : \mathbb{R} \to \mathbb{R}, \quad \tau = 0, \\[1ex] \bullet \quad I := n\pi + \,]{-}\pi/2, \pi/2[, \quad \varphi := \cos|I, \quad \tau = n\pi, \quad (\textit{mit } n \in \mathbb{Z}), \end{array} \right.$$

woraus man folgert: Der Graphenweg von $(x^2/2p)|\mathbb{R}^*$ bzw. von $\cosh|\mathbb{R}^*$ bzw. von $\cos|(\mathbb{R} \setminus \{n\pi\})$ verläuft ganz außerhalb der Kreislinie vom Radius $p$ um $(0,p)$ bzw. außerhalb der Kreislinie $(0,2) + \mathbb{S}^1$ bzw. außerhalb der Kreislinie $(n\pi, 0) + \mathbb{S}^1$ in $\mathbb{E}^2$, (siehe dazu auch die folgenden Skizzen, in denen die Krümmungskreisscheiben $\mathbb{D}_{c,\tau}$ der Graphenwege $c$ von $\varphi$ jeweils schraffiert sind).

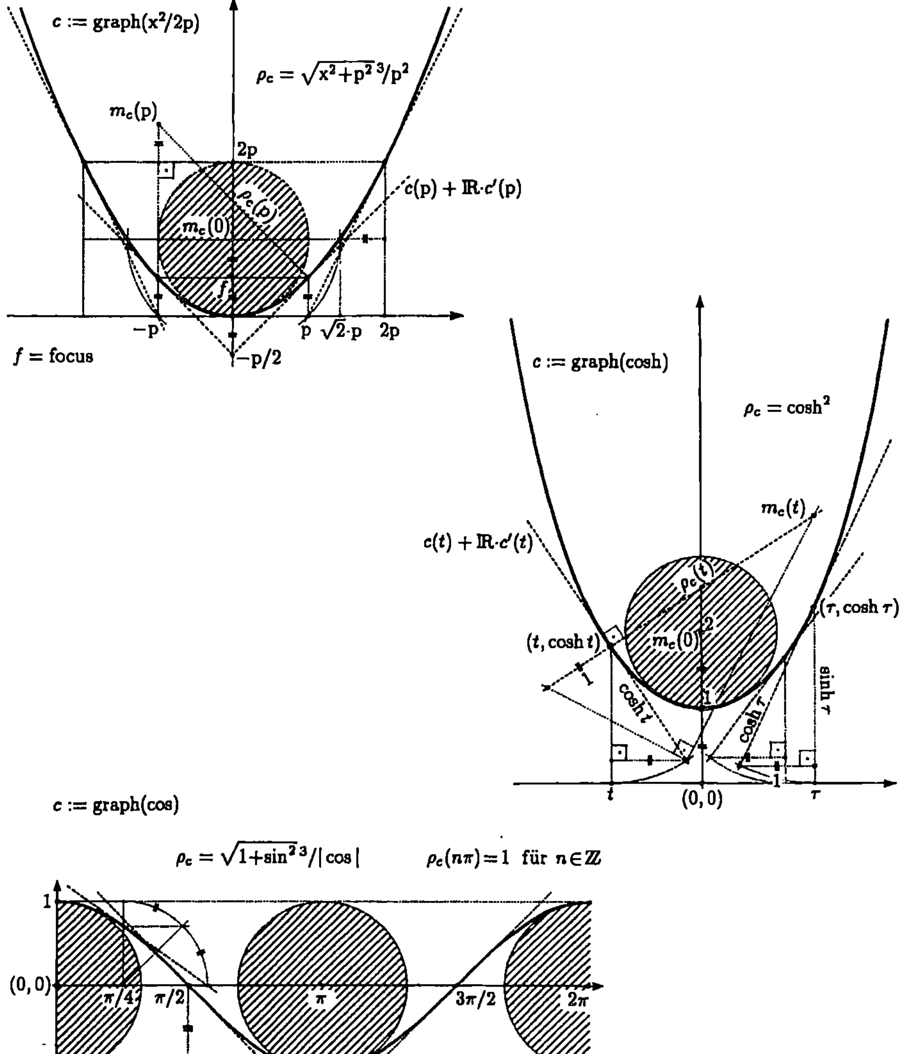

## 1.4.9 Konstruktion mit Zirkel und Lineal von Linienelementen[53] und Scheitelkrümmungskreisen bei Kegelschnitt-Wegen[54]

- **Ellipsenweg:**   $c := (\alpha\cdot\cos, \beta\cdot\sin) : [0, 2\pi] \to \mathbb{E}^2$   *mit* $\alpha, \beta \in \mathbb{R}_+$ $(\alpha > \beta)$,   *also*

$$\text{Bahn von } c = \{\, (x,y) \in \mathbb{E}^2 \mid (x/\alpha)^2 + (y/\beta)^2 = 1 \,\}.$$

*Konstruktion*[54] *von Linienelementen*[53] :

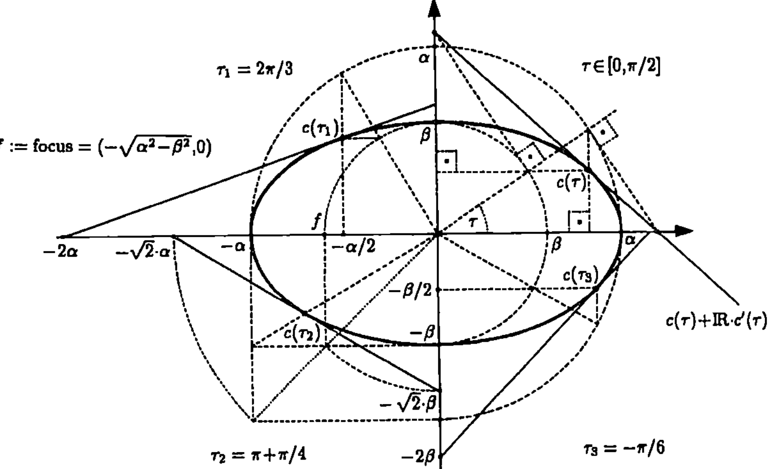


*Konstruktion*[54] *der Scheitelkrümmungskreise (mit den Radien* $\beta^2/\alpha$ *bzw.* $\alpha^2/\beta$ *),
der Brennpunkte und der Evolute (als Einhüllender der Normalen, s.u. Satz 1.6.3):*

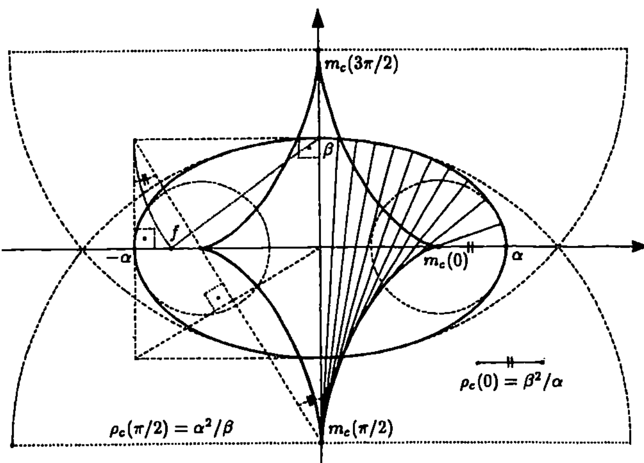


*Bemerkung:* Die Konstruktion der Linienelemente von $c$ in $\tau = \pi/6$ und $\tau = \pi/4$ sowie der Scheitelkrümmungskreise in $\tau = 0$ und $\tau = \pi/2$ führt i.a. bereits zu einer hervorragenden Approximation der Gestalt des Ellipsenquadranten $c([0, \pi/2])$ !

---

[53] *Linienelement von c in* $\tau$ := Tangente an $c$ in $\tau$ mit ihrem Kontaktpunkt $c(\tau)$.
[54] Die folgenden Konstruktionsskizzen sind als „Bilder ohne Worte" intendiert. Die Verifikation dieser Konstruktionen bleibt dem Leser als Übungsaufgabe!

● **Parabelweg:**  $c_p : \mathbb{R} \to \mathbb{E}^2 \ \left( t \mapsto (t, t^2/2p) \right)$ *mit dem „Parameter"* $p \in \mathbb{R}_+$ , *also*

$$\text{Bahn von } c_p \ = \ \{ \, (x,y) \in \mathbb{E}^2 \mid x^2 = 2py \, \}.$$

*Konstruktion*[54] *von Linienelementen*[53] *, des Scheitelkrümmungskreises* (*vom Radius*
$p$ ), *des Brennpunktes und der Evolute* (*als Einhüllender der Normalen, Satz 1.6.3*):

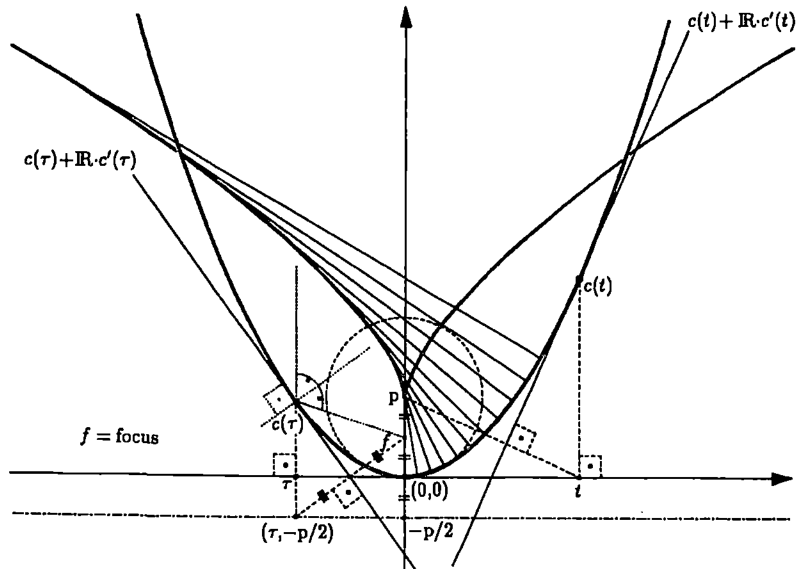


*Konstruktion*[54] *des Scheitelpunktes* $s$ *und der Symmetrieachse* (·—·—) *des quadra-*
*tischen Parabelweges* $c := x^2{\cdot}a + (1-x)^2{\cdot}b : \mathbb{R} \to \mathbb{E}^2$ *mit linear unabhängigen* $a, b \in$
$\mathbb{E}^2$ *aus seinen Linienelementen* $(\mathbb{R}{\cdot}a, a)$ *und* $(\mathbb{R}{\cdot}b, b)$ *in 1 bzw.* 0 (*s.u. Satz 1.6.5.a*):

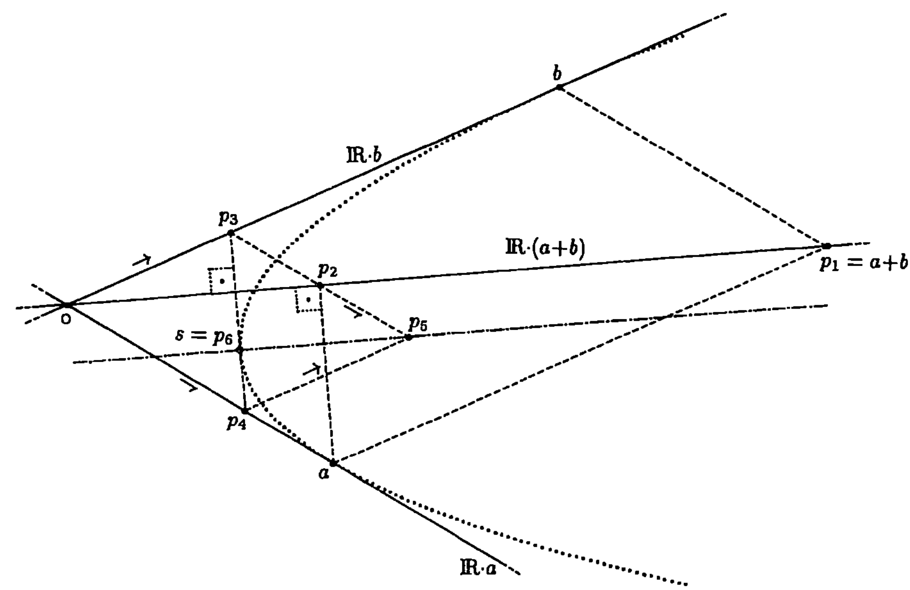

*Konstruktion*[54] *des Linienelements*[53] $(c(\lambda) + \mathbb{R}\cdot c'(\lambda), c(\lambda))$ *des quadratischen Parabelweges* $c := \mathrm{x}^2\cdot a + (1-\mathrm{x})^2\cdot b : \mathbb{R} \to \mathbb{E}^2$ *mit linear unabhängigen* $a, b \in \mathbb{E}^2$ *(und* $\lambda \in \mathbb{R}$*) aus den Linienelementen* $(\mathbb{R}\cdot a, a)$ *und* $(\mathbb{R}\cdot b, b)$ *in* 1 *bzw.* 0 *(s.u. Satz 1.6.5.a).*

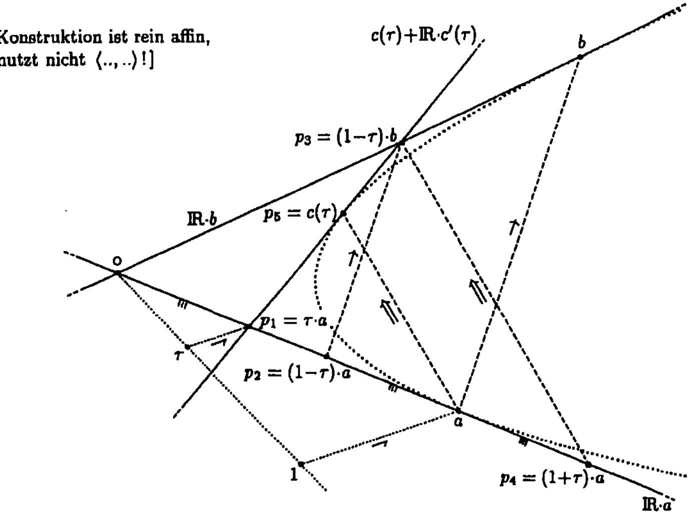


- **Hyperbel(ast)weg:**    $c := (\alpha\cdot\cosh, \beta\cdot\sinh) : \mathbb{R} \to \mathbb{E}^2$ *mit* $\alpha, \beta \in \mathbb{R}_+$,    *also*

$$\textit{Bahn von } c = \{ (x, y) \in \mathbb{E}^2 \mid (x/\alpha)^2 - (y/\beta)^2 = 1 \ \textit{ und } \ x > 0 \}.$$

*Konstruktion*[54] *von Linienelementen, des Scheitelkrümmungskreises (vom Radius* $\beta^2/\alpha$*) und des Brennpunktes. –* [*Zeige: Die Fußpunkte der von den Brennpunkten* $f$ *und* $-f$ *der Hyperbel aus auf eine Hyperbeltangente (oder auf die Hyperbelasymptote* $\mathbb{R}\cdot(\alpha, \beta)$ *bzw.* $\mathbb{R}\cdot(\alpha, -\beta)$*) gefällten Lote besitzen den Abstand* $\alpha$ *vom Ursprung. –* Konstruiere hiermit Tangenten an die Hyperbel in gegebenen Punkten!]

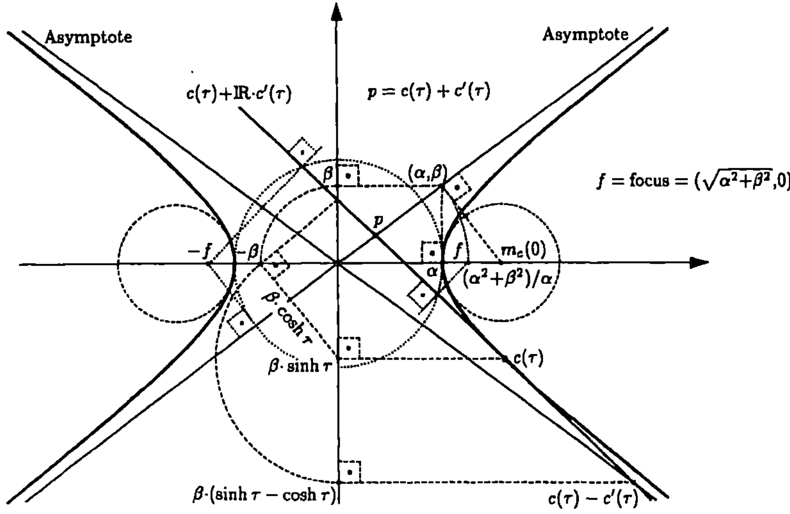

# 1.5 Zykloidenwege in der Mechanik

## 1.5.1 Kinematische Erzeugung der Zykloidenwege

Seien $u, v : \mathbb{E}^2 \to \mathbb{R}$ die kanonischen Koordinatenfunktionen der vertikal gedachten Ebene $\mathbb{E}^2$ mit horizontaler u-Achse und zenith-gerichteter v-Achse. Ein Rad vom Radius $\rho$ ($\in \mathbb{R}_+$) rolle stetig – ohne zu gleiten – während der Zeit von $-\infty$ bis $\infty$ auf der u-Achse ab, so daß seine Nabe ( := Mittelpunkt des Rades) eine konstante Translationsgeschwindigkeit $\nu$ ($\in \mathbb{R}_+$) in positiver u-Richtung erfährt. Das Rad liege zur Zeit $t = 0$ der u-Achse im Punkte $(0,0)$ auf, weshalb gilt:

*Der Naben-Weg  $n : \mathbb{R} \to \mathbb{E}^2$  ist gegeben durch  $n(t) := (\nu{\cdot}t, \rho)$  für $t \in \mathbb{R}$.*

Per definitionem bedeutet „stetiges" Abrollen, daß alle Punkte des Rades während des Abrollvorgangs *stetige* Wege $\mathbb{R} \to \mathbb{E}^2$ durchlaufen. Insbesondere heißt der entsprechende Weg eines Punktes der Radperipherie – oder eine Beschränkung davon auf ein Intervall $I$ von $\mathbb{R}$ – ein *Zykloidenweg* (seine Bahn eine *Zykloide*) *zum Radradius* $\rho$. Mit $z : \mathbb{R} \to \mathbb{E}^2$ bezeichnen wir nun den speziellen Zykloidenweg desjenigen Punktes der Radperipherie, der zur Zeit 0 die höchste Position über der u-Achse hat, also (s.o.) $z(0) = (0, 2\rho)$. Die von der Radnabe zu letzterem Peripheriepunkt weisende *Speichenrichtung* $(1/\rho){\cdot}(z - n)$ ist also ein Weg in $\mathbb{S}^1$, der zur Zeit 0 durch $e_2 := (0, 1)$ geht. Nach 1.3.3.a gibt es daher genau eine stetige Funktion $\varphi : \mathbb{R} \to \mathbb{R}$ mit $\varphi(0) = 0$, $\varphi(t) \equiv \sphericalangle_0(e_2, z - n)$ mod $2\pi$ und (s. 1.3.(32) und Skizze nebenan):

$$z - n \;=\; \rho{\cdot}(\cos\varphi{\cdot}e_2 + \sin\varphi{\cdot}J_{\mathrm{can}}e_2) \;=\; \rho{\cdot}(-\sin\varphi, \cos\varphi) \;=\; \rho{\cdot}(\sin(-\varphi), \cos(-\varphi)),$$

und aufgrund der Richtungsannahmen über das Abrollen des Rades auf der u-Achse muß $\varphi : \mathbb{R} \to \mathbb{R}$ *monoton fallend* sein. Somit ist für alle Zeiten $\tau, t \in \mathbb{R}$ mit $\tau < t$ der $C^\omega$-Weg $(z - n)|[\tau, t]$ eine $C^0$-Umparametrisierung des $C^\omega$-Kreisweges $\rho{\cdot}(\sin x, \cos x)|[-\varphi(\tau), -\varphi(t)]$ in $\mathbb{E}^2$, welcher nach 1.2.(9) die Länge $\rho{\cdot}(\varphi(\tau) - \varphi(t))$ hat. Die Bedingung des Rollens „*ohne zu Gleiten*" bedeutet schließlich per definitionem, daß die Länge des in jedem hinreichend kleinen[54] Zeitintervall $[\tau, t]$ abgerollten Radperipherie-Segments (welche – aus Kongruenzgründen – mit der gerade berechneten Weglänge von $(z - n)|[\tau, t]$ übereinstimmt!) gleich ist der Länge desjenigen Weges, der die Position des Auflagepunktes des Rades auf der u-Achse während des Zeitintervalls $[\tau, t]$ beschreibt. Letzterer Weg ist aber kongruent zum Nabenweg $n|[\tau, t]$, hat also die Länge $\nu{\cdot}(t - \tau)$. „Rollen ohne zu Gleiten" bedeutet daher: $\rho{\cdot}(\varphi(\tau) - \varphi(t)) = \nu{\cdot}(t - \tau)$ für alle hinreichend benachbarten[55] $\tau, t \in \mathbb{R}$. Daher liefert die letzte Gleichung $\varphi'(\tau) = -(\nu/\rho)$ für alle $\tau \in \mathbb{R}$, also $\varphi = -(\nu{\cdot}x/\rho)$ (beachte: $\varphi(0) = 0$). Damit folgt aus beiden obigen Gleichungen:

$$z(t) \;=\; \rho{\cdot}\big((\nu{\cdot}t/\rho) + \sin(\nu{\cdot}t/\rho),\, 1 + \cos(\nu{\cdot}t/\rho)\big) \quad \textit{für } t \in \mathbb{R}. \tag{0}$$

Umparametrisierung $z \circ (\rho{\cdot}x/\nu)$ von $z$ [d.h. physikalisch gesagt: *Umeichung* der Uhren von „sec" auf „$(\rho/\nu){\cdot}$sec" als neuer Zeiteinheit] macht die Translationsgeschwindigkeit der Nabe zu $\rho$. Für die folgenden *geometrischen* Untersuchungen (s. 1.1.3) an Zykloidenwegen (Längen, Krümmungen, Evoluten,..) dürfen wir daher o.B.d.A. $\nu = \rho$ annehmen, und (0) wird dadurch zum „*Standardard-*"

*Zykloidenweg  $z : \mathbb{R} \to \mathbb{E}^2$  mit  $z(t) := \rho{\cdot}(t + \sin t, 1 + \cos t)$  für $t \in \mathbb{R}$.* $\tag{1}$

---

[54] d.h. der Drehwinkel $\varphi(\tau) - \varphi(t)$ des Rades um seine Nabe sei kleiner als $\pi$.

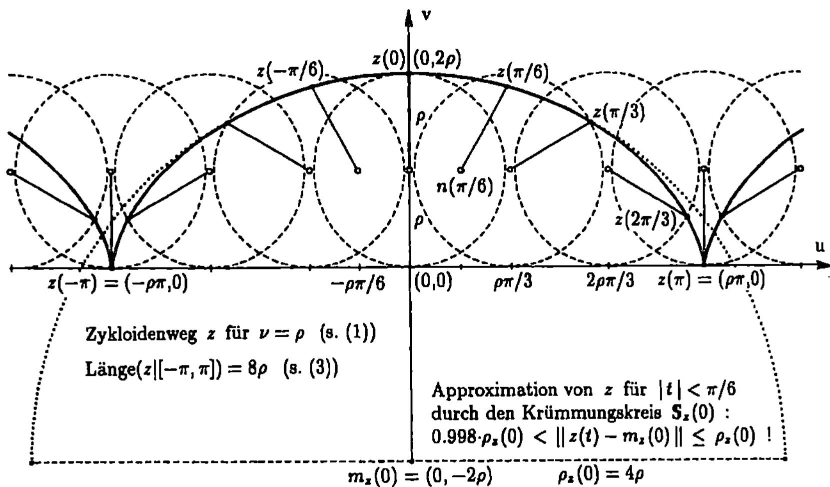


**Zur Geometrie der Zykloidenwege:** (Siehe die Skizze auf der nächsten Seite.)
Mit $I := [-\pi, \pi]$ hat man: Die Spiegelung an der u-Achse mit der nachfolgenden
Translation um $2\rho \cdot e_2$ macht aus $z|I$ (s. (1)) den dazu kongruenten *Zykloidenweg*

$$c : I \to \mathbb{E}^2 \quad mit \quad c(t) = \rho \cdot (t + \sin t, 1 - \cos t), \quad also$$

$$c'(t) = \rho \cdot (1 + \cos t, \sin t) \quad und \quad c''(t) = \rho \cdot (-\sin t, \cos t) \quad für\ alle\ t \in I. \tag{2}$$

Daraus folgt (mit $1 + \cos x = 2 \cdot \cos^2(x/2)$) für alle $\alpha, \beta, t \in I$ mit $\alpha < \beta$ (s. 1.2.(9)):

$$2 \cdot \|c'(t)\| = l \cdot \cos(t/2), \quad L(c|[\alpha, \beta]) = l \cdot \big(\sin(\beta/2) - \sin(\alpha/2)\big), \quad mit\ l := 4\rho, \tag{3}$$

insbesondere ist $c|I^\circ$ *immersiv*, *Länge von* $c = 2l = 8\rho$, und sodann [nach (2),(3),
1.4.(4),(129),(132) und 1.3.(32)] für alle $t \in I^\circ = ]-\pi, \pi[$ :

$$\kappa_c(t) = 1/(l \cdot \cos(t/2)) > 0, \quad also \quad \rho_c(t) = l \cdot \cos(t/2) = 2 \cdot \|c'(t)\|,$$

$$m_c(t) = c(t) + 2J_{can}c'(t) = \rho \cdot (t - \sin t, 3 + \cos t), \quad \|m_c'(t)\| = 2\rho \cdot |\sin(t/2)|, \tag{4}$$

$$(c(t) + m_c(t))/2 = c(t) + J_{can}c'(t) = \rho \cdot (t, 2).$$

Hieraus erhellt, daß $\rho_c$ und $m_c$, die a priori nur auf $I^\circ$ definiert sind (wo $c$ immersiv
ist), auf ganz $I$ reell-analytisch fortgesetzt werden können: Für uns sind daher im
folgenden *die Krümmungsradiusfunktion $\rho_c$ bzw. die Evolute $m_c$ von $c$ auf ganz $I$
durch (4) definiert* [d.h. $\rho_c(\pm\pi) := 0$, $m_c(\pm\pi) := c(\pm\pi)$], also ist $m_c|(I \setminus \{0\})$ im-
mersiv und die Strecke von $c(t)$ zu $m_c(t)$ wird von der Geraden $((0,2\rho) + \mathbb{R} \cdot (1,0))$
durch $c(-\pi)$ und $c(\pi)$ *halbiert*. – Weiter ist die *Evolute $m_c$ von $c$ selbst ein
Zykloidenweg*, denn nach (2),(4) gilt $m_c(t) = c(t-\pi) + \rho \cdot (\pi, 2)$ *für* $t \in [0, \pi]$ *und*
$m_c(t) = c(t+\pi) + \rho \cdot (-\pi, 2)$ *für* $t \in [-\pi, 0]$, d.h. (s. die Skizze der nächsten Seite) :

$$Der\ Abschnitt\ m_c([0,\pi])\ bzw.\ m_c([-\pi,0])\ der\ Evolutenbahn\ von\ c\ ist$$
$$kongruent\ zum\ Abschnitt\ c([-\pi,0])\ bzw.\ c([0,\pi])\ der\ Zykloide\ c(I). \tag{5}$$

Nun ist (s. (4)) $\rho_c$ eine gerade Funktion und auf $[0,\pi[$ streng monoton fallend: Daher nach 1.4.(144),(129) für $t \in [0,\pi[$, und aus Stetigkeitsgründen auch für $t = \pi$ :

$$L(m_c|[0,t]) = L(m_c|[-t,0]) = l - \rho_c(t) \quad und \quad \|c(\pm t) - m_c(\pm t)\| = \rho_c(t), \quad also$$

$$\|c(t) - m_c(t)\| + L(m_c|[0, |t|]) = l \quad für\ alle\ t \in I = [-\pi, \pi]. \tag{6}$$

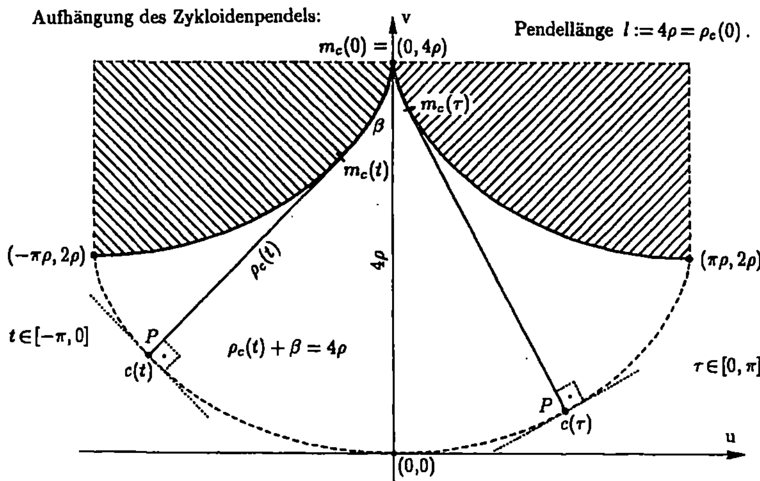


Schließlich ist in (6) $c(t) - m_c(t)$ normal zu $c$, also tangential an $m_c$ in $t\,(\in I^\circ)$ (s. 1.4.(129),(143)). Diese Befunde insgesamt sind der geometrische Hintergrund für:

## 1.5.2  Das Zykloidenpendel von Christiaan HUYGENS  (1673)

[C. HUYGENS ($*$ 14.4.1629, †8.7.1695): Jurist, Physiker, Mathematiker, Astronom.]

• *Die Huygens-Aufhängung des Pendels*: Ein Fadenpendel der Länge $l := 4\rho$ sei im Punkte $(0, l)$ des $\mathbb{E}^2$ aufgehängt. Idealisierend werde der Faden als „masselos", der *Pendelkörper P* am unteren Ende des Fadens als „punktförmig" [und von der Masse $M\,(\in \mathbb{R}_+)$] betrachtet. Das Schwingen des Pendels erfolge in der vertikalen Ebene $\mathbb{E}^2$ und sei darüber hinaus eingegrenzt durch zwei (in der Skizze schraffierte) „Backen" in $\mathbb{E}^2$, deren gemeinsame Randkontur der Evolute $m_c$ des Zykloidenweges $c$ folgt (s. (4),(2)). [Die Ränder beider Backen sind also (s. (5)) kongruent zu Abschnitten der Zykloide $c(I)$.] Schwingt $P$ – nicht zu weit – aus der „Ruhelage" $(0,0)$, so *liegt* in jedem Augenblick ein Abschnitt des Pendelfadens, sagen wir von der Länge $\beta \in \,]0, 4\rho[$, *einer der beiden Backen auf und hebt* in einem Punkte $m_c(t)$ des Backenrandes *tangential zur Backe* (d.h. *tangential zu* $m_c$ in $t$) *ab*, wobei $t \in I$ derart, daß $\mathrm{L}(m_c|[0,|t|]) = \beta$ [und sgn $t$ gleich dem Vorzeichen der u-Koordinate des Abhebepunktes ist]. Der von der Backe abhebende Abschnitt des Fadens hat also die Länge $4\rho - \mathrm{L}(m_c|[0,|t|])$ und verläuft geradlinig in der Tangente an $m_c$ in $t$. Der Vergleich mit (6) und dem anschließenden Kommentar liefert daher, daß das Ende des Fadens die Position $c(t)$ haben muß: Die zykloidische Backeneingrenzung für den Pendelfaden (HUYGENS!) zwingt $P$, längs der Zykloide $c(I)$ zu schwingen [mit einem frappierenden Effekt für seine Schwingungsdauer (s.u. (15))!].

• *Parametrisierung der Lagen des Pendelkörpers auf Weglänge der Zykloide:* Ähnlich wie beim „mathematischen Pendel" (der Länge 1), ist es auch beim Zykloidenpendel vorteilhaft, die Auslenkung des Pendelkörpers aus seiner Ruhelage zu parametrisieren mittels der „signierten Weglängenfunktion" $\sigma : c(I) \to \mathbb{R}$ seiner Bahn (s.u. (9)). Zufolge (3) und Satz 1.2.6.a gestattet der Zykloidenweg $c : I \to \mathbb{E}^2$ eine orientierungstreue $C^0$-Umparametrisierung $\mathbf{c} : H \to \mathbb{E}^2$ auf Weglänge mit $0 \in H$ und $\mathbf{c}(0) = c(0)$, genauer (s. (3), 1.2.(19)): Die Funktion $\lambda : I \to \mathbb{R}$ mit

$$\lambda(t) := \int_0^t \|c'(x)\|\, dx = l \cdot \sin(t/2) \quad \textit{für } t \in I \quad \textit{ist eine } C^\omega\textit{-Funktion,}$$

$$H := \lambda(I) = [-l, l] \quad \textit{und} \quad \lambda: I \to H \;\textit{ist ein Homöomorphismus mit} \qquad (7)$$

$$\sin(\lambda^{-1}/2) = (x/l)|H \qquad \textit{bzw.} \qquad \lambda^{-1} = 2 \cdot \arcsin(x/l)|H,$$

[wo $\arcsin := (\sin |[-\pi/2, \pi/2])^{-1} : [-1, 1] \to [-\pi/2, \pi/2]$, also $\arcsin' = 1/\sqrt{1-x^2}$ auf $]-1, 1[\,]$. Nach (7) und Satz 1.2.6 ist dann $c := c o \lambda^{-1} : H \to \mathbb{E}^2$ eine $C^0$-Umparametrisierung von $c$ auf Weglänge, und aus der Definition (2) von $c$, wegen $\sin(x) = 2 \cdot \sin(x/2) \cdot \cos(x/2)$ und $1 - \cos x = 2 \cdot \sin^2(x/2)$, sowie aus (7) folgt direkt:

$$c := c o \lambda^{-1} = 2\rho \cdot \left( \arcsin(x/l) + (x/l) \cdot \sqrt{1-(x/l)^2},\ (x/l)^2 \right)|H,$$

$$\textit{und weiter:} \quad c: H \to \mathbb{E}^2 \;\textit{ist ein } C^1\textit{-Weg mit} \quad c' = (\sqrt{1-(x/l)^2}, (x/l)\,)|H. \qquad (8)$$

[Zur 2-ten Zeile von (8): Nach (7) und der 1-ten Zeile von (8) ist **c** stetig auf $H$ und $c|H^\circ$ ein $C^\omega$-Weg, für den man durch Differentiation sofort die Gültigkeit der Gleichung für $c'$ in der zweiten Zeile von (8) *auf $H^\circ$* prüft. Aber $c'|H^\circ$ ist danach stetig auf ganz $H$, d.h. nach $\pm l$, fortsetzbar. Daher folgt (s. S.122 Darboux-Lemma[58]) die Differenzierbarkeit von **c** in $\pm l$ und die $C^1$-Eigenschaft von **c** auf $H$.] Als ein zugleich mit $c$ injektiver kompakter Weg induziert $c: H \to \mathbb{E}^2$ einen Homöomorphismus von $H = [-l, l]$ auf den kompakten Teilraum $c(H)$ von $\mathbb{E}^2$, d.i. (s. (8),(7)) die Zykloide $c(I)\ (= c(H))$. – Wir erhalten daher als dessen Umkehrabbildung eine

$$\textit{stetige Funktion} \quad \sigma: c(I) \to H \quad \textit{mit} \quad c o \sigma = \mathrm{id}_{c(I)} \quad \textit{und} \quad \sigma o c = x|H, \qquad (9)$$

die sog. *signierte Bogenlängenfunktion von $c(I)$*, denn nach (8),(9),(7),1.2.(9) folgt:

$$\sigma o c(t) = \sigma o c o \lambda(t) = \lambda(t) = \mathrm{sgn}(t) \cdot L(c|[0, |t|]) \quad \textit{für alle } t \in I. \qquad (10)$$

*Kommentar:* $\sigma$ *ordnet also jeder Position* $p = (p_1, p_2)$ *auf der Zykloide $c(I)$ – bis aufs Vorzeichen – die Länge des eindeutig bestimmten Teilweges von* $c: I \to \mathbb{E}^2$ *zu (c injektiv!), der die Ruhelage* o *mit der Position p verbindet (bzw. umgekehrt p mit* o*), und wobei* $\mathrm{sgn}\,\sigma(p) = \mathrm{sgn}\,p_1$ *(denn (s. (2))* $\mathrm{sgn}\,c_1(t) = \mathrm{sgn}\,t$ *für* $t \in I$*)*. –

● *Theoretisch-physikalische Behandlung der Schwingungen des Zykloidenpendels*:
*Physikalische Daten*: Der Pendelkörper $P$ schwinge längs der Zykloide im (konstant angesetzten) Beschleunigungsfeld $-g \cdot e_2$ der Erdgravitation, wobei $g := (\textit{Erd-}$ oder *Fallbeschleunigung*. [Der numerische Wert von g beträgt auf Meereshöhe bei 45° geographischer Breite $\sim 9,8062\ m/s^2$.] Auf $P$ mögen keine weiteren äußeren Kräfte wirken. $P$ passiere zur Zeit 0 die Ruhelage $(0,0)$ mit der Geschwindigkeit $(v, 0)$, wobei $v \in [0, \sqrt{g \cdot l}\,]$.

*In dieser Situation gilt nach klassischer Mechanik*: Die Lageänderungen von $P$ in Abhängigkeit von der Zeit sind zu beschreiben durch einen (maximal definierten) Weg $\gamma: G \to \mathbb{E}^2$ mit offenem, 0 enthaltenden Intervall $G$ von $\mathbb{R}$, so daß $\gamma$ in der Zykloide $c(I)\ (= c(H))$ verläuft mit $\gamma(0) = $ o. Daher gibt es genau eine Funktion

$$\psi: G \to [-l, l] =: H \quad \textit{mit} \quad \gamma = c o \psi, \quad \textit{nämlich} \quad \psi := \sigma o \gamma, \qquad (11)$$

wenn $\sigma : c(I) \to \mathbb{R}$ die Funktion aus (9) ist. Hiernach (s. auch den Kommentar zu (10)) ist also für jeden Zeitpunkt $t \in G$ die Zahl $\psi(t) \in [-l, l]$ der signierte, *in der Zykloide gemessene "innere" Abstand* der Auslenkungsposition $\gamma(t)$ des Pendelkörpers $P$ zur Zeit $t$, wobei $\mathrm{sgn}\,\psi(t) = \mathrm{sgn}\,\gamma_1(t)$. Da nach klassischer Mechanik die realen Bewegungsänderungen als „von 7Beschleunigungsgesetzen regiert" beschrieben werden, *ist also $\psi: G \to \mathbb{R}$ als $C^2$-Funktion anzusetzen*, denn zufolge der letzten Abstands- bzw. Weglängendeutung von $\psi = \sigma \circ \gamma$ (s. (10) mit Kommentar dazu) beschreibt gerade $\psi' : G \to \mathbb{R}$ die Bahngeschwindigkeit bzw. $\psi'' : G \to \mathbb{R}$ die Bahnbeschleunigung des schwingenden Pendelkörpers in Abhängigkeit von der physikalischen Zeit. – Dann ist $\gamma = c \circ \psi$ mit $c$ (s. (8)) ein $C^1$-Weg, für den aufgrund der obigen Daten gilt $\gamma(0) = o$ und $\gamma'(0) = (v,0)$. Da aber nach (8) $c(0) = o$ und $c'(0) = (1,0)$, so folgt aus der Injektivität von $c$ sofort $\psi(0) = 0$ und wegen $\gamma' = \psi' \cdot (c' \circ \psi)$ sodann $\psi'(0) = v$. *Das Beschleunigungsgesetz besagt schließlich, daß für jeden Zeitpunkt $t \in G$ die Bahnbeschleunigung $\psi''(t)$ gleich der zur Zykloide im Punkte $\gamma(t)$ tangentiellen Komponente des konstanten Erdbeschleunigungsfeldes vom Werte $(0,-g)$ ist.* Das heißt aber, da $c' \circ \psi(t)$ ein Tangenteneinheitsvektor an die Zykloide im Punkte $\gamma(t) = c \circ \psi(t)$ ist, nach (8):

$$\psi'' = \langle c' \circ \psi, (0,-g) \rangle = -g \cdot (c_2' \circ \psi) = -(g/l) \cdot \psi \, . \tag{12}$$

*Resumé:* Der die Lageänderungen von $P$ beschreibende Weg $\gamma$ ist, wenn $c$ die in (8) genannte Umparametrisierung des Zykloidenweges $c$ auf Weglänge bezeichnet, folgendermaßen charakterisiert (s. (11), (12)): *Es ist*

$$\gamma = c \circ \psi, \quad \textit{wobei } \psi : G \to [-l,l] \textit{ die eindeutige, maximal definierte}^{55}$$

$C^2$-*Lösung der Differentialgleichung*[56] $\psi'' = -\omega^2 \cdot \psi$ *mit* $\omega := \sqrt{g/l} \in \mathbb{R}_+$

$$\textit{ist, zu den Anfangsbedingungen } \psi(0) = 0 \textit{ und } \psi'(0) = v \, , \tag{13}$$

$$\textit{d.h. (wegen der Maximalität!)}: \quad G = \mathbb{R} \textit{ und } \psi = (v/\omega) \cdot \sin \omega x \, ,$$

[denn unsere Wahl von $v$ aus dem Intervall $[0, \sqrt{g \cdot l}]$ $(= [0, \omega \cdot l])$ (s.o. „*Physikalische Daten*") garantiert $|(v/\omega) \cdot \sin \omega x| \leq l$ *auf ganz* $\mathbb{R}$]. – Nach (13),(8) gilt also:

$$\gamma : \mathbb{R} \to \mathbb{E}^2 \textit{ ist ein } (2\pi/\omega)\textit{-periodischer } C^\infty\textit{-Weg mit } \omega := \sqrt{g/l} \textit{ und}$$

$$\gamma = 2\rho \cdot \left( \arcsin(\alpha \cdot \sin \omega x) + \alpha \cdot \sin \omega x \sqrt{1 - (\alpha \cdot \sin \omega x)^2}, (\alpha \cdot \sin \omega x)^2 \right), \tag{14}$$

$$\textit{sowie } \gamma' = v \cdot \cos \omega x \cdot \left( \sqrt{1 - (\alpha \cdot \sin \omega x)^2}, \alpha \cdot \sin \omega x \right), \quad \textit{mit } \alpha := v/\omega \cdot l \, .$$

[Verifiziere mit $H := [-\pi/2\omega, \pi/2\omega]$: Der *Zykloidenpendel-Weg* $\gamma | H$ (s. (14)) *ist* für $v := \omega \cdot l = \sqrt{g \cdot l}$ *kongruent in* $\mathbb{E}^2$ *zum Radroll-Weg* $z | H$ (s. (0)) *mit* $\rho := l/4$, $\nu := v/2$, d.h. (s. 1.4.2.a) es gibt $f \in \mathrm{Isom}(\mathbb{E}^2)$ mit $\gamma = f \circ z$ auf $H$ .]

*Interpretation von* (13) (beachte Definition (11) von $\psi$ und Kommentar zu (10)): Die Funktion $\psi : \mathbb{R} \to \mathbb{R}$, die den signierten (in der Zykloide $c(I)$ gemessenen) Abstand der Position $\gamma(t)$ des Pendelkörpers zur Zeit $t$ von seiner Ruhelage $\gamma(0) = (0,0)$ mißt, vollführt (für $v \in ]0, \omega \cdot l]$) beim Schwingen des Zykloidenpendels eine *harmonische Schwingung* (der *Kreisfrequenz* $\omega := \sqrt{g/l}$, also) der

$$\textit{Schwingungsdauer } T := 2\pi/\omega = 2\pi \cdot \sqrt{\textit{Pendellänge } l / \textit{Erdbeschleunigung } g}$$

$$\textit{und der Amplitude} := \max\{ |\psi(t)| \mid t \in \mathbb{R} \} = (v/\omega) = v \cdot \sqrt{l/g} \in ]0,l] \, . \tag{15}$$

Während die Amplitude also direkt proportional zur Geschwindigkeit $v = \|\gamma'(0)\|$ ist, mit welcher das Pendel seine Ruhelage im Zeitpunkt 0 verläßt, ist *seine Schwingungsdauer* $T$ nicht von $v$, also auch *nicht von der Amplitude abhängig*, sondern

---

[55] d.h. für jede weitere Funktion $\tilde{\psi} : \tilde{G} \to [-l,l]$, die m.m. die zweite und dritte Zeile von (13) erfüllt, gilt $\tilde{G} \subset G$ und $\tilde{\psi} = \psi | \tilde{G}$.

[56] Dies ist die sog. „*Schwingungs*-DGl" oder „DGl *des harmonischen Oszillators* "; $\omega$ hat die physikalische Dimension „$\mathrm{sec}^{-1}$", d.h. die einer Winkelgeschwindigkeit.

$T$ ist allein durch die Pendellänge und die physikalische Konstante g determiniert[57]: Deshalb *nennt man die* [zu verschiedenen Anfangsgeschwindigkeiten $v$ des Pendelkörpers gehörigen] *Schwingungswege* $\gamma$ *des Zykloidenpendels „isochron"* (die Zykloide auch „*Tautochrone*"): Das (Er-)Finden eines Pendels mit Amplituden-unabhängiger Schwingungsdauer war das Haupt-Ziel von HUYGENS bei der Konstruktion seines Zykloidenpendels: *Letzteres ist sogar eine perfekte mechanische Realisierung des „harmonischen Oszillators"* (s. o. (13))!

## 1.5.3 Brachistochrone (= zeit-kürzeste) ebene Fallwege von höher- zu tiefergelegenen Punkten nach Johann BERNOULLI (∗ 6.8.1667, † 1.1.1748)

*Vorbemerkung:*　Wie in 1.5.1 betrachten wir $\mathbb{E}^2$ als vertikale Ebene, wieder mit horizontaler 1-ter Koordinatenachse, also mit vertikaler 2-ter Koordinatenachse, wobei aber die *positive Richtung der letzteren* [um unsere Notationen denen der klassischen Literatur zur Brachistochronen-Aufgabe anzupassen] *nun* (nicht wie in 1.5.1 zum Zenith, sondern) *zum Erdmittelpunkt weist.* – Danach ist der *Wert des konstant angesetzten Erdbeschleunigungsfeldes gleich* (0,g) *mit* $g \in \mathbb{R}_+$ (s.o. vor (11)), und bei dieser Koordinatenwahl gilt für $p, q \in \mathbb{E}^2$: *q liegt tiefer als p genau dann, wenn* $q_2 > p_2$. – Damit formulieren wir – noch etwas provisorisch – die folgende

• **Brachistochronen-Aufgabe** (*gestellt* 1696 *von* Johann BERNOULLI ): Zu jedem Punkt $p$ der vertikalen Ebene $\mathbb{E}^2$, der nicht höher als $o := (0,0)$, aber nicht senkrecht unter o liegt, ist ein o mit $p$ verbindender differenzierbarer Weg $b : [0, \beta] \to \mathbb{E}^2$ gesucht, so daß ein Massenpunkt, der zur Zeit 0 im Punkte o mit der Anfangsgeschwindigkeit 0 losgelassen wird, *in kürzester Zeit „längs b von o nach p fällt"* (d.h. sich allein unter der Wirkung der Erdbeschleunigung und ohne Reibung längs $b$ von o nach $p$ bewegt), und *zwar in kürzerer Zeit als längs allen anderen solchen Wegen, die o mit p verbinden.*

*Präzisierung* einiger Begriffe dieser Aufgabe: Sei $p \in \mathbb{E}^2$ nicht höher als o und nicht senkrecht unter o gelegen, d.h. (s.o. Vorbemerkung):

$$ p = (p_1, p_2) \in \mathbb{E}^2 \quad mit \quad p_2 \geq 0 \quad und \quad (p_1 \neq 0,\ o.B.d.A.) \quad p_1 > 0. \tag{16} $$

**Definition 1:**　Ein *Fallweg von* o *nach* $p$ *der Fallzeit* $\tau \in \mathbb{R}_+$ im konstanten Erdbeschleunigungsfeld vom Wert (0, g) (s.o. Vorbemerkung) ist ein

---

[57]Die Schwingungsdauer $T$ des Zykloidenpendels hat also bei *jeder* Amplitude ($\in\,]0, l\,]$) *exakt* denjenigen Wert, der beim sog. „mathematischen Pendel" nur für sehr kleine Auslenkungen *näherungsweise* auftritt, z.B.: $T$ verdoppelt sich bei Vervierfachung der Pendellänge, und die Erdbeschleunigung g kann bekanntlich aus Messungen der Schwingungsdauer $T$ und der Pendellänge $l$ mittels der ersten Formel von (15) bestimmt werden. Oder, da z.B. die Fallbeschleunigung an der Mondoberfläche nur $1,6193\,\text{m/s}^2$ ($\sim$ (g/6)) beträgt, so schwingt ein Zykloidenpendel auf dem Mond etwa $\sqrt{6}$-mal langsamer als auf der Erde, d.i. die Faustregel: $T_{\text{Mond}} \sim \sqrt{6} \cdot T_{\text{Erde}}$.

*differenzierbarer Weg* $c:[0,\tau]\to\mathbb{E}^2$ *mit* $c(0)=c'(0)=o$, $c(\tau)=p$,

$c'(t)\neq o$ *für alle* $t\in\,]0,\tau[$,    *und* $c$ *erfüllt den Satz von der*    (17)

*Energieerhaltung:* $(1/2)\cdot\langle c',c'\rangle = g\cdot c_2$   (*folglich* $c_2(]0,\tau[)\subset\mathbb{R}_+$).

*Bemerkungen:* **a)** Jeder Fallweg $c:[0,\tau]\to\mathbb{E}^2$ von $o$ nach $p$ startet also zur Zeit 0 im Punkte $o$ mit der Anfangsgeschwindigkeit 0, ist zur Fallzeit $\tau$ im Punkte $p$ und hat für Zeiten $t$ später als 0 und früher als $\tau$ eine von 0 verschiedene Bahngeschwindigkeit sowie eine Lage $c(t)$ in $\mathbb{E}^2$ tiefer als $o$ (s.o. Vorbemerkung), wobei für einen gemäß $c$ bewegten Massenpunkt *die Summe seiner kinetischen Energie und seiner potentiellen Energie* im (konstant vom Wert $(0,g)$ angesetzten) Erdgravitationsfeld *konstant ist* [mit Normierung der potentiellen Energie zum Wert 0 in $o$].

**b)** Das Wort „*Fallen*" bedeutet in der „Brachistochronen-Aufgabe" und in „Definition 1" *nicht*, daß $c$ ständig an Höhe verliert (d.h. daß $c_2:[0,\tau]\to\mathbb{R}$ monoton wachsend ist, s.o. Vorbemerkung), sondern nur, daß die Durchlaufung $c:[0,\tau]\to\mathbb{E}^2$ der (möglicherweise auf- und absteigenden) Bahn von $c$ allein der Erdbeschleunigung (als einer „äußeren Kraft") unterworfen ist (s.o. (17), „Energieerhaltung").

**c)** Für jeden Fallweg $c:[0,\tau]\to\mathbb{E}^2$ von $o$ nach $p$ sind seine Komponentenfunktionen $c_i:[0,\tau]\to\mathbb{R}$ für $i\in\{1,2\}$ *differenzierbar* (nicht notwendig $C^1$) und $c_i'$ ist zufolge dem Energieerhaltungssatz (mit $c_2$) *beschränkt auf* $[0,\tau]$, also (s. Satz 1.2.5) Lebesgue-integrierbar über $[0,\tau]$ und für alle $t\in[0,\tau]$ ist $c_i(t)$ gleich dem Lebesgue-Integral von $c_i'$ über $[0,t]$, ( ⊛ insbesondere ist $c_i$ total-stetig auf $[0,\tau]$).

**d)** Im unten folgenden „Kriterium für geometrische Fallwege" wird eine große Klasse glatter, $o$ mit $p$ verbindender Wege angegeben, die eine „Durchlaufung" (d.i. eine orientierungstreue $C^0$-Umparametrisierung) als Fallweg von $o$ nach $p$ gestatten.

● **Eine 2-parametrige Schar zykloidischer Fallwege** $c_{(\rho,\sigma)}$ $((\rho,\sigma)\in M)$:
Sei wieder $g\in\mathbb{R}_+$ die Erdbeschleunigung (s. Vorbemerkung). Definiere dann für alle $\rho\in\mathbb{R}_+$ die Zahl $\omega_\rho\in\mathbb{R}_+$, das Intervall $I_\rho$ und den $C^\omega$-Weg $c_\rho:I_\rho\to\mathbb{E}^2$ durch:

$$\omega_\rho := \sqrt{g/\rho}\in\mathbb{R}_+\,, \quad I_\rho := [0,2\pi/\omega_\rho] \quad (also\ \ \sin(\omega_\rho x/2)(I_\rho^\circ)\subset\mathbb{R}_+)$$
$$und \quad c_\rho(t) := \rho\cdot\big(\omega_\rho t-\sin(\omega_\rho t), 1-\cos(\omega_\rho t)\big) \quad für\ t\in I_\rho.$$
(18)

[Da $\sin(x+\pi) = -\sin x$ und $\cos(x+\pi) = -\cos x$, so zeigt der Vergleich von (18) mit (1), daß $c_\rho(t) = z(\omega_\rho t+\pi) - \rho\cdot(\pi,0)$ für $t\in I_\rho$, also ist $c_\rho$ die Translation einer affinen Umparametrisierung des Zykloidenweges $z$ aus (1): Wir nennen deshalb den Weg $c_\rho$ auch *zykloidisch*.] – Aus (18) folgt mittels der Halbwinkelformeln:

$$c_\rho = 2\rho\cdot\big((\omega_\rho x/2) - \sin(\omega_\rho x/2)\cdot\cos(\omega_\rho x/2), \sin^2(\omega_\rho x/2)\big)|I_\rho\,,$$
$$c_\rho' = 2\rho\omega_\rho\sin(\omega_\rho x/2)\cdot e_\rho \ \ mit \ \ e_\rho := (\sin(\omega_\rho x/2), \cos(\omega_\rho x/2))|I_\rho:I_\rho\to\mathbb{S}^1,$$
$$also \ \ \|c_\rho'\| = 2\rho\omega_\rho\sin(\omega_\rho x/2)|I_\rho, \ \ c_\rho'(0) = o \ \ und \ \ \|c_\rho'\|(I_\rho^\circ)\subset\mathbb{R}_+\,,$$
$$sowie \ \ c_\rho' = \|c_\rho'\|\cdot e_\rho \ \ und \ \ \langle c_\rho, e_\rho\rangle = \rho\cdot\omega_\rho x\cdot\sin(\omega_\rho x/2)|I_\rho.$$
(19)

Führt man daher die folgende Teilmenge $M$ von $\mathbb{R}_+^2$ ein durch

$$M := \{(\rho,\sigma)\in\mathbb{R}_+^2\,|\,\sigma\in I_\rho,\ d.h.\ (s.\ (18))\ \sigma\le 2\pi/\omega_\rho\}\,,$$
(20)

so folgt durch Vergleich der Aussagen (18),(19),(20) mit (17): Der Weg

$c_{(\rho,\sigma)} := c_\rho|[0,\sigma]$   *ist ein Fallweg von* o *nach* $c_\rho(\sigma)$ *mit der Fallzeit* $\sigma$   (21)

*für alle* $(\rho,\sigma) \in M$, und – wie wir oben sahen – ist $c_{(\rho,\sigma)} = z(\omega_\rho \mathrm{x}+\pi)|[0,\sigma] - \rho\cdot(\pi,0)$ die Translation einer affinen Umparametrisierung eines Teilweges des Zykloidenweges $z$ aus (1), weshalb $c_{(\rho,\sigma)}$ *der zykloidische Fallweg für* $(\rho,\sigma) \in M$ heiße.

**Theorem:** *Die zykloidischen Fallwege* $c_{(\rho,\sigma)}$ *sind brachistochrone Fallwege. Genauer: Ist* $(\rho,\sigma) \in M$ *und* $c_{(\rho,\sigma)}$ *der zykloidische Fallweg von* o *nach* $c_\rho(\sigma)$ *der Fallzeit* $\sigma$ *(s.(18),..,(21)), so ist für jeden von* $c_{(\rho,\sigma)}$ *verschiedenen Fallweg* $c:[0,\tau] \to \mathbb{E}^2$ *von* o *nach* $c_\rho(\sigma)$ *die Fallzeit* $\tau$ *von* c *größer als* $\sigma$.

*Beweis:* Sei also $(\rho,\sigma) \in M$ (s. (20)). Zur Entlastung der Notationen ändern wir für den folgenden Beweis die Maß-Einheiten für Längen und Zeiten derart ab, daß

$$\rho=1 \ \textit{und} \ \ \mathrm{g}=1, \ \ \ \textit{also} \ \ \ \omega_\rho=1 \ \textit{und} \ I_\rho=[0,2\pi] \ \textit{sowie} \ \ \sigma \in [0,2\pi].$$

Bezeichnen wir dann den Zykloidenweg $c_\rho$ bzw. sein Tangenteneinheitsvektorfeld $\mathbf{e}_\rho$ für $\rho=1$ mit $a$ bzw. $\mathbf{e}$, so vereinfachen sich (18),(19) zu:

$$\textit{Für } t\in[0,2\pi]: \quad a(t) := (t-\sin t, 1-\cos t), \quad \mathbf{e}(t) := (\sin(t/2), \cos(t/2)),$$
$$\langle a(t), \mathbf{e}(t)\rangle = t\cdot\sin(t/2), \quad \|a'(t)\| = 2\cdot\sin(t/2), \quad a'(t) = \|a'(t)\|\cdot\mathbf{e}(t). \tag{22}$$

**Lemma:** *Orthogonalprojektion der Halbebene* $H$ *auf die Zykloidenbahn* $a([0,2\pi])$.

Sei $H := \mathbb{R} \times \mathbb{R}_+$ die „untere" Halbebene des $\mathbb{E}^2$ (s.o. Vorbemerkung). Dann gibt es für $a:[0,2\pi] \to \mathbb{E}^2$ (s. (22)) eine eindeutig bestimmte Funktion $\zeta: H \to \mathbb{R}$, so daß

$$\zeta(q) \in \,]0,2\pi[ \quad \textit{und} \quad \langle q-a(\zeta(q)), \mathbf{e}(\zeta(q))\rangle = 0 \quad \textit{für alle } q\in H.$$
$$\textit{Dieses } \zeta \textit{ ist } C^\infty\textit{-Funktion mit}: \ \lim_{q\to(0,0)} \zeta(q) = 0, \ \lim_{q\to(2\pi,0)} \zeta(q) = 2\pi. \tag{23}$$

[Beachte: Die 1-te Zeile von (23) besagt, daß $q$ $(\in H)$ genau *auf der Normale* des Zykloidenweges $a$ *im Zeitpunkt* $\zeta(q)$ liegt, z.B. $\zeta(a(t)) = t$ *für alle* $t\in]0,2\pi[.$]

Wir stellen den Beweis dieses geometrisch einsichtigen Lemmas (s.u. Skizze) zurück und zeigen zunächst, wie mit seiner Hilfe das Theorem folgt, d.h. wir zeigen:

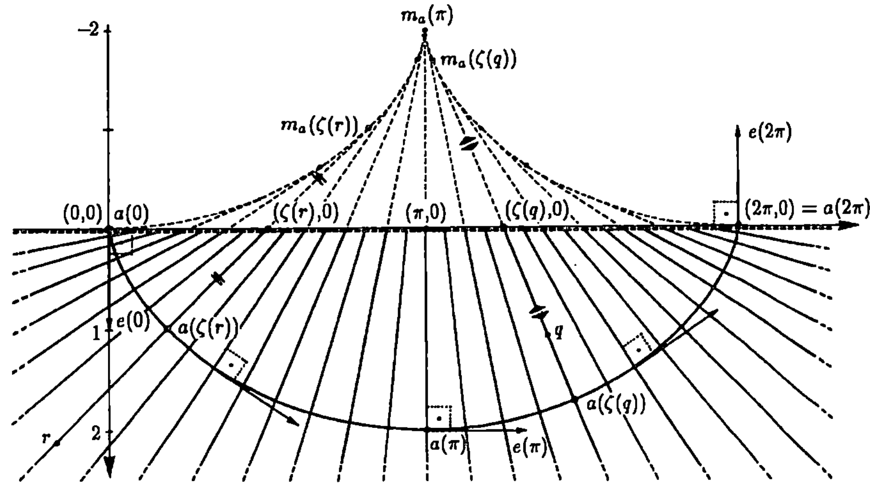

$\left(c:[0,\tau]\to \mathbb{E}^2 \text{ ist ein von } a|[0,\sigma] \text{ verschiedener Fallweg von o nach } a(\sigma)\right) \;\Rightarrow\; \tau>\sigma .$

Denn (s. (17)) $c(]0,\tau[)\subset H$, also (s. (23)) können wir $\varphi:[0,\tau]\to \mathbb{R}$ definieren durch

$$\varphi(0):=0, \quad \varphi(t):=\zeta\circ c(t) \;\; \text{für } t\in]0,\tau[ \quad \text{und} \quad \varphi(\tau):=\sigma . \tag{24}$$

Da für $c$ (s. (17)) gilt $c(0)=o$ und $c(\tau)=a(\sigma)$, so folgt aus (17),(23),(24):

$$\varphi([0,\tau]) \subset [0,2\pi], \quad \varphi \text{ ist stetig auf } [0,\tau] \text{ und differenzierbar auf } ]0,\tau[,$$
$$\text{sowie} \quad \langle c-(a\circ\varphi),(e\circ\varphi)\rangle = o. \tag{25}$$

Mit der kanonischen komplexen Struktur $J:=J_{\mathrm{can}}$ von $\mathbb{E}^2$ (s. 1.3.(32)) gilt weiter (s. (22)): $Je$ ist ein *Einheitsnormalenfeld* des zykloidischen Fallweges $a$. Damit und mittels der Funktion $\varphi$ aus (24),(25) erhalten wir die Funktion

$$\psi:[0,\tau]\to\mathbb{R} \;\left( t \mapsto \langle c(t)-(a\circ\varphi)(t), J(e\circ\varphi)(t)\rangle \right),$$
$$\text{wobei } \psi \text{ auf } [0,\tau] \text{ stetig und auf } ]0,\tau[ \text{ differenzierbar ist}, \tag{26}$$
$$\text{mit} \quad \psi(0)=\psi(\tau)=0 \quad \text{und} \quad c = (a\circ\varphi) + \psi\cdot J(e\circ\varphi).$$

[Beachte, daß die letzte Gleichung (wegen (25)) die Orthogonalentwicklung von $c-(a\circ\varphi)$ nach dem orthonormalen 2-Beinfeld $(e\circ\varphi, J(e\circ\varphi))$ längs $(a\circ\varphi)$ beschreibt.] – Da weiter nach (22) und der Definition 1.3.(32) von $J:=J_{\mathrm{can}}$ folgt $2\cdot(Je)_2 = 2\cdot(e)_1 = \|a'\|$, so erhalten wir als (mit 2 multiplizierte) zweite Komponente der letzten Gleichung von (26):

$$2\cdot c_2 = 2\cdot(a_2\circ\varphi) + \psi\cdot\|(a'\circ\varphi)\| .$$

Da der Energieerhaltungssatz (s.(17)) aber für *beide* Fallwege $a$ und $c$ gilt, so liefert (17) und die letzte Gleichung (unter Beachtung der obigen Konvention $g=1$) :

$$\langle c',c'\rangle = \langle a',a'\rangle\circ\varphi + \psi\cdot\|(a'\circ\varphi)\| .$$

Andererseits folgt durch Differentiation der letzten Gleichung von (26) auf $]0,\tau[$ mittels $2\cdot(Je)'=e$ (s. (22) und 1.3.(32)):

$$c' = \varphi'\cdot\left(\|(a'\circ\varphi)\| + (1/2)\cdot\psi\right)\cdot(e\circ\varphi) + \psi'\cdot J(e\circ\varphi) \quad \text{auf } ]0,\tau[ .$$

Berechnet man hiermit $\langle c',c'\rangle$ und nutzt die vorhergehende Gleichung aus, so folgt:

$$\langle c',c'\rangle = (\varphi')^2\cdot\left(\langle c',c'\rangle + (1/4)\cdot\psi^2\right) + (\psi')^2 \quad \text{auf } ]0,\tau[,$$

also wegen $\langle c',c'\rangle>o$ auf $]0,\tau[$ (s. (17)):

$$(1-(\varphi')^2) = (1/\langle c',c'\rangle)\cdot\left((1/4)\cdot(\varphi')^2\cdot\psi^2 + (\psi')^2\right) \geq o \quad \text{auf } ]0,\tau[,$$
$$\text{und in } „\geq" \text{ gilt Gleichheit genau dann, wenn } \psi=o, \text{ d.h. wenn } c=a\circ\varphi, \tag{27}$$

wie sofort aus (26) und dem Mittelwertsatz der Differentialrechnung folgt. Aus der 1-ten Zeile von (27) liest man aber ab: $\varphi'\leq 1$ auf $]0,\tau[$ und, da $\varphi$ auf $[0,\tau]$ stetig ist (s. (25)), so folgt hieraus, wieder nach dem Mittelwertsatz der Differentialrechnung:

$$\text{Für alle } \alpha,\beta\in[0,\tau] \text{ mit } \alpha<\beta \text{ gilt} \quad \varphi(\beta)-\varphi(\alpha) \leq \beta-\alpha;$$
$$\text{insbesondere (mit } \alpha:=0, \;\beta:=\tau \text{ nach (24)):} \quad \sigma = \varphi(\tau) \leq \tau . \tag{28}$$

Zum vollen Beweis des Theorems genügt es daher zu zeigen:

$$\sigma = \tau \quad \text{impliziert} \quad c = a|[0,\sigma] .$$

Zur letzten Aussage: Gelte also $\sigma = \tau$. Dann muß aber für alle $t\in]0,\tau[$ gelten $\varphi'(t)=1$. [Denn anderenfalls gäbe es $\xi\in]0,\tau[$ mit (s. (27)) $\varphi'(\xi)<1$, und daher gäbe es $\varepsilon\in\mathbb{R}_+$ mit $\xi+\varepsilon<\tau$ und

$$(1/\varepsilon)\cdot\left(\varphi(\xi+\varepsilon)-\varphi(\xi)\right) < 1,$$

folglich zusammen mit der Annahme $\sigma=\tau$, also $\varphi(\tau)=\tau$ (s. (28)) und (24):

$$\sigma = \varphi(\tau) - \varphi(0) = \big(\varphi(\tau) - \varphi(\xi+\varepsilon)\big) + \big(\varphi(\xi+\varepsilon) - \varphi(\xi)\big) + \big(\varphi(\xi) - \varphi(0)\big) <$$

$$< (\tau - (\xi+\varepsilon)) + \varepsilon + \xi = \tau, \quad \textit{Widerspruch.}]$$

Aus $\varphi'(t) = 1$ für alle $t \in \,]0,\tau[$ und der Gleichheitsdiskussion in (27) folgt $c = a \circ \varphi$ und weiter wegen (24) nach dem Mittelwertsatz der Differentialrechnung: $\varphi(t) = t$ für alle $t \in [0,\tau]$. Kombiniert man diese beiden Resultate mit der Annahme $\sigma = \tau$, so folgt $c(t) = a(t)$ für alle $t \in [0,\tau] = [0,\sigma]$.    $\Box$

***Zum Beweis des Lemma:***      Sei also $a : [0,2\pi] \to \mathbb{E}^2$ der $C^\infty$-Weg aus (22) und $H := \mathbb{R} \times \mathbb{R}_+$. Da $\sin|\,]0,\pi\,[ > o$, so können wir folgende reellwertige $C^\infty$-Funktion $F$ auf $H \times \,]0,2\pi[ \subset \mathbb{R}^3$ definieren (vgl. 2-te und 3-te Gleichung von (22)):

$$F(q,t) := (1/\sin(t/2)) \cdot \langle q - a(t), e(t) \rangle = (q_1 - t) + q_2 \cdot \cot(t/2) \quad \textit{für } (q,t) \in H \times \,]0,2\pi[.$$

Daher folgt (wegen $q_2 > 0$ für $q \in H$):

$$(\partial_3 F)(q,t) = -1 - q_2/2 \cdot \sin^2(t/2) < -1 < 0 \quad \textit{für alle } (q,t) \in H \times \,]0,2\pi[.$$

Das ergibt, zusammen mit bekannten Eigenschaften des Cotangens, für alle $q \in H$:

$$\textit{Die stetige Funktion } F(q,..) : \,]0,2\pi[\, \to \mathbb{R} \textit{ ist streng monoton fallend, mit}$$
$$\lim{}_{t \searrow 0} F(q,t) = +\infty \quad \textit{und} \quad \lim{}_{t \nearrow 2\pi} F(q,t) = -\infty, \quad \textit{ist also bijektiv.} \tag{29}$$

Aus (29) folgt somit die Existenz und Einzigkeit einer Funktion

$$\zeta : H \to \mathbb{R} \quad \textit{mit} \quad \zeta(q) \in \,]0,2\pi[ \quad \textit{und} \quad F(q, \zeta(q)) = 0 \quad \textit{für alle } q \in H, \tag{30}$$

d.h. nach Definition von $F$ (s.o.): $\zeta$ erfüllt die erste Zeile von (23) (und umge-kehrt: Erfüllt $\zeta$ die erste Zeile von (23), so auch die letzte Aussage (30)), womit die Existenz- und Einzigkeitsbehauptung des Lemma verifiziert ist. Aus der Gleichung von (30) und der $C^\infty$-Eigenschaft von $F$ folgt vermöge des Satzes über implizit definierte Funktionen ($\partial_3 F < o$, s.o.) auch die $C^\infty$-Eigenschaft von $\zeta : H \to \mathbb{R}$. Es brauchen daher nur noch die Limesaussagen von (23) gezeigt zu werden: Aus der Definition von $F$ (s.o.) und der Gleichung aus (30) folgt aber

$$\zeta(q) - q_1 = q_2 \cdot \cot(\zeta(q)/2) \quad \textit{für alle } q \in H. \tag{31}$$

Da aber $q_2 > 0$ bzw. $\zeta(q) \in \,]0,2\pi[$ für $q \in H$ (s. (23)) und $\cot|\,]0,\pi/2[ > o$ bzw. $\cot|\,]\pi/2,\pi[ < o$, so beweist man mittels (31) sofort (z.B. indirekt) für alle $q \in H$:

$$\big( q_1 < \pi \implies \zeta(q) \in \,]0,\pi[ \,\big) \quad \textit{und} \quad \big( q_1 > \pi \implies \zeta(q) \in \,]\pi,2\pi[ \,\big).$$

Aus den beiden letzten Implikationen folgt jetzt unmittelbar:

$$0 \leq \liminf{}_{q \to (0,0)} \zeta(q) \leq \limsup{}_{q \to (0,0)} \zeta(q) =: \alpha \leq \pi,$$
$$\pi \leq \beta := \liminf{}_{q \to (2\pi,0)} \zeta(q) \leq \limsup{}_{q \to (2\pi,0)} \zeta(q) \leq 2\pi. \tag{32}$$

Wegen (32) gibt es aber Folgen von Punkten $(q_{(n)})_{n \in \mathbb{N}}$ bzw. $(r_{(n)})_{n \in \mathbb{N}}$ aus $H$ mit

$$\Big( \lim_{n \to \infty} q_{(n)} = (0,0), \ \lim_{n \to \infty} \zeta(q_{(n)}) = \alpha \Big) \quad \textit{bzw.} \quad \Big( \lim_{n \to \infty} r_{(n)} = (2\pi,0), \ \lim_{n \to \infty} \zeta(r_{(n)}) = \beta \Big).$$

Multipliziert man nun (31) mit $\sin(\zeta(q)/2)$ und setzt in die so erhaltene Gleichung die letztere Folge $(q_{(n)})_{n \in \mathbb{N}}$ bzw. $(r_{(n)})_{n \in \mathbb{N}}$ ein, so erhält man für $n \to \infty$ (da die 2-ten Komponenten dieser Folgen gegen $0$ konvergieren):

$$\alpha \cdot \sin(\alpha/2) = 0 \quad \textit{bzw.} \quad (\beta - 2\pi) \cdot \sin(\beta/2) = 0.$$

Hieraus erhält man wegen $\alpha \in [0,\pi]$ bzw. $\beta \in [\pi,2\pi]$ (s. (32)) sofort $\alpha = 0$ bzw. $\beta = 2\pi$. Damit und mit (32) folgen die behaupteten Limesgleichungen von (23).    $\Box$

**Satz:**  *Verbindbarkeit durch zykloidische Fallwege und deren Fallzeiten.*

Zu jedem $p \in \mathbb{R}_+ \times [0,\infty[$ $(\subset \mathbb{E}^2)$ gibt es genau ein $(r(p), s(p)) \in M$ (s. (20)) mit $p = c_{r(p)}(s(p))$, d.h. $c_{(r(p),s(p))}$ ist ein zykloidischer Fallweg von o nach $p$ (s. (21),(19)), dessen Fallzeit $s(p)$ zufolge dem obigen Theorem kürzer ist als die Fallzeiten aller von $c_{(r(p),s(p))}$ verschiedenen Fallwege von o nach $p$.

*Zusatz:* Die minimale Fallzeit $s(p)$ aller Fallwege von o nach $p$ gestattet folgende Berechnung aus den Koordinaten $p_1, p_2$ von $p$: Es ist (beachte: $(x - \sin x)|\mathbb{R}_+ > o$)

$$\psi := \frac{1 - \cos x}{x - \sin x}\big|\,]0,2\pi] : \,]0,2\pi] \to [0,\infty[ \quad \textit{ein fallender Homöomorphismus}, \quad (33)$$

und mit dessen Umkehrabbildung $\psi^{-1}: [0,\infty[\,\to\,]0,2\pi]$ *gilt* (*wobei* $\psi^{-1}(0) = 2\pi$) :

$$r(p) := p_1/\big(\psi^{-1}(p_2/p_1) - \sin\psi^{-1}(p_2/p_1)\big) \quad (\textit{beachte } p_1 > 0) \quad \textit{und}$$
$$s(p) := \psi^{-1}(p_2/p_1)/\omega_{r(p)}, \quad \textit{wobei} \quad \omega_{r(p)} := \sqrt{g/r(p)} \quad \text{(s. (18))}. \tag{34}$$

*Beweis:* Es genügt offenbar, zur Verifikation des Satzes zu zeigen (s. (20),(21)):

$$M \to \mathbb{R}_+ \times [0,\infty[ \quad \big((\rho,\sigma) \mapsto c_\rho(\sigma)\big) \quad \textit{ist eine Bijektion}. \tag{35}$$

Wir beweisen (35), indem wir eine Inverse zur Abbildung (35) angeben werden. Dazu verifizieren wir zunächst (33): Nach Definition von $\psi$ in (33) folgt

$$\psi' = \lambda/(x - \sin x)^2|\,]0,2\pi] \quad \textit{mit} \quad \lambda := 2\cos x + x\cdot\sin x - 2 : \mathbb{R} \to \mathbb{R}, \quad \textit{also}$$
$$\lambda' = x\cdot\cos x - \sin x \quad \textit{und} \quad \lambda'' = -x\cdot\sin x .$$

Daher $\lambda''|\,]0,\pi[ < o$ und $\lambda''|\,]\pi,2\pi[ > o$, folglich ist $\lambda'|[0,\pi]$ bzw. $\lambda'|[\pi,2\pi]$ streng monoton fallend bzw. wachsend. Daraus schließt man, zusammen mit $\lambda'(0) = 0$, $\lambda'(\pi) = -\pi$ und $\lambda'(2\pi) = 2\pi$ : Es gibt genau ein $\xi \in \,]\pi,2\pi]$ mit $\lambda'(\xi) = 0$ und $\lambda'|\,]0,\xi[ < o$ sowie $\lambda'|\,]\xi,2\pi[ > o$. Somit ist $\lambda|[0,\xi]$ bzw. $\lambda|[\xi,2\pi]$ streng monoton fallend bzw. wachsend, woraus zusammen mit $\lambda(0) = \lambda(2\pi) = 0$ folgt $\lambda|\,]0,2\pi[ < o$, also $\psi'|\,]0,2\pi[ < o$. Daher ist $\psi: \,]0,2\pi] \to \mathbb{R}$ streng monoton fallend und weiter $\lim\psi(t) = +\infty$ für $t \searrow 0$ (de l'Hospital Regel) sowie $\psi(2\pi) = 0$. Das beweist (33) und $\psi^{-1}(0) = 2\pi$. –

Sind nun die stetigen Funktionen $r, s: \mathbb{R}_+ \times [0,\infty[\,\to \mathbb{R}$ mittels $\psi^{-1}: [0,\infty[\,\to\,]0,2\pi]$ (siehe (33)) *wie in* (34) *definiert*, so folgt für $s$ sofort $s(p) \in\,]0,2\pi/\omega_{r(p)}]$, d.h. $(r(p),s(p)) \in M$ (s. (20)) für alle $p \in \mathbb{R}_+ \times [0,\infty[$ und wir behaupten:

$$\mathbb{R}_+ \times [0,\infty[\,\to M \quad \big(p \mapsto (r(p),s(p))\big) \quad \textit{ist eine Inverse zur Abbildung} (35).$$

Dafür genügt es, zu verifizieren: Es gilt $c_{r(p)}(s(p)) = p$ für alle $p \in \mathbb{R}_+ \times [0,\infty[$, sowie $r(c_\rho(\sigma)) = \rho$ und $s(c_\rho(\sigma)) = \sigma$ für alle $(\rho,\sigma) \in M$, was man (geradenwegs, d.h. ohne Trick) mit der Definition von $c_\rho$ in (18) direkt nachrechnet. □

- **Fallwege längs geometrisch vorgegebener, normierter $C^1$-Wege**
  (*und ihre Kennzeichnung durch ein physikalisches Beschleunigungsgesetz*):

In unserer Definition 1 (s.o.) wurden „*Fallwege*" $c: [0,\tau] \to \mathbb{E}^2$ von o nach $p$ durch die kinematisch-dynamischen Eigenschaften (17) charakterisiert: Das reichte aus, um das obige Theorem über die Minimalität der Fallzeiten zykloidischer Fallwege innerhalb der Klasse solcher Fallwege zu beweisen. –

Der ursprünglichen Brachistochronen-Aufgabe von Johann BERNOULLI (s.o.)

lag jedoch die eigentlich davon abweichende Auffassung zugrunde, wonach ein glatter, o mit $p$ verbindender Weg $b:[0,\beta]\to\mathbb{E}^2$ geometrisch *vorgegeben* ist, *„längs dessen"* sich ein Massenpunkt unter alleiniger Wirkung der Erdbeschleunigung von o nach $p$ fortbewege, d.h. *„von o nach p längs b fällt"* [und es ist die Fallzeit dieses Fallens längs $b$ zu vergleichen mit den Fallzeiten des Fallens längs anderer glatter o mit $p$ verbindender Wege]. – Diese Auffassung verdeutlichen wir noch und erklären dazu für $p\in\mathbb{E}^2$ wie in (16):

**Definition 2:**   $b:[0,\beta]\to\mathbb{E}^2$ heiße *geometrischer Fallweg von o nach p*, wenn $b$ ein o mit $p$ verbindender, normierter $C^1$-Weg ist („normiert": s. 1.2.(15)), für den es eine $C^0$-Umparametrisierung $\lambda:[0,\tau]\to[0,\beta]$ von $b$ zu einem Fallweg $b\circ\lambda:[0,\tau]\to\mathbb{E}^2$ von o nach $p$ gibt (s.o. Definition 1).

*Zusatz:* Wir sagen dann, $\lambda$ beschreibt das *Fallen eines Massenpunktes längs b von* o *nach* $p$, denn in der Tat: Für jeden Zeitpunkt $t\in\,]0,\tau]$ gibt (da $b$ auf Weglänge parametrisiert ist!) die Zahl $\lambda(t)$ die *Weglänge* an, die der Massenpunkt im Zeitintervall $[0,t]$ längs $b$ „durchfallen" hat, (wenn er mit der Anfangsgeschwindigkeit 0 in o zur Zeit 0 losgelassen wurde).

*Beispiel:* Verifiziere, daß für alle $\rho\in\mathbb{R}_+$ der Weg $b_\rho:[0,8\rho]\to\mathbb{E}^2$ mit

$$b_\rho(t) := 2\rho\cdot\Big(\arccos(1-(t/4\rho)) - \sqrt{1-(1-(t/4\rho))^2}\cdot(1-(t/4\rho)),\, 1-(1-(t/4\rho))^2\Big)$$

für $t\in[0,8\rho]$ ein *geometrischer Fallweg* ist (wobei $\arccos := (\cos|[0,\pi])^{-1}$) mit

$$b_\rho'(t) = \Big(\sqrt{1-(1-(t/4\rho))^2},\,(1-(t/4\rho))\Big)\quad\textit{für } t\in[0,8\rho]\,,$$

denn mit $\lambda_\rho:I_\rho\to[0,8\rho]$ $(t\mapsto 4\rho\cdot(1-\cos(\omega_\rho t/2)))$ folgt $b_\rho\circ\lambda_\rho=c_\rho$, wo $c_\rho$ der in (19) beschriebene zykloidische Fallweg ist. [Beachte: $b_\rho$ ist kein $C^2$-Weg mehr!]

**Lemma:**   Sei $p\in\mathbb{R}_+\times[0,\infty[$ $(\subset\mathbb{E}^2)$, sei $b:[0,\beta]\to\mathbb{E}^2$ ein o mit $p$ verbindender, normierter $C^1$-Weg, sei $\lambda:[0,\tau]\to[0,\beta]$ eine $C^0$-Umparametrisierung von $b$ zu einem Fallweg $c:=b\circ\lambda$ von o nach $p$. –   Dann gilt:

**a)**   $\lambda$ *ist eine streng monoton wachsende* $C^2$*-Funktion mit* $\lambda(0)=\lambda'(0)=0$ *und* $\lambda(\tau)=\beta$ *sowie* $\lambda|]0,\tau[\,>$ o, *und* $\lambda$ *erfüllt den Energieerhaltungssatz:* $(\lambda')^2 = 2g\cdot(b_2\circ\lambda)$ *und das Beschleunigungsgesetz:* $\lambda'' = g\cdot(b_2'\circ\lambda)$. *[Dabei ist* $g\cdot(b_2'\circ\lambda) = \langle(0,g),b'\circ\lambda\rangle$ *die zu* $b$ *tangentiale Komponente des konstanten Erdbeschleunigungsfeldes vom Wert* $g\cdot(0,1)$.]

**b)**   $b_2|]0,\beta[\,>$ o *und*   $1/\sqrt{2g\cdot b_2}|]0,\beta[$ *ist Lebesgue-integrierbar über* $[0,\beta]$.

**c)**   $\lambda^{-1}(t) = \int_0^t dx/\sqrt{2g\cdot b_2(x)}$ *für alle* $t\in[0,\beta]$ (s. **a)**, **b)**), *insbesondere ist* $(\lambda^{-1}$ *und damit)* $\lambda$ *durch* $b$ *eindeutig bestimmt und es folgt für die Fallzeit* $\tau$ *des Fallweges* $c$:   $\tau = \lambda^{-1}(\beta)$.

**d)**   $\lambda' = \|c'\|$       $= Bahngeschwindigkeit des Fallweges$ $c$,
$\quad c' = \lambda'\cdot(b'\circ\lambda),$   *und, wenn* $c:[0,\tau]\to\mathbb{E}^2$ *ein* $C^2$-*Weg ist, auch*
$\quad\lambda'' = \langle c'',b'\circ\lambda\rangle$ $= Bahnbeschleunigung des Fallweges$ $c$,
$\quad\quad(\langle c'',b'\circ\lambda\rangle$   *ist dabei die zu* $b$ *tangentiale Komponente von* $c''$).

*Kommentar:* Wegen a), d) bedeutet also der Energieerhaltungssatz, daß die kinetische Energie $(\lambda')^2/2$ gleich dem Negativ $g\cdot c_2$ der potentiellen Energie des Fallweges $c$ ist, und das Beschleunigungsgesetz, falls $c$ $C^2$-Weg ist, daß die zu $b$ tangentiale Komponente des Beschleunigungsvektors $c''$ von $c$ und des konstanten Erdbeschleunigungsfeldes vom Wert $g\cdot(0,1)$ einander stets gleich sein müssen. – Schließlich lehrt c), daß die Fallzeit $\tau$ des Fallweges bereits aus Daten des $c$ „tragenden" geometrischen Fallweges $b:[0,\beta]\to \mathbb{E}^2$, nämlich als Integral von $1/\sqrt{2g\cdot b_2}$ über $[0,\beta]$ eindeutig bestimmt werden kann, weshalb $\tau$ auch *die Fallzeit längs* $b$ heißt.

*Beweis:* *Zu* a): Als $C^0$-Umparametrisierung des $o$ mit $p$ verbindenden Weges $b$ auf den $o$ mit $p$ verbindenden Weg $c$ muß $\lambda:[0,\tau]\to[0,\beta]$ wegen $p\neq o$ offenbar erfüllen: $\lambda(0)=0<\beta=\lambda(\tau)$, also ist $\lambda$ streng monoton wachsend. Weiter:

$$\lambda:[0,\tau]\to[0,\beta]\ \textit{ist differenzierbar auf}\ [0,\tau]\quad \textit{und}\quad \lambda'(t)>0\ \textit{für}\ t\in\,]0,\tau\,[\,.$$

[Denn sei $t_0\in[0,\tau]$. Dann $(\,\|b'\|=\mathbf{1}\,!)$ gibt es $i\in\{1,2\}$ mit $b_i'(\lambda(t_0))\neq 0$. Da aber $b$ ein $C^1$-Weg ist, so gibt es eine Intervall-Umgebung $V$ von $\lambda(t_0)$ in $[0,\beta]$, so daß $b_i'$ auf $V$ nirgends verschwindet. Daher (s. 1.1.(23)) ist $b_i|V$ eine Bijektion von $V$ auf ein Intervall $b_i(V)$ von $\mathbb{R}$ mit differenzierbarer Umkehrfunktion $(b_i|V)^{-1}$. Da $\lambda:[0,\tau]\to[0,\beta]$ stetig ist, so ist $U:=\lambda^{-1}(V)$ eine Umgebung von $t_0$ in $[0,\tau]$ und

$$(b_i|V)\circ(\lambda|U)=c_i|U\,,\quad \textit{also}\quad \lambda|U=(b_i|V)^{-1}\circ(c_i|U)\ \textit{differenzierbar in}\ t_0\,.]$$

Aus der Differenzierbarkeit von $\lambda$, $b$, $c$ folgt wegen $c=b\circ\lambda$ sofort $c'=(b'\circ\lambda)\cdot\lambda'$, daher (beachte $\langle b',b'\rangle=\mathbf{1}$ und (17)): $(\lambda')^2=\langle c',c'\rangle=2g\cdot c_2=2g\cdot(b_2\circ\lambda)$, also wegen $\lambda(\,]0,\tau\,[\,)=\,]0,\beta\,[\,)$ und (17): $b_2|\,]0,\beta\,[\,>o$, sowie weiter:

$$\lambda'=\sqrt{2g\cdot(b_2\circ\lambda)}=\|c'\|\ \textit{stetig auf}\ [0,\tau]\quad \textit{und}\quad \lambda'|\,]0,\tau\,[\,>o\,.$$

Danach ist $\lambda'|\,]0,\tau\,[$ mit $\sqrt{x}\,|\mathbb{R}_+$ differenzierbar und es folgt $\lambda''(t)=g\cdot(b_2'\circ\lambda)(t)$ für alle $t\in\,]0,\tau\,[$, also $(b_2'$ bzw. $\lambda$ stetig auf $[0,\beta]$ bzw. auf $[0,\tau]$!) existieren die Limites von $\lambda''(t)$ für $t\searrow 0$ und $t\nearrow\tau$. Somit ist (s. Darboux-Lemma[58]) $\lambda'$ eine $C^1$-Funktion, d.h. $\lambda$ eine $C^2$-Funktion auf $[0,\tau]$, welche die letzte Gleichung für alle $t\in[0,\tau]$ erfüllt. Damit ist a) bewiesen. – *Zu* b), c): $b_2|\,]0,\beta\,[\,>o$ war im Beweis von a) bereits gezeigt worden, und wegen $\lambda'|\,]0,\tau\,[\,>o$ (s.o. letzte Formelzeile) ist

$$\lambda^{-1}|\,]0,\beta\,[\ \textit{differenzierbar mit}\ (\lambda^{-1})'=1/(\lambda'\circ\lambda^{-1})=1/\sqrt{2g\cdot b_2}\ \textit{auf}\ ]0,\beta\,[\,,\ \textit{also}:$$

$$\textit{Für alle}\ t\in\,]0,\beta\,]\ \textit{und}\ \varepsilon\in\,]0,t/2\,[:\quad \lambda^{-1}(t-\varepsilon)-\lambda^{-1}(\varepsilon)=\int_\varepsilon^{t-\varepsilon}dx/\sqrt{2g\cdot b_2(x)}\,.$$

Da aber $\lambda^{-1}$ in 0 und $t$ stetig ist mit den Werten 0 bzw. $\lambda^{-1}(t)$, so folgt aus der letzten Gleichung für $\varepsilon\searrow 0$ nach dem Grenzwertsatz von B. LEVI die Lebesgue-Integrierbarkeit von $1/\sqrt{2g\cdot b_2}$ über $[0,t]$ sowie die erste Gleichung der Behauptung c). – *Zu* d): Im Beweis zu a) war bereits $\lambda'=\|c'\|$ mit $\lambda'|\,]0,\tau\,[\,>o$, sowie auch $c'=\lambda'\cdot(b'\circ\lambda)$ gezeigt worden, weshalb man erhält

$$b'|\,]0,\beta\,[\ =\ \big(1/(\lambda'\circ\lambda^{-1})\big)\cdot(c'\circ\lambda^{-1})|\,]0,\beta\,[\,.$$

Ist nun $c$ 2-mal differenzierbar, so folgt aus der letzten Gleichung und der Differenzierbarkeit von $\lambda'$, $c'$, $\lambda^{-1}|\,]0,\beta\,[$ (s. Beweis zu b), c)) die Differenzierbarkeit von $b'|\,]0,\beta\,[$, und Differentiation von $c'=\lambda'\cdot(b'\circ\lambda)$ auf $]0,\tau\,[$ liefert:

$$c''|\,]0,\tau\,[\ =\ \big(\lambda''\cdot(b'\circ\lambda)+(\lambda')^2\cdot(b''\circ\lambda)\big)|\,]0,\tau\,[\,.$$

---

[58] Das „*Darboux-Lemma*" ist folgende Konsequenz des Mittelwertsatzes der Differentialrechnung: *Ist* $\varphi:[0,\tau]\to\mathbb{R}$ *stetig, auf* $]0,\tau\,[$ *differenzierbar und existiert* $\lim\varphi'(t)$ *für* $t\searrow 0$ *in* $\mathbb{R}$, *so ist* $\varphi$ *auch differenzierbar in* 0 *mit* $\varphi'(0)=\lim\varphi'(t)$ *für* $t\searrow 0$, *insbesondere ist* $\varphi'$ *stetig in* 0. (Analog für $t\nearrow\tau$.)

Weiter impliziert $\langle b', b' \rangle = 1$ durch Differentiation $\langle b', b'' \rangle | \,]\,0, \beta\,[\, = o$. Bildet man daher in der letzten Formelzeile das innere Produkt mit $(b' \circ \lambda) | \,]\,0, \tau\,[$, so folgt $\langle c'', b' \circ \lambda \rangle | \,]\,0, \tau\,[\, = \lambda'' | \,]\,0, \tau\,[$ und damit gilt, falls $c$ ein $C^2$-Weg ist, die letzte Gleichung der Behauptung d) überhaupt auf ganz $[0, \tau]$. $\square$

**Kriterium für geometrische Fallwege:**    Sei $p \in \mathbb{R}_+ \times [0, \infty\,[\ (\subset \mathbb{E}^2)$ und $b : [0, \beta] \to \mathbb{E}^2$ ein $o$ mit $p$ verbindender, normierter $C^1$-Weg. Dann hat man:

*$b$ ist geometrischer Fallweg von $o$ nach $p$ genau dann, wenn gilt :*

$$b_2 | \,]\,0, \beta\,[\, > o \quad und \quad 1/\sqrt{b_2} | \,]\,0, \beta\,[\ ist\ integrierbar\ über\ [0, \beta]\,. \tag{36}$$

*Zusatz:*   a)   Ist $b_2 | \,]\,0, \beta\,[\, > o$, so ist $1/\sqrt{b_2} | \,]\,0, \beta\,[$ integrierbar über $[0, \beta]$, wenn:

$$b_2'(0) > 0 \quad und \quad (wenn\ b_2(\beta) = 0, \ so\ b_2'(\beta) < 0)\,. \tag{37}$$

b)   Ist $c : [0, \delta] \to \mathbb{E}^2$ ein $o$ mit $p$ verbindender immersiver $C^1$-Weg, so ist die orientierungstreue Umparametrisierung $b = c \circ \varphi : [0, \beta] \to \mathbb{E}^2$ von $c$ auf Weglänge (nach Satz 1.2.6.b ein normierter $C^1$-Weg und ist) ein geometrischer Fallweg genau dann, wenn $c_2 | \,]\,0, \delta\,[\, > o$ und $1/\sqrt{c_2} | \,]\,0, \delta\,[$ integrierbar ist über $[0, \delta]$. Die Fallzeit $\tau$ längs $b$ berechnet sich dann (allein mittels $c$ !) durch

$$\tau \ = \ \int_0^\delta \big( \|c'\| / \sqrt{2g \cdot c_2} \big)(x)\, dx\,. \tag{38}$$

*Beweis:*   Ist $b$ ein geometrischer Fallweg von $o$ nach $p$, so folgt (36) aus dem vorangegangenen Lemma b). – Gelte umgekehrt (36). Dann ist für alle $t \in [0, \beta]$ die Funktion $1/\sqrt{2g \cdot b_2} : ]\,0, \beta\,[\ \to \mathbb{R}_+$ auch integrierbar über $[0, t]$, also können wir definieren:

$$\mu(t) \ := \ \int_0^t dx / \sqrt{2g \cdot b_2(x)} \quad für\ t \in [0, \beta], \quad insbesondere\ \mu(0) = 0\,. \tag{39}$$

Wegen des Grenzwertsatzes von B. Levi folgt sofort die Stetigkeit von $\mu$ auf $[0, \beta]$ und da der Integrand in (39) in jedem Punkte von $]\,0, \beta\,[$ stetig und positiv ist, so ist $\mu | \,]\,0, \beta\,[$ differenzierbar mit $\mu'(t) = 1/\sqrt{2g \cdot b_2(t)} > 0$ für $t \in ]\,0, \beta\,[$. Daher ist $\mu : [0, \beta] \to \mathbb{R}$ eine streng monoton wachsende Abbildung auf ein Intervall $[0, \tau]$ mit $\tau := \mu(\beta)$ und $\lambda := \mu^{-1} : [0, \tau] \to [0, \beta]$ ist stetig, und auf $]\,0, \tau\,[$ eine $C^1$-Funktion mit

$$\lambda' | \,]\,0, \tau\,[\ = \ 1/(\mu' \circ \lambda) | \,]\,0, \tau\,[\ = \ \sqrt{2g \cdot (b_2 \circ \lambda)} | \,]\,0, \tau\,[\,.$$

Hieraus, aus der Stetigkeit von $b_2$ und von $\lambda$ folgt sofort (beachte $b_2(0) = 0$):

$$\lim \lambda'(t) = 0 \quad für\ t \searrow 0 \quad und \quad \lim \lambda'(t) = \sqrt{2g \cdot b_2(\beta)} \quad für\ t \nearrow \tau\,,$$

also ist (s. Darboux-Lemma[58]) $\lambda$ eine $C^1$-Funktion auf $[0, \tau]$ mit $\lambda' = \sqrt{2g \cdot (b_2 \circ \lambda)}$, insbesondere $\lambda'(0) = 0$. Die Umparametrisierung $c := b \circ \lambda$ von $b$ ist dann aber ein Fallweg von $o$ nach $p$ (s. (17)). Denn offenbar ist nach dem Gesagten $c$ ein $o$ mit $p$ verbindender $C^1$-Weg mit $c' = \lambda' \cdot (b' \circ \lambda)$, also $c'(0) = o$ und ($b$ normiert!):

$$\langle c', c' \rangle \ = \ (\lambda')^2 \ = \ 2g \cdot (b_2 \circ \lambda) \ = \ 2g \cdot c_2\,,$$

insbesondere $c'(t) \neq o$ für alle $t \in ]\,0, \tau\,[$ wegen der Voraussetzung $b_2 | \,]\,0, \tau\,[\, > o$. $\square$

*Zum Zusatz* a):   Gelte also $b_2 | \,]\,0, \beta\,[\, > o$ und (37). Wegen $\delta_0 := b_2'(0)/2 > 0$ gibt es ($b_2'$ ist stetig in $0$) ein $\varepsilon \in ]\,0, \beta/2\,[$, so daß $b_2'(\xi) > \delta_0$ für alle $\xi \in ]\,0, \varepsilon\,[$, also $b_2(t) = b_2(t) - b_2(0) = b_2'(\xi) \cdot t > \delta_0 t$ *für alle* $t \in ]\,0, \varepsilon\,]$ *und geeignetes* $\xi \in ]\,0, t\,[$, *somit*

$$1/\sqrt{2g \cdot b_2(t)} \ < \ (1/\sqrt{2g \cdot \delta_0}) \cdot (1/\sqrt{t}) \quad für\ alle\ t \in ]\,0, \varepsilon\,]\,.$$

Daher ist wegen der Integrierbarkeit von $1/\sqrt{x}$ über $[0,\varepsilon]$ auch die stetige Funktion $1/\sqrt{2g\cdot b_2}:]0,\beta[\to \mathbb{R}$ integrierbar über $[0,\varepsilon]$. Ist nun $b_2(\beta)\neq 0$, so ist $1/\sqrt{2g\cdot b_2}$ definiert und stetig auf dem kompakten Intervall $[\varepsilon,\beta]$ also dort auch integrierbar, d.h. $1/\sqrt{2g\cdot b_2}$ insgesamt integrierbar über $[0,\beta]$. Ist aber $b_2(\beta)=0$, so nach (37) $\delta_1:=b_2'(\beta)/2 < 0$. Dann können wir wieder $\varepsilon \in ]0,\beta/2[$ so klein wählen, daß $b_2'(\xi) < \delta_1$ für alle $\xi \in ]\beta-\varepsilon,\beta[$, also wieder:

$$b_2(t) = b_2(t) - b_2(\beta) = b_2'(\xi)\cdot(t-\beta) > \delta_1\cdot(t-\beta) = |\delta_1|\cdot|t-\beta| \quad \textit{für alle } t \in [\beta-\varepsilon,\beta[$$

(und mit geeignetem $\xi \in ]t,\beta[$). Wegen der Integrierbarkeit von $1/\sqrt{|x-\beta|}$ über $[\beta-\varepsilon,\beta]$ ist daher (analog wie oben) auch $1/\sqrt{2g\cdot b_2}$ integrierbar über $[\beta-\varepsilon,\beta]$, woraus zusammen mit deren bereits gezeigter Integrierbarkeit über $[0,\varepsilon]$ und der trivialen Integrierbarkeit der stetigen Funktion $1/\sqrt{2g\cdot b_2}$ über dem kompakten Intervall $[\varepsilon,\beta-\varepsilon]$ überhaupt die Integrierbarkeit von $1/\sqrt{2g\cdot b_2}$ über $[0,\beta]$ folgt. $\square$

*Zum Zusatz* b): Mit den Notationen aus Zusatz b) gilt offensichtlich $b_2(]0,\beta[)= c_2(]0,\delta[)$ und $1/\sqrt{b_2}=1/\sqrt{c_2\circ\varphi}$. Da aber $b'=\varphi'\cdot(c'\circ\varphi)$ und $b$ normiert, so folgt wegen $\varphi' > o$ (s. 1.1.2) sofort $\|c'\circ\varphi\|\cdot\varphi'=1$, also ist $1/\sqrt{b_2}$ integrierbar über $[0,\beta]$ genau dann, wenn $1/\sqrt{c_2\circ\varphi} = \|c'\circ\varphi\|\cdot\varphi'/\sqrt{c_2\circ\varphi}$ integrierbar ist über $[0,\beta]$. Letzteres ist aber nach Substitutionsregel der Fall genau dann, wenn $\|c'\|/\sqrt{c_2}$ integrierbar ist über $[0,\delta]$. Da aber $1/\|c'\|$ bzw. $\|c'\|$ auf $[0,\delta]$ stetig (also meßbar und beschränkt) ist, so ist $\|c'\|/\sqrt{c_2}$ integrierbar über $[0,\delta]$ genau dann, wenn $1/\sqrt{c_2}$ integrierbar ist über $[0,\delta]$. Schließlich folgt für die Fallzeit $\tau$ von $b$ nach dem obigen Lemma c) (und der Substitutionsregel, wegen $\varphi(0)=0$ und $\varphi(\beta)=\delta$):

$$\tau = \int_0^\beta dx/\sqrt{2g\cdot b_2(x)} = \int_0^\beta \left(\frac{\|c'\|}{\sqrt{2g\cdot c_2}}\circ\varphi(x)\right)\cdot\varphi'(x)\,dx = \int_0^\delta \frac{\|c'\|}{\sqrt{2g\cdot c_2}}(x)\,dx. \quad \square$$

- **Beispiele und Vergleiche von Fallzeiten:**

**a)** Nach dem obigen Satz haben wir für jedes $p_1 \in \mathbb{R}_+$ genau einen zykloidischen Fallweg von $o = (0,0)$ nach $p := (p_1,0)$, wobei $p$ also auf gleicher Höhe wie $o$ liegt. Da dann (s. (33),(34)) $\psi^{-1}(p_2/p_1) = \psi^{-1}(0) = 2\pi$ und $r(p)=p_1/2\pi$, so hat dieser Fallweg die Fallzeit $s(p)=\sqrt{2\pi\cdot p_1/g}$ (s. (34)), ist also mit dem Faktor $\sqrt{2\pi/g}$ proportional zur Quadratwurzel des Abstandes $p_1$ der beiden Punkte. Dies ist (zufolge obigem Theorem) die kürzeste Zeit, innerhalb derer man den „Transport" eines Massenpunktes von $o$ zu dem auf gleicher Höhe liegenden Punkt $p$ allein durch „Erd-Schwerkraft" besorgen kann. [Dabei durchläuft der Massenpunkt allerdings eine zykloidische Mulde von der Tiefe $2r(p) = p_1/\pi$ ($\sim 1/3$ des Abstandes von $o$ und $p$) unter dem horizontalen Niveau von $o$ und $p$ (s. (34)).] Wie nicht anders zu erwarten, ist diese Fallzeit gerade die Hälfte der Schwingungsdauer $2\pi\cdot\sqrt{l/g}$ (s. (15)) eines Zykloidenpendels der Länge $l = 4r(p) = 2p_1/\pi$, da der Transport des Massenpunktes von $o$ nach $p$ längs des zykloidischen Fallweges auch interpretiert werden kann als Bahn des Pendelkörpers eines Zykloidenpendels der Länge $2p_1/\pi$, das in $(p_1/2, -p_1/\pi)$ aufgehängt ist, wobei der Massenpunkt (=Pendelkörper) von $o$ nach $p$ schwingt (s.u. Skizze a) ).

**b)** Obwohl die Fallzeit $s(p)$ längs zykloidischer Fallwege für $p \in \mathbb{R}_+^2$ durch eine kompliziertere transzendente Funktion in den Koordinaten von $p$ beschrieben wird, (s. (34),(33)), gelingt für spezielle Lagen von $p$ in $\mathbb{R}_+^2$ eine explizite, numerische Bestimmung von $s(p)$, z.B. ist für (s.u. Skizze b) )

$$p\in\mathbb{R}_+\cdot(\pi,2) \;\textit{bzw.}\; q\in\mathbb{R}_+\cdot((3\pi/2)+1,1): \;\; \psi^{-1}(p_2/p_1)=\pi \;\textit{bzw.}\; \psi^{-1}(q_2/q_1)=3\pi/2,$$

[denn (s. (33)): $\psi(\pi) = 2/\pi$  bzw.  $\psi(3\pi/2) = 1/((3\pi/2)+1)$. Daher folgt (s. (34)):

$r(p) = p_2/2$  *bzw.*  $r(q) = q_2$  *und*  $s(p) = \pi \cdot \sqrt{p_2/(2g)}$  *bzw.*  $s(q) = (3\pi/2) \cdot \sqrt{q_2/g}$.

[Hierbei ist also, wie wieder zu erwarten, $s(p)$ gleich 1/4 der Schwingungsdauer eines Zykloidenpendels der Länge $2p_2$ (s. (15)).]

c)   Mittels Lemma c) findet man für alle $p \in \mathbb{R}_+^2$ als Fallzeit längs des geometrischen Fallweges $b_p : [0, \|p\|] \to \mathbb{E}^2$ $(t \mapsto (t/\|p\|) \cdot p)$ von o nach $p$ den Wert $\tau(p) = \|p\| \cdot \sqrt{2/(gp_2)}$, die wir i.S. der klassischen Physik als *Fallzeit längs der schiefen Ebene von o nach p* deuten. [Zum Beispiel geht für Punkte $p \in \mathbb{R}_+^2$ konstanten Abstandes $\delta \in \mathbb{R}_+$ von o diese Fallzeit gegen $\infty$, wenn $p$ auf das Niveau von o ansteigt (d.h. $p_2 \searrow 0$ bzw. $p \to (p_1,0)$), also die schiefe Ebene von o nach $p$ gegen die Horizontale immer flacher geneigt ist.] Für die im Beispiel b) betrachteten Punkte $p \in \mathbb{R}_+ \cdot (\pi,2)$ bzw. $q \in \mathbb{R}_+ \cdot ((3\pi/2)+1,1)$ findet man als Quotient aus den Fallzeiten von o nach $p$ bzw. $q$ längs schiefer Ebenen und längs zykloidischer Fallwege [beachte, daß beide Fallzeiten positiv-homogen vom Grade (1/2) in $p$ bzw. $q$ sind!]

$$\tau(p)/s(p) = \sqrt{1 + (2/\pi)^2} \qquad\qquad > 1,185 \quad \textit{bzw.}$$
$$\tau(q)/s(q) = (2/3\pi) \cdot \sqrt{2((3\pi/2)+1)^2 + 2} \; > 1,740 \quad,$$

was eine gewisse Vorstellung davon vermittelt, wieviel langsamer der Fall längs schiefer Ebenen gegenüber demjenigen längs zykloidischer Fallwege ist.

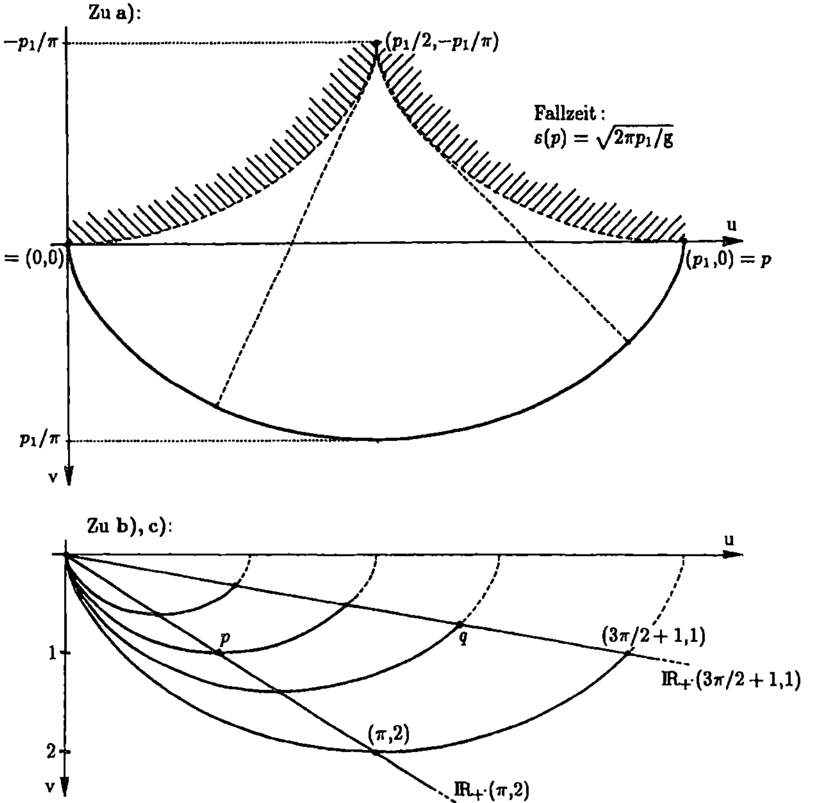

## 1.5.4  Zur (Ideen)-Geschichte der Brachistochronen-Aufgabe:

*Vorbemerkung:*  Bei unserem Beweis des Theorems 1.5.3 über die *Brachistochronie* (= *Zeit-Kürzesten-Eigenschaft*, griech.: *brachisto* = kürzest) des zykloidischen unter allen möglichen Fallwegen von o nach $p$ (s. (16)) haben wir uns von einer klassischen Beweisidee für die *Längen-Kürzesten-Eigenschaft* der Verbindungsstrecke $t \mapsto t \cdot p$ ($t \in [0,1]$) von o nach $p$ [unter allen möglichen o und $p$ verbindenden $C^1$-Wegen] leiten lassen: Dort projiziert man nämlich die Vergleichswege *orthogonal* auf die (die Verbindungsstrecke tragende) Gerade durch o und $p$, hier haben wir – analog – die Vergleichs-Fallwege orthogonal auf die (den zykloidischen Fallweg von o nach $p$ tragende) Zykloidenperiode, welche in o mit einer Spitze beginnt und durch $p$ geht, projiziert. In beiden Fällen gelingt jedoch damit die anschließende Abschätzung, welche die Verbindungsstrecke bzw. den zykloidischen Fallweg als strenges absolutes Minimum in Bezug auf die Weglänge bzw. die Fallzeit ausweist, nur, weil die beiden letzteren Wege – aufgrund einer gewissen historischen Erfahrung – bereits als *„die richtigen"* Kandidatenwege für dieses Minimum angesetzt sind. Zum „Woher" dieses Ansatzes haben wir bisher nichts gesagt. Bezüglich der Brachistochronen-Aufgabe folgendes zur Aufhellung:

a)     1696 lädt Johann BERNOULLI  ≫ *Liebhaber solcher Dinge* ≪  (s. [STA], S. 3) im Juni-Heft der Leipziger „Acta Eruditorum" (∼ *„Zeitschrift der Gebildeten"*) zur Lösung folgenden Problems ein:

≫ *Wenn in einer vertikalen Ebene zwei Punkte A und B gegeben sind, soll man dem beweglichen Punkte M eine Bahn AMB anweisen, auf welcher er von A ausgehend vermöge seiner eigenen Schwere in kürzester Zeit nach B gelangt.* ≪

[Das ist die Ur-Form der Brachistochronen-Aufgabe.] – Gleichzeitig kündigt er an, als Lösungsbahn eine bekannte Kurve selbst entdeckt zu haben, und daß er diese Kurve angeben werde, wenn sie  ≫ *nach Ablauf dieses Jahres kein anderer genannt hat* ≪. Nach Ablauf des Jahres wiederholt er im Januar 1697 von Groningen aus (wo er „Öffentlicher Professor für Mathematik" ist) diese Aufgabenstellung [mit einer Verlängerung der Lösungsfrist  ≫ *bis zum Osterfeste* ≪ , worum ihn G. W. LEIBNIZ (∗1.7.1646, †14.11.1716) gebeten hatte, um die Aufgabe auch in Frankreich und Italien bekannt zu machen. LEIBNIZ hatte ihm bereits mitgeteilt, das Problem gelöst zu haben]. Diese Wiederholung der Aufgabenstellung ist ausführlicher gehalten, insbesondere wird hinzugefügt (s. [STA], S. 4), daß $A$ und $B$  ≫ *nicht senkrecht übereinander liegen* ≪, der Ausgangspunkt $A$ der Bahn der obere, $B$ aber der untere Punkt ist. Außerdem fügt er hinzu (s. [STA], S. 5):

≫ *Der Sinn der Aufgabe ist der: unter den unendlich vielen Kurven, welche die beiden Punkte verbinden, soll diejenige ausgewählt werden, längs welcher, wenn sie durch eine entsprechend gekrümmte sehr dünne Röhre ersetzt wird, ein hineingelegtes und freigelassenes Kügelchen seinen Weg von einem zum anderen Punkte in kürzester Zeit durchmißt. Um aber jede Zweideutigkeit auszuschließen, sei ausdrücklich bemerkt, daß ich hier Galilei's Hypothese annehme, ... , daß nämlich die Geschwindigkeiten, welche ein fallender Körper erlangt, sich wie die Quadratwurzeln der durchmessenen Höhen verhalten.* ≪

[Mit der „sehr dünnen Röhre" ist unser obiger Begriff des „geometrischen Fallweges" vorgeprägt, „Galilei's Hypothese" findet sich in unserer Definition 1 der „Fallwege" als Energieerhaltungssatz (s. (17)) wieder.]

b)     Im Mai 1697 publiziert Johann BERNOULLI in den Acta Eruditorum (auf S. 206) seine Lösung und schreibt:

$\gg$ *Mit Recht bewundern wir Huygens, weil er zuerst entdeckte, daß ein schwerer Punkt auf einer gewöhnlichen Zykloide in derselben Zeit herabfällt, an welcher Stelle er auch die Bewegung beginnt. Aber man wird starr vor Erstaunen sein, wenn ich sage, daß gerade die Zykloide, die Tautochrone von Huygens, die gesuchte Brachistochrone ist.* $\ll$

Seine Lösung beruht auf dem Kunstgriff, das mechanische Brachistochronen-Problem durch ein optisches zu simulieren, welches gemäß dem „*Fermat-Prinzip der kürzesten Ankunft*" die gewünschte Brachistochronie realisiert: Letzteres Prinzip hatte Pierre de FERMAT ($*$ 20.8.1601, † 12.1.1665) im Jahre 1629 für die geometrische Optik formuliert, wonach – grob gesprochen – ein Lichtstrahl in einem optischen Medium vom leuchtenden zum beleuchteten Punkt stets den *zeitkürzesten* Weg einschlägt (Genaueres s.u.).

Joh. BERNOULLIs Idee läßt sich (in heutiger Terminologie) so skizzieren:  Ist $\nu_0 \in \mathbb{R}_+$ die Lichtgeschwindigkeit im Vakuum, so ist ein *optisch-isotropes Medium* $(M,v)$ ein Paar, wo $M$ eine Teilmenge von $\mathbb{E}^3$ und $v: M \to [0,\nu_0]$ eine Funktion ist (seine *Lichtgeschwindigkeitsfunktion*[59]), so daß für jeden realen Lichtstrahlweg $c:[0,\tau] \to M$, für den stets $c'(t) \neq o$ für $t \in ]0,\tau[$ vorausgesetzt wird, gilt:

$$\|c'(t)\| = v(c(t)) \quad \textit{für alle } t \in [0,\tau] .$$

Allgemeiner heiße jeder $C^1$-Weg $c:[0,\tau] \to M$ mit $c'(t) \neq o$ für $t \in ]0,\tau[$ und der die letzte Aussage erfüllt, ein *virtueller Lichtstrahlweg in* $(M,v)$, und der Sinn des obigen *Fermat-Prinzips* ist, daß die Laufzeit $\tau$ jedes realen Lichtstrahlweges $c:[0,\tau] \to M$ in $(M,v)$ kürzer ist als die Laufzeit jedes von $c$ verschiedenen virtuellen Lichtstrahlweges in $(M,v)$, der $c(0)$ mit $c(\tau)$ verbindet. [Um den Anschluß an andere (physikalische) Darstellungen der Strahlen-Optik herzustellen, erwähnen wir: Es heißt $n := \nu_0/v: M \to [1,\infty]$ (mit $\nu_0/0 := \infty$)[59] die *Brechungsindex-Funktion von* $(M,v)$, und gilt für zwei Punkte $p,q \in M$ des Mediums: $v(p) < v(q)$ (d.h. $n(p) > n(q)$), so heißt $(M,v)$ in $p$ „*optisch dichter*" als in $q$.] –
Nimmt man nun an, daß der zweite Basisvektor $e_2 = (0,1,0)$ des $\mathbb{E}^3$ wieder (vertikal) zum Erdmittelpunkt weist, und daß $(M,v)$ ein optisch isotropes Medium ist mit $M := \mathbb{R} \times [0,\infty[ \times \mathbb{R}$ $(\subset \mathbb{E}^3)$, und der folgenden Lichtgeschwindigkeitsfunktion

$$v: M \to \mathbb{R} \quad \textit{mit} \quad v(p) := \sqrt{2g \cdot p_2} \quad \textit{für alle } p \in M \quad (\,g := \textit{Erdbeschleunigung}\,),$$

so entsprechen den Fallwegen von $o$ nach $p \in \mathbb{R}_+ \times [0,\infty[ \times \{0\}$ aus (17) offenbar gerade die virtuellen Lichtstrahlwege in $(M,v)$, die in $\mathbb{R}_+ \times [0,\infty[ \times \{0\}$ verlaufen. Johann BERNOULLI schließt nun, daß „der" reale Lichtstrahlweg in $(M,v)$ von $o$ nach $p$ zufolge dem Fermat-Prinzip einen Fallweg kürzester Laufzeit beschreiben muß, und folglich die Brachistochronen-Aufgabe löst. Für ihn gilt es daher, „jenen" realen Lichtstrahlweg von $o$ nach $p$ in $(M,v)$ effektiv zu bestimmen. Dazu zieht er – ohne weiteren Kommentar – das *Brechungsgesetz der Strahlenoptik* für $(M,v)$ in folgender Form heran: Zu jedem realen Lichtstrahlweg $c:[0,\tau] \to M$ im optischem Medium $(M,v)$ gibt es ein $C \in \mathbb{R}_+$, so daß gilt

$$\sin \sphericalangle(c'(t),e_2) = C \cdot v(c(t)) \quad \textit{für alle } t \in [0,\tau] , \quad (\textit{s. auch unten}\,[59]) \qquad (40)$$

[STA], S. 8:  $\gg$ .., *da bekanntlich die Sinus der Brechungswinkel in den einzelnen Punkten sich umgekehrt wie die Dichtigkeiten des Mediums oder direkt wie die Geschwindigkeiten des Lichtkörperchens verhalten, so hat die Kurve die Eigenschaft, daß die Sinus ihrer Neigungswinkel gegen die Vertikale überall den Geschwindigkeiten proportional sind.* $\ll$ ).

---

[59] Der Wert 0 für $v$ bzw. $\infty$ für $n := \nu_0/v$ ist eine extreme Idealisierung der in der physikalischen Realität auftretenden isotropen optischen Medien.

[*Zwischenbemerkung:*   Das Brechungsgesetz des Leidener Mathematikers Willebrord SNELLIUS (*1591?, †1626) betraf zunächst nur die folgende Situation $(M,v)$: Es gibt $\alpha,\beta,\delta \in \mathbb{R}$ mit $\alpha < \delta < \beta$ und $\nu_1,\nu_2 \in [0,\infty[$ mit $\nu_1 \neq \nu_2$, so daß

$$M := \{\, q \in \mathbb{E}^3 \mid \alpha \leq q_2 \leq \beta \,\} \quad und \qquad \begin{aligned} v(q) &:= \nu_1 \quad für \quad q \in M \quad mit \quad q_2 \geq \delta\,, \\ v(q) &:= \nu_2 \quad für \quad q \in M \quad mit \quad q_2 < \delta\,, \end{aligned}$$

was folgende Deutung gestattet: Längs der Ebene $\{\, q \in \mathbb{E}^3 \mid q_2 = \delta \,\}$ stoßen zwei Medienschichten $M_1 := \{\, q \in M \mid \delta \leq q_2 \,\}$ und $M_2 := \{\, q \in M \mid q_2 < \delta \,\}$ von jeweils konstantem Brechungsindex $\nu_0/\nu_1$ und $\nu_0/\nu_2$ (s.o.) zusammen. Deshalb verläuft jeder Lichtstrahlweg innerhalb von $M_1$ bzw. $M_2$ geradlinig mit einem jeweils konstanten Geschwindigkeitsvektor $\mathbf{v}_1$ bzw. $\mathbf{v}_2$, und bei Übergang dieses Lichtstrahlweges von $M_1$ zu $M_2$ sind dann $\mathbf{v}_1$ und $\mathbf{v}_2$ durch die folgende *Brechungs-Regel* von SNELLIUS gekoppelt:

$$\mathbf{v}_1, \mathbf{v}_2, \mathbf{e}_2 \ \ sind\ linear\ abhängig\ \ und \quad \nu_2 \cdot \sin \sphericalangle (\mathbf{v}_1, \mathbf{e}_2) = \nu_1 \cdot \sin \sphericalangle (\mathbf{v}_2, \mathbf{e}_2)\,. \quad (41)$$

Obschon die Snellius-Regel (41) urspüglich also ein sehr spezielles optisches Medium betrifft, kann man mit ihrer Hilfe das allgemeinere Brechungsgesetz (40) doch plausibel machen, indem man das optische Medium $(M,v)$ mit $M = \{\, q \in \mathbb{E}^3 \mid q_2 \geq 0 \,\}$ und $v : M \to \mathbb{R}$ $(q \mapsto \sqrt{2\mathrm{g}\cdot q_2}\,)$ approximiert durch eine Folge $(M,v_k)$ $(k \in \mathbb{N}_+)$ optischer Medien, wobei $v_k$ für alle $k \in \mathbb{N}_+$ „*schichtweise konstant*", d.h. genauer für alle $n \in \mathbb{N}_+$ auf $M_{k,n} := \{\, q \in \mathbb{E}^3 \mid (n-1)/k \leq q_2 < n/k \,\}$ *konstant vom Wert* $\sqrt{2\mathrm{g}\cdot n/k}$ ist. Auf reale Lichtwege $c_{(k)} : [0,\tau_k] \to M$ von $o$ nach $p$ in $(M,v_k)$ kann man, wenn $c_{(k)}$ im Zeitpunkt $t \in [0,\tau_k]$ von $M_{k,n}$ zu $M_{k,n+1}$ wechselt (d.h. $c_{(k)}(t)_2 = n/k$), die Snellius-Regel (41) anwenden, und erhält:

$$\sqrt{2\mathrm{g}\cdot(c_{(k)}(t)_2 + (1/k))} \cdot \sin \sphericalangle (c'_{(k)}(t_-), \mathbf{e}_2) \ =\ \sqrt{2\mathrm{g}\cdot c_{(k)}(t)_2} \cdot \sin \sphericalangle (c'_{(k)}(t_+), \mathbf{e}_2)\,.$$

Nimmt man daher an, daß die realen Lichtwege $c_{(k)}$ von $o$ nach $p$ in $(M,v_k)$ samt den Geschwindigkeiten $c'_{(k)}$ für $k \to \infty$ gegen den realen Lichtweg $c$ von $o$ nach $p$ in $(M,v)$ und dessen Geschwindigkeit $c'$ konvergieren (die $v_k$ konvergieren auf $M$ für $k \to \infty$ gleichmäßig gegen $v$), so folgt (40) aus der letzten Gleichung für $k \to \infty$. – [Überdies hatte FERMAT bereits – geometrisch argumentierend – darauf aufmerksam gemacht, und später war dies von LEIBNIZ (1682 in den Acta Eruditorum) mittels seines „Calculus" bewiesen worden, *daß die Snellius-Regel* (41) *eine Konsequenz des Fermat-Prinzips der kürzesten Ankunft* (s.o.) *ist.* (Noch heute ist dies eine beliebte Übungsaufgabe zur Extremwert-Theorie für Anfänger!)]

Für den obigen realen Lichtweg $c : [0,\tau] \to M$ im optischen Medium $(M,v)$ von $o$ nach $p \in \mathbb{R}_+ \times [0,\infty[ \times \{0\}$ (s.o.) folgt nun aus dem Brechungsgesetz (40) wegen $\|c'\| = v \circ c = \sqrt{2\mathrm{g}\cdot c_2}$ (s.o.), wegen $c'_2 = \|c\| \cdot \cos \sphericalangle (c', \mathbf{e}_2)$ und $\sin^2 = 1 - \cos^2$:

$$(c'_1)^2 + (c'_3)^2 \ =\ \|c'\|^2 - (c'_2)^2 \ =\ \mathrm{C}^2 \cdot (v \circ c)^2 \cdot \|c'\|^2 \ =\ \mathrm{C}^2 \cdot \|c'\|^4 \ =\ 4\mathrm{g}^2 \mathrm{C}^2 \cdot c_2^2\,,$$

wobei Johann BERNOULLI kommentarlos gleich $c_3 = o$, also auch $c'_3 = o$ annimmt, d.h. $c$ verläuft in der *vertikalen* $(\mathrm{x}_1, \mathrm{x}_2)$-Ebene, die durch $o$ und $p$ geht. [Dazu folgendes: Nimmt man $c$ sogar als $\mathrm{C}^2$-Weg an, so kann man aus der linearen Abhängigkeitsaussage der Snellius-Regel (41) – ähnlich der „Herleitung" von (40) aus der Gleichung von (41) – klarmachen, daß gelten muß:

*Für alle* $t \in [0,\tau]$ *sind* $\mathbf{e}_2, c'(t), c''(t)$ *linear abhängig, d.h.* $c'_1 \cdot c''_3 - c'_3 \cdot c''_1 = o\,.$

Da aber nach Voraussetzung $c'(t) \neq o$ für $t \in ]0,\tau[$, so ist zufolge der obigen Gleichung $(c'_1)^2 + (c'_3)^2 = \mathrm{C}^2 \cdot \|c'\|^4$ und zufolge der letzten Gleichung der ebene $\mathrm{C}^2$-Weg $(c_1, c_3) \mid ]0,\tau[$ immersiv von verschwindender Krümmung, verläuft also (s. 1.4.(52)) in einer Geraden der $(\mathrm{x}_1, \mathrm{x}_3)$-Ebene des $\mathbb{E}^3$, also trifft das aus Stetigkeitsgründen auch auf $(c_1,c_3) : [0,\tau] \to \mathbb{E}^3$ zu[60], und da $c_3(0) = o_3 = 0$ und $c_3(\tau) = p_3 = 0$ (nach Wahl von $p$, s.o.), so überhaupt $c_3 = o$.] Mit $c_3 = o$ und $\rho := 1/4gC^2 \in \mathbb{R}_+$ sowie $\omega_\rho := \sqrt{g/\rho}$ (s. (18)) erhält man aus der obigen Gleichung $(c_1')^2 + (c_3')^2 = ..$ sofort:

$$(c_1')^2 = \omega_\rho^2 \cdot c_2^2 \quad und \quad (c_2')^2 = \|c'\|^2 - (c_1')^2 = \omega_\rho^2 \cdot c_2 \cdot (2\rho - c_2), \qquad (42)$$

Differentialgleichungen, welche – wie man sofort prüft – von den zwei Koordinatenfunktionen des zykloidischen Fallweges $c_\rho$ (s. (19)) erfüllt werden. Dies genüge als Hinweis darauf, weshalb Johann BERNOULLI die zykloidischen Fallwege als Lösungen der Brachistochronen-Aufgabe ansah. (Kritisches hierzu, s.u. in c).)

c)     *Anmerkungen zu* Johann BERNOULLIs *Lösung:*

Die erste Differentialgleichung von (42) läßt sich noch vereinfachen: Als virtueller Lichtstrahlweg in $(M,v)$ erfüllt $c$ nämlich $c_2 \geq o$, $\|c'\| = \sqrt{2g \cdot c_2}$ und $c'(t) \neq o$ für alle $t \in ]0,\tau[$, also $c_2|]0,\tau[ > o$. Daher verschwindet $c_1'|]0,\tau[$ nirgends, muß aber (Mittelwertsatz!) wegen $c_1(\tau) - c_1(0) = p_1 > 0$ mindestens einen positiven Wert haben, also ($c_1'$ stetig!) $c_1'|]0,\varepsilon[ > o$, weshalb sich die in Frage stehende Randwertaufgabe generell vereinfacht zu: *Es gibt* $\rho \in \mathbb{R}_+$ , *so daß* (mit $\omega_\rho$ wie oben)

$$c_1' = \omega_\rho \cdot c_2 , \quad (c_2')^2 = \omega_\rho^2 \cdot c_2 \cdot (2\rho - c_2) , \quad c_3 = o \quad mit \quad c(0) = o , \quad c(\tau) = p , \qquad (43)$$

und wir bemerken: (43) *charakterisiert unter den virtuellen Lichtstrahlwegen von* o *nach* $p \in \mathbb{R}_+ \times [0,\infty[ \times \{0\}$ *diejenigen, die dem Brechungsgesetz* (40) *und seiner Komplettierung*[60] *genügen!*

[(40) und Fußnote[60] wurden nämlich zunächst zur Herleitung von (42),(43) investiert. Gilt umgekehrt (43) für einen virtuellen Lichtstrahlweg $c : [0,\tau] \to \mathbb{E}^3$ in $(M,v)$, so ist einerseits wegen $c_3 = o$ die Aussage der Fußnote[60] erfüllt, andererseits gilt dann auch $c_2 \geq o$, also nach (43) auch: $c_1' \geq o$, und daher wegen $\sphericalangle = |\sphericalangle_o|$ und 1.3.(22),(33):

$$\sin(\sphericalangle(c'(t), e_2)) = |c_1'(t)|/\|c'(t)\| = c_1'(t)/\|c'(t)\| \quad für\ alle\ t \in ]0,\tau[ .$$

Der letzte Quotient ist aber nach (43), nach Definition von $v$ (s.o.) und mit $C := 1/\sqrt{4g\rho}$ gleich $\sqrt{c_2/2\rho} = C \cdot \sqrt{2g \cdot c_2} = C \cdot v(c(t))$, woraus zusammen mit der letzten Formelzeile das Brechungsgesetz (40) folgt.]

*Hier ist nun kritisch zu bemerken*:    Nimmt man mit Johann BERNOULLI die Existenz eines realen Lichtstrahlweges im Medium $(M,v)$ von o nach $p$ an, so genügt dieser dem Brechungsgesetz (40), also genügt er auch der Randwertaufgabe (43) mit einem gewissen $\rho \in \mathbb{R}_+$ (wie oben gezeigt), und er ist nach dem Fermat-Prinzip zeitkürzester virtueller Lichtstrahlweg in $(M,v)$ von o nach $p$, also auch zeitkürzester Fallweg von o nach $p$ (s.o.). Andererseits genügt aber auch der zykloidische Fallweg $c_{(r(p),s(p))} : [0,s(p)] \to \mathbb{E}^2 \cong \mathbb{E}^2 \times \{0\} \subset \mathbb{E}^3$ [wie man mittels (21) und (19) sofort prüft bzw. zufolge dem Satz aus 1.5.3] den Differentialgleichungen bzw. den Randbedingungen aus (43) mit $\rho := r(p)$. Um im Sinne von Johann BERNOULLI auf die Zeit-Kürzesten-Eigenschaft des zykloidischen Weges $c_{(r(p),s(p))}$ schließen zu können, müßte man daher noch wissen, daß die Randwertaufgabe (43) *eindeutig* lösbar ist (also $c_{(r(p),s(p))}$ „der" reale Lichtstrahlweg in $(M,v)$ von o nach $p$ ist). Genau diese Eindeutigkeit ist aber z.B. *nicht* gegeben für

$$p \in \mathbb{R}_+ \times [0,\infty[ \times \{0\} \quad mit \quad (p_2/p_1) < (2/\pi) . \qquad (44)$$

---

[60]d.h.: Jeder reale Lichtweg im speziellen optischen Medium $(M,v)$ verläuft stets in einer vertikalen, $\mathbb{R} \cdot e_2$ enthaltenden Ebene des $\mathbb{E}^3$ . Um diese letztere Aussage sollte man das Brechungsgesetz (40) für $(M,v)$ vervollständigen!

Zunächst besitzt nämlich das Differentialgleichungssystem für $c_1, c_2$ in (43) für alle $\rho \in \mathbb{R}_+$ (und $\omega_\rho$ wie in (18)) *unendlich viele* $C^1$-Lösungen der Anfangswertaufgabe:

$$c_1' = \omega_\rho \cdot c_2 , \qquad (c_2')^2 = \omega_\rho^2 \cdot c_2 \cdot (2\rho - c_2) \quad \textit{mit} \quad c_1(0) = c_2(0) = 0 . \tag{45}$$

Denn für alle $(\alpha, \beta) \in N_\rho := [0, \infty[ \times [\pi/\omega_\rho, 2\pi/\omega_\rho]$ ist $c_{\rho, \alpha, \beta} : [0, \alpha + \beta] \to \mathbb{E}^2$ mit

$$c_{\rho, \alpha, \beta}(t) := \begin{cases} c_\rho(t) & , \textit{ falls } t \in [0, \pi/\omega_\rho] & , \\ (2\rho\omega_\rho t - \rho\pi, 2\rho) & , \textit{ falls } t \in [\pi/\omega_\rho, \alpha + (\pi/\omega_\rho)] , \\ c_\rho(t - \alpha) + (2\rho\omega_\rho\alpha, 0) & , \textit{ falls } t \in [\alpha + (\pi/\omega_\rho), \alpha + \beta] , \end{cases}$$

ein $C^1$-Weg, der eine Lösung von (45) ist, und dessen Bahn sich (siehe nebenan die Skizze) zusammensetzt aus zwei Teilbögen, die zu Abschnitten der Zykloide $c_\rho(I_\rho)$ kongruent sind und einer dazwischengelegten Strecke der Länge $2\rho\omega_\rho\alpha$, die auf einer Parallelen zur $x_1$-Achse (im orientierten Abstand $2\rho$ zu dieser) liegt. – Ist nun $p$ wie in (44), so folgt nach dem Satz von S. 120, insbesondere nach (33),(34):

$$2\pi \geq \omega_{r(p)} \cdot s(p) = \psi^{-1}(p_2/p_1) > \psi^{-1}(2/\pi) = \pi , \quad \text{also nach (18)}$$
$$p_2 = c_{r(p)}(s(p))_2 = r(p) \cdot \left(1 - \cos(\omega_{r(p)} \cdot s(p))\right) < 2r(p) , \quad \text{d.h.} \quad p_2/2 < r(p) .$$

Man findet nun, daß es für jedes (der unendlich vielen!) $\rho \in [p_2/2, r(p)]$ genau ein $(\alpha(\rho), \beta(\rho)) \in N_\rho$ gibt, so daß der Lösungsweg $c_{\rho, \alpha(\rho), \beta(\rho)}$ der Anfangswertaufgabe (45) gerade in $p$ endet, also auch die Randwertaufgabe (43) löst (s. Skizze nebenan). [Dabei gilt offensichtlich $\alpha(r(p)) = 0$ , $\beta(r(p)) = s(p)$, aber $\alpha(\rho) > 0$ für $\rho < r(p)$.] Der zykloidische Fallweg $c_{(r(p), s(p))}$ von o nach $p$ (wie in (44)) ist daher erst dann als Lösung der Brachistochronen-Aufgabe ausgewiesen, wenn gezeigt ist, daß seine Laufzeit $s(p)$ kürzer ist als die Laufzeit $\alpha(\rho) + \beta(\rho)$ aller Fallwege $c_{\rho, \alpha(\rho), \beta(\rho)}$ von o nach $p$ für $\rho \in [p_2/2, r(p)[$. [Das ist zwar durch Theorem 1.5.3 garantiert, läßt sich aber vermutlich auch direkt durch „Berechnen" von $\alpha(\rho)$ und $\beta(\rho)$ verifizieren. – Dieses Phänomen besagt überdies physikalisch, daß das Brechungsgesetz auch von den unendlich vielen virtuellen Lichtstrahlwegen $c_{\rho, \alpha(\rho), \beta(\rho)}$ in $(M, v)$ von o nach $p$ erfüllt wird mit $\rho \in [p_2/2, r(p)[$, ohne daß letztere *reale* Lichtstrahlwege sind, d.h. dem Fermat-Prinzip genügen: Das Brechungsgesetz ist also kein Äquivalent (sondern nur Folge!) des Fermat-Prinzips.]

Johann BERNOULLI scheint dieses Problem nicht gesehen oder gar intuitiv umgangen zu haben, denn im Anschluß an die aus dem Brechungsgesetz hergeleiteten quadratischen Differentialgleichungen (42) sagt er kurzerhand:

$\gg$ *.. dies gibt umgeformt als allgemeine Differentialgleichung*

*der gesuchten Kurve* ..    $c_1' = c_2' \cdot \sqrt{c_2/(2\rho - c_2)} .$ $\ll$

(s. [STA], S. 10, Zeile 8/9 und Zeile 10, mit Lexikon: $y = c_1$ , $x = c_2$ , $a = 2\rho$). Durch die von ihm vorgenommene Division durch $(2\rho - c_2)$ läßt er implizit nur Lichtstrahlwege $c : [0, \tau] \to \mathbb{E}^3$ in $(M, v)$ zu mit $0 < c_2(t) < 2\rho$, also nach (42) mit $c_2'(t) \neq 0$ für $t \in ]0, \tau]$. Daher $c_2(\tau) - c_2(0) = c_2(\tau) > 0$, und folglich (Mittelwertsatz!) hat $c_2'$ mindestens einen positiven Wert auf $]0, \tau[$, also ($c_2'$ stetig!) $c_2'(t) > 0$ für alle $t \in ]0, \tau]$, somit $c_2$ streng monoton wachsend. Man hat also davon auszugehen, daß Johann BERNOULLI bei seinen Lichtstrahl- bzw. Fallwegen von o nach $p$ nur an die letztere Situation gedacht hat, wo (s. Vorbemerkung von 1.5.3) der Fallweg während seiner gesamten Laufzeit streng monoton an Höhe verliert (beachte unsere allgemeine Definition 1 in 1.5.3 und die Bemerkung b) dazu): Dann gibt es aber eine Lösung der Brachistochronen-Aufgabe nur für $p \in \mathbb{R}_+ \times [0, \infty[ \times \{0\}$ mit $p_2/p_1 > 2/\pi$, wie man wieder mittels (33),(34) und (18) zeigt (und diese Lösung ist auch eindeutig). –

*Nachwort zur Nicht-Eindeutigkeit der Lösungen von* (45) *bzw.* (43):

Unter den unendlich-vielen $C^1$-Lösungen von (45) bzw. (43) ist nur *eine*, nämlich der zykloidische Fallweg $c_{(r(p),s(p))}$ $\left(=c_{r(p),0,s(p)}\right)$ ein $C^2$-Weg in $\mathbb{E}^2$. Man könnte also die Eindeutigkeit der Lösbarkeit von (45) bzw. (43) dadurch erzwingen, daß man in der Definition der Fallwege bzw. virtuellen Lichtstrahlen für diese Wege zusätzlich die $C^2$-Eigenschaft forderte: Dies würde – mathematisch gesehen – die Konkurrenzmenge zulässiger Fallwege in der Brachistochronen-Aufgabe einschränken und damit den Wert der Minimum-Aussage im Theorem 1.5.3 schmälern. Es gibt aber auch keine physikalische Motivation für eine solche Forderung: Zum einen sind die Fallwege $c_{\rho,\alpha,\beta}$ (s.o.), die für $\alpha \neq 0$ keine $C^2$-Wege in $\mathbb{E}^2$ sind, physikalisch leicht zu realisieren. Zum anderen zeigt das Lemma a),d) in 1.5.3, daß – selbst wenn der geometrische Fallweg $b : [0,\beta] \to \mathbb{E}^2$, der einen Fallweg „führt", kein $C^2$-Weg ist [wie z.B. beim zykloidischen Fallweg, der die Brachistochronen-Aufgabe löst (s. das Beispiel nach der Definition 2 in 1.5.3)] – eine *stetige Bahnbeschleunigung* längs des geometrischen Fallweges existiert. Dies gilt also auch bei den $C^1$-Wegen $c_{\rho,\alpha,\beta}$ . – Das Fehlen der $C^2$-Eigenschaft eines Fallweges als Weg in $\mathbb{E}^2$ ist also nicht am kinematischen Vorgang des Fallens, sondern allein an der *Normalkomponenten seiner Beschleunigung in* $\mathbb{E}^2$ , also (s. 1.4.(13),(41)) nur an der Gestalt der Bahn des Fallweges in $\mathbb{E}^2$ zu erkennen. Einschränkungen an diese Gestalten zu fordern, ist aber nicht dem Problem angemessen!

[⊛　　Zu einer *Deutung von* Johann BERNOULLIs *Lösungsansatz* und des (Snellius-) Brechungsgesetzes *als Vorwegnahme der Geodätischen-Theorie in gewissen 2-dim.* (*„warped-product"*) *riemannschen Mannigfaltigkeiten* vgl. [DO₃]. – Nach C. CARATHÉODORY (s. [CA], S. 67-71) hat Johann BERNOULLI im Jahre 1718 eine andere krümmungs-geometrische Argumentation für die Brachistochronie der zykloidischen Fallwege publiziert, in der er „Fallzeiten" für „infinitesimale Fallweg-Abschnitte" minimiert und dann die Eigenschaft „3-te Zeile von (4)" der zykloidischen Fallwege zu deren Kennzeichnung nutzt: Eine Präzisierung dieser schönen geometrischen Idee im Stile der heutigen Analysis ist jedoch aufwendig.]

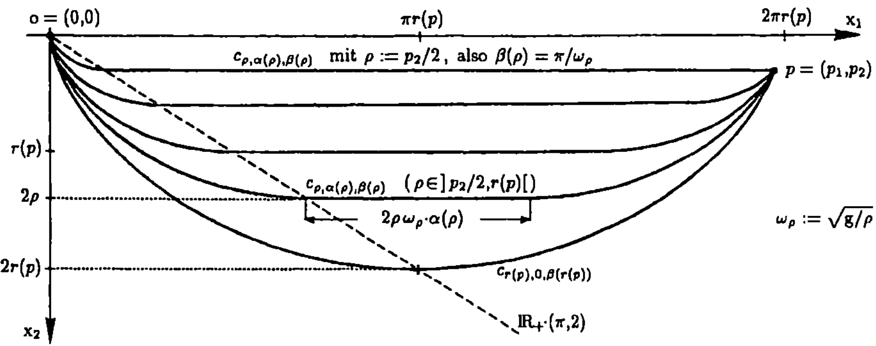

**d)**   In der bereits oben in b) zitierten Ausgabe der Acta Eruditorum (Mai 1697, S. 211) publiziert auch Jacob BERNOULLI ($*$27.12.1654, $†$16.8.1705) eine Lösung der Brachistochronen-Aufgabe [die sein zwölfeinhalb Jahre jüngerer Bruder Johann gestellt hatte (s.o. a))]. Er bemerkt dazu (s. [STA], S. 15), daß die zykloidische Lösung auch gilt, wenn die Ebene, in welcher der Fallweg verläuft, *nicht vertikal* ist. [In der Tat: Ist die Ebene gegen die Vertikale um den unorientierten Winkel $\alpha \in\ ]0,\pi/2[$ geneigt, so ist lediglich die im Lösungs-Fallweg $c_\rho$ von (18) (in $\omega_\rho=\sqrt{g/\rho}$ implizit) auftretende Fallbeschleunigung g durch den Wert $(\cos\alpha)\cdot$g zu ersetzen.] –

Seine Lösung beruht im Gegensatz zur „Kunstgriff-Lösung" seines Bruders (s.o. b)) auf einer Idee, die grundlegend für die „Variationsrechnung" werden sollte: Er vergleicht die Fallzeit eines potentiell zeitkürzesten Fallweges $c$ mit den Fallzeiten von Vergleichswegen, die durch lokale, kleine[61] „Störungen" aus $c$ hervorgehen. Aus der Annahme, daß letztere Vergleichswege keine kürzeren Fallzeiten als $c$ haben dürfen, gewinnt er Differentialgleichungen für die Komponentenfunktionen $c_1, c_2$ von $c$ (d.s. Spezialfälle der später so genannten *Euler-Lagrange-Differentialgleichungen*), und von denen er dann zeigt, daß sie einen zykloidischen Weg zur Lösung haben.

[⊛]   Obwohl Jacob BERNOULLI keine allgemeine „Theorie der 1-ten Variation", wie wir heute sagen würden, aufstellt, ist ihm die über den Spezialfall der Brachistochronen-Aufgabe hinausreichende Leistungsfähigkeit seiner Methode klar bewußt: Er selbst stellt nämlich zugleich (in einer Art öffentlicher Herausforderung) seinem Bruder Johann weitere „isoperimetrische" Aufgaben, von denen er behauptet, sie mit seinen Methoden gelöst zu haben (s. [STA], S. 19/20). – Erst Leonhard EULER ($*$15.4.1707, $†$18.9.1783) entwickelt einen gewissen „Kalkül der 1-ten Variation" in einer großen Arbeit von 1744: $\gg$ *Methodus inveniendi lineas curvas maximi minimive proprietate gaudentes ... (Methode, Kurven zu finden, denen eine Eigenschaft im höchsten oder im geringsten Grade zukommt ...)* $\ll$ (s. [STA], S. 21 ff), dessen Schlagkraft er dort gleich an einer Vielzahl von Beispielen demonstriert. In dieser Arbeit verwendet EULER für den Übergang von einem Ausgangsweg zu Vergleichs-Wegen (durch Stören à la Jacob BERNOULLI) vermutlich erstmals das Wort *variieren* [62] (s. [STA], S. 43, Z. 23), was in der Folgezeit der Variationsrechnung ihren Namen gibt. Dort (loc. cit.) behandelt EULER Variationsprobleme für ebene Graphenwege $c_\varphi$ reellwertiger $C^r$-Funktionen $\varphi:[0,\tau]\to\mathbb{R}$ für $r\geq 1$ (s. 1.4.1.c):

$$c_\varphi \ \mapsto\ W(c_\varphi)\ :=\ \int_{c_\varphi} F(x,y,p)\,dx\ =\ \int_0^\tau F(x,\varphi(x),\varphi'(x))\,dx\,,$$

und er leitet (aus dem Verschwinden der „1-ten Variation von $W$") die später nach ihm benannten *Euler-Lagrange-Differentialgleichungen* für $c_\varphi$ (bzw. für $\varphi$) *als notwendige Bedingungen dafür her, daß $W$ für $c_\varphi$ ein „lokales" Extremum besitzt* (s. [STA], S. 54, Zeile 15).] –

Die originelle Methode von Jacob BERNOULLI, Vergleichswege durch Variieren eines Kandidatenweges bei der Lösung der Brachistochronen-Aufgabe heranzuziehen, wollen wir nun – wegen ihres exemplarischen und richtungweisenden Charakters für die gesamte Variationsrechnung – ausführlicher beschreiben. Dabei folgen wir Jacob BERNOULLI nicht wörtlich, sondern benutzen heutige analytische Techniken

---

[61] Er argumentiert eigentlich nur mit „*infinitesimalen*" Störungen von $c$, bei denen er – wenn $c$ als zeitkürzester Fallweg angenommen wird – *die Änderung der Fallzeit gegenüber der von $c$ als „gleich Null"* ansetzt (s. [STA], S. 16, Zeile 1-3).

[62] im lateinischen Original: (s. [EU₂], S. 26, Z. 25-27) $\gg$ *.. si arcum tantum infinite parvum .. infinite parum variari .. ponamus* $\ll$ [deutsch: *.. wenn wir annehmen, daß ein solcher unendlich kleiner Bogen .. unendlich wenig variiert ( = verändert) wird*].

sowie die von uns bereitgestellten Begriffe über Fallwege und Fallzeiten, wobei wir uns jedoch seiner Idee sinngemäß so eng wie möglich anlehnen):

Sei nun $p \in \mathbb{R}_+ \times [0, \infty[$ und $b : [0, \beta] \to \mathbb{E}^2$ ein geometrischer Fallweg von o nach $p$, insbesondere also (s. (36)) ist $b$ ein o mit $p$ verbindender $C^1$-Weg mit

$$\|b'\| = 1, \quad b_2 |\, ]0, \beta[\, > o \quad und \quad 1/\sqrt{b_2} \ ist\ Lebesgue\text{-}integrierbar\ über\ [0, \beta] \qquad (46)$$

[beachte, daß wegen $b_2(0) = 0$ das Integral von $1/\sqrt{b_2}$ über $[0, \beta]$ nicht als gewöhnliches (höchstens als uneigentliches) Riemann-Integral existieren kann]. Sei weiter $\sigma : [0, \beta] \to \mathbb{R}$ eine „Störfunktion", d.h.

$$\sigma : [0, \beta] \to \mathbb{R} \ ist\ eine\ nicht\text{-}konstante\ C^1\text{-}Funktion\ mit\ \ \sigma(0) = \sigma(\beta) = 0 \,, \qquad (47)$$

also $\mu := \max |\sigma'|([0, \beta]) > 0$. Mit $\varepsilon_0 := 1/3\mu$ ist dann für alle $\varepsilon \in [-\varepsilon_0, \varepsilon_0]$

$$b_\varepsilon : [0, \beta] \to \mathbb{E}^2 \quad mit \quad b_\varepsilon := b + \varepsilon \cdot (\sigma, o)\,, \quad also \quad b_\varepsilon' = b' + \varepsilon \cdot (\sigma', o)\,, \qquad (48)$$

ein o mit $p$ verbindender, *immersiver* $C^1$-Weg, denn [beachte $|b_1'| \leq \|b'\| = 1$]:

$$\langle b_\varepsilon', b_\varepsilon' \rangle = \langle b', b' \rangle + 2\varepsilon \cdot b_1' \cdot \sigma' + (\varepsilon \cdot \sigma')^2 \geq 1 - 2|\varepsilon \cdot \sigma'| \geq (1/3) > (1/9),$$

da nach Wahl von $\varepsilon_0$ und $\varepsilon$ gilt: $|\varepsilon \cdot \sigma'| \geq 1/3$. Ferner $(b_\varepsilon)_2 = b_2$, also $(b_\varepsilon)_2|\,]0, \beta[\, > o$ (s. (48),(46)). Daher ist nach dem Zusatz b) zum „*Kriterium für geometrische Fallwege*" in 1.5.3 die orientierungstreue Umparametrisierung von $b_\varepsilon$ auf Weglänge ein geometrischer Fallweg von o nach $p$ mit der *Fallzeit* (s. (38)):

$$\tau_\sigma(\varepsilon) \ := \ \int_0^\beta \left( \|b_\varepsilon'(x)\| / \sqrt{2g \cdot b_2(x)} \right) dx \qquad für\ alle\ \varepsilon \in [-\varepsilon_0, \varepsilon_0]. \qquad (49)$$

[Der „clou" der speziellen Störung (48) von $b$ zu $b_\varepsilon$ durch Jacob BERNOULLI, nämlich *allein die 1-te Koordinatenfunktion* $b_1$ *von* $b$ *abzuändern*, ist darin zu sehen, daß der *Nenner* des Integranden im Fallzeit-Integral (49) für $b_\varepsilon$ keine Änderung gegenüber dem für $b$ erfährt!] Nun gilt für die Integrandenfunktion $F : ]0, \beta[ \times [-\varepsilon_0, \varepsilon_0] \to \mathbb{R}$ aus (49) mit

$$F(t, \varepsilon) \ := \ \|b_\varepsilon'(t)\| / \sqrt{2g \cdot b_2(t)} \qquad für\ (t, \varepsilon) \in ]0, \beta[ \times [-\varepsilon_0, \varepsilon_0]$$

sofort: Für jedes feste $\varepsilon \in [-\varepsilon_0, \varepsilon_0]$ ist $F(.., \varepsilon) : ]0, \beta[ \to \mathbb{R}$ integrierbar über $[0, \beta]$ (s. (46)) und beachte, daß $\|b_\varepsilon'\| : [0, \beta] \to \mathbb{R}$ stetig ist). Ferner ist für jedes feste $t \in ]0, \beta[$ die Funktion $F(t, ..) : [-\varepsilon_0, \varepsilon_0] \to \mathbb{R}$ differenzierbar mit [beachte wieder $|b_1'| \leq \|b'\| = 1$, $|\sigma'| \leq \mu$ und $\varepsilon_0 \mu = 1/3 < \|b_\varepsilon'\|$ (s.o.)]:

$$F(t, ..)'(\varepsilon) = (\partial_2 F)(t, \varepsilon) = \frac{b_1'(t)\sigma'(t) + \varepsilon(\sigma'(t))^2}{\|b_\varepsilon'(t)\| \cdot \sqrt{2g \cdot b_2(t)}} \leq \frac{3\big(\mu + (1/3)\mu\big)}{\sqrt{2g \cdot b_2(t)}} = \frac{4\mu}{\sqrt{2g}} \cdot \frac{1}{\sqrt{b_2(t)}}\,,$$

also ist $(4\mu / \sqrt{2g}) \cdot (1/\sqrt{b_2})$ nach (46) eine integrierbare Majorante aller Ableitungen $\partial_2 F(.., \varepsilon) : ]0, \beta[ \to \mathbb{R}$ für $\varepsilon \in [-\varepsilon_0, \varepsilon_0]$. Daher ist nach dem Satz der Lebesgue-Integraltheorie über die differenzierbare Abhängigkeit eines Integrals von einem Parameter im Integranden die in (49) eingeführte Fallzeitfunktion $\tau_\sigma : [-\varepsilon_0, \varepsilon_0] \to \mathbb{R}$ ($\varepsilon \mapsto \tau_\sigma(\varepsilon)$) *differenzierbar* auf $[-\varepsilon_0, \varepsilon_0]$ und es gilt zufolge der obigen Berechnung von $\partial_2 F(t, \varepsilon)$ speziell für $\varepsilon = 0$ (beachte $\|b_0'\| = \|b'\| = 1$):

$$\tau_\sigma'(0) \ = \ \int_0^\beta (\partial_2 F)(x, 0)\, dx \ = \ \int_0^\beta \left( b_1'(x) / \sqrt{2g \cdot b_2(x)} \right) \cdot \sigma'(x)\, dx\,. \qquad (50)$$

Ist daher die Fallzeit $\tau_\sigma(0)$ von $b$ minimal, so muß $\tau_\sigma : [-\varepsilon_0, \varepsilon_0] \to \mathbb{R}$ für jedes $\sigma$ wie in (47) in 0 ein Minimum besitzen, folglich: $\tau_\sigma'(0) = 0$ *für alle $\sigma$ wie in* (47). Hieraus, aus (50) und dem Lemma unten folgt daher: Es gibt $C \in \mathbb{R}$, so daß $b_1'/\sqrt{2g \cdot b_2} \mid ]0, \beta[ = C \cdot 1$, also aus Stetigkeitsgründen, sowie wegen $\|b'\| = 1$:

$$b_1' = C \cdot \sqrt{2g \cdot b_2}, \quad sowie \quad (b_2')^2 = 1 - C^2 2g \cdot b_2 \quad auf \ [0, \beta].$$

Da aber $b_1(\beta) = p_1 > 0$ und $b_1(0) = 0$, so gibt es (Mittelwertsatz!) ein $\xi \in ]0, \beta[$ mit $b_1'(\xi) > 0$, also wegen $b_2(\xi) > 0$ (s. (46)) zufolge der 1-ten Gleichung der letzten Formelzeile: $C \in \mathbb{R}_+$, und daher gilt *mit* $\rho := 1/4gC^2$, *also* $C \cdot \sqrt{2g} = 1/\sqrt{2\rho}$:

$$b_1' = \sqrt{b_2/2\rho} \quad und \quad (b_2')^2 = 1 - (b_2/2\rho) \quad mit \quad b_1(0) = b_2(0) = 0. \quad (51)$$

Diese Differentialgleichungs-Anfangswertaufgabe wird aber von den Koordinatenfunktionen des geometrischen Fallweges $b_\rho$ (s.o. das *Beispiel* im Anschluß an Definition 2 in 1.5.3), welcher den *zykloidischen* Fallweg $c_\rho$ „trägt", trivial erfüllt. – Damit ist die Methode, mit welcher Jacob BERNOULLI den zykloidischen Fallweg als Lösung(skandidaten) der Brachistochronen-Aufgabe entdeckte, skizziert. – Nun zum

**Lemma:** Sei $\beta \in \mathbb{R}_+$ und $\psi : ]0, \beta[ \to \mathbb{R}$ eine stetige und über $[0, \beta]$ Lebesgue-integrierbare Funktion. Gilt dann

$$\int_0^\beta \psi(x) \cdot \sigma'(x)\, dx = 0 \quad für \ alle \ \sigma \ wie \ in \ (47), \quad so \ ist \quad \psi : ]0, \beta[ \to \mathbb{R} \ konstant.$$

*Beweis des Lemma:* Seien $\alpha, \tau \in ]0, \beta[$ mit $\alpha < \tau$. Zu zeigen ist: $\psi(\alpha) = \psi(\tau)$. Sei dazu $\delta \in ]0, (\tau - \alpha)/2[$ und sodann $\sigma_\delta : \mathbb{R} \to \mathbb{R}$ eine $C^1$-Funktion mit

$$\sigma_\delta(t) = 0 \quad für \ t \leq \alpha \ und \ für \ t \geq \tau, \quad \sigma_\delta(t) = 1 \quad für \ t \in [\alpha + \delta, \tau - \delta],$$

$$sowie \quad \sigma_\delta'(t) \geq 0 \quad für \ t \in [\alpha, \alpha + \delta] \quad und \quad \sigma_\delta'(t) \leq 0 \quad für \ t \in [\tau - \delta, \tau],$$

[z.B. $\sigma_\delta := \psi_0((x - \alpha)/\delta) \cdot \psi_0((\tau - x)/\delta)$, wobei $\psi_0 : \mathbb{R} \to \mathbb{R}$ wie in 1.1.(31)]. Dann gilt zufolge der Voraussetzung des Lemma, da $\sigma_\delta' \mid ([0, \alpha] \cup [\alpha + \delta, \tau - \delta] \cup [\tau, \beta]) = o$:

$$0 = \int_0^\beta \psi(x) \cdot \sigma_\delta'(x)\, dx = \int_\alpha^{\alpha + \delta} \psi(x) \cdot \sigma_\delta'(x)\, dx + \int_{\tau - \delta}^\tau \psi(x) \cdot \sigma_\delta'(x)\, dx.$$

Da $\sigma_\delta' \mid [\alpha, \alpha + \delta] \geq o$ und $\sigma_\delta' \mid [\tau - \delta, \tau] \leq o$, so gibt es nach dem Mittelwertsatz der Integralrechnung (s. [WAL], S. 237, Z. 2-3) und wegen der Stetigkeit von $\psi$ ein $\xi \in [\alpha, \alpha + \delta]$ bzw. $\eta \in [\tau - \delta, \tau]$, so daß die letzten beiden Integrale gleich sind zu

$$\psi(\xi) \cdot \big(\sigma_\delta(\alpha + \delta) - \sigma_\delta(\alpha)\big) = \psi(\xi) \quad bzw. \quad \psi(\eta) \cdot \big(\sigma_\delta(\tau) - \sigma_\delta(\tau - \delta)\big) = -\psi(\eta).$$

Damit haben wir gezeigt: Zu jedem $\delta \in ]0, (\tau - \alpha)/2[$ gibt es $\xi \in [\alpha, \alpha + \delta]$ und $\eta \in [\tau - \delta, \tau]$ mit $\psi(\eta) = \psi(\xi)$. Hieraus folgt für $\delta \searrow 0$ wegen der Stetigkeit von $\psi$ in $\alpha$ und $\tau$ sofort $\psi(\alpha) = \psi(\tau)$. $\square$

e) *Anmerkungen zu* Jacob BERNOULLIS *Lösungsmethode:*

Während der Kunstgriff-Ansatz von Johann BERNOULLI – bei Annahme der Existenz von Lichtstrahlwegen zwischen beliebigen Punkten im optischen Medium $(M, v)$ (s.o. b)) und uneingeschränkter Gültigkeit des Fermat-Prinzips der Lichstrahlenoptik in $(M, v)$ – tatsächlich einen *zeitkürzesten* Fallweg von o nach $p$ (s. (16)) liefern kann, ist die – an sich anwendungsreichere – „Methode des Verschwindens der 1-ten Variation" von Jacob BERNOULLI *allein* dazu nicht in der Lage: Letztere Methode kann lediglich die Menge der Fallwege von o nach $p$, die als Lösungen der Brachistochronen-Aufgabe in Frage kommen, drastisch *einschränken* und zwar auf die Menge aller $C^1$-Lösungswege einer Randwertaufgabe eines gewissen Differentialgleichungssystems (s.o. (51)). Dieses Differentialgleichungssystem (51) ist aber als besagte Randwertaufgabe – völlig analog der Situation bei der Randwertaufgabe (43) des Johann BERNOULLI [s.o. c), insbesondere die Überlegungen im Anschluß an (45)!] – bei gewissen Punkten $p$ (s. (44)) nicht eindeutig lösbar! Selbst aber, wenn man in dieser kleineren Menge $E$ geometrischer Fallwege von o nach $p$, die (51) lösen, einen solchen Weg $b$ ausmachen könnte (etwa durch direkten Fallzeiten-Vergleich, oder weil sogar $E = \{b\}$ einelementig), längs dessen die Fallzeit in $E$ am kürzesten ist, wäre damit noch nicht gesichert, daß dieses $b$ die absolut kürzeste Fallzeit längs *aller* geometrischen Fallwege von o nach $p$ realisiert: Denn die Herleitung von (51) beruhte lediglich darauf, daß die Fallzeiten $\tau(\varepsilon)$ der Wege $b_\varepsilon$ gewisser Wegscharen $(b_\varepsilon)_{\varepsilon \in [-\varepsilon_0, \varepsilon_0]}$, die den Weg $b = b_0$ „ein wenig variierten", als Funktion von $\varepsilon$ in 0 ein Minimum haben sollten, [wovon überdies sogar nur einging, daß die Funktion $[-\varepsilon_0, \varepsilon_0] \to \mathbb{R}_+$ ($\varepsilon \mapsto \tau(\varepsilon)$) dann in 0 einen kritischen Punkt besitzt]. Deshalb wäre dieses $b$ erst dann eine Lösung der Brachistochronen-Aufgabe, *wenn* – worauf vor allem Karl WEIERSTRASS ($*31.10.1815$, $\dagger 19.2.1897$) im Zusammenhang mit solchen Variationsproblemen aufmerksam gemacht hat – *man zusätzlich wüßte, daß mindestens eine Lösung der Brachistochronen-Aufgabe existiert.* [Eine solche Lösung müßte dann in der Tat zufolge dem letzten Variations-Verfahren zu $E$ gehören und müßte erst recht innerhalb $E$ von kürzester Fallzeit sein!] Ohne die *Sicherung der Existenz* eines zeitkürzesten Fallweges von o nach $p$ (was jedoch nicht leicht *direkt* zu bewerkstelligen ist) nutzt also dies Variations-Verfahren zunächst nichts! [Die Logik des letzten Schlusses illustriert treffend die bekannte Funktion

$$\psi : H \to \mathbb{R} \quad \big( (s,t) \mapsto s^3 + t^2 - s \cdot t \big) \quad \text{mit} \quad H := \{ (s,t) \in \mathbb{R}^2 \mid t > 0 \} ,$$

die (s.u. 1.7.1) nur *einen* kritischen Punkt $p \in H$, in $p$ sogar ein strenges *lokales* Minimum, aber auf $\mathbb{R}^2$ kein *absolutes* Minimum (sogar $-\infty$ als Infimum) besitzt.] Wie man, ausgehend von der Variations-Methode des Jacob BERNOULLI, mittels fortgeschrittener Methoden der Variationsrechnung (die i.w. auf K. WEIERSTRASS zurückgehen), das Brachistochronen-Problem ohne *vorherige* Sicherung der Existenz eines zeitkürzesten Fallweges dennoch lösen kann, findet man z.B. bei [CA] ausgeführt. [Dort wird überdies die Brachistochronen-Aufgabe auch für den Fall behandelt, daß der Massenpunkt zum Startzeitpunkt 0 eine *von Null verschiedene* (skalare) Anfangs-Bahngeschwindigkeit zuerteilt bekommt.]

## 1.6 Einhüllende Wege für Wegescharen

### 1.6.1 $C^1$-Einhüllende für $C^r$-Scharen ($r \in \mathbb{N} \cup \{\infty\}$) von $C^1$-Wegen

**Definition:** Sei $V$ ein $n$-dim. $\mathbb{R}$-Vektorraum ($n \geq 2$), sei $r \in \mathbb{N} \cup \{\infty\}$ und sei $L$ ein offenes Intervall von $\mathbb{R}$. Dann definieren wir:

a)   $c = (c_\lambda)_{\lambda \in L}$ heißt eine *mittels $L$ indizierte $C^r$-Schar von $C^1$-Wegen in V*, wenn gilt: Für alle $\lambda \in L$ ist

$$c_\lambda : I_\lambda \to V \quad \textit{ein } C^1\textit{-Weg mit einem offenen Intervall } I_\lambda \ (\subset \mathbb{R}) \quad , \quad (1)$$

$$G_c := \bigcup_{\lambda \in L} (\{\lambda\} \times I_\lambda) \quad \textit{ist eine offene Teilmenge des } \mathbb{R}^2 \quad , \quad (2)$$

$$F_c : G_c \to V \ \big( (\lambda, t) \mapsto F_c(\lambda, t) := c_\lambda(t) \big) \quad \textit{ist eine } C^r\textit{-Abbildung} \quad . \quad (3)$$

*Anmerkungen:* Ist $r \geq 1$, so ist die $C^1$-Eigenschaft von $c_\lambda$ (s. (1)) eine *Folge* von (3). – Die Forderung der Offenheit für die Definitionsintervalle der Wege $c_\lambda$ ist nach 1.1.(4) keine Einschränkung. – In vielen Anwendungen sind alle Wege $c_\lambda$ für $\lambda \in L$ auf einem gemeinsamen offenen Intervall $I$ von $\mathbb{R}$ definiert und dann ist $G_c = L{\times}I$ trivialerweise offen in $\mathbb{R}^2$. – $F_c$ heißt *Totalabbildung* der Wegeschar $c$.

**b)** Ist $c = (c_\lambda)_{\lambda \in L}$ eine mittels $L$ indizierte $C^r$-Schar von $C^1$-Wegen, so heißt eine Abbildung $c : L \to V$ ein *einhüllender $C^1$-Weg*, [klassisch kürzer: *$C^1$-Einhüllende* (oder *$C^1$-Enveloppe*)] *für* $c$, wenn $c$ ein $C^1$-Weg ist und es eine $C^r$-Funktion $\tau : L \to \mathbb{R}$ gibt, so daß *für alle* $\lambda \in L$ *gilt*:

$$\tau(\lambda) \in I_\lambda \quad und \quad c(\lambda) = c_\lambda(\tau(\lambda)) \,, \tag{4}$$

$$sowie: \quad c'(\lambda) \ und \ c'_\lambda(\tau(\lambda)) \ sind \ \mathbb{R}\text{-}linear \ abhängig\,. \tag{5}$$

*Anmerkungen:* Die erste Aussage von (4) bedeutet wegen (2) offenbar

$$\mathrm{Graph}(\tau) \ := \ \{\,(\lambda,\tau(\lambda)) \mid \lambda \in L\,\} \ \subset \ G_c\,. \tag{6}$$

Ist weiter für ein $\lambda \in L$ sowohl der $C^1$-Weg $c$ in $\lambda$ als auch der $C^1$-Weg $c_\lambda$ in $\tau(\lambda)$ *immersiv* , so bedeuten die Gleichung (4) und die Aussage (5) geometrisch suggestiver: Eine $C^1$-Einhüllende $c$ trifft zu ihrer Zeit $\lambda \in L$ den Scharweg $c_\lambda$ zu dessen Zeit $\tau(\lambda) \in I_\lambda$ mit dort gleichen Tangenten $c(\lambda){+}\mathbb{R}{\cdot}c'(\lambda)$ und $c_\lambda(\tau(\lambda)){+}\mathbb{R}{\cdot}c'_\lambda(\tau(\lambda))$ („Gleichheit" als Punktmengen in $V$), d.h. (s. 1.1.5) *die Linienelemente an $c$ in $\lambda$ und an $c_\lambda$ in $\tau(\lambda)$ sind einander gleich*, wofür wir auch sagen: „*$c$ und $c_\lambda$ tangieren einander in $(\lambda,\tau(\lambda))$* ". – *Warnung:* Da auch $c'(\lambda) \in \mathbb{R}_{-}{\cdot}c'_\lambda(\tau(\lambda))$ zugelassen ist, so bedeutet letzteres i.a. *nicht, daß die Wege $c$ und $c_\lambda$ sich in $(\lambda,\tau(\lambda))$ von 1-ter Ordnung berühren* im Sinne von 1.4.(47)!    Weiter s.u. Beispiel 1.6.2.d, wo es ein $\lambda \in L$ gibt, so daß $c_\lambda$ in $\tau(\lambda)$ (nicht immersiv ist, aber) links- und rechtsseitige Tangenten besitzt (s.1.1.5), welche zur Tangente an $c$ in $\lambda$ *orthogonal* sind!]

**Satz:**    *Erzeugung von $C^r$-Wegescharen und Kriterium für $C^1$-Einhüllende.*

Sei $x_1 : \mathbb{R}^2 \to \mathbb{R} \ \big( (p_1,p_2) \mapsto p_1 \big)$, sei $G$ eine zusammenhängende, offene Teilmenge des $\mathbb{R}^2$, also $L := x_1(G)$ ein offenes Intervall von $\mathbb{R}$, und für alle $\lambda \in L$ sei auch die in $\mathbb{R}$ offene Menge $I_\lambda := \{\,t \in \mathbb{R} \mid (\lambda,t) \in G\,\}$ ein Intervall von $\mathbb{R}$. Sei weiter $F : G \to V$ eine $C^r$-Abbildung (mit $r \in \mathbb{N}_+ \cup \{\infty\}$) in einen $n$-dim. $\mathbb{R}$-Vektorraum $V$ (mit $n \geq 2$). Dann gilt (beachte $r \geq 1$!):

$$c = (c_\lambda)_{\lambda \in L} \quad mit \quad c_\lambda : I_\lambda \to V \ (\, t \mapsto c_\lambda(t) := F(\lambda,t)\,) \quad für \ \lambda \in L \tag{7}$$

ist eine mittels $L$ indizierte $C^r$-Schar von $C^1$-Wegen, so daß (s.o. (2),(3)): $G_c = G$ *und* $F_c = F$. Ferner gilt für jede $C^1$-Funktion $\tau : L \to \mathbb{R}$ mit der Eigenschaft (6):

$$Der \ C^1\text{-}Weg \quad c := F{\circ}\mathrm{graph}(\tau) : L \to V \ \big( \lambda \mapsto F(\lambda,\tau(\lambda)) \big) \tag{8}$$

*ist eine $C^1$-Einhüllende für* $c$ *(s. (7)) genau dann, wenn gilt:*

$$(\partial_1 F)(\lambda,\tau(\lambda)) \ \wedge \ (\partial_2 F)(\lambda,\tau(\lambda)) \ = \ o \quad für \ alle \ \lambda \in L\,^{[63]}, \quad m.a.\,W.$$
$$F : G \to V \ ist \ in \ allen \ Punkten \ von \ \mathrm{Graph}(\tau) \ nicht \ immersiv. \tag{9}$$

---

[63]d.h.: $(\partial_1 F)(\lambda,\tau(\lambda))$ und $(\partial_2 F)(\lambda,\tau(\lambda))$ sind linear abhängig in $V$ für alle $\lambda \in L$.

*Zusatz:* a)    Ist umgekehrt eine $C^r$-Schar c von $C^1$-Wegen mit $r \in \mathbb{N}_+ \cup \{\infty\}$ gegeben, so erfüllen $G_c$ bzw. $F_c$, definiert wie in (2) bzw. (3), gerade die Voraussetzungen des Satzes über $G$ bzw. $F$.

b)    Ist $V := \mathbb{R}^n$, so bedeutet (9) für die $C^1$-Funktion $\tau : L \to \mathbb{R}$ einfach (s. (6)):

$$\text{Die Funktionalmatrix von } F : G \to \mathbb{R}^n \text{ hat in allen Punkten} \tag{10}$$
$$\text{von } \mathrm{Graph}(\tau) \text{ einen Rang kleiner als 2 },$$

und dies heißt z.B., wenn noch spezieller $V := \mathbb{R}^2$, gerade:

$$\det(\partial_1 F, \partial_2 F)(\lambda, \tau(\lambda)) = 0 \quad \textit{für alle } \lambda \in L, \quad \textit{mit anderen Worten :}$$

$$\mathrm{Graph}(\tau) \textit{ ist in der Menge der kritischen Punkte von } F : G \to \mathbb{R}^2 \textit{ enthal-} \tag{11}$$
$$\textit{ten (d.h. in der Nullstellenmenge der Funktionaldeterminante von } F\,).$$

*Beweis:*    Aufgrund der Voraussetzungen über die Teilmenge $G$ von $\mathbb{R}^2$ und die Abbildung $F$ ist zunächst die in (7) definierte Familie c von Wegen eine $C^r$-Schar von $C^r$-Wegen i. S. der obigen Definition. Ist weiter $\tau : L \to \mathbb{R}$ eine $C^1$-Funktion mit $\mathrm{Graph}(\tau) \subset G$ und ist dann $c$ mittels $\tau$ wie in (8) definiert, dann folgt durch Differentiation von (8) bzw. von (7) für alle $\lambda \in L$:

$$c'(\lambda) = (\partial_1 F)(\lambda, \tau(\lambda)) + \tau'(\lambda) \cdot (\partial_2 F)(\lambda, \tau(\lambda)) \quad bzw. \quad c_\lambda'(\tau(\lambda)) = (\partial_2 F)(\lambda, \tau(\lambda)). \tag{12}$$

Ist also $c$ eine Einhüllende für c, so muß nach (5) gelten: $c'(\lambda) \wedge c_\lambda'(\lambda, \tau(\lambda)) = o$, woraus [wegen $(\partial_2 F) \wedge (\partial_2 F) = o$] und (12) sofort (9) folgt. Umgekehrt folgt aus (9) und (12) auch (5). Damit ist [beachte, daß die Gleichung in (4) aufgrund der Definition (8) und wegen (7) stets erfüllt ist] der Satz bewiesen. – Die Zusätze sind triviale Explizierungen des Satzes. □

*Bemerkung:*    Aufgrund des letzten Satzes, insbesondere wegen der Kriterien (9),(10),(11), ist klar, daß es für *beliebige* $C^r$-Scharen von $C^1$-Wegen *im allgemeinen*, so z.B. für die Schar $(c_\lambda)_{\lambda \in \mathbb{R}}$ der Parallelen zur $x_2$-Achse des $\mathbb{R}^2$ [d.h. $c_\lambda : \mathbb{R} \to \mathbb{R}^2$ $(t \mapsto (\lambda, t))$], oder für die Schar $(c_\lambda)_{\lambda \in \mathbb{R}_+}$ der zu o konzentrischen Kreiswege in $\mathbb{R}^2$ vom Radius $\lambda$ [d.h. $c_\lambda : \mathbb{R} \to \mathbb{R}^2$ $(t \mapsto (\lambda \cdot \cos t, \lambda \cdot \sin t))$], *keine $C^1$-Einhüllende gibt*. Aber zufolge dieser Kriterien ist selbst im Falle der Existenz *keine Eindeutigkeit* von $C^1$-Einhüllenden für eine gegebene Wegeschar zu erwarten (vgl. etwa Beispiel 1.6.2.c unten). –


## 1.6.2  Beispiele für $C^r$-Scharen von $C^1$-Wegen mit $C^1$-Einhüllenden

[Hinweis: Mehr Beispielmaterial zu Einhüllenden bietet z. B. [BU-GI], S.75-101.]

a) *Immersive $C^1$-Wege sind $C^1$-Einhüllende für die $C^0$-Schar ihrer Tangentenwege:* Ist $c : L \to V$ ein immersiver $C^1$-Weg in einem $n$-dim. $\mathbb{R}$-VR $V$ $(n \geq 2)$ und $L$ offen in $\mathbb{R}$, so ist $c$ selbst eine $C^1$-Einhüllende für die $C^0$-Schar $(c_\lambda)_{\lambda \in L}$ seiner Tangentenwege $c_\lambda : \mathbb{R} \to V$ mit $c_\lambda(t) := c(\lambda) + t \cdot c'(\lambda)$ für $t \in \mathbb{R}$. [(4) und (5) sind nämlich trivial erfüllt mit $\tau : L \to \mathbb{R}$ konstant gleich Null.]

*Zusatz:* Ist z.B. $V := \mathbb{R}^3$, $L := \mathbb{R}$ und $c: \mathbb{R} \to \mathbb{R}^3$ der *Schraubenweg* ($=$ Helix-Weg) zum Radius $\rho \in \mathbb{R}_+$, der Winkelgeschwindigkeit 1 und der Ganghöhe $h \in \mathbb{R}_+$ um die $x_3$-Achse, d.h. $c(\lambda) := (\rho \cdot \cos \lambda, \rho \cdot \sin \lambda, h \cdot \lambda / 2\pi)$ für $\lambda \in \mathbb{R}$, so haben deren Tangentenwege $c_\lambda, c_\mu$ für $\lambda, \mu \in \mathbb{R}$ mit $\lambda \neq \mu$ stets *disjunkte* Bahnen (Beweis!), d.h. die Wege $c_\lambda, c_\mu$ dieser Schar schneiden für $\lambda \neq \mu$ einander nie! [Letzteres ist im Hinblick auf andere Deutungen der „Einhüllenden" beachtenswert, s.u. das Theorem, S.141.]

**b)** *Immersive, wendepunktfreie $C^2$-Wege sind $C^1$-Einhüllende für die $C^0$-Schar ihrer Krümmungskreiswege* (s. 1.4.(130)):

Sei $c: L \to I\!\!E$ ein immersiver $C^2$-Weg ohne Wendepunkte (s. S. 76) in einem 2-dim. orientierten euklidischen Vektorraum $I\!\!E$ und sei $L$ offen in $\mathbb{R}$, so ist $c$ selbst $C^1$-Einhüllende für die $C^0$-Schar $(k_{c,\lambda})_{\lambda \in L}$ seiner Krümmungskreiswege (s. 1.4.(130)). [(4) und (5) sind wieder – wie man mittels 1.4.(129),(130) sofort prüft – trivial erfüllt mit $\tau: L \to \mathbb{R}$ konstant gleich Null.]

*Zusatz:* Ist $\kappa_c: L \to \mathbb{R}^*$ außerdem streng monoton (wachsend oder fallend), so folgt aus Theorem 1.4.8, daß für $\lambda, \mu \in L$ mit $\lambda \neq \mu$ die Krümmungskreise $\mathfrak{S}_{c,\lambda}$ und $\mathfrak{S}_{c,\mu}$, d.s. die Bahnen der Krümmungskreiswege $k_{c,\lambda}$ und $k_{c,\mu}$, wieder (s. Zusatz in Beispiel a)) *disjunkt* sind.

**c)** *Die beiden $\varepsilon$-Parallelwege eines ebenen immersiven $C^2$-Weges als $C^1$-Einhüllende einer Schar von $\varepsilon$-Kreiswegen mit Mittelpunkten längs $c$.*

Sei $c: L \to I\!\!E$ ein immersiver $C^2$-Weg ($L$ offen in $\mathbb{R}$) in einem 2-dim. orientierten euklidischen Vektorraum $I\!\!E$. Sei $J$ die kanonische komplexe Struktur von $I\!\!E$ (s. 1.3.(13)), sei $\mathbf{v}_c : L \to \mathbb{S}I\!\!E$ das evolutive Einheitstangentenvektorfeld von $c$, also $(\mathbf{v}_c, J\mathbf{v}_c)$ ein positiv orientiertes orthonormales 2-Beinfeld längs $c$ in $I\!\!E$ (s. 1.4.(10),(11)). Dann betrachten wir die folgende mittels $L$ indizierte $C^1$-Schar von $C^1$-Wegen $c_\lambda: \mathbb{R} \to I\!\!E$ ($\lambda \in L$), definiert durch

$$c_\lambda(t) := c(\lambda) + \varepsilon \cdot \big((\cos t) \cdot \mathbf{v}_c(\lambda) + (\sin t) \cdot J\mathbf{v}_c(\lambda)\big) \quad \textit{für alle } t \in \mathbb{R}. \tag{13}$$

$c_\lambda$ ist also der orientierte Kreisweg vom Radius $\varepsilon$ um $c(\lambda)$ als Mittelpunkt, der zur Zeit 0 durch $c(\lambda) + \varepsilon \cdot \mathbf{v}_c(\lambda)$ (d.h. durch die positive Halbtangente an $c$ in $\lambda$) geht. – Dann sind $c_\varepsilon$ und $c_{-\varepsilon}$ mit

$$c_{\pm\varepsilon} := c \pm \varepsilon \cdot J\mathbf{v}_c : L \to I\!\!E \quad \textit{zwei einhüllende $C^1$-Wege für } \mathbf{c}, \tag{14}$$

[$c_\varepsilon$ bzw. $c_{-\varepsilon}$ heiße der *positive* bzw. *negative* $\varepsilon$-*Parallelweg zu* $c$ *in* $I\!\!E$.] Für $c_{\pm\varepsilon}$ sind nämlich die Aussagen (4) und (5) erfüllt mit der konstanten Funktion $\tau_\pm : L \to \mathbb{R}$ vom Wert $\pm\pi/2$. [Denn nach (14),(13) gilt einmal:

$$c_{\pm\varepsilon}(\lambda) = c(\lambda) \pm \varepsilon \cdot J\mathbf{v}_c(\lambda) = c_\lambda(\pm\pi/2) = c_\lambda(\tau_\pm(\lambda)) \, ,$$

und zum anderen mittels 1.2.(25), 1.4.(10) und der 2-ten Frenet-Gleichung 1.4.(17):

$$(1/\|c'\|) \cdot c'_{\pm\varepsilon} = (\partial_c c_{\pm\varepsilon}) = (\partial_c c) \pm \varepsilon \cdot \partial_c(J\mathbf{v}_c) = (1 \mp \varepsilon \cdot \kappa_c) \cdot \mathbf{v}_c \, , \tag{15}$$

also $c'_{\pm\varepsilon}(\lambda) \in \mathbb{R} \cdot \mathbf{v}_c(\lambda)$ für alle $\lambda \in L$ und nach (13): $c'_\lambda(\tau_\pm(\lambda)) = c'_\lambda(\pm\pi/2) = \mp\varepsilon \cdot \mathbf{v}_c(\lambda)$, womit auch die lineare Abhängigkeit von $c'_{\pm\varepsilon}(\lambda)$ und $c'_\lambda(\tau_\pm(\lambda))$ für alle $\lambda \in L$ gezeigt ist.] – Überdies folgt aus (15) für alle $\lambda \in L$: $c_{\pm\varepsilon}$ ist immersiv in $\lambda$ genau dann, wenn $\varepsilon \cdot \kappa_c(\lambda) \neq \pm 1$, also z.B.: Ist $\kappa_c > 0$, so ist der $\varepsilon$-Parallelweg $c_{-\varepsilon}$ zu $c$ in $I\!\!E$ für *alle* $\varepsilon \in \mathbb{R}_+$ immersiv. Andererseits ist, falls z.B. $c$ selbst ein Kreisweg positiver Krümmung $\kappa_c = 1/\rho$ ($\rho \in \mathbb{R}_+$) ist, der $\rho$-Parallelweg $c_\rho: L \to I\!\!E$ konstant gleich dem Mittelpunkt von $c$ (also $c_\rho$ extrem „nicht-immersiv"!). [Siehe auch die folgende Skizze.]

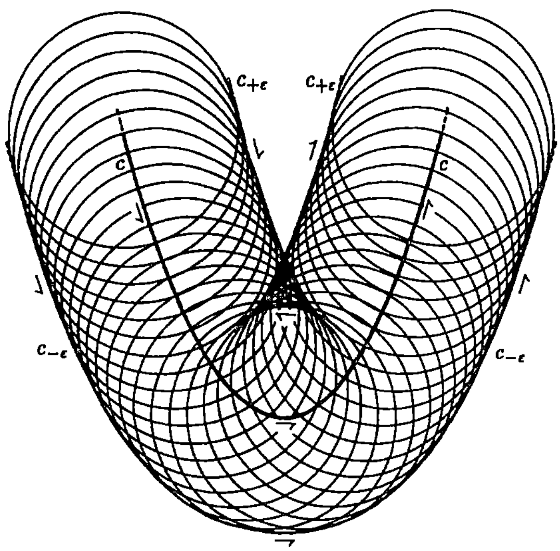


*Bemerkung:* Das Huygens-Prinzip der Optik sagt grob gesprochen, daß das Licht, welches von einer leuchtenden Fläche des $\mathbb{E}^3$ in ein optisch-isotropes Medium von konstantem Brechungsindex ausgeht, Wellenfronten besitzt, die Einhüllende der „Elementarwellen" sind. Letztere breiten sich im Medium wie Sphären mit Mittelpunkten auf der leuchtenden Fläche aus. – Die $\varepsilon$-Parallelwege des Weges $c$ sind offensichtlich Analoga dieser Wellenfronten im 2-dim. euklidischen VR $\mathbb{E}$ , wobei die Rolle der leuchtenden Fläche von der Bahn des Weges $c$ übernommen wird.

**d)** *Der einhüllende Parabelweg für die Wurfparabelwege einer festen Anfangs-Bahngeschwindigkeit. (Eines der klassischen „Paradebeispiele" für Einhüllende.)*

Sei $\mathbb{E}^2$ als vertikale Ebene gedacht mit zenith-gerichteter $x_2$-Achse. Der Punkt $o = (0,0) \in \mathbb{E}^2$ sei ein hochgelegener Punkt über dem Erdboden (etwa die Spitze eines Fernsehturmes). Von o aus werden in alle „steigenden" Richtungen, d.h. für alle $e = (\sin \lambda, \cos \lambda) \in \mathbb{S}^1$ von $\mathbb{E}^2$ mit $\lambda \in L := \, ]-\pi/2, \pi/2[$ (also $x_2(e) = \cos \lambda > 0$), punktförmig gedachte Wurfgeschosse der gleichen Masse $M$ $(\in \mathbb{R}_+)$ in den $\mathbb{E}^2$ abgeworfen und zwar alle mit der gleichen Anfangs-Bahngeschwindigkeit $\nu \in \mathbb{R}_+$ . Diese Wurfgeschosse sollen – nach Abwurf – nur der konstant angesetzten Erd-Fallbeschleunigung $-g \cdot e_2$ (s.o. 1.5.2 „*Theoretisch-physikalische Behandlung* ..") unterworfen sein, der Luftwiderstand wird ignoriert. Für $\lambda \in L$ bezeichne $c_\lambda : \mathbb{R}_+ \to \mathbb{E}^2$ den Weg, den das Wurfgeschoß einschlägt, nachdem es zur Zeit 0 im Punkte o mit dem Anfangsgeschwindigkeitsvektor $v_\lambda := \nu \cdot (\sin \lambda, \cos \lambda)$ abgeworfen wurde (dabei ist also $\lambda$ der orientierte Winkel $\sphericalangle_o(v_\lambda, e_2)$ von $v_\lambda$ gegen die Zenith-Richtung $e_2$ in $\mathbb{E}^2$ , s. 1.3.(22),(33)). Dieser Weg $c_\lambda$ ist nach Mechanik der „*Wurfparabelweg*", d.i. die Superposition der geradlinigen Translationsbewegung $\mathbb{R}_+ \to \mathbb{E}^2$ $(t \mapsto t \cdot v_\lambda)$ und der Fallbewegung $\mathbb{R}_+ \to \mathbb{E}^2$ $(t \mapsto -(g/2) \cdot t^2 \cdot e_2)$ , d.h. mit $F_c : \, ]-\pi/2, \pi/2[ \times \mathbb{R}_+ \to \mathbb{E}^2$ wie in (3) gilt für alle $(\lambda, t) \in \, ]-\pi/2, \pi/2[ \times \mathbb{R}_+$ :

$$F_c(\lambda, t) \;=\; c_\lambda(t) \;=\; \Big( (\nu \cdot \sin \lambda) \cdot t, (\nu \cdot \cos \lambda) \cdot t - (g/2) \cdot t^2 \Big) . \qquad (16)$$

Für alle solche $(\lambda, t)$ hat die Funktionaldeterminante $\Delta$ von $F_c$ aber den Wert $\Delta(\lambda, t) = \nu \cdot t \cdot (\nu - (g \cdot \cos \lambda) \cdot t)$ , weshalb für die $C^1$-Funktion $\tau : \, ]-\pi/2, \pi/2[ \to \mathbb{R}$ $(\lambda \mapsto \nu/(g \cdot \cos \lambda))$ die Menge Graph$(\tau)$ (s. (6)) in der Nullstellenmenge von $\Delta$ liegt.

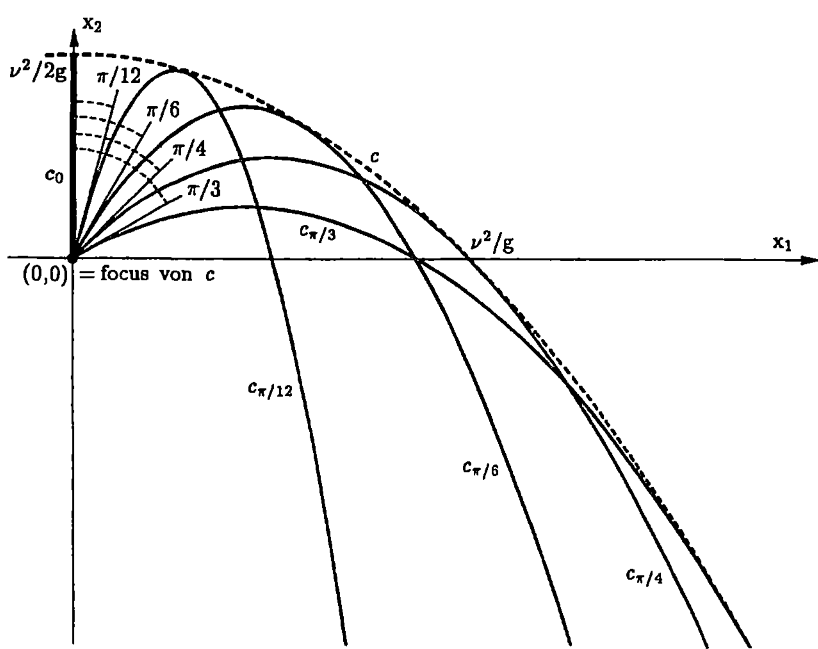


Also ist zufolge dem obigen Satz (s. (8),(9),(11)) [oder wie man auch mühelos direkt nachprüft] der Weg $c: ] -\pi/2, \pi/2 [ \to \mathbb{E}^2$ mit [s. (16) und beachte $\tau := \nu/g \cdot (\cos|L|)$]

$$c(\lambda) := c_\lambda(\tau(\lambda)) = (\nu^2/2g) \cdot (2\tan\lambda, 1 - \tan^2\lambda) \quad \textit{für } \lambda \in ] -\pi/2, \pi/2 [ \qquad (17)$$

ein $C^1$-einhüllender Weg der Schar $c$ der Wurfparabeln. *Die Bahn des $C^1$-einhüllenden Weges $c$ ist also* (da $\tan: ] -\pi/2, \pi/2 [ \to \mathbb{R}$ ein wachsender $C^\omega$-Diffeomorphismus ist) *genau die quadratische Parabel $P$*, die durch die Gleichung $x_1^2 = (\nu^4/g^2) - (2\nu^2/g) \cdot x_2$ definiert ist (siehe hierzu und zum folgenden die Skizze oben): Die Symmetrieachse dieser Parabel $P$ ist die $x_2$-Achse, ihr Scheitelpunkt $(0, \nu^2/2g)$ ist der Punkt, in dem der vertikale „Wurfparabelweg" $c_0$ seine höchste Steighöhe (im Zeitpunkt $\nu/g$) erreicht, und folglich nicht immersiv ist [und eine Spitze besitzt (s. 1.1.5), deren halbseitige Tangenten senkrecht (!) zur Tangenten an die Einhüllende $c$ in $0$ sind]. Die Schnittpunkte der Parabel $P$ mit der $x_1$-Achse, $(\pm\nu^2/g, 0)$, sind (Beweis!) die *Punkte weitester horizontaler Reichweite aller Wurfparabelwege* $c_\lambda$ mit $\lambda \in ] -\pi/2, \pi/2 [$ und werden genau nach der Zeit $\tau(\pm\pi/4) = \sqrt{2} \cdot \nu/g$ von den Wurfparabelwegen $c_{\pm\pi/4}$ erreicht, welche die Wege der unter 45° Neigung gegen die Zenithrichtung abgeworfenen Wurfgeschosse beschreiben. Aus der zuletzt beschriebenen Lage von Symmetrieachse, Scheitelpunkt und dem Sekantenschnittpunkt von $P$ mit der $x_1$-Achse folgt (Beweis!), daß *der Abwurfpunkt $o$ der Brennpunkt von $P$ ist.*

*Bemerkung:* Rotiert die Ebene $\mathbb{E}^2$, gedacht als die $(x_1, x_2)$-Ebene $\mathbb{E}^2 \times \{0\}$ des $\mathbb{E}^3$, um die vertikale $x_2$-Achse, so erzeugt die Parabel $P$ das sog. *Reichweiten-Rotationsparaboloid zur Anfangsgeschwindigkeit $\nu \in \mathbb{R}_+$*, welches definiert ist als die Nullstellenmenge der Funktion

$$\varphi := x_1^2 + x_3^2 + (2\nu^2/g) \cdot x_2 - (\nu^4/g^2) : \mathbb{E}^3 \to \mathbb{R} .$$

Denn dann liegen alle Punkte $p \in \mathbb{E}^3$ mit $\varphi(p) > 0$ *außerhalb*, und die mit $\varphi(p) \leq 0$ *innerhalb der Reichweite der Wurfgeschosse*, die von $o$ aus mit der festen Anfangs-Bahngeschwindigkeit $\nu$ in einer steigenden (s.o.) Richtung abgeworfen werden. –

## $C^1$-Einhüllende für gewisse ebene $C^2$-Geradenscharen

**Theorem:** *Die eindeutig bestimmte $C^1$-Einhüllende einer streng monoton schwenkenden ebenen $C^2$-Geradenschar. Deutung dieser Einhüllenden als Weg der Schnittpunkte „benachbarter" Schar-Geraden.*

Sei $I\!\!E$ ein 2-dim. orientierter euklidischer Vektorraum, $\Omega$ seine kanonische 2-dim. Volumform [also z.B. für $I\!\!E = I\!\!E^2 : \Omega = \det(.., ..)$, s. 1.3.(14),(33)]. Seien $a, e : L \to I\!\!E$   $C^2$-Wege ( $L$ offen), so daß für alle $\lambda \in L$ gilt (s. 1.3.(16)):

$$\Omega(e, e')(\lambda) \neq 0, \quad d.h. \ e(\lambda), e'(\lambda) \ sind \ I\!\!R\text{-}linear \ unabh\ddot{a}ngig. \tag{18}$$

*Bemerkung:*     Nach (18) verläuft $e$ in $I\!\!E \setminus \{o\}$ und ist $\varphi : L \to I\!\!R$ irgendeine Winkelfunktion für $e$, so ist (18) gleichbedeutend mit $\varphi'(\lambda) \neq 0$ für alle $\lambda \in L$ (s. 1.3.(42)), also entweder $\varphi' > o$ oder $\varphi' < o$, insbesondere *schwenkt* $e$ streng monoton in $I\!\!E \setminus \{o\}$. [ $\circledast$ (18) ist auch äquivalent dazu, daß $L \to I\!\!P\!I\!\!E$ ( $\lambda \mapsto I\!\!R \cdot e(\lambda)$ ) ein *immersiver* $C^2$-Weg im 1-dim. projektiven Raum $I\!\!P\!I\!\!E$ von $I\!\!E$ ist (s. 1.1.5).]

Das Wegepaar $(a, e)$ definiert dann eine mittels $L$ indizierte $C^2$-Schar $\mathbf{c}$ von Geradenwegen $\mathbf{c}_\lambda : I\!\!R \to I\!\!E$   ($\lambda \in L$)   durch (s. auch (3))

$$F_{\mathbf{c}}(\lambda, t) \ = \ \mathbf{c}_\lambda(t) \ := \ a(\lambda) + t \cdot e(\lambda) \quad f\ddot{u}r \ alle \ t \in I\!\!R. \tag{19}$$

**a)**    Dann gilt für jede $C^1$-Funktion $\tau : L \to I\!\!R$ (beachte (18)):

$$c := a + \tau \cdot e : L \to I\!\!E \ \ ist \ C^1\text{-}Einh\ddot{u}llende \ f\ddot{u}r \ \mathbf{c} = (\mathbf{c}_\lambda)_{\lambda \in L}$$
$$genau \ dann, \ wenn \ \ \tau = -\Omega(e, a')/\Omega(e, e') : L \to I\!\!R. \tag{20}$$

[Da $\mathbf{c}_\lambda(\tau(\lambda)) = a(\lambda) + \tau(\lambda) \cdot e(\lambda)$ für $\lambda \in L$ (s. (19)), so folgt aus (18),(20),(4), (5) stets die *eindeutige Existenz einer $C^1$-Einhüllenden $c$ für $\mathbf{c}$* .]

**b)**    Die durch (20) charakterisierte $C^1$-Einhüllende $c$ für $\mathbf{c}$ gestattet auch folgende Deutung: Ist $\lambda \in L$, so besitzen für alle $\lambda_0, \lambda_1 \in L$ mit $\lambda_0 \neq \lambda_1$, die genügend nahe bei $\lambda$ liegen, die beiden Geraden $\mathbf{c}_{\lambda_0}(I\!\!R)$ und $\mathbf{c}_{\lambda_1}(I\!\!R)$ genau einen Schnittpunkt $p_{\mathbf{c}}(\lambda_0, \lambda_1)$ in $I\!\!E$ und es gilt:

$$c(\lambda) \ = \ \lim\nolimits_{\lambda_0, \lambda_1 \to \lambda} p_{\mathbf{c}}(\lambda_0, \lambda_1), \tag{21}$$

d.h. salopp gesagt: *Die $C^1$-Einhüllende $c$ für $\mathbf{c}$ hat in $\lambda \in L$ die Position des Schnittpunktes „$\lambda$-benachbarter" Geraden der Geradenschar* $\mathbf{c}$ .

**c)**    Für die durch (20) gekennzeichnete $C^1$-Einhüllende $c$ der Schar $(\mathbf{c}_\lambda)_{\lambda \in L}$ von Geradenwegen gilt für alle $\lambda \in L$, in denen $c$ immersiv ist,

$$a(\lambda) + I\!\!R \cdot e(\lambda) \ = \ \mathbf{c}_\lambda(I\!\!R) \ = \ c(\lambda) + I\!\!R \cdot c'(\lambda),$$

d.h. *die Bahn des Geradenweges $\mathbf{c}_\lambda$ ist die Tangente an $c$ in $\lambda$.*

*Beweis:*     *Zu* **a)**: Aus (19) folgt $(\partial_1 F_{\mathbf{c}})(\lambda, t) = a'(\lambda) + t \cdot e'(\lambda)$ und $(\partial_2 F_{\mathbf{c}})(\lambda, t) = e(\lambda)$ für alle $(\lambda, t) \in L \times I\!\!R$. Daher folgt nach (9),(19) und nach 1.3.(16) für jede $C^1$-Funktion $\tau : L \to I\!\!R$:

$c := a + \tau \cdot e : L \to I\!\!E$ *ist eine* $C^1$*-Einhüllende für* c *genau dann, wenn*

$0 = \Omega(\partial_1 F_{\mathbf{c}}, \partial_2 F_{\mathbf{c}})(\lambda, \tau(\lambda)) = \Omega(a'(\lambda) + \tau(\lambda)\cdot e'(\lambda), e(\lambda))$ *für alle* $\lambda \in L$.

Damit ist (20) wegen (18) und der alternierenden Bilinearität von $\Omega$ gezeigt.

*Zu* b):    Aus (18) und 1.4.(110) (mit $n=1$) folgt, daß für jedes $\lambda \in L$ eine Umgebung $U$ von $\lambda$ in $L$ existiert, so daß für alle $\lambda_0, \lambda_1 \in U$ mit $\lambda_0 \neq \lambda_1$ gilt: $\Omega(e(\lambda_0), e(\lambda_1)) \neq 0$, d.h. $e(\lambda_0), e(\lambda_1)$ sind linear unabhängig. Daher besitzen die beiden affinen Geraden $a(\lambda_i) + I\!\!R \cdot e(\lambda_i)$ für $i \in \{0,1\}$ genau einen Schnittpunkt $p_{\mathbf{c}}(\lambda_0, \lambda_1)$ in der *Ebene* $I\!\!E$, also gibt es eindeutig bestimmte $\tau_0(\lambda_0, \lambda_1), \tau_1(\lambda_0, \lambda_1) \in I\!\!R$ mit

$$p_{\mathbf{c}}(\lambda_0, \lambda_1) = a(\lambda_0) + \tau_0(\lambda_0, \lambda_1)\cdot e(\lambda_0) = a(\lambda_1) + \tau_1(\lambda_0, \lambda_1)\cdot e(\lambda_1) . \quad (22)$$

Wendet man auf die letzte Gleichung die Linearform $\Omega(.., e(\lambda_1))$ an, so erhält man ($\Omega$ ist bilinear und alternierend!)

$$\tau_0(\lambda_0, \lambda_1)\cdot\Omega(e(\lambda_0), e(\lambda_1)) = -\Omega(e(\lambda_1), a(\lambda_1) - a(\lambda_0)) .$$

Dividiert man die letzte Gleichung durch $\lambda_1 - \lambda_0$, so folgt aus ihr wegen der $C^1$-Eigenschaft von $a$ und $e$ wegen 1.4.(110) (mit $n=1$) und 1.1.(20), sowie wegen (18),(20) im Limes für $\lambda_0, \lambda_1 \to \lambda$:

$$\lim\nolimits_{\lambda_0, \lambda_1 \to \lambda} \tau_0(\lambda_0, \lambda_1) = -\Omega(e(\lambda), a'(\lambda))/\Omega(e(\lambda), e'(\lambda)) = \tau(\lambda) ,$$

womit wegen (22) und der Definition von $c$ in (20) gerade (21) gezeigt ist.

*Zu* c):    Folge der 1-ten Anmerkung in 1.6.1.b und der Tatsache, daß die Tangente eines Geradenweges mit der Bahn des letzteren übereinstimmt. $\square$

Ein prototypisches Beispiel für das letzte Theorem (siehe unten das anschließende Lemma) beschreiben wir in folgendem

**Satz:**    *Die Evolute eines immersiven, wendepunktfreien* $C^3$*-Weges als* $C^1$*-Einhüllende der Normalenschar dieses Weges.*

Sei $c : I \to I\!\!E$ ein immersiver $C^3$-Weg in einem 2-dim. orientierten euklidischen Vektorraum $I\!\!E$ und $c$ habe keine Wendepunkte (s. S. 76), o.B.d.A. $\kappa_c > 0$ (sonst Übergang zu $c^v$, s. 1.1.(17) und 1.4.1.e). Sei $\mathbf{v}_c$ das evolutive Einheitstangentenvektorfeld von $c$, also $J\mathbf{v}_c$ (s. 1.4.(129)) das Hauptnormalenfeld von $c$. Dann erfüllt die $C^2$-Schar $\mathbf{c} = (\mathbf{c}_\lambda)_{\lambda \in I}$ der Normalenwege von $c$

$$\mathbf{c}_\lambda : I\!\!R \to I\!\!E \qquad \left( t \mapsto \mathbf{c}_\lambda(t) := c(\lambda) + t\cdot J\mathbf{v}_c(\lambda) \right)$$

die Voraussetzung (18) des obigen Theorems und *die* danach (s. (20)) *eindeutig existierende* $C^1$*-Einhüllende der Normalenwegeschar* c *von* c *ist gerade die* [bereits früher studierte (s. 1.4.7.a und Satz 1.4.7)] *Evolute* $m_c : I \to I\!\!E$ *von* c, d.i. der Weg der Krümmungsmittelpunkte von $c$ (s. 1.4.(129)).

*Zusatz:* • Hiermit und mit Teil b) des obigen Theorems ist erneut (s. 1.4.(136)) gezeigt, daß der Krümmungsmittelpunkt $m_c(\lambda)$ der Schnittpunkt $\lambda$-benachbarter Normalen von $c$ ist.

• Es gilt $m_c' = \rho_c' \cdot J\mathbf{v}_c = -(\kappa_c'/\kappa_c^2)\cdot J\mathbf{v}_c$ (s. Beweis zu Satz 1.4.7), also ist $m_c$ in $\lambda \in I$ *immersiv* genau dann, wenn $\kappa_c'(\lambda) \neq 0$, d.h. wenn $\lambda$ kein Scheitel von $c$ ist (s. Definition 1.4.5), und Teil c) des obigen Theorems sagt, daß für solche $\lambda \in I$ die Normale $c(\lambda) + I\!\!R \cdot J\mathbf{v}_c(\lambda)$ von $c$ in $\lambda$ die Tangente an die Evolute $m_c$ in $\lambda$ ist.

*Beweis*:    Wegen 1.1.(5), 1.3.(17), 1.2.(25) und der Frenet-Gleichung 1.4.(16) gilt

$$\Omega(J\mathbf{v}_c, (J\mathbf{v}_c)') = \Omega(\mathbf{v}_c, \mathbf{v}_c') = \|c'\|\cdot\kappa_c\cdot\Omega(\mathbf{v}_c, J\mathbf{v}_c) = \|c'\|\cdot\kappa_c > 0,$$

also ist (18) mit $e := J\mathbf{v}_c$ erfüllt, und weiter (s. 1.3.(17) und 1.4.(10)):

$$\Omega(J\mathbf{v}_c, c') = \|c'\|\cdot\Omega(J\mathbf{v}_c, \mathbf{v}_c) = -\|c'\|.$$

Aus den letzten zwei Gleichungen und aus (20) (mit $a := c$) folgt daher:

$$\tau := -\Omega(J\mathbf{v}_c, c')/\Omega(J\mathbf{v}_c, (J\mathbf{v}_c)') = 1/\kappa_c : I \to \mathbb{R} \quad \textit{ist eine } C^1\textit{-Funktion},$$

und der $C^1$-Weg $c + \tau\cdot J\mathbf{v}_c = c + (1/\kappa_c)\cdot J\mathbf{v}_c$ ist die $C^1$-Einhüllende der Normalen-wegeschar $\mathbf{c}$ von $c$. Letzterer Weg ist aber nach 1.4.(132) die Evolute $m_c$ von $c$. $\square$


**Lemma:**     *Streng monoton schwenkende Geradenscharen (s.o. (18)) bzw. de-*
                *ren $C^1$-Einhüllende sind „generisch" stets Normalenscharen im-*
                *mersiver, wendepunktfreier Wege bzw. deren Evoluten.*

Seien $a, e : L \to I\!\!E$   $C^2$-Wege ( $L$ offen) im 2-dim. orientierten euklidischen Vektorraum $I\!\!E$ mit der Eigenschaft (18), sei $\mathbf{c}$ die durch (19) definierte Ge-radenschar (mit dem „Leitweg" $a$ und den Geradenrichtungen $e/\|e\|$ ), sei $c : L \to I\!\!E$ die (s. (20)) eindeutig bestimmte $C^1$-Einhüllende für $\mathbf{c}$ und es gebe

$$\alpha \in L \quad mit \quad \Omega(e, a')(\alpha) \neq 0 . \tag{23}$$

Dann gibt es eine $C^2$-Funktion $\sigma : L \to \mathbb{R}$ mit $\sigma(\alpha) = 0$ und eine Umgebung $U$ von $\alpha$ in $L$ so daß gilt: $a + \sigma\cdot e$ ist *Orthogonaltrajektorie* von $\mathbf{c}$, genauer:

$b := a + \sigma\cdot e : L \to I\!\!E$ *ist ein* $C^2$*-Weg mit* $\langle b', e \rangle = 0$, $b(\alpha) = a(\alpha)$ *und*

$b|U$ *ist immersiv und wendepunktfrei mit* $\kappa_b(\alpha) = (\Omega(e, e')/|\Omega(e, a')|)(\alpha)$.

*Insbesondere ist für alle* $\lambda \in U$ *die Gerade* $\mathbf{c}_\lambda(\mathbb{R}) = a(\lambda) + \mathbb{R}\cdot e(\lambda)$ *die Nor-male* $b(\lambda) + \mathbb{R}\cdot e(\lambda)$ *von* $b$ *in* $\lambda$. *Ferner ist die Evolute von* $b|U$ *gleich* $c|U$.


*Beweis:*    Wegen (18) gilt $\|e\| > 0$, also können wir o.B.d.A. annehmen: $\|e\| = 1\!\!1$ [sonst Übergang zu $e_0 := e/\|e\|$ , wobei die $e$ involvierenden Voraussetzungen (18), (23) für $e_0$ erfüllt bleiben]. Aus $\langle e, e \rangle = 1$ folgt aber $\langle e, e' \rangle = 0$, also nach 1.3.(18)

$$e' = \Omega(e, e')\cdot Je, \quad \textit{insbesondere} \quad e'(\lambda) \neq 0 \textit{ für alle } \lambda \in L \text{ (nach (18))}.$$

Definiert man nun die $C^2$-Funktion $\sigma : L \to \mathbb{R}$ durch

$$\sigma(\lambda) := -\int_\alpha^\lambda \langle e, a' \rangle(x)\, dx \quad \textit{für } \lambda \in L, \quad \textit{also } \sigma(\alpha) = 0 \textit{ und } \sigma' = -\langle e, a' \rangle,$$

so folgt für $b := a + \sigma\cdot e$ sofort (s. 1.3.(18) und die obige Darstellung von $e'$ ):

$$b' = a' + \sigma'\cdot e + \sigma\cdot e' = (a' - \langle e, a' \rangle\cdot e) + \sigma\cdot e' = \big(\Omega(e, a') + \sigma\cdot\Omega(e, e')\big)\cdot Je ,$$

insbesondere $\langle b', e \rangle = 0$, und weiter folgt hieraus wegen $\sigma(\alpha) = 0$ und (23): $\|b'(\alpha)\| = |\Omega(e, a')| > 0$, d.h. $b$ ist immersiv in $\alpha$, sowie (s. 1.1.(5)):

$$b'' = \big(\Omega(e, a') + \sigma\cdot\Omega(e, e')\big)'\cdot Je + \big(\Omega(e, a') + \sigma\cdot\Omega(e, e')\big)\cdot Je' .$$

Da aber $\Omega$ bilinear, $\Omega(Je, Je) = 0$ und $\Omega(Je, Je') = \Omega(e, e')$ (s, 1.3.(16),(17)), so folgt wegen $\sigma(\alpha) = 0$ aus den letzten beiden Formelzeilen und (18),(23):

$$\Omega(b'(\alpha), b''(\alpha)) = \big(\Omega(e, a')^2\cdot\Omega(e, e')\big)(\alpha) \neq 0.$$

Daher und wegen $\|b'(\alpha)\| = |\Omega(e, a')(\alpha)| > 0$ (s.o.) verschwindet also auch $\kappa_b(\alpha)$ $= (\Omega(e', e'')/|\Omega(e, a')|)(\alpha)$ (s. 1.4.(4)) *nicht.* Da $b$ ein $C^2$-Weg ist, so gibt es daher eine Umgebung $U$ von $\alpha$ in $L$, so daß $b'(\lambda) \neq o$ und $\kappa_b(\lambda) \neq 0$ für alle $\lambda \in U$, d.h. $b|U$ ist ein immersiver, wendepunktfreier $C^2$-Weg. Die Evolute von $b|U$ ist aber zufolge dem letzten Satz die Einhüllende der Normalenschar $\mathbf{d} = (\mathbf{d}_\lambda)_{\lambda \in U}$ von $b|U$, d.h. $\mathbf{d}_\lambda(t) := b(\lambda) + t \cdot J\mathbf{v}_b$ für $t \in \mathbb{R}$, wobei aber $J\mathbf{v}_b = \pm e$ wegen $\langle b', e \rangle = o$ und 1.4.(10). Diese Einhüllende von $\mathbf{d}$ ist daher nach (20) der $C^1$-Weg

$$b - \big(\Omega(\pm e, b') / \Omega(\pm e, \pm e')\big) \cdot (\pm e) \;=\; b - \big(\Omega(e, b') / \Omega(e, e')\big) \cdot e, \quad \textit{beschränkt auf } U.$$

Aber wegen der obigen Darstellung von $b'$ gilt $\Omega(e, b') = \Omega(e, a') + \sigma \cdot \Omega(e, e')$, und nach Definition von $b$ hat man $b - \sigma \cdot e = a$. Daher ist der $C^1$-Weg der letzten Formelzeile gleich $\big(a - (\Omega(e, a')/\Omega(e, e')) \cdot e\big)|U$, das ist nach (20) aber $c|U$. $\quad\Box$


## 1.6.3  Beispiele aus der Lichtstrahlen-Optik (Katakaustiken)

*Vorbemerkung:*  Eindrucksvolle Anwendungen des Theorems aus 1.6.2 betreffen Scharen von solchen Geraden, längs welcher die (von einer Lichtquelle stammenden und danach) an einem Spiegel reflektierten Lichtstrahlen in einem isotropen, homogenen optischen Medium (Vakuum, Luft, Wasser, ..) verlaufen. Der einhüllende Weg einer ebenen Teilschar solcher Scharen reflektierter Lichtstrahlen heißt in der technischen Optik eine „*Katakaustik*".


**a)**  *Zur Reflexion von Lichtstrahlen an Spiegeln:*

Sei $S$ ein Spiegel in einem räumlichen, isotropen, homogenen optischen Medium $M$, ($S$ gedacht als 2-dim. glatte Fläche in $M$) folgender Art: Der 2-dim. orientierte euklidische Vektorraum $\mathbb{E}^2$ schneide $S$ in einem „*ortho-transversalen Schnittprofil*" $S \cap \mathbb{E}^2$, das als Bahn $a(L)$ eines injektiven immersiven $C^1$-Weges $a : L \to \mathbb{E}^2$ (mit offenem Intervall $L$) beschrieben sei. [„*Ortho-transversal*" meint dabei, daß die Normalenrichtung des Spiegels $S$ in jedem Punkte des Schnittprofils $S \cap \mathbb{E}^2$ in der schneidenden Ebene $\mathbb{E}^2$ enthalten ist: Dies ist z.B. der Fall, wenn der Spiegel $S$ eine zylindrische Fläche ist und die Ebene $\mathbb{E}^2$ auf den erzeugenden Geraden von $S$ senkrecht steht, oder aber, wenn $S$ eine Rotationsfläche ist und $\mathbb{E}^2$ eine durch die Rotationsachse von $S$ gelegte Ebene ist.] –

Trifft nun ein Lichtstrahl, der innerhalb von $\mathbb{E}^2$ (im Medium $M$ also geradlinig!) verläuft, mit einer evolutiven Richtung $e \in \mathbb{S}^1$ ($\subset \mathbb{E}^2$) in dem Punkte $a(\lambda)$ ($\lambda \in L$) auf den Spiegel $S$, so *muß sein dort reflektierter Lichtstrahl zufolge dem Reflexionsgesetz* (wegen der vorausgesetzten Ortho-Transversalität von $\mathbb{E}^2$ zu $S$) *ebenfalls in der Ebene* $\mathbb{E}^2$ (und als Lichtstrahl in $M$ auch wieder geradlinig!) *verlaufen und zwar mit einer evolutiven Richtung* $e_0(\lambda) \in \mathbb{S}^1$, *die die gleiche zu $a$ in $\lambda$ tangentiale und die entgegengesetzte zu $a$ in $\lambda$ normale Komponente besitzen muß wie* $e$. Bezeichnet daher $\mathbf{v}_a$ das evolutive Tangenteneinheitsvektorfeld, also $J\mathbf{v}_a$ das positive Einheitsnormalenfeld von $a$ (s. 1.4.(10),(11), (12)), so liefert das Reflexionsgesetz also:

$$e_0(\lambda) \;=\; \langle e, \mathbf{v}_a(\lambda) \rangle \cdot \mathbf{v}_a(\lambda) - \langle e, J\mathbf{v}_a(\lambda) \rangle \cdot J\mathbf{v}_a(\lambda) \;=\; \textit{Richtung des reflekt. Lichtstrahls.}$$

Da wir im Hinblick auf eine Anwendung des letzten Theorems 1.6.3 nicht darauf angewiesen sind, die Richtungen $e(\lambda)$ der dortigen Geradenschar $(c_\lambda)_{\lambda \in L}$ durch *Einheits*-Vektoren zu repräsentieren, so ist es oft vorteilhafter für die Rechnungen, die evolutive Richtung des reflektierten Lichtstrahles nicht durch den letzten Einheitsvektor $e_0(\lambda)$, sondern durch ein geeignetes positives Multiplum $e(\lambda)$ von $e_0(\lambda)$ zu beschreiben, d.h. als

$$e(\lambda) \;\in\; \mathbb{R}_+ \cdot \big( \langle e, \mathbf{v}_a(\lambda) \rangle \cdot \mathbf{v}_a(\lambda) - \langle e, J\mathbf{v}_a(\lambda) \rangle \cdot J\mathbf{v}_a(\lambda) \big) \; . \tag{24}$$

**b)**  *Katakaustik eines parabolischen Hohlspiegels $S$.*

  [ *$S$ darf ein parabolischer Zylinder oder ein Rotationsparaboloid sein.* ]

Ein ortho-transversales Schnittprofil  $S \cap \mathbb{E}^2$  von $S$ (s.o. a)) sei die folgende *quadratische Parabel* (*vom „Parameter"* $\mathrm{p} \in \mathbb{R}_+$ ) :

$$a(\mathbb{R}) \;=\; P \;:=\; \{\, q \in \mathbb{E}^2 \mid q_2^2 = 2\mathrm{p} \cdot q_1 \,\} \quad\textit{mit}\quad a(\lambda) := (\lambda^2/2\mathrm{p}, -\lambda)\,, \quad\textit{also}$$
$$a'(\lambda) = (\lambda/\mathrm{p}, -1)\,, \quad \mathbf{v}_a = \varepsilon \cdot (\lambda, -\mathrm{p})\,, \quad J\mathbf{v}_a = \varepsilon \cdot (\mathrm{p}, \lambda) \quad\textit{für}\ \lambda \in \mathbb{R}\,, \tag{25}$$

wobei  $\varepsilon := (\mathrm{p}^2 + \lambda^2)^{-1/2}$.  –  Fällt nun (zur Parabelachse $= x_1$-Achse) paralleles Licht in der Ebene $\mathbb{E}^2$ und zwar mit der evolutiven Richtung $e := (-1, 0)$ auf den Spiegel $S$, so kann die Richtung des im Punkte $a(\lambda)$ $(\lambda \in \mathbb{R})$ an $S$ reflektierten Lichtstrahls nach (24),(25) repräsentiert werden durch

$$e(\lambda) := (\mathrm{p}^2 - \lambda^2, 2\mathrm{p} \cdot \lambda)\,, \quad\textit{somit}\quad e'(\lambda) = 2 \cdot (-\lambda, \mathrm{p}) \quad\textit{und}$$
$$\big(\text{s. (20), (25), 1.3.(33)}\big)\quad \tau(\lambda) := -\big(\Omega_{\mathrm{can}}(e, a')/\Omega_{\mathrm{can}}(e, e')\big)(\lambda) = 1/2\mathrm{p} \tag{26}$$

für alle  $\lambda \in \mathbb{R}$. Daher ist nach dem Theorem in 1.6.2 (s. (20) und (25),(26))

$$c := a + \tau \cdot e : L \to \mathbb{E}^2 \quad \big(\lambda \;\mapsto\; (\lambda^2/2\mathrm{p}, -\lambda) + (1/2\mathrm{p}) \cdot (\mathrm{p}^2 - \lambda^2, 2\mathrm{p} \cdot \lambda) = (\mathrm{p}/2, 0)\big)$$

der $C^1$-einhüllende Weg der am parabolischen Spiegel reflektierten Lichtstrahlenschar, der also zum konstanten Weg [mit dem Brennpunkt $(\mathrm{p}/2, 0)$ der Parabel $P$ als Bild!] degeneriert: Das ist die bekannte optische Interpretation des Brennpunktes einer quadratischen Parabel.


**c)**  *Katakaustik eines sphärischen Hohlspiegels $S$.*

  [ *$S$ darf ein halber Kreiszylinder oder eine Halbsphäre sein.* ]

Ein ortho-transversales Schnittprofil  $S \cap \mathbb{E}^2$  von $S$ (s.o. a)) sei der folgende *offene Halbkreis* vom Radius $\rho \in \mathbb{R}_+$ (s. auch unten die Skizzen S. 146/147):

$$a(L) = \rho \cdot \mathbb{S}_-^1 := \{\, q \in \mathbb{E}^2 \mid \|q\| = \rho \ \textit{und}\ q_1 < 0 \,\} \quad \textit{mit}\ L := \,]\,\pi/2, 3\pi/2\,[\ \textit{und}$$
$$a := \rho \cdot (\cos, \sin)\,, \quad a' = \rho \cdot (-\sin, \cos)\,, \quad \mathbf{v}_a = (-\sin, \cos)\,, \quad J\mathbf{v}_a = -(\cos, \sin)\,. \tag{27}$$

Fällt wieder paralleles Licht in der Ebene $\mathbb{E}^2$ mit der evolutiven Richtung $e := (-1, 0)$ auf den Spiegel $S$, so kann die Richtung des im Punkte $a(\lambda)$ $(\lambda \in L)$ an $S$ reflektierten Lichtstrahles nach (24),(27) repräsentiert werden durch

$$e(\lambda) := (\cos(2\lambda), \sin(2\lambda))\,, \quad\textit{also}\quad e'(\lambda) = 2 \cdot (-\sin(2\lambda), \cos(2\lambda))\,,$$
$$\textit{somit}\quad \Omega_{\mathrm{can}}(e, e')(\lambda) = 2 \quad\textit{und}\ (\text{s. (27)})\quad \Omega_{\mathrm{can}}(e, a')(\lambda) = \rho \cdot \cos\lambda\,, \tag{28}$$

wobei $\Omega_{\mathrm{can}}$ die kanonische Volumform des $\mathbb{E}^2$ (s. 1.3.(33)) ist.  –  Der im Punkte $a(\lambda)$ von $S$ reflektierte Lichtstrahl des mit der Richtung $e$ in $\mathbb{E}^2$ einfallenden Lichtes verläuft also in der Geraden

$$c_\lambda : \mathbb{R} \to \mathbb{E}^2 \quad \big(t \mapsto a(\lambda) + t \cdot e(\lambda)\big) \quad\textit{für alle}\ \lambda \in L\,, \tag{29}$$

und die $C^1$-Einhüllende  $c : L \to \mathbb{E}^2$  dieser Geradenschar $c = (c_\lambda)_{\lambda \in L}$ ist nach (20),(27),(28) gegeben durch (mit  $\tau := -\Omega_{\mathrm{can}}(e, a')/\Omega_{\mathrm{can}}(e, e') = -(\rho/2) \cdot \cos$ ) :

$$c(\lambda) := a(\lambda) + \tau(\lambda) \cdot e(\lambda) = \rho \cdot \big((3/2) \cdot \cos\lambda - \cos^3\lambda, \sin^3\lambda\big) \quad\textit{für}\ \lambda \in L\,,$$
$$\textit{also}\quad c'(\lambda) = (3\rho/2) \cdot \sin\lambda \cdot e(\lambda)\,, \quad\textit{insbesondere ist } c \textit{ nicht immersiv in } \pi\,, \tag{30}$$
$$c \textit{ hat in } \pi \textit{ eine „Spitze"} (\text{s. 1.1.5 u. Skizze S.146}) \textit{ mit } c(\pi) = (-\rho/2, 0)\,.$$

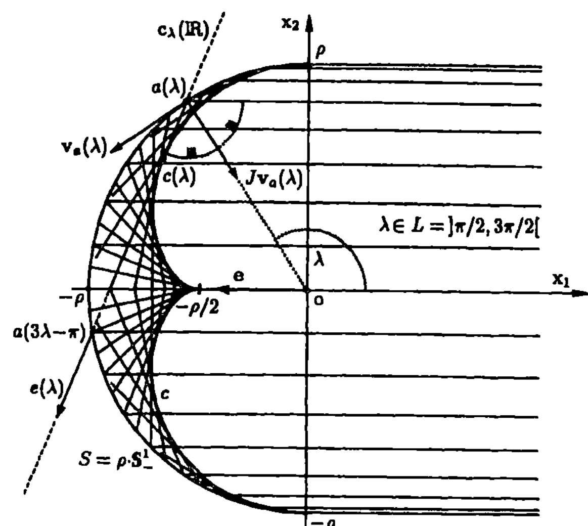


*Zusatz:* • Die Gerade $c_\lambda(\mathbb{R})$ (s. (29)), auf der der an $S$ in $a(\lambda)$ reflektierte Lichtstrahl verläuft, ist übrigens (Beweis elementargeometrisch oder rechnerisch mittels (27),(28)!) die Sekante der Kreislinie $\rho\cdot S^1$ vom Radius $\rho$ um o in $\mathbb{E}^2$ durch ihre zwei Punkte $a(\lambda)$ und $a(3\lambda-\pi)$ für alle $\lambda \in L$: Da $3\lambda-\pi = (\pi/2)+3(\lambda-(\pi/2))$, so wird $a(3\lambda-\pi)$ auf $\rho\cdot S^1$ erreicht nach einer Verdreifachung des Kreisbogens von $\rho\cdot S^1$ zwischen $a(\pi/2)$ und $a(\lambda)$ über $a(\pi/2)$ hinaus im positiven Umlaufsinne. Dies ergibt eine einfache Zirkelkonstruktion von $a(3\lambda-\pi)$ bei gegebenem $a(\lambda)$ (und $a(\pi/2) = (0,\rho)$), mit deren Hilfe man mühelos viele dieser Sekanten $c_\lambda$ zeichnen kann, welche dann die Bahn ihrer $C^1$-Einhüllenden $c$ (s.o. (30)), d.i. die bekannte (sehr ästhetische!) *Katakaustik des sphärischen Hohlspiegels* „einrahmen" (s.o. die Skizze).

• Spezialisieren wir nun den Spiegel $S$ zu einem zylindrischen sphärischen Hohlspiegel $S = \rho\cdot S^1_- \times \mathbb{R} = \{ q \in \mathbb{E}^3 \mid (q_1,q_2) \in \rho\cdot S^1_- \text{ (s. (27))}\} \subset \mathbb{E}^3$. Dann nennt man $C := c(L)\times\mathbb{R}$ die *Kaustik* (= *Brennfläche*) von $S$. Der Name „*Brenn*"-Fläche hängt zusammen mit der Deutung von $C$, die das obige Theorem b) zuläßt: Jeder Punkt $(c(\lambda),t)$ von $C$ mit $(\lambda,t) \in L\times\mathbb{R}$ ist Schnittpunkt $\lambda$-benachbarter Lichtstrahlen, die durch Reflexion aus parallelen mit der evolutiven Richtung $(-1,0,0)$ auf den Spiegel $S$ einfallenden Lichtstrahlen hervorgehen. Diese infinitesimale Kennzeichnung der Brennfläche von $S$ gestattet in Bezug auf das „Brennen" eine physikalisch eindrucksvollere Variante, zu der man gelangt, wenn man die „*Verdichtung*", welche die einfallenden parallelen Lichtstrahlen durch die Reflexion am Spiegel erfahren, *quantitativ* erfaßt: Sei nämlich $\lambda \in L$ und $\varepsilon \in \mathbb{R}_+$ so klein, daß $\lambda-\varepsilon, \lambda+\varepsilon \in L$. Dann betrachte man das einfallende parallele Lichtstrahlenbündel, welches durch die rechteckige *Blende*

$$B := \{0\}\times[\rho\cdot\sin(\lambda+\varepsilon), \rho\cdot\sin(\lambda-\varepsilon)]\times[-\varepsilon,\varepsilon] \quad \textit{in der } (x_2,x_3)\textit{-Ebene des } \mathbb{E}^3$$

hindurchgeht, das also nach Wahl von $\lambda$ und $\varepsilon$ voll auf den Spiegel $S$ trifft (s.u. Skizze). Dieses Lichtstrahlenbündel enthält (als Strahl durch den inneren Punkt $(0, \rho\cdot\sin\lambda, 0)$ der Blende $B$) denjenigen Lichtstrahl, der $S$ im Punkte $(a(\lambda),0)$ trifft (s. (27)). Der letztere Strahl geht nach seiner Reflexion in $(a(\lambda),0)$ durch den Punkt $(c(\lambda),0)\in C$. Geht man von letzterem Punkt längs des reflektierten Strahls um die Distanz $\sigma\in]0,\tau(\lambda)[$ zurück, so gelangt man zum Punkt $(c(\lambda)-\sigma\cdot e(\lambda),0)$ und man

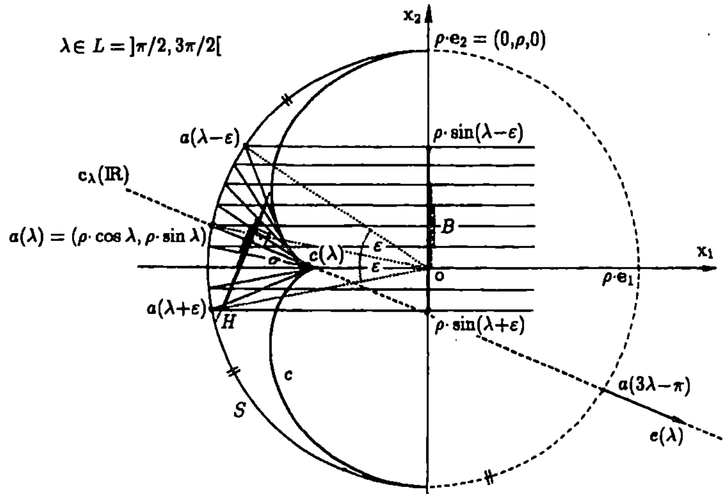


lege eine affine Ebene $H$ durch diesen Punkt senkrecht zur Richtung $(e(\lambda), 0)$ des reflektierten Strahls. (Der Richtungsvektorraum von $H$ wird also von $(Je(\lambda), 0)$ und $e_3$ aufgespannt.) $H$ betrachtet man als Schirm zum Auffangen des reflektierten Lichtstrahlenbündels. Das Bild der Blende $B$, das durch die reflektierten Strahlen auf dem Schirm $H$ erzeugt wird, ist wieder ein Rechteck, und zwar mit einer Seite der Länge $2\varepsilon$ in $e_3$-Richtung (wie bei der Blende $B$, da $S$ *zylindrisch* mit Erzeugenden in $e_3$-Richtung!) und einer Seite der Länge $\delta(\lambda, \sigma, \varepsilon)$ in Richtung $(Je(\lambda), 0)$. Man findet [mittels (27),(28),(30) und Rechnung bzgl. des ON-Beins $(e(\lambda), Je(\lambda))$]:

$$\delta(\lambda, \sigma, \varepsilon) = \rho \cdot \big(\sin(\lambda - \varepsilon) - \sin(\lambda + \varepsilon)\big) - 2 \cdot \tan(2\varepsilon) \cdot \big(\rho \cdot \cos \lambda \cdot (1 - \cos \varepsilon) + \tau(\lambda) - \sigma\big).$$

Der Quotient $I(\lambda, \sigma, \varepsilon)$ des Flächeninhalts $\rho \cdot \big(\sin(\lambda - \varepsilon) - \sin(\lambda + \varepsilon)\big) \cdot 2\varepsilon$ der Blende $B$ durch den Flächeninhalt $\delta(\lambda, \sigma, \varepsilon) \cdot 2\varepsilon$ ihres Bildes auf dem Schirm $H$ konvergiert daher für $\varepsilon \searrow 0$ gegen [de l'Hospital, und beachte (s.o.): $-2\tau(\lambda) = \rho \cdot \cos \lambda$]

$$I(\lambda, \sigma) := \lim_{\varepsilon \searrow 0} I(\lambda, \sigma, \varepsilon) = \tau(\lambda)/\sigma \in ]1, \infty[ , \tag{31}$$

(was auch aufgrund des Strahlensatzes plausibel ist!). Diese Zahl ist also ein Maß für die Verdichtung des Lichtstrahlenbündels [„um" den Lichtstrahl, der $S$ in $(a(\lambda), 0)$ trifft] unter der Reflexion an $S$, wenn man sich auf letzterem Strahl dem Punkt $(c(\lambda), 0)$ der Brennfläche bis auf den Abstand $\sigma$ nähert. Da $I(\lambda, \sigma) > 1$ (nach (31) und Wahl von $\sigma$), so muß nach (31) für genügend kleines $\varepsilon \in \mathbb{R}_+$ der Quotient $I(\lambda, \sigma, \varepsilon)$ größer als $\mu(\lambda, \sigma) := (1 + (\tau(\lambda)/\sigma))/2$ sein, d.h. die mittlere Dichte der Lichtstrahlen in dem Bild der Blende auf dem Schirm $H$ ist um den letzteren Faktor $\mu(\lambda, \sigma)$ $(\in ]1, \tau(\lambda)/\sigma[)$ größer als diejenige auf der Blende $B$ selbst, d.h. insbesondere, das Bild ist heller als das Original. Geht nun $\sigma$ gegen Null, d.h. rückt der Schirm $H$ gegen $(c(\lambda), 0)$ auf der Kaustik, so wächst $\mu(\lambda, \sigma)$ (und damit die Helligkeit des Bildes) auf unbegrenzt große Werte: Das ist der Sinn von *Brenn*-Fläche. [Da $\tau(\lambda) = -(\rho \cdot \cos \lambda)/2$ (s. (20),(28)) auf $L$ sein absolutes Maximum $\rho/2$ in $\pi$ annimmt, und zu den Rändern von $L$ hin monoton gegen Null fällt, so hat $I(\lambda, \sigma)$ (s. (31)) bei festem $\sigma$ sein Maximum in $\pi$, d.h. qualitativ: Im mittleren Spiegelbereich ist es nahe der Brennfläche heller als an den Spiegelrändern. – [Analoge Überlegungen liefern beim sphärischen Rotations-Hohlspiegel $S := \{ q \in \mathbb{E}^3 \mid \|q\| = \rho \ und \ q_1 < 0 \}$

statt (31) den Wert $I(\lambda, \sigma) = (\tau(\lambda)/\sigma)^2$ , weshalb hier gegenüber dem zylindrisch-sphärischen Hohlspiegel eine quadratisch höhere „Verdichtung" der Lichtstrahlen erreicht wird.]

## 1.6.4 Quadratische Parabelwege als $C^1$-Einhüllende affin-parametrisierter Scharen ihrer Tangenten

Sei im folgenden $I\!\!E$ ein 2-dim. orientierter euklidischer Vektorraum, $J$ bzw. $\Omega$ seine komplexe Struktur bzw. 2-dim. Volumform (s. 1.3.(1),(14)).

**Definition:**    Ein Weg  $a : I\!\!R \to I\!\!E$  heißt *quadratischer Parabelweg* in $I\!\!E$ genau dann, wenn es Vektoren $u, v, w \in I\!\!E$ gibt, so daß gilt:

$$v, w \quad sind \ I\!\!R\text{-}linear \ unabhängig \ in \ I\!\!E \ ; \tag{32}$$

*und*

$$\mathbf{a} = u + \mathrm{x}\cdot v + (\mathrm{x}^2/2)\cdot w, \quad d.h. \quad \mathbf{a}(t) = u + t\cdot v + (t^2/2)\cdot w \ \ für \ t \in I\!\!R,$$
$$also \quad \mathbf{a}(0) = u, \ \ \mathbf{a}'(0) = v, \ \ \mathbf{a}''(0) = w \ \ und \ \ \mathbf{a}^{(k)} = o \ \ für \ k \in 3 + I\!\!N . \tag{33}$$

*Bemerkungen:* •    Nach (33) ist  $\mathbf{a}$  ein  $C^\omega$-Weg und mit 1.4.(10),(4) folgt für das evolutive Tangenteneinheitsvektorfeld $\mathbf{v_a}$ bzw. die orientierte Krümmungsfunktion $\kappa_a$ von $\mathbf{a}$ :

$$\mathbf{v_a} = (1/\|v + \mathrm{x}\cdot w\|)\cdot(v + \mathrm{x}\cdot w) \quad bzw. \quad \kappa_a = \Omega(v, w)/\|v + \mathrm{x}\cdot w\|^3 . \tag{34}$$

•    Kinematisch gesprochen ist der quadratische Parabelweg $\mathbf{a}$ (aus (33)) die *Super-position der geradlinigen* (in $I\!\!R\cdot w$ verlaufenden) *„Fallbewegung"* $t \mapsto (t^2/2)\cdot w$ unter dem konstanten Beschleunigungsfeld vom Wert $w \in I\!\!E$ *und der geradlinigen Trans-lationsbewegung* $t \mapsto u + t\cdot v$ mit einem zum Beschleunigungsvektor $w$ transversalen konstanten Geschwindigkeitvektor $v$ .

**Beispiel:**    Sei $e \in S\!I\!\!E$ (s. 1.3.(12)), also ist $(e, Je)$ ein positiv orientiertes orthonormales 2-Bein von $I\!\!E$ (s. 1.3.(13)). Dann ist für jedes $\mathrm{p} \in I\!\!R_+$ der Weg

$$\mathbf{a}_{\mathrm{p},e} := \mathrm{x}\cdot e + (\mathrm{x}^2/2\mathrm{p})\cdot Je : I\!\!R \to I\!\!E \tag{35}$$

ein quadratischer Parabelweg mit Scheitel $\mathbf{a}_{\mathrm{p},e}(0) = o$ . Mit den kartesischen Koordinatenfunktionen $\mathrm{x}_1 := \langle .., e\rangle$ , $\mathrm{x}_2 := \langle .., Je\rangle$ von $I\!\!E$ bzgl. des 2-Beines $(e, Je)$ ist die Bahn von $\mathbf{a}_{\mathrm{p},e}$ offenbar die quadratische Parabel

$$\mathbf{a}_{\mathrm{p},e}(I\!\!R) = \{\, q \in I\!\!E \mid (\mathrm{x}_1^2 - 2\mathrm{p}\cdot\mathrm{x}_2)(q) = 0 \,\} , \tag{36}$$

weshalb wir (entsprechend klassischem Sprachgebrauch) $\mathbf{a}_{\mathrm{p},e}$ den *Standard-Parabelweg zum Parameter* $\mathrm{p}$ $(\in I\!\!R_+)$ *mit Symmetrieachse* $I\!\!R\cdot Je$ *(der po-sitiven Richtung* $Je$ *)* nennen: Denn die Orthogonalspiegelung $S : I\!\!E \to I\!\!E$ $(q \mapsto q - 2\mathrm{x}_1(q)\cdot e)$ an der Geraden $I\!\!R\cdot Je$ bildet nämlich $\mathbf{a}_{\mathrm{p},e}(I\!\!R)$ auf sich ab, sogar: $S \circ \mathbf{a}_{\mathrm{p},e}(t) = \mathbf{a}_{\mathrm{p},e}(-t)$ für alle $t \in I\!\!R$; die „positive" Richtung $Je$ der

Symmetrieachse weist in die Richtung, nach der sich die Parabel $\mathbf{a}_{\mathrm{p},e}(\mathbb{R})$ „öffnet", bzw. sie ist der Grenzwert der evolutiven Tangentenrichtungen von $\mathbf{a}_{\mathrm{p},e}$ (s. 1.4.(10)) für $t \to +\infty$. –

Unter der linearen Isometrie $f : \mathbb{E}^2 \to \mathbb{E}$, die $(e_1, e_2)$ in $(e, Je)$ überführt, ist also $\mathbf{a}_{\mathrm{p},e} = f \circ \mathrm{Graph}(\mathrm{x}^2/2\mathrm{p})$ der $f$-Bildweg des Graphenweges der Funktion $\mathrm{x}^2/2\mathrm{p}$ : $\mathbb{R} \to \mathbb{R}$ (s. 1.4.1.c).
Für je zwei $e, \bar{e} \in \mathcal{S}\mathbb{E}$ und alle $\mathrm{p} \in \mathbb{R}_+$ sind überdies $\mathbf{a}_{\mathrm{p},e}$ und $\mathbf{a}_{\mathrm{p},\bar{e}}$ *kongruent*, sogar *gestaltgleich* in $\mathbb{E}$ (s. 1.4.2.c), nämlich $\mathbf{a}_{\mathrm{p},\bar{e}} = C \circ \mathbf{a}_{\mathrm{p},e}$, wenn $C \in \mathrm{SO}(\mathbb{E})$ die Drehung von $\mathbb{E}$ ist mit $C(e) = \bar{e}$. – Alle Standard-Parabelwege zum *gleichen* Parameter $\mathrm{p} \in \mathbb{R}_+$ haben also (s. 1.4.(41)) die gleiche orientierte Krümmungsfunktion, wir nennen sie $\kappa_{\mathrm{p}} : \mathbb{R} \to \mathbb{R}_+$, mit (vgl. 1.4.1.c)

$$\kappa_{\mathrm{p}} = (1/\mathrm{p}) \cdot (1 + (\mathrm{x}/\mathrm{p})^2)^{-3/2} > \mathrm{o}, \quad also \quad \partial_{\mathbf{a}_{\mathrm{p},e}} \kappa_{\mathrm{p}} = (\kappa_{\mathrm{p}}' / \|\mathbf{a}_{\mathrm{p},e}'\|) = -3(\mathrm{x}/\mathrm{p}) \cdot \kappa_{\mathrm{p}}^2 . \quad (37)$$

$\mathbf{a}_{\mathrm{p},e}$ besitzt also genau einen Scheitel, und zwar in $0$, und $\kappa_{\mathrm{p}}$ besitzt in $0$ ein strenges absolutes Maximum vom Wert $1/\mathrm{p}$ und fällt nach $\pm\infty$ hin streng monoton nach Null ab. [Umgekehrt ist die *Krümmungsradiusfunktion* $\rho_{\mathrm{p}} = \mathrm{p} \cdot (1 + (x/\mathrm{p})^2)^{3/2}$ *im Scheitel* $0$ *gleich* $\mathrm{p}$ (dies ist die differentialgeometrische Interpretation des „Parameters" p des Parabelweges $\mathbf{a}_{\mathrm{p},e}$) und $\lim \rho_{\mathrm{p}}(t) = \infty$ für $|t| \to \infty$ .]

**Lemma:** *Alle quadratischen Parabelwege sind (modulo affiner Umparametrisierung) Translate von Standard-Parabelwegen.*

Ist $\mathbf{a} : \mathbb{R} \to \mathbb{E}$ ein quadratischer Parabelweg wie in (32),(33), so gilt:

a) Es gibt eindeutig bestimmte $e \in \mathcal{S}\mathbb{E}$, $\mathrm{p} \in \mathbb{R}_+$, $(\alpha, \beta) \in \mathbb{R}^* \times \mathbb{R}$ und $a \in \mathbb{E}$ mit

$$\mathbf{a}(\alpha \cdot t + \beta) = \mathbf{a}_{\mathrm{p},e}(t) + a \quad für\ alle\ t \in \mathbb{R}, \quad (38)$$

und zwar sind $e, \mathrm{p}, \alpha, \beta, a$ explizit gegeben durch (s. (33)):

$$Je := w_0 := (1/\|w\|) \cdot w = positive\ Symmetrieachsenrichtung\ von\ \mathbf{a} \quad ,$$
$$e := (1/\Omega(v, w_0)) \cdot (v - \langle v, w_0 \rangle \cdot w_0) \quad ,$$
$$\mathrm{p} := \Omega(v, w)^2 / \|w\|^3 = \text{„Parameter" des Parabelweges c} \quad , \quad (39)$$
$$\alpha := \|w\| / \Omega(v, w), \quad \mathbf{a}\ hat\ seinen\ Scheitel\ in\ \beta := -\langle v, w \rangle / \|w\|^2 \quad ,$$
$$und\ (mit\ diesem\ Wert\ von\ \beta) : \quad a := \mathbf{a}(\beta) = u + \beta \cdot v + (\beta^2/2) \cdot w \quad .$$

b) Wegen (37) folgt aus 1.4.1.e, 1.4.(41) und (38) mit $\mathrm{p}, \alpha, \beta$ aus (39)

$$\kappa_{\mathbf{a}}(\alpha \cdot \mathrm{x} + \beta) = (\mathrm{sgn}\ \alpha) \cdot \kappa_{\mathrm{p}} = (\mathrm{sgn}\ \Omega(v, w)) \cdot \mathrm{p}^2 / (\mathrm{p}^2 + \mathrm{x}^2)^{3/2} , \quad (40)$$

insbesondere hat $\kappa_{\mathbf{a}}$ in $\beta$ ein strenges absolutes Extremum vom Betrage $1/\mathrm{p}$ und $\mathbf{a}$ *besitzt in* $\beta = -\langle v, w \rangle / \|w\|^2$ *seinen einzigen Scheitel*, mit dem Scheitelpunkt
$$\mathbf{a}(\beta) = u - (\langle v, w \rangle / \|w\|^2) \cdot v + (\langle v, w \rangle^2 / 2\|w\|^4) \cdot w .$$

*Beweis:* Selbst nachrechnen. $\square$

**Satz:** *Quadratischer Parabelweg zu zwei vorgegebenen Linienelementen als Einhüllende seiner affin-konstruierbaren Tangentenschar.*

Seien $a, b$ $\mathbb{R}$-linear unabhängige Vektoren des 2-dim. orientierten euklidischen Vektorraumes $\mathbb{E}$. Dann gilt:

**a)**   Es gibt genau einen quadratischen Parabelweg $\mathbf{a}:\mathbb{R}\to I\!\!E$, der im Zeitpunkt 0 bzw. 1 das Linienelement $(\mathbb{R}\cdot b,b)$ bzw. $(\mathbb{R}\cdot a,a)$ besitzt (s. 1.1.5):

$$\mathbf{a}(\lambda) \;=\; \lambda^2\cdot a+(1-\lambda)^2\cdot b \;=\; b+\lambda\cdot(-2b)+(\lambda^2/2)\cdot2(a+b) \quad \textit{für } \lambda\in\mathbb{R}. \quad (41)$$

Dieser Parabelweg besitzt daher nach obigem Lemma (s. (39),(33) und (41)

$$
\begin{aligned}
&(1/\|a+b\|)\cdot(a+b) \quad \textit{als positive Symmetrieachsenrichtung,}\\
&\qquad\mathrm{p} := 2\,\Omega(a,b)^2/\|a+b\|^3 \quad \textit{als „Parameter“,}\\
&\textit{in}\;\; \lambda_0 := \langle b,a+b\rangle/\|a+b\|^2 \;\;\textit{seinen Scheitel mit dem Scheitelpunkt}:\\
&\qquad\mathbf{a}(\lambda_0) \;=\; (\langle b,a+b\rangle/\|a+b\|^2)^2\cdot a + (\langle a,a+b\rangle/\|a+b\|^2)^2\cdot b\;.
\end{aligned}
\quad (42)
$$

**b)**   $a,b$ erzeugen folgende $C^\infty$-Schar $\mathbf{c}=(c_\lambda)_{\lambda\in\mathbb{R}}$ von affin-parametrisierten Geradenwegen $c_\lambda:\mathbb{R}\to I\!\!E$ für $\lambda\in\mathbb{R}$, die zur Zeit 1 bzw. 0 durch $\lambda\cdot a$ ($\in$ $\mathbb{R}\cdot a$) bzw. $(1-\lambda)\cdot b$ ($\in\mathbb{R}\cdot b$) gehen, d.h.

$$c_\lambda(t) \;:=\; t\lambda\cdot a+(1-t)(1-\lambda)\cdot b \quad \textit{für alle } t\in\mathbb{R} \quad (\lambda\in\mathbb{R})\,. \quad (43)$$

Diese Schar $\mathbf{c}$ erfüllt die Voraussetzung (18) des Theorems in 1.6.2, und die daher nach (20) eindeutig existierende $C^1$-Einhüllende von $\mathbf{c}$ ist gerade der quadratische Parabelweg $\mathbf{a}$ aus (41), insbesondere ist also $(c_\lambda(\mathbb{R}),c_\lambda(\lambda))$ das Linienelement an $\mathbf{a}$ in $\lambda$.

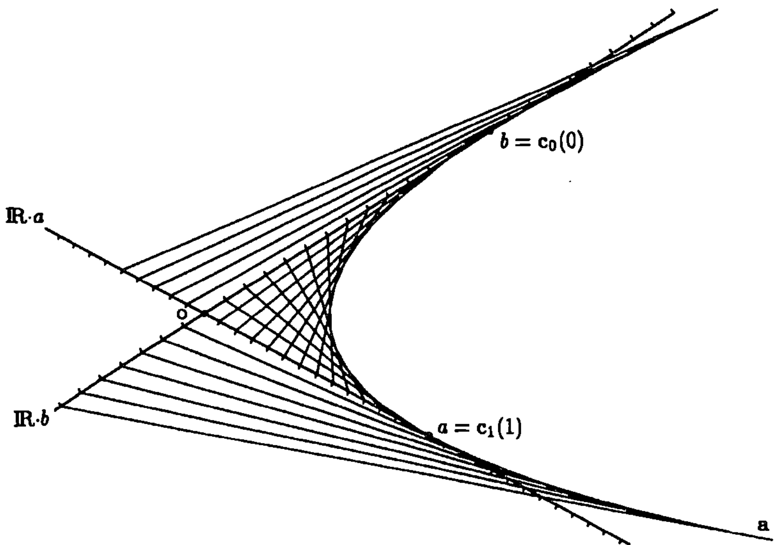


**c)**   *Kommentar*: In 1.4.9 (S. 109) haben wir eine affine Konstruktion des Linienelementes an a in $\lambda$ aus den vorgegebenen Linienelementen $(\mathbb{R}\cdot a,a)$ und $(\mathbb{R}\cdot b,b)$ von a beschrieben. Dabei war die Konstruktion der *Tangente* $c_\lambda(\mathbb{R})$ an a in $\lambda$ (*ohne* den Kontaktpunkt $c_\lambda(\lambda)=\mathbf{a}(\lambda)$ ) ganz kurz und einfach, nämlich (s.o. (43))
***als die Gerade durch die Punkte $\lambda\cdot a$ und $(1-\lambda)\cdot b$:***

So erhält man eine eindrucksvolle Visualisierung der Bahngestalt von $a$, wenn man letztere Tangenten bei festem $n \in \mathbb{N}_+$ ($n$ nicht zu klein!) für diskrete $\lambda$-Werte aus $(1/n)\cdot\mathbb{Z}$ zeichnet: Für alle $k \in \mathbb{Z}$ ist dann $c_{k/n}(\mathbb{R})$ [$=$ Gerade durch $(k/n)\cdot a$ und $((n-k)/n)\cdot b$] die Tangente an $a$ in $k/n$. [Mit $n = 14$ zeigt nebenan die Skizze, wie die Bahn von $a$ (ohne punktweise konstruiert worden zu sein!) bereits optisch hervortritt, wenn man sie durch die 27 Tangenten $c_\lambda(\mathbb{R})$ für $\lambda = (k/14)$ mit $k \in \{-5, -4, .., 20, 21\}$ „einhüllt".]   *Beweis*: Problemloses Nachrechnen.   $\square$

## 1.6.5   Schmiegparabeln immersiver $C^3$-Wege ohne Wendepunkte

*Daten:*   Sei in diesem Abschnitt $c : I \to I\!\!E$ ein immersiver, wendepunktfreier $C^3$-Weg in einem 2-dim. orientierten, euklidischen Vektorraum $I\!\!E$, o.B.d.A. sei daher die orientierte Krümmung $\kappa_c$ von $c$ streng positiv (sonst Übergang zum rückwärts durchlaufenen Weg $c^v$, s. 1.1.(17)). –

$\mathbf{v}_c$ sei das evolutive Tangenteneinheitsvektorfeld von $c$ (s. 1.4.(10)), also

$J\mathbf{v}_c$ (wegen $\kappa_c > 0$) sein Hauptnormalenfeld (s. 1.4.(129)),

$\rho_c = 1/\kappa_c : I \to \mathbb{R}_+$ seine Krümmungsradiusfunktion und

$\partial_c$ die Ableitung nach der Bogenlänge von $c$, d.h. $\partial_c := (1/\|c'\|)\cdot(..)'$.

*Vorbemerkung:* Besitzt $c$ in $\tau \in I$ einen Scheitel (d.h. $\kappa_c'(\tau) = 0$), so berührt sein Krümmungskreisweg $k_{c,\tau}$ (s. 1.4.(130)) den Weg $c$ in $(0,\tau)$ *von 3-ter Ordnung* (s. 1.4.7.b). Darauf beruht die hervorragende Schmiegungseigenschaft des Krümmungskreises an die Bahn von $c$ in *Scheitelpunkten* von $c$, wie wir z.B. bei den Ellipsen, Parabeln und Hyperbeln in 1.4.9 gesehen haben. –
Ist aber $\kappa_c'(\tau) \neq 0$, so berührt der Krümmungskreisweg $k_{c,\tau}$ den Weg $c$ in $(0,\tau)$ nur von 2-ter und nicht von 3-ter Ordnung. Will man daher in einem solchen Zeitpunkt $\tau$ eine Berührung 3-ter Ordnung von $c$ mit einem einfach beherrschbaren Modellweg erreichen, so bieten sich   – nach dem Ausscheiden der Kreiswege –   die quadratischen Parabelwege an [die wir (auch in zeichnerischer Darstellung!) gut beherrschen (s. Satz 1.6.4.c)], und das aus folgendem Grund: Für die Standard-Parabelwege $a_{p,e} : \mathbb{R} \to I\!\!E$ vom Parameter $p \in \mathbb{R}_+$ hatten wir deren orientierte Krümmungsfunktion $\kappa_p$ und deren Ableitung $\partial_{a_{p,e}}\kappa_p$ nach der Bogenlänge von $a_{p,e}$ in (37) explizit bestimmt. Die Berührung 3-ter Ordnung zwischen zwei immersiven $C^3$-Wegen $c : I \to I\!\!E$ und $\tilde{c} : \tilde{I} \to I\!\!E$ in $(\tau,\tilde{\tau}) \in I \times \tilde{I}$ ist aber nach 1.4.(50) gleichbedeutend mit

$$c(\tau) = \tilde{c}(\tilde{\tau}), \quad \mathbf{v}_c(\tau) = \mathbf{v}_{\tilde{c}}(\tilde{\tau}), \quad \kappa_c(\tau) = \kappa_{\tilde{c}}(\tilde{\tau}) \quad und \quad (\partial_c\kappa_c)(\tau) = (\partial_{\tilde{c}}\kappa_{\tilde{c}})(\tilde{\tau}).$$

Eine Berührung 3-ter Ordnung unseres obigen Weges $c$ mit einem quadratischen Parabelweg vom Parameter $p$ in $(\tau, t) \in \mathbb{R}_+ \times \mathbb{R}$ ist daher (wegen $\lambda := \kappa_c(\tau) > 0$ und $\mu := (\partial_c\kappa_c)(\tau) \neq 0$) sicherlich zu erreichen[64], wenn gilt (s. (35),(37)):

$$\begin{aligned} &\textit{Für alle } (\lambda,\mu) \in \mathbb{R}_+ \times \mathbb{R}^* \textit{ gibt es } (p,t) \in \mathbb{R}_+ \times \mathbb{R} \textit{ und } e \in \mathbb{S}I\!\!E, \textit{ so daß} \\ &c'(\tau) \in \mathbb{R}_+\cdot(e + (t/p)\cdot Je), \quad \lambda = \kappa_p(t), \quad \mu = (\partial_{a_{p,e}}\kappa_p)(t) = -3(t/p)\cdot\kappa_p^2(t). \end{aligned} \tag{44}$$

---

[64] *Warnung:* Hier ist natürlich die *geometrische* Berührung von 3-ter Ordnung i.S. von 1.4.(47) gemeint. Eine *analytische* Berührung 3-ter Ordnung von $c$ und einem quadratischen Parabelweg $a$ in $(\tau, t) \in I \times \mathbb{R}$ [d.h. $c^{(k)}(\tau) = a^{(k)}(t)$ für $k = 0,1,2,3$] ist *nicht* generell erreichbar, z.B. nicht, wenn $c'''(\tau) \neq 0$, da für den quadratischen Parabelweg $a$ nach (33) gilt: $a''' = 0$.

Dies ist aber wahr, da aus den letzten beiden Gleichungen zunächst folgt $(t/\mathrm{p}) = -(\mu/3\lambda^2)$, und hieraus mit $\lambda = \kappa_\mathrm{p}(t) = (1/\mathrm{p})\cdot(1+(t/\mathrm{p})^2)^{-3/2}$ (s. (44),(37)) sofort $\mathrm{p} = (1/\lambda)\cdot(1+(\mu/3\lambda^2)^2)^{-3/2}$ und sodann $t = -(\mu/3\lambda^2)\mathrm{p}$. [Danach bestimmt sich $e \in S\!I\!E$ eindeutig durch $c'(\tau) \in I\!R_+\cdot(e+(t/\mathrm{p})\cdot Je)$.] Diese Eindeutigkeit der Auflösung der beiden Gleichungen der 2-ten Zeile von (44) nach $p$ und $t$ ist der algebraische Hintergrund für die Gültigkeit von folgendem

**Theorem:**   *Existenz und Einzigkeit des Schmiegparabelweges.*

Daten wie oben in 1.6.5, sei weiter $\tau \in I$, also $\kappa_c(\tau) > \mathrm{o}$.   Dann gilt:

**a)**   Es gibt genau einen quadratischen Parabelweg $\mathbf{a}_{c,\tau} : I\!R \to I\!E$, der in $0$ die Bahngeschwindigkeit 1 besitzt, und so daß $c$ und $\mathbf{a}_{c,\tau}$ sich in $(\tau,0)$ von 3-ter Ordnung berühren (s. 1.4.(47)). Dieser Weg $\mathbf{a}_{c,\tau}$ heißt der *Schmiegparabelweg* (seine Bahn die *Schmiegparabel*) *von* $c$ *in* $\tau$, und explizit gilt:

$$\mathbf{a}_{c,\tau}(t) \;=\; c(\tau) + t\cdot\mathbf{v}_c(\tau) + (t^2/2)\cdot\mathbf{w}_c(\tau) \quad \textit{für alle } t \in I\!R\,,$$

$$\textit{wobei}\quad \mathbf{w}_c := \kappa_c\cdot\big(((\partial_c\rho_c)/3)\cdot\mathbf{v}_c + J\mathbf{v}_c\big) : I \to I\!E\setminus\{\mathrm{o}\}\,, \quad \textit{also} \tag{45}$$

$$\langle\mathbf{v}_c,\mathbf{w}_c\rangle = \kappa_c\cdot((\partial_c\rho_c)/3) \quad \textit{und} \quad \Omega(\mathbf{v}_c,\mathbf{w}_c) = \langle J\mathbf{v}_c,\mathbf{w}_c\rangle = \kappa_c > \mathrm{o}\,,$$

beachte dabei, daß $\partial_c\rho_c = -(1/\|c'\|)\cdot(\kappa_c'/\kappa_c^2)$.

**b)**   Die positive Richtung der Symmetrieachse des Schmiegparabelweges $\mathbf{a}_{c,\tau}$ ist $(1/\|\mathbf{w}_c(\tau)\|)\cdot\mathbf{w}_c(\tau)$, sein „Parameter" ist

$$\mathrm{p} \;=\; \rho_c(\tau)\big/\big(1 + ((\partial_c\rho_c)(\tau)/3)^2\big)^{3/2}\,, \tag{46}$$

und $\mathbf{a}_{c,\tau}$ hat in $\beta = -\rho_c(\tau)\cdot(\partial_c\rho_c)(\tau)/3\cdot(1+((\partial_c\rho_c)(\tau)/3)^2)$ seinen Scheitel.

**c)**   *Zusatz:* Die Tangente an $\mathbf{a}_{c,\tau}$ in $\pm1$ geht durch

$$\mathbf{a}_{c,\tau}(\pm1) \;=\; c(\tau) \pm \mathbf{v}_c(\tau) + (1/2)\cdot\mathbf{w}_c(\tau) \quad \textit{mit} \quad \mathbf{a}'_{c,\tau}(\pm1) \;=\; \mathbf{v}_c(\tau) \pm \mathbf{w}_c(\tau)\,,$$

und diese beiden Tangenten schneiden einander in $c(\tau) - (1/2)\cdot\mathbf{w}_c(\tau)$. Anwendung der affinen Konstruktion von $\mathbf{a}_{c,\tau}$ im Stile des obigen Satzes 1.6.4.c als $C^1$-Einhüllende aus den zwei Linienelementen von $\mathbf{a}_{c,\tau}$ in $\pm1$ liefert i.a. hervorragende Approximationen an die Gestalt von $c$ in einer Umgebung von $\tau$. Da diese Linienelemente und ihr Schnittpunkt (neben $c(\tau)$ und $\mathbf{v}_c(\tau)$) allein durch $(1/2)\cdot\mathbf{w}_c(\tau)$ festgelegt sind, braucht man für die letztere Konstruktion nur $\mathbf{w}_c(\tau)$ (gemäß (45)) zu bestimmen, wozu lediglich $\|c'\|$, $\kappa_c$ und $\kappa_c'$ in $\tau$ berechnet werden müssen (s.o. a)).

*Beweis:*   *Zu* a): Ist $\mathbf{a} := u + \mathrm{x}\cdot v + (\mathrm{x}^2/2)\cdot w$ ein quadratischer Parabelweg, der $c$ in $(0,\tau)$ von 3-ter Ordnung berührt und in $0$ die Bahngeschwindigkeit 1 besitzt, so folgt also $u = \mathbf{a}(0) = c(\tau)$ und $v = \mathbf{a}'(0) = \mathbf{v}_\mathbf{a}(0) = \mathbf{v}_c(\tau)$. Damit sind $u, v$ bereits festgelegt. Um $\mathbf{a} = \mathbf{a}_{c,\tau}$ als notwendig nachzuweisen, genügt es daher, wie der Vergleich mit (45) zeigt, nur noch zu zeigen, daß

$$\langle J\mathbf{v}_c(\tau), w\rangle = \kappa_c(\tau) \quad \textit{und} \quad \langle\mathbf{v}_c(\tau), w\rangle = \kappa_c(\tau)\cdot\big((\partial_c\rho_c)(\tau)/3\big)\,. \tag{47}$$

Zunächst gilt nach 1.4.(4)

$$\kappa_\mathbf{a} \;=\; \frac{\Omega(\mathbf{a}',\mathbf{a}'')}{\|\mathbf{a}'\|^3} \;=\; \frac{\Omega(\mathbf{v}_c(\tau)+\mathrm{x}\cdot w\,,\,w)}{\|\mathbf{v}_c(\tau)+\mathrm{x}\cdot w\|^3} \;=\; \frac{\Omega(\mathbf{v}_c(\tau),w)}{\|\mathbf{v}_c(\tau)+\mathrm{x}\cdot w\|^3}\,, \quad \textit{also (s.1.3.(14))}$$

$$\kappa_\mathbf{a} \;=\; \langle J\mathbf{v}_c(\tau),w\rangle\big/\|\mathbf{v}_c(\tau)+\mathrm{x}\cdot w\|^3\,. \tag{48}$$

Die Berührungsbedingung (s. 1.4.(50)) $\kappa_a(0)=\kappa_c(\tau)$ liefert daher mit (48) gerade die 1-te Gleichung von (47) sowie auch: $\kappa_a = \kappa_c(\tau)/\|\,\mathbf{v}_c(\tau)+\mathbf{x}\cdot w\,\|^3$ . Damit folgt:

$$(\partial_a\kappa_a)(0) \;=\; (1/\|\,\mathbf{a}'(0)\|)\cdot\kappa_a'(0) \;=\; \kappa_a'(0) \;=\; \ldots \;=\; -3\kappa_c(\tau)\cdot\langle\mathbf{v}_c(\tau),w\rangle\,.$$

Hieraus und aus der Berührungsbedingung (s. 1.4.(50)) 3-ter Ordnung $(\partial_a\kappa_a)(0) = (\partial_c\kappa_c)(\tau)$ folgt daher

$$\langle\mathbf{v}_c(\tau),w\rangle \;=\; -(\partial_c\kappa_c)(\tau)/3\kappa_c(\tau) \;=\; (\kappa_c(\tau)/3)\cdot\big(-(\partial_c\kappa_c)(\tau)/\kappa_c(\tau)^2\big)$$
$$=\; (\kappa_c(\tau)/3)\cdot\big(\partial_c(1/\kappa_c)(\tau)\big) \;=\; (\kappa_c(\tau)/3)\cdot(\partial_c\rho_c)(\tau)\,,$$

womit auch die 2-te Gleichung von (47) verifiziert ist. Hiermit ist gezeigt, daß eine quadratische Parabel $\mathbf{a}$, die $c$ in $(0,\tau)$ von 3-ter Ordnung berührt, notwendig gleich der in (45) angegebenen quadratischen Parabel $\mathbf{a}_{c,\tau}$ sein müßte. Man verifiziert nun im Stile der letzten Rechnungen via 1.4.(50) umgekehrt mühelos, daß $\mathbf{a}_{c,\tau}$ den Weg $c$ in $(0,\tau)$ wirklich von 3-ter Ordnung berührt. – *Zu* b): Triviale Anwendungen von (45) und der Aussagen a) und b) des obigen Lemmas in 1.6.4 auf S. 149. – *Zu* c): Selbst als Übungsaufgabe. $\square$

**Anwendung auf Kurvenlineale:** Zufolge dem letztem Theorem bilden z.B. die quadratischen Parabelbögen $P_n := \{(t,t^2/n)\mid |t|\le 5\cdot\sqrt{n}\,\}$, für $n\in\{1,..,10\}$ (Maßstab: $1=1\,\mathrm{cm}$), bereits einen recht brauchbaren Satz von 10 *Kurvenlinealen.* [Der Durchmesser des Scheitelkrümmungskreises von $P_n$ mißt $n$ Zentimeter.] –

**Schmiegparabel versus 2-te Taylor-Parabel:** Ist $c:I\to\mathbb{E}$ wie oben in 1.6.5, und $\tau\in I$, so ist der *2-te Taylorparabelweg* $P_{2;c,\tau}:\mathbb{R}\to\mathbb{E}$ *von* $c$ *in* $\tau$ definiert als

$$P_{2;c,\tau}(t) \;:=\; c(\tau) + (t-\tau)\cdot c'(\tau) + ((t-\tau)^2/2)\cdot c''(\tau) \quad \text{für } t\in\mathbb{R}.$$

$P_{2;c,\tau}$ ist ein *quadratischer Parabelweg*, (da $\kappa_c(\tau)\neq0$, s. 1.4.(4) und 1.6.(32),(33)). $P_{2;c,\tau}$ berührt $c$ in $(\tau,\tau)$ von 2-ter Ordnung (s. 3-te Bemerkung in 1.4.3.a), aber i.a. (d.h. wenn $\kappa_c'(\tau)\neq0$) nicht von 3-ter Ordnung, im Gegensatz zum Schmiegparabelweg $\mathbf{a}_{c,\tau}$ . – Die Skizze zeigt für $c := \mathrm{graph}(\exp):\mathbb{R}\to\mathbb{E}^2$ ($t\mapsto(t,\exp t)$) und $\tau:=0$ die Bahnen von $P_{2;c,\tau}$ und $\mathbf{a}_{c,0}$ jeweils im Vergleich mit der Bahn Graph(exp) von $c$. Man beachte die Approximationsqualität gegenüber $c$ und die unterschiedlichen Symmetrieachsenrichtungen der Parabelwege $P_{2;c,\tau}$ und $\mathbf{a}_{c,0}$ :

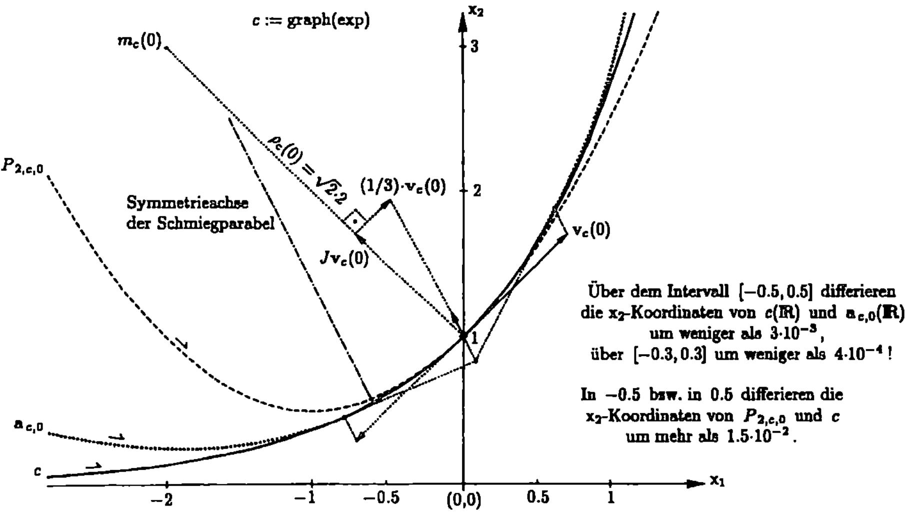

# 1.7 Anhang

## 1.7.1 Eine Funktion mit bemerkenswertem Extremwert-Verhalten

In Anfangszeiten der Analysis scheint man (zumindest implizite) gelegentlich geschlossen zu haben (s. auch 1.5.4.e), daß eine differenzierbare Funktion $\psi$ die nur
*einen kritischen Punkt* $p$ und dort ein strenges lokales Minimum hat, in $p$ bereits
ein *absolutes Minimum* besitzen müsse. Diese (für differenzierbare Funktionen auf
Intervallen von $\mathbb{R}$ richtige) Schlußweise *ist i.a. unzulässig*: Das lehrt das Beispiel

$$\psi := x^3 + y^2 - x \cdot y : \mathbb{R}^2 \to \mathbb{R}, \quad \textit{also} \tag{1}$$

$$\psi_x = 3x^2 - y, \quad \psi_y = 2y - x, \quad \psi_{xx} = 6x, \quad \psi_{xy} = \psi_{yx} = -1, \quad \psi_{yy} = 2 \cdot 1. \tag{2}$$

Die einzigen *kritischen Punkte* von $\psi$ (d.h. Punkte, in denen $\psi_x$ *und* $\psi_y$ *zugleich*
verschwinden) sind nach (2): $o = (0,0)$ und $p := (1/6, 1/12)$. Die Hesse-Determi-
nante von $\psi$ in $o$ ist nach (2) gleich $-1$, in $p$ gleich $+1$ und in $p$ ist auch
$\psi_{xx}(p) + \psi_{yy}(p) = 3 > 0$ . Deshalb besitzt $\psi$ in $o$ einen Sattelpunkt und hat in $p$
ein strenges lokales Minimum, [d.h. es gibt eine Umgebung $U$ von $p$ in $\mathbb{R}^2$ , so daß
für alle $q \in U \setminus \{p\}$ gilt: $\psi(q) > \psi(p)$ ]. Andererseits folgt aus (1)

$$\textit{für jedes feste } t \in \mathbb{R} : \quad \lim_{s \to -\infty} \psi(s,t) = -\infty . \tag{3}$$

Ist daher $H := \mathbb{R} \times \mathbb{R}_+ \subset \mathbb{R}^2$ die offene „*obere Halbebene*" des $\mathbb{R}^2$, so besitzt die
$C^\omega$-Funktion $\varphi := \psi | H$ nur den *einen kritischen Punkt* $p \in H$, und hat dort ein
*strenges lokales, aber kein absolutes Minimum*, denn nach (3): $\inf \varphi(H) = -\infty$ . –
Dieses Extremwertverhalten von $\varphi$ (bzw. $\psi$) ist – anschaulich – leicht zu verstehen:

Umformung von (1) (Quadrat-Ergänzung) ergibt: $\psi = x^3 - (x/2)^2 + (y - (x/2))^2$,

woraus man abliest: $\mathrm{Graph}(\psi) = \{ (s,t,\psi(s,t)) \mid (s,t) \in \mathbb{R}^2 \} \subset \mathbb{E}^3$ ist eine *para-
bolische Translationsfläche* in $\mathbb{E}^3$ , d.h. $\mathrm{Graph}(\psi)$ wird überdeckt durch eine Familie
$(P_s)_{s \in \mathbb{R}}$ in $\mathbb{E}^3$ paralleler quadratischer Parabeln $P_s$, wobei $P_s$ (für $s \in \mathbb{R}$) aus
$P_0 = \{ (0, t, t^2) \mid t \in \mathbb{R}\}$ durch Translation um $v(s) := (s, s/2, s^3 - (s/2)^2)$ entsteht.
Die Skizze läßt das merkwürdige Extremwert-Verhalten von $\psi$ ins Auge springen:

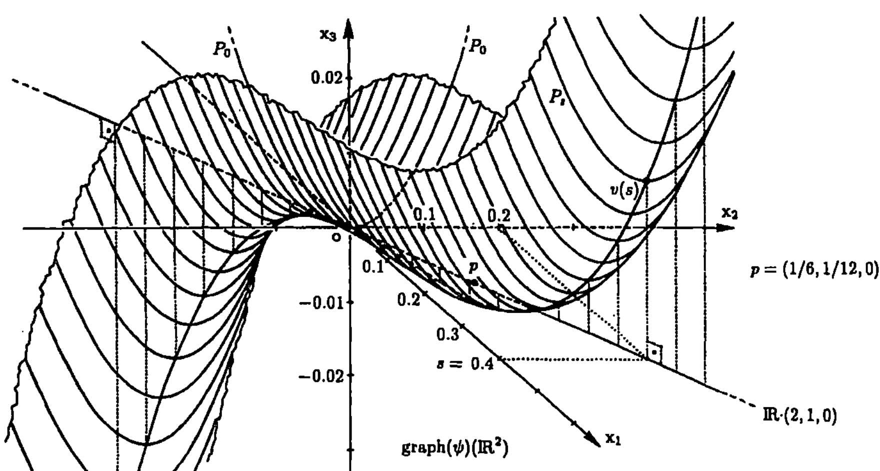

# 1.8   Literatur zu Kapitel 1

[AL₁]   ALEXANDER, J.W.: *A Proof and Extension of the Jordan-Brouwer Separation Theorem*, Transactions Amer. Math. Soc. **23** (1922), 333-349.

[AL₂]   ALEXANDER, J.W.: *An Example of a simply connected Surface bounding a Region which is not simply connected*, Proc. Nat. Acad. Sciences USA, **10** (1924), 8-10.

[AM]   AMES, L.D.: *An Arithmetic Treatment of some Problems in Analysis Situs*, Amer. Journ. Math. **27** (1905), 333-380. – [Vorankündigung: *On the Theorem of Analysis Situs relating to the Division of the Plane or of Space by a Closed Curve or Surface*, Bull. Amer. Math. Soc. **10** (1904), 301-305.

[AN]   ANTOINE, L.: *Sur l'homéomorphie de deux figures et de leurs voisinages*, Journ. Math. pures appliquées **40** (1921), 221-325.

[BAR]   BARNER, M. und FLOHR, F.: *Der Vierscheitelsatz und seine Verallgemeinerungen*, Der Mathematikunterricht, Jahrg. 4 (1958), 43-73.

[BLA₁]   BLASCHKE, W.: *Die Minimalzahl der Scheitel einer geschlossenen konvexen Kurve.* Rend. Circ. Matem. Palermo **36** (1913), 220-222.

[BLA₂]   BLASCHKE, W.: *Vorlesungen über Differentialgeometrie*, 4-te Aufl., Springer, Berlin 1945.

[BOH]   BOHL, P.: *Über die Bewegung eines mechanischen Systems in der Nähe einer Gleichgewichtslage*, Journ. reine angew. Math. **127** (1904), 179-276.

[BOL]   BOLTIANSKII, V.G.: *Hilbert's Third Problem*, Wiley, New York, 1978.

[BOM]   BOMAN, J.: *Differentiability of a function and of its compositions with functions of one variable*, Math. Scand. **20** (1967), 249-274.

[BOR]   BORSUK, K.: *Drei Sätze über die n-dimensionale euklidische Sphäre*, Fund. Math. **20** (1933), 177-190.

[BOU]   BOURBAKI, N.: *Espaces Vectoriels Topologiques*, Hermann, Paris, 1966.

[BRM]   BROMAN, A.: *Holditch's Theorem*, Mathematics Magazine **54** (1983), 99-108.

[BR₁]   BROUWER, L.E.J.: *Über Abbildung von Mannigfaltigkeiten*, Math. Ann. **71** (1912), 97-115.

[BR₂]   BROUWER, L.E.J.: *Zur Invarianz des n-dimensionalen Gebiets*, Math. Ann. **72** (1912), 55-56.

[BU-GI]   BRUCE, J.W. and GIBLIN, P.J.: *Curves and Singularities*, Cambridge University Press, Cambridge, 1984.

[CA]   CARATHÉODORY, C.: *Gesammelte Mathematische Schriften*, 1. Band, C.H. Beck'sche Verlagsbuchhandlung, München, 1954.

[DE₁]   DEHN, M.: *Über raumgleiche Polyeder*, Nachr. Kgl. Ges. Wiss. Göttingen, 1900, 345-354.

[DE₂]   DEHN, M.: *Über den Rauminhalt*, Math. Ann. **55** (1902), 465-478.

[DI]   DIEUDONNÉ, J.: *Foundations of Modern Analysis*, Academic Press, New York and London, 1960.

[DOL]    DOLD, A.: *Lectures on Algebraic Topology*, Springer, Berlin, 1972.

[DO₁]    DOMBROWSKI, P.: *Differentialgeometrie*, in: *Ein Jahrhundert Mathematik* 1890-1990, Friedrich Vieweg u. Sohn, 1990, 323-360.

[DO₂]    DOMBROWSKI, P.: *Theorie der Umlaufszahl und ihre Anwendungen*, Seminar von F. Hirzebruch, Univ. Bonn, Winter Sem. 1956/57.

[DO₃]    DOMBROWSKI, P.: *The Brachistochrone Problem: A Problem of Elementary Differential Geometry*, in: Geometry and Topology of Submanifolds, VIII, 148-167. World Scientific, Singapore, 1996.

[EU₁]    EULER, L.: *Methodus facilis omnia Symptomata linearum Curvarum non in eodem Plano sitarum Investigandi*, Acta Acad. Scient. Petropolitanae 1782 I, 1786, 19-57. – Hier zitiert nach: Leonardi Euleri Opera Omnia, Ser. I, **28**, 348-381. Orell Füssli, Thur, 1955.

[EU₂]    EULER, L.: *Methodus Inveniendi Lineas Curvas Maximi Minimive Proprietate Gaudentes ..* , M.-M. Bouquet & Socios, Lausanne, 1744. Hier zitiert nach: Leonardi Euleri Opera Omnia, Ser. I, **24**, Orell Füssli, Thur, 1952.

[FO]     FOG, D.: *Über den Vierscheitelsatz und seine Verallgemeinerungen*, Sitz.-Ber. Preuss. Akad. Wiss. (physik.-math. Klasse) 1933, 251-254.

[GE]     GERICKE, H.: *Zur Vorgeschichte und Entwicklung des Krümmungsbegriffs*, Arch. History Exact Sciences **27** (1982), 1-21.

[GLU]    GLUCK, H.: *The Converse to the Four Vertex Theorem*, Enseignement Math. (2) **17** (1971), 295-309.

[GRS₁]   GRAUSTEIN, W.C.: *A New Form of the Four-Vertex-Theorem*, Monatshefte Math. Phys. **43** (1936), 381-384.

[GRS₂]   GRAUSTEIN, W.C.: *Extensions of the Four-Vertex-Theorem*, Transactions Amer. Math. Soc. **41** (1937), 9-23.

[HA]     HADAMARD, J.: *Note de J. HADAMARD sur quelques applications de l'indice de KRONECKER*, 437-477, in: J. Tannery: *Introduction à la Theorie des Fonctions d'une Variable*, Tome 2, 2$^{nd}$ ed., Hermann, Paris, 1910.

[HEL₁]   HEIL, E.: *Verschärfungen des Vierscheitelsatzes und ihre relativ-geometrischen Verallgemeinerungen*, Math. Nachr. **45** (1970), 227-241.

[HEL₂]   HEIL, E.: *Some Vertex Theorems Proved by Means of Moebius Transformations*, Annali Matem., Ser. IV, **85** (1970), 301-306.

[HI₁]    HILBERT, D.: *Grundlagen der Geometrie*, 5-te Aufl., Teubner, Leipzig, 1922.

[HI₂]    HILBERT, D.: *Mathematische Probleme*, Vortrag gehalten auf dem Internationalen Mathematikerkongreß zu Paris 1900. Hier zitiert nach: Gesammelte Abhandlungen, 3. Bd., 290-329, Springer, Berlin, 1935.

[HI-S]   HIRZEBRUCH, F. und SCHARLAU, W.: *Einführung in die Funktionalanalysis*, Bibliographisches Institut, Mannheim, 1971.

[HL]     HOLDITCH, H.: *Goemetrical Theorem*, Quarterly Journ. pure applied Math. **2** (1858), 38.

[HO]     HOPF, H.: *Über die Drehung der Tangenten und Sehnen ebener Kurven*, Comp. Math. **2** (1935), 50-62.

[HU]     HU, S.-T.: *Homotopy Theory*, Academic Press, New York, 1959.

[JAS]    JACKSON, S.B. : *Vertices of plane Curves*,  Bull. Amer. Math. Soc. **50** (1944), 564-578.

[JE]     JESSEN, B. : *The Algebra of Polyhedra and the* DEHN-SYDLER *Theorem*, Math. Scand. **22** (1968), 241-256.

[JO]     JORDAN, C. : *Cours d'Analyse*, $2^d$ ed. Vol. I, Gauthier-Villars, Paris, 1893.

[KE]     KELLEY, J.L. : *General Topology*, van Nostrand, Princeton, 1955.

[KNA]    KNESER, A. : *Bemerkungen über die Anzahl der Extreme der Krümmung auf geschlossenen Kurven und über verwandte Fragen in einer nicht-euklidischen Geometrie*,  Festschrift Heinrich WEBER, 170-180, Teubner, Leipzig, 1912.

[KNH]    KNESER, H. : *Neuer Beweis des Vierscheitelsatzes*, Christiaan Huygens, 2. Jahrgang, 1922/1923, 315-318.

[KOE]    KOECHER, M. : *Lineare Algebra und Analytische Geometrie*,  Springer, Berlin-Heidelberg, 1983.

[KR]     KRONECKER, L. : *Werke*, 1. Bd.,  Teubner, Leipzig, 1895.

[LE$_1$]    LEBESGUE, H. : *Intégrale, Longeur, Aire*,  Annali Mat. pura e appl. (3) **7** (1902), 231-359.

[LE$_2$]    LEBESGUE, H. : *Sur l'Équivalence des Polyèdres*,  Annales Soc. Polon. Math. **17** (1938), 193-226.

[MO]     MORSE, M. : *Differentiable Mappings in the Schoenflies Problem*,  Proc. Nat. Acad. Sci. USA, **44** (1958), 1068-1072.

[MUK]    MUKHOPADHYAYA, S. : *New Methods in the Geometry of a Plane Arc* I, Bull. Calcutta Math. Soc. 1 (1909), 31-37.

[OST]    OSTROWSKI, A. : *Vorlesungen über Differential- und Integralrechnung*, Bd. II, 2-te Aufl., Birkhäuser, Basel, 1961. [In der 1-ten Aufl., 1951, ist das Resultat erwähnt, der Beweis nicht ausgeführt.]

[PE]     „PETRARCH" (vermutlich Pseudonym von H. HOLDITCH, s. [HL]) : *Prize Quest*,  The Lady's and Gentleman's Diary **154** (1957), 72. (Designed principally for the Amusement und Instruction of Students in Mathematics, London, The Company of Stationers.)

[PO]     POINCARÉ, H. : *Sur les courbes définies par les équations différentielles*, Journ. Math. pures appliquées, 4. série, **12** (1886), 151-217.

[RA]     RADÓ, T. : *Length and Area*,  Amer. Math. Soc. Colloquium Publications, New York, 1948.

[RAN]    RADON, J. : *Über die Randwertaufgabe beim logarithmischen Potential*, Sitz.-Ber. Akad. Wien (IIa) **128** (1919), 1123-1167.

[RI]     RIEMANN, B. : *Gesammelte Werke*,  2-te Aufl., Teubner, Leipzig, 1892.

[SA]     SAH, C.H. : *Hilbert's third problem: Scissors congruence*,  Pitman, Research Notes in Mathematics 33, London, 1979.

[SCHM$_1$]   SCHMIDT, E. : *Über den* JORDAN*schen Kurvensatz*,  Sitz.-Ber. Preuss. Akad. Wiss. (physik.-math. Klasse) 1923, 318-329.

[SCHM$_2$]   SCHMIDT. E. : *Über das Extremum der Bogenlänge einer Raumkurve bei vorgeschriebenen Einschränkungen ihrer Krümmung*,  Sitz.-Ber. Preuss. Akad. Wiss. (physik.-math. Klasse) 1925, 485-490.

[SCHO]   SCHOENFLIES, A.: *Beiträge zur Theorie der Punktmengen*,   Math. Ann. 62 (1906), 286-328.

[SCHU]   SCHUR, A.: *Über die Schwarzsche Extremaleigenschaft des Kreises unter den Kurven konstanter Krümmung*,   Math. Ann. **83** (1921), 143-148.

[SCHW$_1$]   SCHWARZ, H.A.: *Verallgemeinerung eines analytischen Fundamentalsatzes*,   Annali Mat. pura applicata II serie, **10** (1880), 129-136.

[SCHW$_2$]   SCHWARZ, H.A.: *Sur une définition erronée de l'aire d'une surface courbe*,   zitiert aus: Ges. Math. Abh., Bd. 2, Springer, Berlin, 1890.

[STA]   STÄCKEL, P.: *Abhandlungen über Variationsrechnung 1. Teil: Abhandlungen von* Joh. BERNOULLI (1696), Jac. BERNOULLI (1697) *und* Leonhard EULER (1744),   2-te Aufl., Ostwalds Klassiker Nr. 46, Leipzig, Engelmann, 1914.

[TA]   TAIT, P.G.: *Note on the Circles of Curvature of a Plane Curve*, Proc. Edinburgh Math. Soc. **14** (1896), 26.

[TH]   THÜRING, R.: *Studien über den Holditchschen Satz*,   1. Verh. Naturf. Ges. Basel **63** (1952), 221-252. –   2. Verh. Naturf. Ges. Basel **67** (1956), 575-594.

[VO]   VOLTERRA, V.: *Sui Principii del Calcolo Integrale*,   Giornale Matem. **19** (1881), 333-372.

[WAE]   VAN DER WAERDEN, B.L.: *Algebra, Erster Teil*, Heidelberger Taschenbücher **12**, Springer, Berlin, 1966.

[WAL]   WALTER, W.: *Analysis* II,   Grundwissen Mathematik 4, 2-te Aufl. Springer, Berlin, 1991.

[WAT]   WATSON, G.N.: *A Problem of Analysis Situs*,   Proc. London Math. Soc. (2) **15** (1916), 227-242.

[WH]   WHITNEY, H.: *On regular closed curves in the plane*,   Compositio Math. **4** (1937), 276-284.

*  *  *  *  *  *  *  *  *

# Kinematik der Speziellen Relativitätstheorie

## 2.0 Zur Geschichte[1]

> Es ist die nächste und in gewissem Sinne wichtigste Aufgabe unserer
> bewußten Naturerkenntnis, daß sie uns befähige, zukünftige Erfahrungen
> vorauszusehen, um nach dieser Voraussicht unser gegenwärtiges Han-
> deln einrichten zu können. Als Grundlage für die Lösung jener Aufga-
> be der Erkenntnis benutzen wir unter allen Umständen vorangegangene
> Erfahrungen, gewonnen durch zufällige Beobachtungen oder durch ab-
> sichtlichen Versuch. Das Verfahren aber, dessen wir uns zur Ableitung
> des Zukünftigen aus dem Vergangenen und damit zur Erlangung der er-
> strebten Voraussicht stets bedienen, ist dieses: Wir machen uns innere
> Scheinbilder oder Symbole der äußeren Gegenstände, und zwar machen
> wir sie von solcher Art, daß die denknotwendigen Folgen der Bilder stets
> wieder die Bilder seien von den naturnotwendigen Folgen der abgebilde-
> ten Gegenstände. ...
> Eindeutig sind die Bilder, welche wir uns von den Dingen machen wol-
> len, noch nicht bestimmt durch die Forderung, daß die Bilder wieder die
> Bilder der Folgen seien. ...
> Von zwei Bildern desselben Gegenstandes wird dasjenige das zweckmäßi-
> gere sein, welches mehr wesentliche Beziehungen des Gegenstandes wie-
> derspiegelt als das andere; welches, wie wir sagen wollen, das deutlichere
> ist. Bei gleicher Deutlichkeit wird von zwei Bildern dasjenige zweckmäßi-
> ger sein, welches neben den wesentlichen Zügen die geringere Zahl über-
> flüssiger oder leerer Beziehungen enthält, ... . «

Heinrich HERTZ (*22.2.1857, †1.1.1894).

Mit diesen Worten der Einleitung zu seinen *Prinzipien der Mechanik* (posthum er-
schienen 1894 [HE]) umreißt HERTZ sowohl das Ziel als auch die Vorgehensweise des
Modellierens physikalischer Erfahrungsbereiche durch homomorphe mathematische
Begriffe und Theorien.

---

[1] Für eine ausführlichere Würdigung der Historie und der Vorläufer-Arbeiten zur
Speziellen Relativitätstheorie vgl. die ausgezeichnete wissenschaftliche Biographie
von A. PAIS ([PA], S. 105-172) über EINSTEIN, die hier maßgeblich benutzt wurde.

Im Jahre 1905 entwirft Albert EINSTEIN (∗14.3.1879, †18.4.1955) im ersten Teil seines 31-seitigen Artikels *Zur Elektrodynamik bewegter Körper* ([E]), in welchem er die (erst später so genannte) „Spezielle Relativitätstheorie" in allen ihren wesentlichen Zügen grundlegt, ein Modell für die relativistische Kinematik, d.h. für die mit Uhren und Maßstäben meßbaren Erfahrungen über die Bewegungen substantieller Teilchen relativ zueinander.

Die Überschriften der ersten fünf Paragraphen des letzteren Artikels:

>1. *Definition der Gleichzeitigkeit.*
2. *Über die Relativität von Längen und Zeiten.*
3. *Theorie der Koordinaten- und Zeittransformationen von dem ruhenden auf ein relativ zu diesem in gleichförmiger Translationsbewegung befind-liches System.*
4. *Physikalische Bedeutung der erhaltenen Gleichungen, bewegte starre Körper und bewegte Uhren betreffend.*
5. *Additionstheorem der Geschwindigkeiten.*«

kennzeichnen - trotz mancher Weiterentwicklungen - noch heute zutreffend die Kernbereiche der speziell-relativistischen Kinematik.

Im Gegensatz zu Hendrik A. LORENTZ (∗18.7.1853, †4.2.1928), der die damals bekannten Diskrepanzen zwischen der klassischen Mechanik und der Elektro-dynamik bewegter Körper durch eine ad-hoc-Hypothese[2] hatte überwinden wollen, ist EINSTEIN hier auf eine prinzipielle und an der Wurzel ansetzende Harmonisierung von Mechanik und Elektrodynamik aus.
Im Rückblick [anläßlich einer 1922 in Kyoto gehaltenen Ansprache ([OG], S.80 bzw. [ON], S.26)] kennzeichnet er seine Lösung dieser Aufgabe so:

»*Meine Lösung bezog sich auf den Zeitbegriff. Die Zeit ist nicht absolut defi-niert, und es gibt eine unlösbare Verbindung zwischen der Zeit und der Signal-geschwindigkeit. Diese Auffassung beseitigt die zuvor aufgetretenen Schwierig-keiten völlig.*«

Zum Zeitpunkt (1905) der Abfassung seines Artikels kennt EINSTEIN bereits die von LORENTZ ([LO₁], S. 121ff) im Jahre 1892 eingeführte und quantitativ präzisierte (aber schon 1889 von George F. FITZGERALD qualitativ beschriebe-ne) Kontraktionshypothese[2]: Vermutlich kannte EINSTEIN auch die von Henri POINCARÉ (∗29.4.1854, †17.7.1912) in dessen Artikel *La Mesure du Temps* von 1898 geäußerten Ideen zur Gleichzeitigkeit, wo es ([PO₁], S.12/13) zum Schluß heißt:

»*Nous n'avons pas l'intuition directe de la simultanéité, pas plus que celle de l'égalité de deux durées. Si nous croyons avoir cette intuition, c'est une illu-sion. ... . La simultanéité de deux événements, ou l'ordre de leur succession, l'égalité de deux durées, doivent être définies de telle sorte que l'énoncé des lois naturelles soit aussi simple que possible.*«

---

[2] siehe unten die historische „Anmerkung" in 2.7.4, S. 214.

Sicher aber kannte er POINCARÉs Buch *La Science et l'Hypothèse* [in dem u.a. im Abschnitt *Le monde à quatre dimensions* ([PO2], S.88ff) vorgeschlagen wird, Bewegungsabläufe von Körpern in einer 4-dim. Geometrie zu erfassen. Weiter heißt es dort ([PO2], S.111): »*Il n'y a pas d'espace absolu ... .Il n'y a pas de temps absolu;*« ]: EINSTEIN erwähnt nämlich 1952 in einem Brief ([PA], S. 132), er habe in Bern mit seinen Freunden HABICHT und SOLOVINE regelmäßige philosophische Leseabende gehalten, wobei die Lektüre von HUME, POINCARÉ und MACH auf seine Entwicklung Einfluß gehabt habe, und SOLOVINE bemerkt ([PA], S. 133) zu dieser gemeinsamen Lektüre der letztgenannten Schrift von POINCARÉ:

»*Dieses Buch beeindruckte uns tief und hielt uns wochenlang gefangen.*« –

EINSTEIN kennt aber 1905 wohl noch nicht die 1904 von LORENTZ ([LO2], S. 812) angegebenen, vermutlich erstmals 1887 von W. VOIGT ([VO], S. 44/45) beim Studium der Wellen-Differentialgleichung des Lichtes beschriebenen und erst 1906 von POINCARÉ ([PO3], S. 132) so benannten „LORENTZ-Transformationen"; EINSTEIN entdeckt letztere wieder. Auf einem Kongreßvortrag in St. Louis schlägt POINCARÉ 1904 vor, die Uhren zweier an verschiedenen Orten postierten Beobachter, die in Bezug aufeinander ruhen, mittels Licht-Signalen zu synchronisieren, ein Verfahren, das mit dem von EINSTEIN 1905 eingeführten (zwar nicht meßtechnisch, aber) inhaltlich identisch ist, und er formuliert am Ende dieses Vortrags ahnungsvoll als Programm:

»*Peut-être aussi devons-nous construire toute une Mécanique nouvelle ..., où, l'inertie croissant avec la vitesse, la vitesse de la lumière deviendrait une limit infranchissable.*«[3].

Auch diesen St. Louis-Vortrag von POINCARÉ dürfte EINSTEIN 1905 nicht gekannt haben, immerhin:
Um 1905 scheint die Geschichte reif zu sein für die Idee, den physikalischen Begriff „Zeit", gleich anderen physikalischen Begriffen, durch eine (wenn auch nur „ideale") physikalische Meßvorschrift zu d e f i n i e r e n !

EINSTEIN gründet sein Modell ([E], S. 891/892) auf die zwei folgenden Axiome:

**Relativitätsprinzip:** Bezüglich aller raum-zeitlichen Koordinatensysteme, in welchen die Gesetze der klassischen Mechanik gelten[4], haben die elektrodynamischen Gesetze (insbesondere die der Lichtausbreitung) die gleiche Gestalt.

**Konstanz der Lichtgeschwindigkeit:** Das Licht pflanzt sich im Vakuum mit einer Geschwindigkeit fort, welche vom Bewegungszustand der das Licht emittierenden Lichtquelle unabhängig ist.

---

[3]deutsch: »Vielleicht müßten wir auch eine völlig neue Mechanik konstruieren,... in welcher, bei mit der Geschwindigkeit wachsender träger Masse, die Geschwindigkeit des Lichtes eine unüberschreitbare Grenze wäre.«
[4]später nennt man solche Koordinatensysteme kurz *Inertialsysteme*.

Auf letztere Axiome[5] stützt er seine bekannte physikalische Definition der Gleichzeitigkeit zweier Ereignisse und damit auch die der Zeitmessung bezüglich eines inertialen Beobachters, welche eine Aufhebung des absoluten Zeitbegriffs impliziert. Seine Kernsätze dazu sind ([E], S. 894 bzw. 897):

>> *Wir haben so unter Zuhilfenahme gewisser (gedachter) physikalischer Erfahrungen festgelegt, was unter synchron laufenden, an verschiedenen Orten befindlichen, ruhenden Uhren zu verstehen ist und damit offenbar eine Definition von „gleichzeitig" und „Zeit" gewonnen, … .*
*Wir sehen also, daß wir dem Begriffe Gleichzeitigkeit keine absolute Bedeutung beimessen dürfen, sondern daß zwei Ereignisse, welche von einem Koordinatensystem aus betrachtet, gleichzeitg sind, von einem relativ zu diesem System bewegten System aus betrachtet, nicht mehr als gleichzeitige Ereignisse aufzufassen sind.*<<

Nun zeigt aber die von EINSTEIN sodann angegebene Koordinatentransformation (=„Spezielle Lorentz-Transformation") zwischen zwei Inertialsystemen mathematisch formal, daß sein zuletzt zitierter Satz uneingeschränkt seine Gültigkeit behält, wenn man „gleichzeitig" durch „gleichortig" ersetzt. Es findet sich jedoch in seinem Artikel ([E]) kein expliziter Hinweis in dieser Richtung: Sein Text stellt lediglich die Beobachter-Abhängigkeit für Messungen räumlicher Distanzen zwischen (in Bezug auf denselben Beobachter) gleichzeitigen Ereignissen heraus. Ansonsten vermittelt der Text den Eindruck, daß „Orte", an denen Ereignisse stattfinden, nicht beobachterabhängig, sondern „absolut" gemeint sind.

Die vollen Konsequenzen aus der Elektrodynamik bewegter Körper von LORENTZ ([LO$_1$]) und EINSTEIN ([E]) für den Zeit- *und* den *Raum*-Begriff formuliert wohl als erster Hermann MINKOWSKI (*22.6.1864, †12.1.1909) in seinem Vortrag *Raum und Zeit* im Jahre 1908 ([MK]), aus dem wir zitieren:

>> *M.(eine) H.(erren)! Die Anschauungen über Raum und Zeit, die ich Ihnen entwickeln möchte, sind auf experimentell-physikalischem Boden gewachsen. Darin liegt ihre Stärke. Ihre Tendenz ist eine radikale. Von Stund an sollen Raum für sich und Zeit für sich völlig zu Schatten herabsinken, und nur noch eine Art Union der beiden soll Selbständigkeit bewahren. …*
*Gegenstand unserer Wahrnehmung sind immer nur Orte und Zeiten verbunden. Es hat noch niemand einen Ort anders bemerkt als zu einer Zeit, eine Zeit anders als an einem Orte.*<<

MINKOWSKI gibt dann der Menge aller Ereignisse, als einer zu $\mathbb{R}^4$ diffeomorphen Mannigfaltigkeit, den Namen *Welt* und beschreibt die „ewigen Lebens-

---

[5]Er sagt ([E], S. 892) ausdrücklich, daß diese zwei Axiome  g e n ü g e n , ein zutreffendes Modell für die Elektrodynamik bewegter Körper anzugeben. Dies korrigiert er später (1921) selbst und stellt dazu fest, daß zur lückenlosen Fundierung eines solchen Modells noch  w e i t e r e  Axiome über „Homogenität", „Isotropie" und „Unabhängigkeit der Meßvorgänge von der Vorgeschichte der benutzten Meßinstrumente" zu fordern sind ([PA], S. 138/139).

läufe" substantieller Teilchen als gewisse 1-dim. Untermannigfaltigkeiten in der Welt, als die sog. *Weltlinien*.

Im Anschluß an eine Diskussion der inhomogenen Lorentz-Gruppe $G_c$ (zur Vakuumslichtgeschwindigkeit c), die für $c \to \infty$ in die Galilei-Gruppe $G_\infty$ der Newton-Mechanik übergeht, und nach einer quantitativen Analyse der Fitzgerald-Lorentz-Kontraktionshypothese bemerkt MINKOWSKI zur Zeitkomponente

$$t' = \frac{1}{\sqrt{1 - v^2/c^2}} \cdot \left(t - \frac{v}{c^2} \cdot x\right)$$

der Lorentz-Transformation zwischen den Inertialsystemen zweier längs der x-Achse mit der konstanten Geschwindigkeit v gegeneinander bewegter Elektronen B und B′:

» LORENTZ *nannte die Verbindung* t′ *von* x *und* t *O r t s z e i t des gleichförmig bewegten Elektrons ... . Jedoch scharf erkannt zu haben, daß die Zeit des einen Elektrons ebenso gut wie die des anderen ist, ist erst das Verdienst von* A. EINSTEIN. *Damit war nun zunächst die Zeit als ein durch die Erscheinungen eindeutig festgelegter Begriff abgesetzt. An dem Begriffe des Raumes rüttelten weder* EINSTEIN *noch* LORENTZ, ... . *Über den Begriff des Raumes in entsprechender Weise hinwegzuschreiten, ist auch wohl nur als Verwegenheit mathematischer Kultur einzutaxieren. Nach diesem zum wahren Verständnis der Gruppe* $G_c$ *jedoch unerläßlichen weiteren Schritt aber scheint mir das Wort R e l a t i v i t ä t s p r i n z i p für die Forderung einer Invarianz bei der Gruppe* $G_c$ *sehr matt. Indem der Sinn des Prinzips wird, daß durch die Erscheinungen nur die in Raum und Zeit vierdimensionale Welt gegeben ist, aber die Projektionen in Raum und Zeit noch mit einer gewissen Freiheit vorgenommen werden kann, möchte ich dieser Behauptung eher den Namen P r i n z i p d e r a b s o l u t e n W e l t geben.* «

Zum letzten Satz ist folgende Erläuterung angebracht: MINKOWSKI meint hier – wie aus dem Kontext eindeutig hervorgeht – genauer, daß die 4-dim. Mannigfaltigkeit aller Ereignisse sogar ein 4-dim. reeller *affiner Raum W* ist, dessen affine Struktur durch die physikalisch festgelegte Klasse der Inertialsysteme (als einer ausgezeichneten Klasse von Karten) induziert ist. Was MINKOWSKI hier aber nicht sagt, hat Hermann WEYL (∗9.11.1885, †8.12.1955) in seinem Buch *Raum, Zeit, Materie* ([WE], S. 135ff) im Jahre 1918 herausgestellt: Die physikalischen Phänomene der Lichtausbreitung zeichnen auf dem Richtungsvektorraum $V$ des 4-dim. affinen Raumes $W$ ein indefinites inneres Produkt vom Index 1 aus, ein sog. *lorentzsches inneres Produkt* $\langle ..,.. \rangle$, sowie eine *Zeitorientierung*, d.h. eine „*Evolution*" von der Vergangenheit zur Zukunft hin, etwa repräsentierbar als „Zukunfts-Zeitkegel" $C$ in $V$. [Dabei ist $\langle ..,.. \rangle$ nur bis auf einen positiven Faktor eindeutig bestimmt: Der Festlegung dieses Faktors entspricht die Wahl eines bestimmten Typs von Uhren zur Zeitmessung.] – Der zuletzt zitierte Satz von MINKOWSKI erhält daher erst seine volle Bedeutung, wenn man in ihm den Terminus „absolute Welt" als das Tripel $(W, \langle ..,.. \rangle, C)$ interpretiert.

**Bemerkung:**  Dieser Modellierung der Kinematik der Speziellen Relativitätstheorie durch einen 4-dim. zeitorientierten, lorentzschen affinen Raum $(W, \langle ..,.. \rangle, C)$ nach MINKOWSKI und WEYL werden wir in unserer Darstellung folgen: Das Modell von WEYL, das der 4-dim. Ereignismannigfaltigkeit nicht (wie bei EINSTEIN und nach ihm bei vielen anderen) den $\mathbb{R}^4$ oder einen 4-dim. $\mathbb{R}$-Vektorraum, sondern einen 4-dim. a f f i n e n  R a u m  zugrunde legt, ist im Sinne des eingangs genannten Zitats von HERTZ dem Zwecke gemäßer, weil es weniger „überflüssige oder leere Beziehungen" enthält: Der Vektoraddition (bzw. dem Nullvektor) in $\mathbb{R}^4$ oder in einem $\mathbb{R}$-Vektorraum entspricht z.B. keine Relation zwischen Ereignissen (bzw. kein irgendwie ausgezeichnetes Ereignis) in unserer physikalischen Erfahrung. – Die für dieses Modell benötigten mathematischen Begriffe sind in 2.1 zusammengestellt. Der primär Physik-Interessierte beginne mit 2.2 (S. 184), gehe erst bei Bedarf zu 2.1 zurück.

# 2.1 Lorentzsche Vektorräume – Analysis affiner Räume

## 2.1.1 Zeitorientierte lorentzsche Vektorräume [6]

**Innere Produkte endlich-dim. $\mathbb{R}$-Vektorräume (= $\mathbb{R}$-VR-e):**   Sei

$$V \ ein \ m\text{-}dim. \ \mathbb{R}\text{-VR} \ (m \in \mathbb{N}_+), \ \langle ..,.. \rangle \ ein \ inneres \ Produkt \ für \ V, \quad (0)$$

das ist eine symmetrische, nicht-entartete Bilinearform auf $V$. Die Nicht-Entartung von $\langle ..,.. \rangle$ bedeutet dabei per definitionem:

$$Die \ \mathbb{R}\text{-}lineare \ Abb. \ V \to V^* \ (v \mapsto \langle v, .. \rangle) \ ist \ bijektiv \ . \quad (1)$$

Definiert man für einen Unter-VR $W$ von $V$ dessen $\langle ..,.. \rangle$-orthogonales Komplement $W^\perp$ als den Unter-VR von $V$:

$$W^\perp := \{\, v \in V \mid \langle v, w \rangle = 0 \ für \ alle \ w \in W \,\}, \quad (2)$$

so folgt aus (1) (vgl. lineare homogene Gleichungssysteme):

$$\dim W^\perp = m - \dim W, \quad (W^\perp)^\perp = W \quad und \quad V^\perp = \{o\}. \quad (3)$$

Nennt man einen Unter-VR $W$ von $V$ *nicht-entartet* ( *bzgl. $\langle ..,.. \rangle$* ) , wenn $\langle ..,.. \rangle | W \times W$ nicht-entartet ist, so folgt mittels (1), (2), (3):

$$W \ nicht\text{-}entartet \ \Longleftrightarrow \ W \cap W^\perp = \{o\} \quad (\Longleftrightarrow \ V = W + W^\perp). \quad (4)$$

**Zeit-, Raum-, Lichtartigkeit:** MINKOWSKI folgend ([MK], S. 82) definieren wir nun die Menge der (bzgl. $\langle ..,.. \rangle$ ) *zeitartigen, raumartigen, lichtartigen* Vektoren von $V$ beziehungsweise durch

---

[6] Alle topologischen Aussagen dieses Abschnitts beziehen sich auf die kanonische Topologie endlich-dim. $\mathbb{R}$-VR-e $V, W, ..$ (vgl. 1.1.1 (0)).

$$V_- := \{\, v \in V \mid \langle v, v \rangle < 0 \,\}, \qquad V_+ := \{\, v \in V \mid \langle v, v \rangle > 0 \,\},$$
$$V_0 := \{\, v \in V \setminus \{o\} \mid \langle v, v \rangle = 0 \,\}, \tag{5}$$

und ein *Untervektorraum* $W$ *von* $V$ heiße *zeitartig* bzw. *raumartig* bzw. *licht-artig*, wenn $W \setminus \{o\}$ in $V_-$ bzw. $V_+$ bzw. $V_0$ enthalten ist. Aus (5) folgt:

$$V = \{o\} \,\dot\cup\, V_- \,\dot\cup\, V_0 \,\dot\cup\, V_+, \quad \mathbb{R}^* \cdot V_- = V_-, \quad \mathbb{R}^* \cdot V_+ = V_+, \quad \mathbb{R}^* \cdot V_0 = V_0. \tag{6}$$

Dann haben wir die folgenden drei einfachen Tatsachen[6]:

- *$V_-$ und $V_+$ sind offene Teilmengen von $V$,* $\tag{7}$

- *der Spann zeit- und raumartiger Vektoren enthält lichtartige,* $\tag{8}$

- *jeder lichtartige Vektor ist Häufungspunkt von $V_-$ und von $V_+$.* $\tag{9}$

[*Zu* (7): Folge von (5) und der Stetigkeit von $v \mapsto \langle v, v \rangle$ auf $V$. – *Zu* (8): Ist $v \in V_-$ und $w \in V_+$, so hat die stetige Funktion $\langle v + x \cdot w, v + x \cdot w \rangle : \mathbb{R} \to \mathbb{R}$ in 0 einen negativen Wert und für $x \to \infty$ positive Werte, also gibt es $\lambda \in \mathbb{R}_+$ mit $\langle v + \lambda \cdot w, v + \lambda \cdot w \rangle = 0$, und nach (6): $v + \lambda \cdot w \neq o$. – *Zu* (9): Ist $v \in V_0$, so gibt es (vgl. (1)) $w \in V$ mit $\langle v, w \rangle \neq 0$. Dann hat die Funktion $\langle v + x \cdot w, v + x \cdot w \rangle : \mathbb{R} \to \mathbb{R}$ in 0 einen Vorzeichenwechsel.]

**Lorentzsche Vektorräume:** Gelte (0). – Der *Index des inneren Produkts* $\langle ..,.. \rangle$ ist dann definiert als die maximale Dimension zeitartiger Unter-VR-e $W$ von $V$ (also solcher $W$, auf denen $\langle ..,.. \rangle$ negativ definit ist), und $\langle ..,.. \rangle$ heißt *euklidisches* bzw. *lorentzsches* inneres Produkt für $V$, wenn der Index von $\langle ..,.. \rangle$ gleich 0 bzw. 1 ist. – Das Paar $(V, \langle ..,.. \rangle)$ heißt dann ein *euklidischer* bzw. *lorentzscher Vektorraum*.

Ist daher $\langle ..,.. \rangle$ ein euklidisches inneres Produkt, so enthält $V$ keine zeitartigen, also (vgl. (9)) auch keine lichtartigen Vektoren, d.h. $V$ ist raumartig, m.a.W. $\langle ..,.. \rangle$ ist positiv-definit. Ist aber $\langle ..,.. \rangle$ ein lorentzsches inneres Produkt für $V$ und $m = \dim V > 1$, so gibt es zeitartige Vektoren, aber $V$ ist insgesamt nicht zeitartig ($m > 1$), d.h. nach (6),(8),(9): $V$ enthält auch licht- und raumartige Vektoren, insbesondere ist $\langle ..,.. \rangle$ indefinit.

**Zeitartigkeits-Lemma:**     [Dieses Lemma gibt viele der typisch relativisti-schen Phänomene im mathematischen Minkowski-Weyl-Modell wieder.]

Sei $(V, \langle ..,.. \rangle)$ ein lorentzscher Vektorraum, (s.o.). Dann gilt:

- *Ist $v \in V$ zeitartig, so ist $(\mathbb{R} \cdot v)^\perp$ raumartig (also euklidisch)[7].* $\tag{10}$

---

[7] (10) wird die Grundlage für die Projektion der Welt aller Ereignisse durch einen inertialen Beobachter in *seinen* (*euklidischen!*) *Raum* bzw. in *seine Zeit* (s.u. 2.5).

- *Zeitartige Cauchy-Schwarz-Ungleichung* [8]:    *Sind* $v, w \in V$ *und ist*

$$v \text{ zeitartig, so gilt:}  \quad \langle v, v \rangle \langle w, w \rangle \leq \langle v, w \rangle^2 ,$$
$$\text{und die Gleichheit gilt genau dann, wenn } w \in \mathbb{R} \cdot v . \tag{11}$$

- *Die Menge* $V_-$ *aller zeitartigen Vektoren von* $V$ *zerfällt in genau zwei Zusammenhangskomponenten. Ist* $C$ *eine der beiden und* $e \in C$, *so gilt:*

$$C = \{ v \in V_- \mid \langle v, e \rangle < 0 \}, \quad C \text{ ist ein offener, konvexer Kegel}^9 \text{ in } V, \tag{12}$$

$$-C \text{ ist die andere Zusammenhangskomponente von } V_- = C \,\dot{\cup}\, (-C), \tag{13}$$

$$\textit{für alle } v, w \in \overline{C} \setminus \{o\} \ (\,\overline{C} := \text{abgeschl. Hülle von } C^{\,6}) : \quad \langle v, w \rangle \leq 0,$$
$$\textit{und Gleichheit gilt genau dann, wenn } v, w \text{ lichtartig und } w \in \mathbb{R}_+ \cdot v. \tag{14}$$

*Zusatz:* Ohne den topologischen Begriff „Zusammenhangskomponente" lassen sich $C$, $-C$ auch als *Äquivalenzklassen* nach der Äquivalenzrelation (Beweis!) in $V_-$ „*zeitorientierungs-gleich*" definieren, wobei $v, w \in V_-$ zeitorientierungs-gleich heißen genau dann, wenn $\langle v, w \rangle < 0$ .

*Beweis: Zu* (10):

$$\textit{Sei } v \in V_- . \ \textit{ Dann enthält } (\mathbb{R} \cdot v)^\perp \textit{ keinen zeitartigen Vektor} . \tag{15}$$

(Denn wäre $w$ ein solcher, so wäre $\mathrm{Spann}\{v, w\}$ ein 2-dim. zeitartiger Unter-VR von $V$ im Widerspruch dazu, daß $\langle .., .. \rangle$ vom Index 1 ist.) Daher folgt $\mathbb{R} \cdot v \cap (\mathbb{R} \cdot v)^\perp = \{o\}$, also ist (s. (4)) $(\mathbb{R} \cdot v)^\perp$ nicht-entartet. Somit können wir (9) [statt auf $(V, \langle .., .. \rangle)$] auf $((\mathbb{R} \cdot v)^\perp, \langle .., .. \rangle \mid (\mathbb{R} \cdot v)^\perp \times (\mathbb{R} \cdot v)^\perp)$ anwenden und erhalten mit (15): $(\mathbb{R} \cdot v)^\perp$ enthält keinen lichtartigen Vektor, woraus mit (15),(6) die Aussage (10) folgt. – *Zu* (11): Sei $v \in V_-$ und (da die Ungleichung (11) homogen vom Grade 2 in $v$ ist) o.B.d.A. $\langle v, v \rangle = -1$. Ist dann $w \in V$, so gilt $w + \langle v, w \rangle \cdot v \in (\mathbb{R} \cdot v)^\perp$, also nach (10) $\langle w + \langle v, w \rangle \cdot v, w + \langle v, w \rangle \cdot v \rangle \geq 0$ (d.i. die Ungleichung (11)), und Gleichheit genau dann, wenn $w + \langle v, w \rangle \cdot v = o$. Dies ist (s. $\langle v, v \rangle = -1$) äquivalent zu $w \in \mathbb{R} \cdot v$. – *Zu* (12),(13),(14): Sei $e \in V_-$, und

$$Z(e) := \{ v \in V_- \mid \langle e, v \rangle < 0 \} \ (\ni e), \quad \textit{also} \quad Z(-e) = -Z(e) . \tag{16}$$

Da $\langle e, .. \rangle$ auf $V_-$ keine Nullstelle besitzt (s. (10)), so nach (16) (Beweis!):

$$V_- = Z(e) \,\dot{\cup}\, Z(-e) , \quad \textit{und } Z(e) \textit{ ist ein offener, konvexer Kegel}^9. \tag{17}$$

---

[8] Wie die Cauchy-Schwarz-Ungleichung für euklidische innere Produkte (samt der Gleichheits-Diskussion) die „Kürzesten"-Eigenschaft der geradlinigen Verbindungsstrecke unter allen ($C^1$-)Wegen zwischen zwei Punkten eines euklidischen Raumes infinitesimal zum Ausdruck bringt (vgl. 1.2.2), so wird die Ungleichung (11) (inklusive der Gleichheits-Diskussion) LANGEVINs *Zwillings-Phänomen* infinitesimal reflektieren, EINSTEINs *Zeit-Dilatation* sogar direkt implizieren.

[9] $K$ *konvexer Kegel* in $V$ $:\iff$ $(K + K) \subset K$ und $\mathbb{R}_+ \cdot K \subset K$ .

Aus (17) folgt, daß $Z(e)$, $Z(-e)$ eine offene, disjunkte Überdeckung von $V_-$ durch nicht-leere, zusammenhängende Mengen bilden. Die $e$ enthaltende Zusammenhangskomponente $C$ von $V_-$ muß daher $Z(e)$ enthalten, umgekehrt darf $C$ wegen seines Zusammenhangs und (17) nicht $Z(-e)$ treffen, also insgesamt $C = Z(e)$ und $-C$ ist nach (16) die Zusammenhangskomponente von $-e$. Damit sind (12), (13) gezeigt. – Aus (12) folgt für alle $v, w \in C$ weiter $\langle v, w \rangle < 0$, also aus Stetigkeitsgründen $\langle v, w \rangle \le 0$ für alle $v, w \in \overline{C}$. – Sind aber $v, w \in \overline{C} \setminus \{o\}$, so muß wegen $C \subset V_-$, (7) und (6) gelten: $v$ und $w$ sind zeit- oder lichtartig. Gilt daher für diese Vektoren $\langle v, w \rangle = 0$, so kann nach (10) weder $v$ noch $w$ zeitartig sein, also sind $v$ *und* $w$ lichtartig. Wegen $\langle v, w \rangle = 0$ ist dann aber Spann$\{v, w\}$ ein lichtartiger Unter-VR. Da aber $(\mathbb{R} \cdot e)^\perp$ raumartig (vgl. (10)), so folgt Spann$\{v, w\} \cap (\mathbb{R} \cdot e)^\perp = \{o\}$, folglich

$$\dim \operatorname{Spann}\{v, w\} + \dim(\mathbb{R} \cdot e)^\perp = \dim\left(\operatorname{Spann}\{v, w\} + (\mathbb{R} \cdot e)^\perp\right) \le m,$$

also (s. (3)) $\dim \operatorname{Spann}\{v, w\} \le 1$, d.h. wegen $v, w \ne o$: $w \in \mathbb{R}^* \cdot v$. Mit $e \in C$ gilt aber, wie eben überlegt: $\langle v, e \rangle$, $\langle w, e \rangle \in \mathbb{R}_-$, also $w \in \mathbb{R}_+ \cdot v$. $\square$

**Definition:**    Ein *zeitorientierter lorentzscher Vektorraum* $(V, \langle .., .. \rangle, C)$ besteht aus einem lorentzschen VR $(V, \langle .., .. \rangle)$, in welchem man eine Zusammenhangskomponente $C$ der Menge $V_-$ aller bzgl. $\langle .., .. \rangle$ zeitartigen Vektoren von $V$ ausgezeichnet hat (s.o. (12), (13)). –

Ist $(V, \langle .., .. \rangle, C)$ ein zeitorientierter lorentzscher VR, so nennt man die Elemente von $C$ die *zukunfts-zeitartigen* (die von $-C$ die *vergangenheitszeitartigen*) Vektoren, $C$ den *Zukunfts-Zeitkegel* (= *Zeitorientierung*) sowie

$$\begin{aligned} &\overline{C} \; (:= \text{abgeschlossene Hülle von } C \text{ in } V) \; \text{den } \textit{Kausal-Kegel, und} \\ &\partial C := \overline{C} \setminus C \; \text{den } \textit{Zukunfts-} \; (-\partial C \; \text{den } \textit{Vergangenheits-)Lichtkegel} \end{aligned} \tag{18}$$

von $(V, \langle .., .. \rangle, C)$ (siehe auch unten (22), (23)).

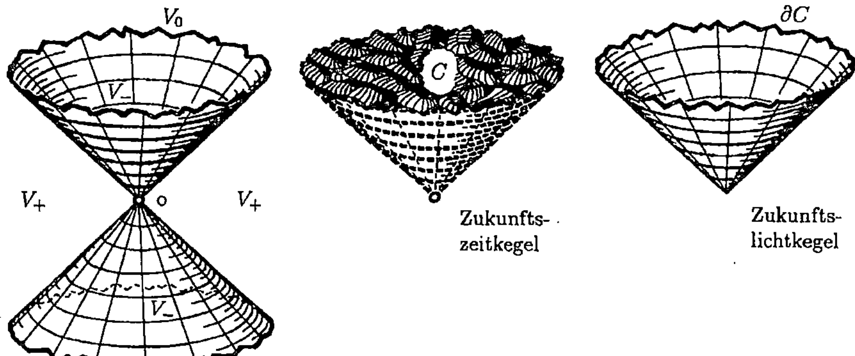


$V_-$ : Zeitartige   Vektoren
$V_0$ : Lichtartige   Vektoren
$V_+$ : Raumartige  Vektoren

**Orthonormalbasen, Lichtkegel:**    Sei $(V, \langle .., .. \rangle, C)$ ein $(n{+}1)$-dim. zeit-orientierter lorentzscher Vektorraum $(n \in \mathbb{N}_+)$. Dann gilt:

*Zu jedem zukunfts-zeitartigen Einheitsvektor $e_0$, d.h. $e_0 \in C$ und $\langle e_0, e_0 \rangle = -1$, gibt es ein $\langle .., .. \rangle$-orthonormales $(n{+}1)$-Bein $(e_0, e_1, .., e_n)$, d.h.*

$$\langle e_i, e_j \rangle = \varepsilon_i \cdot \delta_{ij} \quad \text{für } i, j \in \{0, .., n\}, \quad \text{mit} \quad -\varepsilon_0 = \varepsilon_1 = ... = \varepsilon_n := 1, \quad (19)$$

*(insbesondere sind $e_1, .., e_n$ raumartig) und es gilt für alle $v, w \in V$:*

$$\text{Ist} \quad v_i := \varepsilon_i \langle v, e_i \rangle \quad \text{für } i \in \{0, .., n\}, \quad \text{so}$$
$$v = v_0 \cdot e_0 + v_1 \cdot e_1 + .. + v_n \cdot e_n, \quad \langle v, w \rangle = -v_0 w_0 + v_1 w_1 + .. + v_n w_n. \tag{20}$$

*Zusatz: Für alle $\vartheta \in \mathbb{R}_+$ ist*

$$(e_0 - \vartheta \cdot e_1, e_0 + \vartheta \cdot e_1, e_0 + \vartheta \cdot e_2, .., e_0 + \vartheta \cdot e_n) \quad \text{ein } (n{+}1)\text{-Bein von } V, \tag{21}$$

*welches für $\vartheta < 1$ bzw. $\vartheta = 1$ bzw. $\vartheta > 1$ nur aus Vektoren von $C$ ($\subset V_-$) bzw. von $\partial C \backslash \{o\}$ ($\subset V_0$) bzw. von $V_+$ besteht. [Dieses $(n{+}1)$-Bein ist jedoch nicht orthogonal bzgl. $\langle .., .. \rangle$ !]*
*Die Menge $V_0$ aller lichtartigen Vektoren zerfällt folgendermaßen (s. (18)):*

$$V_0 = (\partial C \backslash \{o\}) \, \dot{\cup} \, ((-\partial C) \backslash \{o\}), \tag{22}$$

*wobei für den Zukunfts-Lichtkegel $\partial C$ gilt: Ist $e \in C$, so*

$$\partial C \backslash \{o\} = \{ l \in V_0 \mid \langle l, e \rangle < 0 \}, \quad \text{also} \quad \mathbb{R}_+ \cdot \partial C = \partial C. \tag{23}$$

*Beweis*: Sei $e_0 \in C$ mit $\langle e_0, e_0 \rangle = -1$. Dann ist $(\mathbb{R} \cdot e_0)^\perp$ nach (3),(10) ein $n$-dim. euklidischer Unter-VR von $V$, für den wir ein orthonormales $n$-Bein $(e_1, .., e_n)$ wählen können, womit (19) gezeigt ist. (20) folgt daraus direkt. – Die Vektoren in (21) sind offenbar zugleich mit $(e_0, .., e_n)$ linear unabhängig. Ferner sind für alle $\vartheta \in \, ]0,1[$ die Vektoren $e_0 - \vartheta \cdot e_1, e_0 + \vartheta \cdot e_1, .., e_0 + \vartheta \cdot e_n$ zufolge (19) zeitartig und besitzen mit $e_0 \in C$ das innere Produkt $-1$, gehören also nach (12) zu $C$. Folglich $(\vartheta \to 1)$ gehören $e_0 - e_1, e_0 + e_1, .., e_0 + e_n$ zu $\overline{C}$. Die letzteren Vektoren sind aber nach (19) lichtartig, gehören also (nicht zu $C$, und folglich, siehe (18)) zu $\partial C$. Schließlich sind die Vektoren von (21) für $\vartheta > 1$ offensichtlich raumartig. – *Zu* (22) „$\subset$": Ist $l \in V_0$, so folgt nach (9), (13) sofort $l \in \overline{V_-} = \overline{C} \cup (-\overline{C})$, andererseits $l \notin V_- = C \cup (-C)$, daher (nach (18)) $l \in \partial C \cup (-\partial C)$. Schließlich ist $l \neq o$ wegen $l \in V_0$ (vgl. (5)). – *Zu* (22) „$\supset$": Ist $l \in \partial C \backslash \{o\}$, so $l \in \overline{C} \backslash (C \cup \{o\})$, also nach (14): $\langle l, l \rangle \leq 0$ sowie – falls $e \in C$ – auch $\langle l, e \rangle < 0$. Daher darf wegen (12) und $l \notin C$ der Vektor $l$ nicht zeitartig sein, also $\langle l, l \rangle = 0$, und damit $l \in V_0$. – Ist aber $l \in (-\partial C) \backslash \{o\}$, so $-l \in \partial C \backslash \{o\}$, also nach dem eben Gezeigten: $-l \in V_0$, und somit (s. (6)): $l \in V_0$. – *Zu* (23) „$\subset$": Ist $l \in \partial C \backslash \{o\}$, so nach (22): $l \in V_0$. Weiter nach (18) und Vor.: $l \in \overline{C} \backslash \{o\}$, folglich nach (14): $\langle l, e \rangle < 0$. – *Zu* (23) „$\supset$": Ist $l \in V_0$ mit $\langle l, e \rangle < 0$, so liefert (22): $l \in \partial C \backslash \{o\}$ oder $l \in (-\partial C) \backslash \{o\}$. Die letztere Möglichkeit scheidet aber aus, denn sie implizierte $-l \in \partial C \backslash \{o\}$, also (nach (23) „$\subset$"): $\langle -l, e \rangle < 0$, im Widerspruch zu $\langle l, e \rangle < 0$. $\quad \square$

**Satz:**  [*Die (bis auf positive reelle Multipla) eindeutige Bestimmtheit des lorentzschen inneren Produkts und der Zeitorientierung eines zeitorientierten lorentzschen Vektorraumes durch dessen Zukunfts-Lichtkegel.*]

*Seien* $(V, \langle..,..\rangle, C)$, $(V, \langle..,..\rangle\tilde{}, \tilde{C})$ *zwei zeitorientierte m-dim.* $(m \in 2+\mathbb{N})$ *lorentzsche Vektorräume mit dem gleichen zugrundeliegenden* $\mathbb{R}$-*Vektorraum* $V$, *so daß gilt:* $\partial C = \partial \tilde{C}$. – *Dann gibt es*

$$\alpha \in \mathbb{R}_+ \ \textit{mit} \ \ \langle..,..\rangle\tilde{} = \alpha \cdot \langle..,..\rangle \ , \quad \textit{und es folgt} \ \ C = \tilde{C}.$$

**Interpretation:**  Ein inertialer Beobachter gebe in einem Ereignis o, welches er in den Ursprung seines raum-zeitlichen 4-dim. Koordinaten-VR-es $V$ verlegt, ein Lichtsignal auf. Die Tangentenvektoren in $V$ an die raumzeitlichen Bahnen der bei diesem Lichtsignal im Ereignis o emittierten Photonen kann der Beobachter (zumindest im Gedanken-Experiment) durch Kurzzeit-Messungen im Laboratorium an letzteren Photonen bestimmen: Diese Vektoren trägt er im Ursprung seines raum-zeitlichen Koordinaten-VR-es $V$ ab. Er findet dann, wie die physikalische Erfahrung zeigt, daß die so erhaltenen Vektoren von $V$ und ihre nicht-negativen Multipla eine Teilmenge $Z$ von $V$ bilden, welche gleich dem Zukunfts-Lichtkegel $\partial C$ eines geeigneten lorentzschen inneren Produktes $\langle..,..\rangle$ für $V$ und einer Zeitorientierung $C$ für $(V, \langle..,..\rangle)$ ist. Die so „gemessene" Menge $Z$ legt aber nach dem letzten Satz das lorentzsche innere Produkt im wesentlichen (d.h. bis auf positive Multipla), sowie auch die Zeitorientierung durch die Forderung $Z = \partial C$ *eindeutig* fest. [Der Auszeichnung *eines* dieser konform-äquivalenten lorentzschen inneren Produkte für ein mathematisches Modell entspricht dann physikalisch die Entscheidung für eine gewisse Art von (physikalisch-gleichbeschaffenen) Normaluhren, die zur Zeitmessung benutzt werden sollen, und deren „Ticken" damit die Zeit-*Einheiten* festlegen.]

**Schlagwort-Resümee:**  ≫ „*Das*" *in mathematischen Modellen der Speziellen Relativitätstheorie benötigte lorentzsche innere Produkt sowie die Zeitorientierung kann durch Lichtausbreitungs-Experimente im Prinzip  p h y s i k a l i s c h  g e m e s s e n  werden.* ≪

*Beweis:*  Seien $\varphi, \tilde{\varphi} : V \to \mathbb{R}$ die zu $\langle..,..\rangle$ bzw. $\langle..,..\rangle\tilde{}$ gehörigen quadratischen Formen, d.h.

$$\varphi(v) := \langle v, v \rangle \quad \textit{bzw.} \quad \tilde{\varphi}(v) := \langle v, v \rangle\tilde{} \quad \textit{für} \ v \in V. \tag{24}$$

Hat $\tilde{V}_0$ die analoge Bedeutung für $\langle..,..\rangle\tilde{}$ wie $V_0$ für $\langle..,..\rangle$ (vgl. (5)), so folgt aus der Voraussetzung $\partial C = \partial \tilde{C}$ und (22): $V_0 = \tilde{V}_0$, d.h. (s. (5), (24))

$$\varphi \ \textit{und} \ \tilde{\varphi} \ \textit{haben auf} \ V \ \textit{die gleiche Nullstellenmenge} \ V_0 \cup \{o\}. \tag{25}$$

Da $\varphi$ und $\tilde{\varphi}$ auf $\partial C$ verschwinden, so folgt aus (24) für $a \in \partial C \setminus \{o\}$, $v \in V$:

$$\varphi(a+v) = 2\langle a, v \rangle + \varphi(v) \quad \textit{und} \quad \tilde{\varphi}(a+v) = 2\langle a, v \rangle\tilde{} + \tilde{\varphi}(v). \tag{26}$$

Für $v \in C$ gilt aber nach (12), (23): $\varphi(v) < 0$ und $\langle a, v \rangle < 0$, also ist die Funktion $\varphi(a + x \cdot v) : \mathbb{R} \to \mathbb{R}$ nach (26) ganz-rational vom Grade 2 und besitzt zwei verschiedene Nullstellen in $\mathbb{R}$. Daher besitzt die ganz-rationale Funktion $\tilde{\varphi}(a + x \cdot v) : \mathbb{R} \to \mathbb{R}$, die nach (26) vom Grade $\leq 2$ ist, wegen (25) ebenfalls genau diese zwei Nullstellen, sie muß daher vom Grade 2 sein. Da zwei ganz-rationale Funktionen vom Grade 2 auf $\mathbb{R}$, welche die gleiche nicht-leere Nullstellenmenge in $\mathbb{R}$ besitzen, zueinander proportional sein müssen, so folgt nach (26): Für alle $a \in \partial C \setminus \{o\}$ und alle $v \in C$ gibt es

$$\alpha(a, v) \in \mathbb{R}^* \quad mit \quad \langle a, v \rangle^{\tilde{}} = \alpha(a, v) \cdot \langle a, v \rangle \quad und \quad \tilde{\varphi}(v) = \alpha(a, v) \cdot \varphi(v).$$

Aus der letzten Gleichung folgt aber, daß $\alpha(a, v)$ von $a$ gar nicht abhängt, also erhält man: Für alle $v \in C$ gibt es $\alpha(v) \in \mathbb{R}^*$, so daß für alle $a \in \partial C \setminus \{o\}$:

$$\langle a, v \rangle^{\tilde{}} = \alpha(v) \cdot \langle a, v \rangle \quad und \quad \tilde{\varphi}(v) = \alpha(v) \cdot \varphi(v). \tag{27}$$

Hieraus und aus $\langle a, v \rangle < 0$ für $a \in \partial C \setminus \{o\}$ und $v \in C$ (s.o.) folgt aber:

$$\alpha(v) = \alpha(w) \quad \textit{für alle } v, w \in C, \tag{28}$$

[denn sind $v, w$ linear abhängig, so $w = \lambda \cdot v$ mit $\lambda \in \mathbb{R}^*$, aber dann folgt mit der ersten Gleichung von (27) und $\langle a, v \rangle \neq 0$ sofort $\alpha(v) = \alpha(w)$; sind aber $v, w$ linear unabhängig, so nach (27): $\langle a, (\alpha(v+w) - \alpha(v)) \cdot v + (\alpha(v+w) - \alpha(w)) \cdot w \rangle = 0$, denn auch $v + w \in C$ (vgl. (12)). Da dies für alle $a \in \partial C$ gilt, $\partial C$ aber $V$ aufspannt (vgl. (21)), so folgt wegen der linearen Unabhängigkeit von $v$ und $w$, daß $\alpha(v) = \alpha(v+w) = \alpha(w)$].
Somit liefern (27), (28) die Existenz von $\alpha \in \mathbb{R}^*$ mit $\tilde{\varphi}(v) = \alpha \cdot \varphi(v)$ für alle $v \in C$, woraus (vgl. (24), (12)) durch Polarisierung für alle $v, w \in C$ folgt: $\langle v, w \rangle^{\tilde{}} = \alpha \cdot \langle v, w \rangle$. Da $C$ aber eine Basis von $V$ enthält (vgl. (21)), so gilt überhaupt $\langle .., .. \rangle^{\tilde{}} = \alpha \cdot \langle .., .. \rangle$. Bleibt noch zu zeigen $\alpha > 0$. Das ist aber wegen der letzten Gleichung klar, falls es $e \in V_- \cap \tilde{V}_-$ gibt (s. (5)). Sei also $e \in C$ ($\subset V_-$) beliebig. Wegen $n \geq 2$ und (10) können wir daher wählen $w \in (\mathbb{R} \cdot e)^\perp$ mit $\langle w, w \rangle = -\langle e, e \rangle$. Dann sind $a := e + w$, $b := e - w$ lichtartig und wegen $\langle a, e \rangle = \langle b, e \rangle = \langle e, e \rangle < 0$ und (23): $a, b \in \partial C$ und weiter $2 \cdot e = a + b$. Somit wegen $\partial C = \partial \tilde{C}$: $4 \cdot \langle e, e \rangle^{\tilde{}} = 2 \cdot \langle a, b \rangle^{\tilde{}}$ und die letzte Zahl ist wegen $a, b \in \partial \tilde{C}$ und $b \notin \mathbb{R} \cdot a$ zufolge (14), (18) kleiner als Null, folglich $e \in \tilde{V}_-$, womit also $\alpha > 0$ gezeigt ist. Damit folgt für diese $e, a$ aber auch $\langle a, e \rangle^{\tilde{}} = \alpha \cdot \langle a, e \rangle < 0$, also wegen $a \in \partial \tilde{C}$ und $e \in \tilde{V}_-$ nach (13), (23): $e \in \tilde{C}$. Somit ist gezeigt $C \subset \tilde{C}$. Aus Symmetriegründen gilt daher auch $\tilde{C} \subset C$, also $C = \tilde{C}$. $\square$

**Aufgaben:** *Über zu $e \in C$ $\langle .., .. \rangle$-orthogonale $(= Lorentz\text{-}orthogonale)$ Vektoren:*
Sei $(V, \langle .., .. \rangle, C)$ ein $m$-dim. $(m \geq 2)$ zeitorientierter lorentzscher VR und $e \in C$.
1. Ist $W$ ein 2-dim. Untervektorraum von $V$ mit $e \in W$, so zeige:
- $W$ enthält (raumartige Vektoren, außerdem) linear unabhängige $l_1, l_{-1} \in V$ mit

$$(W \cap \partial C) \setminus \{o\} = (\mathbb{R}_+ \cdot l_1) \cup (\mathbb{R}_+ \cdot l_{-1}), \tag{29}$$

($\mathbb{R}_+ \cdot l_1$, $\mathbb{R}_+ \cdot l_{-1}$ sind genau die in $W$ gelegenen *Erzeugenden* des Zukunfts-Lichtkegels $\partial C \setminus \{o\}$).

• Sind $l_1, l_{-1}$ wie in (29), so besitzen die in $W$ gelegenen Geraden $e+\mathbb{R}\cdot l_1$ und $-e+\mathbb{R}\cdot l_{-1}$ genau einen Schnittpunkt $w$, und dieser erfüllt $\langle e, w \rangle = 0$ (sowie auch $\langle w, w \rangle > 0$). –

Letzteres gibt Anlaß zu folgender (affinen!) Konstruktion von $W \cap (\mathbb{R}\cdot e)^{\perp}$ ($=\mathbb{R}\cdot w$), d.i. die in $W$ verlaufende, zu $e$ *Lorentz-orthogonale* Gerade, siehe Skizze:

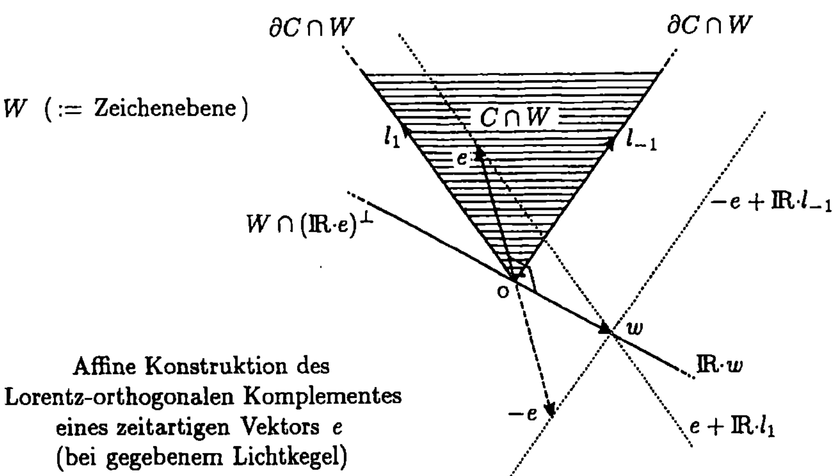


Affine Konstruktion des
Lorentz-orthogonalen Komplementes
eines zeitartigen Vektors $e$
(bei gegebenem Lichtkegel)

**2.** Verifiziere:

$$\partial C \cap (e+(\mathbb{R}\cdot e)^{\perp}) = \{ l \in V \mid \langle l-e, e \rangle = 0 \ \ und \ \ \langle l-e, l-e \rangle = -\langle e, e \rangle \}. \tag{30}$$

Interpretation von (30): Die zu $e$ $\langle .., .. \rangle$-orthogonale affine Hyperebene von $V$ durch $e$ schneidet den Zukunftslichtkegel $\partial C$ in einer *euklidischen* $(m-2)$-dim. Sphäre dieser Hyperebene vom Radius $\sqrt{-\langle e, e \rangle}$ um $e$ als Mittelpunkt. [Beachte: $l-e$ liegt im *euklidischen* Unter-VR $(\mathbb{R}\cdot e)^{\perp}$ von $V$, s.o. (10).] – Dieses elementargeometrische Faktum reflektiert sowohl die *Konstanz* als auch die *Isotropie der Vakuums-Lichtgeschwindigkeit* (s.u. 2.6.2).

### 2.1.2 $m$-dim. $\mathbb{R}$-affine Räume ($m \in \mathbb{N}$)

**Definition:** Ein $m$-dim. $\mathbb{R}$-affiner Raum $(M, +, V)$ besteht aus einer Menge $M$, einem $m$-dim. $\mathbb{R}$-VR $V$ und einer *einfach-transitiven Operation* der additiven Gruppe des VR-es $V$ auf $M$:

$$.. + .. : M \times V \to M \quad ((p, v) \mapsto p + v). \tag{31}$$

Dabei bedeutet „einfach-transitive Operation", daß für alle $p, q \in M$ und alle $v, w \in V$ gilt:

$$p + (v + w) = (p + v) + w, \tag{32}$$

$$\textit{und es gibt genau einen Vektor in } V, \textit{ wir nennen ihn } q - p, \\ \textit{mit der Eigenschaft } \quad q = p + (q - p). \tag{33}$$

[Zum „Operieren" gehören per def. (32) *und* (34), s.u.. In Gegenwart von (33) folgt aber (34) bereits.]

Die Elemente $p \in M$ des $\mathbb{R}$-affinen Raumes $(M, +, V)$ heißen *Punkte*, $M$ sein *Punktraum*, die Elemente $v \in V$ *Richtungsvektoren*, $V$ sein *Richtungsvektorraum*, das Operieren $(p, v) \mapsto p+v$ wird zitiert als *Abtragen* des Richtungsvektors $v$ im Punkte $p$, und man nennt für $p, q \in M$ das Element $q - p \in V$ den *Verbindungsvektor von $p$ nach $q$*. Für festes $v \in V$ heißt die Abbildung $M \to M$ $(p \mapsto p+v)$ die *Translation von $M$ um $v$*.

**Beispiele:**   1. Ist $M := V$, und ist die Operation (31) von $V$ auf $M$ die Vektoraddition in $V$, so sind (32), (33) aufgrund der Gruppeneigenschaft der Vektoraddition erfüllt: $V$ *„ist" also in kanonischer Weise ein $\mathbb{R}$-affiner Raum*. (An dieses Beispiel halte sich zunächst, wer im Umgang mit affinen Räumen nicht so vertraut ist!)
2. Ist $W$ ein Unter-VR von $V$ und $a \in V$, so ist $(a+W, +, W)$ ein $\mathbb{R}$-affiner Raum mit der Beschränkung der Vektoraddition von $V$ auf $(a+W) \times W$ als Operation.

**Bemerkung:** Zwischen dem Symbol für die Operation (31) von $V$ auf $M$ (einem Pluszeichen) bzw. dem für den Verbindungsvektor $q-p$ in (33) (einem Minuszeichen) einerseits und dem Symbol für die Addition bzw. die Differenz von Vektoren im VR $V$ andererseits wird *typographisch nicht unterschieden*. Dies führt bei sinnverständigem Gebrauch zu keinen Schwierigkeiten, bietet sogar suggestive Vorteile (s.u. „Goldene Regel"). – Zum Beispiel gilt in einem affinen Raum $(M, +, V)$ für alle $p, q \in M$, alle $v \in V$ und den Nullvektor $o \in V$ :

$$p + o \ = \ p, \quad d.h. \quad p - p \ = \ o, \tag{34}$$

$$(p + v) - q \ = \ (p - q) + v. \tag{35}$$

[*Zu* (34): Nach (33) gibt es zu $p \in M$ ein $e \in V$ mit $p = p+e$, also: $p+o = (p+e)+o = p + (e + o) = p + e = p$. – *Zu* (35): $q + ((p + v) - q) = p + v = (q + (p - q)) + v = q + ((p - q) + v)$: Nun benutze (33).]

Die Aussagen (34), (35) illustrieren – pars pro toto – folgende

**„Goldene Regel" des affinen Kalküls:** *Alle syntaktisch sinnvollen Formeln über Punkte und Richtungsvektoren affiner Räume $(M, +, V)$, die für den speziellen affinen Raum $V$ selbst* (s.o. Beispiel 1.) *richtig sind (und dort allein mittels V e k t o r r e c h n u n g in $V$ verifiziert werden können!) gelten auch in beliebigen affinen Räumen $(M, +, V)$.*

Verantwortlich für die letztere Regel ist die Existenz spezieller *affiner Karten* für affine Räume, welche die Operation des Abtragens (31) bzw. die Bildung des Verbindungsvektors (33) in die Operation der Addition bzw. der Differenz im Richtungsvektorraum isomorph übersetzen:

**Affine $V$-Karten eines $m$-dim. $\mathbb{R}$-affinen Raumes $(M, +, V)$ :**
Eine *affine $V$-Karte von* $(M, +, V)$ ist eine Bijektion $u: M \to V$, so daß gilt:

$$\textit{Für alle } p \in M \textit{ und alle } v \in V : \quad u(p+v) \;=\; u(p)+v\,, \qquad (36)$$

(wobei in (36) das Pluszeichen links für die Abbildung (31) und rechts für die Addition im Vektorraum $V$ steht). – Mittels (32),..,(35) verifiziert man:

- *Zu jedem $p_0 \in M$ gibt es genau eine affine $V$-Karte $u$ von $(M,+,V)$ mit $u(p_0) = \mathrm{o}$, nämlich:*

$$u(p) := p - p_0 \quad \textit{für } p \in M\,, \quad d.h. \quad u^{-1}(v) = p_0 + v \textit{ für } v \in V\,. \qquad (37)$$

- *Für jede affine $V$-Karte $u$ von $(M,+,V)$ gilt:*

$$u(q) - u(p) \;=\; q - p \quad \textit{für alle } p,q \in M\,. \qquad (38)$$

- *Für affine $V$-Karten $u, \tilde{u}$ von $(M,+,V)$, $p_0 := u^{-1}(\mathrm{o})$, $\tilde{p}_0 := \tilde{u}^{-1}(\mathrm{o})$ gilt:*

$$\tilde{u} \circ u^{-1} : V \to V \textit{ ist die Translation um } p_0 - \tilde{p}_0 : \quad v \mapsto v + (p_0 - \tilde{p}_0)\,. \qquad (39)$$

**Aufgabe:** Sei $V$ ein $m$-dim. $\mathbb{R}$-VR. – Zeige (s. nebenan die Beispiele 1. und 2.):
**1.** Die $\mathbb{R}$-affinen $V$-Karten des $\mathbb{R}$-affinen Raumes $V$ (s. nebenan Beispiel 1.) sind genau die Translationen $V \to V$ ($p \mapsto p+v$) mit $v \in V$. – [Insbesondere (mit $v := \mathrm{o}$) ist $\mathrm{id}_V : V \to V$ eine $\mathbb{R}$-affine Karte für $V$.]
**2.** Ist $W$ ein Unter-VR von $V$ und $a \in V$, so sind die $\mathbb{R}$-affinen $W$-Karten des $\mathbb{R}$-affinen Raumes $(a+W,+,W)$ (s. nebenan Beispiel 2.) genau die Abbildungen $a+W \to W$ ($p \mapsto (p-a)+w$) mit $w \in W$. –

**Affinkombinationen von Punkten $\mathbb{R}$-affiner Räume:**    Sei $k \in \mathbb{N}_+$.

$$(\lambda_1,..,\lambda_k) \;(\in \mathbb{R}^k) \textit{ heiße „baryzentrisch“, wenn } \lambda_1 + .. + \lambda_k = 1\,. \qquad (40)$$

Dann definiert man für jedes $k$-Tupel $(p_1,..,p_k) \in M^k$ von Punkten des $m$-dim. affinen Raumes $(M,+,V)$ die *Affinkombination von $(p_1,..,p_k)$ mit den baryzentrischen Koeffizienten* $(\lambda_1,..,\lambda_k) \in \mathbb{R}^k$ durch:

$$\textstyle\sum_{i=1}^{k} \lambda_i \cdot p_i \;:=\; a + \left( \sum_{i=1}^{k} \lambda_i \cdot (p_i - a) \right)\,, \quad \textit{wobei } a \in M \textit{ beliebig ist}\,. \qquad (41)$$

Die rechte Seite von (41) ist *unabhängig* vom speziellen $a \in M$, denn für jede affine $V$-Karte $u$ von $(M,+,V)$ folgt aus (41) mittels (36),(38):

$$\textstyle\sum_{i=1}^{k} \lambda_i \cdot p_i \;=\; u^{-1}\left( \sum_{i=1}^{k} \lambda_i \cdot u(p_i) \right)\,.$$

Speziell führen wir für zwei Punkte $p, q \in M$ noch folgende Notation ein:

$$(1/2) \cdot (p+q) \;:=\; (1/2) \cdot p + (1/2) \cdot q \quad (=: \textit{affiner Mittelpunkt von } \{p,q\})\,. \qquad (42)$$

Für zwei $\mathbb{R}$-affine Räume $(M,+,V)$, $(N,+,W)$ heißt eine *Abb.* $f : M \to N$ *$\mathbb{R}$-affin*, wenn für *alle* $k \in \mathbb{N}_+$, alle $(p_1,..,p_k) \in M^k$ und $(\lambda_1,..,\lambda_k) \in \mathbb{R}^k$ gilt:

$$\lambda_1 + .. + \lambda_k = 1 \quad \Longrightarrow \quad f\left( \textstyle\sum_{i=1}^{k} \lambda_i \cdot p_i \right) \;=\; \sum_{i=1}^{k} \lambda_i \cdot f(p_i)\,. \qquad (43)$$

Dies trifft genau dann zu (Beweis!), wenn es eine Abb. $f_0 : V \to W$ gibt mit:

$$f_0 \ \text{IR-}\textit{linear und} \quad f(p+v) = f(p) + f_0(v) \quad \textit{für alle} \ (p,v) \in M \times V. \quad (44)$$

Die durch $f$ und (44) eindeutig bestimmte Abb. $f_0 : V \to W$ heißt *linearer Teil von $f$*. – Zufolge (36) und (44) ist z.B. jede affine $V$-Karte $u$ von $(M,+,V)$ eine (*bijektive!*) *affine Abbildung* von $M$ in den Punktraum $V$ des affinen Raumes $V$ (s.o. Aufgabe 1.) mit linearem Teil $u_0 = \mathrm{id}_V$.


## 2.1.3 Kanonische Topologie und $C^\infty$-Abbildungen IR-affiner Räume

**Definition:** Sei $(M,+,V)$ ein $m$-dimensionaler IR-affiner Raum $(m \in \mathbb{N}_+)$.

**a)** *Die kanonische Topologie des Punktraumes $M$ von $(M,+,V)$:*

Eine Teilmenge $G$ von $M$ heißt *offen* genau dann, wenn für eine [und damit (s. (39)) für *jede*] affine $V$-Karte $u : M \to V$ von $(M,+,V)$ (s. (36)) gilt: $u(G)$ ist *offen in* $V$ [bzgl. der kanonischen Topologie von $V$ als endlich-dim. IR-VR (s. 1.1.(0)]. Dies ist (Beweis!) gleichbedeutend mit: Zu jedem $p \in G$ gibt es eine Umgebung $U$ von o in $V$ mit $(p+U) \subset G$. – [ $M$ ist mit dieser Topologie per definitionem (vermöge einer jeden affinen $V$-Karte) homöomorph zu $V$ und damit homöomorph zu $\mathrm{IR}^m$, insbesondere: Diese Topologie von $M$ ist *hausdorffsch* und besitzt eine *abzählbare Basis* .]

**b)** $C^\infty$-*Abbildungen IR-affiner Räume:*

Ist weiter $(N,+,W)$ ein $n$-dim. IR-affiner Raum $(n \in \mathbb{N}_+)$, so heißt eine Abbildung $f : G \to N$ einer offenen Teilmenge $G$ von $M$ in $N$ eine $C^\infty$-*Abbildung* genau dann, wenn für eine affine $V$-Karte $u$ von $(M,+,V)$ und eine affine $W$-Karte $v$ von $(N,+,W)$ gilt:

$$v \circ f \circ u^{-1} : u(G) \to W \quad \textit{ist eine } C^\infty\textit{-Abbildung} \quad (45)$$

der offenen Teilmenge $u(G)$ des $m$-dim. IR-VRes $V$ in den $n$-dim. IR-VR $W$ [ $C^\infty := $ *beliebig oft differenzierbar* (s. [DI], (8.12.8))] . – Trifft letzteres zu, so definieren wir für $a \in G$ das Differential von $f$ in $a$ als die (s. [DI], (8.1.1))

$$\mathrm{IR-}\textit{lineare Abb.} \quad \mathrm{d}_a f : V \to W \quad \textit{mit} \quad \mathrm{d}_a f := \mathrm{D}(v \circ f \circ u^{-1})(u(a)), \quad (46)$$

ferner sagen wir

$$f \ \textit{immersiv in } a \quad :\Longleftrightarrow \quad \mathrm{d}_a f : V \to W \ \textit{ist injektiv} \quad (47)$$

(analog „$f$ *submersiv in* $a$", falls $\mathrm{d}_a f : V \to W$ *surjektiv* ist), und man nennt $f : G \to N$ eine $C^\infty$-*Immersion*, wenn (47) für *alle* $a \in G$ erfüllt ist (analog „$C^\infty$-*Submersion*") . –    Da jede Translation $l : E \to E$ eines endlich-dim. IR-VRes $E$ eine $C^\infty$-Abb. ist mit $\mathrm{d}_a l = \mathrm{id}_E$ für alle $a \in E$, so sind (wegen (39) und der Kettenregel) die Definitionen (45),(46),(47) von der speziellen Wahl der affinen Karten $u$ und $v$ *unabhängig*, und mit (38),(46) folgt, falls $f : G \to N$ eine $C^\infty$-Abbildung ist: *Für alle*

$$a \in G \;\; \text{und} \;\; e \in V : \quad \mathrm{d}_a f(e) \;=\; \lim_{\tau \to 0} \frac{f(a+\tau \cdot e) - f(a)}{\tau} \;\in W \,, \qquad (48)$$

wobei im Zähler der Verbindungsvektor der Punkte $f(a)$ und $f(a+\tau \cdot e)$ des $\mathbb{R}$-affinen Raumes $N$ (s. (33)) auftritt. –

**Anwendung:** Mittels (48), (44) folgt: Jede $\mathbb{R}$-*affine Abb.* $f: M \to N$ $\mathbb{R}$-affiner Räume (s. (43)) ist eine $C^\infty$-*Abbildung* mit $\mathrm{d}_p f = f_0$ ( = linearer Teil von $f$ ) für alle $p \in M$; speziell ist jede affine $V$-Karte $u: M \to V$ von $(M,+,V)$ sowie ihre Umkehrabb. $u^{-1}$ eine $\mathbb{R}$-affine, also $C^\infty$-Abb. mit $u_0 = (u^{-1})_0 = \mathrm{id}_V$ (s. (36),(37)) .

**Kettenregel:** Die Komposition $g \circ f: G \to R$ der $C^\infty$-Abb. $f: G \to N$ (s.o.) und einer $C^\infty$-Abb. $g: H \to N$ einer offenen Teilmenge $H$ von $N$ (mit $f(G) \subset H$) in den Punktraum $R$ eines endlich-dim. $\mathbb{R}$-affinen Raumes ist wieder eine $C^\infty$-Abb., und für deren Differential in einem Punkte $a \in G$ gilt:

$$\mathrm{d}_a(g \circ f) \;=\; \mathrm{d}_{f(a)} g \circ \mathrm{d}_a f \,.$$

[Dies folgt aus der bereits festgestellten Unabhängigkeit der Aussage (45) von der speziellen Wahl von $u$ und $v$, sowie aus (45),(46) und der Kettenregel für $C^\infty$-Abb.-en endlich-dim. $\mathbb{R}$-VRe (s. [DI], (8.12.10), (8.2.1) ).]

Ist speziell $c: J \to M$ ein $C^\infty$-*Weg* , d.h. eine $C^\infty$-Abb. des offenen Intervalls $J$ von $\mathbb{R}$ ( $\mathbb{R}$ betrachtet als 1-dim. $\mathbb{R}$-affiner Raum, s.o. Beispiel 1. ) in den Punktraum $M$ von $(M,+,V)$, so definieren wir (s. (48)): Für $\alpha \in J$ heißt

$$c'(\alpha) \;:=\; \mathrm{d}_\alpha c(1) \;=\; \lim_{\tau \to 0} \frac{c(\alpha+\tau) - c(\tau)}{\tau} \;\in V \quad \textit{der Evolutionsvektor} \qquad (49)$$

*von $c$ im Zeitpunkt $\alpha$ .* – [Man nennt $c'(\alpha)$ (vorzugsweise wenn $M$ als „Ortsraum" auftritt) auch *Geschwindigkeitsvektor* von $c$ im Zeitpunkt $\alpha$ .]

**Ausblick:** Die Beschreibung der Allgemeinen Relativitätstheorie benötigt den allgemeinen *Begriff der 4-dim.* „ $C^\infty$-*Mannigfaltigkeit* " (und ihrer „ $C^\infty$-*Untermannigfaltigkeiten* "). – Im Minkowski-Weyl-Modell der Speziellen Relativitätstheorie hingegen benötigt man nur einen 4-dim. $\mathbb{R}$-affinen Raum [⊛ der zwar auch eine, jedoch sehr spezielle ( zu $\mathbb{R}^4$ $C^\infty$-diffeomorphe!) 4-dim. $C^\infty$-Mannigfaltigkeit ist] und weiter nur den *Begriff der $k$-dim. $C^\infty$-Untermannigfaltigkeit* in diesem 4-dim. $\mathbb{R}$-affinen Raum, z.B. (mit $k=1$) bei den „Weltlinien" von Beobachtern oder materiellen Teilchen, bzw. (mit $k=3$) bei den „Gleichzeitigkeitsräumen" inertialer (oder beschleunigter) Beobachter. Wir beschränken uns daher in 2.1.4 und 2.1.5 auf die letztere – begrifflich einfachere – „affine" Situation:

## 2.1.4　$C^\infty$-Untermannigfaltigkeiten $\mathbb{R}$-affiner Räume

**Definition 1 :** Seien $k, m \in \mathbb{N}_+$, $(M,+,V)$ ein $m$-dim. $\mathbb{R}$-affiner Raum. – $K$ heißt $k$-*dim. $C^\infty$-Untermannigfaltigkeit in $M$* (bzw. *in $(M,+,V)$*), wenn $K$ ein *Teilraum* von $M$ ist ( $M$ mit der kanonischen Topologie, s. 2.1.3 ), und es zu jedem $p \in K$ eine Umgebung $U$ von $p$ in $M$ und eine *injektive* $C^\infty$-*Immersion* $h: H \to M$ einer offenen Teilmenge $H$ von $\mathbb{R}^k$ in $M$ gibt, mit $h(H) = K \cap U$, und so daß $H \to K \cap U$ ( $b \mapsto h(b)$ ) ein *Homöomorphismus* des Teilraumes $H$ von $\mathbb{R}^k$ auf den in $K$ offenen Teilraum $K \cap U$ von $K$ ist. –

Jede der letztgenannten Abb.-en  $h:H \to M$  heißt dann eine *lokale* (und
– falls  $h(H) = K$  – auch eine *globale*) $C^\infty$-*Parametrisierung* der $k$-dim.
$C^\infty$-Untermannigfaltigkeit $K$ in $M$ . –

⊛   Die Definition 1 ist (wie man zeigen kann) – für den Fall eines $\mathbb{R}$-affinen Raumes als „Ober"-Mannigfaltigkeit – äquivalent zur Untermannigfaltigkeits-Definition
in [JN], S.8, insbesondere: Jede $k$-dim. $C^\infty$-Untermannigfaltigkeit i.S. der Definition 1 „ist" also eine „$k$-*dim.* $C^\infty$-*Mannigfaltigkeit*" i.S. der Differentialgeometrie. –

**Beispiele:**   1.   $M$ selbst ist eine $m$-dim. $C^\infty$-Untermannigfaltigkeit in $M$, die
wir im folgenden als „*die m-dim.* $C^\infty$-*Mannigfaltigkeit* $M$" zitieren: Denn für jede
affine $V$-Karte  $u:M \to V$  für $(M,+,V)$ (s. 2.1.2) und jeden $\mathbb{R}$-VR-Isomorphismus
$\omega:V \to \mathbb{R}^m$ ist die Abb. $h := (\omega \circ u)^{-1}:\mathbb{R}^m \to M$ eine globale $C^\infty$-Parametrisie-
rung von $M$, mit  $d_a h = \omega^{-1}$ für alle $a \in \mathbb{R}^m$ . –
2.   Jede *in $K$ offene Teilmenge $L$* einer $k$-dim. $C^\infty$-Untermannigfaltigkeit $K$ in $M$
(d.h.  $L = K \cap G$ mit $G$ offen in $M$) ist $k$-dim. $C^\infty$-Untermannigfaltigkeit in $M$. –


**Definition 2:**   $C^\infty$-*Abb.-en von* $C^\infty$-*Untermannigfaltigkeiten affiner Räume*:

Seien $(M,+,V)$ und $(N,+,W)$ endlich-dim. $\mathbb{R}$-affine Räume (s. 2.1.2), $K$
eine $k$-dim. bzw. $L$ eine $l$-dim. $C^\infty$-Untermannigfaltigkeit von $M$ bzw. $N$ . –

a)   Eine Abb. $f:K \to N$ heißt $C^\infty$-*Abbildung* bzw. $C^\infty$-*Immersion* ($C^\infty$-
*Submersion*), genau dann, wenn es zu jedem $p \in K$ eine lokale $C^\infty$-Parametri-
sierung $h:H \to M$ von $K$ in $M$ (s.o. Definition 1) gibt, so daß $p \in h(H)$
und $f \circ h:H \to N$ eine $C^\infty$-Abb. bzw. eine $C^\infty$-Immersion ($C^\infty$-Submersion)
der offenen Teilmenge $H$ des $\mathbb{R}^k$ ($\mathbb{R}^k$ betrachtet als $\mathbb{R}$-affiner Raum) in
den $\mathbb{R}$-affinen Raum $M$ ist (im Sinne von 2.1.3, s. (45),(47)) . –

b)   Eine Abb. $f:K \to L$ heißt $C^\infty$-*Abbildung* bzw. $C^\infty$-*Immersion*, genau
dann, wenn mit der Inklusionsabb. $i:L \hookrightarrow N$ gilt: $i \circ f:K \to N$ ist eine
$C^\infty$-Abb. bzw. $C^r$-Immersion (im Sinne von a)) . –

*Bemerkung:*   Dies bedeutet (wegen $i \circ f(p) = f(p)$ für $p \in K$) salopp gesagt:
Eine Abb. von $K$ in $L$ ist eine „$C^\infty$-*Abbildung*" genau dann, wenn sie eine $C^\infty$-Abb.
von $K$ in den $L$ *umgebenden* affinen Raum $N$ (im Sinne von a)) ist, *mit einer in
L enthaltenen Bildmenge*: In dieser Weise (d.h. unter Fortlassen von „$i:L \hookrightarrow N$")
werden im folgenden die $C^\infty$-Abb.-en von $K$ in $L$ meistens gedeutet und notiert . –

c)   Eine Abb. $f:K \to L$ heißt ein $C^\infty$-*Diffeomorphismus*, genau dann, wenn
$f:K \to L$ *bijektiv* ist, und sowohl $f:K \to L$ als auch $f^{-1}:L \to K$ eine
$C^\infty$-Abb. ist (im Sinne von b)) . –


**Beispiele:**   1.   Die *Inklusionsabb.* $\iota:K \hookrightarrow M$ der $C^\infty$-Untermannigfaltigkeit $K$ in
$M$ ist zufolge a) eine $C^\infty$-*Immersion* (da $\iota \circ h = h$ für jede lokale $C^\infty$-Para-
metrisierung $h:H \to M$ von $K$, und $h$ (s. Def. 1) eine $C^\infty$-Immersion ist. –
2.   Jede affine $V$-Karte $u:M \to V$ von $(M,+,V)$ ist ein $C^\infty$-Diffeomorphismus
(s.o. die Anwendung nach (48)). –
3.   Für jede lokale $C^\infty$-Parametrisierung $h:H \to M$ der $k$-dim. $C^\infty$-Untermannig-
faltigkeit $K$ von $M$ (s.o. Def. 2) ist die bijektive Abb. $H \to h(H)$ $(p \mapsto h(p))$
ein $C^\infty$-Diffeomorphismus der offenen $C^\infty$-Untermannigfaltigkeit $H$ des $\mathbb{R}^k$ auf die
offene $C^\infty$-Untermannigfaltigkeit $h(H)$ von $K$ . [Denn mit $h^{-1}:h(H) \to \mathbb{R}^k$ gilt:

$h^{-1} \circ h = \iota : H \hookrightarrow \mathbb{R}^k$ ist (nach 1.) eine $C^\infty$-Abb., also ist (nach Def. 2 a))
$h^{-1} : h(H) \to \mathbb{R}^k$ eine $C^\infty$-Abb., und außerdem gilt $h^{-1}(h(H)) = H$ , woraus (nach
Def. 2 b),c)) die Behauptung folgt.]
Als Beispiel dafür, wie (neben den bereits eingeführten Begriffen auch) Sätze der
Analysis von $\mathbb{R}$-affinen Räumen trivial auf solche der Analysis endlich-dim. $\mathbb{R}$-VRe
zurückgeführt werden können, erwähnen wir – pars pro toto – :


**Satz :**    *Lokaler Umkehrsatz* ( = „*Inverse Function Theorem* ") .

Seien $(M, +, V)$ und $(N, +, W)$ zwei $\mathbb{R}$-affine Räume der *gleichen* Dimension
$m \in \mathbb{N}_+$ , sei $G$ eine offene Teilmenge von $G$ , $a \in G$ und $f : G \to N$ eine $C^\infty$-
*Abbildung*, die *immersiv ist in* $a$ (s. (47)). – Dann gibt es eine Umgebung
$U$ von $a$ in $M$ mit $U \subset G$ , so daß $f(U)$ *offen* ist in $N$ , und so daß gilt :
$$U \to f(U) \quad (p \mapsto f(p)) \quad \text{ist ein } C^\infty\text{-}Diffeomorphismus$$
der offenen $C^\infty$-Untermannigfaltigkeit $U$ von $M$ auf die offene $C^\infty$-Unter-
mannigfaltigkeit $f(U)$ von $N$ (s.o. Def. 2 c)) . –

*Bew.:*    Wähle eine affine $V$-Karte $u$ für $(M, +, V)$ bzw. $W$-Karte $v$ für $(N, +, W)$ ,
beachte „*Anwendung*" und „*Kettenregel*" nach (48), und wende den Umkehrsatz für
endlich-dim. $\mathbb{R}$-VRe (s. [DI], (10.2.5)) auf die $C^\infty$-Abb. $v \circ f \circ u^{-1} : u(G) \to W$ an. $\square$
Wir nennen noch einige nützliche Folgerungen des letzten Satzes:


**Korollar 1 :**    Unter den Voraussetzungen der Definition 2 (nebenan) gilt:

Ist $f : K \to L$ eine $C^\infty$-Abb. der $k$-dim. $C^\infty$-Untermannigfaltigkeit $K$ von $M$
in die $l$-dim. $C^\infty$-Untermannigfaltigkeit $L$ von $N$ , so gibt es zu jedem $p \in K$
eine auf einer Umgebung $U$ von $p$ *in* $M$ definierte $C^\infty$-Abb. $\Phi : U \to L$ und
eine in $U$ enthaltene Umgebung $G$ von $p$ im Teilraum $K$ von $M$ , so daß
$f|G = \Phi|G$ , d.h. salopp gesagt: $C^\infty$-Abb.-en von $C^\infty$-Untermannigfaltigkeiten
affiner Räume sind lokal stets *Beschränkungen* von $C^\infty$-Abb.-en offener Teilmengen des umgebenden affinen Raumes (in die *gleiche* Zielmannigfaltigkeit).


*Beweis*:    Für $k = m$ ist die Behauptung mit $U = G := K$ und $\Phi := f$ trivial erfüllt. –
Sei also $k < m$ sowie $p \in K$ und $h : H \to M$ eine lokale $C^\infty$-Parametrisierung von
$K$ mit $p \in h(H)$ wobei o.B.d.A. $o \in H$ mit $p = h(o)$ ($o := o_k = Nullvektor$ *in* $\mathbb{R}^k$ ).
Da $h$ immersiv ist in $o$ , so ist nach (46),(47) $d_o h(\mathbb{R}^k)$ ein $k$-*dim. Unter*-VR von $V$ .
Deshalb können wir Vektoren $v_{k+1}, .., v_m \in V$ wählen, die zusammen mit $d_o h(\mathbb{R}^k)$
ganz $V$ aufspannen. Dann ist die Abbildung
$$\tilde{h} : H \times \mathbb{R}^{m-k} \to M \quad \left( (\tau_1, .., \tau_m) \mapsto h(\tau_1, .., \tau_k) + \tau_{k+1} \cdot v_{k+1} + .. + \tau_m \cdot v_m \right)$$
zugleich mit $h$ eine $C^\infty$-Abb., und zwar der offenen Teilmenge $H \times \mathbb{R}^{m-k}$ von $\mathbb{R}^m$
in $M$ mit $\tilde{h}(o_m) = p$ und wegen der Immersivität von $h$ in $o_k$ und nach Wahl
der $v_{k+1}, .., v_m$ ist auch $\tilde{h}$ immersiv in $o_m \in \mathbb{R}^m$ . Zufolge dem Umkehrsatz (s.o.)
bildet daher $\tilde{h}$ eine Umgebung $\tilde{U}$ ($\subset H \times \mathbb{R}^{m-k}$ ) von $o_m$ $C^\infty$-diffeomorph auf eine
Umgebung $U$ von $p$ in $M$ ab, deren $C^\infty$-Umkehrabb. mit $w : U \to \tilde{U}$ bezeichnet
sei. Wegen $o_m \in \tilde{U}$ können wir nun eine Umgebung $\tilde{G}$ von $o_k$ in $\mathbb{R}^k$ wählen mit
$\tilde{G} \times \{o_{m-k}\} \subset \tilde{U}$ . Dann ist wegen der Homöomorphie von $H \to h(H)$ ($b \mapsto h(b)$)
(s.o. Def. 1) aber $G := h(\tilde{G}) = \tilde{h}(\tilde{G} \times \{o_{m-k}\})$ ($\subset \tilde{h}(\tilde{U}) = U$) eine *Umgebung* von
$p$ in $K$ und mit der $C^\infty$-Abbildung: $\Phi : U \to L$ ($q \mapsto f \circ h(w(q)_1, .., w(q)_k)$) gilt
offenbar $\Phi \circ h|\tilde{G} = f \circ h|\tilde{G}$ , also (da $h(\tilde{G}) = G$): $\Phi|G = f|G$ . $\square$

**Korollar 2:**  *Kettenregel für* $C^\infty$*-Abb.-en von* $C^\infty$*-Untermannigfaltigkeiten.*
Die Komposition $g \circ f : K \to S$ von $C^\infty$-Abb.-en $f : K \to L$ und $g : L \to S$
von $C^\infty$-Untermannigfaltigkeiten $K, L, S$ in beziehungsweise den endlich-dim.
$\mathbb{R}$-affinen Räumen $(M, +, V)$, $(N, +, W)$, $(R, +, E)$ ist wieder eine $C^\infty$-
Abbildung. – (Für die Regel zwischen deren Differentialen s.u. (52).)

**Folgerungen:**  Voraussetzungen wie im Korollar 2. – Dann gilt:

**1.** Ist $f : K \to N$ eine $C^\infty$-Abbilfdung, so ist für *jede* lokale $C^\infty$-Parametrisierung
$h : H \to M$ der $C^\infty$-Untermannigfaltigkeit $K$ in $M$ die Komposition $f \circ h : H \to N$
eine $C^\infty$-Abb. (s. Beispiel 3 zu Def. 2). [Vergleiche dies Resultat mit Def 2 a).] –

**2.** Ist $\Phi : U \to L$ eine auf einer Umgebung $U$ der $C^\infty$-Untermannigfaltigkeit $K$
in $M$ definierte $C^\infty$-Abb. in $L$, so ist $\Phi | K : K \to L$ eine $C^\infty$-Abbildung [nämlich
$\Phi | K = \Phi \circ \iota$ mit der $C^\infty$-Inklusionsabb. $\iota : K \hookrightarrow U$ (s. das Beispiel 1 zu Def. 2)]. –

*Beweis:*  Gemäß Def. 2 b) wird $f$ bzw. $g$ im folgenden als $C^\infty$-Abb. in $N$ bzw.
in $R$ aufgefaßt. – Wir zeigen jetzt die $C^\infty$-Eigenschaft von $g \circ f$ in einer Umgebung
eines (beliebig gewählten) Punktes $p \in K$: Zunächst gibt es zu $f(p) \in L \,(\subset N)$
nach Korollar 1 eine Umgebung $U$ von $f(p)$ in $N$, eine $C^\infty$-Abb. $\Phi : U \to R$ und
eine Umgebung $G$ von $f(p)$ im Teilraum $L$ von $N$, so daß $g | G = \Phi | G$. Sei nun
$h : H \to M$ eine lokale $C^\infty$-Parametrisierung von $K$ mit $p = h(a)$ $(a \in H)$, so daß
(s. Def. 1 a)) $f \circ h : H \to N$ eine $C^\infty$-Abb. ist. Da $h$ in $a$ und $f$ in $p$ stetig sind,
darf man o.B.d.A. annehmen: $f \circ h(H) \subset G$, also gilt:
$$(g \circ f) \circ h \;=\; g \circ (f \circ h) \;=\; \Phi \circ (f \circ h).$$
Nach obiger Wahl von $h$ ist aber $f \circ h$ eine $C^\infty$-Abb. der offenen Teilmenge $H$ des
$\mathbb{R}^k$ in $N$ und $\Phi$ ist, ebenfalls nach Wahl, eine $C^\infty$-Abb. der offenen Teilmenge $U$
von $N$ in $R$. Daher ist zufolge der Kettenregel in 2.1.3 die Abb. $\Phi \circ (f \circ h)$, also
auch (s. die letzte Formel) $(g \circ f) \circ h$ eine $C^\infty$-Abb.. Damit ist gemäß Def. 2 a) gerade die $C^\infty$-Eigenschaft von $(g \circ f)$ gezeigt.  $\square$


## 2.1.5  Die zu einer $C^\infty$-Untermannigfaltigkeit $K$ eines $\mathbb{R}$-affinen Raumes $(M, +, V)$ in $p \in K$ tangentialen Vektoren von $V$


**Definition 1:**    Seien $k, m \in \mathbb{N}_+$, sei $K$ eine $k$-dim. $C^\infty$-Untermannigfaltig-
keit des $m$-dim. $\mathbb{R}$-affinen Raumes $(M, +, V)$ und sei $p \in K$. – Dann:

**a)**  Ein Vektor $v \in V$ (des *Richtungs*-VR*es* $V$ des $\mathbb{R}$-affinen Raumes!) heiße
*in $p$ tangential zu $K$* genau dann, wenn es einen $C^\infty$-Weg $c : J \to M$ gibt
mit $c(J) \subset K$, sowie $\alpha \in J$ mit $c(\alpha) = p$ und $c'(\alpha) = v$, d.h. in Worten
(s. (49) und 2.1.4 Def. 2 b), Bemerkung): $v$ ist Evolutionsvektor eines
$C^\infty$-Weges in $K$ durch $p$. –

**b)**  Die *Teilmenge von $V$* aller Vektoren $v \in V$, die in $p$ tangential zu $K$
sind, werde mit $\mathrm{T}_p^{\rightarrow} K$ bezeichnet. –

[⊛  •  *Funktoriell* konsequenter wäre die Notation „$\mathrm{d}_p K$" statt „$\mathrm{T}_p^{\rightarrow} K$", bzw.
umgekehrt „$\mathrm{T}_p^{\rightarrow} f$" statt „$\mathrm{d}_p f$" (s.u. (52)). –
•  Der *Teilraum* $\mathrm{T}^{\rightarrow} K := \{\, (p, v) \in M \times V \mid p \in K \;\; und \;\; v \in \mathrm{T}_p^{\rightarrow} K \,\}$ des $2m$-dim.
$\mathbb{R}$-affinen Raumes $M \times V$ heißt das „*V-Tangential-Vektorbündel von $K$*". $\mathrm{T}^{\rightarrow} K$
ist (wie man zeigen kann) eine $2k$-dim. $C^\infty$-Untermannigfaltigkeit von $M \times V$. – ]

**c)** Ein *zu $K$ tangentiales* $C^\infty$-*Vektorfeld $E$ von $K$ in $V$* ist eine $C^\infty$-Abb. $E:U \to V$ mit $E(p) \in T_p^{\to}K$ für alle $p \in U$ ($U$ offene Teilmenge von $K$). –

**Beispiele: 1.** Für die $m$-dim. $C^\infty$-Mannigfaltigkeit $M$ (s. 2.1.4 Def. 1, Beisp. 1) gilt $T_p^{\to}M = V$ für alle $p \in M$ [da für $v \in V$ (zufolge (49)): $(p + x \cdot v)'(0) = v$]. –
**2.** Ist $L$ eine in $K$ offene Teilmenge von $K$, so ist $L$ eine $k$-dim. $C^\infty$-Untermannigfaltigkeit in $M$ (s. 2.1.4 Def. 1, Beispiel 2) und: $T_p^{\to}L = T_p^{\to}K$ für alle $p \in L$. –


**Satz 1:** *Der zu einer $C^\infty$-Untermannigfaltigkeit $K$ eines $\mathbb{R}$-affinen Raumes $(M, +, V)$ in $p$ tangentiale $\mathbb{R}$-Untervektorraum von $V$.*

Unter den Voraussetzungen und mit den Notationen der Definition 1 (s.o.) gilt für alle $p \in K$ und jede lokale $C^\infty$-Parametrisierung $h:H \to M$ von $K$ (s.o. 2.1.4 Def. 1) mit $a \in H$ und $h(a) = p$ :

$$T_p^{\to}K = d_a h(\mathbb{R}^k) \quad \text{ist ein } k\text{-dim. } \mathbb{R}\text{-}Untervektorraum \text{ von } V. \tag{50}$$

*Beweis:* Wegen der Immersivität von $h$ in $a$ (s. 2.1.4 Def. 1) folgt aus (46),(47) sofort: $d_a h(\mathbb{R}^k)$ *ist ein $k$-dim. $\mathbb{R}$-Unter-VR von $V$.* Es ist daher nur die Mengengleichung von (50) zu verifizieren: *Zu „$\supset$":* Sei $e \in \mathbb{R}^k$ (beliebig gewählt). Dann gibt es wegen der Offenheit von $H$ in $\mathbb{R}^k$ und $a \in H$ eine Umgebung $J$ von $0$ in $\mathbb{R}$, so daß $a + \tau \cdot e \in H$ für alle $\tau \in J$. Folglich ist $c:J \to M$ ($\tau \mapsto h(a + \tau \cdot e)$) ein $C^\infty$-Weg in $K$ (s. 2.1.4 Korollar 2) mit $c(0) = p$, und nach (48), (49) gilt: $d_a h(e) = c'(0) \in T_p^{\to}K$. – *Zu „$\subset$":* Sei also $v \in T_p^{\to}K$ beliebig gewählt. Nach Definition 1 gibt es daher einen $C^\infty$-Weg $c:J \to M$ mit $c(J) \subset K$ sowie $\alpha \in J$ mit $c(\alpha) = p$ und $c'(\alpha) = v$. Da $h(H)$ eine Umgebung von $p$ im Teilraum $K$ von $M$ und $c$ in $\alpha$ stetig ist, dürfen wir annehmen: $c(J) \subset h(H)$. Nun ist (s. 2.1.4 Def. 2, Beispiel 3) $h^{-1}:h(H) \to \mathbb{R}^k$ eine $C^\infty$-Abb.. Daher ist (nach 2.1.4 Korollar 2) $\gamma := h^{-1} \circ c:J \to \mathbb{R}^k$ ein $C^\infty$-Weg in $\mathbb{R}^k$, also eine $C^\infty$-Abb. der offenen Teilmenge $J$ des affinen Raumes $\mathbb{R}$ in den affinen Raum $\mathbb{R}^k$ mit $\gamma'(\alpha) \in \mathbb{R}^k$. Somit folgt wegen $c = (h \circ h^{-1}) \circ c = h \circ \gamma$, nach (49) und der Kettenregel in 2.1.3:
$$v = c'(\alpha) = d_\alpha c(1) = d_{c(\alpha)} h \circ d_\alpha \gamma(1) = d_p h(\gamma'(\alpha)) \in d_p h(\mathbb{R}^k). \quad \Box$$


**Satz 2:** *Das Differential einer $C^\infty$-Abb. von $C^\infty$-Untermannigfaltigkeiten $\mathbb{R}$-affiner Räume als $\mathbb{R}$-lineare Abbildung.*

Sei $K$ eine $k$-dim. bzw. $L$ eine $l$-dim. $C^\infty$-Untermannigfaltigkeit (s. 2.1.4 Def. 1) des endlich-dim. $\mathbb{R}$-affinen Raumes $(M, +, V)$ bzw. $(N, +, W)$ (mit $k, l \in \mathbb{N}_+$), $f:K \to L$ eine $C^\infty$-Abb. (s. 2.1.4 Def. 2) und $p \in K$. Dann gilt:

● *Das Differential* $d_p f$ *von $f$ in $p$:*     Es gibt genau eine

$\mathbb{R}$-*lineare Abb.* $d_p f:T_p^{\to}K \to T_{f(p)}^{\to}L$, *so daß für jeden $C^\infty$-Weg $c:J \to M$ in $K$ mit $c(\alpha) = p$ ($\alpha \in J$) gilt:* $d_p f(c'(\alpha)) = (f \circ c)'(\alpha)$. $\qquad(51)$

[Aus (51) folgt insbesondere sofort: $d_p(\mathrm{id}_K) = \mathrm{id}_{T_p^{\to}K}$.]

● *Kettenregel:*     Ist $g:L \to S$ eine weitere $C^\infty$-Abb. von $L$ in eine $C^\infty$-Untermannigfaltigkeit $S$ eines endlich-dim. $\mathbb{R}$-affinen Raumes $(R, +, E)$, so ist (s. 2.1.4 Korollar 2) $g \circ f:K \to S$ eine $C^\infty$-Abb., und darüber hinaus gilt:

$$d_p(g \circ f) = (d_{f(p)} g) \circ (d_p f) : T_p^{\to}K \to T_{g(f(p))}^{\to}S. \tag{52}$$

*Beweis*: Wähle eine $C^\infty$-Abb. $\Phi: U \to N$ einer Umgebung $U$ von $p$ in $M$ und eine Umgebung $G$ von $p$ im Teilraum $K$ von $M$, so daß $\Phi|G = f|G$ (s. 2.1.4 Korollar 1). Sei nun $c'(\alpha) \in T_p^{\to} K$ (s.o. Def. 1 b)) mit einem $C^\infty$-Weg $c: J \to M$ in $K$, so daß $c(\alpha) = p$ ($\alpha \in J$), wobei wir wieder annnehmen dürfen, daß $c(J) \subset G$. Es sind also $c$ und $\Phi$ $C^\infty$-Abb.-en *offener* Teilmengen affiner Räume in affine Räume. Daher folgt aus (49) und der Kettenregel von 2.1.3:

$$(f \circ c)'(\alpha) = (\Phi \circ c)'(\alpha) = d_\alpha(\Phi \circ c)(1) = (d_p\Phi) \circ (d_\alpha c)(1) = d_p\Phi(c'(\alpha)).$$

In dieser Gleichungskette hängt die linke Seite dabei nur von $f$ (nicht von $\Phi$), die rechte Seite nicht von $c$, sondern nur von $c'(\alpha)$, und zwar nach (46) sogar $\mathbb{R}$-*linear* von $c'(\alpha)$ ab. Damit ist die Wohldefiniertheit und die $\mathbb{R}$-Linearität der Abbildung

$$T_p^{\to} K \to T_{f(p)}^{\to} L \quad (c'(\alpha) \mapsto (f \circ c)'(\alpha)),$$

d.h. die 1-te Aussage von Satz 2 bewiesen. Die 2-te folgt analog aus der Kettenregel von 2.1.3, indem man (s. 2.1.4 Kor. 1) $f$ und $g$ lokal zu $C^\infty$-Abb.-en $\Phi$ bzw. $\Psi$ fortsetzt, die auf *Umgebungen von $p$ in $M$* bzw. *von $f(p)$ in $N$* definiert sind. $\square$


**Korollar:**     *Differentiale von $C^\infty$-Immersionen und $C^\infty$-Diffeomorphismen von $C^\infty$-Untermannigfaltigkeiten $\mathbb{R}$-affiner Räume.*

Voraussetzungen wie im vorangegangenen Satz 2. – Dann folgt (s. 2.1.4 Def. 2):

- *Immersivitäts-Kriterium für die $C^\infty$-Abbildung $f: K \to L$ in $p \in K$:*

$$\begin{aligned} f \text{ immersiv in } p \quad &\Longleftrightarrow \quad d_p f: T_p^{\to} K \to T_{f(p)}^{\to} L \quad \text{ist injektiv}, \\ &\Longrightarrow \quad (\dim K =) \quad k \leq l \quad (= \dim L). \end{aligned} \tag{53}$$

[Analog für „*submersiv*" mit „surjektiv" statt „injektiv" und mit „$\geq$" statt „$\leq$".]
Aus (53), (49) folgt für $C^\infty$-Wege $c: J \to M$ in $K$ (s. 2.1.4 Def. 2 b)), falls $\alpha \in J$:

$$c: J \to M \text{ *immersiv in* } \alpha \quad \Longleftrightarrow \quad c'(\alpha) \ (= d_\alpha c(1)) \ \neq \ o_V. \tag{54}$$

- Kompositionen von $C^\infty$-Immersionen (bzw. $C^\infty$-Submersionen) von $C^\infty$-Untermannigfaltigkeiten $\mathbb{R}$-affiner Räume sind wieder $C^\infty$-Immersionen (bzw. $C^\infty$-Submersionen).

- Ist $f: K \to L$ ein $C^\infty$-Diffeomorphismus (s. 2.1.4 Definition 2 b)), so ist $f: K \to L$ (sowie auch $f^{-1}: L \to K$) eine $C^\infty$-Immersion *und* eine $C^\infty$-Submersion, insbesondere folgt (s. (53)): $k = l$.


*Beweis*: Sei $h: H \to M$ eine lokale $C^\infty$-Parametrisierung von $K$ mit $a \in H$ und $h(a) = p$. Dann gilt nach 2.1.4 Def. 2 a), b):

$$f \text{ *immersiv in* } p \quad \Longleftrightarrow \quad d_a(f \circ h): \mathbb{R}^k \to W \text{ *ist injektiv*}.$$

Aber nach (52) gilt $d_a(f \circ h) = (d_p f) \circ (d_a h)$, wo $h$ als lokale $C^\infty$-Parametrisierung eine $C^\infty$-Immersion, also zufolge (47),(50) $d_a h: \mathbb{R}^k \to T_p^{\to} K$ bijektiv ist, folglich:

$$d_a(f \circ h): \mathbb{R}^k \to W \text{ *ist injektiv*} \quad \Longleftrightarrow \quad d_p f: T_p^{\to} K \to T_{f(p)}^{\to} L \text{ *ist injektiv*}.$$

Aus den letzten beiden Äquivalenzen folgt direkt (53), d.h. die 1-te Aussage des Korollars. – Die 2-te Aussage ist aber eine triviale Folge der 1-ten. – *Zur 3-ten*: Sei also $f: K \to L$ ein $C^\infty$-Diffeomorphismus. Dann gilt zunächst $f^{-1} \circ f = \text{id}_K$, somit:

$$(d_{f(p)} f^{-1}) \circ (d_p f) = \text{id}_{T_p^{\to} K} \quad \text{*für alle* } p \in K, \text{ (s.o. Satz 2)}.$$

Aus der letzten Aussage folgt aber: $f$ ist eine Immersion *und* $f^{-1}$ ist eine Submersion. Vertauschung der Rollen von $f$ und $f^{-1}$ liefert nun die volle Behauptung. $\square$

Im Falle der Injektivität von $f$ gestattet die 3-te Aussage des letzten Korollars (für $k=l$) eine „Umkehrung", die ein nützliches Diffeomorphie-Kriterium darstellt:


**Satz 3 :**    (*Injektive*) $C^\infty$-*Immersionen gleichdimensionaler* $C^\infty$-*Untermannigfaltigkeiten* $\mathbb{R}$-*affiner Räume.*

Seien $K$ und $L$ zwei $k$-dim. ($k \in \mathbb{N}_+$) $C^\infty$-Untermannigfaltigkeiten der endlich-dim. $\mathbb{R}$-affinen Räume $(M,+,V)$ bzw. $(N,+,W)$. Dann gilt für jede

$$C^\infty\text{-}Immersion \quad f:K \to L \quad :$$

- $f:K \to L$ ist eine *lokal-injektive, offene Abbildung* (d.h. zu jedem $p \in K$ gibt es eine Umgebung $G$ von $p$ in $K$, so daß $f|G$ injektiv ist, *und* $f$ führt offene Teilmengen von $K$ in offene Teilmengen von $L$ über).

- Ist zudem $f:K \to L$ *injektiv*, so ist $K \to f(K)$ $(p \mapsto f(p))$ ein $C^\infty$-*Diffeomorphismus* von $K$ auf die offene $C^\infty$-Untermannigfaltigkeit $f(K)$ von $L$.


*Beweis:*  Sei $p \in K$ (beliebig gewählt). Sei dann $g:G \to N$ eine lokale $C^\infty$-Parametrisierung von $L$ mit $G$ offen in $\mathbb{R}^k$ und $b \in G$ mit $g(b) = f(p)$. Sei $h:H \to M$ eine lokale $C^\infty$-Parametrisierung von $K$ mit $H$ offen in $\mathbb{R}^k$ und $a \in H$ mit $h(a) = p$. Dabei dürfen wir (wegen der Stetigkeit von $h$ in $a$ und von $f$ in $p$) gleich annehmen, daß $f \circ h(H) \subset g(G)$. Nun ist $G \to g(G)$ $(b \mapsto g(b))$ ein $C^\infty$-Diffeomorphismus (s. 2.1.4 Beispiel 3 nach Def. 2), also ist nach dem letzten Korollar: $g^{-1}:g(G) \to \mathbb{R}^k$ eine $C^\infty$-Immersion. Ebenso ist $h:H \to K$ (als lokale $C^\infty$-Parametrisierung), bzw. $f:K \to L$ (nach Voraussetzung) eine $C^\infty$-Immersion. Zufolge dem letzten Korollar ist daher die Komposition
$i := g^{-1} \circ f \circ h : H \to \mathbb{R}^k$ *eine* $C^\infty$-*Immersion* ($H$ *offen in* $\mathbb{R}^k$ *und* $b \in i(H) \subset G$). Nach dem Umkehrsatz (s. 2.1.4 Satz) gibt es daher eine in $H$ enthaltene Umgebung $U_a$ von $a$ in $\mathbb{R}^k$, die durch $i$ $C^\infty$-diffeomorph auf eine in $G$ enthaltene Umgebung $i(U_a)$ von $b$ abgebildet wird. Da die Beschränkungen lokaler $C^\infty$-Parametrisierungen auf offene Teilmengen ihrer Definitionsbereiche auch lokale $C^\infty$-Parametrisierungen sind, dürfen wir annehmen, daß $H=U_a$ und $G=i(U_a)$, also haben wir:
$$H \to G \quad \left(q \mapsto i(q) = g^{-1} \circ f \circ h(q)\right) \quad \text{ist ein } C^\infty\text{-}Diffeomorphismus,$$
insbesondere ist $i|H$ injektiv. Daraus folgt nach Definition von $i$ (s.o.) die Injektivität von $f$ auf der Umgebung $U:=h(H)$ von $p$ in $K$. Damit ist die 1-te Aussage von Satz 3 bewiesen. – *Zur 2-ten:* Nach Wahl von $g$ ist $g(G)$ eine *Umgebung von* $f(p)$ *in* $L$, wobei nach der letzten Formel gilt: $g(G) = g(i(H)) = f(h(H)) \subset f(K)$. Hiermit ist die 2-te Aussage von Satz 3 bewiesen. – *Zur 3-ten:* Sei also zusätzlich $f:K \to L$ *injektiv*. Mit den bisherigen Bezeichnungen gilt dann: Der $C^\infty$-Diffeomorphismus der letzten Formel besitzt als Umkehrabbildung die
$$C^\infty\text{-}Abbildung: \quad i^{-1} = h^{-1} \circ f^{-1} \circ g : G \to \mathbb{R}^k, \quad mit \ i^{-1}(G) = H.$$
Folglich ist (s. 2.1.4 Korollar 2) auch $h \circ i^{-1} = f^{-1} \circ g : G \to M$ eine $C^\infty$-Abb.. Daraus folgt nach 2.1.4 Def. 2 a) und b), daß $f^{-1}:f(K) \to K$ eine $C^\infty$-Abb. ist.  □


In der folgenden Definition müssen wir auf den Begriff einer „Orientierung" eines k-dim. $\mathbb{R}$-Vektorraumes ($k \in \mathbb{N}_+$) [als einer Äquivalenzklasse „gleichorientierter" $k$-Beine dieses $\mathbb{R}$-VRes] aus Kapitel 1 (s. 1.3.1) zurückgreifen:

**Definition 2 :**  *Orientierte* $C^\infty$-*Untermannigfaltigkeiten* $\mathbb{R}$-*affiner Räume*.

Sei $K$ eine $k$-dim. $C^\infty$-Untermannigfaltigkeit eines $m$-dim. $\mathbb{R}$-affinen Raumes $(M,+,V)$ ($k,m\in\mathbb{N}_+$) .

**a)**   Eine Orientierung $O$ für $K$ ist eine Abb., die jedem Punkt $p\in K$ eine Orientierung $O_p$ des $k$-dim. Unter-VRes $T_p^{\to}K$ von $V$ zuordnet (s. 1.3.1), und zwar auf „$C^\infty$-Weise" in Abhängigkeit von $p$, d.h.: Zu jedem $p\in K$ gibt es eine Umgebung $U$ von $p$ in $K$ sowie $k$ auf $U$ definierte *zu $K$ tangentiale* $C^\infty$-*Vektorfelder* $E_1,..,E_k:U\to V$ (s.o. Def. 1 c)), so daß für alle $q\in U$ gilt:

$$\big(E_1(q),..,E_k(q)\big) \quad ist\ ein\ zu\ O_q\ gehöriges\ k\text{-}Bein\ von\ T_q^{\to}K\ (\text{s. 1.3.1.a})\ .-$$

**b)**   Sei $O$ eine Orientierung für $K$. Dann nennt man das Paar $(K,O)$ eine *orientierte* $C^\infty$-*Untermannigfaltigkeit* von $M$, und für $p\in K$ nennt man dann die zu $O_p$ gehörigen $k$-Beine von $T_p^{\to}K$ die *positiv-orientierten $k$-Beine* (des orientierten $\mathbb{R}$-VRes $(T_p^{\to}K,O_p)$) . –

**c)**   Sind $(K,O)$ und $(\tilde{K},\tilde{O})$ zwei *gleich-dimensionale* (etwa $k$-dim. mit $k\in\mathbb{N}_+$), *orientierte* $C^\infty$-Untermannigfaltigkeiten $\mathbb{R}$-affiner Räume, so heißt eine $C^\infty$-*Immersion* $f:K\to\tilde{K}$ *orientierungstreu* genau dann, wenn für alle $p\in K$ gilt:  Es gibt ein positiv-orientiertes $k$-Bein $(v_1,..,v_k)$ von $(T_p^{\to}K,O_p)$, so daß $(d_pf(v_1),..,d_pf(v_k))$ ein positiv-orientiertes $k$-Bein von $(T_{f(p)}^{\to}\tilde{K},\tilde{O}_{f(p)})$ ist [ und dann gilt die letzte Zeile (offenbar) für *jedes* positiv-orientierte $k$-Bein $(v_1,..,v_k)$ von $(T_p^{\to}K,O_p)$ ] . –

**Beispiele :**  **1.**  *Kanonische Orientierung der $m$-dim.* $C^\infty$-*Mannigfaltigkeit* $\mathbb{R}^m$ :  Es gilt (s. 2.1.5 Def.1 Beisp.1) : $T_a^{\to}\mathbb{R}^m = \mathbb{R}^m$ für alle $a\in\mathbb{R}^m$. Daher liefert die kanonische Orientierung $O_{\text{can}}$ des $\mathbb{R}$-VRes $\mathbb{R}^m$ (s. 1.3.1.e) die *kanonische Orientierung $O$* der $C^\infty$-Mannigfaltigkeit $\mathbb{R}^m$ mit $O_a := O_{\text{can}}$ für alle $a\in\mathbb{R}^m$ . –
**2.**  Ist $(K,O)$ eine $k$-dim. orientierte $C^\infty$-Untermannigfaltigkeit in $M$ und $L$ eine in $K$ *offene* Teilmenge von $K$, so ist $O\,|\,L$ eine Orientierung der $k$-dim. $C^\infty$-Untermannigfaltigkeit $L$ von $M$ (s. 2.1.5 Def. 1, Beispiel 2) . –

## 2.1.6  $k$-dim. affine Unterräume eines $\mathbb{R}$-affinen Raumes als $k$-dim. $C^\infty$-Untermannigfaltigkeiten dieses Raumes

**Definition :**   Sei $m\in\mathbb{N}_+$ und $(M,+,V)$ ein $m$-dim. $\mathbb{R}$-affiner Raum. –
Dann heißt $A$ ein *$k$-dim. affiner Unterraum* von $(M,+,V)$ (mit $k\in\mathbb{N}$) genau dann, wenn $A$ eine Teilmenge von $M$ ist, für die gilt:

$$A_0 := \{\,q-p\in V\,|\,p,q\in A\,\} \quad ist\ k\text{-}dim.\ Untervektorraum\ von\ V,$$
$$der\ „Richtungsvektorraum\ von\ A\text{``}. \tag{55}$$

[Die 0-dim. affinen Unterräume von $(M,+V)$ sind also genau die 1-punktigen Teilmengen von $M$. – Im folgenden sei daher stets $k\geq 1$ vorausgesetzt.]

**Bemerkung :**  Sei $A$ $k$-dim. affiner Unterraum von $(M,+,V)$ ($k\in\mathbb{N}_+$). Dann gilt für $a\in A$ (s. (55)): $A = a+A_0$ , und $..+..:M\times V\to M$ induziert eine Abb. $..+..:A\times A_0\to A$ , mit welcher $(A,+,A_0)$ $k$-dim. $\mathbb{R}$-affiner Raum ist (s. 2.1.2).

**Lemma :**   Sei $A$ ein $k$-dim. affiner Unterraum des $m$-dim. IR-affinen Raumes $(M, +, V)$   $(k, m \in \mathbb{N}_+)$. – Dann gilt (s.o. Definition (55) und 2.1.4, Def. 1) :

$$A \text{ ist eine zusammenhängende, in } M \text{ abgeschlossene } k\text{-dim. } C^\infty\text{-}$$
$$\text{Untermannigfaltigkeit von } M \text{ , mit : } \quad T_a^{\rightarrow}A = A_0 \text{ für alle } a \in A \, . \qquad (56)$$

*Zusatz*: Jede Orientierung des IR-VRes $A_0$ induziert (s. 2-te Zeile von (56)) eine Orientierung der $k$-dim. $C^\infty$-Untermannigfaltigkeit $A$ von $M$, und umgekehrt. –

*Beweis*:   Sei $a_0 \in A$ fest gewählt und es sei $u : M \to V$ die affine $V$-Karte von $(M, +, V)$ mit $u(a_0) = o_V$, also nach (37):
$$u(a) = a - a_0 \text{ für alle } a \in M \, , \text{ insbesondere (s. (55)) : } u(A) = A_0 \, .$$
Nach 2.1.4 Beispiel 2 zur Def. 2 ist aber $u : M \to V$ ein $C^\infty$-Diffeomorphismus, insbesondere ein Homöomorphismus, der den Teilraum $A$ von $M$ homöomorph auf den Teilraum $A_0$ von $V$ abbildet. Da aber $A_0$ als Unter-VR des $m$-dim. IR-VRes $V$ (konvex, also) zusammenhängend und bekanntlich (s. [DI], (5.9.2)) abgeschlossen in $V$ ist, so ist auch $A$ zusammenhängend und abgeschlossen in $M$. Da ferner die Beschränkung einer Norm für $V$ auf $A_0$ eine Norm für $A_0$ ist, so ist die Teilraumtopologie von $A_0$ in $V$ gerade die kanonische Topologie (s. 1.1.(0)) von $A_0$ als endlich-dim. IR-VR. Ist daher $(v_1, .., v_k)$ ein $k$-Bein von $A_0$, so ist
$$i : \mathbb{R}^k \to V \quad ((\tau_1, .., \tau_k) \mapsto \tau_1 \cdot v_1 + .. + \tau_k \cdot v_k) \quad \text{eine } C^\infty\text{-}Immersion,$$
die einen IR-VR-Isomorphismus von $\mathbb{R}^k$ auf $A_0$, also einen Homöomorphismus der $k$-dim. IR-VRe $\mathbb{R}^k$ und $A_0$ (mit ihrer kanonischen Topologie) aufeinander induziert. Wegen der oben bereits festgestellten $C^\infty$-Diffeomorphie von $u : M \to V$ ist ferner (s. 2.1.5 Korollar zu Satz 2) $u^{-1} : V \to M$ eine $C^\infty$-Immersion, wobei $u^{-1}(A_0) = A$. Daher ist $h := u^{-1} \circ i : \mathbb{R}^k \to V$ eine $C^\infty$-Immersion, welche $\mathbb{R}^k$ homöomorph auf $A$ abbildet. $A$ ist also eine in $M$ abgeschlossene $C^\infty$-Untermannigfaltigkeit und $h$ eine globale $C^\infty$-Parametrisierung für $A$ (s. 2.1.4 Def. 1). – Schließlich folgt aus der Definition von $T_a^{\rightarrow}A$ für $a \in A$ (s. 2.1.5 Def. 1), aus (49) und (55) unmittelbar: $T_a^{\rightarrow}K \subset A_0$. Da aber $T_a^{\rightarrow}A$ und $A_0$ beides $k$-dim. IR-VRe sind (s. (50),(55)), so gilt die letzte Inklusion sogar als Gleichheit.  $\square$

## 2.1.7 Intermezzo: Zum Begriff der $m$-dim. $C^\infty$-Mannigfaltigkeit

Diese reine Informations-Einlage wird im ganzen weiteren Kapitel 2 *nicht benötigt*!

⊛  Wir liefern hier eine Einordnung der in 2.1.3, 2.1.4 eingeführten Begriffe „$C^\infty$-*Untermannigfaltigkeiten affiner Räume*" und deren „$C^\infty$-*Abb.-en*" unter die allgemeinen (mittels „*Karten*" und „*Atlanten*" definierten) analogen Begriffe der Theorie differenzierbarer Mannigfaltigkeiten, wie sie z.B. in der „*Vektoranalysis*" von K. Jänich ([JN], S.1-8) zu finden sind. Ein Zwischenruf gilt der Voraussetzung „$C^\infty$". –

In 2.1.7 sei stets $(M, +, V)$ ein $m$-dim. IR-affiner Raum (s. 2.1.2) mit $m \in \mathbb{N}_+$.

**1 :**   *Die kanonische $m$-dim. $C^\infty$-Struktur $\mathcal{D}_M$ des Punktraumes $M$ von $(M, +, V)$*: Ist $\omega : V \to \mathbb{R}^m$ ein IR-VR-Isomorphismus und $u : M \to V$ eine affine $V$-Karte von $(M, +, V)$, so ist $\omega \circ u : M \to \mathbb{R}^m$ offenbar eine $m$-dim. Karte (s. [JN], S. 1) des topologischen Raumes $M$ (s. 2.1.3). Der Kartenwechsel $(\tilde{\omega} \circ \tilde{u}) \circ (\omega \circ u)^{-1}$ (s. [JN], S. 1) zweier solcher Karten für $M$ ist zufolge (39) der IR-VR-Isomorphismus $\tilde{\omega} \circ \omega^{-1}$ gefolgt von einer Translation, ist daher ein $C^\infty$-Diffeomorphismus des $\mathbb{R}^m$. Der maximale $m$-dim. $C^\infty$-Atlas $\mathcal{D}_M$ von $M$ (s. [JN], S.2-3), der alle diese Karten $\omega \circ u$ für $M$ enthält, heißt die *kanonische $C^\infty$-Struktur für $M$*, und das Paar

$(M, \mathcal{D}_M)$ (s. [JN], S.3) zitiert man kurz als „*die m-dim. (Standard-)Mannigfaltigkeit M*". – Weiter zeigt (45): Der in 2.1.3 Def. b) eingeführte Begriff der $C^\infty$-Abb., sowie der analog definierte Begriff der $C^r$-Abb. ($=r$-mal stetig differenzierbare Abb.) mit $r \in \mathbb{N}_+$, ist ein Spezialfall des entsprechenden Differenzierbarkeits-Begriffs für Abbildungen allgemeiner $C^\infty$-Mannigfaltigkeiten (s. [JN], S. 5). –

**2 :**  Ist der topologische Teilraum $K$ von $M$ eine *k-dim.* $C^\infty$-*Untermannigfaltigkeit* im affinen Raum $(M, +, V)$ im Sinne von 2.1.4, so ist $K$ auch eine $k$-dim. $C^\infty$-Untermannigfaltigkeit der $m$-dim. $C^\infty$-Mannigfaltigkeit $M$ (s. 1. und [JN], S.8), denn die im Beweis von Korollar 1 in 2.1.4 genannte Abbildung $w$ (genauer: eine geeignete Beschränkung von $w$) ist eine $m$-dim. Untermannigfaltigkeitskarte von $M$ für $K$ (i.S. von [JN], S.8). [Überdies: Die $k$-dim. $C^\infty$-Karten von $K$ sind dann genau die *Umkehrabb.-en* lokaler $C^\infty$-Parametrisierungen von $K$ (s. 2.1.4 Def. 1).]

**3 :**  Nach einem Satz von H. WHITNEY ($*$ 23.3.1907, † 10.5.1989) (s. [WH], Theorem 1) gibt es zu jeder $m$-dim. $C^r$-Mannigfaltigkeit $M$ mit abzählbarer Basis ($r \in \mathbb{N}_+ \cup \{\infty\}$) einen $C^r$-Diffeomorphismus $f : M \to N$ auf eine $m$-dim. $C^\omega$-Untermannigfaltigkeit (d.i. eine reell-analytische, also auch $C^\infty$-Untermannigfaltigkeit) $N$ des $\mathbb{R}^{2m+1}$. Ist daher $\mathcal{D}_N$ die $C^\infty$-Struktur von $N$ (betrachtet als maximaler $C^\infty$-Atlas $m$-dim. Karten $u$ für $N$), so ist $\{u \circ f \mid u \in \mathcal{D}_N\}$ offenbar eine $C^\infty$-Struktur für $M$, deren Karten sämtlich zur gegebenen $C^r$-Struktur von $M$ gehören. Somit:
*Jede $C^r$-Mannigfaltigkeit darf als $C^\infty$-Mannigfaltigkeit aufgefaßt werden!*

**4 :**  *Warnung*:  Bei $C^r$-*Abb.-en* bzw. $C^r$-*Untermannigfaltigkeiten* (d.h. bei deren $C^r$-Inklusionsabbildungen) in $C^\infty$-Mannigfaltigkeiten gilt eine zur letzteren analoge Parole i.a. *nicht*!: Für in der Physik auftretende Abbildungen läßt sich (mit *physikalischen* Argumenten) oft nur eine $C^2$-Eigenschaft „begründen". Solche $C^2$-Abb.-en können aber, da die $C^\infty$-Strukturen der Original- und Ziel-Mannigfaltigfaltigkeiten durch die physikalische Situation vorgegeben sind, nicht etwa im nachhinein durch „geeignete" $C^\infty$-Struktur-Wechsel bei diesen Mannigfaltigkeiten stets zu $C^\infty$-Abb.-en „gemacht" werden. – Zudem hat man bei einer realen Fläche im Raum (z.B. bei einem Autokarosserie-Blech) folgende Situation: Für einen Weg, der in dieser Fläche verläuft, kann man heute – soweit wir wissen – höchstens seine $C^2$-Eigenschaft als Raum-Weg (d.h. allenfalls die $C^2$-Untermannigfaltigkeits-Eigenschaft dieser Fläche im Raum) mit technischem Gerät „prüfen". [Mathematische Sätze für $C^r$-Flächen im Raum, die zwar für $r = \infty$, aber *nicht* für $r = 2$ *generell* gültig wären, hätten daher kaum Anwendungs-Relevanz!] – Wir stellen deshalb ausdrücklich fest:

*Alle Resultate der folgenden Abschnitte 2.2,..,2.7 bleiben gültig, wenn man dort die* (für die Darstellung „bequeme") *Voraussetzung „$C^\infty$" sogar zu „$C^1$" abschwächt. –*


# 2.2 Minkowski-Welt – Beobachter – Normaluhren


## 2.2.1 Minkowski-Welt


**Definition :**  Eine *Minkowski-Welt* $(M, +, V, \langle .., .. \rangle, C)$ besteht aus einem *4-dim. affinen Raum* $(M, +, V)$, dessen Richtungsvektorraum $V$ der zugrundeliegende $\mathbb{R}$-VR eines *zeitorientierten lorentzschen* VR-*es* $(V, \langle .., .. \rangle, C)$ ist.

[Für die hier wie im folgenden auftretenden Begriffe s. 2.1.1,..,2.1.5 (oder Index).]

Sei nun $(M, +, V, \langle..,..\rangle, C)$ eine Minkowski-Welt: Der Punktraum $M$ des affinen Raumes heißt dann die *Welt*, seine Elemente (= Punkte) heißen *Ereignisse*. Für die Verbindungsvektoren $q-p$ zweier Ereignisse $p, q \in M$ (überhaupt für alle $v \in V$) sind die Begriffe *zeitartig, raumartig, lichtartig* bzgl. des lorentzschen inneren Produktes $\langle..,..\rangle$ definiert, sowie (mittels des *Zukunfts-Zeitkegels* $C$), wann $q-p$ (bzw. allgemein $v \in V$) *zukunfts-zeitartig* ist. –

*Physikalische Intention:* „Ereignis" meint hier ein *hic et nunc*, d.h. einen Ort zu einem Zeitpunkt bzw. (äquivalent dazu) einen Zeitpunkt an einem Ort. Die „Welt", als *Menge aller Ereignisse*, hat (s. 2.1.3) die Topologie einer 4-dim. (zu $\mathbb{R}^4$ diffeomorphen) $C^\infty$-Mannigfaltigkeit, wodurch die „Benachbarung" von Ereignissen sich wie in der Topologie des $\mathbb{R}^4$ verhält. Mittels der affinen bzw. der zeitorientierten lorentzschen Struktur sind in Minkowski-Welten auch *inertiale* (= *kräftefreie*) *Beobachter*, sowie *Normaluhren* und die *Lichtausbreitung* mathematisch modellierbar.

In Paragraph 2.2 wird nun generell vorausgesetzt:

$$Sei \quad (M, +, V, \langle..,..\rangle, C) \quad \textit{eine Minkowski-Welt}. \tag{0}$$

## 2.2.2 Materielle Teilchen – Beobachter

$B$ heißt *Geschichte eines materiellen Teilchens* (kurz *materielles Teilchen*) oder auch *Leben eines Beobachters* (kurz *Beobachter*), wenn gilt:

$B$ ist eine nicht-leere, in $M$ abgeschlossene, zusammenhängende, 1-dim., zeitartige $C^\infty$-Untermannigfaltigkeit in $M$ [10].

*Anmerkung:* Dabei bedeutet *Zeitartigkeit von* $B$: Alle zu $B$ tangentialen Vektoren $v (\in V)$ sind *zeitartig bzgl.* $\langle..,..\rangle$, d.h. explizit (s. (0), 2.1.(5),(13)):

$$T_p^{\rightarrow}B \setminus \{o\} \subset V_- = C \cup (-C) \quad \textit{für alle } p \in B. \tag{1}$$

Da $T_p^{\rightarrow}B$ ein 1-dim. $\mathbb{R}$-VR ist, so besteht $T_p^{\rightarrow}B \setminus \{o\}$ aber aus *zwei* Zusammenhangskomponenten, jede das Negativ der anderen. Daher ist nach (1) und 2.1.(12),(13) genau eine dieser zwei Zusammenhangskomponenten in $C$ enthalten, wir bezeichnen sie mit $T_p^{\rightarrow}B_+$, und nennen sie die Menge der *zukunftszeitartigen in $p$ zu $B$ tangentialen Vektoren* von $V$, d.h.:

$$T_p^{\rightarrow}B_+ := T_p^{\rightarrow}B \cap C, \quad \textit{also} \quad \mathbb{R}_+ \cdot T_p^{\rightarrow}B_+ = T_p^{\rightarrow}B_+ \quad \textit{für alle } p \in B. \tag{2}$$

---

[10] die sog. *Weltlinie* des materiellen Teilchens oder Beobachters i.S. von [MK], d.i. die Menge aller Ereignisse in der Geschichte dieses Teilchens oder im Leben des Beobachters. – Die für $B$ geforderte „Abgeschlossenheit in $M$" ist im Hinblick auf *reale* materielle Teilchen oder Beobachter eine extreme Idealisierung: Sie zielt i.w. auf die „ewigen" Lebensläufe materieller Teilchen i.S. von [MK], S.432, und bezweckt *glatte* Aussagen der Theorie, vgl. 2.2.(13), 2.3.(13), (20). [Die „Ewigkeit" solcher Lebensläufe $B$ bedeutet nur deren *Unbegrenztheit in $M$*, nicht aber deren *zeitliche Parametrisierbarkeit* (vermöge Normaluhren) *von* $-\infty$ *bis* $+\infty$ (s.u. 2.3.6) ! ]

Die durch den Zukunfts-Zeitkegel $C$ der Minkowski-Welt $(0)$ für alle $p \in B$ gelieferte Auszeichnung $(2)$ der Halbgeraden $\mathrm{T}_p^{\rightarrow}B_+$ von $\mathrm{T}_p^{\rightarrow}B$ ist eine *Orientierung* für die 1-dim. $C^\infty$-Untermannigfaltigkeit $B$ in $M$ (s. 2.1.5 Def. 2, und beachte unten die $C^\infty$-Aussage über $E^B : B \to V$): Im folgenden betrachten wir daher $B$ stets als *orientierte* 1-dim. $C^\infty$-Untermannigfaltigkeit (in $M$) bezüglich dieser *Zukunfts-Orientierung* $(p \mapsto \mathrm{T}_p^{\rightarrow}B \cap C)$ für $B$. –

**Inertialität:**  Ein materielles Teilchen bzw. ein Beobachter $B$ heißt *kräftefrei* bzw. *inertial*, wenn die 1-dim. $C^\infty$-Untermannigfaltigkeit $B$ in $M$ ein 1-dim. affiner Unterraum von $M$ mit zeitartigem Richtungs-VR $B_0$ ist (s. 2.1.6), d.h. $B$ ist eine zeitartige affine Gerade in $M$. – Beobachter, die nicht inertial sind, heißen *beschleunigt* (ihre Weltlinien sind also „gekrümmt"). –

**Evolutionsrichtung:**  Ist $B$ ein Beobachter, so gibt es genau eine Abbildung $E^B : B \to V$, das *Evolutionsfeld* von $B$, gekennzeichnet durch:

$$E^B(p) \in \mathrm{T}_p^{\rightarrow}B \cap C \quad und \quad \langle E^B(p), E^B(p)\rangle = -1 \quad für\ alle\ p \in B. \qquad (3)$$

Dieses Evolutionsfeld $E^B : B \to V$ ist zudem eine $C^\infty$-Abb. (s.u. nach (5)).

Ist $B$ *inertial*, so ist sein Evolutionsfeld $E^B$ konstant, und dessen Wert

$$e^B\ (\in C)\ heißt\ die\ Evolutionsrichtung\ des\ inertialen\ Beobachters\ B. \qquad (4)$$

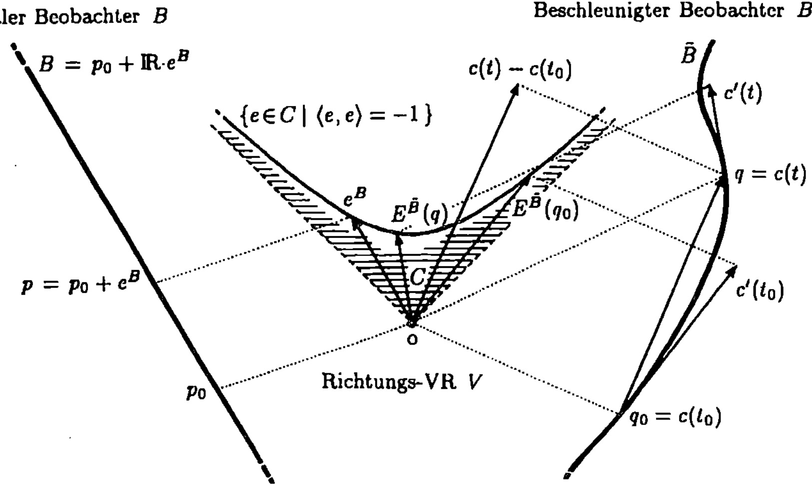


Sind $B, \bar{B}$ zwei Beobachter, so folgt aus (3), 2.1.(11), (12) für $(p,\bar{p}) \in B \times \bar{B}$:

$$-\langle E^B(p), E^{\bar{B}}(\bar{p})\rangle \geq 1\ ,$$

*und Gleichheit gilt genau dann, wenn*  $E^B(p) = E^{\bar{B}}(\bar{p})$. $\qquad (5)$

[Zur $C^\infty$-Eigenschaft von $E^B : B \to V$:   Sei $h : H \to M$ eine lokale $C^\infty$-Parametrisierung der 1-dim. $C^\infty$-Untermannigfaltigkeit $B$ in $M$ (s. 2.1.4 Def.1), wo $H$ ein offenes Intervall von $\mathbb{R}$ sei, also $h : H \to M$ ein immersiver $C^\infty$-Weg in $B$ ist.

$\quad$ *Daher* : $\quad h'(t) = d_t h(1) \in T_{\vec{h(t)}} B \setminus \{o\} \subset V_- \quad$ *für alle* $t \in H$ ,

(s. (1) und 2.1.(49), (50), (54)), weshalb die zusammenhängende Teilmenge $h'(H)$ von $V$ (s. (1)) in $C$ oder in $(-C)$ enthalten sein muß. Daher o.B.d.A. [sonst Übergang von $h$ zum rückwärts durchlaufenen Weg $h^v$ (s. 1.1.(17))] :

$$h'(t) \in T_{\vec{h(t)}} B \cap C \quad \textit{für alle } t \in H, \quad \textit{d.h.} \tag{6}$$
$$h : H \to M \textit{ ist eine orientierungstreue lokale } C^\infty\textit{-Parametrisierung von } B .$$

Dann gilt aber (s. (1),(2),(3) und 2.1.(5),(12)) :

$$E^B(h(t)) = (-\langle h'(t), h'(t) \rangle)^{-(1/2)} \cdot h'(t) \quad \textit{für alle } t \in H ,$$

wobei die rechte Seite in $C^\infty$-Weise von $t$ abhängt $\left( h \text{ ist } C^\infty\text{-Abb.!} \right)$. Daher ist $E^B \circ h : H \to V$, also überhaupt (s. 2.1.4 Def.2 b)) $E^B : B \to V$ eine $C^\infty$-Abb.. $\square$]


## 2.2.3   (Beobachter begleitende) Normaluhren

Ist $B$ ein Beobachter, so ist *der Lauf einer $B$ begleitenden Normaluhr* (kurz: *eine $B$ begleitende Normaluhr*) eine surjektive $C^\infty$-Abbildung $c : J \to B$ eines offenen Intervalls $J$ von $\mathbb{R}$ auf $B$, so daß für alle $t \in J$ der Vektor $c'(t) \in T_{\vec{c(t)}} B$ ein zukunfts-orientierter, zeitartiger „Einheitsvektor" ist, d.h. (s. (3)):

$$c'(t) = E^B(c(t)) \quad ( \iff \quad c'(t) \in C \quad \textit{und} \quad \langle c'(t), c'(t) \rangle = -1 \ ) . \tag{7}$$

Aus dieser Definition folgt bereits [ $J$ ist orientierte 1-dim. $C^\infty$-Untermannigfaltigkeit von $\mathbb{R}$ (s. 2.1.5 Def. 2 c und Beispiele 1 und 2) ] :

$$\textit{Jede } B \textit{ begleitende Normaluhr ist ein orientierungstreuer } C^\infty\textit{-Diffeo-}$$
$$\textit{morphismus } c : J \to B \textit{ eines offenen Intervalls } J \textit{ von } \mathbb{R} \textit{ auf } B \textit{ mit} \tag{8}$$
$$c' = E^B \circ c, \textit{ und für alle } t_0, t \in J \textit{ mit } t_0 < t \textit{ gilt } c(t) - c(t_0) \in C .$$


*Beweis zu* (8):   Ist $e \in C$ und $t_0 \in J$, so ist die reellwertige $C^\infty$-Funktion auf $J$

$$\langle c(\mathrm{x}) - c(t_0), e \rangle \quad \textit{streng monoton fallend, da} \quad \langle c'(\mathrm{x}), e \rangle < o \tag{9}$$

(s. (7) und 2.1.(12),(54)), also ist $c$ *injektiv* und *immersiv*. Insgesamt ist daher $c : J \to B$ eine bijektive $C^\infty$-Immersion, also (s. 2.1.5 Satz 3) ein $C^\infty$-*Diffeomorphismus*. – Aus (9) folgt weiter:

$$\textit{Für alle } t \in J \textit{ mit } t > t_0 \textit{ gilt} : \quad \langle c(t) - c(t_0), e \rangle < 0 . \tag{10}$$

Nun ist $H := \{ t \in J \mid t_0 < t \textit{ und } c(\tau) - c(t_0) \in C \textit{ für alle } \tau \in {]t_0, t]} \}$ ein Teilintervall von $J$, das mit $J$ offen ist in $\mathbb{R}$ (da $C$ offen in $V$ und $c$ stetig). Da weiter (s. (7))

$$\lim_{t \to t_0} (t - t_0)^{-2} \cdot \langle c(t) - c(t_0), c(t) - c(t_0) \rangle = \langle c'(t_0), c'(t_0) \rangle = -1 ,$$

so ist für alle $t \in J$ mit kleinem $t - t_0 \in \mathbb{R}_+$ der Vektor $c(t) - c(t_0)$ zeitartig, liegt also nach (10) und 2.1.(12) in $C$. Daher $H \neq \emptyset$, $\inf H = t_0$ und mit $t_1 := \sup H \leq \sup J$ folgt, da $H$ offen: $H = ]t_0, t_1[$. Annahme, $t_1 < \sup J$, also $t_1 \in J$ und nach Voraussetzung auch $t_0 \in J$. Daher gibt es (Mittelwertsatz!) $\vartheta \in ]t_0, t_1[ = H$ mit

$$\langle c(t_1) - c(t_0), c(t_1) - c(t_0) \rangle \;=\; 2 \cdot \langle c(\vartheta) - c(t_0), c'(\vartheta) \rangle \;<\; 0, \tag{11}$$

wobei die Ungleichung in (11) aus (10) mit $e := c'(\vartheta)$ folgt, beachte $c'(\vartheta) \in C$ (s. (7)) wegen $\vartheta \in J$. Somit nach (10), (11), 2.1.(12): $c(t_1) - c(t_0) \in C$, also (nach Definition von $H$) $t_1 \in H$, Widerspruch. Daher $t_1 = \sup J$, d.h. $H = \{ t \in J \mid t_0 < t \}$. □

**Deutung (physikalisch):** Das offene Definitionsintervall $J$ ($\subset \mathbb{R}$) einer $B$ begleitenden Normaluhr $c : J \to B$ deute man als ihr skalenartiges „Ziffernblatt", für jede Marke $t \in J$ deute man $c(t) \in B$ als dasjenige Ereignis, bei welchem der Zeiger von $c$ gerade auf der Marke $t$ steht, umgekehrt: Für jedes $p \in B$ ist $c^{-1}(p)$ ($\in J$) *die von $c$ im Ereignis $p$ angezeigte „Uhrzeit".* (Die geforderte *Surjektivität* für $c : J \to B$ sichert die *ständige Begleitung* des Beobachters durch die Normaluhr $c$, d.h. bei *allen* Ereignissen im Leben des Beobachters ist die Normaluhr „zugegen".)
... **(mathematisch):** Nach (8) ist jede $B$ begleitende Normaluhr $c : J \to B$ eine orientierungstreue ($C^\infty$-diffeomorphe) *globale $C^\infty$-Parametrisierung der 1-dim. $C^\infty$-Untermannigfaltigkeit $B$ in $M$* (s. 2.1.4 Def.1) und diese ist nach (7) sogar „*normiert*", d.h. $|\langle c', c' \rangle| = 1$, (beachte die analoge Begriffsbildung „*Parametrisierung auf Weglänge*" für Wege in normierten $\mathbb{R}$-VR-en, s. 1.2.6). – [⊛  Interpretiert man das Evolutionsfeld $E^B$ als $C^\infty$-Tangential-Vektorfeld auf der 1.-dim. zusammenhängenden $C^\infty$-Mannigfaltigkeit $B$, so liefert die 1-te Gleichung von (7): *Die $B$ begleitendem Normaluhren sind genau die maximal definierten $C^\infty$-Integralwege $c : J \to B$ des Tangential-Vektorfeldes $E^B$ von $B$.* (Die folgende *Aussage* (12) *ist in diesem Sinne eine triviale Spezialisierung des entsprechenden Resultats über die „Integration von Tangential-Vektorfeldern" auf Mannigfaltigkeiten.*)] –


**Existenz und Einzigkeit $B$ begleitender Normaluhren:**

> *Für jeden Beobachter $B$ und jedes Ereignis $p_0 \in B$ gibt es genau eine $B$ begleitende Normaluhr $c : J \to B$ mit $0 \in J$ und $c(0) = p_0$. Für je zwei $B$ begleitende Normaluhren $c_i : J_i \to B$ (mit $i \in \{0, 1\}$) gibt es $\tau \in \mathbb{R}$, so daß $J_1 = \tau + J_0$ und $c_1(\mathrm{x}) = c_0(\mathrm{x} - \tau)$,* $\tag{12}$

d.h. zwei solche Normaluhren differieren nur um eine *Skalen-Translation.* –


*Beweis zu* (12): [⊛  Der folgende Beweis ist (s.o. „Deutung (mathematisch)") i.w. derjenige für die Existenz und Einzigkeit der $C^\infty$-Integralwege von $C^\infty$-Vektorfeldern auf $C^\infty$-Mannigfaltigkeiten (allerdings in dem einfachen Spezialfall, wo die Mannigfaltigkeit eine 1-dim. $C^\infty$-Untermannigfaltigkeit eines affinen Raumes ist).]
**1.** Sei $\mathcal{N}$ die *nicht-leere* Menge aller $C^\infty$-Abb.-en $\nu : J_\nu \to B$ (d.s. nach 2.1.4 Def.2 b die $C^\infty$-Abb.-en $\nu : J_\nu \to M$ mit $\nu(J_\nu) \subset B$), für welche gilt:

$$\begin{aligned} & J_\nu \text{ ist ein offenes Intervall von } \mathbb{R} \text{ mit } 0 \in J_\nu, \text{ so daß} \\ & \nu' = E^B \circ \nu \quad und \quad \nu(0) = p_0. \end{aligned} \tag{13}$$

[Nachweis für $\mathcal{N} \neq \emptyset$: Zunächst gibt es (s.o. (6)) eine orientierungstreue lokale $C^\infty$-Parametrisierung $h : H \to M$ von $B$ mit einem offenen, 0 enthaltenden Intervall $H$ von $\mathbb{R}$ und $h(0) = p_0$. Dann zeigt der Vergleich von (3) und (6):
$h' = \lambda \cdot (E^B \circ h)$, *wobei* $\lambda := (-\langle h', h' \rangle)^{(1/2)} : H \to \mathbb{R}_+$ *eine $C^\infty$-Funktion ist.*

Sei sodann $\varphi : H \to \mathbb{R}$ die Stammfunktion von $\lambda$ (d.h. $\varphi' = \lambda$) mit $\varphi(0) = 0$. Also induziert $\varphi : H \to \mathbb{R}$ einen monoton wachsenden $C^\infty$-Diffeomorphismus von $H$ auf ein offenes, 0 enthaltendes Intervall $J_\nu := \varphi(H)$ von $\mathbb{R}$ mit einer *streng monoton wachsenden $C^\infty$-Umkehrfunktion* $\varphi^{-1} : J_\nu \to \mathbb{R}$, für welche $\varphi^{-1}(J_\nu) = H$ und $\varphi^{-1}(0) = 0$ gilt. Daher ist (s. 2.1.4 Korollar 2)

$$\nu := h \circ \varphi^{-1} : J_\nu \to M \quad \text{eine orientierungstreue lokale } C^\infty\text{-Parametrisierung von } B$$
$$\text{mit} \quad \nu' = (h' \circ \varphi^{-1}) \cdot (\varphi^{-1})' = (1/(\varphi' \circ \varphi^{-1})) \cdot (h' \circ \varphi^{-1}) = ((1/\lambda) \cdot h') \circ \varphi^{-1}.$$

Daraus folgt (s.o. Def. von $\lambda : H \to \mathbb{R}_+$): $\nu' = E^B \circ \nu$ und $\nu(0) = p_0$, d.h. $\nu \in \mathcal{N}$.]

**2.** *Für je zwei* $\mu, \nu \in \mathcal{N}$ *gilt:* $\mu(t) = \nu(t)$ *für alle* $t \in J_\mu \cap J_\nu$.

Denn nach Definition von $\mathcal{N}$ (s. **1.**) gilt $0 \in J_\mu \cap J_\nu$ und $\mu(0) = \nu(0)$, also ist die Menge $Z := \{ t \in J_\mu \cap J_\nu \mid \mu(t) = \nu(t) \}$ nicht-leer, und da $\mu, \nu$ stetige Abb.-en in $M$ sind, und $M$ hausdorffsch ist, so ist $Z$ auch *abgeschlossen in* $J_\mu \cap J_\nu$. Schließlich ist $Z$ auch *offen in* $J_\mu \cap J_\nu$! [Sei nämlich $\tau \in Z$, also $p := \mu(\tau) = \nu(\tau)$. Wähle dann (s. 2.1.4 Korollar 1) eine Umgebung $U$ von $p$ in $M$, eine $C^\infty$-Abb. $\Phi : U \to V$ und eine in $U$ enthaltene Umgebung $G$ von $p$ in $B$ mit $E^B | G = \Phi | G$. Wegen der Offenheit von $J_\mu \cap J_\nu$ und der Stetigkeit von $\mu$ und $\nu$ in $\tau$ gibt es daher eine (in $J_\mu \cap J_\nu$ enthaltene) Umgebung $H$ von $\tau$ in $\mathbb{R}$ mit $\mu(H) \cup \nu(H) \subset G$. Ist nun $u : M \to V$ eine affine $V$-Karte für $(M, +, V)$ (s. 2.1.2), so ist $f := \Phi \circ u^{-1} : u(G) \to V$ eine $C^\infty$-Abb. der offenen Teilmenge $u(G)$ des $\mathbb{R}$-VR-es $V$ in $V$, und da $(u \circ \mu)' = \mu'$ (s. 2.1.(38),(49)), so sind nach (13) und Wahl von $\Phi$ die $C^\infty$-Wege $u \circ \mu | H$ und $u \circ \nu | H$ im 4-dim. $\mathbb{R}$-VR $V$ Lösungen der Gewöhnlichen $C^\infty$-Differentialgleichung

$$y' = f \circ y \quad \text{mit der Anfangsbedingung} \quad y(\tau) = u(p),$$

also folgt aus dem Einzigkeitssatz für die Lösungen der Anfangswertaufgabe solcher Differentialgleichungen in endlich-dim. $\mathbb{R}$-VR-en (s. [DI], (10.4.5)), daß $u \circ \mu$ und $u \circ \nu$ auf einer *Umgebung* $H_\tau (\subset H)$ von $\tau$ übereinstimmen, also wegen der Injektivität von $u$ überhaupt $\mu | H_\tau = \nu | H_\tau$, d.h. $H_\tau \subset Z$.]
Da $J_\mu \cap J_\nu$ als Intervall zusammmenhängend ist, so muß die nicht-leere, in $J_\mu \cap J_\nu$ abgeschlossene und offene Teilmenge $Z$ von $J_\mu \cap J_\nu$ gleich $J_\mu \cap J_\nu$ sein. –

**3.** Wegen (13) ist die *Vereinigung $J$ aller $J_\nu$ mit $\nu \in \mathcal{N}$* ein offenes, 0 enthaltendes Intervall von $\mathbb{R}$ und wegen **2.** erhalten wir eine wohldefinierte

$$C^\infty\text{-}Abb. \quad c : J \to B \quad \text{vermöge} \quad c(t) := \nu(t), \quad \text{falls } t \in J_\nu \quad (\text{für ein } \nu \in \mathcal{N}),$$

die offenbar selbst zu $\mathcal{N}$ gehört und nach Konstruktion „*maximal*" in $\mathcal{N}$ ist, d.h. wir haben insgesamt erhalten: Es gibt eine

$$\begin{aligned} C^\infty\text{-}Abb. \quad c : J \to B \quad \text{mit} \quad c' &= E^B \circ c \quad \text{sowie} \quad c(0) = p_0, \\ \text{und für alle } \nu \in \mathcal{N} \text{ gilt} : \quad J_\nu &\subset J \quad \text{und} \quad \nu = c | J_\nu. \end{aligned} \qquad (14)$$

**4.** *Darüber hinaus ist die Abb.* $c : J \to B$ *aus* (14) *surjektiv*.
[Denn da $c$ *immersiv* ist, d.h. $c'(t) \neq 0$ für alle $t \in J$ (s. (14),(7)), so ist die *nicht-leere* ($0 \in J$) Teilmenge $c(J)$ von $B$ (nach 2.1.5 Satz 3) *offen in $B$*. $c(J)$ ist aber auch *abgeschlossen in $B$*: Sei nämlich $p_1 \in B$ ein Häufungspunkt von $c(J)$. Dann wählen wir eine $C^\infty$-Abb. $c_1 : J_1 \to B$ mit einem 0 enthaltenden, offenen Intervall $J_1$ von $\mathbb{R}$, so daß $c_1' = E^B \circ c_1$ und $c_1(0) = p_1$ (die Existenz eines solchen $c_1$ folgt analog dem Beweis von „$\mathcal{N} \neq \emptyset$" in **1.**). Daher ist $c_1(J_1)$ (wie oben $c(J)$) *offen in $B$*, ist also eine Umgebung von $p_1$ in $B$: $c_1(J_1)$ enthält somit Punkte aus $c(J)$, und folglich gibt es $\tau \in J$ und $\tau_1 \in J_1$ mit $c(\tau) = c_1(\tau_1)$, also (s. (14)): $c'(\tau) = E^B(c(\tau)) = c_1'(\tau_1)$. Definiere nun das Intervall $J_0 := (\tau - \tau_1) + J_1$, (insbesondere $\tau, \tau - \tau_1 \in J_0$), und weiter: $c_0(t) := c_1(t - (\tau - \tau_1))$ für $t \in J_0$. Daher $\tau \in J \cap J_0$, $c_0 : J_0 \to B$ ist (mit $c_1$) eine $C^\infty$-Abb. und es gilt für alle $t \in J_0$ :
$$c_0'(t) = c_1'(t - (\tau - \tau_1)) = E^B(c_1(t - (\tau - \tau_1)) = E^B \circ c_0(t), \quad \text{und} \quad c_0(\tau) = c_1(\tau_1) = c(\tau).$$

Hieraus folgt aber wie in **2.**: $c_0|(J \cap J_0) = c|(J \cap J_0)$, und weiter ist $J \cup J_0$ ein 0 enthaltendes, offenes Intervall von $\mathbb{R}$. Die Abbildung
$$\tilde{c}:(J \cup J_0) \to B \quad \text{mit} \quad \tilde{c}(t) := c(t), \ \text{falls } t \in J, \quad \text{und} \quad \tilde{c}(t) := c_0(t), \ \text{falls } t \in J_0,$$
ist daher eine Abb. aus $\mathcal{N}$ (s. o. **1.**), also nach (14): $(J \cup J_0) \subset J$ und $\tilde{c} = c|J$. Insbesondere $J_0 \subset J$, also wegen $\tau - \tau_1 \in J_0$ (s. o.) auch $\tau - \tau_1 \in J$ und somit
$$c(\tau - \tau_1) = \tilde{c}(\tau - \tau_1) = c_0(\tau - \tau_1) = c_1(0) = p_1 , \quad d.h. \ p_1 \in c(J),$$
womit auch die Abgeschlossenheit von $c(J)$ in $B$ gezeigt ist. Wegen des Zusammenhangs von $B$ erhalten wir daher $c(J) = B$. ] –

**5.**  Aus (14) und **4.** folgt nun: $c: J \to B$ ist eine $B$ begleitende Normaluhr mit $c(0) = p_0$, und für jede weitere Normaluhr $\tilde{c}: \tilde{J} \to B$ mit $\tilde{c}(0) = p_0$ liefert (14): $\tilde{J} \subset J$ und $\tilde{c} = c|\tilde{J}$. Somit: $B = \tilde{c}(\tilde{J}) = c(\tilde{J}) \subset c(J) = B$, weshalb gelten muß $c(\tilde{J}) = c(J)$. Aber $c: J \to B$ ist als Normaluhr nach (8) eine bijektive Abb., also überhaupt $\tilde{J} = J$. Damit ist gezeigt, daß $c: J \to B$ die Existenz- und Einzigkeits-Ausssage von (12), und außerdem (14) erfüllt. –

**6.**  Seien schließlich $c_i: J_i \to B$, $i \in \{0,1\}$ beliebige $B$ begleitende Normaluhren. Wegen der Surjektivität von $c_i: J_i \to B$ gibt es also $\tau_i \in J_i$ mit $c_i(\tau_i) = p_0$. Dann ist aber ($i$ fest) $J_\nu := (-\tau_i) + J_i$ ein 0 enthaltendes, offenes Intervall von $\mathbb{R}$ und $\nu := c_i(x + \tau_i): J_\nu \to B$ ist (zugleich mit $c_i$) eine *surjektive* $C^\infty$-*Abb.*, für die gilt
$$\nu' = c_i'(x + \tau_i) = E^B \circ c_i(x + \tau_i) = E^B \circ \nu , \quad sowie \quad \nu(0) = c_i(\tau_i) = p_0 ,$$
d.h. $\nu \in \mathcal{N}$ (s. **1.**). Daher folgt aus (14): $J_\nu \subset J$ und $\nu = c|J_\nu$. Aus der letzten Gleichung erhält man aber wieder: $B = \nu(J_\nu) = c(J_\nu) \subset c(J) = B$, woraus wegen der Bijektivität von $c: J \to B$ (s. (8)) folgt: $J_\nu = J$, d.h. (s. Def. von $J_\nu$ und $\nu$): $J_i = \tau_i + J$, $c_i(x + \tau_i) = c$, also $J_1 = \tau + J_0$, $c_1(x) = c_0(x - \tau)$ mit $\tau := \tau_1 - \tau_0$. $\square$


### Inertiale Beobachter und die sie begleitenden Normaluhren:

*Sei $B$ ein inertialer Beobachter mit der Evolutionsrichtung $e^B$.*
*Für alle $p \in B$ gilt: $B = p + \mathbb{R} \cdot e^B$, die affine Abb. $c_p: \mathbb{R} \to B$*
*($t \mapsto p + t \cdot e^B$) ist eine $B$ begleitende Normaluhr, und daher*  $\qquad$ (15)
*$c_p^{-1}(q) = -\langle q - p, e^B \rangle$ für alle $q \in B$. – Diese Abbildungen $c_p$*
*(mit $p \in B$) sind die einzigen $B$ begleitenden Normaluhren.*

[ (15) folgt direkt aus (7) und (12). ] – Weiter gilt für *beliebige* Beobachter $B$:

$$B \ \text{ist inertial} \quad \Longleftrightarrow \quad E^B: B \to V \ \text{ist konstant.} \qquad (16)$$

[Für „$\Rightarrow$" siehe (4). Ist umgekehrt $E^B$ konstant vom Wert $e^B$ und $p_0 \in B$, so sei $c: J \to B$ die (vgl. (12)) $B$ begleitende Normaluhr mit $c(0) = p_0$, insbesondere nach Annahme über $E^B$ und (7): $c'(t) = e^B$ für alle $t \in J$, d.h. $c(t) = p_0 + t \cdot e^B$ für alle $t \in J$. Aber $B = c(J)$ ist nach Definition eines Beobachters abgeschlossen in $M$, folglich $J = \mathbb{R}$, also ist $B$ inertial. $\square$ ]


### 2.2.4 Lichtsignale, Photonen

Sei $p$ ein Ereignis. Als *Ausbreitung des in $p$ aufgegebenen Lichtsignals* (kurz: als *das in $p$ aufgegebene Lichtsignal*) bezeichnet man die Menge aller Ereignisse $p + \partial C := \{\, p + l \mid l \in \partial C \,\}$, die also durch Abtragen aller zukunfts-lichtartigen Vektoren in $p$ entsteht (s. 2.1.(18)), sie heißt auch *Lichtkegel in $p$*.

Physikalisch gesprochen ist $p + \partial C$ die Menge aller Ereignisse, in denen ein im Ereignis $p$ aufgegebenes Lichtsignal bei seiner allseitigen räumlichen Ausbreitung irgendwann „wahrgenommen" werden kann. – Jede „Erzeugende" $p + [0, +\infty[\cdot l$ ($l \in \partial C \setminus \{o\}$) des Lichtkegels $p + \partial C$ deutet man als *Geschichte eines im Ereignis $p$ erzeugten Photons* (kurz: als *ein in $p$ erzeugtes Photon*).

### 2.2.5 Kausal-Relation

Sind $p, q \in M$ Ereignisse, so sagt man, *$p$ impliziert $q$ kausal* bzw. *$p$ ist absolut früher als oder gleich $q$* und schreibt dafür „$p \leq q$" genau dann, wenn $q - p \in \overline{C} = C \,\dot\cup\, \partial C$ (s. 2.1.(18)). Dies ist eine Ordnungsrelation in $M$ : Da $\overline{C}$ mit $C$ ein konvexer Kegel ist (s. 2.1.(12)), ist sie *transitiv* und wegen $\overline{C} \cap (-\overline{C}) = \{o\}$ impliziert „$p \leq q$ *und* $q \leq p$" stets $p = q$. [Sie ist aber *keine Totalordnung*, da $V \setminus (\overline{C} \cup (-\overline{C})) \neq \emptyset$.] Jedoch liefern (8),(12) (s. auch Aufg. 2.5.3):

> *Die Beschränkung der Kausal-Relation „.. $\leq$ .." in $M$ auf*  
> *das Leben $B$ eines Beobachters induziert in $B$ eine Totalord-*  
> *nung, die mit der Früher-Später-Relation in $B$, die durch eine*  
> *$B$ begleitende Normaluhr induziert wird, zusammenfällt.*       (17)

# 2.3 Zeitmessung bzgl. (inertialer) Beobachter

in einer Minkowski-Welt $(M, +, V, \langle ..,.. \rangle, C)$.

### 2.3.1 Die Eigenzeit $\tau^B : B \times B \to \mathbb{R}$ eines Beobachters $B$

Für je zwei Ereignisse $p, q \in B$ im Leben von $B$ heißt

$$\tau^B(p, q) \ := \ c^{-1}(q) - c^{-1}(p) \quad (\in \mathbb{R})$$
*die zwischen $p$ und $q$ verstrichene Eigenzeit von $B$,*       (1)

wobei $c : J \to B$ irgendeine $B$ begleitende Normaluhr ist [und diese Definition ist nach 2.2.(12) unabhängig von der speziellen Wahl eines solchen $c$].

*Bemerkungen:* • Da für eine solche Uhr $c$ nach (1) und 2.2.(7) das Integral über $\sqrt{|\langle c', c' \rangle|}$ von $c^{-1}(p)$ bis $c^{-1}(q)$ gleich $\tau^B(p, q)$ ist, so deutet man – in Analogie zur euklidischen Geometrie – *die zwischen $p$ und $q$ verstrichene Eigenzeit von $B$* als *orientierte Bogenlänge* des Segments der Weltlinie $B$ zwischen $p$ und $q$ (die also positiv bzw. negativ ist, je nachdem $q$ später bzw. früher als $p$ ist, s.o. 2.2.(17)).

• *Eigenzeit von $B$* spielt darauf an, daß die Zeitmessung hier *mittels $B$ begleiten-der Normaluhren* erfolgt, und solche Messungen daher zunächst *nur zwischen Ereig-nissen im Leben von $B$ selbst*, d.h. in unmittelbarer Nähe der $B$ begleitenden Uhr, möglich sind. [Zeitmessungen des Beobachters $B$ zwischen Ereignissen *außerhalb* seines Lebens erfordern – wie EINSTEIN hervorhebt – eine zusätzliche *Konvention*, was „Gleichzeitigkeit" beliebiger Ereignisse zu solchen im Leben von $B$ bedeutet.]

Speziell erhält man (aus (1) und 2.2.(15)) sofort: Ist der Beobachter

$$B \text{ inertial, so gilt} \quad \tau^B(p,q) = -\langle q-p, e^B \rangle \quad \text{für alle } p, q \in B. \tag{2}$$

Über die zwei von einem inertialen und einem beschleunigten Beobachter zwi-schen *gleichen* Ereignissen ihrer beider Leben (mit „gleichbeschaffenen Nor-maluhren") gemessenen Eigenzeiten gilt folgender „*Vergleichs-Satz*":

## 2.3.2 LANGEVINs Zwillinge

*Seien $B$ ein inertialer, $\tilde{B}$ ein beliebiger (evtl. beschleunigter) Beobachter und $p, q \in B \cap \tilde{B}$ zwei Ereignisse im Leben von $B$ und $\tilde{B}$, so daß $p$ früher ist als $q$, d.h. $q-p \in C$ (s. 2.2.(8),(17)). – Dann ist die zwischen $p$ und $q$ verstriche-ne Eigenzeit von $\tilde{B}$ kleiner oder gleich der zwischen $p$ und $q$ verstrichenen Eigenzeit von $B$, genauer (s.o. (1), 2.2.(17) und [LA], S. 453, Z. 21ff):*

$$\tau^{\tilde{B}}(p,q) \leq \tau^B(p,q),$$

*und „ $<$ " gilt genau dann, wenn es ein Ereignis* $\qquad$ (3)
*$r \in \tilde{B} \setminus B$ gibt, das später als $p$ und früher als $q$ ist.*

**Interpretation** (*geometrisch*): Der geradlinige Verbindungsweg zweier Ereignisse $p, q \in M$ mit $q-p \in C$ ist (s. 2.3.1) der *längste* aller zeitartigen $C^\infty$-Verbindungswege zwischen $p$ und $q$ (d.s. $p$ und $q$ verbindende $C^\infty$-Wege $\gamma$ mit überall zeitarti-gem $\gamma'$), und jeder der letzteren Wege, der die Verbindungsstrecke von $p$ und $q$ irgendwann verläßt, hat streng kleinere Länge[11]. [⊛ *Differentialgeometrisch ge-sagt*: Unter allen zeitartigen, normierten $C^\infty$-Verbindungswegen von $p$ nach $q$ ist der *geodätische* Weg in $(M,g)$ bzgl. der von $\langle ..,.. \rangle$ induzierten (flachen!) pseudo--riemannschen Metrik $g$ der eindeutig bestimmte *längste* (beachte 2.1.(11)): (3) be-ruht also m.a.W. darauf, daß zwar $B$, aber nicht unbedingt $\tilde{B}$ eine totalgeodäti-sche 1-dim. $C^\infty$-Untermannigfaltigkeit von $(M,g)$ ist (s. 2.2.2), wobei die pseudo--riemannsche Metrik $g$ (zugleich mit $\langle ..,.. \rangle$ und $W := (M, +, V)$) ein „*absolutes*" Datum des Minkowski-Weyl-Modells ist (s. S. 163, Zeile 19 bis S. 164, Zeile 1).]

... (*physikalisch-biologisch*): $B$ und $\tilde{B}$ seien Zwillinge, die sich im gemeinsamen Ereignis $p$ trennen und sich später, im gemeinsamen Ereignis $q$, wiedertreffen. Während der Trennungsphase zwischen $p$ und $q$ *ruhe $B$* (d.h. $B$ bewegt sich *kräf-*

---

[11] Die Pfeile längs der Weltlinien (in der Skizze nebenan) markieren das „Ticken" begleitender Normaluhren gleicher Art, begrenzen also jeweils gleichlange Eigenzeit-Abschnitte der Lebensläufe von $B$ und $\tilde{B}$. Daher (in der Skizze):
$$\tau^{\tilde{B}}(p,q) = 7 \quad bzw. \quad \tau^B(p,q) \approx 11.3 \text{ Zeiteinheiten.}$$

*tefrei*), $\tilde{B}$ bewege sich hingegen von $B$ fort und wieder zu $B$ zurück. $\tilde{B}$ muß also (um nach der Trennung von $B$ wieder zum ruhenden $B$ zurückkehren zu können, zumindest in einem kleinen Zeitintervall) während der Trennungsphase die Richtung seiner Geschwindigkeit ändern, d.h. muß sich dort *beschleunigt* bewegen. Dann liest der Zwilling $\tilde{B}$ auf einer ihn begleitenden Normaluhr eine *kleinere Zeitdifferenz* zwischen $p$ und $q$ ab als der geruht habende Zwilling $B$ auf einer ihn begleitenden Normaluhr. Dies heißt (zusammen mit der obigen geometrischen Interpretation):

$$\text{\textit{Jede zwischen } p \text{ \textit{und} } q \text{ } (\textit{mit } q{-}p\in C) \text{ \textit{beschleunigte Normaluhr}}}$$
$$\text{\textit{geht langsamer als die zwischen } p \text{ \textit{und} } q \text{ \textit{ruhende}.}} \tag{4}$$

Macht man daher die *zusätzliche* (aber nicht abwegig erscheinende) *Annahme*, daß der Ablauf biologischer Vorgänge sich analog dem in (4) beschriebenen Lauf physikalischer Uhren verhält, so heißt das: Der ruhende Zwilling ist während der Trennungsphase gegenüber dem beschleunigten *m e h r   g e a l t e r t* !

**Kommentar :**    Die Bedeutung von 2.3.2 liegt darin, daß der in (3) bzw. durch (4) prognostizierte Effekt nur die völlig unstrittigen Eigenzeitmessungen involviert und noch *unabhängig* ist von EINSTEINs Konventionen zur Gleichzeitigkeit und zur Zeit- und Raummessung für beliebige Ereignisse bzgl. inertialer Beobachter [welche (insbesondere von Philosophen) z. T. kritisch beurteilt wurden]. Sein Zutreffen „in natura" – *und alle heutigen irdischen Experimente mit physikalischen Uhren und nicht zu großen Beschleunigungen bestätigen* (4) (z. B. vermöge (5) auch quantitativ!) – unterstreicht daher die Eignung einer „Minkowski-Welt" zur mathematischen Modellierung der „Beobachter" (inertialer wie beschleunigter) und der sie begleitenden „Normaluhren" gemäß 2.2.2 und 2.2.3, zumindest innerhalb irdischer Dimensionen.

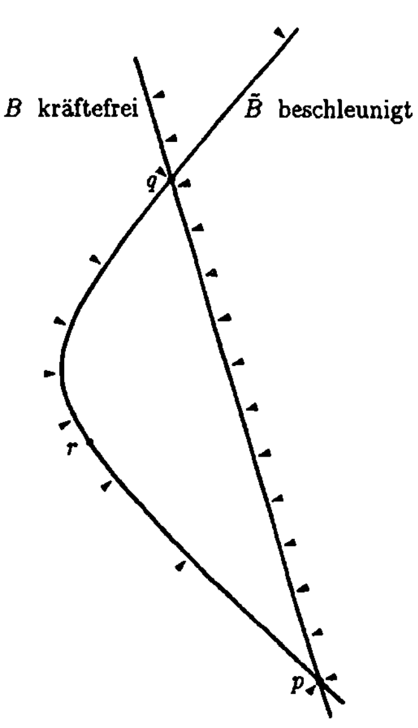


Wir skizzieren noch ein Experiment zum *quantitativen Test* von (4) (durch Spezifizierung der *Beschleunigung von* $\tilde{B}$ *als Bewegung auf einer Kreisbahn mit konstanter Bahngeschwindigkeit*) unter Vorgriff auf kinematische und raum-geometrische Begriffe bzgl. des inertialen Beobachters $B$ : $B$ ruhe an einem Ort, $\tilde{B}$ trennt sich (im Ereignis $p\in B\cap\tilde{B}$) von $B$ und durchläuft relativ zu $B$ eine ebene Kreisbahn durch $p$ mit konstanter Bahngeschwindigkeit v und trifft $B$ nach einem Umlauf wieder (im Ereignis $q$). Ist dann $T$ ($:=\tau^{B}(p,q)$) bzw. $\tilde{T}$ ($:=\tau^{\tilde{B}}(p,q)$) die Umlaufszeit, die an der ruhenden bzw. an der auf der Kreisbahn mitgeführten Uhr abzulesen ist, so gilt $\tilde{T} = \sqrt{1{-}(v/c)^2}\cdot T < T$, wo c die Lichtgeschwindigkeit ist, folglich:

$$\textit{Umlaufszeitdifferenz } \quad T{-}\tilde{T} \;\approx\; (1/2)\cdot(v/c)^2\cdot T, \quad \textit{falls } \; v \ll c. \tag{5}$$

*Beweis von* (3) [mittels der zeitartigen Cauchy-Schwarz-Ungleichung 2.1.(11)]:

$$\textit{Sei } \; c{:}J \to \tilde{B} \; \textit{ eine } \tilde{B} \textit{ begleitende Normaluhr, also } \quad c' \;=\; E^{\tilde{B}}\circ c, \tag{6}$$

*und seien* $s, t \in J$ *mit* $p = c(s)$, $q = c(t)$, *also* $\tau^{\tilde{B}}(p,q) = t - s > 0$    (7)

(vgl. (1),(6)). Daher $\quad \tau^B(p,q) \overset{(2)}{=} -\langle q-p, e^B \rangle \overset{(7)}{=} -\int_s^t \langle c'(x), e^B \rangle \, dx \overset{(6)}{=}$

$-\int_s^t \langle E^{\tilde{B}}(c(x)), e^B \rangle \, dx \overset{2.2.(5)}{\geq} t - s \overset{(7)}{=} \tau^{\tilde{B}}(p,q)$, und Gleichheit gilt (s. 2.2.(5)) genau

dann, wenn $c'(\tau) = E^{\tilde{B}}(c(\tau)) = e^B$ für alle $\tau \in [s,t]$, d.h. genau dann, wenn $c(\tau) =$
$= c(s) + (\tau - s) \cdot e^B$, also (?!) genau dann, wenn $c(\tau) \in B$ für alle $\tau \in ]s,t[$. $\quad \Box$


### 2.3.3  Gleichzeitigkeit bzgl. eines inertialen Beobachters $B$

Für zwei Ereignisse $p, q$ der Minkowski-Welt $(M, +, V, \langle .., .. \rangle, C)$ erklären wir:

„$p$ *ist gleichzeitig zu* $q$ *bzgl.* $B$" *genau dann, wenn* $\langle q-p, e^B \rangle = 0$,    (8)

wobei $e^B$ die Evolutionsrichtung des inertialen Beobachters $B$ ist. –
Offenbar liefert „.. *ist gleichzeitig zu* .. *bzgl.* $B$" eine Äquivalenzrelation in der
Welt $M$, und die Äquivalenzklasse $Z^B(q)$ von $q \in M$ bzgl. letzterer heiße der
„*Zeitpunkt des Ereignisses* $q$ *bzgl.* $B$". $Z^B(q)$ ist daher (s. (8)) ein 3-dim.
affiner Unterraum von $M$ durch $q$ mit dem (von $q$ unabhängigen) raumarti-
gen Richtungsvektorraum $(\mathbb{R} \cdot e^B)^{\perp}$ (vgl. 2.1.(10)). – Weiter gilt:

*Für jedes* $p \in M$ *gibt es genau ein* $p^B \in B$ *mit* $\langle p-p^B, e^B \rangle = 0$,
*nämlich* $p^B := p_0 - \langle p-p_0, e^B \rangle \cdot e^B$ *für jedes* $p_0 \in B$,    (9)

d.h. das Ereignis $p^B$ im Leben von $B$ ist gleichzeitig zu $p$ bzgl. $B$. – Geometrisch gedeutet ist $p^B$ das Bild von $p$ unter der Orthogonalprojektion von
$M$ auf die Gerade $B$ bzgl. $\langle .., .. \rangle$, und nach (8), (9) gilt für alle $p, q \in M$:

$p$ *ist gleichzeitig zu* $q$ *bzgl.* $B$ *genau dann, wenn* $p^B = q^B$.    (10)


### 2.3.4  Messung von Gleichzeitigkeit mittels Radarechos

Wir zeigen nun, daß die Definition (8) bzw. (10) der „Gleichzeitigkeit bzgl. $B$" *in-*
*haltlich* gerade die von EINSTEIN angegebene ist ([E], S. 894). Wir tun dies via
Gedanken-Experimenten, die allein der Beobachter $B$ ausführt [und welche denen,
die EINSTEIN zur „Synchronisierung von verschiedenortigen Uhren durch $B$" vorgeschlagen hatte, äquivalent sind]: Zunächst gibt es für alle $p \in M$ (s. Skizze nebenan)

*eindeutig bestimmte* $p_-^B, p_+^B \in B$ *mit* $p \in p_-^B + \partial C$ *und* $p_+^B \in p + \partial C$,    (11)

nämlich [beachte, daß $p - p^B \in (\mathbb{R} \cdot e^B)^{\perp}$ raumartig ist, sowie 2.1.(23), (42)]:

$$p_{\pm}^B = p^B \pm \sqrt{\langle p-p^B, p-p^B \rangle} \cdot e^B, \quad \textit{also}$$
$$p^B = (1/2) \cdot (p_-^B + p_+^B) \quad \textit{und} \quad p_+^B - p_-^B = 2 \cdot (p_+^B - p^B). \tag{12}$$

Zufolge (11) ist $p_-^B \in B$ dadurch bestimmt, daß das in $p_-^B$ vom Beobachter $B$ aufgegebene *Lichtsignal* $p_-^B + \partial C$ bei seiner Ausbreitung gerade das Ereignis $p$ „trifft". Wird letzteres Signal im Ereignis $p$ sofort „reflektiert", so erreicht das dadurch ausgelöste Reflexions-Lichtsignal $p + \partial C$ bei seiner Ausbreitung den Beobachter $B$ genau im Ereignis $p_+^B$. $p_-^B$ bzw. $p_+^B$ ist also das Aussende- bzw. das Rückkehr-Ereignis eines von $B$ erzeugten und im Ereignis $p$ reflektierten *Lichtechos*. [Versteht man „Licht" allgemeiner als elektromagnetische Welle (nicht nur im sichtbaren Wellenlängenbereich), so ist letzteres „Licht-Echo" auch zu deuten als *Radarecho*.]

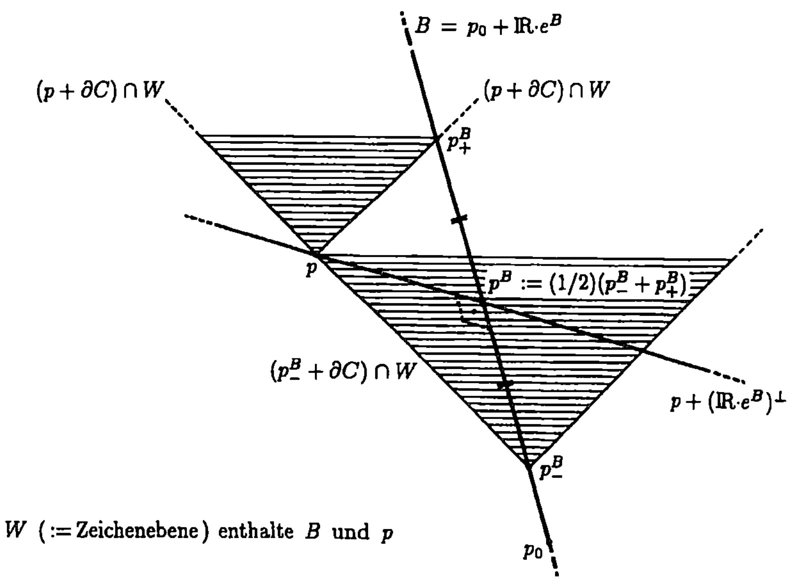


$W$ ( := Zeichenebene) enthalte $B$ und $p$

Sei $c : \mathbb{R} \to B$ eine $B$ begleitende Normaluhr. Dann ist $c^{-1} : B \to \mathbb{R}$ (zugleich mit $c$, s. 2.2.(15)) eine *affine* Abb., folglich (s.2.1.(42),(43)): $c^{-1}((1/2)\cdot(a+b)) = (1/2)\cdot(c^{-1}(a) + c^{-1}(b))$ für $a, b \in B$ . Nach (9), (12) erklärt daher der Beobachter $B$ als *das zu p in seinem Leben gleichzeitige Ereignis* gerade das Ereignis $p^B \in B$ mit $c^{-1}(p^B) = (1/2)\cdot(c^{-1}(p_-^B) + c^{-1}(p_+^B))$, d.h. dessen Uhrzeit bzgl. $c$ das *arithmetische Mittel* der zwei Uhrzeiten des Aussendens bzw. Empfangens des in $p$ reflektierten Lichtsignals ist [und (12) zeigt, daß diese Beschreibung von $p^B$ von der speziellen Wahl der $B$ begleitenden Normaluhr unabhängig ist]. Diese Art der Festlegung von „Gleichzeitigkeit bzgl. $B$ " bedeutet offenbar (das ist hierbei der Kerngedanke von EINSTEIN!), daß der inertiale Beobachter $B$, *unabhängig von seinem Bewegungszustand*, die Zeit, die das von ihm ausgesandte Licht für seinen Hin-Lauf zum Reflexionsereignis, sowie diejenige Zeit, die das reflektierte Licht bei seinem Rück-Lauf von $p$ zu ihm benötigt, *als einander gleich ansetzt*: Dieser Ansatz widerspricht der klassischen Kinematik, er zeichnet aber dafür verantwortlich, daß das hier beschriebene Modell der Speziellen Relativitätstheorie dann (s.u. 2.6.2) die „ *Konstanz und Isotropie*" *der Lichtgeschwindigkeit l i e f e r t* . [EINSTEIN postuliert in [E] umgekehrt (anders als in dieser Darstellung) die letzteren Eigenschaften des Lichtes als *Axiom*, welches er dann seiner Definition von „Gleichzeitigkeit bzgl. $B$ " zugrundelegt.]

## 2.3.5  Synchronisierung bzgl. inertialer Beobachter

Die Einführung des Begriffs „Gleichzeitigkeit bzgl. $B$" gestattet es dem *inertialen* Beobachter $B$, die Geschichte $\tilde{B}$ jedes materiellen Teilchens oder Beobachters seiner eigenen Geschichte *bijektiv* (und unter Erhaltung der Früher-Später-Relation) *folgendermaßen zu synchronisieren* (vgl. (9) und 2.2.(17)):

> *Ist $\tilde{B}$ ein beliebiger und $B$ ein inertialer Beobachter, so ist*
> $$\sigma : \tilde{B} \to B \ (\tilde{p} \mapsto \tilde{p}^B) \quad ein \ C^\infty\text{-}Diffeomorphismus \ von \ \tilde{B} \ auf \ B, \qquad (13)$$
> *der bzgl. der Kausalordnung in $B$ und $\tilde{B}$ ordnungstreu ist,*

wobei also $\tilde{p}^B \in B$ das zu $\tilde{p} \in \tilde{B}$ bzgl. $B$ gleichzeitige Ereignis ist.

**Warnung:** In der Aussage (13) kann man die Rollen von $B$ und $\tilde{B}$ i.a. *nicht* vertauschen: Zwar kann man, (was wir hier unterlassen, siehe aber z.B. [DO-K-P]) „Gleichzeitigkeit" auch bzgl. eines *beschleunigten* Beobachters $B$ definieren, jedoch nur für diejenigen Ereignisse $p \in M$, mit denen $B$ durch Lichtechos i.S. von 2.3.4 Kontakt aufnehmen kann. Diese $p \in M$ bilden eine Umgebung $U^B$ von $B$ in $M$, für die i.a. gilt $U^B \neq M$, also kann die Abb. $\sigma$ aus (13) *i. a.* nur auf $U^B \cap \tilde{B}$, d.h. nicht auf ganz $\tilde{B}$ definiert werden: $U^B$ besteht nämlich *aus den Ereignissen $p \in M$, in denen $B$ gesehen werden kann* (d.h. in denen ein von $B$ irgendwann emittiertes Lichtsignal eintreffen kann), *und die zugleich auch von $B$ gesehen werden können*, (d.s. die Ereignisse $p$, für die in $p$ emittiertes Licht von $B$ irgendwann empfangen werden kann). Daß letzteres nicht für alle $p \in \tilde{B}$ zutreffen muß, versteht man an folgendem Gedankenexperiment: $B$ sei ein materielles Teilchen, das sich auf einer räumlichen Geraden $G$ mit einer gegen die Lichtgeschwindigkeit hin zunehmenden Geschwindigkeit beschleunigt bewegt, und zwar derart, daß dieses Teilchen von einem „hinter" ihm auf der Geraden $G$ (von $\tilde{B}$ im Ereignis $p$) ausgesandten Lichtsignal nie mehr eingeholt wird. [ ⊛   Die *konstant-beschleunigten Beobachter* von [O'N], S.181, d.s. die *hyperbolischen Beobachter* von [DO-K-P], S.188/189 (die nämlich eine *hyperbolische* Raumgeometrie „messen"!) sind Beispiele für solche $B$.]

*Beweis zu* (13): Sei $c : J \to \tilde{B}$ eine $\tilde{B}$ begleitende Normaluhr (s. 2.2.(12)), sei $t_0 \in J$, $p := c(t_0)^B$ und $c_p : \mathbb{R} \to B$ die in 2.2.(15) beschriebene $B$ begleitende Normaluhr. Wegen 2.2.(8),(17) genügt es daher zu zeigen (vgl. (13)):

$$\varphi := c_p^{-1} \circ \sigma \circ c : J \to \mathbb{R} \quad ist \ ein \ ordnungstreuer \ C^\infty\text{-}Diffeomorphismus. \qquad (14)$$

Nun lautet nach Wahl von $p$, nach (13) und 2.2.(15) die Abb. $\varphi$ aus (14) explizit:

$$-\langle c(\mathsf{x})^B - c(t_0)^B, e^B \rangle = -\langle c(\mathsf{x})^B - c(\mathsf{x}), e^B \rangle - \langle c(\mathsf{x}) - c(t_0), e^B \rangle - \langle c(t_0) - c(t_0)^B, e^B \rangle,$$

wobei der erste und der letzte Term rechts wegen (9) verschwindet, also genügt es für den Beweis von (14) zu zeigen: Die Abbildung

$$\varphi(\mathsf{x}) = -\langle c(\mathsf{x}) - c(t_0), e^B \rangle : J \to \mathbb{R} \quad ist \ surjektiv, \qquad (15)$$

denn zufolge (15) und 2.2.(9) ist $\varphi : J \to \mathbb{R}$ eine streng monoton wachsende $C^\infty$-Immersion, also (s. 2.1.5 Satz 3) ein ordnungstreuer $C^\infty$-Diffeomorphismus von $J$ auf das *offene* Intervall $\varphi(J)$ von $\mathbb{R}$. Wegen des Zusammenhangs von $\mathbb{R}$ genügt es daher zu zeigen, daß $\varphi(J)$ *abgeschlossen* in $\mathbb{R}$ ist, und dies folgt wiederum, wenn $\varphi : J \to \mathbb{R}$ eine *eigentliche* Abbildung ist, d.h. in diesem Falle, wenn die Urbilder

der kompakten Intervalle $[-n, n]$ in $\mathbb{R}$ unter $\varphi$ kompakt sind für alle $n \in \mathbb{N}$. Dazu bemerken wir zunächst, daß für alle $n \in \mathbb{N}$ gilt: Die Menge

$$K_n := \{\, v \in V \mid \langle v, v \rangle \leq 0 \ \ und \ \ |\langle v, e^B \rangle| \leq n \,\} \quad ist \ kompakt. \tag{16}$$

[Denn $K_n$ ist per definitionem abgeschlossen in $V$. Ist nun $(e_0, e_1, e_2, e_3)$ ein $\langle .., .. \rangle$-orthonormales 4-Bein von $V$ mit $e_0 := e^B$ wie in 2.1.(19), und ist $\langle .., .. \rangle_e$ das euklidische innere Produkt für $V$, bzgl. dessen $(e_0, e_1, e_2, e_3)$ orthonormal ist, d.h. es gilt mit den Notationen von 2.1.(19),(20) für alle $v, w \in V$:

$$-\langle v, e^B \rangle = v_0 \quad und \quad \langle v, w \rangle_e = \sum\nolimits_{i=0}^{3} v_i w_i = \langle v, w \rangle + 2 v_0 w_0 \, , \tag{17}$$

so folgt für alle $v \in K_n$ nach (16),(17): $v_1^2 + v_2^2 + v_3^2 \leq v_0^2 \leq n^2$, d.h. $\|v\|_e \leq \sqrt{2} \cdot n$, also ist $K_n$ auch beschränkt bzgl. $\|..\|_e$ ($:=$ Norm von $\langle .., .. \rangle_e$).] – Daher ist (die Abb. 2.1.(31) ist stetig!) auch $c(t_0) + K_n$ eine kompakte Menge in $M$, also ist wegen der Abgeschlossenheit von $\tilde{B}$ (vgl. 2.2.2) auch $\tilde{B} \cap (c(t_0) + K_n)$ kompakt, folglich (s. 2.2.(8)) ist auch $c^{-1}(c(t_0) + K_n) = c^{-1}(\tilde{B} \cap (c(t_0) + K_n))$ eine kompakte Menge in $J$. Aber $t \in c^{-1}(c(t_0) + K_n)$ bedeutet gerade $c(t) - c(t_0) \in K_n$, und da (s. 2.1.(14), 2.2.(8)) für alle $t \in J$ stets gilt $\langle c(t) - c(t_0), c(t) - c(t_0) \rangle \leq 0$, so ist nach (15),(16) $t \in c^{-1}(c(t_0) + K_n)$ äquivalent zu $\varphi(t) \in [-n, n]$. Daher ist $\varphi^{-1}([-n, n])$ kompakt. $\square$

## 2.3.6 Zeitmessung inertialer Beobachter an beliebigen Ereignissen

Gestützt auf die Definition der Gleichzeitigkeit zweier Ereignisse bzgl. eines *inertialen* Beobachters $B$ und auf dessen Eigenzeitfunktion $\tau^B : B \times B \to \mathbb{R}$ kann man diese Funktion $\tau^B$ zu einer solchen auf ganz $M \times M$ erweitern:

Man definiert nämlich für beliebige Ereignisse $p, q \in M$ *die zwischen $p$ und $q$ verstrichene (orientierte) Zeit bzgl. $B$* als die Zahl

$$\begin{aligned} \tau^B(p, q) &:= -\langle q - p, e^B \rangle \, , \quad also \ \ (s. \, (9)) \\ \tau^B(p, q) &= -\langle q - p^B, e^B \rangle = -\langle q^B - p, e^B \rangle = -\langle q^B - p^B, e^B \rangle \, , \end{aligned} \tag{18}$$

(wobei $e^B$ die Evolutionsrichtung des inertialen Beobachters $B$ ist), und diese Zahl ist (nach 2.2.(15)) gerade die Differenz der an einer $B$ begleitenden Normaluhr $c : \mathbb{R} \to B$ abzulesenden Uhrzeiten $c^{-1}(q^B)$ und $c^{-1}(p^B)$ der (zu $q$ bzw. $p$ bzgl. $B$ gleichzeitigen) Ereignisse $q^B$ bzw. $p^B$ im Leben von $B$. [Dabei kann der Beobachter die Ereignisse $q^B$ und $p^B$ (s. 2.3.4) durch Radarecho-Gedankenexperimente bei vorgegebenen $p$ und $q$ bestimmen.] Ferner heißt für jedes Ereignis $p \in M$ die Zahl (s. (9),(18) und 2.2.(15))

$$c^{-1}(p^B) = -\langle p - c(0), e^B \rangle = \tau^B(c(0), p) \tag{19}$$

die Uhrzeit von $p$ bzgl. der $B$ begleitenden Normaluhr $c$.

**Lebenszeiten:** Da nach 2.2.(15) jede solche Normaluhr auf ganz $\mathbb{R}$ definiert ist, so folgt aus (13),(19), 2.2.(8) für jeden beliebigen Beobachter $\tilde{B}$: Die Abb. $\tilde{B} \to \mathbb{R}$ :

$$q \mapsto c^{-1}(q^B) \quad \textit{ist ein ordnungstreuer } C^\infty\textit{-Diffeomorphismus von } \tilde{B} \textit{ auf } \mathbb{R}, \quad (20)$$

d.h. die Uhrzeiten, die der *inertiale* Beobachter $B$ auf einer ihn begleitenden Normaluhr für die Ereignisse der Geschichte eines *beliebigen* materiellen Teilchens oder Beobachters $\tilde{B}$ registriert, laufen von $-\infty$ bis $+\infty$, m. a. W. $\tilde{B}$ „lebt für $B$" ohne zeitliche Beschränkung nach der Vergangenheit wie nach der Zukunft hin.

**Warnung:** *Die Lebenszeit von $\tilde{B}$, gemessen in der $E\,i\,g\,e\,n\,z\,e\,i\,t$ des beschleunigten Beobachters $\tilde{B}$ kann jedoch $e\,n\,d\,l\,i\,c\,h$ sein!* Dazu folgende

**Aufgaben:** Ist $\tilde{B}$ ein beliebiges (beschleunigtes) materielles Teilchen oder ein Beobachter, so sagen wir,

> „ $\tilde{B}$ *besitzt endliche bzw. unendliche Vergangenheit (Zukunft)* ",
> *wenn für mindestens eine $\tilde{B}$ begleitende Normaluhr* $c: J \to \tilde{B}$ *gilt:* $\qquad$ (21)
> $-\infty < \inf J \quad bzw. \quad -\infty = \inf J \quad (\sup J < +\infty \quad bzw. \quad \sup J = +\infty)$ .

[Wegen 2.2.(12) gilt die letzte Ungleichung bzw. Gleichung von (21) dann für *jede $\tilde{B}$* begleitende Normaluhr.] – Besitzt $\tilde{B}$ sowohl endliche Vergangenheit als auch endliche Zukunft, so heiße die reelle Zahl $\sup J - \inf J$ seine *Eigenlebenszeit*. [Letztere ist wegen 2.2.(12) ebenfalls unabhängig vom speziellen $c: J \to \tilde{B}$ .] – *Zeige:*

● *Zu beliebig vorgegebenem offenen Intervall $J$ von $\mathbb{R}$ gibt es ein beschleunigtes materielles Teilchen $\tilde{B}$ mit einer $\tilde{B}$ begleitenden Normaluhr $c: J \to \tilde{B}$ .*

Es gibt also im Minkowski-Weyl-Modell (mit $J \in \{ \mathbb{R}_+ , \mathbb{R}_- , ]0, \varepsilon[ \}$) materielle Teilchen mit endlicher Vergangenheit und unendlicher Zukunft, solche mit unendlicher Vergangenheit und endlicher Zukunft, schließlich solche mit endlicher Eigenlebenszeit $\varepsilon \in \mathbb{R}_+$ . – [Lösungstip: Wähle (vgl. 2.1.(10))

$$p \in M, \quad e \in C \quad \textit{mit} \quad \langle e, e \rangle = -1 \quad \textit{und} \quad a \in (\mathbb{R} \cdot e)^\perp \quad \textit{mit} \quad \langle a, a \rangle = 1, \quad (22)$$

und zu vorgegebenem $J$ einen $C^\infty$-Diffeomorphismus $\varphi: J \to \mathbb{R}$ mit $\varphi'(J) \subset \mathbb{R}_+$. Sei sodann $\psi: J \to \mathbb{R}$ eine Stammfunktion von $(1/4\varphi')$ auf $J$, $\tilde{B}$ das Bild der Abb. $f := p + (\varphi + \psi) \cdot e + (\varphi - \psi) \cdot a : J \to M$ und $c$ die von $f$ induzierte Abb. $c: J \to \tilde{B}$ ($t \mapsto f(t)$), zum Beispiel wähle, falls $J = \mathbb{R}_+, \mathbb{R}_-, ]0, \varepsilon[$ für $\varphi$ beziehungsweise die Funktion $\ln(x)$, $\ln(-x)$, $\tan(\pi((x/\varepsilon) - (1/2)))$ .]

● *Gibt es einen inertialen Beobachter $B$ und eine Zahl $C_0 \in \mathbb{R}_+$, so daß*

$$|\langle E^{\tilde{B}}(q), e^B \rangle| < C_0 \quad \textit{für alle } q \in \tilde{B}, \quad (23)$$

*so besitzt $\tilde{B}$ eine unendliche Vergangenheit und eine unendliche Zukunft.*

[Dabei ist $e^B$ die Evolutionsrichtung von $B$, $E^{\tilde{B}}$ das Evolutionsfeld von $\tilde{B}$ .]

*Bemerkung:* Unten folgt (s. 2.6.(6)), daß $|\langle E^{\tilde{B}}(q), e^B \rangle| = 1/\sqrt{1 - (v/c)^2}$ , wobei $v := v_{\tilde{B}}^B(q) \in [0, c[$ die Bahngeschwindigkeit des materiellen Teilchens $\tilde{B}$ bzgl. des inertialen Beobachters $B$ im Ereignis $q \in \tilde{B}$ und $c \in \mathbb{R}_+$ die Vakuumslichtgeschwindigkeit ist. (23) ist daher äquivalent zu:

$$\textit{Es gibt } \vartheta \in ]0,1[ , \quad \textit{so daß} \quad v_{\tilde{B}}^B(q) < \vartheta \cdot c \quad \textit{für alle } q \in \tilde{B} . \quad (24)$$

Folgerung: Besitzt $\tilde{B}$ endliche Vergangenheit oder endliche Zukunft, so hat für *jeden* inertialen Beobachter $B$ die Bahngeschwindigkeit von $\tilde{B}$ bzgl. $B$ das Supremum c.

## 2.3.7　EINSTEINs Zeit-Dilatation

Seien $B, \tilde{B}$ zwei inertiale Beobachter, $e^B, e^{\tilde{B}}$ ihre Evolutionsrichtungen und seien (diese Voraussetzung ist *unsymmetrisch* in Bezug auf $B$ und $\tilde{B}$ !)

$$p, q \in B \quad \text{zwei verschiedene Ereignisse im Leben von } B. \tag{25}$$

Dann ist die zwischen $p$ und $q$ verstrichene Zeit (gemessen) bzgl. des Beobachters $\tilde{B}$ (s. (18)) – dem Betrage nach – größer oder gleich dem Betrag der zwischen $p$ und $q$ verstrichenen *Eigenzeit* von $B$ (s. (25), (1)), d.h. genauer:

$$|\tau^{\tilde{B}}(p,q)| = (-\langle e^B, e^{\tilde{B}}\rangle) \cdot |\tau^B(p,q)| \geq |\tau^B(p,q)|,$$
$$\text{und Gleichheit gilt genau dann, wenn } e^B = e^{\tilde{B}}. \tag{26}$$

**Interpretation** (*qualitativ*):　Die Bedingung $e^B = e^{\tilde{B}}$, d.h. die Parallelität der affinen Geraden $B$ und $\tilde{B}$, wird bedeuten, daß $\tilde{B}$ ruhend ist bzgl. $B$ (s.u. 2.4.2); (26) lautet daher:

*Ein bzgl. $B$ nicht ruhender, inertialer Beobachter $\tilde{B}$ mißt eine be-*
*traglich g r ö ß e r e Zeitdifferenz zwischen den Ereignissen $p$ und* (27)
*$q$ im Leben von $B$ als $B$ selbst (daher „Zeit-Dilatation").*

... (*quantitativ*):　Unten folgt: $-\langle e^B, e^{\tilde{B}}\rangle = 1/\sqrt{1-(v/c)^2} \in \mathbb{R}_+$, wobei v die Geschwindigkeit von $\tilde{B}$ bzgl. $B$ und c die Lichtgeschwindigkeit ist, s. 2.6.(9), S. 208. [Bewegt sich z.B. $\tilde{B}$ in Bezug auf $B$ mit $3/5$ der Lichtgeschwindigkeit, so mißt $\tilde{B}$ nach (26) ein $(5/4)$-mal längeres Zeitintervall zwischen den Ereignissen $p$ und $q$ als $B$.]

*Beweis*:　Für $p, q \in B$ folgt aus 2.2.(15): $q - p = -\langle q-p, e^B\rangle \cdot e^B$, also (s. (18)):

$$|\tau^{\tilde{B}}(p,q)| = |\langle q-p, e^{\tilde{B}}\rangle| = |\langle e^B, e^{\tilde{B}}\rangle \cdot \langle q-p, e^B\rangle| = |\langle e^B, e^{\tilde{B}}\rangle| \cdot |\tau^B(p,q)|.$$

Hieraus folgt (26), denn es gilt $-\langle e^B, e^{\tilde{B}}\rangle \geq 1$ und Gleichheit genau dann, wenn $e^B = e^{\tilde{B}}$, vgl. 2.2.(5). □

**Aufgaben**:　Seien $p, q \in M$ mit $q - p \in C$, insbesondere $p$ *absolut früher als* $q$. [Für zwei verschiedene Ereignissse im Leben eines Beobachters ist (s. 2.2.(8)) diese Voraussetzung (bei geeigneter Bezeichnung der Ereignisse) stets erfüllt.] – *Zeige*:

*Jede positive reelle Zahl kann als Wert der zwischen $p$ und $q$ verstriche-*
*nen Zeit bzgl. eines geeigneten (evtl. beschleunigten) Beobachters auftreten.*

Genauer zeige, wenn $\mathcal{B}(p,q) := \{B \mid B$ *Beobachter mit* $p, q \in B\}$ :

- $\mathcal{B}(p,q)$ *enthält genau einen i n e r t i a l e n Beobachter, nämlich*

$$B_0 := p + \mathbb{R} \cdot (q-p), \quad \text{und es gilt} \quad \tau_0 := \tau^{B_0}(p,q) = \sqrt{-\langle q-p, q-p\rangle}, \tag{28}$$

- $\{\tau^B(p,q) \mid B$ *inertialer Beobachter und* $B \neq B_0\} = \,]\tau_0, +\infty[\,,$ (29)

- $\{\tau^B(p,q) \mid B \in \mathcal{B}(p,q) \backslash \{B_0\}, \ \textit{also } B \textit{ beschleunigt}\} \ = \ ]\,0, \tau_0\,[$ .       (30)

Insbesondere (dies folgt auch direkt aus (3), (26)): *Die zwischen p und q verstriche-ne Eigenzeit* $\tau^B(p,q)$ *für* $B \in \mathcal{B}(p,q)$ *ist k l e i n e r   o d e r   g l e i c h der zwischen p und q verstrichenen Zeit bzgl. j e d e n   i n e r t i a l e n   Beobachters.*

[*Tip*: *Zu* (29): Benutze (26). – *Zu* (30) „⊂": Benutze (3). *Zu* (30) „⊃": Wähle ein $a \in V$ mit $\langle a, q-p \rangle = 0$ und $\langle a, a \rangle = (\tau_0/2)^2$. Für alle $\varepsilon \in \mathbb{R}_+$ gilt dann (mit $\lambda \in \mathbb{R}_+$ und $\lambda^2 := \varepsilon^2 + 2\varepsilon$): Das Bild der $C^\infty$-Abbildung $c: \mathbb{R} \to M$, mit

$$c(t) \ := \ \frac{p+q}{2} - (1+\varepsilon)\cdot a + \lambda\cdot\cosh\left(\frac{2t}{\lambda\tau_0}\right)\cdot a + \lambda\cdot\sinh\left(\frac{2t}{\lambda\tau_0}\right)\cdot\left(\frac{q-p}{2}\right) \quad \textit{für} \ \ t \in \mathbb{R},$$

ist ein (beschleunigter!) Beobachter $B \in \mathcal{B}(p,q)$, $c$ ist eine $B$ begleitende Normal-uhr (s. 2.1.4 Def.2 b)) und es gilt:   $0 < \tau^B(p,q) = (\lambda\cdot\sinh^{-1}(1/\lambda))\cdot\tau_0 < \tau_0$ .]

# 2.4 Räumliche Distanzen bzgl. inertialer Beobachter

in der Minkowski-Welt $(M,+,V,\langle..,..\rangle,C)$ mit Signalgeschwindigkeit $c \in \mathbb{R}_+$ .

## 2.4.1 Räumliche Distanz zu einem inertialen Beobachter $B$

Für jedes $p \in M$ definiert man *die (bzgl. B gemessene) Distanz des Ereig-nisses p zu B* und bezeichnet mit $d^B(p)$ das Produkt aus der universellen (d.h. beobachterunabhängig gewählten) „Signalgeschwindigkeits-Konstanten" $c \in \mathbb{R}_+$ (welche die physikalische Dimension einer Geschwindigkeit hat), und der halben „Laufzeit" eines von $B$ ausgesandten und wiederempfangenen Licht- bzw. Radarechos, das in $p$ reflektiert wurde (s. 2.3.4), d.h. (s. 2.3.(2), (11), (12) und 2.3.(9)):

$$\begin{aligned} d^B(p) \ &:= \ (c/2)\cdot\tau^B(p_-^B, p_+^B) \ = \ -(c/2)\cdot\langle p_+^B - p_-^B, e^B \rangle \\ &= \ -c\cdot\langle p_+^B - p^B, e^B \rangle \ = \ c\cdot\sqrt{\langle p-p^B, p-p^B \rangle} \\ &= \ c\cdot\sqrt{\langle p-p_0, p-p_0 \rangle + \langle p-p_0, e^B \rangle^2} \quad \textit{für} \ p_0 \in B. \end{aligned}$$ (1)

Interpretiert man daher $c$ bereits als „Lichtgeschwindigkeit", als die sich $c$ (gerade aufgrund der Definitionen (1) und 2.3.6) a posteriori herausstellen wird (s.u. 2.6.2.), *so ist die räumliche Distanz von p zu B per definitionem* (!) *die halbe Länge des Weges, den ein Lichtsignal vom Beobachter B hin zu p und wieder zurück zu B durchläuft.* Die *Distanzen* der Ereignisse der Welt *zum Beobachter B* können danach allein mittels Radar-Gedankenexperimenten, die $B$ ausführt, und mittels $B$ beglei-tender Normaluhren „gemessen" werden. Ähnlich jedoch, wie man zur Zeitmessung von $B$ zwischen zwei *beliebigen* Ereignissen der Welt eine zusätzliche Konvention (über die „Gleichzeitigkeit bzgl. $B$") investierte, so wird man hier die räumliche Distanzmessung von $B$ zwischen *beliebigen* Ereignissen auf eine Konvention über „Ruhe eines materiellen Teilchens oder inertialen Beobachters bzgl. $B$" gründen:

## 2.4.2  Ruhe bzgl. eines inertialen Beobachters $B$

Ist $\tilde{B}$ ein beliebiges materielles Teilchen oder beliebiger Beobachter, so heißt

$$\tilde{B} \quad ruhend \quad bzgl. \quad B \quad genau \ dann, \ wenn \ \tilde{B} \ kräftefrei \ oder \ inertial$$
$$ist, \ und \ wenn \quad d^B(p) = d^B(q) \quad für \ alle \ p,q \in \tilde{B} \, . \tag{2}$$

Da wir schon bei Einführung der inertialen Beobachter davon ausgingen, daß „Kräftefreiheit" oder „Inertialität" eines Beobachters (i.S. von MIN-KOWSKI [MK], S.434: $\gg \ldots$ *durch sukzessiv gesteigerte Approximation immer genauer* $\ll$) physikalisch feststellbar ist, so kann „Ruhe von $\tilde{B}$ bzgl. $B$" durch Gedanken-Experimente getestet werden (vgl. (2) und 2.3.1). – Wegen (2) können wir nun definieren: Ist $\tilde{B}$ ruhend bzgl. $B$, so heißt

$$d(B,\tilde{B}) \ := \ d^B(p) \quad für \ irgendein \ p \in \tilde{B}$$
$$die \ Distanz \ des \ (bzgl. \ B \ ruhenden) \ Beobachters \ \tilde{B} \ von \ B \, . \tag{3}$$

**Aufgaben:**  *Zeige* (mittels (1), (2), 2.2.(5),(6) und 2.3.(9),(18)): Für je zwei *inertiale* Beobachter $B$, $\tilde{B}$ sind folgende sieben Aussagen paarweise äquivalent:

- $\tilde{B}$ *ist ruhend bzgl.* $B$, *d.h.* $d^B(p) = d^B(q)$ *für alle* $p,q \in \tilde{B}$.

- $\langle e^B, e^{\tilde{B}} \rangle^2 = 1$.

- $e^B = e^{\tilde{B}}$.  $\hspace{6cm}$ (4)

- $B$ *und* $\tilde{B}$ *sind parallele affine Geraden in* $M$.

- *Für alle* $p,q \in M$ *gilt:*
  ($p$ *ist gleichzeitig zu* $q$ *bzgl.* $B$ $\iff$ $p$ *ist gleichzeitig zu* $q$ *bzgl.* $\tilde{B}$).

- *Für alle* $p,q \in M$ *gilt:*
  $\tau^B(p,q) = \tau^{\tilde{B}}(p,q)$  (*d.h.* $B$ *und* $\tilde{B}$ *messen gleiche Zeiten*).  $\hspace{1cm}$ (5)

- *Für alle* $p,q \in \tilde{B}$ *gilt:*  $p - p^B = q - q^B$.
  [Beachte: Für $p \in M$ ist $p - p^B$ derjenige raumartige Vektor, der zum Richtungs-VR des „Zeitpunktes" $Z^B(p)$ von $p$ bzgl. $B$ gehört (s.u. 2.5.1) und dort in die Richtung weist, in der $p$ „relativ zu $B$ liegt" und dessen Länge gerade die Distanz $d^B(p)$ von $p$ zu $B$ ist, s. (1).] Die letzte Kennzeichnung der Ruhe von $\tilde{B}$ bzgl. $B$ bedeutet aber, daß $B$ den Beobachter $\tilde{B}$ ständig in der gleichen Raumrichtung und in der gleichen Entfernung zu sich „mißt".

*Folgere:*

- *Ist* $\tilde{B}$ *ruhend bzgl.* $B$, *so*: $d(B,\tilde{B}) = d(\tilde{B},B)$.  [Beachte (4), (3) und (1).]

- *„ .. ruhend bzgl. .. " ist eine Äquivalenzrelation in der Menge aller inertialen Beobachter der gegebenen Minkowski-Welt.*

- *Zu jedem Ereignis* $p \in M$ *gibt es ferner genau einen bzgl.* $B$ *ruhenden inertialen Beobachter* $B(p)$, *der* $p$ *„erlebt" (d.h.* $p \in B(p)$), *nämlich*:

$$B(p) \ := \ p + \mathbb{R} \cdot e^B \, , \quad denn \quad e^{B(p)} = e^B \ (s. \ (4)) \, ,$$
$$insbesondere: \quad d^B(p) = d^{B(p)}(p_0) \quad für \ p_0 \in B \ (s. \ (1)) \, . \tag{6}$$

### 2.4.3  Distanz zweier Ereignisse bzgl. eines inertialen Beobachters

Sind $p, q \in M$ beliebige Ereignisse, so definiert man als *die räumliche Distanz von p und q bzgl. des inertialen Beobachters B* und bezeichnet mit $d^B(p,q)$ die reelle Zahl $d(B(p), B(q))$, d.h. (vgl. (6), (3), (1) sowie 2.1.(11)):

$$d^B(p,q) := d^{B(p)}(q) = c \cdot \sqrt{\langle q-p, q-p \rangle + \langle q-p, e^B \rangle^2} = d^B(q,p),$$

$$\text{also}: \quad d^B(p,q) \geq 0, \quad \text{und } „=“ \text{ genau dann, wenn } q-p \in \mathbb{R} \cdot e^B. \tag{7}$$

wobei $c \in \mathbb{R}_+$ die in 2.4.1 gewählte universelle Signalgeschwindigkeit und $e^B$ die Evolutionsrichtung von $B$ ist.

Aufgrund von 2.4.1 wissen wir, wie $d^B(p,q)$ als $d^{B(p)}(q)$ (vgl. (6), (3), (2)) durch Radar-Experimente vom inertialen (bzgl. $B$ ruhenden) Beobachter $B(p)$ mittels ihn begleitender Normaluhren gemessen werden kann: Dabei ist allerdings $B(p)$ i.a. von $B$ verschieden! Deshalb geben wir noch ein Verfahren an, wie $B$ selbst mittels *dreier* Radar-Gedankenexperimente (zwei davon einfache Echos, eines ein sog. *Doppelecho*) · die Distanz $d^B(p,q)$ messen kann: Dabei *benutzt B* (auch beim Doppelecho) *als Meßinstrumente ausschließlich Normaluhren, die ihn (d.h. B selbst) begleiten*:

### Radardoppelecho-(Gedanken-)Experiment

des inertialen Beobachters $B$ mit den bzgl. $B$ ruhenden Beobachtern $B(p)$ und $B(q)$ als „Reflektoren": $B$ sendet in einem Ereignis $p_0 \in B$ ein Radarsignal aus, das (nach 2.3.(11)) im eindeutig bestimmten Ereignis $p_1 := (p_0)_+^{B(p)} \in B(p)$ empfangen wird und sofort reflektiert werde. Dieses – in $p_1$ reflektierte – Radarsignal wird (nach 2.3.(11)) in dem eindeutig bestimmten Ereignis $q_1 := (p_1)_+^{B(q)} \in B(q)$ vom inertialen Beobachter $B(q)$ empfangen und werde sofort wieder reflektiert. Das letztere in $q_1$ reflektierte Signal wird (nach 2.3.(11)) schließlich von $B$ im eindeutig bestimmten Ereignis $q_0 := (q_1)_+^{B}$ empfangen. $B$ kann mit einer ihn begleitenden Normaluhr die zwischen dem Aussende- bzw. Wiederempfangs-Ereignis $p_0$ bzw. $q_0$ verstrichene Eigenzeit $\tau^B(p_0, q_0)$ messen. $c \cdot \tau^B(p_0, q_0)$ beschreibt daher (i. S. von 2.4.1) die Weglänge des Radarsignals, welches von $B$ hin zu $B(p)$, weiter zu $B(q)$ und von dort zurück zu $B$ läuft[12]. *Physikalisch* setzt sich diese Weglänge additiv aus den Weglängen der Radarsignale von $B$ zu $B(p)$, von

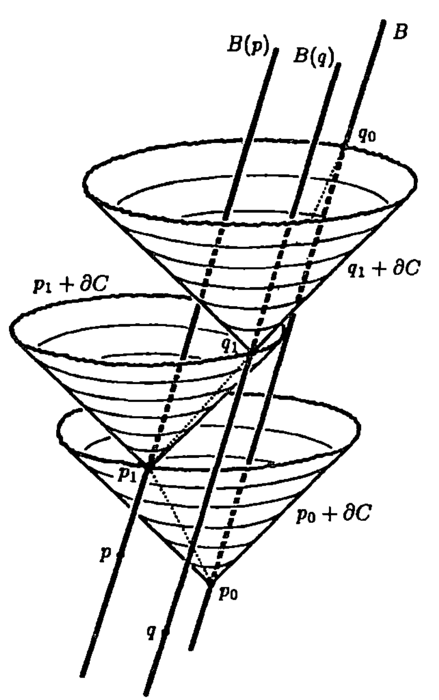

$B(p)$ zu $B(q)$ und von $B(q)$ zu $B$ zusammen, die nach $(1),(3),(6),(7)$ beziehungsweise durch $d^B(p)$, $d^B(p,q)$, $d^B(q)$ gegeben sind. Deshalb ist zu erwarten:

$$d^B(p,q) \;=\; c{\cdot}\tau^B(p_0,q_0) - d^B(p) - d^B(q) \quad \textit{für alle } p,q \in M, \tag{8}$$

wobei die Terme rechts in (8) allein durch das beschriebene Radardoppelecho bzw. durch je zwei einfache Radarechos vom Beobachter $B$ gemessen werden können.

Diese zu erwartende Gleichung (8) verifiziert man so: Aus 2.3.(18) folgt:

$$c{\cdot}\tau^B(p_0,q_0) \;=\; c{\cdot}\tau^B(p_0,p_1) + c{\cdot}\tau^B(p_1,q_1) + c{\cdot}\tau^B(q_1,q_0),$$

sowie nach Definition von $p_1,q_1,q_0$ und nach 2.3.(18):

$$c{\cdot}\tau^{B(p)}(p_0,p_1) = -c{\cdot}\langle(p_0)_+^{B(p)} - p_0^{B(p)}, e^{B(p)}\rangle \overset{(1)}{=} d^{B(p)}(p_0) \overset{(6)}{=} d^B(p),$$

$$c{\cdot}\tau^{B(q)}(p_1,q_1) = -c{\cdot}\langle(p_1)_+^{B(q)} - p_1^{B(q)}, e^{B(q)}\rangle \overset{(1)}{=} d^{B(q)}(p_1) \overset{(2)}{=} d^{B(q)}(p) \overset{(7)}{=} d^B(p,q),$$

$$c{\cdot}\tau^B(q_1,q_0) = -c{\cdot}\langle(q_1)_+^B - q_1^B, e^B\rangle \overset{(1)}{=} d^B(q_1) \overset{(2)}{=} d^B(q).$$

Aus den letzten vier Gleichungen folgt unter Beachtung von (5) sofort (8). □


### 2.4.4 Physikalische Einheiten für Zeiten und räumliche Distanzen

Mißt man Zeiten etwa in *Sekunden* („s"), so erhält man durch (1), (8) die Distanz $d^B(p,q)$ z. B. in *Metern* („m") oder in *Lichtsekunden* („c·s") [d. i. die Länge des Weges, den das Licht im Vakuum während einer Sekunde zurücklegt], je nachdem man für c den Wert $3{\cdot}10^8$ m/s (genauer: $2,997925{\cdot} {\cdot}10^8$ m/s) oder c als *Grund-Einheit* (der Geschwindigkeit) wählt. –


## 2.5  Raum und Zeit eines inertialen Beobachters $B$

in der Minkowski-Welt $(M,+,V,\langle ..,..\rangle,C)$ mit Signalgeschwindigkeit $c \in \mathbb{R}_+$, (vgl. 2.4). – Sei $e^B$ die Evolutionsrichtung des inertialen Beobachters $B$.


### 2.5.1  Raum- und Zeitpunkte bzgl. $B$

Mit dem $\mathbb{R}$-VR $V$ operieren auch dessen (1-dim. bzw. 3-dim.) Unter-VRe $\mathbb{R}{\cdot}e^B$ und $(\mathbb{R}{\cdot}e^B)^\perp$ auf $M$. Daher kann man bilden die

$$\textit{Orbiträume} \quad M/(\mathbb{R}{\cdot}e^B) \quad \textit{und} \quad M/(\mathbb{R}{\cdot}e^B)^\perp \tag{1}$$

mit den kanonischen Projektionen von $M$ auf diese:

---

[12] die „räumliche Bahn bzgl. $B$" (s.u. 2.6.1) dieses Radarsignals ist ein Dreieck mit den „Raumpunkten" $B, B(p), B(q)$ als Ecken im Raum von $B$ (s.u. 2.5.2), die vom Radarsignal durchlaufene Weglänge $c{\cdot}\tau^B(p_0,q_0)$ ist der Umfang dieses Dreiecks.

$$R^B : M \to M/(\mathbb{R}\cdot e^B) \quad , \quad (p \mapsto p + \mathbb{R}\cdot e^B) \quad ,$$
$$Z^B : M \to M/(\mathbb{R}\cdot e^B)^\perp \quad , \quad (p \mapsto p + (\mathbb{R}\cdot e^B)^\perp) \ . \tag{2}$$

Das Element $R^B(p) = p + \mathbb{R}\cdot e^B$ bzw. $Z^B(p) = p + (\mathbb{R}\cdot e^B)^\perp$ heißt sodann *der Raumpunkt von $p$* bzw. *der Zeitpunkt von $p$ bzgl. $B$*.

**Physikalische Interpretation:** Der Raumpunkt $p + \mathbb{R}\cdot e^B$ von $p$ bzgl. $B$ ist, betrachtet als 1-dim. orientierte Untermannigfaltigkeit von Ereignissen, gerade das Leben des in 2.4.(6) eingeführten inertialen Beobachters $B(p)$, der *ruhend* ist bzgl. $B$ mit $p \in B(p)$, und ist daher (vgl. 2.4.2) physikalischer Messung zugänglich. Gleiches gilt für den Zeitpunkt $p + (\mathbb{R}\cdot e^B)^\perp$ von $p$ bzgl. $B$, denn dieser ist gerade die in 2.3.3 eingeführte Äquivalenzklasse $Z^B(p)$ aller zu $p$ bzgl. $B$ gleichzeitigen Ereignisse. – Nennt man daher zwei Ereignisse $p, q \in M$ „*gleichortig bzgl. $B$*", wenn $p$ und $q$ Ereignisse im Leben ein und desselben bzgl. $B$ ruhenden Beobachters oder materiellen Teilchens sind, so haben wir: *Der Raum- bzw. Zeitpunkt eines Ereignisses $p$ bzgl. $B$ ist die Menge aller Ereignisse in $M$, die  g l e i c h o r t i g  bzw.  g l e i c h z e i t i g  zu $p$ bzgl. $B$ sind.*

## 2.5.2 Der Raum von $B$ als 3-dim. affiner euklidischer Raum

Der Orbitraum $M/(\mathbb{R}\cdot e^B)$ ist in kanonischer Weise ein 3-dim. affiner Raum mit dem Unter-VR $(\mathbb{R}\cdot e^B)^\perp$ von $V$ als Richtungs-VR vermöge der Operation

$$R^B(p) + v \ := \ R^B(p+v) \quad \text{für alle} \quad (p, v) \in M \times (\mathbb{R}\cdot e^B)^\perp \ . \tag{3}$$

Darüber hinaus gibt es auf $(\mathbb{R}\cdot e^B)^\perp$ (wegen $c \in \mathbb{R}_+$, s.o. 2.4) nach 2.1.(10) ein kanonisches euklidisches inneres Produkt $\langle ..,.. \rangle^B$, definiert durch

$$\langle v, w \rangle^B \ := \ c^2 \cdot \langle v, w \rangle \quad \text{für} \quad v, w \in (\mathbb{R}\cdot e^B)^\perp \ . \tag{4}$$

Der 3-dim. euklidische affine Raum $(M/(\mathbb{R}\cdot e^B), +, (\mathbb{R}\cdot e^B)^\perp, \langle ..,.. \rangle^B)$ heißt dann *der Raum von $B$*, und wir bezeichnen ihn mit $R^B(M)$.

Die Verbindung der affinen und euklidischen Geometrie des Raumes von $B$ mit der Geometrie der Minkowski-Welt beschreiben (5) und (6) (vgl. (2)):

$$R^B : M \to R^B(M) \quad \textit{ist eine affine Abb. mit linearem Teil } R_0^B,$$
$$\textit{d.h. } R^B(q) - R^B(p) = R_0^B(q-p) \quad \textit{für } p, q \in M, \quad \textit{wobei gilt} \tag{5}$$
$$R_0^B(v) = v + \langle v, e^B \rangle \cdot e^B \quad \textit{für } v \in V,$$

[also ist $R_0^B : V \to (\mathbb{R}\cdot e^B)^\perp$ die $\langle ..,.. \rangle$-Orthogonalprojektion], und (vgl. (4)):

$$\langle R_0^B(v), R_0^B(w) \rangle^B = c^2 \cdot (\langle v, w \rangle + \langle v, e^B \rangle \cdot \langle w, e^B \rangle) \quad \textit{für } v, w \in V \ . \tag{6}$$

Daher erhalten wir für alle Ereignisse $p, q \in M$ (vgl. (5),(6) und 2.4.(7)):

$$d^B(p, q) = \| R_0^B(q-p) \|^B = \| R^B(q) - R^B(p) \|^B, \tag{7}$$

(wobei rechts in (7) die Norm von $\langle ..,.. \rangle^B$ gemeint ist), insbesondere: Der euklidische Abstand der *Raumpunkte $R^B(p)$ und $R^B(q)$* voneinander im *Raum* *von* $B$ ist die in 2.4.3 eingeführte „räumliche Distanz der Ereignisse $p$ und $q$ bzgl. $B$ ", die vom Beobachter $B$ mittels Radardoppelechos gemessen werden konnte. Über Polarisierung ist daher – indirekt – wegen (7) auch das euklidische innere Produkt $\langle..,..\rangle^B$ des Raumes von $B$ eine dem *messenden* Zugriff von $B$ zugängliche Funktion. Dies gilt somit auch für die *Winkelfunktion* $\sphericalangle^B$ von $\langle..,..\rangle^B$, die für alle $v,w \in (\mathbb{R}\cdot e^B)^\perp \setminus \{o\}$ definiert ist durch:

$$\sphericalangle^B(v,w) \in [0,\pi] \quad mit \quad \langle v,w\rangle^B = \cos\sphericalangle^B(v,w)\cdot\|v\|^B\cdot\|w\|^B. \tag{8}$$

### 2.5.3 Die Zeit von $B$ als 1-dim. affiner euklidischer Raum

Der Orbitraum $M/(\mathbb{R}\cdot e^B)^\perp$ ist in kanonischer Weise ein 1-dim. orientierter, euklidischer, affiner Raum mit dem 1-dim.(kanonischen) orientierten, euklidischen Vektorraum $\mathbb{R}$ als Richtungs-VR vermöge der Operation (vgl. (2)):

$$Z^B(p) + \tau \;:=\; Z^B(p + \tau\cdot e^B) \quad \textit{für alle} \quad (p,\tau) \in M \times \mathbb{R}. \tag{9}$$

[Dabei ist das euklidische innere Produkt von $\mathbb{R}$ das Produkt des Körpers $\mathbb{R}$, dessen Norm also der absolute Betrag in $\mathbb{R}$.] Der 1-dim. orientierte, euklidische affine Raum $(M/(\mathbb{R}\cdot e^B)^\perp,+,\mathbb{R})$ heißt *die Zeit von $B$* und werde mit $Z^B(M)$ bezeichnet. – Dann gilt analog zu (5) (vgl. (2)):

$$Z^B : M \to Z^B(M) \quad \textit{ist eine affine Abb. mit linearem Teil} \quad Z_0^B$$
$$\textit{d.h.} \quad Z^B(q) - Z^B(p) = Z_0^B(q-p) \quad \textit{für } p,q \in M, \textit{ wobei gilt} \tag{10}$$
$$Z_0^B(v) = -\langle v, e^B\rangle \quad \textit{für } v \in V,$$

also folgt (vgl. (10) und 2.2.(18)) für alle $p,q \in M$:

$$Z^B(q) - Z^B(p) = \tau^B(p,q), \tag{11}$$

das ist die zwischen $p$ und $q$ verstrichene Zeit bzgl. $B$. Man sagt daher, *$p$ ist früher als $q$ bzgl. $B$* (oder gleichbedeutend damit: *$q$ ist später als $p$ bzgl. $B$*) und schreibt dafür „$Z^B(p) < Z^B(q)$ ", genau dann, wenn $\tau^B(p,q) > 0$. Bezüglich der Kausalordnung in $M$ gilt (vgl. (10), 2.2.5, 2.1.(12),(23))

$$\textit{für alle } p,q \in M: \quad p \leq q \implies Z^B(p) \leq Z^B(q). \tag{12}$$

[Gleichheit rechts in (12) bedeutet Gleichzeitigkeit von $p$ und $q$ bzgl. $B$, was unter der Prämisse $p \leq q$ wegen 2.2.(5), 2.1.(14), 2.3.(8) nur für $p = q$ möglich ist.] –

**Aufgabe** (zur Frage, ob der Schluß (12) umkehrbar ist): *Zeige für alle* $p,q \in M$:

• Ist $q-p$ raumartig, so gibt es inertiale Beobachter $B_-$, $B_0$, $B_+$, so daß zugleich *$p$ früher als $q$ bzgl. $B_-$*, *$p$ gleichzeitig zu $q$ bzgl. $B_0$* und *$p$ später als $q$ bzgl. $B_+$* ist. – [Tip: Wähle $e \in C$ mit $\langle q-p,e\rangle = 0$ und $\langle e,e\rangle + \langle q-p,q-p\rangle < 0$ (wieso gibt es $e$?) und sodann $B_\pm := p + \mathbb{R}\cdot(e \pm (q-p))$, $B_0 := p + \mathbb{R}\cdot e$.]

• Ist $Z^B(p) \leq Z^B(q)$ für *alle* inertialen Beobachter $B$, d.h. $-\langle q-p,e^B\rangle \geq 0$ *für alle* solche $B$ (vgl. (10), 2.3.(18)), so folgt $p \leq q$.

### 2.5.4  Die (Lorentz-orthogonale) Aufspaltung der Minkowski-Welt durch jeden inertialen Beobachter in seinen „Raum" und seine „Zeit"

• Der inertiale Beobachter $B$ induziert in der 4-dim. Welt $M$ zwei zueinander $\langle..,..\rangle$-orthogonale $C^\infty$-Blätterungen, einmal durch die sämtlichen zu $B$ parallelen, affinen Geraden $p+\mathbb{R}\cdot e^B$ ($p \in M$) [die Blätter dieser Blätterung sind die Raumpunkte von $B$, (s. 2.5.1)] zum anderen durch die 3-dim. zueinander parallelen, affinen Unteräume $p+(\mathbb{R}\cdot e^B)^\perp$ ($p\in M$) [die Blätter sind hier die Zeitpunkte von $B$].

Damit hat man zwischen der „*Raum-Zeit von B*", d.i. der affine Produktraum $R^B(M)\times Z^B(M)$, und der Welt $M$ aller Ereignisse folgende Bijektion:

$$R^B(M)\times Z^B(M) \quad \to \quad M$$

$$(q+\mathbb{R}\cdot e^B, r+(\mathbb{R}\cdot e^B)^\perp) \quad \mapsto \quad p \quad mit \quad \{p\} = (q+\mathbb{R}\cdot e^B) \cap (r+(\mathbb{R}\cdot e^B)^\perp)$$

$$\textit{und mit} \quad p \quad \mapsto \quad (R^B(p), Z^B(p)) \quad \textit{als Umkehrabbildung,}$$

und für alle $v, w \in V$ gilt nach (5), (6), (10):

$$v = Z_0^B(v)\cdot e^B + R_0^B(v) \quad und \quad \langle v, w\rangle = -Z_0^B(v)\cdot Z_0^B(w) + (1/c^2)\cdot\langle R_0^B(v), R_0^B(w)\rangle^B.$$

• Zwei inertiale Beobachter $B$ und $\tilde{B}$ haben genau dann den *gleichen Raum* (oder die *gleiche Zeit*), wenn $e^B = e^{\tilde{B}}$, d.h. (vgl. 2.4.(4)) wenn $\tilde{B}$ ruhend ist bzgl. $B$. [Deshalb wird in anderen (physikalischen) Darstellungen ein „inertialer Beobachter" häufig überhaupt als eine ganze *Ruhe-Äquivalenzklasse* von inertialen Beobachtern im hier beschriebenen Sinne definiert.] – Den Übergang zwischen den „Raum-Zeiten" von $B$ und $\tilde{B}$, wenn $B$ *nicht ruhend* ist bzgl. $\tilde{B}$, beschreiben wir unten in 2.7.1. –

## 2.6  Eigenschaften der Lichtgeschwindigkeit

in der Minkowski-Welt

$$(M, +, V, \langle..,..\rangle, C) \quad \textit{mit der Signalgeschwindigkeit} \ c \ (\in \mathbb{R}_+). \tag{0}$$

### 2.6.1  Räumliche Bahnen  −  Geschwindigkeiten

Sei $P$ die Geschichte eines materiellen Teilchens bzw. Photons [d.i. also eine gewisse 1-dim. Untermannigfaltigkeit bzw. 1-dim. berandete Untermannigfaltigkeit von $M$, vgl. 2.2.2, 2.2.4]. Ist dann $B$ ein inertialer Beobachter und $R^B$ bzw. $Z^B$ seine Raum- bzw. Zeit-Projektion (s. 2.5.(2)), so heiße die $C^\infty$-Abb. $R^B|P : P \to R^B(M)$ (s. 2.1.4, Kor. 2, Folg. 2) die *räumliche Bahn von P bzgl. B*, und $Z^B|P : P \to Z^B(M)$ der *Zeitverlauf von P bzgl. B*. – Aus 2.5.(10),(5) und 2.1.(14), 2.2.(17) sowie 2.5.(12) (mit Kommentar) folgt:

$$Z^B|P : P \to Z^B(M) \quad \textit{ist stets eine injektive } C^\infty\textit{-Immersion,} \tag{1}$$

$$R^B|P \quad \textit{ist eine injektive } C^\infty\textit{-Immersion, falls P ein Photon.} \tag{2}$$

[Ist $P$ ein materielles Teilchen, so ist $R^B|P$ i.a. nicht injektiv und genau in denjenigen Punkten $p \in P$ nicht immersiv, in denen $E^P(p) = e^B$ .] –
Wegen (1) kann der Beobachter $B$ (analog zur Galilei-Newton-Mechanik) das *Geschwindigkeitsvektorfeld* bzw. die skalare *Bahngeschwindigkeit von $P$ bzgl. $B$* definieren als die $C^\infty$-Abb. $V_P^B : P \to (\mathbb{R} \cdot e^B)^\perp$ bzw. die stetige reellwertige Funktion $v_P^B : P \to \mathbb{R}$ mit: Für alle $p \in P$ (vgl. 2.5.(5), (10), (4)):

$$V_P^B(p) \; := \; \lim_{q \to p,\, q \in P} \frac{R^B(q) - R^B(p)}{Z^B(q) - Z^B(p)} \; = \; \lim_{q \to p,\, q \in P} \frac{R_0^B(q-p)}{Z_0^B(q-p)} \; \in \; (\mathbb{R} \cdot e^B)^\perp, \quad (3)$$

$$v_P^B(p) \; := \; \| V_P^B(p) \|^B \; = \; c \cdot \sqrt{\langle V_P^B(p), V_P^B(p) \rangle} \; \in \; \mathbb{R}. \quad\quad (4)$$

## 2.6.2 Geschwindigkeit von Photonen bzgl. inertialer Beobachter

Ist $P = p_0 + [0,\infty[ \cdot l$ (mit $l \in \partial C \setminus \{o\}$) ein im Ereignis $p_0 \in M$ erzeugtes Photon (s. 2.2.4) und $B$ ein inertialer Beobachter, so ist die räumliche Bahn $R^B|P : P \to R^B(M)$ des Photons $P$ bzgl. $B$ eine (affin-induzierte) Abb. von $P$ auf die Halbgerade $R^B(p_0) + [0,\infty[ \cdot R_0^B(l)$ $(\subset R^B(M))$, (d.h. *Lichtstrahlen verlaufen im Raum von $B$ geradlinig !*) mit konstantem Geschwindigkeitsvektorfeld vom Wert $(1/Z_0^B(l)) \cdot R_0^B(l) \in (\mathbb{R} \cdot e^B)^\perp$ und *mit konstanter Bahngeschwindigkeit bzgl. $B$ vom Wert der Signalgeschwindigkeit* c (vgl. (0)).

*Beweis:*   $R^B|P$ ist zufolge 2.5.(5) die Beschränkung der *affinen* Abbildung $R^B|(p_0 + \mathbb{R} \cdot l) : p_0 + \mathbb{R} \cdot l \to R^B(M)$ auf $P$, woraus die Aussage über das Bild von $R^B|P$ trivial folgt. Sind weiter $p, q \in P$ mit $p \neq q$, so gibt es voneinander verschiedene $\sigma, \tau \in [0,\infty[$ mit $p = p_0 + \sigma \cdot l$, $q = p_0 + \tau \cdot l$, also $q - p = (\tau - \sigma) \cdot l$, weshalb aus (3) und der $\mathbb{R}$-Linearität von $R_0^B$ und $Z_0^B$ (s. 2.5.(5), (10)) sofort folgt: $V_P^B(p) = (1/Z_0^B(l)) \cdot R_0^B(l)$ und daraus zusammen mit (4), 2.5.(6), (10), 2.1.(14) und $\langle l, l \rangle = 0$ unmittelbar auch $v_P^B(p) = c$ .   $\square$

**Kommentar:** Der Wert der Bahngeschwindigkeit $v_P^B$ des Photons $P$ bzgl. $B$ hängt also weder von $B$ noch vom individuellen $P$ ab, d.h. die Geschwindigkeit des in $p_0$ erzeugten Photons bzgl. $B$ hängt nicht von dem Bewegungszustand des inertialen Beobachters $B$ relativ zu der $P$ erzeugenden Lichtquelle ab, was man gemeinhin die *„Konstanz der Lichtgeschwindigkeit"* nennt. Sie hängt aber – wie gesagt – auch nicht ab von der Richtung $R_0^B(l)$, mit der sich das Photon $P$ $(= p_0 + [0,\infty[ \cdot l)$ im Raum von $B$ geradlinig bewegt, eine Eigenschaft, die man gewöhnlich als *„Isotropie der Lichtgeschwindigkeit"* apostrophiert. – Diese für die Spezielle Relativitätstheorie fundamentalen Aussagen über die Lichtausbreitung sind hierbei im Geiste der *Strahlenoptik* (von Pierre de FERMAT, ∗1601, †1665) formuliert. Sie gestatten aber im Minkowski-Weyl-Modell ebensogut eine Version im Geiste der *Wellenoptik* (von Christiaan HUYGENS, ∗1629, †1695): Man verifiziere nämlich (s. 2.1.(30)): Sei $p_0 + \partial C$ das im Ereignis $p_0$ aufgegebene Lichtsignal, d.i. also die Menge aller Ereignisse in $M$, die im Verlauf der Zeit von den sich ausbreitenden Wellenfronten dieses Signals „erreicht" werden. Sei $p \in M$ ein Ereignis, das später als $p_0$ ist bzgl. $B$, d.h. $\tau^B(p_0, p) > 0$. Dann ist die Menge derjenigen Raumpunkte bzgl. $B$, welche die Wellenfronten des Lichtsignals im Zeitpunkt von $p$ bzgl. $B$ „einnehmen", d.i.

*die Teilmenge* $R^B\big((p_0+\partial C)\cap(p+(\mathrm{I\!R}\cdot e^B)^\perp)\big)$ *des Raumes* $R^B(M)$ *von* $B$,

eine 2-dim. euklidische Sphäre vom Radius $c\cdot\tau^B(p_0,p)$ um den Raumpunkt $R^B(p_0)$ des Aussendeereignisses bzgl. $B$, womit die konzentrisch-kugelförmige Ausbreitung der Wellenfronten mit der Geschwindigkeit $c$ im Raum von $B$ gezeigt ist. –


## 2.6.3  Geschwindigkeiten materieller Teilchen sind kleiner als c

Sei $\tilde B$ die Geschichte eines materiellen Teilchens, $E^{\tilde B}:\tilde B\to V$ sein Evolutionsvektorfeld. Sei $B$ ein inertialer Beobachter, $e^B$ seine Evolutionsrichtung. Dann ist das Geschwindigkeitsvektorfeld $V^B_{\tilde B}:\tilde B\to(\mathrm{I\!R}\cdot e^B)^\perp$ bzw. die Bahngeschwindigkeit $v^B_{\tilde B}:\tilde B\to\mathrm{I\!R}$ von $\tilde B$ bzgl. $B$ gegeben durch

$$V^B_{\tilde B} \;=\; (1/(Z^B_0\circ E^{\tilde B}))\cdot(R^B_0\circ E^{\tilde B}) \;=\; -\Big(\frac{1}{\langle e^B,E^{\tilde B}\rangle}\cdot E^{\tilde B} + e^B\Big)\,, \qquad (5)$$

$$v^B_{\tilde B} \;=\; c\cdot\sqrt{1-\langle e^B,E^{\tilde B}\rangle^{-2}}\,, \quad also \quad 0\le v^B_{\tilde B}(p)<c \;\;\text{für alle}\;\; p\in\tilde B. \qquad (6)$$


*Zusatz:*   1.  Folgende drei Aussagen sind paarweise äquivalent:

- $\tilde B$ *ist ruhend bzgl.* $B$.
- $v^B_{\tilde B}:\tilde B\to\mathrm{I\!R}$ *ist die Nullfunktion* (*d.h.* $V^B_{\tilde B}$ *ist das Nullvektorfeld*).
- *Die räumliche Bahn von* $\tilde B$ *im Raum von* $B$ *ist konstant.*

2.  Folgende drei Aussagen sind paarweise äquivalent:

- $\tilde B$ *ist ein kräftefreies Teilchen* (*oder inertialer Beobachter*).
- *Das Geschwindigkeitsvektorfeld* $V^B_{\tilde B}$ *von* $\tilde B$ *bzgl.* $B$ *ist konstant.*
- *Die räumliche Bahn von* $\tilde B$ *im Raum von* $B$ *verläuft in einer Geraden, und die Bahngeschwindigkeit* $v^B_{\tilde B}$ *von* $\tilde B$ *bzgl.* $B$ *ist konstant.* – Damit hat $B$ für seine Raum-Zeit NEWTONs Kennzeichnung kräftefreier Bewegungen wiedergewonnen.

Ist daher $\tilde B$ kräftefrei, so bezeichnen wir den Wert der (zufolge dieser Aufgabe) konstanten Abb.-en $V^B_{\tilde B}$ bzw. $v^B_{\tilde B}$ mit $\mathsf{V}^B_{\tilde B}$ bzw. $\mathsf{v}^B_{\tilde B}$, und wir erhalten:

$$\mathsf{V}^B_{\tilde B} \;=\; -\Big(\frac{1}{\langle e^B,e^{\tilde B}\rangle}\cdot e^{\tilde B} + e^B\Big) \;\in\; (\mathrm{I\!R}\cdot e^B)^\perp\,,^{13} \qquad (7)$$

$$\mathsf{v}^B_{\tilde B} \;=\; \|\mathsf{V}^B_{\tilde B}\|^B \;=\; c\cdot\sqrt{1-\langle e^B,e^{\tilde B}\rangle^{-2}}\,, \quad insbesondere \quad \mathsf{v}^B_{\tilde B}=\mathsf{v}^{\tilde B}_B\in[0,c[. \qquad (8)$$

3.  Aus (8) gewinnt man: *Sind $B$ und $\tilde B$ inertiale Beobachter, so:*

$$-\langle e^B,e^{\tilde B}\rangle^{-1} \;=\; \sqrt{1-(\mathsf{v}/c)^2} \quad mit \quad \mathsf{v}:=\mathsf{v}^B_{\tilde B}=\mathsf{v}^{\tilde B}_B\,, \qquad (9)$$

wobei $\mathsf{v}$ die konstante Bahngeschwindigkeit von $\tilde B$ bzgl. $B$ (bzw. vice versa) ist.

---

$^{13}$ *Warnung*: Die in der klassischen Mechanik gültige Gleichung $\mathsf{V}^{\tilde B}_B=-\mathsf{V}^B_{\tilde B}$ gilt hier nur (s. (7), 2.2.(5)), wenn $e^B=e^{\tilde B}$, d.h. wenn $\mathsf{V}^B_{\tilde B}=o$ (also $\tilde B$ ruhend bzgl. $B$).

*Beweis*: Zu (5): Sei $p \in \tilde{B}$. Sei $c : J \to \tilde{B}$ eine $\tilde{B}$ begleitende Normaluhr, $\sigma \in J$ mit $c(\sigma) = p$. Nach (3), der Linearität von $R_0^B$ und $Z_0^B$ (vgl. 2.5.(5), (10)) und wegen $c'(\sigma) = E^{\tilde{B}}(p)$ (vgl. 2.2.(7)) folgt somit

$$V_{\tilde{B}}^B(p) \;=\; \lim_{\tau \to \sigma} \frac{R_0^B(c(\tau)-c(\sigma))}{Z_0^B(c(\tau)-c(\sigma))} \;=\; \frac{R_0^B \circ E^{\tilde{B}}(p)}{Z_0^B \circ E^{\tilde{B}}(p)} \; ,$$

womit die erste Gleichung von (5) gezeigt ist. Die zweite folgt daraus mit 2.5.(5), (10). – Die Gleichung (6) folgt aus (4) und (5) unter Beachtung von $\langle e^B, e^B \rangle = \langle E^{\tilde{B}}, E^{\tilde{B}} \rangle = -1$ (vgl. 2.2.(3)). – Beim Zusatz beachte man, daß $\tilde{B}$ inertial ist (s. 2.2.(16)) genau dann, wenn $E^{\tilde{B}} : \tilde{B} \to V$ konstant ist; weiter $\tilde{B}$ ruhend ist bzgl. $B$, genau dann, wenn $E^{\tilde{B}}$ konstant vom Wert $e^B$ ist (s. 2.2.(16) und 2.4.(4)). Ist ferner $\tilde{B}$ inertial, so ist $\tilde{B} \hookrightarrow M$ eine affine Abb., weshalb nach 2.5.(5) die räumliche Bahn $R^B|\tilde{B} : \tilde{B} \to R^B(M)$ von $\tilde{B}$ im Raum von $B$ eine *affine* Abb. ist, deren Bild also eine Gerade oder ein Punkt in $R^B(M)$ ist. Mit diesen Bemerkungen folgen die Zusätze mühelos aus (5), (6), 2.2.(5) und 2.5.(5).  □

## 2.7 Korrelation der von zwei inertialen Beobachtern gemessenen Zeiten und Distanzen

in der Minkowski-Welt $(M, +, V, \langle ..,.. \rangle, C)$ mit der Signalgeschwindigkeit c.

### 2.7.1 Korrelation der gemessenen Zeiten und Distanzen bzgl. zweier inertialer Beobachter – Lorentz-Transformation

Seien $B$, $\tilde{B}$ zwei inertiale Beobachter, und (vgl. 2.4.(4))

$$\tilde{B} \ \textit{nicht ruhend bzgl. } B \ , \quad \textit{d.h.} \quad e^B \neq e^{\tilde{B}}, \tag{1}$$

seien $p, q \in M$ zwei verschiedene Ereignisse, und wir dürfen (evtl. nach Umbenennung von $B$ und $\tilde{B}$, s. (1)) annehmen, daß $p$, $q$ nicht Ereignisse im Leben ein und desselben bzgl. $B$ ruhenden materiellen Teilchens sind, d. h. $q - p \notin \mathbb{R} \cdot e^B$, also (s. 2.4.(7)): $d^B(p, q) > 0$. Wegen (1), 2.6.(7) bzw. der letzten Bemerkung und 2.5.(7) ist der Geschwindigkeitsvektor $V_{\tilde{B}}^B$ von $\tilde{B}$ bzgl. $B$ bzw. $R_0^B(q-p)$ in $(\mathbb{R} \cdot e^B)^{\perp} \setminus \{o\}$ ; daher existiert der *Winkel* (s. 2.5.(5),(8))

$$\alpha \;:=\; \sphericalangle^B(R_0^B(q-p), V_{\tilde{B}}^B) \;=\; \sphericalangle^B(R^B(q) - R^B(p), V_{\tilde{B}}^B) \;\in\; [0, \pi] \tag{2}$$

*zwischen dem Verbindungsvektor der Raumpunkte von p und q bzgl. B und dem Vektor der Geschwindigkeit von $\tilde{B}$ bzgl. B*, gemessen in der euklidischen Geometrie des Raumes von $B$. Ferner wegen (1), 2.2.(5) und 2.6.(6), (9) : Ist

$$\mathrm{v} \;:=\; \| V_{\tilde{B}}^B \|^B \quad \textit{die Bahngeschwindigkeit von } \tilde{B} \textit{ bzgl. } B,$$

$$\textit{so} \quad 0 < \mathrm{v} < \mathrm{c}, \quad \textit{also} \quad 1 < \beta := 1/\sqrt{1 - (\mathrm{v}/\mathrm{c})^2} \;=\; -\langle e^B, e^{\tilde{B}} \rangle. \tag{3}$$

Dann gilt für die bzgl. $B$ und $\tilde{B}$ gemessenen Zeiten $\tau^B(p,q)$, $\tau^{\tilde{B}}(p,q)$, die zwischen $p$ und $q$ verstrichen sind, und die räumlichen Distanzen $d^B(p,q)$, $d^{\tilde{B}}(p,q)$ zwischen $p$ und $q$ [wenn $\alpha$ bzw. $v$, $\beta$ wie in (2) bzw. (3) definiert sind] der

**Korrelations-Satz für Zeiten und Distanzen bzgl. $B$ und $\tilde{B}$:**

$$\tau^{\tilde{B}}(p,q) \;=\; \beta\cdot\left(\tau^B(p,q) - (v/c^2)\cdot d^B(p,q)\cdot\cos\alpha\right), \tag{4}$$

$$d^{\tilde{B}}(p,q) \;=\; \sqrt{\beta^2\cdot\left(d^B(p,q)\cdot\cos\alpha - v\cdot\tau^B(p,q)\right)^2 + \left(d^B(p,q)\cdot\sin\alpha\right)^2}. \tag{5}$$

*Bemerkung*: (3),(4) bzw. (5) ((5) für $d^B(p,q)\to 0$) zeigen, daß Gleichzeitigkeit von $p$ und $q$ bzgl. $B$ i.a. (d.h. wenn $\alpha\neq(\pi/2)$) nicht Gleichzeitigkeit bzgl. $\tilde{B}$ bedeutet, bzw. Gleichortigkeit von $p$ und $q$ bzgl. $B$ (wegen $p\neq q$ und (3)) nie Gleichortigkeit bzgl. $\tilde{B}$ bedeutet. Diese Grundtatsachen der Speziellen Relativitätstheorie wurden in deren Gründerphase meistens nur für die *Spezialfälle* $\alpha\in\{0,\pi\}$ diskutiert, bei welchen also die *Meßrichtung*, d.h. die Raumrichtung bzgl. $B$ zwischen den zu vermessenden Ereignissen $p$ und $q$, parallel zum Geschwindigkeitsvektor von $\tilde{B}$ bzgl. $B$ ist: Für $\alpha=0$ *vereinfachen* sich (4), (5) nämlich zu:

$$\begin{aligned}
\tau^{\tilde{B}}(p,q) &= \beta\cdot\left(\tau^B(p,q) - (v/c^2)\cdot d^B(p,q)\right), \\
d^{\tilde{B}}(p,q) &= \beta\cdot\left| d^B(p,q) - v\cdot\tau^B(p,q)\right|,
\end{aligned} \tag{6}$$

wobei sogar (wie man mittels 2.4.(7), 2.3.(18) und 2.6.(6), (9) sofort einsieht) der Absolutbetrag in (6) wegfallen kann, wenn der Verbindungsvektor $q-p$ zwischen den zu vermessenden Ereignissen $p$ und $q$ *raumartig* ist, d.h. $q$ gleichzeitig ist zu $p$ bzgl. mindestens eines inertialen Beobachters (vgl. 2.3.(8), 2.1.(10), Aufg. 2.5.3). Dies – wie meist üblich – vorausgesetzt, impliziert (6), (3) die bekannte sog.

**Spezielle Lorentz-Transformation:**

$$\tilde{t} \;=\; \frac{1}{\sqrt{1-(v/c)^2}}\cdot\left(t-(v/c^2)\cdot x\right), \qquad \tilde{x} \;=\; \frac{1}{\sqrt{1-(v/c)^2}}\cdot\left(x-v\cdot t\right), \tag{7}$$

($\tilde{y}=y$, $\tilde{z}=z$), die den Wechsel zwischen $\langle..,..\rangle$-Orthonormal-Koordinaten $(t,x,y,z)$ des Beobachters $B$ und analogen Koordinaten des Beobachters $\tilde{B}$ beschreibt, wenn sich $\tilde{B}$ längs der $x$-Raumkoordinaten-Richtung von $B$ mit der Geschwindigkeit $v$ gegenüber $B$ bewegt. – [(7) war (historisch, s.u. 2.7.4 Anmerkung) die *erste* quantitative Beschreibung nicht-klassischer, speziell-relativistischer Phänomene!]

*Beweis*: *Zu* (4): Aus 2.6.(7), (9) folgt sofort:

$$e^{\tilde{B}} \;=\; \left(1/\sqrt{1-(v/c)^2}\right)\cdot\left(e^B + V_{\tilde{B}}^B\right), \tag{8}$$

also nach (8) und 2.3.(18):

$$\tau^{\tilde{B}}(p,q) \;=\; \left(1/\sqrt{1-(v/c)^2}\right)\cdot\left(\tau^B(p,q) - \langle q-p, V_{\tilde{B}}^B\rangle\right). \tag{9}$$

Da $V_{\tilde{B}}^B\in(\mathbb{R}\cdot e^B)^\perp$, so folgt aus 2.5.(6), (7), (8) und aus (2), (3)

$$\langle q-p, V_{\tilde{B}}^B\rangle \;=\; (1/c^2)\cdot\langle R_0^B(q-p), V_{\tilde{B}}^B\rangle^B \;=\; (v/c^2)\cdot d^B(p,q)\cdot\cos\alpha. \tag{10}$$

Aus (9), (10) folgt (4). – *Zu* (5): Aus (8) und 2.4.(7) folgt zunächst:

$$d^{\tilde{B}}(p,q)^2 \;=\; c^2 \cdot \langle q-p, q-p \rangle \;+\; \frac{c^2}{1-(v/c)^2} \cdot \langle q-p, e^B + V_{\tilde{B}}^B \rangle^2 \,, \qquad (11)$$

und nach 2.4.(7) und 2.3.(18)

$$c^2 \cdot \langle q-p, q-p \rangle \;=\; d^B(p,q)^2 - c^2 \cdot \tau^B(p,q)^2 \,, \qquad (12)$$

schließlich nach (10) und 2.3.(18):

$$-\langle q-p, e^B + V_{\tilde{B}}^B \rangle \;=\; \tau^B(p,q) - (v/c^2) \cdot d^B(p,q) \cdot \cos\alpha \,.$$

Quadrieren der letzten Gleichung und Einsetzen des so gewonnenen Resultats sowie der Gleichung (12) in (11) liefert (einfache Rechnung!) das Quadrat von (5).  □


## 2.7.2  Minimalität der Distanz gleichzeitiger Ereignisse

Voraussetzungen und Notationen wie in 2.7.1. Gilt außerdem

$$p \; \text{ist gleichzeitig zu} \; q \; \text{bzgl.} \; \tilde{B} \quad (d.h. \; \langle q-p, e^{\tilde{B}} \rangle = 0) \,, \qquad (13)$$

so folgt:

$$d^{\tilde{B}}(p,q) \;=\; \sqrt{1-(v/c)^2 \cdot \cos^2\alpha} \cdot d^B(p,q) \;\leq\; d^B(p,q) \,,$$
$$\text{und Gleichheit gilt genau dann, wenn} \; \alpha = (\pi/2) \,, \qquad (14)$$

d.h. genau dann, wenn die „Meßrichtung bzgl. $B$" (d.i. die Raumrichtung bzgl. $B$ zwischen den zu vermessenden Ereignissen $p$ und $q$) *senkrecht* ist zur Richtung des Geschwindigkeitsvektors von $\tilde{B}$ bzgl. $B$ im Raum von $B$ (vgl. (2)).

*Beweis*: Aus (13) folgt: $\tau^{\tilde{B}}(p,q)=0$, also nach (4): $\tau^B(p,q) = (v/c^2) \cdot d^B(p,q) \cdot \cos\alpha$. Setzt man diesen Wert für $\tau^B(p,q)$ in (5) ein, so folgt wegen $d^B(p,q) \geq 0$ durch einfaches Zusammenfassen gerade (14).  □


**Kommentar:** Die Implikation „(13) $\Rightarrow$ (14)" ist – da in unserer Darstellung Zeiten und Distanzen zwischen *Ereignissen* die primären physikalischen Meßgrößen der relativistischen Kinematik sind – eine *für Distanzen von Ereignissen formulierte Ur-Version der Längen-Kontraktions-Aussage*, wohingegen ihre originäre Version auf einen Vergleich von *Distanzen zwischen Raumpunkten starrer Körper bzgl. bewegter Beobachter* zielt. Zur Um-Interpretation von (14) in diese originäre Version ([E], S.903) haben wir also noch letztere Distanzen einzuführen:


## 2.7.3  Kräftefreie starre Körper und deren räumliche Vermessung

Ein *kräftefreier starrer Körper* $\mathcal{K}$ ist eine Menge materieller Teilchen, so daß je zwei dieser Teilchen bzgl. einander ruhen, d.h. (vgl. 2.4.2):

$$Q \; \text{ruhend bzgl.} \; P \; \text{für alle} \; P, Q \in \mathcal{K} \,, \; \text{folglich} \; e^P = e^Q =: e^{\mathcal{K}} \in C \,, \qquad (15)$$

$\mathcal{K}$ ist also eine Menge zueinander paralleler, gerader Weltlinien in $M$.

Seien nun $P$, $Q$ zwei materielle Teilchen eines kräftefreien starren Körpers $\mathcal{K}$, sei $B$ ein inertialer Beobachter, $e^B$ seine Evolutionsrichtung. Dann gibt es zu jedem $p \in P$ nach 2.3.(9), (13) genau ein $q \in Q$, so daß $q$ gleichzeitig zu $p$ ist bzgl. $B$, weshalb wir den *Verbindungsvektor von $P$ und $Q$ bzgl. $B$* definieren können durch

$$(Q - P)^B := q - p \ \in (\mathbb{R} \cdot e^B)^{\perp} \quad \textit{für } (p, q) \in P \times Q \ \textit{ mit } \ \langle q - p, e^B \rangle = 0, \quad (16)$$

[und diese Definition ist unabhängig von der speziellen Wahl von $(p, q) \in P \times Q$ mit $\langle q - p, e^B \rangle = 0$, wie mittels (15) und 2.2.(5),(15) folgt].

Unter der Voraussetzung (15) können wir daher die *Distanz der materiellen Teilchen $P$ und $Q$* des starren Körpers $\mathcal{K}$ bzgl. $B$ definieren als (vgl. (16)):

$$d^B(P, Q) := \| (Q - P)^B \|^B \quad ( \| .. \|^B := \textit{Norm von } \langle .., .. \rangle^B, \ \textit{s. } 2.5.(4)) \quad (17)$$

und es gilt nach (16), (17) und 2.5.(4), (6), (7)

$$d^B(P, Q) = d^B(p, q) \quad \textit{für alle } (p, q) \in P \times Q \ \textit{ mit } \ \langle q - p, e^B \rangle = 0. \quad (18)$$

Ist $\mathcal{K}$ *ruhend bzgl. $B$*, d.h. jedes materielle Teilchen von $\mathcal{K}$ *ist ruhend bzgl. $B$*, so hat man eine noch einfachere Bechreibung von $d^B(P, Q)$, nämlich:

$$\textit{Ist } \ e^{\mathcal{K}} = e^B, \quad \textit{so} \quad d^B(P, Q) = d^B(p, q) \quad \textit{für alle } (p, q) \in P \times Q, \quad (19)$$

[denn für $(p, q) \in P \times Q$ ist das zu $p$ bzgl. $B$ gleichzeitige Ereignis $\tilde{q} \in Q$ gegeben durch $\tilde{q} = q + \langle q - p, e^B \rangle \cdot e^B$, also (s. 2.5.(5)): $R_0^B(\tilde{q} - p) = R_0^B(q - p)$. Daher nach 2.5.(7): $d^B(p, q) = d^B(p, \tilde{q})$, woraus mit (18) gerade (19) folgt].


### 2.7.4  Fitzgerald-Lorentz-Kontraktion nach EINSTEIN

Sei $\mathcal{K}$ ein kräftefreier starrer Körper, $P$ und $Q$ zwei voneinander verschiedene materielle Teilchen von $\mathcal{K}$. Seien $B, \tilde{B}$ zwei inertiale Beobachter, sei

$$\mathcal{K} \ \textit{ruhend bzgl. } B, \quad \textit{aber } \tilde{B} \textit{ nicht ruhend bzgl. } B, \quad \textit{also} \quad \mathrm{v} := \mathrm{v}_{\tilde{B}}^B \neq 0, \quad (20)$$

(vgl. 2.6.(8), (9)) und es sei $\alpha$ der Winkel zwischen dem Verbindungsvektor $(Q - P)^B$ bzgl. $B$ (vgl. (16)) und dem Geschwindigkeitsvektor $\mathrm{V}_{\tilde{B}}^B$ von $\tilde{B}$ bzgl. $B$ im Raum von $B$, d.h. (vgl. 2.5.(8))

$$\alpha = \sphericalangle^B((Q - P)^B, \mathrm{V}_{\tilde{B}}^B) \in [0, \pi]. \quad (21)$$

Dann folgt aus (13), (14), (18), (19), (20):

$$d^{\tilde{B}}(P, Q) = \sqrt{1 - (\mathrm{v}/\mathrm{c})^2 \cdot \cos^2 \alpha} \cdot d^B(P, Q) \leq d^B(P, Q), \quad (22)$$

$$\textit{und Gleichheit gilt genau dann, wenn } \ \alpha = (\pi/2),$$

d.h. (s. (20)): *Der gegenüber dem kräftefreien starren Körper $\mathcal{K}$ mit der Geschwindigkeit $\mathrm{v}$ bewegte Beobachter $\tilde{B}$ mißt zwischen zwei materiellen Teilchen $P$, $Q$ von $\mathcal{K}$ eine um $\sqrt{1 - (\mathrm{v}/\mathrm{c})^2 \cdot \cos^2 \alpha}$ kleinere Distanz als der Beob-*

*achter $B$, bzgl. dessen $\mathcal{K}$ ruht*, wobei $\alpha$ der Winkel zwischen der „Meßrichtung bzgl. $B$" (d.i. die Raumrichtung bzgl. $B$ zwischen den zu vermessenden Teilchen $P$, $Q$) und der Richtung des Geschwindigkeitsvektors von $\tilde{B}$ bzgl. $B$ ist.

**Interpretation**    (von (22) nach EINSTEIN, vgl. [E], S.903): Sei nun $\mathcal{K}$ kugelförmig vom Radius $\rho$ ($\in \mathbb{R}_+$) bzgl. $B$, d.h. es gibt ein materielles Teilchen $P \in \mathcal{K}$, so daß $\mathcal{K}$ aus allen bzgl. $P$ ruhenden materiellen Teilchen $Q$ besteht, deren Abstand $d^B(P,Q)$ von $P$ bzgl. $B$ kleiner oder gleich $\rho$ ist. Sei $p \in P$ ein festgewähltes Ereignis, und sei $E$ die Menge aller Ereignisse $q$ „in $\mathcal{K}$", die gleichzeitig zu $p$ bzgl. $\tilde{B}$ sind, d.h.:

$$q \in E \quad \Longleftrightarrow \quad \langle q-p, e^{\tilde{B}} \rangle = 0 \quad \textit{und es gibt } Q \in \mathcal{K} \textit{ mit } q \in Q, \tag{23}$$

m.a.W. $E$ ist die Menge aller Ereignisse im kräftefreien starren Körper $\mathcal{K}$ zum Zeitpunkt $Z_0^{\tilde{B}}(p)$ von $p$ bzgl. $\tilde{B}$. Dann gilt:

*$R^{\tilde{B}}(E)$, die Menge aller Raumpunkte von $E$ bzgl. $\tilde{B}$, ist ein abgeplattetes Rotationsellipsoid im Raum von $\tilde{B}$ mit $R^{\tilde{B}}(p)$ als Zentrum, der Rotationsachsenrichtung $V_B^{\tilde{B}}$ ($=$ Geschwindigkeitsvektor von $B$ bzgl. $\tilde{B}$), dem Äquatorradius $\rho$ und der verkürzten Halbachse $\rho \cdot \sqrt{1-(v/c)^2}$ in Richtung $V_B^{\tilde{B}}$,*

[d.h. der bzgl. $B$ ruhende und kugelförmige starre Körper $\mathcal{K}$ *stellt sich* für den bewegten Beobachter $\tilde{B}$ *aufgrund seiner Distanzmessungen zu einem festen Zeitpunkt als* ein – in Richtung der Bewegung von $\tilde{B}$ gegenüber $\mathcal{K}$ – *abgeplattetes Rotationsellipsoid dar:* R. PENROSE hat 1958 gezeigt ([PE]), daß – entgegen der irrigen, aber populärwissenschaftlich gängigen Interpretation der letztgenannten Aussage – auch der gegenüber $\mathcal{K}$ bewegte Beobachter $\tilde{B}$ *optisch* $\mathcal{K}$ als Kugel (und nicht die von ihm *gemessene* Ellipsoidgestalt!) *s i e h t*. (Wir verweisen dazu auf [RI], S.58ff.)]

*Beweis:*    Aufgrund der Wahl von $\mathcal{K}$ (s. (20)) und (19), (23) gilt zunächst:

$$E = \{ q \in M \mid \langle q-p, e^{\tilde{B}} \rangle = 0 \quad und \quad d^B(p,q) \leq \rho \}. \tag{24}$$

Da $(1/v) \cdot V_B^{\tilde{B}}$ ein Einheitsvektor in $(\mathbb{R} \cdot e^{\tilde{B}})^\perp$ bzgl. $\langle ..,.. \rangle^{\tilde{B}}$ ist (s. 2.6.(8)) und nach (24) und 2.5.(5) für alle $q \in M$ mit $\langle q-p, e^{\tilde{B}} \rangle = 0$ gilt: $R^{\tilde{B}}(q) - R^{\tilde{B}}(p) = R_0^{\tilde{B}}(q-p) = q-p$, so lautet die Ellipsoidaussage über $E$ : Für alle $q \in M$ mit

$$\langle q-p, e^{\tilde{B}} \rangle = 0 \tag{25}$$

gilt $q \in E$ genau dann, wenn:

$$\frac{(\langle q-p, (1/v) \cdot V_B^{\tilde{B}} \rangle^{\tilde{B}})^2}{\rho^2 \cdot (1-(v/c)^2)} + \frac{\langle q-p, q-p \rangle^{\tilde{B}} - (\langle q-p, (1/v) \cdot V_B^{\tilde{B}} \rangle^{\tilde{B}})^2}{\rho^2} \leq 1. \tag{26}$$

Wegen (24), (25), (26) genügt es daher, für alle $q \in M$ mit (25) zu zeigen:

$$d^B(p,q)^2 = \langle q-p, q-p \rangle^{\tilde{B}} + (\langle q-p, V_B^{\tilde{B}} \rangle^{\tilde{B}})^2 \cdot (1/v)^2 \cdot \left( \frac{1}{1-(v/c)^2} - 1 \right). \tag{27}$$

Aber wegen (25), 2.5.(4) und 2.6.(7), (9) gilt

$$\begin{aligned}
\langle q-p, q-p \rangle^{\tilde{B}} &= c^2 \cdot \langle q-p, q-p \rangle \quad und \\
(\langle q-p, V_B^{\tilde{B}} \rangle^{\tilde{B}})^2 &= c^2 \cdot \langle q-p, e^B \rangle^2 \cdot (c^2 - v^2).
\end{aligned} \tag{28}$$

(28) und 2.4.(7) liefern sofort (27).  □

**Anmerkung:**   Die Aussage (22) hat bereits eine ca. 16-jährige *vor-relativistische* Geschichte: G.F. FITZGERALD (∗3.8.1851, †22.2.1901, er wirkte an der Universität Dublin) erklärt 1889 den Ausgang des Michelson-Morley-Experiments *qualitativ* damit, daß ein materieller Körper bei seiner Bewegung durch den Äther eine Längenänderung erfährt, die vom Quadrat des Verhältnisses seiner Geschwindigkeit v (gegenüber dem Äther) zur Lichtgeschwindigkeit abhängt, ein Phänomen, das er nicht für gänzlich unwahrscheinlich hält, wenn man einen Einfluß der Bewegung auf die Molekularkräfte nicht ausschließt (einen solchen Einfluß gibt es ja bei den elektrischen Kräften, die auf geladene Körper wirken). – Unabhängig von FITZGERALD (aber bei einem analogen Interpretationsansatz zum Michelson-Morley-Experiment) stellt H. A. LORENTZ 1892 seine (auch *quantitativ* präzisierte!) Kontraktionshypothese auf, wonach jeder gegen den Äther bewegte Körper in Bewegungsrichtung eine Verkürzung mit dem Faktor $(1-(v^2/2c^2))$ erfahren soll, d.i. für kleines v/c immerhin *näherungsweise* (Potenzreihenentwicklung von $\sqrt{1-x}$ in x = 0) der später von der Relativitätstheorie (vgl. (22)) gelieferte Verkürzungsfaktor $\sqrt{1-(v/c)^2}$. 1895 beschreibt LORENTZ (inzwischen ist ihm die These von FITZGERALD bekannt geworden) in den Paragraphen 89-91 seines Werks [LO$_1$] zur Elektrodynamik MICHELSONs Versuch und seine bzw. FITZGERALDs Erklärung dazu, wieder mit dem gleichen Verkürzungsfaktor $(1-(v^2/2c^2))$. [Im Paragraph 92 skizziert er dann ein theoretisches Molekularkräfte-Modell, das diese Verkürzung erklären soll, und findet damit (erstaunlicherweise!?) den richtigen relativistischen Verkürzungsfaktor $\sqrt{1-(v/c)^2}$, den er als Näherung des von ihm prognostizierten Faktors akzeptiert.] – J. LARMOR (∗11.7.1857, † 19.5.1942, er wirkte in Cambridge, England) beweist in einer 1898 beendeten Arbeit (zeitlich also *vor* der analogen Feststellung von LORENTZ vom Jahre 1899), daß die Längenkontraktion mit dem Verkürzungsfaktor $\sqrt{1-(v/c)^2}$ eine *mathematische Folge* der Transformationsgleichungen 2.7.(7) ist. Bis zur Abfassung seines Artikels [E] im Jahre 1905 kennt EINSTEIN höchstwahrscheinlich die beiden letztgenannten Arbeiten von LARMOR und LORENTZ nicht (für Details dazu siehe [PA], S.115ff): Die „Lorentz-Transformationen" 2.7.(7) und die Herleitung von (22) daraus entdeckt er wieder. EINSTEINs wesentlich neuer Beitrag ist daher *in diesem Zusammenhang* seine (Äther-freie!) *physikalische Fundierung* der Lorentz-Transformationen, d.h. der lorentzschen „Welt-Geometrie" im Sinne von MINKOWSKI, die auf seinem neuen, *beobachterabhängigen Zeit-Begriff* fußt!

## 2.8 Additionstheorem der Geschwindigkeiten

in der Minkowski-Welt $(M,+,V,\langle ..,..\rangle, C)$ mit Signalgeschwindigkeit $c\in\mathbb{R}_+$. Seien

$$B, B_1, B_2 \ \ \textit{inertiale Beobachter,} \ \ e, e_1, e_2 \ \ \textit{ihre Evolutionsvektoren,} \qquad (1)$$

$$B_1 \ \ \textit{und} \ \ B_2 \ \ \textit{nicht ruhend bzgl.} \ \ B \ , \qquad (2)$$

$$\mathbf{V}_i := \mathbf{V}^B_{B_i} \in (\mathbb{R}\cdot e)^{\perp}\backslash\{o\} \ \ \textit{der Geschwindigkeitsvektor von } B_i \textit{ bzgl.} B \ , \qquad (3)$$

$$\mathbf{v}_i := \mathbf{v}^B_{B_i} = \|\mathbf{V}_i\|^B \in \ ]\,0, c\,[ \ \ \textit{die Bahngeschwindigkeit von } B_i \textit{ bzgl.} B \ , \qquad (4)$$

$$\mathrm{v}_{rel} := \mathrm{v}^{B_1}_{B_2} = \mathrm{v}^{B_2}_{B_1} \quad \textit{die Bahngeschwindigkeit von } B_2 \textit{ bzgl. } B_1 \,, \qquad (5)$$

wobei die Begriffe aus (3), (4), (5) im relativistischen Sinne von 2.6.3 zu verstehen sind (mit $i \in \{1,2\}$). – Sei $\alpha$ der Winkel zwischen den [nach (2), (3) nicht-verschwindenden] Geschwindigkeitsvektoren $V_1, V_2$ im euklidischen VR $((\mathrm{IR}\cdot e)^{\perp}, \langle ..,.. \rangle^B)$, dem Richtungs-VR des „Raumes" von $B$, also

$$\alpha \in [0,\pi] \quad \textit{und} \quad \langle V_1, V_2 \rangle^B \,=\, \mathrm{v}_1 \cdot \mathrm{v}_2 \cdot \cos\alpha \,. \qquad (6)$$

*Zwischenbemerkung*:   Gemäß klassischer Mechanik ist für den Beobachter $B$ der klassische Geschwindigkeitsvektor von $B_2$ bzgl. $B_1$ gegeben durch:

$$V_{klass} := V_2 - V_1 \,\in\, (\mathrm{IR}\cdot e)^{\perp} \,, \qquad (7)$$

also erfüllt die klassische Bahngeschwindigkeit $\mathrm{v}_{klass}$ von $B_2$ bzgl. $B_1$:

$$\mathrm{v}^2_{klass} \,:=\, \langle V_{klass}, V_{klass} \rangle^B \,=\, \mathrm{v}_1^2 + \mathrm{v}_2^2 - 2\mathrm{v}_1 \cdot \mathrm{v}_2 \cdot \cos\alpha \,. \qquad (8)$$

Dagegen gilt für die (s. (5)) relativistisch definierte Bahngeschwindigkeit $\mathrm{v}_{rel}$ von $B_2$ bzgl. $B_1$ ein sog.

## Relativistisches Additionstheorem der Geschwindigkeiten:

$$\mathrm{v}_{rel} \,=\, \frac{\sqrt{\mathrm{v}^2_{klass} - (1/c^2)\cdot\big(\langle V_1, V_1 \rangle^B \cdot \langle V_2, V_2 \rangle^B - (\langle V_1, V_2 \rangle^B)^2\big)}}{1 - (\langle V_1, V_2 \rangle^B / c^2)} \,. \qquad (9)$$

Somit folgt aus (6), (8), (9), wie bereits EINSTEIN 1905 ([E], S.906) zeigte:

$$\mathrm{v}_{rel} \,=\, \frac{1}{1 - ((\mathrm{v}_1 \cdot \mathrm{v}_2 \cdot \cos\alpha)/c^2)} \cdot \sqrt{\mathrm{v}^2_{klass} - ((\mathrm{v}_1 \cdot \mathrm{v}_2 \cdot \sin\alpha)/c)^2} \,. \qquad (10)$$

**Beispiel:**   Sind $V_1, V_2$ IR-linear abhängig, so folgt aus (10), (8), (6):

*Ist* $\alpha = 0$, *d.h.* $V_2 \in \mathrm{IR}_+ \cdot V_1$, *so*:   $\mathrm{v}_{rel} = \dfrac{|\mathrm{v}_1 - \mathrm{v}_2|}{1 - (\mathrm{v}_1 \cdot \mathrm{v}_2 / c^2)} > |\mathrm{v}_1 - \mathrm{v}_2| = \mathrm{v}_{klass} \,.$

*Ist* $\alpha = \pi$, *d.h.* $V_2 \in \mathrm{IR}_- \cdot V_1$, *so*:   $\mathrm{v}_{rel} = \dfrac{\mathrm{v}_1 + \mathrm{v}_2}{1 + (\mathrm{v}_1 \cdot \mathrm{v}_2 / c^2)} < \mathrm{v}_1 + \mathrm{v}_2 = \mathrm{v}_{klass} \,.$

*Beweis zu* (9):   Nach (1), (3) und 2.6.(7) gilt für $i, j \in \{1,2\}$:

$$-(1/\langle e, e_i \rangle)\cdot e_i \,=\, e + V_i \quad \textit{mit} \quad \langle e, V_i \rangle = 0 \,, \quad \textit{also}$$

$$-\frac{\langle e_i, e_j \rangle}{\langle e, e_i \rangle \langle e, e_j \rangle} \,=\, 1 - \langle V_i, V_j \rangle \,, \qquad (11)$$

und ist $V_{rel} := V_{B_2}^{B_1}$ der Geschwindigkeitsvektor von $B_2$ bzgl. $B_1$, so nach (5) und 2.6.(4), (7):

$$-(1/\langle e_1, e_2 \rangle) \cdot e_2 \;=\; e_1 + V_{rel} \quad \textit{mit} \quad \langle e_1, V_{rel} \rangle = 0, \quad \textit{also}$$

$$\frac{1}{\langle e_1, e_2 \rangle^2} \;=\; 1 - \langle V_{rel}, V_{rel} \rangle \quad \textit{und} \quad v_{rel} = \| V_{rel} \|^{B_1}. \tag{12}$$

Aus (11), (12) liest man unmittelbar ab:

$$\left(1 - \langle V_{rel}, V_{rel} \rangle\right) \cdot \left(1 - \langle V_1, V_2 \rangle\right)^2 \;=\; \left(1 - \langle V_1, V_1 \rangle\right) \cdot \left(1 - \langle V_2, V_2 \rangle\right),$$

woraus durch Ausdistribuieren sofort (unter Beachtung von (7)) folgt:

$$\langle V_{rel}, V_{rel} \rangle \cdot \left(1 - \langle V_1, V_2 \rangle\right)^2 \;=\;$$
$$=\; \langle V_{klass}, V_{klass} \rangle - \left(\langle V_1, V_1 \rangle \cdot \langle V_2, V_2 \rangle - \langle V_1, V_2 \rangle^2\right).$$

Multipliziert man die letzte Gleichung mit $c^2$, so folgt aus ihr nach (8), (12) und 2.5.(4) gerade die quadrierte Gleichung (9).   □


## 2.9   Literatur zu Kapitel 2


[DI]      DIEUDONNÉ, J.: *Foundations of Modern Analysis*, Academic Press, New York, 1960.

[DO-K-P]  DOMBROWSKI, P., KUHLMANN, J., PROFF, U.: *On the spatial geometry of a non-inertial observer in special relativity*, in: WILLMORE, T.J. and HITCHIN, N.: Global Riemannian Geometry, Ellis Horwood Limited, Chichester, 1984, 177-193.

[E]       EINSTEIN, A.: *Zur Elektrodynamik bewegter Körper*. Ann. Physik **17** (1905), 891-921.

[HE]      HERTZ, H.: *Prinzipien der Mechanik*, (abgedruckt in: Gesammelte Werke, Bd. III, J.A. Barth, Leipzig, 1894.

[JN]      JÄNICH, K.: *Vektoranalysis*, Springer, Berlin, 1992.

[LA]      LANGEVIN, P.: *Le Principe de Relativité*, Bibliothèque de Synthèse scientifique, éditeur: E. CHIRON, Paris, 1922, hier zitiert aus Oeuvres Scientifiques de Paul Langevin, Centre Nationale de la Recherche Scientifique, Paris, 1950.

[LO$_1$]  LORENTZ, H.A.: *Versuch einer Theorie der electrischen und optischen Erscheinungen in bewegten Körpern*, E.J. Brill, Leiden, 1895.

[LO$_2$]  LORENTZ, H.A.: *Electromagnetic phenomena in a system moving with any velocity smaller than that of light*. Proc. Sect. Sciences, Koninklijke Akademie van Wetenschappen te Amsterdam, **6** (1904), 809-831.

[MK]   MINKOWSKI, H.: *Raum und Zeit* (Vortrag gehalten auf der 80. Naturforscher-Versammlung zu Köln am 21.9.1908), [Jahresber. DMV **18** (1908), 75-88], hier zitiert nach Ges. Abh. von H. MINKOWSKI, Bd. 2, Teubner Leipzig, 1911, 431-444.

[OG]   OGAWA, T.: *Japanese Evidence for Einstein's Knowledge of the Michelson-Morley Experiment.* Jap. St. Hist. Sci. **18** (1979), 73-81.

[ON]   ONO, Y.A.: *Einstein's Speech at Kyoto University, December* 14, 1922, NTM-Schriftenr. Gesch. Naturwiss., Technik, Med., Leipzig **20** (1983) 1, S. 25-28.

[O'N]  O'NEILL, B.: *Semi-Riemannian Geometry with Applications to Relativity*, Academic Press, New York, London, 1983.

[PA]   PAIS, A.: *„Raffiniert ist der Herrgott ...“ Albert Einstein*, Eine wissenschaftliche Biographie, Vieweg, Braunschweig, 1986.

[PE]   PENROSE, R.: *The apparent shape of a relativistically moving sphere.* Proc. Cambridge Phil. Soc. **55** (1959), 137-139.

[PO$_1$]   POINCARÉ, H.: *La Mesure du Temps*, Rev. Métaphys. Morale **6** (1898), 1-13.

[PO$_2$]   POINCARÉ, H.: *La Science et l'Hypothèse*, Flammarion, Paris, 1902.

[PO$_3$]   POINCARÉ, H.: *Sur la Dynamique de l'Électron*, Rend. Circ. Matem. Palermo, **21** (1906), 129-176.

[RI]   RINDLER, W.: *Essential Relativity*, 2$^{nd}$ ed., Springer, Heidelberg 1979.

[VO]   VOIGT, W.: *Ueber das Doppler'sche Prinzip*, Nachr. K. Ges. Wiss. Göttingen, 1887, 41-51.

[WE]   WEYL, H.: *Raum, Zeit, Materie* (1$^{te}$ Aufl. 1918), hier zitiert nach: Nachdruck der 5$^{ten}$ Aufl., Springer, Heidelberger Taschenbücher 251) Berlin, 1988.

[WH]   WHITNEY, H.: *Differentiable Manifolds.* Ann. Math. **37**, 645-680.

* * * * * * * *

# Lexikon der Abkürzungen und Symbole

Abb. $=$ Abbildung  ( Abb.-en $=$ Abbildungen ) ,

VR $=$ Vektorraum  ( VRes $=$ Vektorraumes ) ,

$\mathbb{R}$-VR $=$ Vektorraum über dem Körper $\mathbb{R}$  ( analog: $\mathbb{C}$-VR ) ,

$m$-dim. $=$ $m$-dimensional ,

$\mathbb{R}$ $=$ Körper der reellen Zahlen ,

$\mathbb{R}^*$ $=$ $\mathbb{R} \setminus \{0\}$ $=$ multiplikative Gruppe des Körpers $\mathbb{R}$ ,

$\mathbb{R}_+$ $=$ $\{\, \alpha \mid \alpha \in \mathbb{R} \text{ und } \alpha > 0 \,\}$ ,

$\mathbb{R}_-$ $=$ $\{\, \alpha \mid \alpha \in \mathbb{R} \text{ und } \alpha < 0 \,\}$ ,

$\mathbb{N}$ $=$ $\{0,1,2,\dots\}$ $=$ Menge der natürlichen Zahlen ,

$\mathbb{N}_+$ $=$ $\{1,2,3,\dots\}$ $=$ $\mathbb{N} \cap \mathbb{R}_+$ ,

$\mathbb{Z}$ $=$ $\{\dots,-2,-1,0,1,2,\dots\}$ $=$ Menge der ganzen Zahlen ,

$\{1,..,m\}$ $=$ $\{\, k \mid k \in \mathbb{N} \text{ und } 1 \leq k \leq m \,\}$ für $m \in \mathbb{N}$ ,
insbesondere:  $\{1,..,m\} = \emptyset$  für $m = 0$ ,

$\mathbb{R}^m$ $=$ $m$-dim. $\mathbb{R}$-VR aller $a = (a_1,..,a_m) : \{1,..,m\} \to \mathbb{R}$ $(k \mapsto a_k)$ ,
insbesondere:  $\mathbb{R}^0 = \{o\}$  und  $\mathbb{R}^1 \cong \mathbb{R}$ $((\alpha) \mapsto \alpha)$ ,

$\mathbf{e}_i$ $=$ $(0,..,0,1,0,..,0)$ $(\in \mathbb{R}^m)$ ,  für $m \in \mathbb{N}_+$ und $i \in \{1,..,m\}$
( mit „1" an der $i$-ten Stelle ) ,

$\mathrm{x}$ $=$ $\mathrm{id}_{\mathbb{R}} : \mathbb{R} \to \mathbb{R}$ $(t \mapsto \mathrm{x}(t) := t)$ ,
z.B.  $\mathrm{x}^n : \mathbb{R} \to \mathbb{R}$ $(t \mapsto t^n)$ für $n \in \mathbb{N}$ ,

$\mathrm{u}\,,\mathrm{v}$ $\quad$ $\mathrm{u} : \mathbb{R}^2 \to \mathbb{R}$ $((a_1, a_2) \mapsto a_1)$ ,  $\mathrm{v} : \mathbb{R}^2 \to \mathbb{R}$ $((a_1, a_2) \mapsto a_2)$ ,

$\mathrm{z}$ $=$ $\mathrm{u} + \mathrm{i} \cdot \mathrm{v} : \mathbb{R}^2 \to \mathbb{C}$ $(a = (a_1, a_2) \mapsto \mathrm{z}(a) = a_1 + \mathrm{i} \cdot a_2)$ ,

$\mathrm{x}_i$ $=$ $\mathrm{x}_i : \mathbb{R}^m \to \mathbb{R}$ $((a_1,..,a_m) \mapsto a_i)$ für $m \in \mathbb{N}_+$, $i \in \{1,..,m\}$ ,

$\partial$ $=$ Operator der Ableitung für Funktionen einer reellen Veränder-
lichen, z.B.  $\partial \mathrm{x}^n = n \cdot \mathrm{x}^{n-1}$ für $n \in \mathbb{N}_+$,  oder  $\partial \sin = \cos$ ,

$\partial_i$ $=$ Operator der $i$-ten partiellen Ableitung in $\mathbb{R}^m$ für $i \in \{1,..,m\}$ ,

$\mathbb{E}$ $=$ 2-dim. orientierter euklidischer VR mit innerem Produkt $\langle ..,.. \rangle$ ,

$\mathbb{S}\mathbb{E}$ $=$ $\{\, e \mid e \in \mathbb{E} \text{ und } \langle e, e \rangle = 1 \,\}$ $=$ Einheitskreislinie in $\mathbb{E}$ ,

$J$ $=$ komplexe Struktur eines 2-dim. orientierten euklidischen VRes ,

$c_e$ $\quad$ $c_e : \mathbb{R} \to \mathbb{E}$ $(t \mapsto \cos t \cdot e + \sin t \cdot Je)$ für $e \in \mathbb{S}\mathbb{E}$ ,

$\Omega$ $\quad$ $\Omega : \mathbb{E} \times \mathbb{E} \to \mathbb{R}$ $((v, w) \mapsto \Omega(v, w) := \langle Jv, w \rangle)$ $=$ Flächenin-
haltsform des 2-dim. orientierten euklidischen VRes $\mathbb{E}$ ,

$\langle ..,.. \rangle_{\mathrm{can}}$ $\quad$ $\langle ..,.. \rangle_{\mathrm{can}} : \mathbb{R}^m \times \mathbb{R}^m \to \mathbb{R}$ $((a, b) \mapsto \sum_{i=1}^{m} a_i b_i)$ $=$
kanonisches euklidisches inneres Produkt für $\mathbb{R}^m$ $(m \in \mathbb{N}_+)$ ,

$\mathbb{E}^m$ $=$ $(\mathbb{R}^m, \langle ..,.. \rangle_{\mathrm{can}})$ $=$ $m$-dim. euklidischer Standard-VR $(m \in \mathbb{N}_+)$
mit der durch $(\mathbf{e}_1,..,\mathbf{e}_m)$ induzierten kanonischen Orientierung ,

$\mathbb{S}^{m-1}$ $=$ $\{\, e \in \mathbb{E}^m \mid \langle e, e \rangle_{\mathrm{can}} = 1 \,\}$ $=$ $(m-1)$-dim. Einheitssphäre des $\mathbb{E}^m$ ,

$\mathbb{D}^m$ $=$ $\{\, a \in \mathbb{E}^m \mid \langle a, a \rangle_{\mathrm{can}} \leq 1 \,\}$ $=$ $m$-dim. Einheitsvollkugel des $\mathbb{E}^m$ ,

$\overline{N}\,, N^\circ$ $=$ abgeschlossene Hülle bzw. Menge aller inneren Punkte
der Teilmenge $N$ eines topologischen Raumes ,

$\mathbb{1}_N$ $\quad$ $\mathbb{1}_N : N \to \mathbb{R}$ $(p \mapsto 1)$ $=$ konstante Funktion vom Wert 1 auf $N$ .

# Index

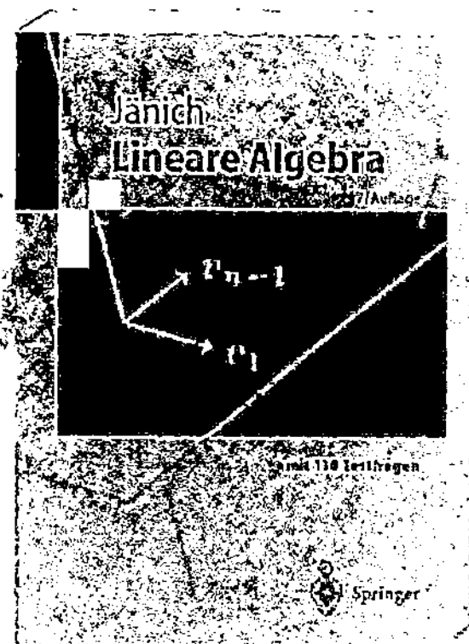

**D. Hilbert, S. Cohn-Vossen**

## Anschauliche Geometrie

Geleitwort von **M. Berger**
Appendix von **P. Alexandroff**

2. Aufl. 1996. XX, 358 S. Geb.
**DM 68,-**; öS 497,-; sFr 62,-
ISBN 3-540-59069-2

Anschauliche Geometrie - wohl selten
ist ein Mathematikbuch seinem Titel
so gerecht geworden wie dieses außer-
gewöhnliche Werk von Hilbert und
Cohn-Vossen. Zuerst 1932 erschienen,
hat das Buch nichts von seiner Frische
und Kraft verloren. Hilbert hat sein
erklärtes Ziel, die Faszination der
Geometrie zu vermitteln, bei Genera-
tionen von Mathematikern erreicht.

**K. Jänich**

## Lineare Algebra

7. Aufl. 1998. XII, 271 S. mit zahlreichen Abb.
Brosch. **DM 39,90**; öS 292,-; sFr 37,-
ISBN 3-540-64535-7

"Daß ein Einführungstext zur Linearen Algebra bei der ständig wachsenden Flut von Lehrbüchern zu diesem
weitgehend standardisierten Stoff
überhaupt noch Besonderheiten bieten kann, ist gewiß bemerkenswert....
Es wird all das Mehr wiedergegeben,
das eine gute Vorlesung gegenüber
einem Lehrbuch im üblichen Stil
(Definition - Satz - Beweis - Beispiel)
auszeichnet. Ein anderes charakteristi-
sches Merkmal des Buches besteht in
der Unterteilung in einen Kerntext,
der die wichtigsten Sätze der Theorie
enthält, und in Ergänzungen für
Mathematiker und für Physiker...."

*Mathematisch-Physikalische-
Semesterberichte*

**Springer-Verlag · Postfach 14 02 01 · D-14302 Berlin**
**Tel.: 0 30 / 82 787 - 2 32 · http://www.springer.de**
**Bücherservice: Fax 0 30 / 82 787 - 3 01**
**e-mail: orders@springer.de**

Preisänderungen (auch bei Irrtümern) vorbehalten
d&p · 66055/1 SF

Springer

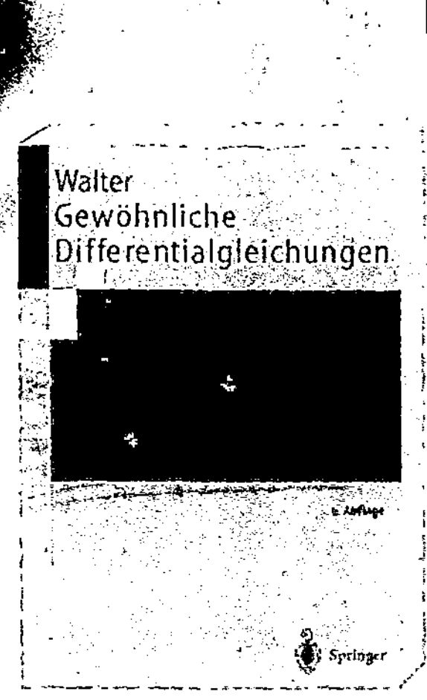

**W. Walter**

## Gewöhnliche Differentialgleichungen

**Eine Einführung**

6., überarb. u. erw. Aufl. 1996. XIV, 348 S.
52 Abb. Brosch. **DM 38,-;** öS 278,-; sFr 35,-
ISBN 3-540-59038-2

In der nunmehr 6., nochmals korrigier-
ten Auflage legt W. Walter sein Lehrbuch
über Gewöhnliche Differentialgleichungen vor, das schon so etwas wie ein
"moderner Klassiker" geworden ist. Das
Buch entspricht dem aktuellen For-
schungsstand. Es behandelt neben der
klassischen Theorie vor allem solche
Themen, die für das Studium dynami-
scher Systeme und des qualitativen Ver-
haltens gewöhnlicher Differentialgleichungen unentbehrlich sind. Ein Anhang
stellt zentrale Begriffe aus Analysis und
Topologie bereit. Viele instruktive Beispiele mit Lösungen zu ausgewählten
Aufgaben runden dieses Werk ab.

**H. Weyl**

## Raum, Zeit, Materie

**Vorlesungen über allgemeine
Relativitätstheorie**

Herausgeber: **J. Ehlers**

8. Aufl. 1993. XVIII, 349 S. Geb.
**DM 68,-;** öS 497,-; sFr 62,-
ISBN 3-540-56978-2

"Es ist ein ungewöhnlicher Vorgang, daß
ein physikalisches Lehrbuch ein dreivier-
tel Jahrhundert überdauert.... Zwei
Aspekte erklären das Erstaunliche: das
Grundlegende des Themas und die Mei-
sterschaft der Darstellung.... Man muß in
diesem Buch lesen, um zu verstehen, wie
es dazu gekommen ist."

*TU Spektrum*

**Springer-Verlag · Postfach 14 02 01 · D-14302 Berlin
Tel.: 0 30 / 82 787 - 2 32 · http://www.springer.de
Bücherservice: Fax 0 30 / 82 787 - 3 01
e-mail: orders@springer.de**

Preisänderungen (auch bei Irrtümern) vorbehalten
d&p · 66055/2 SF